Kreiskegelstumpf
- Oberflächeninhalt 289
- Volumen 289
- Zweitafelbild 290

In der Reihe „Basiswissen Schule“ sind erschienen:

5. bis 10. Klasse

Biologie (376 Seiten)
ISBN 978-3-411-71483-4

Chemie (320 Seiten)
ISBN 978-3-411-71473-5

Deutsch (288 Seiten)
ISBN 978-3-411-71592-3

Englisch (320 Seiten)
ISBN 978-3-411-71961-7

Mathematik (392 Seiten)
ISBN 978-3-411-71503-9

Physik (360 Seiten)
ISBN 978-3-411-71463-6

7. Klasse bis Abitur

Astronomie (272 Seiten)
ISBN 978-3-411-71491-9

Geografie (416 Seiten)
ISBN 978-3-411-71612-8

Geschichte (464 Seiten)
ISBN 978-3-411-71582-4

Kunst (400 Seiten)
ISBN 978-3-411-71971-6

Literatur (464 Seiten)
ISBN 978-3-411-71602-9

Musik (352 Seiten)
ISBN 978-3-411-71981-5

Politik (464 Seiten)
ISBN 978-3-411-04702-4

Technik (264 Seiten)
ISBN 978-3-411-71522-0

Wirtschaft (288 Seiten)
ISBN 978-3-411-71533-6

11. Klasse bis Abitur

Biologie Abitur (464 Seiten)
ISBN 978-3-411-04612-6

Chemie Abitur (464 Seiten)
ISBN 978-3-411-04592-1

Englisch Abitur (360 Seiten)
ISBN 978-3-411-71951-8

Mathematik Abitur
(464 Seiten)
ISBN 978-3-411-71742-2

Physik Abitur (464 Seiten)
ISBN 978-3-411-71752-1

Die GPI e.V. hat die Reihe „Basiswissen Schule“ von 2002 bis 2006 jährlich mit der Comenius Medaille für exemplarische Bildungsmedien ausgezeichnet.

Der Software-Preis GIGA-MAUS der Zeitschrift „Eltern for family“ wird verliehen für empfehlenswerte Familiensoftware und Onlineangebote.

Der deutsche Bildungssoftware-Preis „digita“ wird verliehen für E-Learning-Produkte, die didaktisch und technisch herausragend sind.

Das Internetportal von „Basiswissen Schule“ www.schuelerlexikon.de erhielt 2004 das Pädi-Gütesiegel als empfehlenswertes Internetangebot für Jugendliche.

Detaillierte Informationen zu den einzelnen Bänden unter **www.schuelerlexikon.de**

Duden

Basiswissen Schule

Mathematik

3., aktualisierte Auflage

Duden Schulbuchverlag

Berlin · Mannheim · Leipzig · Wien · Zürich

Herausgeber
Günther Rolles
Dr. Michael Unger

Autoren
Dr. Hubert Bossek
Dr. Klaus-Peter Eichler
Dr. Lutz Engelmann
Dr. Günter Fanghänel
Karlheinz Lehmann
Dr. Franz Oberländer
Dr. Gerhard Paulin
Prof. Dr. Hans-Dieter Sill
Dr. Reinhard Stamm

Weitere Autoren im Abschnitt Anhang:
Dr. Uwe Bahro
Dr. Günter Liesenberg

Die Autoren der Inhalte der beigefügten DVD sind im elektronischen Impressum auf der DVD aufgeführt.

Bibliografische Information der Deutschen Nationalbibliothek
Die Deutsche Nationalbibliothek verzeichnet diese Publikation in der Deutschen Nationalbibliografie; detaillierte bibliografische Daten sind im Internet über http://dnb.ddb.de abrufbar.

Der Reihentitel **Basiswissen Schule** ist für die Verlage Bibliographisches Institut & F. A. Brockhaus AG und DUDEN PAETEC GmbH geschützt.
Das Wort **Duden** ist für den Verlag Bibliographisches Institut & F. A. Brockhaus AG als Marke geschützt.

Redaktion Ursula Schwabe
Gestaltungskonzept Britta Scharffenberg
Umschlaggestaltung Hans Helfersdorfer
Umschlagabbildung Fotostudio Kauffelt, Mannheim
Layout Barbara Fischer, Martina Holzinger, Birgit Kintzel, Ute Winkler
Grafik Wolfgang Beyer
Druck und Bindung Těšínská tiskárna, Český Těšín
Printed in Czech Republic

F E D C B

ISBN 978-3-89818-032-0 (Duden Schulbuchverlag)
ISBN 978-3-411-71503-9 (Dudenverlag)

Inhaltsverzeichnis

1

GRUNDBEGRIFFE DER MATHEMATIK

1.1 Aussagen

1.1.1 Zeichen und Zeichenreihen in der Mathematik

constans (lat.) – feststehend; varius (lat.) – verschieden, wechselnd

Benzen

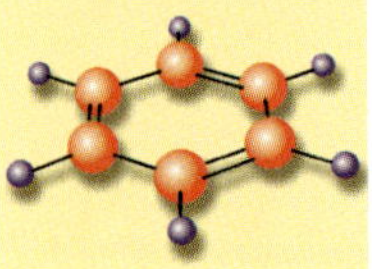

C_6H_6

Jeder mathematische Ausdruck ist eine Zeichenreihe, die aus einzelnen Zeichen besteht. Es gibt Konstanten, Variablen und technische Zeichen (z.B. Klammern). Eine **Konstante** ist ein Zeichen mit einem festen Wert bzw. einer festen Bedeutung.

Konstante	Beispiele
Zahlzeichen	4; π; –2; VI
Relationszeichen	$<$; $>$; $=$; $\in$; $\cong$; $\mid$
Operationszeichen	$+$; $-$; $\cdot$; $:$; $\cap$; $\cup$
Funktionsnamen	sin; cos; ln

Eine **Variable** ist ein Zeichen für ein beliebiges Element.

D In mathematischen Ausdrücken können Buchstaben (z.B. a; x; V) oder grafische Symbole (z.B. ○; △; □) als Platzhalter für bestimmte Zahlen verwendet werden. Diese Buchstaben oder Symbole werden auch **Variablen** (Veränderliche oder Unbekannte) genannt.

Ines will für höchstens 3,00 € Eiskugeln zu je 0,70 € kaufen.
$0{,}70\text{ €} \cdot x \leq 3{,}00\text{ €}$ x ist die Variable für die Anzahl der Eiskugeln.

Karl ist 12 cm größer als Thomas.
$k = t + 12\text{ cm}$ k bzw. t sind die Variablen für die Körpergrößen von Karl bzw. Thomas.

Anstelle von **Grundbereich** wird oft von Grundmenge gesprochen.

Für die Variable kann jedes Element eines vorgegebenen **Grundbereichs G** (Variablengrundbereich) eingesetzt werden. Zu einer Variablen gehört deshalb *stets zugleich* auch ein zugehöriger Grundbereich. Grundbereiche sind Mengen, insbesondere Mengen von Zahlen oder Größenbereiche.

(1) $0{,}70\text{ €} \cdot x \leq 3{,}00\text{ €}$
Da x für eine Anzahl steht, ist der Grundbereich für x die Menge der natürlichen Zahlen, also $G = \mathbb{N}$.

Anzahl der Eiskugeln: x	Gesamtpreis: 0,70 € · x
1	0,70 €
2	1,40 €
3	2,10 €
4	2,80 €
5	3,50 €
…	…

Ines kann eine, zwei, drei oder vier Kugeln Eis kaufen, wenn sie höchstens 3,00 € bezahlen will.

(2) In den Ausdruck $7x^2$ ($G = \mathbb{R}$) dürfen für x alle reellen Zahlen eingesetzt werden. Für keine dieser Zahlen nimmt der Ausdruck einen negativen Wert an.

Treten in einem Ausdruck mehrere Variablen auf, so kann man zwischen **Formvariablen** und **Lösungsvariablen** unterscheiden.
Die Lösungsvariable ist jeweils diejenige, nach der aufgelöst wird. Die Formvariablen nehmen in jedem konkreten Fall verschiedene Werte an.

Karl ist 12 cm größer als Thomas. Wie groß ist Karl, wenn Thomas 1,64 m; 1,70 m oder 1,77 m groß ist?

$k = t + 12$ cm

$k_1 = 1{,}76$ m für $t_1 = 1{,}64$ m
$k_2 = 1{,}82$ m für $t_2 = 1{,}70$ m
$k_3 = 1{,}89$ m für $t_3 = 1{,}77$ m

k – Lösungsvariable
t – Formvariable

Sprachliche Gebilde lassen sich mithilfe mathematischer Zeichenreihen als **Terme** (↗ S. 106; Begriffe Variable und Term) darstellen und umgekehrt.

Term	Sprachliche Formulierung
$3x$	das Dreifache einer Zahl
a^2	das Quadrat einer Zahl
$a + b$	die Summe zweier Zahlen

D Ein **Term** ist eine sinnvolle mathematische Zeichenreihe *ohne* Relationszeichen.

relatio (lat.) – Beziehung, Verhältnis

Terme:

T_1: 61 — T_2: $a(2 + x)$; $G = \mathbb{Z}$ — T_3: $34 + 27$

T_4: $\sqrt{25}$ — T_5: $(2y - 3x)^3$; $G = \mathbb{R}$ — T_6: $(a + b)(a - b)$; $G = \mathbb{N}$

Die Terme T_1, T_3 und T_4 enthalten keine Variablen. Ihr **Termwert** kann sofort angegeben oder ausgerechnet werden.
Beispielsweise ist $T_1 = 61$ und $T_3 = 61$. Die Terme T_1 und T_3 haben den gleichen Wert.
Die Terme T_2, T_5 und T_6 enthalten Variablen. Wird für die Variablen ein Element aus einem Grundbereich G eingesetzt, nimmt der Term stets einen konkreten Wert an.

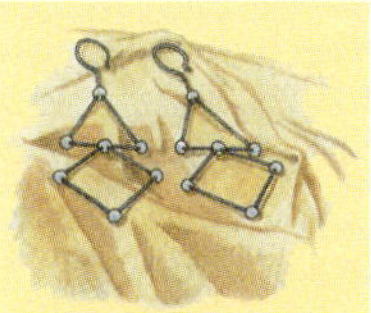

Term	Beispiele aus G	Einsetzung	Termwert
T_2: $a(2 + x)$	$a = 4$; $x = -2$	$4[2 + (-2)]$	0
T_5: $(2y - 3x)^3$	$y = 3$; $x = 1$	$(2 \cdot 3 - 3 \cdot 1)^3$	27
T_6: $(a + b)(a - b)$	$a = 7$; $b = 2$	$(7 + 2)(7 - 2)$	45

Dieses Einsetzen einer Zahl für die Variablen heißt **Variablenbelegung.**

D **Aussagen** sind sinnvolle sprachliche Äußerungen bzw. entsprechende Zeichenreihen, die entweder wahr oder falsch sind.

Aussage	Wahrheitswert
Ananas ist eine Obstsorte.	wahr
Der Februar ist der längste Monat des Jahres.	falsch
Die Zahl 49 ist durch 7 teilbar ($7 \mid 49$).	wahr
Das Dreifache von 37 ist kleiner als 90 ($3 \cdot 37 < 90$).	falsch

1742 wurde die goldbachsche Vermutung aufgestellt: „Jede gerade Zahl größer oder gleich 4 lässt sich als Summe zweier Primzahlen darstellen." (Nach CHRISTIAN GOLDBACH, 1690 bis 1764) Diese Vermutung ist eine Aussage, weil klar ist, dass sie entweder wahr oder falsch sein muss. Allerdings wurde bisher noch nicht herausgefunden, ob sie wahr oder aber falsch ist.

Nicht jede sprachlich sinnvolle Äußerung ist eine Aussage. „Guten Morgen!" ist sprachlich sinnvoll, aber keine Aussage, da die Äußerung keinen **Wahrheitswert** hat.

D Eine **Aussageform** ist eine sinnvolle sprachliche Äußerung, die mindestens eine Variable enthält und die zur Aussage wird, wenn für die Variable(n) ein Element aus dem Grundbereich eingesetzt wird.

Aussageform: X ist ein Wahrzeichen von Berlin.
Grundbereich: Bauwerke

Aussage:
Das Brandenburger Tor ist ein Wahrzeichen von Berlin. (wahr)

Aussage:
Das Kolosseum ist ein Wahrzeichen von Berlin. (falsch)

Beim Einsetzen eines konkreten Elements in die Aussageform entsteht eine **Einzelaussage** über dieses konkrete Element.

Aussageform	Variablenbelegung	Aussage
$12 \cdot a < 40 \quad (a \in \mathbb{N})$	$a = 3$	$12 \cdot 3 < 40$ (wahr)
Das Zwölffache einer *natürlichen Zahl* ist kleiner als 40.	für „eine natürliche Zahl" die Zahl 4 einsetzen	Das Zwölffache von 4 ist kleiner als 40. (falsch)
$3 \cdot x = 18 \quad (x \in \mathbb{N})$	$x = 6$	$3 \cdot 6 = 18$ (wahr)
Ein Viereck ist ein Rechteck.	für „ein Viereck" ein Quadrat einsetzen	Ein Quadrat ist ein Rechteck. (wahr)

Entsteht beim Einsetzen eine wahre Aussage, so erfüllt das eingesetzte Element die Aussageform. Das eingesetzte Element ist dann *eine* **Lösung** dieser Aussageform.

Mit Formulierungen wie „es gibt ein", „es gibt kein", „für alle" oder „nicht für alle" kann man Aussagen über die Erfüllbarkeit einer Aussageform bilden (↗ S. 15; Erfüllbarkeit von Aussageformen).

Aussageform	**Aussage (über die Erfüllbarkeit der Aussageform)**
Eine natürliche Zahl ist durch 3 teilbar.	Es gibt eine natürliche Zahl, die durch 3 teilbar ist. w
$a^2 \leq 0 \quad (a \in \mathbb{Q})$	Für alle rationalen Zahlen a gilt: $a^2 \leq 0$ f
Eine natürliche Zahl ist Primzahl.	Nicht alle natürlichen Zahlen sind Primzahlen. w

In den Aussageformen in der Tabelle sind die Variablen farbig dargestellt. Sie sind dort **freie Variable**, weil man aus dem Grundbereich beliebig für sie einsetzen kann.
In den Aussagen sind jeweils die gleichen Variablen wie in den Aussageformen enthalten. Allerdings kann dort nicht mehr für die Variablen eingesetzt werden. Die Variablen sind durch die Formulierungen „für alle", „es gibt ein" usw. gebunden, es sind **gebundene Variablen.**

w → wahr
f → falsch

D Aussagen mit „es gibt ein" sind **Existenzaussagen.** Sie behaupten die Existenz *mindestens eines* Elements aus dem Grundbereich, welches die entsprechende Aussageform löst (erfüllt).

Zu beachten sind Unterschiede in der Bedeutung der verschiedenen Formulierungen.

Bedeutung	**Erklärung**	**Beispiel**
„es gibt ein"	Es existiert mindestens ein Objekt.	Es gibt einen Fluss, der durch Berlin fließt. Wahr, denn z. B. Spree und Havel fließen durch Berlin.
„es gibt höchstens ein"	Es ist möglich, dass kein Objekt existiert.	Unter drei Kindern findet man höchstens ein Zwillingspaar. Wahr, denn es ist möglich, dass kein Zwillingspaar existiert.
„es gibt genau ein"	Es existiert ein und nur ein Objekt.	Es gibt genau eine gerade Primzahl. Wahr, denn die Zahl 2 ist die einzige gerade Primzahl.

Aussagen mit der Formulierung „für alle" behaupten, dass alle Elemente des Grundbereichs die in der Aussage enthaltene Aussageform erfüllen.
Sie werden **Allaussagen (Universalaussagen)** genannt.

Im Sprachgebrauch wird „für alle" oft durch andere gleichbedeutende Wendungen wie „stets gilt", „immer" oder „für jede" ersetzt.

- Für alle reellen Zahlen a und b gilt: $a + b = b + a$ w
- Alle Planeten unseres Sonnensystems bewegen sich auf Bahnen um die Sonne. w
- Alle Vögel fliegen im Winter in Richtung Süden. f
- Alle Primzahlen sind ungerade. f
- Nicht alle rechtwinkligen Dreiecke sind gleichseitig. w
- Das Quadrat einer ganzen Zahl ist stets nichtnegativ. w

Alle Rechengesetze sind wahre Allaussagen.

1.1.2 Wahrheitswerte von Aussagen

Sehr alt sind die Versuche der Menschen, umgangssprachlichen Missverständnissen durch die Benutzung einer formaleren, von genauen und eindeutigen Regeln beherrschten Sprache aus dem Wege zu gehen.
Heutige Programmiersprachen entsprechen vielen dieser Vorstellungen.
In der (klassischen) Logik treten genau zwei Wahrheitswerte (*wahr* und *falsch*) auf. Man spricht deshalb von einer **zweiwertigen Logik.**

Wissenschaftler wie GOTTFRIED WILHELM LEIBNIZ und GOTTLOB FREGE (1846 bis 1925) versuchten, eine künstliche, von logischen Regeln bestimmte eindeutige Sprache zu schaffen.

GOTTFRIED WILHELM LEIBNIZ
(1646 bis 1716)

Die Forderung, dass eine Aussage entweder wahr oder falsch ist, wird als **Prinzip der Zweiwertigkeit** bezeichnet. Es enthält zwei Teilforderungen:

1. Jede Aussage ist wahr oder falsch.
   (Prinzip des ausgeschlossenen Dritten)
2. Keine Aussage ist wahr und falsch zugleich.
   (Prinzip des ausgeschlossenen Widerspruchs)

Die mathematische Logik untersucht auch sogenannte mehrwertige Logiken, in denen nicht nur zwei Wahrheitswerte auftreten können.
Die Bewertung der Güte von Aussagen über Ereignisse nach der Wahrscheinlichkeit ihres Eintretens etwa mithilfe einer Prozentskala oder als Zahl zwischen 0 (unmöglich) und 1 (sicher) ist ein Beispiel für eine **mehrwertige Logik.**

Beim Würfeln wird nicht mit Sicherheit immer die gleiche Augenzahl gewürfelt.
Die Augenzahl 5 erhält man mit einer Wahrscheinlichkeit von 16,7 %.
Die Aussage
„Ich werde eine 5 würfeln"
hat den Wahrheitswert $\frac{1}{6}$.

1.1.3 Erfüllbarkeit von Aussageformen

D Wenn in einer Aussageform für die Variablen Elemente aus dem Grundbereich eingesetzt werden, können folgende Fälle eintreten:
- *Kein* Element des Grundbereichs überführt die Aussageform in eine wahre Aussage, d.h., die Aussageform ist **nicht erfüllbar** (unerfüllbar).
- *Wenigstens ein* Element des Grundbereichs überführt die Aussageform in eine wahre Aussage, d.h., die Aussageform ist **erfüllbar.**
- *Alle* Elemente des Grundbereichs überführen die Aussageform in eine wahre Aussage, d.h., die Aussageform ist **allgemeingültig.**

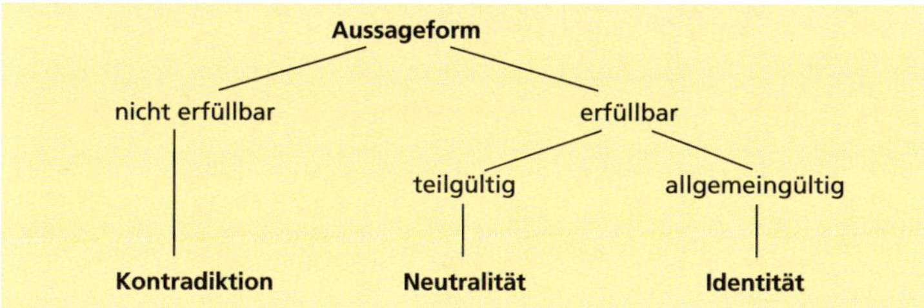

Der Sohn ist älter als sein leiblicher Vater.	Max ist drei Jahre älter als seine Schwester.	Der Sohn ist jünger als sein leiblicher Vater.
$12 + b < 7 \quad (b \in \mathbb{N})$	$12 + b < 7 \quad (b \in \mathbb{Z})$	$12 + b > 7 \quad (b \in \mathbb{N})$

Am Beispiel von $12 + b < 7$ und den Grundbereichen $\mathbb{N}$ bzw. $\mathbb{Z}$ wird deutlich, dass die Lösbarkeit (Erfüllbarkeit) einer Aussageform vom Grundbereich abhängt.
Erfüllbare Aussageformen können zu *wahren Existenzaussagen* umformuliert werden.

Ein Viereck ist ein Quadrat.	Es gibt ein Viereck, das ein Quadrat ist. Aber: Nicht jedes Viereck ist ein Quadrat.

Allgemeingültige Aussageformen können zu *wahren Allaussagen* quantifiziert werden.

$x^2 \geq 0$	$(x \in \mathbb{R})$	Das Quadrat einer reellen Zahl ist nie negativ.
$x \cdot y = y \cdot x$	$(x, y \in \mathbb{R})$	Für alle reellen Zahlen gilt: Faktoren kann man vertauschen, das Produkt bleibt dabei gleich.

Diese Zusammenhänge werden insbesondere beim Beweisen (↗ S. 22; Sätze und Beweise) genutzt.
Beispielsweise kann die Wahrheit einer Allaussage nachgewiesen werden, indem gezeigt wird, dass die darin enthaltene Aussageform allgemeingültig ist.

1.1.4 Logische Operationen

opera (lat.) – Mühe, Arbeit

Aus der Umgangssprache ist bekannt, dass einfache Sätze durch Bindewörter zu längeren Satzverbindungen zusammengesetzt werden können. So können Aussagen und Aussageformen verneint oder durch die Wörter *„und", „oder", „entweder – oder", „wenn, so", „genau dann, wenn"* verknüpft werden.

Im Gegensatz zum umgangssprachlichen Gebrauch ist es unwesentlich, ob eine Teilaussage inhaltlich mit der anderen zusammenhängt.

Dabei entsteht eine neue Aussage oder Aussageform als Verbindung zweier anderer Aussagen oder Aussageformen.

Der Wahrheitswert einer zusammengesetzten Aussage hängt nur von den *Wahrheitswerten* der Teilaussagen und der Art und Weise ihrer Verknüpfung, nicht aber von den *Inhalten* der Teilaussagen ab.

Verneinung (Negation) einer Aussage

Die Aussage und ihre Negation haben entgegengesetzte Wahrheitswerte.

A	Verneinte (negierte) Aussage $\neg$A
Fußball ist eine Mannschaftssportart. w	Fußball ist keine Mannschaftssportart. f
Das Quadrat von 3 ist 10 ($3^2 = 10$). f	Das Quadrat von 3 ist nicht 10 ($3^2 \neq 10$). w

Die Verneinung der Verneinung einer Aussage ist die Aussage selbst.

A	Verneinung $\neg$A	Verneinung der Verneinung $\neg(\neg A)$
2 ist eine Primzahl. w	2 ist keine Primzahl. f	Es stimmt nicht, dass 2 keine Primzahl ist. w

UND-Verknüpfung (Konjunktion) zweier Aussagen A und B

coniunctio (lat.) – Verbindung

Sprachlich wird die UND-Verknüpfung auch durch Formulierungen wie „sowohl als auch" oder „zugleich" ausgedrückt.

A	B	A und B ($A \wedge B$)
6 ist eine gerade Zahl. w	6 ist kleiner als 10. w	6 ist eine gerade Zahl und kleiner als 10. w
15 ist durch 3 teilbar. w	15 ist durch 4 teilbar. f	15 ist durch 3 und durch 4 teilbar. f
7 ist kleiner als 3. f	7 ist kleiner als 8. w	7 ist kleiner als 3 und kleiner als 8. f
16 ist eine Primzahl. f	16 ist Teiler von 20. f	16 ist eine Primzahl und Teiler von 20. f

D Die Aussage **„A und B"** ($A \wedge B$) ist genau dann wahr, wenn die Teilaussagen A und B *zugleich* wahr sind.

ODER-Verknüpfung (Disjunktion) zweier Aussagen A und B

A	B	A oder B ($A \vee B$)
6 ist eine gerade Zahl. w	6 ist kleiner als 10. w	6 ist eine gerade Zahl oder kleiner als 10. w
15 ist durch 3 teilbar. w	15 ist durch 4 teilbar. f	15 ist durch 3 oder durch 4 teilbar. w
7 ist kleiner als 3. f	7 ist kleiner als 8. w	7 ist kleiner als 3 oder kleiner als 8. w
16 ist eine Primzahl. f	16 ist Teiler von 20. f	16 ist eine Primzahl oder Teiler von 20. f

Die Disjunktion wird auch als Adjunktion bezeichnet.

D Die Aussage **„A oder B"** ($A \vee B$) ist genau dann wahr, wenn *mindestens* eine der Teilaussagen A bzw. B wahr ist.

A oder B ist also auch dann wahr, wenn die Aussagen A und B zugleich wahr sind.

Hier besteht ein Unterschied zur Umgangssprache, in der *„oder"* häufig im Sinne von *„entweder – oder"*, also im ausschließenden Sinne, benutzt wird. In Aussagen wie „Beim Wurf der Münze ist Wappen oder Zahl gefallen" können nicht gleichzeitig beide Teilaussagen wahr sein.

ENTWEDER-ODER-Verknüpfung (Alternative) zweier Aussagen A und B

A	B	Entweder A oder B ($A \dot{\vee} B$)
6 ist eine gerade Zahl. w	6 ist kleiner als 10. w	Entweder ist 6 eine gerade Zahl oder kleiner als 10. f
15 ist durch 3 teilbar. w	15 ist durch 4 teilbar. f	Entweder ist 15 durch 3 oder durch 4 teilbar. w
7 ist kleiner als 3. f	7 ist kleiner als 8. w	Entweder ist 7 kleiner als 3 oder kleiner als 8. w
16 ist eine Primzahl. f	16 ist Teiler von 20. f	Entweder ist 16 ist eine Primzahl oder Teiler von 20. f

Die Alternative wird auch als Antivalenz bezeichnet.

D Die Aussage **„entweder A oder B"** ($A \dot{\vee} B$) ist genau dann wahr, wenn eine der beiden Teilaussagen wahr und zugleich die andere falsch ist.

Damit „entweder A oder B" wahr ist, müssen die Aussagen A und B verschiedene Wahrheitswerte haben.

In dieser Weise wird meist umgangssprachlich das „oder" benutzt. Verknüpfungen mit „oder", „und" sowie „und nicht" spielen im Zeitalter des Internets eine wichtige Rolle, weil der Nutzer so mit einer Suchmaschine effektiv umgehen und von vornherein die Suche eingrenzen kann.

Wer nach einer originellen Bauanleitung für einen Drachen sucht, findet unter „Drachen" bei Altavista sehr viele Links, darunter auch zu Drachensagen und Drachenfliegern. Sucht man dagegen nach „Drachen und Bauanleitung", findet man weniger Links.

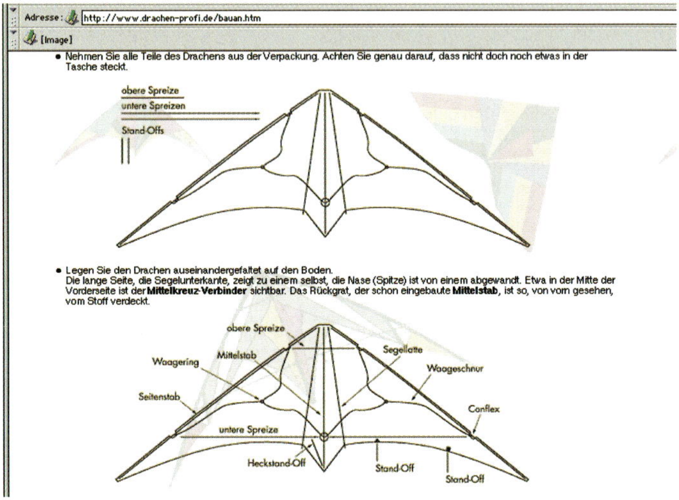

WENN-DANN-Verknüpfung (Implikation) zweier Aussagen A und B

A	B	Wenn A, dann B ($A \Rightarrow B$)
81 ist durch 9 teilbar. w	81 ist durch 3 teilbar. w	Wenn 81 durch 9 teilbar ist, dann ist 81 durch 3 teilbar. w
15 ist durch 3 teilbar. w	15 ist durch 4 teilbar. f	Wenn 15 durch 3 teilbar ist, dann ist 15 durch 4 teilbar. f
15 ist durch 4 teilbar. f	15 ist durch 3 teilbar. w	Wenn 15 durch 4 teilbar ist, dann ist 15 durch 3 teilbar. w
16 ist eine Primzahl. f	16 ist Teiler von 20. f	Wenn 16 eine Primzahl ist, dann ist 16 Teiler von 20. w

implicare (lat.) – verknüpfen; Andere Redeweisen für die Implikation sind „wenn ..., so ...", „aus ... folgt ... " oder „unter (dieser Voraussetzung) ... gilt ...".

D Die Aussage **„wenn A, dann B"** ($A \Rightarrow B$) ist genau dann falsch, wenn A (Voraussetzung oder auch **Prämisse** genannt) wahr und *gleichzeitig* B (Schlussfolgerung oder auch **Konklusion** genannt) falsch ist. In allen anderen Fällen ist die Aussage „wenn A, dann B" wahr.

Wenn aus einer wahren Aussage eine falsche Aussage gefolgert wird, so wird dieser Schluss verständlicherweise als falsch bewertet.

Die Festlegungen zu Schlüssen aus falschen Aussagen sind auf den ersten Blick nicht sofort einzusehen: Hier ist zu bedenken, dass von einer falschen Aussage ausgehend durch logisch korrektes Schließen sowohl wahre als auch falsche Aussagen gewonnen werden können. Deshalb ist die Aussage „wenn A, dann B" immer wahr, wenn A falsch ist.

GENAU-DANN-WENN-Verknüpfung (Äquivalenz) zweier Aussagen A und B

A	B	A genau dann, wenn B ($A \Leftrightarrow B$)
81 ist durch 9 teilbar. w	Die Quersumme von 81 ist durch 9 teilbar. w	81 ist durch 9 teilbar genau dann, wenn die Quersumme von 81 durch 9 teilbar ist. w
15 ist durch 3 teilbar. w	15 ist durch 4 teilbar. f	15 ist durch 3 teilbar genau dann, wenn 15 durch 4 teilbar ist. f
7 ist kleiner als 3. f	7 ist größer als 4. w	7 ist kleiner als 3 genau dann, wenn 7 größer als 4 ist. f
16 ist eine Primzahl. f	16 ist nur durch 1 und sich selbst teilbar. f	16 ist eine Primzahl genau dann, wenn 16 nur durch 1 und sich selbst teilbar ist. w

aequus (lat.) – gleich; valere (lat.) – wert sein;
Andere Redeweisen für die Äquivalenz sind „dann und nur dann, wenn" oder „aus … folgt … und umgekehrt".

D Die Aussage **„A genau dann, wenn B"** ($A \Leftrightarrow B$) ist genau dann wahr, wenn beide Aussagen den gleichen Wahrheitswert haben.

Wahrheitswerteverlauf zusammengesetzter Aussageformen

Wie Aussagen können auch Aussageformen verknüpft werden. Da Aussageformen freie Variable enthalten, ist ihnen kein Wahrheitswert zuzuordnen. Erst nach einer Variablenbelegung entstehen wahre oder falsche Aussagen.
Die Tabelle zeigt den **Wahrheitswerteverlauf** zusammengesetzter Aussageformen je nachdem, ob die Aussageformen p und q zu wahren oder falschen Aussagen werden.

p	q	Negation $\neg p$	$\neg q$	Konjunktion $p \wedge q$	Disjunktion $p \vee q$	Alternative $p \dot{\vee} q$	Implikation $p \Rightarrow q$	Äquivalenz $p \Leftrightarrow q$
w	w	f	f	w	w	f	w	w
w	f	f	w	f	w	w	f	f
f	w	w	f	f	w	w	w	f
f	f	w	w	f	f	f	w	w

In der Tabelle ist beim Vergleich insbesondere der Zeilen, in denen p und q verschiedene Wahrheitswerte haben, die Kommutativität der *Konjunktion*, der *Disjunktion*, der *Alternative* und der *Äquivalenz* ersichtlich.
Mit den Wahrheitswertetabellen kann man überprüfen, ob anscheinend gleiche Formulierungen wirklich logisch gleichwertig sind. Sind die Formulierungen logisch gleichwertig, erscheinen Zeile für Zeile die gleichen Wahrheitswerte. Die Ausdrücke sind **wahrheitswerteverlaufsgleich**.

commutare (lat.) – vertauschen

Ein Beispiel zeigt, dass es nicht immer zu einer wahren Aussage führt, wenn man eine „Wenn-dann"-Aussage umkehrt.

p: „Eine Zahl ist kleiner als 20."
q: „Eine Zahl ist kleiner als 100."
p ⇒ q: „Wenn eine Zahl kleiner als 20 ist, dann ist sie kleiner als 100."
q ⇒ p: „Wenn eine Zahl kleiner als 100 ist, dann ist sie kleiner als 20."

Am Beispiel wird klar, dass **q ⇒ p** in diesem Fall nicht zu **p ⇒ q** gleichwertig ist. Hingegen erscheint die Formulierung „Wenn eine Zahl nicht kleiner als 100 ist, so ist sie auch nicht kleiner als 20" sinnvoll (¬ **q** ⇒ ¬ **p**).

Die Untersuchung der Wahrheitswerteverläufe bestätigt diese Annahme.

p	q	p ⇒ q	q ⇒ p	¬ p	¬ q	¬ q ⇒ ¬ p
w	w	w	w	f	f	w
w	f	f	w	f	w	f
f	w	w	f	w	f	w
f	f	w	w	w	w	w

„Wenn p, dann q" und „wenn q, dann p" haben nicht den gleichen Wahrheitswerteverlauf. Die Umkehrung einer Implikation ist also nicht zur Implikation gleichwertig.
Weil die Umkehrung einer Implikation nicht zur Implikation äquivalent ist, können in Form von Implikationen gegebene mathematische Sätze nicht ohne Weiteres umgekehrt werden.
Die Aussageformen **p ⇒ q** und ¬ **q** ⇒ ¬ **p** sind wahrheitswerteverlaufsgleich, also zueinander äquivalent.
Jede Implikation kann folglich umgekehrt werden, wenn man ihre Glieder dabei zugleich negiert.

D
Der Ausdruck ¬ **q** ⇒ ¬ **p** heißt **Kontraposition** der Implikation **p ⇒ q.**

p: „Eine natürliche Zahl ist durch 25 teilbar."
q: „Eine natürliche Zahl ist durch 5 teilbar."
p ⇒ q: „Wenn eine natürliche Zahl durch 25 teilbar ist, so ist sie durch 5 teilbar."
Die Aussageform ist allgemeingültig.
¬ **q** ⇒ ¬ **p** (Kontraposition) lautet:
„Wenn eine natürliche Zahl nicht durch 5 teilbar ist, so ist sie auch nicht durch 25 teilbar."
Diese Aussageform ist ebenfalls allgemeingültig.

Die Äquivalenz von Implikation und ihrer Kontraposition wird beim Beweisen (↗ S. 22; Sätze und Beweise) von Sätzen genutzt.
Wenn der Beweis der Kontraposition einer Aussage leichter ist als der Beweis der Aussage selbst, beweist man die Kontraposition und hat so auch die Aussage bewiesen.

1.1.5 Definitionen

Unter einer **Definition** versteht man
- eine Festlegung, was ein Objekt ist, wie es entsteht, anhand welcher Merkmale man es feststellen kann, oder
- eine Festlegung über die Bedeutung und Verwendung eines Zeichens.

(1) Eine *gerade Zahl* ist eine durch 2 teilbare natürliche Zahl.
(2) Wenn man eine natürliche Zahl verdoppelt, so erhält man eine *gerade Zahl.*
(3) Eine natürliche Zahl mit der Endziffer 0; 2; 4; 6 oder 8 heißt *gerade Zahl.*

Die Formulierungen (1), (2) und (3) sind drei mögliche Definitionen des Begriffs **gerade Zahl.** Die Formulierung (1) beschreibt das Wesen gerader Zahlen, die Formulierung (2) erklärt, wie gerade Zahlen gewonnen werden können, und die Formulierung (3) nennt ein äußeres Erscheinungsmerkmal zur Feststellung gerader Zahlen.

Definitionsarten

Sachdefinition	Genetische Definition	Rekursive Definition	Nominaldefinition
Ein Begriff wird durch einen *Oberbegriff* und besondere, sogenannte *artbildende Merkmale* erklärt.	Es wird erklärt, wie ein *Objekt entsteht*, wie es erzeugt werden kann.	Durch eine Vorschrift wird eine Klasse von Objekten ausgehend von einem Anfangselement schrittweise und systematisch aufgebaut.	Es wird die Bedeutung eines Zeichens festgelegt bzw. angegeben, wie es zu verwenden ist.
Das *Quadrat* ist ein *Rechteck* mit *vier gleich langen Seiten.* Das *Trapez* ist ein *Viereck* mit (mindestens) *zwei parallelen Seiten.* 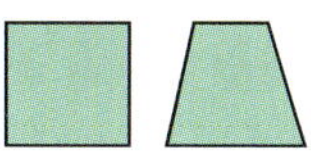	Zeichnet man alle Punkte einer Ebene, die von einem Punkt den gleichen Abstand haben, so entsteht ein *Kreis.* 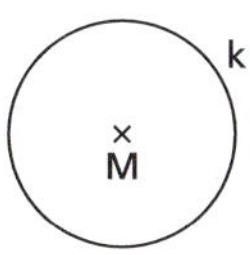 	Für alle $k \in \mathbb{N}$ ist $k!$ (gesprochen: k Fakultät) wie folgt definiert: (1) $0! = 1$ und (2) für alle $n \in \mathbb{N}$ ist $(n+1)! = n! \cdot (n+1)$ Also ist $4! = 3! \cdot 4$ $= 2! \cdot 3 \cdot 4$ $= 1! \cdot 2 \cdot 3 \cdot 4$ $= 0! \cdot 1 \cdot 2 \cdot 3 \cdot 4$ $= 1 \cdot 1 \cdot 2 \cdot 3 \cdot 4$ $4! = 24$	$\lvert a \rvert$ bedeutet der Betrag der Zahl a. $\lvert a \rvert = \begin{cases} -a & \text{für } a < 0 \\ a & \text{für } a \geq 0 \end{cases}$ 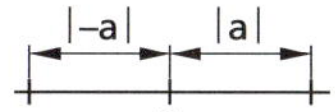 $\lvert -a \rvert = \lvert a \rvert$

Die Sachdefinition nennt man auch **klassische Realdefinition.**

EUKLID VON ALEXANDRIA gab im ersten Buch seiner Elemente eine **Definition** des Punktbegriffs an: „Ein Punkt ist, was keine Teile hat."

EUKLID VON ALEXANDRIA (etwa 365 bis etwa 300 v. Chr.)

Definitionen und Grundbegriffe

Durch Definitionen werden **Begriffe** und **Relationen** mithilfe anderer Begriffe und Relationen erklärt. Auch die in einer Definition zur Erklärung benutzten Begriffe und Relationen müssen selbst wieder definiert werden.
Geht man diesen Weg immer weiter, kommt man zu einfachsten Begriffen und Relationen, die sich nicht weiter auf andere Begriffe und Relationen zurückführen lassen.
Sie werden **Grundbegriffe** bzw. **Grundrelationen** genannt.

Ein Punkt kann das Modell z. B. für eine Ecke, einen Schnittpunkt, eine Straßenkreuzung oder eine Stadt sein.
Alle Menschen haben ähnliche *Vorstellungen* vom Begriff „Punkt". Zugleich ist es nicht sinnvoll, ihn mit anderen Begriffen zu erklären. Er wird deshalb als Grundbegriff benutzt.
Verabredet wird meist, dass Punkte mit einem Kreuz markiert und mit großen Buchstaben bezeichnet werden.

1.1.6 Sätze und Beweise

D

Ein mathematischer **Satz** ist eine Aussage, deren Wahrheit mit anderen Aussagen bewiesen werden kann.

Bei einem mathematischen Satz unterscheidet man zwischen **Voraussetzung**(en) und **Behauptung.**
Beim **Beweis** eines Satzes zeigt man, dass die Behauptung aus der Voraussetzung folgt, aus ihr ableitbar ist.
Sätze werden oft in Form von Wenn-dann-Aussagen formuliert, weil so die Voraussetzung (Wenn ...) und Behauptung (dann ...) klarer ersichtlich sind.

axioma (griech.) – Grundwahrheit

Die Notwendigkeit von Axiomen

Wird ein Satz mit anderen Sätzen bewiesen, d.h. auf sie zurückgeführt, müssen diese Sätze wiederum auch bewiesen, also selbst wieder auf andere Sätze zurückgeführt werden.
Wird dieser Weg fortgesetzt, gelangt man schließlich zu einfachsten Aussagen, die in der Regel anschaulich klar sind und die nicht weiter auf andere Aussagen zurückgeführt werden können.
Diese „am Anfang stehenden" und als wahr angesehenen Aussagen heißen **Axiome.**

Zu zwei Punkten gibt es stets genau eine Verbindungsgerade.
Zu jeder Geraden gibt es noch einen Punkt, der außerhalb dieser Geraden liegt.

Beide Aussagen werden beim Aufbau der **euklidischen Geometrie** (Schulgeometrie) als wahr angesehen und nicht bewiesen.

Beweismöglichkeiten

Für den Beweis eines Satzes ist es wichtig, zunächst seinen Aufbau genau zu kennen. Da Sätze Aussagen sind, ist die für Aussagen angegebene Unterteilung hilfreich.

Einzelaussage	**Existenzaussage**	**Allaussage**
am konkreten Objekt prüfen	ein Beispiel angeben	für beliebige Elemente beweisen
Behauptung: $7 \mid 189$ *Beweis:* $7 \cdot 27 = 189$; also $7 \mid 189$	*Behauptung:* Es gibt eine gerade Primzahl. *Beweis:* Die Zahl 2 ist eine gerade Primzahl, denn $1 \cdot 2 = 2$.	*Behauptung:* Die Summe dreier aufeinanderfolgender Zahlen ist stets durch 3 teilbar. *Beweis:* a; $a + 1$; $a + 2$ sind natürliche Zahlen $s = a + a + 1 + a + 2$ $s = 3a + 3$ $s = 3(a + 1)$ $3 \mid 3(a + 1)$ ist eine wahre Aussage und gilt für alle natürlichen Zahlen a.

Lässt sich eine Allaussage nicht für alle Elemente einer Menge gleichzeitig beweisen, ist häufig eine vollständige **Fallunterscheidung** hilfreich.

Dividiert man das Quadrat einer ungeraden natürlichen Zahl durch 8, so erhält man den Rest 1.
Voraussetzung:
ungerade natürliche Zahl: $2n + 1$
Quadrat einer ungeraden natürlichen Zahl:
$(2n + 1)^2 = 4n^2 + 4n + 1 = 4n(n + 1) + 1$
Behauptung:
$(2n + 1)^2$ ergibt bei Division durch 8 den Rest 1.
Beweis:

1. Fall: n ungerade

$4n(n + 1) + 1$

- $n + 1$ ist gerade
- $4n(n + 1)$ ist gerade
- $4n(n + 1)$ ist durch 8 teilbar
- $+ 1$ bleibt als Rest

2. Fall: n gerade

$4n(n + 1) + 1$

- n ist durch 2 teilbar
- 4n ist durch 8 teilbar
- $4n(n + 1)$ ist durch 8 teilbar
- $+ 1$ bleibt als Rest

(w. z. b. w.)

Um eine Allaussage zu widerlegen, reicht ein Gegenbeispiel.

Behauptung:
Jede natürliche Zahl, die durch 5 teilbar ist, ist auch durch 10 teilbar.
Beweis:
Die Zahl 15 ist zwar durch 5 teilbar, aber nicht durch 10.

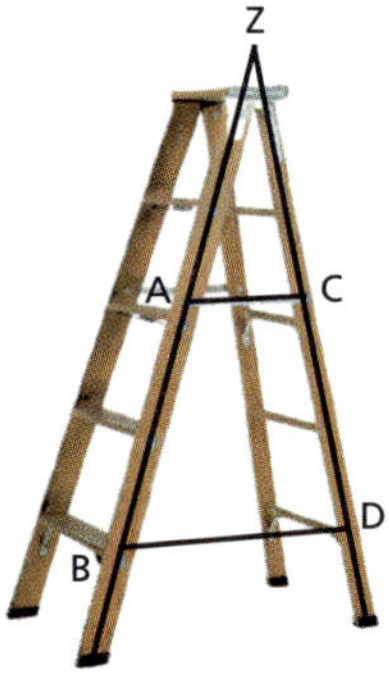

Beweis einer WENN-DANN-Aussage

2. Strahlensatz:
Werden Strahlen eines Büschels von Parallelen geschnitten, so verhalten sich die zwischen denselben Strahlen liegenden Parallelenabschnitte zueinander wie die vom Scheitelpunkt aus gemessenen zugehörigen Strahlenabschnitte des Büschels.

Beweis des 2. Strahlensatzes:

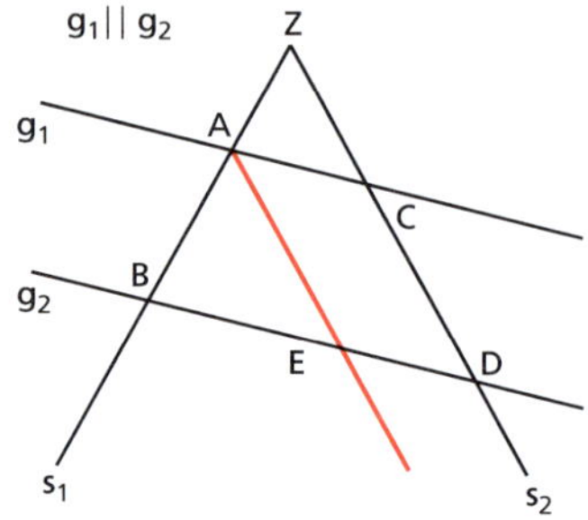

Voraussetzung:

$AC \parallel BD$

Behauptung:

$\overline{AC} : \overline{BD} = \overline{ZA} : \overline{ZB}$

Beweis:

Durch A wird eine Parallele zu CD gezeichnet. Der Schnittpunkt mit BD ist E.
B ist der gemeinsame Anfangspunkt der Strahlen $\overrightarrow{BA}$ und $\overrightarrow{BE}$.
Diese werden von den Parallelen AE und CD geschnitten.

Es gilt:

(a) $\overline{ED} = \overline{AC}$ (Gegenseiten im Parallelogramm sind gleich lang.)

(b) $\overline{ED} : \overline{BD} = \overline{ZA} : \overline{ZB}$ (1. Strahlensatz)

Aus (a) und (b) folgt: $\overline{AC} : \overline{BD} = \overline{ZA} : \overline{ZB}$ (w.z.b.w.)

Der 2. Strahlensatz ist nicht umkehrbar.

Beweis einer GENAU-DANN-WENN-Aussage

1. Strahlensatz:
Werden Strahlen eines Büschels von Parallelen geschnitten, so verhalten sich die Abschnitte auf einem Strahl zueinander wie die gleich liegenden Abschnitte auf einem anderen Strahl des Büschels.

Beweis des 1. Strahlensatzes:

Es wird nur ein Fall betrachtet.

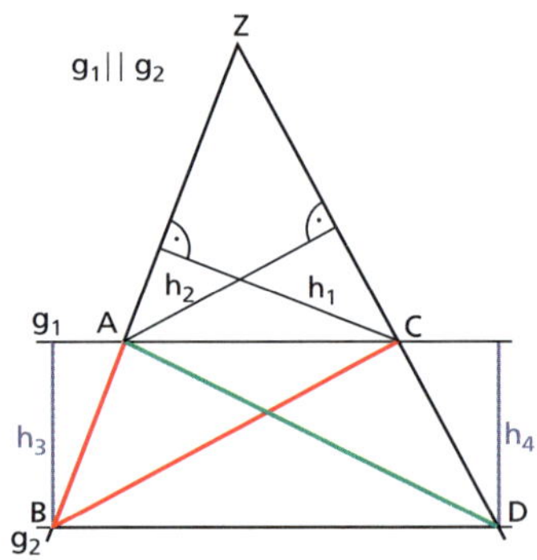

Voraussetzung:

$AC \parallel BD$

Behauptung:

$\overline{ZA} : \overline{AB} = \overline{ZC} : \overline{CD}$

Beweis:

Für den Flächeninhalt des Dreiecks ZAC gilt:

$$A_{\triangle ZAC} = \frac{\overline{ZA} \cdot h_1}{2} = \frac{\overline{ZC} \cdot h_2}{2}$$

Daraus folgt:

$\overline{ZA} \cdot h_1 = \overline{ZC} \cdot h_2$ (a)

Die Dreiecke ABC und ADC haben gleich große Flächeninhalte, denn sie haben die Seite AC gemeinsam und h_3 und h_4 sind gleich lang, da diese Höhe dem Abstand der Parallelen entspricht.

Es gilt: $A_{\triangle ABC} = \frac{\overline{AB} \cdot h_1}{2}$ und $A_{\triangle ADC} = \frac{\overline{CD} \cdot h_2}{2}$

Daraus folgt: $\overline{AB} \cdot h_1 = \overline{CD} \cdot h_2$ (b)

Aus (a) und (b) ergibt sich:

$\frac{\overline{ZA} \cdot h_1}{\overline{AB} \cdot h_1} = \frac{\overline{ZC} \cdot h_2}{\overline{CD} \cdot h_2}$ nach Kürzen folgt: $\frac{\overline{ZA}}{\overline{AB}} = \frac{\overline{ZC}}{\overline{CD}}$ (w.z.b.w.)

Umkehrung des 1. Strahlensatzes:
Werden zwei Strahlen von Geraden geschnitten und verhalten sich die Strecken auf dem einen Strahl zueinander wie die gleich liegenden Strecken auf dem anderen Strahl, so sind die beiden Geraden zueinander parallel.
Den Beweis der Umkehrung des 1. Strahlensatzes könnte man so führen, dass man zeigt, dass $g_1 \nparallel g_2$ zu einem Widerspruch führt.

Indirekter Beweis

Im Gegensatz zum direkten Beweis wird beim **indirekten Beweis** zunächst angenommen, dass die Behauptung nicht gilt. Im Verlauf des Beweises ergibt sich ein Widerspruch, der nur dadurch erklärt werden kann, dass diese Annahme falsch ist. Damit ist die Behauptung (indirekt) bewiesen (↗ S. 20; Kontraposition der Implikation).

Behauptung:
$\sqrt{2}$ ist eine irrationale Zahl.
Beweis (indirekt):
Annahme:
$\sqrt{2}$ ist rational und lässt sich demzufolge als Bruch $\frac{p}{q}$ schreiben, wobei p und q keinen gemeinsamen Teiler haben.

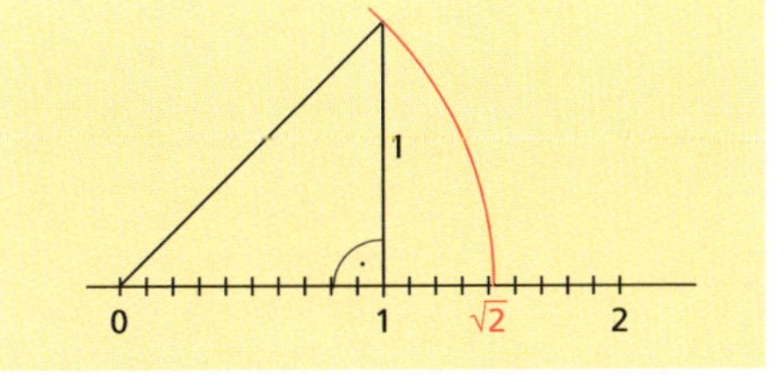

Widerspruch:
Aus $\sqrt{2} = \frac{p}{q}$ folgt $2 = \frac{p \cdot p}{q \cdot q}$, d.h., der Bruch müsste kürzbar sein. Dann müssten aber p und q mindestens einen gemeinsamen Teiler haben, was der Annahme widerspricht.
Schlussfolgerung:
Die Annahme ist falsch, $\sqrt{2}$ ist eine irrationale Zahl.

Ein besonderes Beweisverfahren in der Mathematik ist der Beweis mittels **vollständiger Induktion.** Ist eine Aussage für alle natürlichen Zahlen oder für alle Elemente einer zu $\mathbb{N}$ gleichmächtigen Menge (↗ S. 28; Mächtigkeit von Mengen) zu beweisen, wird oft folgendes Prinzip genutzt:

a) Induktionsanfang:
Es gilt eine Eigenschaft für eine erste natürliche Zahl.

b) Induktionsschritt:
Folgt aus der Gültigkeit dieser Eigenschaft für eine beliebige natürliche Zahl die Gültigkeit für den Nachfolger dieser Zahl, so gilt diese Eigenschaft für alle natürlichen Zahlen von dieser ersten Zahl an.

1.2 Mengen

1.2.1 Mengenbegriff

Der Begriff **Menge** wurde 1895 in ähnlicher Weise erstmals von dem deutschen Mathematiker GEORG CANTOR (1845 bis 1918) verwendet.

Der Mengenbegriff wird in der Mathematik als Grundbegriff verwendet, also nicht mit anderen Begriffen definiert.

Zusammenfassungen von beliebigen wirklich existierenden oder gedachten Objekten zu einem Ganzen werden als **Mengen** bezeichnet. Die zusammengefassten Objekte werden die **Elemente** der Menge genannt.

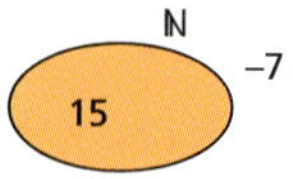

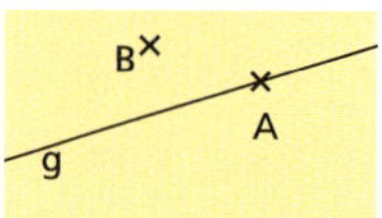

Allgemeine Beschreibung	Kurzform	Beispiele	Kurzform
Das Objekt x gehört zur Menge M. x ist Element von M.	$x \in M$	15 ist eine natürliche Zahl. Punkt A liegt auf der Geraden g.	$15 \in \mathbb{N}$ $A \in g$
Das Objekt y gehört nicht zur Menge M. y ist nicht Element von M.	$y \notin M$	–7 ist keine natürliche Zahl. Punkt B liegt nicht auf der Geraden g.	$-7 \notin \mathbb{N}$ $B \notin g$

Die Zusammenfassung von Elementen zu einer Menge erfolgt meist nach bestimmten Eigenschaften, die die Elemente haben.
Zur Bildung von Mengen sind nur solche Eigenschaften zugelassen, bei denen entscheidbar ist, welche Objekte zur Menge gehören.

(1) Die Menge aller Schüler einer Klasse, die im Mai geboren sind.
(2) Die Menge aller Lehrer einer Schule.
(3) Die Menge aller blonden Mädchen einer Stadt.
(4) Die Menge aller Häuser in der Nähe einer Schule.

In den Beispielen (1) und (2) kann die Menge sofort elementweise angegeben werden.
In den Beispielen (3) und (4) sind die Eigenschaften nicht so klar festgelegt. Welche Haarfarbe ist noch blond? Wann ist ein Haus noch „in der Nähe" der Schule?

Werden alle nur denkbaren Zusammenfassungen gestattet, ist auch folgendes Beispiel möglich:

Widersprüche dieser Art werden nach dem englischen Mathematiker und Philosophen BERTRAND RUSSELL (1872 bis 1970) russellsche **Antinomien** genannt.

In einem Dorf wohnt ein Mann und arbeitet als Friseur. Der Friseur soll alle die Männer des Dorfes rasieren, die sich nicht selbst rasieren. Die Männer, die sich selbst rasieren, darf der Friseur nicht rasieren. R ist die Menge aller Dorfbewohner, die der Friseur rasiert. Die Bildung dieser Menge zeigt den Widerspruch: Wenn der Friseur sich selbst rasiert, gehört er zu R. Weil er aber alle „Selbstrasierer" nicht rasieren darf, darf er sich nicht rasieren, gehört also doch nicht zu R.

Eine Menge wird aus allen Elementen des Grundbereichs gebildet, die die mengenbildende Eigenschaft haben.

Es gibt hier drei Möglichkeiten:

Kein Element **des Grundbereichs hat die mengenbildende Eigenschaft**	***Mindestens ein Element, aber nicht alle Elemente*** **des Grundbereichs haben die mengenbildende Eigenschaft**	***Alle Elemente*** **des Grundbereichs haben die mengenbildende Eigenschaft**
$x < 0$; $(x \in \mathbb{N})$ *Keine* natürliche Zahl x hat die Eigenschaft $x < 0$.	$x \mid 12$; $(x \in \mathbb{N})$ *Mindestens eine, aber nicht jede* natürliche Zahl x hat die Eigenschaft, 12 zu teilen.	$x \geq 0$; $(x \in \mathbb{N})$ *Alle* natürlichen Zahlen x haben die Eigenschaft $x \geq 0$.
$A = \{x \in \mathbb{N}: x < 0\}$ A enthält *kein* Element. A ist die **leere Menge**. $A = \emptyset = \{\ \}$	$B = \{x \in \mathbb{N}: x \mid 12\}$ B enthält *einige, aber nicht alle* Elemente von $\mathbb{N}$. $B = \{1; 2; 3; 4; 6; 12\}$	$C = \{x \in \mathbb{N}: x \geq 0\}$ C enthält *alle* Elemente des Grundbereichs $\mathbb{N}$. C ist die **Allmenge** über $\mathbb{N}$. $C = \mathbb{N}$

1.2.2 Darstellung von Mengen

Möglichkeiten der Angabe von Mengen	**Beispiel**
Alle Elemente der Menge werden angegeben, z.B. in geschweiften Klammern aufgeschrieben.	$M = \{0; 5; 10; 15\}$
Alle Elemente der Menge werden in ein Diagramm eingetragen.	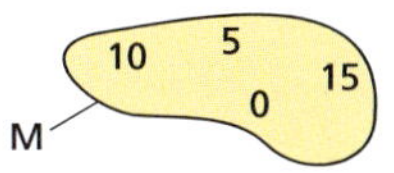
Der Grundbereich und die mengenbildende Eigenschaft werden in Worten beschrieben.	M ist die Menge aller natürlichen Zahlen, die kleiner als 20 und durch 5 teilbar sind.
Der Grundbereich und die mengenbildende Eigenschaft (die eine Aussageform ist) werden als Zeichenreihe in einer geschweiften Klammer angegeben.	$M = \{x \in \mathbb{N}: x < 20 \wedge 5 \mid x\}$ (gesprochen: M ist die Menge aller Elemente x aus $\mathbb{N}$, für die gilt: x ist kleiner als 20 und 5 teilt x.)

Solche Diagramme werden nach dem englischen Logiker JOHN VENN (1834 bis 1923) **Venn-Diagramme** genannt.

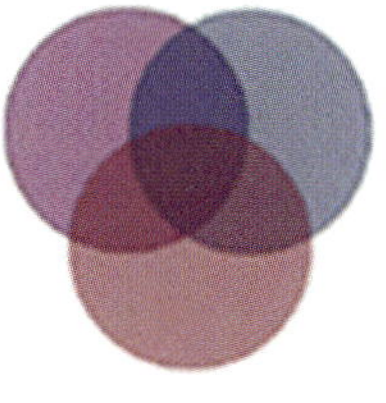

Neben der elementweisen Darstellung ist insbesondere die Darstellung einer Menge mittels Grundbereich und mengenbildender Aussageform wesentlich. Ist die mengenbildende Aussageform eine Gleichung oder Ungleichung, so wird die von der Aussageform bestimmte Menge als **Lösungsmenge** bezeichnet.

Darstellung von Mengen mit Grundbereich und Aussageform	Elementweise Darstellung von Mengen
$A = \{y \in \mathbb{N}: y \mid 6\}$ $B = \{y \in \mathbb{Z}: y \mid 6\}$	$A = \{1; 2; 3; 6\}$ $B = \{-6; -3; -2; -1; 1; 2; 3; 6\}$
$C = \{x \in \mathbb{Z}: 0 < x < 4\}$ $D = \{x \in \mathbb{N}: 0 < x < 4\}$	$C = \{1; 2; 3\}$ $D = \{1; 2; 3\}$
$E = \{x \in \mathbb{R}: x^3 + 7 = 15\}$ $F = \{x \in \mathbb{R}: \frac{x}{3} + \frac{x}{4} = \frac{7}{6}\}$	$E = \{2\}$ $F = \{2\}$

Die Mengen A und B werden mit der gleichen Aussageform, aber verschiedenen Grundbereichen gebildet. Dadurch sind sie verschieden.

Der Vergleich der Mengen C und D zeigt, dass hier gleiche Aussageformen und verschiedene Grundbereiche vorliegen, dennoch ist $C = D$.

In den Beispielen E und F bestimmen zwei *verschiedene Aussageformen* mit dem *gleichen Grundbereich* die gleiche Menge. Solche Aussageformen werden als zueinander **äquivalent** (gleichwertig) bezeichnet.

„Äquivalent“ wird in der Mathematik in verschiedenen Bedeutungen verwendet. Aussageformen *mit dem gleichen Grundbereich* sind äquivalent, wenn sie die gleiche **Lösungsmenge** besitzen.

1.2.3 Mächtigkeit von Mengen

D Zwei Mengen A und B sind zueinander **gleichmächtig** ($A \sim B$), wenn es eine eineindeutige Abbildung *von A auf B* gibt. Jedem Element von A kann also genau ein Element von B und zugleich jedem Element von B genau ein Element von A zugeordnet werden.

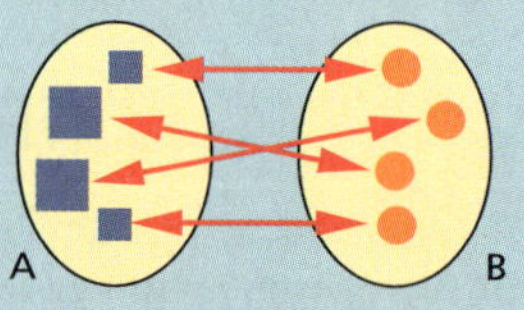

Zwei endliche Mengen sind zueinander gleichmächtig, wenn sie die gleiche Anzahl von Elementen besitzen.
Durch paarweise Zuordnung der Elemente können auch Mengen mit unendlich vielen Elementen nach ihrer Mächtigkeit verglichen werden.

D Ist eine unendliche Menge zur Menge der natürlichen Zahlen gleichmächtig, so ist sie eine **abzählbar unendliche Menge.** Anderenfalls ist die Menge **überabzählbar unendlich.**

Jeder ganzen Zahl kann eineindeutig genau eine natürliche Zahl zugeordnet werden. Die Menge $\mathbb{Z}$ wird dabei „abgezählt“ (durchnummeriert). $\mathbb{Z}$ ist deshalb eine abzählbar unendliche Menge.

$\mathbb{N} = \{0;\ 1;\ 2;\ 3;\ 4;\ 5;\ 6;\ 7;\ 8;\ 9;\ 10;\ 11;\ 12\ \ldots\}$

↕ ↕ ↕ ↕ ↕ ↕ ↕ ↕ ↕ ↕ ↕ ↕ ↕ $\mathbb{N} \sim \mathbb{Z}$

$\mathbb{Z} = \{0;\ 1;\ -1;\ 2;\ -2;\ 3;\ -3;\ 4;\ -4;\ 5;\ -5;\ 6;\ -6\ \ldots\}$

Auch die Menge der nichtnegativen rationalen Zahlen $\mathbb{Q}_+$ ist abzählbar unendlich.
Dazu werden alle Brüche in dieses – nach rechts und unten offene – quadratische Schema eingetragen.

$\frac{0}{1}$	$\frac{0}{1}$	$\frac{0}{1}$	$\frac{0}{1}$	$\frac{0}{1}$	$\frac{0}{1}$	…
$\frac{1}{1}$	$\frac{2}{1}$	$\frac{3}{1}$	$\frac{4}{1}$	$\frac{5}{1}$	$\frac{6}{1}$	…
$\frac{1}{2}$	$\frac{2}{2}$	$\frac{3}{2}$	$\frac{4}{2}$	$\frac{5}{2}$	$\frac{6}{2}$	…
$\frac{1}{3}$	$\frac{2}{3}$	$\frac{3}{3}$	$\frac{4}{3}$	$\frac{5}{3}$	$\frac{6}{3}$	…
$\frac{1}{4}$	$\frac{2}{4}$	$\frac{3}{4}$	$\frac{4}{4}$	$\frac{5}{4}$	$\frac{6}{4}$	…
$\frac{1}{5}$	$\frac{2}{5}$	$\frac{3}{5}$	$\frac{4}{5}$	$\frac{5}{5}$	$\frac{6}{5}$	…
$\frac{1}{6}$	$\frac{2}{6}$	$\frac{3}{6}$	$\frac{4}{6}$	$\frac{5}{6}$	$\frac{6}{6}$	…
…	…	…	…	…	…	…

$\frac{0}{1} \leftrightarrow 0;$
$\frac{1}{1} \leftrightarrow 1;$
$\frac{2}{1} \leftrightarrow 2;$
$\frac{1}{2} \leftrightarrow 3;$
$\frac{1}{3} \leftrightarrow 4;$
$\frac{3}{1} \leftrightarrow 5;$
$\frac{4}{1} \leftrightarrow 6;$
$\frac{3}{2} \leftrightarrow 7;$
$\frac{2}{3} \leftrightarrow 8;$
$\frac{1}{4} \leftrightarrow 9;$
…

Dieses Verfahren heißt **Diagonalverfahren** und geht auf GEORG CANTOR zurück.

Ein und dieselbe gebrochene Zahl kann durch beliebig viele Brüche ausgedrückt werden, von denen immer nur der gezählt wird, welcher nicht weiter gekürzt werden kann.
In den markierten Feldern stehen die kürzbaren Brüche, die deshalb beim Zählen übersprungen werden. In der Reihenfolge der Pfeile und dann so immer weiter kann jeder gebrochenen Zahl eineindeutig genau eine natürliche Zahl zugeordnet werden.
$\mathbb{Q}_+$ ist damit eine abzählbar unendliche Menge:
$\mathbb{Q}_+ \sim \mathbb{N}$

Mithilfe entsprechender Zuordnungen kann gezeigt werden, dass auch die Menge der rationalen Zahlen $\mathbb{Q}$ und die Menge der geraden Zahlen abzählbar unendliche Mengen sind.
Dagegen gibt es keine eineindeutige Abbildung der Menge der reellen Zahlen $\mathbb{R}$ auf die Menge der natürlichen Zahlen $\mathbb{N}$. Die Menge der reellen Zahlen ist *überabzählbar unendlich.* Ihre Mächtigkeit wird auch als das **Kontinuum** bezeichnet.
Bereits Teilmengen von $\mathbb{R}$, etwa Intervalle (↗ S. 113; Lösungsmenge) auf der Zahlengeraden wie zum Beispiel $M = \{x \in \mathbb{R}: 3 < x < 4\}$, sind überabzählbar unendlich.

1.2.4 Relationen zwischen zwei Mengen

Gleichheit von Mengen

Zwei Mengen sind **gleich,** wenn sie dieselben Elemente besitzen.

$A = \{x \in \mathbb{R}: x(x-1) = 0\}$
$B = \{y \in \mathbb{N}: y < 2\}$

$A = \{0; 1\}$
$B = \{0; 1\}$
$A = B = \{0; 1\}$

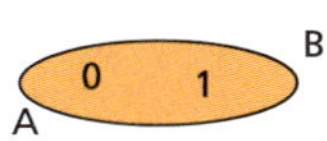

Gleichmächtigkeit von Mengen

Die Gleichmächtigkeit von zwei Mengen (↗ S. 28; Mächtigkeit von Mengen) lässt sich am folgenden Beispiel veranschaulichen:

Menge A: fünf ausgewählte Länder der Bundesrepublik Deutschland
Menge B: fünf ausgewählte Landeswappen

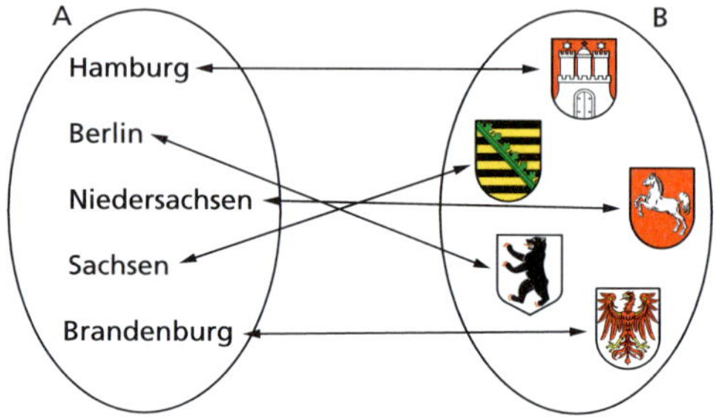

Teilmenge

> Die Menge A ist **Teilmenge** der Menge B, wenn jedes Element von A zugleich in B enthalten ist ($A \subseteq B$).
> B heißt dann **Obermenge** von A.

Jede Menge ist auch Teilmenge von sich selbst ($A \subseteq A$).
Die leere Menge ist Teilmenge jeder Menge.
Für alle Mengen A gilt:
$\emptyset \subseteq A$

S ist die Menge aller Schüler der neunten Klassen.
G ist die Menge aller Schüler der Schule.
$S \subseteq G$, denn jeder Schüler der neunten Klassen ist Schüler der Schule.

Q ist die Menge aller Quadrate.
P die Menge aller Parallelogramme.
$Q \subseteq P$, denn jedes Quadrat ist ein (spezielles) Parallelogramm.

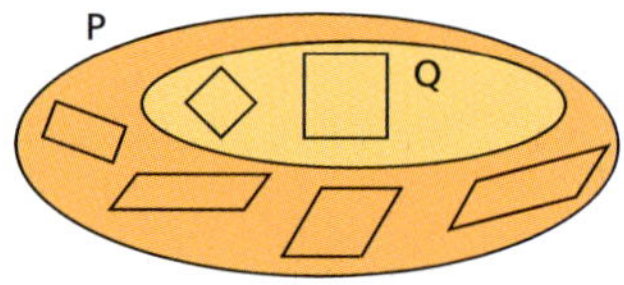

Echte Teilmenge

> Ist jedes Element von A zugleich in B enthalten ($A \subseteq B$) und gibt es in B *mindestens* ein Element, welches nicht in A enthalten ist, dann ist A **echte Teilmenge** von B ($A \subset B$).

Weil jedes Quadrat ein Parallelogramm ist, gilt $Q \subseteq P$.
Weil es zugleich auch (mindestens) ein Parallelogramm gibt, welches kein Quadrat ist, gilt sogar $Q \subset P$.

Elementfremde (disjunkte) Mengen

> Zwei Mengen A und B sind **elementfremd (disjunkt),** wenn sie kein gemeinsames Element besitzen.

A ist die Menge der schwarzen Buben eines Skatspiels.
B ist die Menge der roten Buben eines Skatspiels.

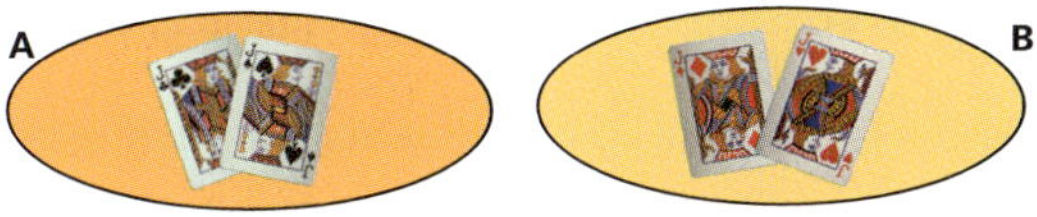

$A = \{x \in \mathbb{N}: 5 \mid x\}$
$B = \{x \in \mathbb{N}: 5 \mid x + 1\}$

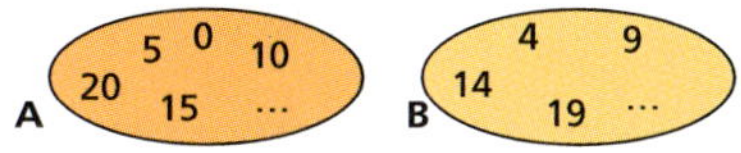

Überschnittene Mengen

> Zwei Mengen A und B sind **überschnitten,** wenn (jeweils mindestens)
> - ein Element von A nicht in B ist,
> - ein Element von B nicht in A ist und
> - ein Element in A und B zugleich ist.

A ist die Menge der Buben eines Skatspiels.
B ist die Menge der roten Karten eines Skatspiels.

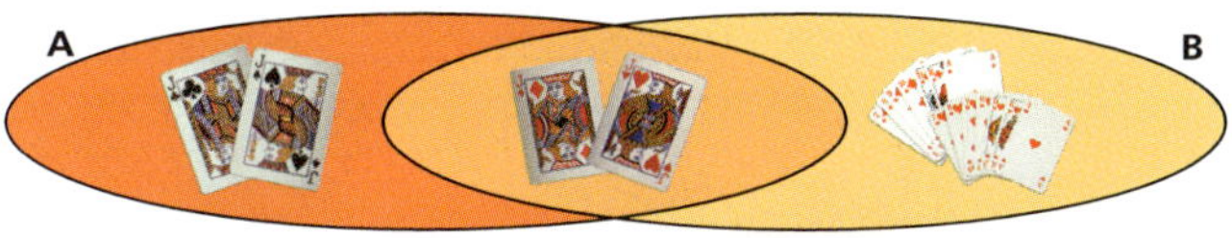

$A = \{x \in \mathbb{N}: 2 \mid x\}$
$B = \{y \in \mathbb{N}: 3 \mid y\}$

1.2.5 Mengenoperationen

Die Verknüpfung zweier Mengen wird als **Mengenoperation** bezeichnet. Aus den Elementen der Ausgangsmengen wird dabei eine neue Menge gebildet.

Vereinigungsmenge

> Die **Vereinigungsmenge** von A und B ($A \cup B$) ist die Menge aller Elemente, die in A oder in B (oder in beiden Mengen) enthalten sind.
> $A \cup B = \{x: x \in A \vee x \in B\}$

Wegen der Kommutativität der ODER-Verknüpfung gilt für alle Mengen A und B: $A \cup B = B \cup A$

Je nach der Beziehung zwischen A und B können bei der Veranschaulichung von $A \cup B$ drei Fälle unterschieden werden:

Elementfremde (disjunkte) Mengen A und B	**Überschnittene Mengen A und B**	**B Teilmenge von A**
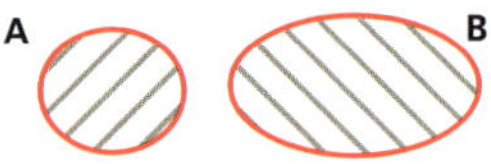 A ∪ B = B ∪ A	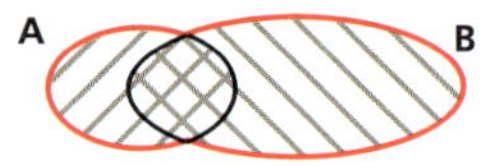 A ∪ B = B ∪ A	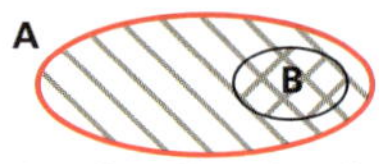 A ∪ B = B ∪ A = A
A = {3; 4; 5} B = {6; 7; 8} A ∪ B = {3; 4; 5; 6; 7; 8} 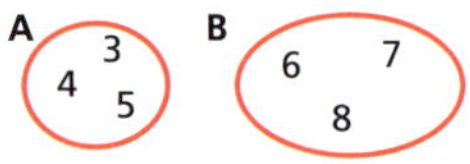	A = {3; 4; 5} B = {5; 6; 7; 8} A ∪ B = {3; 4; 5; 6; 7; 8} 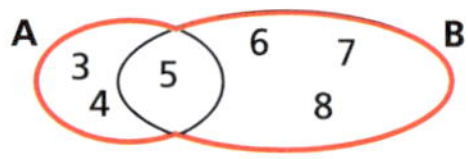	A = {3; 4; 5; 6; 7; 8} B = {7; 8} A ∪ B = {3; 4; 5; 6; 7; 8} 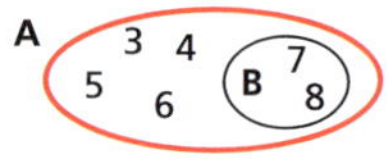

Durchschnittsmenge

Wegen der Kommutativität der UND-Verknüpfung gilt für alle Mengen A und B: A ∩ B = B ∩ A

> D Die **Durchschnittsmenge** von A und B (A ∩ B) ist die Menge aller Elemente, die in A *und* zugleich in B enthalten sind.
> $A \cap B = \{x: x \in A \wedge x \in B\}$

Je nach der Beziehung zwischen A und B können bei der Veranschaulichung von A ∩ B drei Fälle unterschieden werden:

Elementfremde (disjunkte) Mengen A und B	**Überschnittene Mengen A und B**	**B Teilmenge von A**
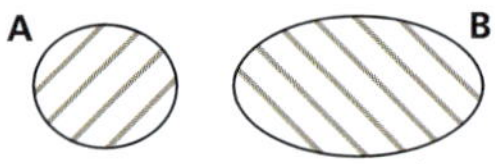 A ∩ B = B ∩ A = ∅	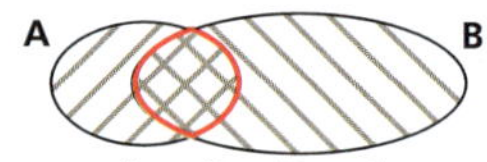 A ∩ B = B ∩ A	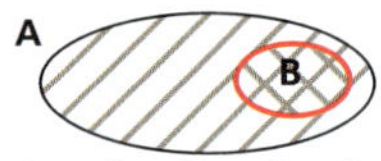 A ∩ B = B ∩ A = B
A = {3; 4; 5} B = {6; 7; 8} A ∩ B = { } = ∅ 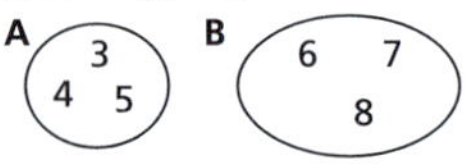	A = {3; 4; 5} B = {5; 6; 7; 8} A ∩ B = {5} 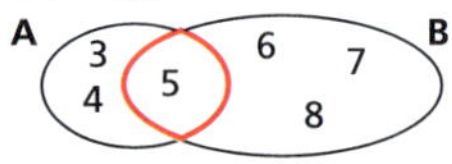	A = {3; 4; 5; 6; 7; 8} B = {7; 8} A ∩ B = {7; 8} 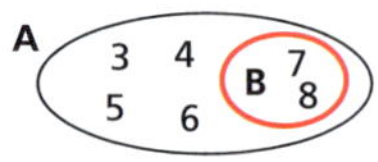

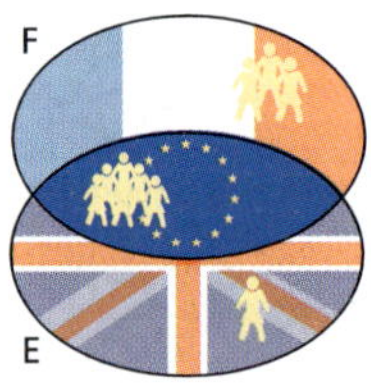

In einer gemischten Reisegruppe aus Engländern und Franzosen sprechen sieben Personen Englisch, neun sprechen Französisch und sechs Personen beherrschen beide Sprachen.
Wie viele Personen gehören zur Reisegruppe?
E ist die Menge der Reisenden, die Englisch sprechen.
F ist die Menge der Reisenden, die Französisch sprechen.
Dann gehören sechs Personen zu E ∩ F.
Also sprechen 9 – 6 = 3 Personen nur Französisch
und 7 – 6 = 1 Person nur Englisch.
Zur Reisegruppe gehören insgesamt zehn Personen.

Komplementärmenge

> **D** Das **Komplement** $\overline{A}$ (gesprochen „A quer") zu einer Menge A bezüglich des Grundbereichs G ist die Menge aller Elemente aus G, die nicht in A enthalten sind.
> A und $\overline{A}$ sind Komplementärmengen bezüglich G.

Folglich ist $\overline{A} \cup A = G$ und $\overline{A} \cap A = \emptyset$.

Die Menge der geraden Zahlen und die Menge der ungeraden Zahlen sind Komplementärmengen bezüglich ℕ:
$A = \{x \in \mathbb{N}: 2 \mid x\} = \{0; 2; 4; 6; \ldots\}$
$\overline{A} = \{x \in \mathbb{N}: 2 \nmid x\} = \{1; 3; 5; 7; \ldots\}$
$A \cup \overline{A} = \mathbb{N}; A \cap \overline{A} = \emptyset$

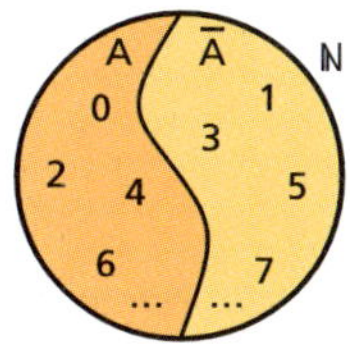

Differenzmenge

> **D** Die **Differenzmenge** A\B (gesprochen „A ohne B") ist die Menge aller Elemente, die in A und nicht in B enthalten sind.
> $A \setminus B = \{x: x \in A \wedge x \notin B\}$

Die Differenzmengenbildung ist nicht kommutativ.

Je nach der Beziehung zwischen A und B können bei der Veranschaulichung von A\B drei Fälle unterschieden werden:

A und B elementfremd	A und B überschnitten	B Teilmenge von A
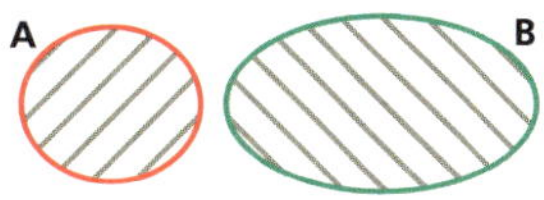 A\B = A B\A = B	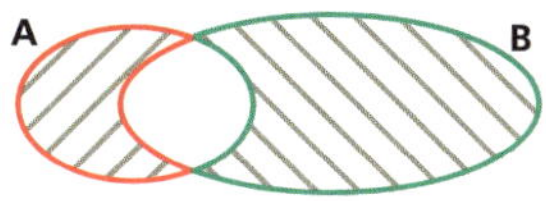 A\B B\A	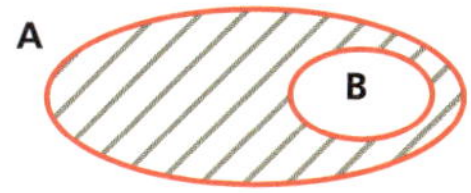 A\B B\A = ∅
A = {3; 4; 5} B = {6; 7; 8} A\B = {3; 4; 5} = A B\A = {6; 7; 8} = B 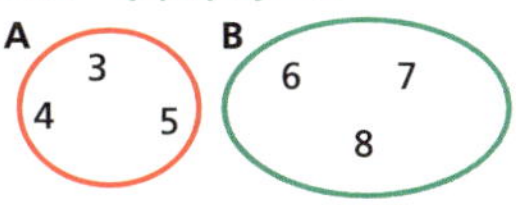	A = {3; 4; 5} B = {5; 6; 7; 8} A\B = {3; 4} B\A = {6; 7; 8} 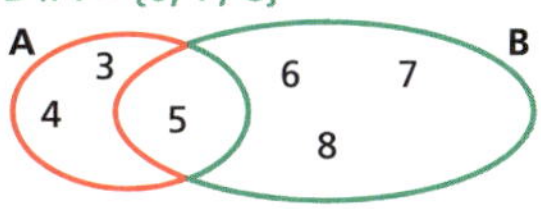	A = {3; 4; 5; 6; 7; 8} B = {7; 8} A\B = {3; 4; 5; 6} B\A = { } 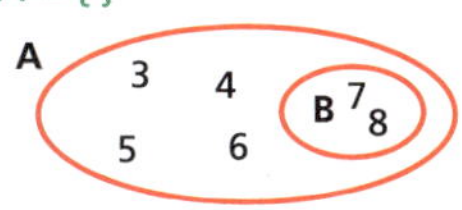

Geordnetes Paar, geordnetes Tripel

> **D** Ein **geordnetes Paar** (a; b) entsteht durch Zusammenfassen zweier Elemente a und b in einer festen Reihenfolge.
> Sind a und b Zahlen, ist das geordnete Paar ein **Zahlenpaar.**

Geordnete Zahlenpaare werden z.B. zur Angabe der Position eines Punktes im Koordinatensystem genutzt.

Geordnete Zahlenpaare (a; b) werden auch in der Form (a | b) dargestellt.

P(x; y) ≠ P(y; x)

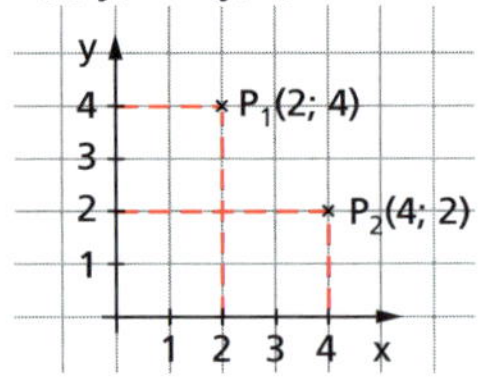

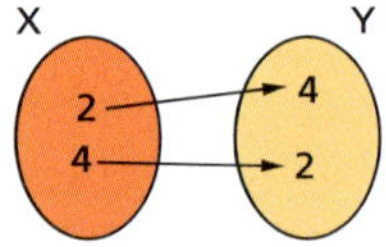

x	y
2	4
4	2

D Ein **geordnetes Tripel** (a; b; c) entsteht durch Zusammenfassen dreier Elemente a, b und c in einer festen Reihenfolge.
Sind a, b, c Zahlen, spricht man von einem **geordneten Zahlentripel.**

Zahlentripel treten auch als ganzzahlige Lösungen der Gleichung $a^2 + b^2 = c^2$ auf. Sie werden **pythagoreische Zahlentripel** genannt.

Geordnete Zahlentripel werden z.B. zur Angabe der Position eines Punktes in einem räumlichen Koordinatensystem genutzt.

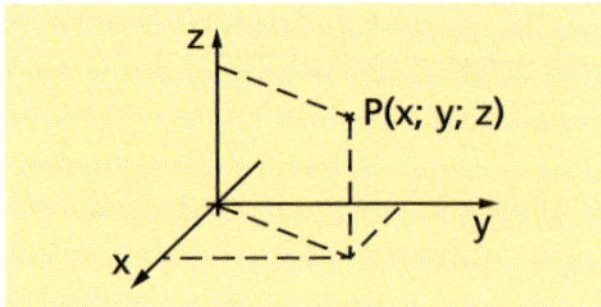

Produktmenge

D Die **Produktmenge** A × B (gesprochen „A kreuz B") ist die Menge aller geordneten Paare, deren erstes Element aus A und deren zweites Element aus B ist.
$A \times B = \{(x; y): x \in A \wedge y \in B\}$

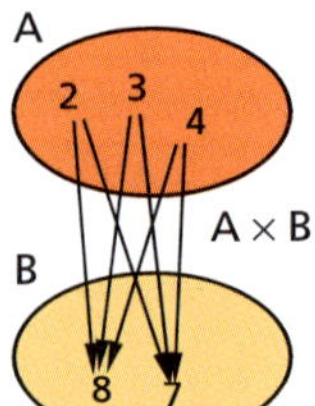

Die Produktmengenbildung ist nicht kommutativ.

A = {2; 3; 4}; B = {7; 8}
A × B = {(2; 7); (2; 8); (3; 7); (3; 8); (4; 7); (4; 8)}
B × A = {(7; 2); (8; 2); (7; 3); (8; 3); (7; 4); (8; 4)}

Potenzmenge

D Die **Potenzmenge** P(M) von einer Menge M ist die Menge aller Teilmengen von M.

Die Potenzmenge einer Menge M enthält immer die leere Menge und die Menge M selbst.

M = {3; 4; 5; 6}
P(M) =
{∅,
{3}, {4}, {5}, {6},
{3; 4}, {3; 5}, {3; 6}, {4; 5}, {4; 6}, {5; 6},
{3; 4; 5}, {3; 4; 6}, {3; 5; 6}, {4; 5; 6};
{3; 4; 5; 6}}

Die Potenzmenge von M enthält:
– die leere Menge,
– vier Einermengen,
– sechs Zweiermengen,
– vier Dreiermengen,
– die Menge M selbst,
also insgesamt 16 Teilmengen.

ZAHLEN UND RECHNEN | 2

2.1 Natürliche Zahlen

2.1.1 Zahlbegriff; Zahldarstellungen

Die Menge der natürlichen Zahlen ohne die Null wird oftmals mit ℕ* bezeichnet.

Die Zahlen 0; 1; 2; 3; … usw. bilden die **Menge der natürlichen Zahlen ℕ.** Manchmal wird die Zahl 0 ausgeschlossen.
Die natürliche Zahl n ist eine Abstraktion von konkreten, endlichen Mengen mit n Elementen.

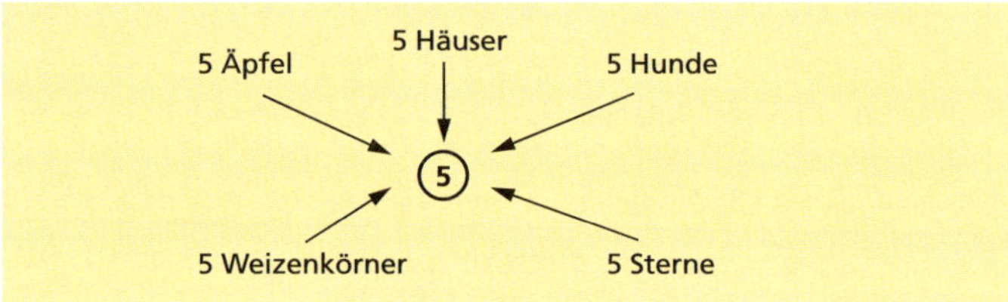

Natürliche Zahlen werden z. B. beim Abzählen, beim Ordnen, beim Messen, beim Nummerieren und als Operator verwendet.

Damit steht jede natürliche Zahl für eine Klasse gleichmächtiger Mengen.
Die so gewonnene Zahl heißt **Kardinalzahl.**
Natürliche Zahlen dienen aber auch der Beschreibung von Stellen in Anordnungen.
Die so verwendeten natürlichen Zahlen heißen **Ordinalzahlen.**
Man schreibt sie im Unterschied zu den Kardinalzahlen meist mit einem Punkt.

Der August ist *der achte Monat* des Jahres.	8. Monat
Eisen ist *das sechsundzwanzigste Element* im Periodensystem.	26. Element
JOHN F. KENNEDY war der *fünfunddreißigste Präsident* der USA.	35. Präsident

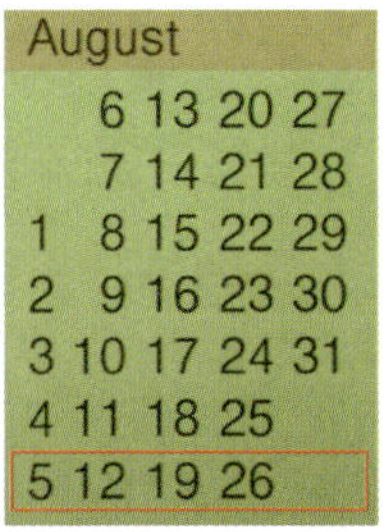

Man erhält die natürlichen Zahlen, indem man mit 0 beginnt und immer um 1 weiterzählt. Somit erhält man zu jeder natürlichen Zahl eine unmittelbar darauf folgende Zahl.
Zur natürlichen Zahl n erhält man n + 1. Diese Zahl n + 1 heißt **Nachfolger** von n.
Mit Ausnahme von 0 hat auch jede natürliche Zahl n einen **Vorgänger,** n – 1.

Vorgänger n – 1	Natürliche Zahl n	Nachfolger n + 1
–	0	1
178	179	180
2 999	3 000	3 001

Die natürlichen Zahlen werden veranschaulicht, indem der Ausgangspunkt eines Strahls mit 0 bezeichnet und der Strahl in jeweils gleiche Abstände unterteilt wird. Dieser Strahl heißt **Zahlenstrahl.**

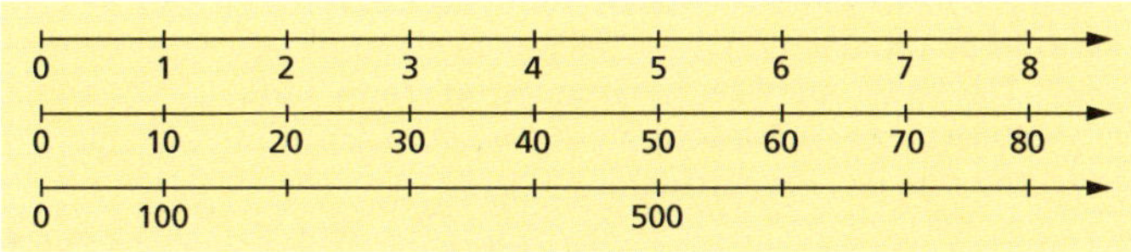

Auf diese Weise sind die natürlichen Zahlen der Größe nach geordnet. Von zwei natürlichen Zahlen ist diejenige größer, deren Darstellung auf dem Zahlenstrahl weiter von 0 entfernt ist.
Man kann Zahlen auch vergleichen, indem die Mengen oder die Stellenzahl verglichen werden oder indem gerechnet wird.
Wenn a größer als b ist, schreibt man a > b. Dann ist auch b kleiner als a, man schreibt b < a.

S Zwischen zwei natürlichen Zahlen a und b gilt eine (und nur eine) der folgenden Beziehungen:
$a < b$; $a = b$; $a > b$

Da jede natürliche Zahl einen Nachfolger hat, gibt es keine größte natürliche Zahl.
Zum Darstellen natürlicher Zahlen verwendet man Ziffern.

Die Menge der natürlichen Zahlen ℕ hat also unendlich viele Elemente.

Die Zahl Zwölf kann unterschiedlich dargestellt werden:

– vor 5 000 Jahren in Ägypten	∩II
– vor 3 500 Jahren in China	–II
– vor 2 000 Jahren im Römischen Reich	XII
– mit arabischen Ziffern	12
– im Dualsystem	IIOO

Heute ist meist eine Darstellung mit den zehn Ziffern 0; 1; 2; 3; 4; 5; 6; 7; 8 und 9 (auch *Grundziffern* genannt) gebräuchlich.
Dabei kommt auch der Stelle, an der eine Ziffer steht, Bedeutung zu.

Man spricht in diesem Fall vom **Stellenwertsystem.**

Stellenwert	…	100 000	10 000	1 000	100	10	1
Wort	…	Hundert-tausender	Zehn-tausender	Tausender	Hunderter	Zehner	Einer
Abkürzung	…	HT	ZT	T	H	Z	E

Darstellung der Zahl Achtundzwanzigtausendvierunddreißig im Zehnersystem:

HT	ZT	T	H	Z	E
	2	8	0	3	4

Eine solche Darstellung erfordert unbedingt eine Kennzeichnung leerer Stellen (hier durch die Ziffer 0).
Das Beispiel zeigt, dass bei der Darstellung der natürlichen Zahlen die Zahl 10 und deren Potenzen die Grundlage bilden. Man spricht deshalb vom **dekadischen Positionssystem** oder vom **Dezimalsystem.**

deka (griech.) – zehn; decimus (lat.) – zehnter

In diesem dekadischen Positionssystem lässt sich jede natürliche Zahl eindeutig (d.h. auf eine und nur eine Weise) als Folge von Grundziffern darstellen. Die Stelle, an der eine Grundziffer steht, gibt an, mit welcher Potenz von 10 sie zu multiplizieren ist. Die (von rechts) erste Stelle mit 10^0, die zweite mit 10^1, die dritte mit 10^2 usw.

Darstellung der Zahl 28 034:

HT	ZT	T	H	Z	E
10^5	10^4	10^3	10^2	10^1	$10^0 = 1$
	2	8	0	3	4

$$28\,034 = 2 \cdot 10^4 + 8 \cdot 10^3 + 0 \cdot 10^2 + 3 \cdot 10^1 + 4 \cdot 10^0$$
$$= 2 \cdot 10\,000 + 8 \cdot 1\,000 + 0 \cdot 100 + 3 \cdot 10 + 4 \cdot 1$$

duo (lat.) – zwei

Allgemein gilt:
$a_m a_{m-1} a_{m-2} \ldots a_2 a_1 a_0 =$
$a_m \cdot 10^m + a_{m-1} \cdot 10^{m-1} + \ldots + a_2 \cdot 10^2 + a_1 \cdot 10^1 + a_0 \cdot 10^0$

Mit 16 als Basis erhält man das **Hexadezimalsystem.** Wesentliche Rechengesetze und Verfahren (z.B. die für das schriftliche Rechnen) gelten in allen **Positionssystemen.**

Anstelle der 10 kann man auch jede andere Zahl als Basis eines solchen Positionssystems wählen.
Wählt man 2 als Basis, erhält man das **Dualsystem** mit den beiden Ziffern O und I (O steht für 0, I steht für 1).

$12 = 1 \cdot 2^3 + 1 \cdot 2^2 + 0 \cdot 2^1 + 0 \cdot 2^0 = \text{IIOO}$
$13 = 1 \cdot 2^3 + 1 \cdot 2^2 + 0 \cdot 2^1 + 1 \cdot 2^0 = \text{IIOI}$
$15 = 1 \cdot 2^3 + 1 \cdot 2^2 + 1 \cdot 2^1 + 1 \cdot 2^0 = \text{IIII}$

Eine andere Art der Darstellung natürlicher Zahlen sind **Additionssysteme,** zum Beispiel die Darstellung natürlicher Zahlen mit **römischen Zahlzeichen** (↗ S. 346).
Aus den Zahlzeichen (*I; V; X; L; C; D; M*) werden alle Zahlen durch Addition und Subtraktion zusammengesetzt. Die einzelnen Zahlzeichen werden addiert, wenn auf größere Ziffern kleinere Ziffern folgen. Steht eine kleinere Ziffer vor einer größeren Ziffer, wird sie von dieser subtrahiert.

centum (lat.) – hundert
mille (lat.) – tausend

Zahldarstellung							
im Dezimalsystem	1	5	10	50	100	500	1000
mit römischen Zahlzeichen	*I*	*V*	*X*	*L*	*C*	*D*	*M*

Die Zeichen *I, X, C* und *M* dürfen höchstens dreimal hintereinanderstehen; *V, L* und *D* werden nicht mehrfach hintereinandergestellt.

VII = *V* + *I* + *I* = 7
5 + 1 + 1

IX = *X* − *I* = 9
10 − 1

CXI = *C* + *X* + *I* = 111
100 + 10 + 1

XL = *L* − *X* = 40
50 − 10

XCV = *C* − *X* + *V* = 95
100 − 10 + 5

MCMLXXIX = 1000 + 1000 − 100 + 50 + 10 + 10 + 10 − 1 = 1979
MMCMXLIII = 1000 + 1000 + 1000 − 100 + 50 − 10 + 1 + 1 + 1
= 2943

2.1.2 Rechnen mit natürlichen Zahlen

Addition

Natürliche Zahlen kann man addieren. Addieren ist z.B. Zusammenfassen, Dazugeben, Hinzufügen, Vermehren und Verlängern.
Geht man auf die Mengenvorstellung der Kardinalzahl zurück, so bedeutet Addieren das Vereinigen von entsprechenden Mengen.

addere (lat.) – hinzufügen

D Eine Menge A vereinigt mit einer (zu A elementfremden) Menge B ergibt eine Menge S.
A hat a Elemente, B hat b Elemente und S hat s = a + b Elemente.

Summe

Addition $s = a + b$

Summe = Summand + Summand

3 Äpfel plus 4 Äpfel ergeben zusammen 7 Äpfel.

Die Addition ist im Bereich der natürlichen Zahlen immer ausführbar und eindeutig. Zu zwei Zahlen a und b gibt es eine und nur eine Zahl s mit $s = a + b$.

S Die Zahl 0 ist das **neutrale Element der Addition.** Es gilt:
$a + 0 = 0 + a = a$

Supermarkt

Kartoffeln	1,49
Tragetasche	0,10
Traubensaft	0,65
Kirschsaft	0,99
Pfirsichnektar	0,65
H-Milch	0,43
H-Milch	0,43
Haushaltstuch	0,79
Summe	**5,53**
Bar	20,03
Rückgeld	14,50

Wir danken für Ihren Einkauf!

Man kann die Addition am Zahlenstrahl durch Pfeile veranschaulichen. Um die Summe $s = a + b$ zu erhalten, setzt man den Anfang des Pfeils b an das Ende (die Spitze) des Pfeils a. Der Summenpfeil s beginnt am Anfang des Pfeils a und endet an der Spitze des Pfeils b.

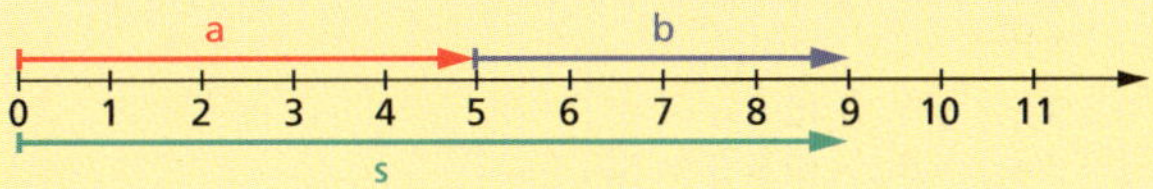

Für $a = 5$ und $b = 4$ beträgt $s = 5 + 4 = 9$.

Für die Addition natürlicher Zahlen gelten folgende Gesetzmäßigkeiten:

S Eine Summe natürlicher Zahlen ist nie kleiner als ein einzelner Summand. Für $s = a + b$ gilt stets: $s \geq a$ und $s \geq b$

$17 = 8 + 9$; also $17 > 8$ und $17 > 9$
$18 = 0 + 18$; also $18 > 0$ und $18 = 18$

monotonos (griech.) – eintönig;
relatio (lat.) – Beziehung, Verhältnis

S Die Addition ist **monoton** bezüglich der Kleiner-Relation.
Aus $a < b$ folgt stets: $a + c < b + c$

Aus 3 < 7 folgt 3 + 5 < 7 + 5 und damit 8 < 12.

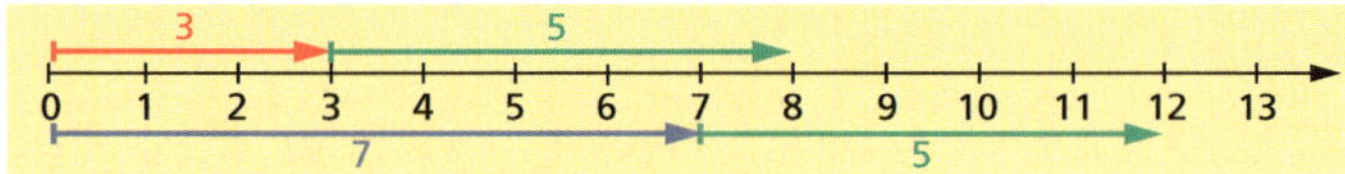

commutare (lat.) – vertauschen

S Für die Addition gilt das **Kommutativgesetz:**
Summanden darf man vertauschen, dabei bleibt die Summe gleich.
a + b = b + a

248 + 627 = 627 + 248 = 875

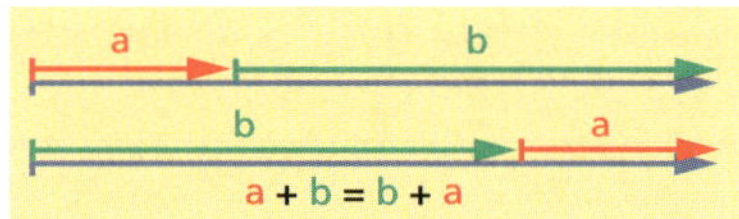

associare (lat.) – verbinden

S Für die Addition gilt das **Assoziativgesetz:**
Summanden darf man beliebig zusammenfassen, dabei bleibt die Summe gleich.
a + (b + c) = (a + b) + c

3 + (7 + 4) = (3 + 7) + 4
3 + 11 = 10 + 4
14 = 14

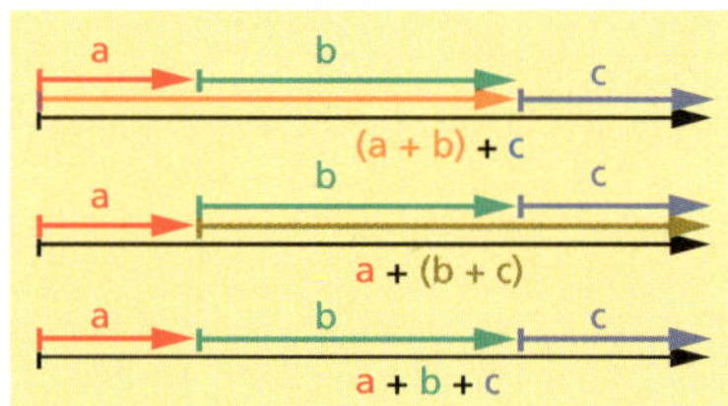

Die Gesetze kann man beim Kopfrechnen nutzen, indem man die Zahlen so zusammenfasst, dass volle Zehner entstehen.

Aus beiden Gesetzen folgt, dass beim Addieren die Reihenfolge der Summanden beliebig ist.

3 + 8 = 3 + 7 + 1 = 10 + 1 = 11
3 + 8 + 7 = 3 + 7 + 8 = 10 + 8 = 18
31 + 48 + 69 + 52 = 31 + 69 + 48 + 52 = 100 + 100 = 200

Trotz der Existenz leistungsfähiger Taschenrechner bleibt Kopfrechnen weiterhin wichtig, z. B. beim Kontrollieren durch Überschlagen.
Es gibt auch ein **schriftliches Verfahren der Addition.**

Die Zahlen 38 251; 7 430; 27 und 5 638 sollen addiert werden.
Die Zahlen werden stellengerecht untereinander geschrieben.
Man beginnt mit der Addition der Einer.

	ZT	T	H	Z	E
	3	8	2	5	1
		7	4	3	0
				2	7
+		5	6	3	8
	2	1	1	1	
	5	1	3	4	6

8 + 7 + 0 + 1 = 16; schreibe 6, merke 1.
1 + 3 + 2 + 3 + 5 = 14; schreibe 4, merke 1.
1 + 6 + 4 + 2 = 13; schreibe 3, merke 1.
1 + 5 + 7 + 8 = 21; schreibe 1, merke 2.
2 + 3 = 5; schreibe 5.

Subtraktion

Die Frage, welche Zahl d man zu einer Zahl a addieren muss, um eine vorgegebene Zahl c zu erhalten, führt zur Umkehrung der Addition, zur Subtraktion.
Subtrahieren ist z.B. Wegnehmen, Vermindern, Abziehen, Verringern, Verkleinern und Ausgeben.

subtrahere (lat.) – abziehen

Welche natürliche Zahl muss man zu 5 addieren, um 12 zu erhalten?
Man rechnet 12 – 5 = 7. Antwort: 7, denn 5 + 7 = 12.

D Die Subtraktion ist die Umkehrung der Addition.
a + d = c ist gleichwertig mit d = c – a.

	Differenz
Subtraktion	d = c – a
	Differenz = Minuend – Subtrahend

minuere (lat.) – verkleinern; differentia (lat.) – Unterschied

Die Subtraktion kann man auf dem Zahlenstrahl veranschaulichen.
Um die Differenz d = c – a zu erhalten, setzt man die Spitze des zweiten Pfeils a an die Spitze des ersten Pfeils c. Der Differenzpfeil d verläuft vom Anfang des Pfeils c zum Anfang des Pfeils a.

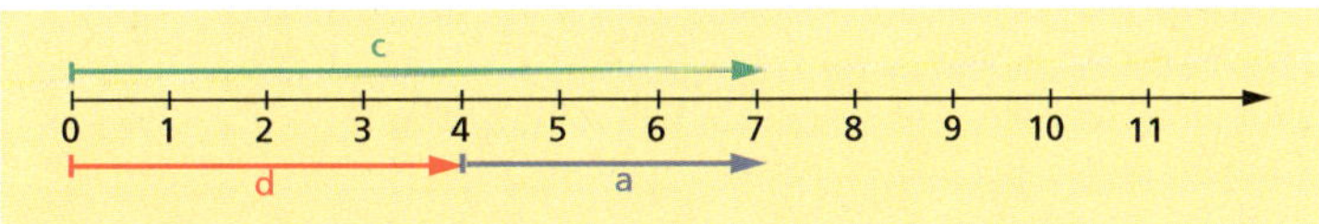

Für a = 3 und c = 7 beträgt d = 7 – 3 = 4.

Eine natürliche Zahl d existiert nur, wenn $c \geq a$ gilt.
Im Bereich der natürlichen Zahlen ist die Subtraktion nicht uneingeschränkt ausführbar. Sie ist ausführbar, wenn der Subtrahend nicht größer als der Minuend ist.
Für die Subtraktion natürlicher Zahlen gelten folgende Gesetzmäßigkeiten:

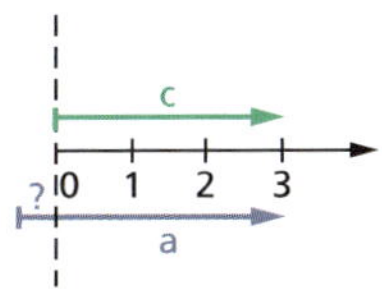

S a – 0 = a und a – a = 0, weil a + 0 = a
c – (a + b) = c – a – b
c – (a + b) = c – (b + a) und somit c – a – b = c – b – a

Diese Gesetzmäßigkeiten kann man beim Rechnen nutzen.

127 – (27 + 64) = 127 – 27 – 64 = 100 – 64 = 36
218 – 55 –18 = (218 – 18) – 55 = 200 – 55 = 145

Bei der **schriftlichen Subtraktion** werden die Zahlen wie bei der schriftlichen Addition untereinander geschrieben (↗ S. 40; schriftliche Addition).

Die Subtraktion ist *nicht* kommutativ.
c – a = a – c gilt nur für c = a.

Multiplikation

multiplicare (lat.) – vervielfachen; factor (lat.) – Macher

D Die Multiplikation ist die mehrfache Addition gleicher Summanden.

			Produkt			
Multiplikation	p	=	a	·	b
	Produkt	=	Faktor	·	Faktor

$13 + 13 + 13 + 13 = 4 \cdot 13 = 52$

Die Multiplikation ist im Bereich der natürlichen Zahlen immer ausführbar und eindeutig. Zu zwei Zahlen a und b gibt es daher eine und nur eine Zahl p mit $p = a \cdot b$.

Die Zahl 1 ist das **neutrale Element der Multiplikation.** Es gilt:
$a \cdot 1 = 1 \cdot a = a$

Für die Multiplikation natürlicher Zahlen gelten folgende Gesetzmäßigkeiten:

S Ein Produkt ist 0 genau dann, wenn (mindestens) ein Faktor 0 ist.
$0 = a \cdot 0 = 0 \cdot a$

Für $p = a \cdot b$ mit $a, b \in \mathbb{N}$ und $a \neq 0, b \neq 0$ gilt stets $p \geq a$ und $p \geq b$.
Ein Produkt natürlicher Zahlen, in dem kein Faktor 0 ist, ist nie kleiner als ein einzelner Faktor.

$42 = 7 \cdot 6$, also $42 > 7$ und $42 > 6$

$42 = 1 \cdot 42$, also $42 > 1$ und $42 = 42$

monotonos (griech.) – eintönig

S Die Multiplikation ist **monoton** bezüglich der Kleiner-Relation.
Aus $a < b$ folgt stets:
$a \cdot c < b \cdot c \quad (c \neq 0)$

Aus $2 < 4$ folgt $2 \cdot 5 < 4 \cdot 5$ und damit $10 < 20$.

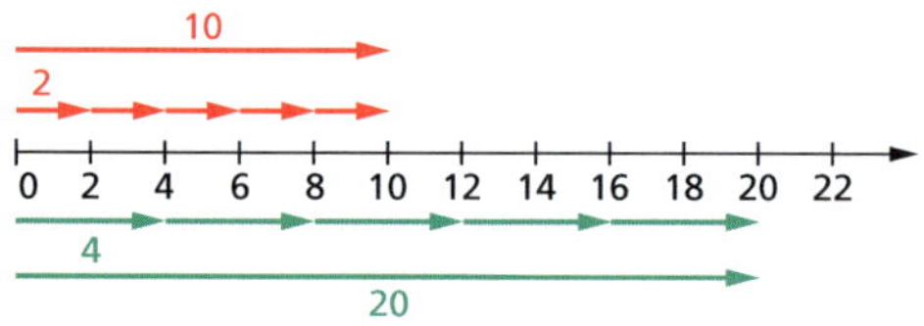

commutare (lat.) – vertauschen

S Für die Multiplikation gilt das **Kommutativgesetz:**
Faktoren darf man vertauschen, dabei bleibt das Produkt gleich.
$a \cdot b = b \cdot a$

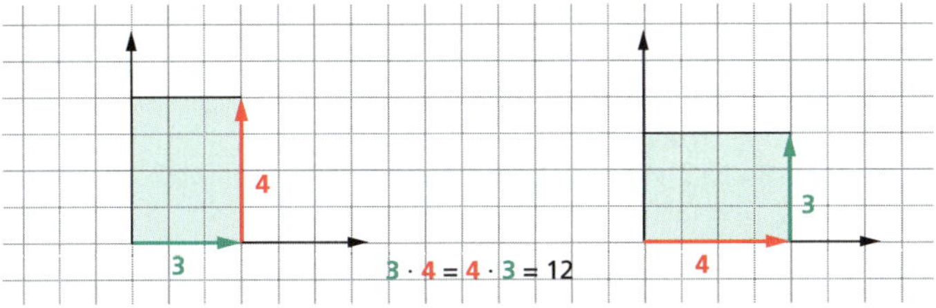

Für die Multiplikation gilt das **Assoziativgesetz:**
Faktoren darf man beliebig zusammenfassen, dabei bleibt das Produkt gleich.
$a \cdot (b \cdot c) = (a \cdot b) \cdot c$

associare (lat.) – verbinden

Der nebenstehende Quader kann in vier Scheiben zu je sechs Steinen, in drei Scheiben zu je acht Steinen oder in zwei Scheiben zu je zwölf Steinen zerlegt werden.
$4 \cdot (2 \cdot 3) = 3 \cdot (4 \cdot 2) = 2 \cdot (4 \cdot 3) = 24$

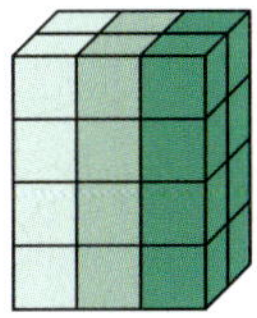

Aus beiden Gesetzen folgt, dass beim Multiplizieren die Reihenfolge der Faktoren beliebig ist. Diese Gesetzmäßigkeiten lassen sich beim vorteilhaften Rechnen benutzen.

$4 \cdot 18 \cdot 25 =$
$(4 \cdot 25) \cdot 18 =$
$100 \cdot 18 = 1800$

$5 \cdot 3 \cdot 14 =$
$(5 \cdot 14) \cdot 3 =$
$70 \cdot 3 = 210$

Für die Multiplikation gilt bezüglich der Addition (Subtraktion) das **Distributivgesetz.**
$a \cdot (b \pm c) = a \cdot b \pm a \cdot c$
oder
$(b \pm c) \cdot a = b \cdot a \pm c \cdot a$

distribuere (lat.) – verteilen

$7 \cdot 22 + 7 \cdot 8 = 7 \cdot (22 + 8) = 7 \cdot 30 = 210$
$4 \cdot 99 = 4 \cdot (100 - 1) = 400 - 4 = 396$

Die Multiplikation hat Vorrang vor der Addition bzw. vor der Subtraktion (↗ S. 45; Vorrangregeln).

Eine Summe (Differenz) wird mit einem Faktor multipliziert, indem man jede Zahl mit diesem Faktor multipliziert und die entstehenden Produkte addiert (subtrahiert).
$(a \pm b \pm c \pm \ldots \pm n) \cdot d = a \cdot d \pm b \cdot d \pm c \cdot d \pm \ldots \pm n \cdot d$

Hier wurde das **Distributivgesetz** angewandt.

Dies kann man beim Kopfrechnen ausnutzen, indem man die zu multiplizierenden Zahlen so zerlegt, dass Grundaufgaben (kleines Einmaleins) mit natürlichen Zahlen oder mit gleichen Zehnerpotenzen entstehen.

$$13 \cdot 7 = (10 + 3) \cdot 7 = 10 \cdot 7 + 3 \cdot 7 = 70 + 21 = 91$$
$$24 \cdot 13 = 24 \cdot (10 + 3) = 24 \cdot 10 + 24 \cdot 3 = 240 + 72 = 312$$
$$746 \cdot 3 = (700 + 40 + 6) \cdot 3 = 700 \cdot 3 + 40 \cdot 3 + 6 \cdot 3$$
$$= 2\,100 + 120 + 18 = 2\,238$$
$$513 \cdot 18 = 513 \cdot (10 + 8) = 513 \cdot 10 + 513 \cdot 8 = 5130 + 500 \cdot 8 + 10 \cdot 8 + 3 \cdot 8$$
$$= 5\,130 + 4\,000 + 80 + 24 = 9\,234$$

Beim Verfahren der *schriftlichen* Multiplikation wird das Distributivgesetz angewandt.

Es sollen die Zahlen 3 216 und 7 miteinander multipliziert werden.

$3216 \cdot 7$	Rechne:	Schreibe:	Merke:
22512	$6 \cdot 7 = 42$	2	4
	$1 \cdot 7 + 4 = 11$	1	1
	$2 \cdot 7 + 1 = 15$	5	1
	$3 \cdot 7 + 1 = 22$	22	

Es sollen die Zahlen 378 und 85 miteinander multipliziert werden.

$378 \cdot 85$	
3024	Es wird $378 \cdot 8$ gerechnet.
1890	Es wird $378 \cdot 5$ gerechnet. Das Ergebnis wird um eine Stelle nach rechts verschoben eine Zeile tiefer eingetragen.
32130	Die Ergebnisse beider Zeilen werden addiert.

Division

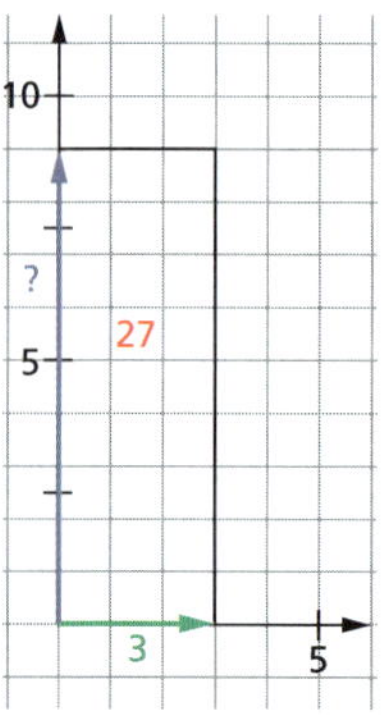

Die Frage, mit welcher Zahl q man eine Zahl a multiplizieren muss, um eine vorgegebene Zahl c zu erhalten, führt zur Umkehrung der Multiplikation, zur Division.

Welche Zahl muss man mit 3 multiplizieren, um 27 zu erhalten?
Man rechnet $27 : 3 = 9$. Antwort: 9, denn $9 \cdot 3 = 27$.

D

$a \cdot q = c$ ist gleichwertig mit $q = c : a \quad (a \neq 0)$.
Die Division ist die Umkehrung der Multiplikation.

			Quotient		
Division	q	=	c	:	a
	Quotient	=	Dividend	:	Divisor

dividere (lat.) – teilen; quotiens (lat.) – wie oft

Für $c : a$ schreibt man auch $\frac{c}{a}$ und symbolisiert die Division durch den Bruchstrich.
Im Bereich der natürlichen Zahlen ist die Division nicht uneingeschränkt ausführbar. Nur wenn der Dividend ein Vielfaches des Divisors ist, ist sie ausführbar.
Für die Division natürlicher Zahlen gelten folgende Gesetzmäßigkeiten:

$a : 1 = a$ und $a : a = 1$, weil $a \cdot 1 = a$
Die Division durch 0 ist nicht erklärt (nicht definiert).

S Für die Division gilt bezüglich der Addition (Subtraktion) das **Distributivgesetz:**
Eine Summe (Differenz) kann gliedweise dividiert werden.
$(a \pm b) : c = a : c \pm b : c$

distribuere (lat.) – verteilen

$324 : 3 = (300 + 24) : 3 = 300 : 3 + 24 : 3 = 100 + 8 = 108$
$133 : 7 = (140 - 7) : 7 = 140 : 7 - 7 : 7 = 20 - 1 = 19$

Beim Kopfrechnen nutzt man aus, dass die Division die Umkehrung der Multiplikation ist. Dabei ist eine sichere Beherrschung der Grundaufgaben (kleines Einmaleins) notwendig.

Beim schriftlichen Dividieren nutzt man wieder das Distributivgesetz.

$56 : 7 = 8$, denn $7 \cdot 8 = 56$
$147 : 7 = 21$, denn $140 : 7 = 20$ und $7 : 7 = 1$, damit $20 + 1 = 21$
$228 : 6 = 38$, denn $240 : 6 = 40$ und $12 : 6 = 2$, damit $40 - 2 = 38$

Vorrangregeln (Prioritäten)

prior (lat.) – vorderer, erster

Die Addition und ihre Umkehrung, die Subtraktion, sowie die Multiplikation und ihre Umkehrung, die Division, sind die sogenannten vier **Grundrechenarten.** Dabei sind Addition und Subtraktion die Rechenarten erster Stufe.
Multiplikation und Division sind die Rechenarten zweiter Stufe.
Beim Rechnen haben die Operationen höherer Stufe **Vorrang (Priorität).**

Punktrechnung geht vor Strichrechnung!

$2 + 4 \cdot 5 = 2 + 20 = 22$
Die Multiplikation hat Vorrang vor der Addition.
$10 - 6 : 2 = 10 - 3 = 7$
Die Division hat Vorrang vor der Subtraktion.

Mit Klammern kann man die von den Vorrangregeln geforderte Reihenfolge der Rechnungen verändern.

$(2 + 4) \cdot 5 = 6 \cdot 5 = 30$

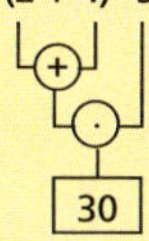

Der Wert in der Klammer ist zuerst zu berechnen.

$(10 - 6) : 2 = 4 : 2 = 2$

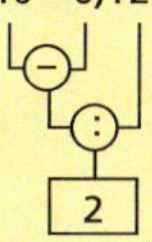

Beim Verwenden von Taschenrechnern muss man darauf achten, ob das benutzte Gerät über eine Vorrangautomatik (Hierarchie) verfügt (↗ S. 332).

2.1.3 Vielfache und Teiler

Vielfache

D Eine Zahl v heißt **Vielfaches** einer Zahl a, wenn es eine natürliche Zahl b gibt mit $v = a \cdot b$.

584 ist ein Vielfaches von 8, denn es gilt $8 \cdot 73 = 584$.
584 ist ein Vielfaches von 73, denn es gilt $73 \cdot 8 = 584$.
584 ist kein Vielfaches von 7, denn es gilt $7 \cdot 83 = 581$ und
$7 \cdot 84 = 588$, d.h., es gibt keine natürliche Zahl b mit $7 \cdot b = 584$.

Alle Vielfachen von 2 heißen **gerade Zahlen,** alle anderen natürlichen Zahlen heißen **ungerade Zahlen.**

S

Wenn n die Folge der natürlichen Zahlen (0; 1; 2; 3; ...) durchläuft, so durchläuft

$g = 2n$ und $u = 2n + 1$

die Folge der geraden Zahlen (0; 2; 4; 6; ...). die Folge der ungeraden Zahlen (1; 3; 5; 7; ...).

Teiler

D

Eine Zahl a heißt **Teiler** einer Zahl c, wenn es eine natürliche Zahl n gibt mit $a \cdot n = c$.
Man schreibt dies als $a \mid c$ (gesprochen: a ist Teiler von c oder c ist durch a teilbar).
Es gilt dann auch $n \mid c$, wegen $n \cdot a = c$.
Ist eine Zahl b *nicht* Teiler von c, schreibt man $b \nmid c$.

4 ist Teiler von 12, da $4 \cdot 3 = 12$.
Die Zahl 12 hat die Teiler 1, 2, 3, 4, 6, 12, denn $1 \cdot 12 = 2 \cdot 6 = 3 \cdot 4 = 12$.
5 ist nicht Teiler von 12, denn es gibt kein n ($n \in \mathbb{N}$) mit $5 \cdot n = 12$.

Eine Zahl, die gleich der Summe ihrer echten Teiler ist, heißt **vollkommene Zahl.** 6 ist eine vollkommene Zahl, weil 1; 2 und 3 die echten Teiler sind und $1 + 2 + 3 = 6$ gilt.

S

Jede Zahl n hat die **(trivialen)** Teiler 1 und n.
Es gilt $1 \mid n$ und $n \mid n$, weil $n \cdot 1 = n$.
Ein Teiler von n heißt **echt** (eigentlich), wenn er kleiner als n ist.

0 ist durch jede Zahl n ($n \neq 0$) teilbar (jedes n ist Teiler von 0), weil $n \cdot 0 = 0$.
0 kann nie Teiler einer Zahl c ($c \neq 0$) sein, weil $0 \cdot q$ stets 0 und nie c ist.

Für die Teiler von Zahlen gelten folgende Sätze:

S

Wenn eine Zahl t Teiler einer Zahl a ist, so ist sie auch Teiler aller Vielfachen von a.
Aus $t \mid a$ folgt $t \mid a \cdot b$ ($b \in \mathbb{N}$).

3 ist Teiler von 6, damit ist 3 auch Teiler von 12, von 18, von 24, von 30 usw.

Dieser Satz ist nicht umkehrbar.

S

Wenn eine Zahl t Teiler *aller* Summanden einer Summe ist, so ist sie auch Teiler der Summe. Aus $t \mid a$ und $t \mid b$ folgt $t \mid (a + b)$.
Entsprechendes gilt auch für Differenzen.

Aus $4 \mid 36$ und $4 \mid 28$ folgt $4 \mid (36 + 28)$ bzw. $4 \mid 64$.
$3 \mid 36$ bzw. $3 \mid (11 + 25)$, aber $3 \nmid 11$ und $3 \nmid 25$.

Die **Teilbarkeitsregeln** können zur Ermittlung von Teilern großer Zahlen verwendet werden.

Teiler t	Bedingung für die Zahl a (im Dezimalsystem dargestellt)	Beispiel
2	wenn ihre Endziffer durch 2 teilbar ist	73 568 ist durch 2 teilbar, weil $2 \mid 8$.
4	wenn ihre letzten beiden Ziffern eine durch 4 teilbare Zahl darstellen	3 258 936 ist durch 4 teilbar, weil $4 \mid 36$. $4 \nmid 24\,568\,914$, weil $4 \nmid 14$.
8	wenn ihre letzten drei Ziffern eine durch 8 teilbare Zahl darstellen	769 832 ist durch 8 teilbar, weil $8 \mid 832$. $8 \nmid 2\,359\,058$, weil $8 \nmid 58$
5	wenn sie auf 0 oder 5 endet	235 und 3 870 sind durch 5 teilbar.
10	wenn ihre letzte Ziffer eine 0 ist	3 680 und 245 100 sind durch 10 teilbar.
3	wenn ihre **Quersumme** (die Summe ihrer Ziffern) durch 3 teilbar ist	$3 \mid 345\,672$, weil die Quersumme $3 + 4 + 5 + 6 + 7 + 2 = 27$ und $3 \mid 27$.
6	wenn sie durch 2 und durch 3 teilbar ist	258 ist durch 6 teilbar (Quersumme 15, also durch 3 teilbar, und gerade).
9	wenn ihre Quersumme durch 9 teilbar ist	$9 \mid 75\,402$, weil die Quersumme 18 durch 9 teilbar ist.

Bei der Division einer natürlichen Zahl durch die Zahl n sind n verschiedene Reste möglich. Zahlen, die den gleichen Rest lassen, bezeichnet man als zueinander kongruent bezüglich n. Damit kann man bezüglich der Zahl n alle natürlichen Zahlen in **Restklassen** einteilen. **Zahlenkongruenzen** kann man zum **Lösen diophantischer Gleichungen** oder zur **Neunerprobe** verwenden.

Es gibt auch **Teilbarkeitsregeln** für andere Zahlen.

Primzahlen

D Eine Zahl p, die außer den (trivialen) Teilern 1 und p (sich selbst) keine weiteren Teiler hat, heißt **Primzahl.**
Die Zahl 1 wird nicht zu den Primzahlen gerechnet.

primus (lat.) – erster

Die rot gekennzeichneten Zahlen sind Primzahlen.

1	2	3	4	5	6	7	8	9	10	11	12	13	14	15	16	17	18	19	20
21	22	23	24	25	26	27	28	29	30	31	32	33	34	35	36	37	38	39	40
41	42	43	44	45	46	47	48	49	50	51	52	53	54	55	56	57	58	59	60
61	62	63	64	65	66	67	68	69	70	71	72	73	74	75	76	77	78	79	80
81	82	83	84	85	86	87	88	89	90	91	92	93	94	95	96	97	98	99	100

Mathematiker aller Epochen haben sich für **Primzahlen** interessiert.

S Alle Primzahlen sind zueinander **teilerfremd.**

Jede natürliche Zahl n (n > 1), die nicht Primzahl ist, kann als Produkt von Primzahlen (Primfaktoren) geschrieben werden (↗ S. 347).

S Die Zerlegung einer natürlichen Zahl in **Primfaktoren** ist eindeutig.

Dieser für die Mathematik fundamentale Satz besagt, dass es (von der Reihenfolge abgesehen) nur auf eine einzige Art und Weise möglich ist, eine natürliche Zahl als Produkt von Primfaktoren darzustellen.

$$\begin{array}{rl} 12 = 2\cdot2\cdot3 & = 2^2\cdot3 \\ 36 = 2\cdot2\cdot3\cdot3 & = 2^2\cdot3^2 \\ 60 = 2\cdot2\cdot3\cdot5 & = 2^2\cdot3\cdot5 \\ 450 = 2\cdot3\cdot3\cdot5\cdot5 & = 2\cdot3^2\cdot5^2 \end{array}$$

Gemeinsame Teiler

Zur Ermittlung des ggT zweier Zahlen a und b kann auch der **euklidische Algorithmus** verwendet werden.

D Ist eine Zahl g sowohl Teiler einer Zahl a als auch Teiler einer Zahl b, so heißt g **gemeinsamer Teiler** von a und b.

Der **größte gemeinsame Teiler** wird mit ggT bezeichnet.

Den ggT zweier Zahlen erhält man aus deren Primfaktorzerlegung, wenn man *die höchsten Potenzen* aller Primfaktoren multipliziert, die in *beiden* Zerlegungen *gemeinsam* vorkommen.

$$\begin{array}{rl} 20 = 2\cdot2\cdot5 & \\ 18 = 2\cdot3\cdot3 & \\ \hline \text{ggT} = 2 & = 2 \end{array} \qquad \begin{array}{rl} 216 = 2\cdot2\cdot2\cdot3\cdot3\cdot3 & \\ 126 = 2\cdot3\cdot3\cdot7 & \\ \hline \text{ggT} = 2\cdot3\cdot3 & = 18 \end{array}$$

Gemeinsame Vielfache

EUKLID VON ALEXANDRIA (etwa 365 bis etwa 300 v. Chr.)

D Ist eine Zahl v sowohl Vielfaches einer Zahl a als auch Vielfaches einer Zahl b, so heißt v **gemeinsames Vielfaches** von a und b.

Das **kleinste gemeinsame Vielfache** wird mit kgV bezeichnet.
Das Produkt zweier Zahlen ist immer gemeinsames Vielfaches von ihnen.

Das kgV zweier Zahlen erhält man aus deren Primfaktorzerlegung, wenn man *die höchsten Potenzen aller vorkommenden* Primfaktoren multipliziert.

$$\begin{array}{rl} 60 = 2^2\cdot3\cdot5 & \\ 18 = 2\cdot3^2 & \\ \hline \text{kgV} = 2^2\cdot3^2\cdot5 & = 180 \end{array} \qquad \begin{array}{rl} 48 = 2^4\cdot3 & \\ 16 = 2^4 & \\ \hline \text{kgV} = 2^4\cdot3 & = 48 \end{array}$$

2.2 Ganze Zahlen

2.2.1 Zahlbegriff; Zahldarstellungen

Im Bereich der natürlichen Zahlen ist die Subtraktion nur ausführbar, wenn der Subtrahend nicht größer als der Minuend ist (↗ S. 41; Subtraktion).

Bei einem Guthaben von 3 € und einer Abbuchung von 5 € beträgt der neue Kontostand −2 €.

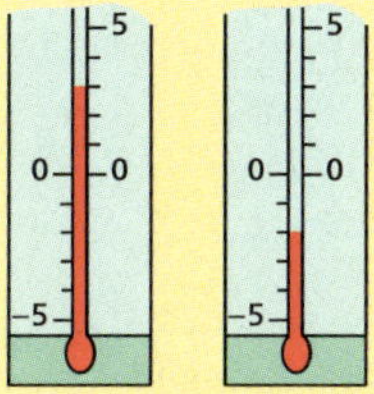

Sinkt die Temperatur von 3 °C um 5 Grad, so beträgt die Temperatur −2 °C.

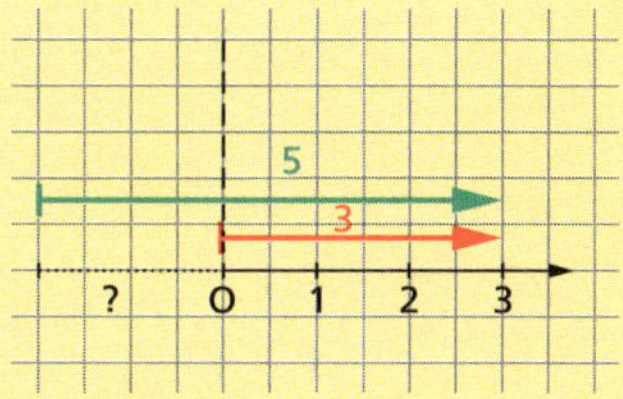

Die Rechenaufgabe 3 − 5 führt zum Ergebnis −2.

Um einen Zahlbereich zu erhalten, in dem man uneingeschränkt subtrahieren kann, setzt man die Folge der natürlichen Zahlen nach links fort. Jede Zahl hat dann genau einen Vorgänger.
Der Vorgänger von 0 wird als −1 bezeichnet, der Vorgänger von −1 mit −2, der von −2 mit −3 usw.
Man kann die ganzen Zahlen veranschaulichen, indem man den Zahlenstrahl nach links zur Zahlengeraden erweitert.

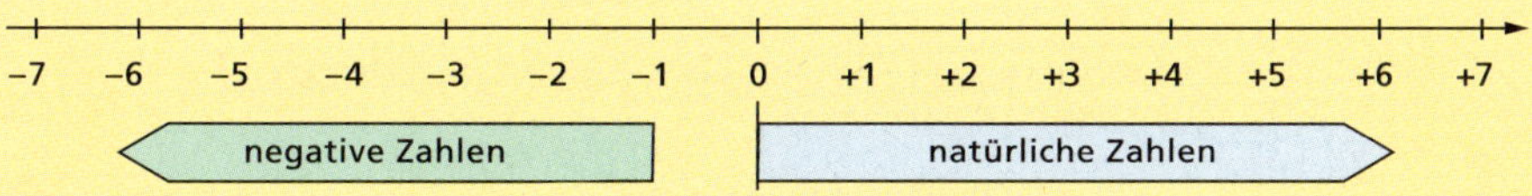

Die Null ist weder positiv noch negativ.

Die so erhaltenen Zahlen (links von 0) heißen **negative Zahlen.** Sie werden mit dem Vorzeichen „−" (negatives Vorzeichen) gekennzeichnet.
Im Gegensatz dazu kann man die natürlichen Zahlen (außer 0) auch als **positive Zahlen** bezeichnen und durch „+" (positives Vorzeichen) kennzeichnen.
Die Gesamtheit der natürlichen Zahlen und der zugeordneten negativen Zahlen bildet die **Menge der ganzen Zahlen ℤ.**

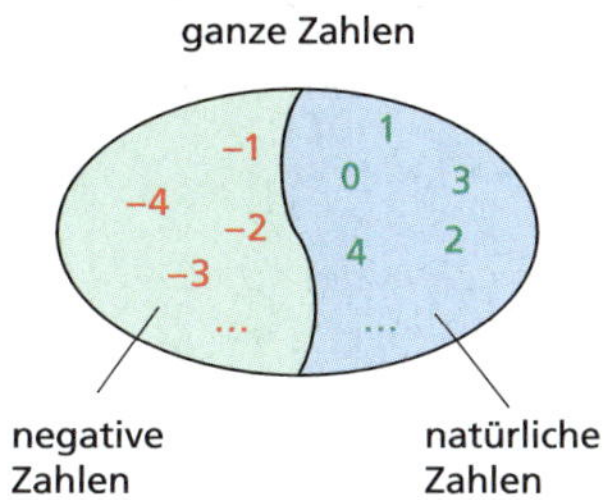

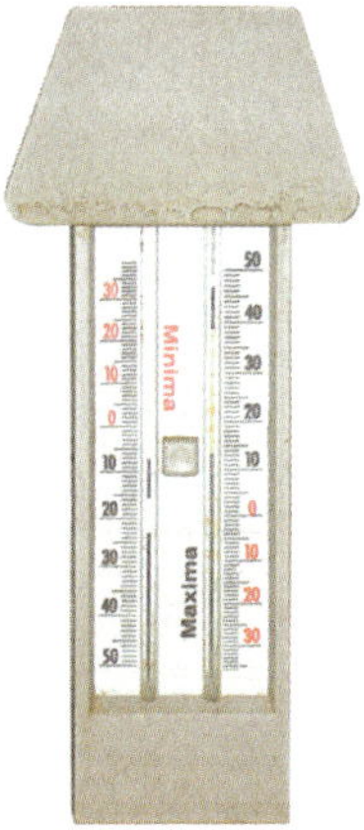

Die Menge der ganzen Zahlen ist also die Vereinigung der Menge der natürlichen Zahlen mit der Menge der zugeordneten negativen Zahlen. Zu jeder ganzen Zahl außer 0 gibt es eine **entgegengesetzte Zahl** (Gegenzahl).

D Zwei ganze Zahlen heißen zueinander entgegengesetzt, wenn sie von 0 den gleichen Abstand haben. Eine Zahl und ihre entgegengesetzte Zahl besitzen verschiedene Vorzeichen.

Die entgegengesetzte Zahl von +3 ist −3.
Die entgegengesetzte Zahl von −3 ist +3.

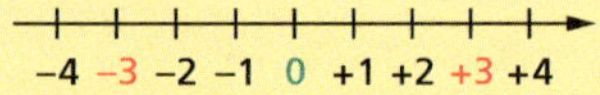

−3 ist Gegenzahl von +3
+3 ist Gegenzahl von −3

D Der Abstand, den eine ganze Zahl g vom Nullpunkt hat, ist ihr **absoluter Betrag** $|g|$. Oftmals sagt man statt „absoluter Betrag von g“ auch einfach nur „Betrag von g“.

$$|g| = \begin{cases} g, & \text{wenn } g \text{ positiv oder } 0 \text{ ist.} \\ -g, & \text{wenn } g \text{ negativ ist.} \end{cases}$$

Der (absolute) Betrag einer Zahl kann also niemals negativ sein.

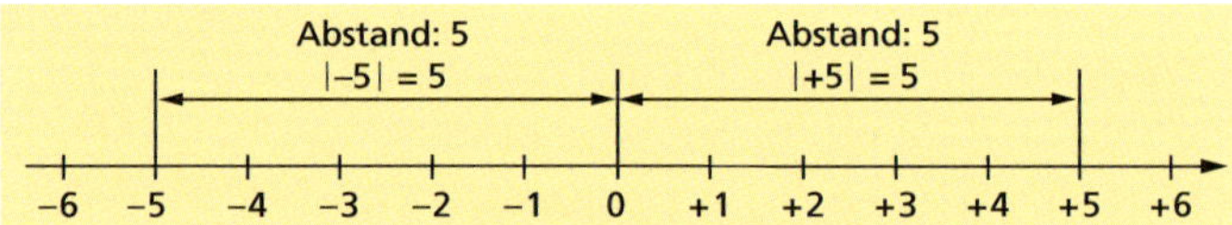

−5 und 5 sind zueinander entgegengesetzte Zahlen:
$|-5| = |+5| = 5$

Aus der Definition des absoluten Betrages ergeben sich nachstehende Folgerungen:

Zueinander entgegengesetzte Zahlen haben den gleichen absoluten Betrag ($|a| = |-a|$).
Der Betrag von 0 ist 0 ($|0| = 0$).
Die Gleichung $|x| = a$ hat für

$a > 0$	$a = 0$	$a < 0$
die Lösungen a und −a ($|a| = |-a| = a$).	die Lösung 0 ($|0| = 0$).	keine Lösung (Betrag immer positiv oder null!).

$|x| = 2$ hat die beiden Lösungen $x_1 = -2$; $x_2 = +2$,
denn $|-2| = |+2| = 2$.
$|x| = -2$ hat keine Lösung, da der Betrag nicht negativ sein darf.

Man versucht, die Relationen und Operationen in der Menge der ganzen Zahlen so festzulegen, dass die für die Teilmenge der natürlichen Zahlen geltenden Gesetzmäßigkeiten nach Möglichkeit auf den gesamten Bereich ausgedehnt werden **(Permanenzprinzip).**
So erklärt man die Ordnungsrelation „ist größer als" wie folgt:

permanere (lat.) – fortdauern

HERMANN HANKEL hat dieses Leitprinzip für Zahlenbereichserweiterungen erstmals 1867 formuliert.

D Von zwei ganzen Zahlen ist diejenige größer, deren Darstellung auf der Zahlengeraden weiter rechts liegt.

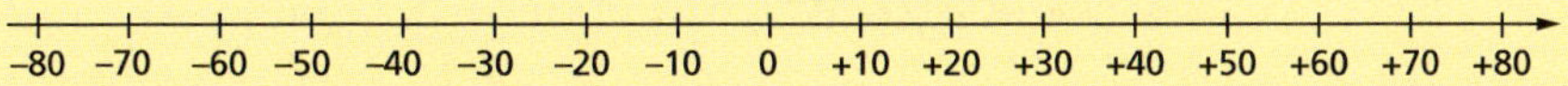

–80 < –70 < –60 < –50 < –40 < –30 < –20 < –10 < 0 < +10 < +20 < +30 < +40 < +50 < +60 < +70 < +80

Aus der obigen Definition folgt:
- Eine ganze Zahl g ist genau dann positiv, wenn $g > 0$ ist.
- Eine ganze Zahl g ist genau dann negativ, wenn $g < 0$ gilt.
- Jede positive Zahl ist größer als jede negative Zahl.
- Von zwei positiven Zahlen ist diejenige größer, die den größeren Betrag hat.
- Von zwei negativen Zahlen ist diejenige größer, die den kleineren Betrag hat.

HERMANN HANKEL (1839 bis 1873)

2.2.2 Rechnen mit ganzen Zahlen

Addition

Die **Addition ganzer Zahlen** kann zum Teil auf die Addition natürlicher Zahlen zurückgeführt werden.
Außerdem gilt: $a + 0 = a$

addere (lat.) – hinzufügen

Positive Zahlen werden durch Pfeile dargestellt, die nach rechts gerichtet sind. Negative Zahlen werden durch Pfeile dargestellt, die nach links gerichtet sind. Die Veranschaulichung der Addition ganzer Zahlen erfolgt durch Pfeile analog zur Addition natürlicher Zahlen (↗ S. 39; Addition).

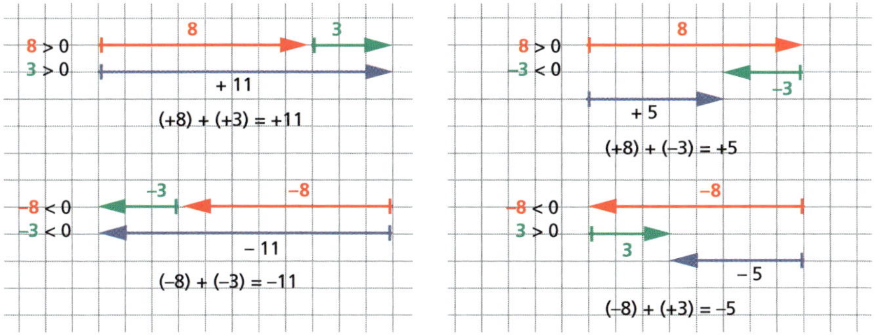

Die Addition ist im Bereich der ganzen Zahlen eindeutig und stets ausführbar.

Beim Rechnen mit **ganzen Zahlen** kann man die Verfahren des Rechnens mit natürlichen Zahlen anwenden; es sind dann immer nur gesonderte Überlegungen zur Ermittlung des Vorzeichens im Ergebnis nötig.

S

Positive ganze Zahlen und die Zahl 0 sind gleichzeitig auch natürliche Zahlen. Für diese ist die Addition erklärt.
Die Summe zweier entgegengesetzter Zahlen ist 0.
$a + (-a) = 0$

$(+3) + (+4) = 3 + 4 = 7$
$(-117) + (+117) = 0$

Zwei ganze Zahlen mit *gleichen* Vorzeichen werden wie folgt addiert:
1. Man bildet die Beträge und *addiert* sie.
2. Man gibt der Summe das Vorzeichen der Ausgangswerte.

Zwei ganze Zahlen mit *unterschiedlichen* Vorzeichen werden wie folgt addiert:
1. Man bildet die Beträge und *subtrahiert* den kleineren vom größeren Betrag.
2. Man gibt der Summe das Vorzeichen, das die Zahl mit dem größeren Betrag hat.

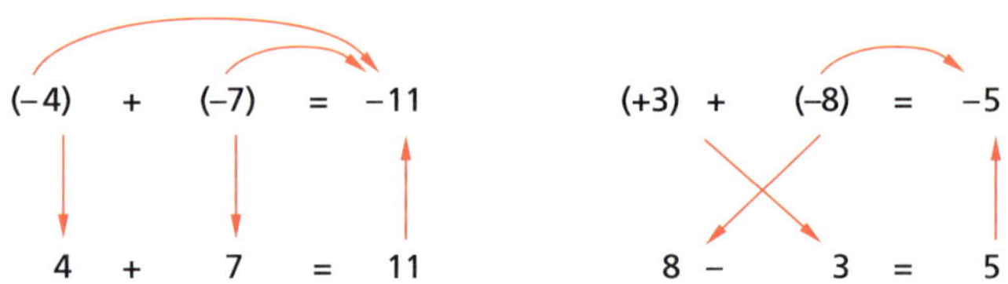

$(-17) + (-53) = -(|-17| + |-53|) = -70$

$35 + (-24) = +(|35| - |-24|) = +(35 - 24) = 11$

$(+68) + (+45) = +(|68| + |45|) = 113$

$35 + (-44) = -(|-44| - |35|) = -(44 - 35) = -9$

Für die Addition ganzer Zahlen gelten folgende Gesetzmäßigkeiten:

S

Für $s = a + b$ gilt $s \geq a$ und $s \geq b$ nur dann, wenn $a \geq 0$ und $b \geq 0$ ist.
Eine Summe zweier ganzer Zahlen kann durchaus kleiner als ein einzelner Summand sein. Dies ist dann der Fall, wenn (mindestens) ein Summand negativ ist.

$17 = 8 + 9$; $17 > 8$ und $17 > 9$, da $8 > 0$ und $9 > 0$.
$13 = 15 + (-2)$; $13 < 15$ und $13 > -2$, da $-2 < 0$.

S Die Addition ist **monoton** bezüglich der Kleiner-Relation.
Aus $a < b$ folgt stets: $a + c < b + c$

monotonos (griech.) – eintönig

Aus $-7 < 3$ folgt $-7 + (-9) < 3 + (-9)$, also $-16 < -6$.

S Für die Addition gilt das **Kommutativgesetz:**
Summanden darf man vertauschen, dabei bleibt die Summe gleich.
$a + b = b + a$

commutare (lat.) – vertauschen

$-348 + 627 = 627 + (-348) = 279$

S Für die Addition gilt das **Assoziativgesetz:**
Summanden darf man beliebig zusammenfassen, dabei bleibt die Summe gleich.
$a + (b + c) = (a + b) + c$

associare (lat.) – verbinden

$$\begin{aligned} -3 + [7 + (-6)] &= [(-3) + 7] + (-6) \\ -3 + 1 &= 4 + (-6) \\ -2 &= -2 \end{aligned}$$

Aus beiden Gesetzen folgt, dass beim Addieren die Reihenfolge der Summanden beliebig ist.

Subtraktion

Die **Subtraktion ganzer Zahlen** wird auf die Addition ganzer Zahlen zurückgeführt.

subtrahere (lat.) – abziehen

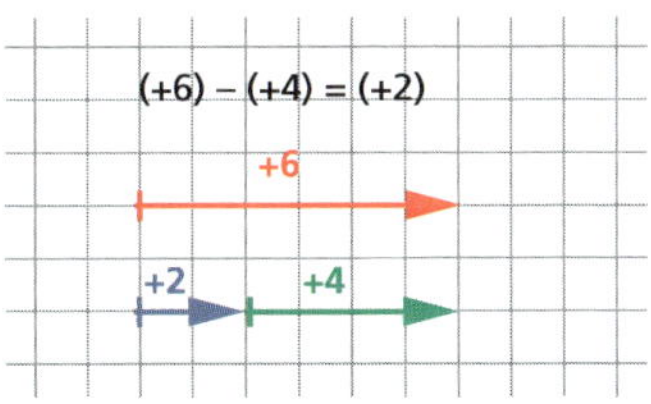

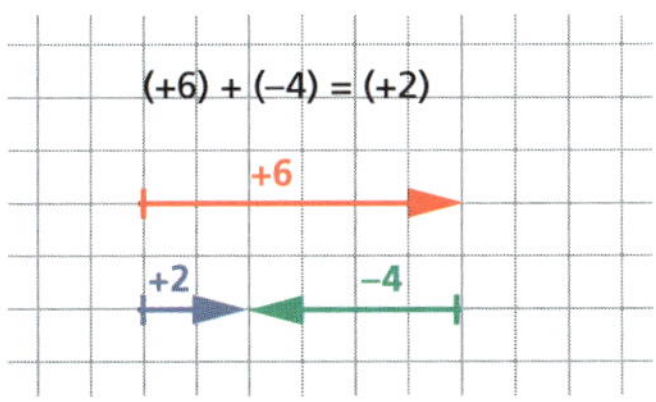

Eine ganze Zahl wird subtrahiert, indem man die zu ihr entgegengesetzte Zahl addiert.
$a - b = a + (-b)$

$5 - 3 = 5 + (-3) = 2$
$5 - (-3) = 5 + 3 = 8$
$5 - 8 = 5 + (-8) = -3$
$(-5) - 3 = (-5) + (-3) = -8$

Da zu jeder ganzen Zahl eine entgegengesetzte Zahl existiert und die Addition im Bereich der ganzen Zahlen stets ausführbar ist, ist auch die Subtraktion stets ausführbar.
Die Gleichung $a + x = c$ hat in der Menge $\mathbb{Z}$ stets genau eine Lösung:
$x = c - a$

Die Zeichen „+“ und „–“ haben folgende Bedeutung:
- Rechenzeichen
- Vorzeichen
- Gegenzahlzeichen

Rechenzeichen	Vorzeichen	Gegenzahlzeichen
3 + 8 drei plus acht	(+3) positive Zahl 3	–(+5) = –5 Die Gegenzahl von +5 ist –5.
3 – 8 drei minus acht	(–3) negative Zahl 3	–(–5) = +5 Die Gegenzahl von –5 ist +5.

Die Relationen und Operationen in der Menge der ganzen Zahlen $\mathbb{Z}$ sind so definiert, dass es keine Probleme mit diesen unterschiedlichen Bedeutungen gibt.
Man kann insbesondere auch anstelle der negativen Zahl (–n) einfach –n ($n \in \mathbb{N}$) schreiben.

5 – 7 kann man als Subtraktion (+5) – (+7) oder als Addition (+5) + (–7) auffassen.

–9 – 3 kann man als Subtraktion (–9) – (+3) oder als Addition (–9) + (–3) auffassen.

Die Ergebnisse sind jeweils dieselben.

Multiplikation

multiplicare (lat.) – vervielfältigen

Auch die **Multiplikation ganzer Zahlen** wird so erklärt, dass die Gesetzmäßigkeiten der Multiplikation natürlicher Zahlen möglichst auch für den Gesamtbereich der ganzen Zahlen Gültigkeit behalten.

Es gilt für die Vorzeichen:

+ · + = +
– · – = +
– · + = –
+ · – = –

Zwei ganze Zahlen werden multipliziert, indem man ihre Beträge multipliziert und das Vorzeichen des Produkts gesondert bestimmt. Das Produkt ist
- *positiv,* wenn beide Faktoren *gleiche* Vorzeichen haben,
- *negativ,* wenn beide Faktoren *unterschiedliche* Vorzeichen haben.

$3 \cdot 7 = 21$ $\quad 3 \cdot (-7) = -21$ $\quad (-3) \cdot 7 = -21$ $\quad (-3) \cdot (-7) = 21$

Damit ist die Multiplikation ganzer Zahlen auf die Multiplikation natürlicher Zahlen zurückgeführt.

S Für alle ganzen Zahlen g gilt:
$g \cdot 1 = g$ und $(-g) \cdot 1 = -g$
Die Zahl 1 ist das **neutrale Element der Multiplikation.**

$3 \cdot 1 = 3$ $\quad (-3) \cdot 1 = -3$

Außerdem gelten folgende Gesetzmäßigkeiten:

S Ein Produkt ist genau dann 0, wenn (mindestens) ein Faktor 0 ist.
$a \cdot 0 = 0 \cdot a = 0$

$(-14) \cdot 0 = 0$ $\quad$ $0 \cdot (-18) = 0$

S Für die Multiplikation gilt das **Kommutativgesetz:**
Faktoren darf man vertauschen, dabei bleibt das Produkt gleich.
$a \cdot b = b \cdot a$

commutare (lat.) – vertauschen

$48 \cdot (-27) = (-27) \cdot 48 = -1296$
$(-19) \cdot 34 = 34 \cdot (-19) = -646$

S Für die Multiplikation gilt das **Assoziativgesetz:**
Faktoren darf man beliebig zusammenfassen, dabei bleibt das Produkt gleich.
$a \cdot (b \cdot c) = (a \cdot b) \cdot c$

associare (lat.) – verbinden

$$\begin{aligned} 3 \cdot [7 \cdot (-6)] &= (3 \cdot 7) \cdot (-6) \\ 3 \cdot (-42) &= 21 \cdot (-6) \\ -126 &= -126 \end{aligned}$$

Aus beiden Gesetzen folgt, dass beim Multiplizieren die Reihenfolge der Faktoren beliebig ist.

$5 \cdot (-7) \cdot 8 = 5 \cdot 8 \cdot (-7) = 40 \cdot (-7) = -280$
$(-4) \cdot 18 \cdot (-25) = (-4) \cdot (-25) \cdot 18 = 100 \cdot 18 = 1800$

S Ein Produkt aus mehreren ganzen Zahlen ist

positiv,	null,	negativ,
wenn die Anzahl der negativen Faktoren gerade ist.	wenn (mindestens) ein Faktor null ist.	wenn die Anzahl der negativen Faktoren ungerade ist.

$(-3) \cdot (-5) \cdot (-4) \cdot (-1) = 60$ (4 negative Faktoren; gerade Anzahl)
$(-4) \cdot 8 \cdot 0 \cdot (-2) = 0$ (ein Faktor 0)
$(-2) \cdot 4 \cdot (-3) \cdot (-5) = -120$ (3 negative Faktoren; ungerade Anzahl)

S Für die Multiplikation gilt bezüglich der Addition (Subtraktion) das **Distributivgesetz:**
$a \cdot (b \pm c) = a \cdot b \pm a \cdot c$ oder
$(b \pm c) \cdot a = b \cdot a \pm c \cdot a$

distribuere (lat.) – verteilen

$-3 \cdot (14 - 2) = -3 \cdot 14 - (-3) \cdot 2 = -42 - (-6) = -42 + 6 = -36$
$7 \cdot 22 + 7 \cdot 8 = 7 \cdot (22 + 8) = 7 \cdot 30 = 210$

Durch Anwenden des Distributivgesetzes erhält man
$(a + b + c) \cdot d = a \cdot d + b \cdot d + c \cdot d$.

$(100 + 40 - 2) \cdot (-2) = -200 - 80 + 4 = -276$
$192 \cdot (-4) = (200 - 8) \cdot (-4) = -800 + 32 = -768$

S Die Multiplikation ist *nur eingeschränkt* **monoton** bezüglich der Kleiner-Relation.
Wenn $a < b$ und $c > 0$, dann $a \cdot c < b \cdot c$.
Wenn $a < b$ und $c < 0$, dann $a \cdot c > b \cdot c$.
Wenn $a < b$ und $c = 0$, dann $a \cdot c = b \cdot c = 0$.

Multipliziert man beide Seiten einer Ungleichung mit einer negativen Zahl, kehrt sich das Ungleichheitszeichen um.

Aus $-3 < 7$ folgt $-3 \cdot 5 < 7 \cdot 5$, also $-15 < 35$, da $5 > 0$.
Aus $-3 < 7$ folgt $-3 \cdot (-2) > 7 \cdot (-2)$, also $6 > -14$, da $-2 < 0$.
Aus $-3 < 7$ folgt $-3 \cdot 0 = 7 \cdot 0$, also $0 = 0$.

Division

Bei der Erklärung der **Division** im Bereich der ganzen Zahlen geht man analog zur Erklärung der Multiplikation vor.

Es gilt für die Vorzeichen:
+ : + = +
− : − = +
− : + = −
+ : − = −

Eine ganze Zahl a wird durch eine ganze Zahl b dividiert, indem man den Betrag von a durch den Betrag von b dividiert und das Vorzeichen des Quotienten gesondert bestimmt.
Der Quotient ist
- *positiv,* wenn der Dividend a und der Divisor b das *gleiche* Vorzeichen haben,
- *negativ,* wenn der Dividend a und der Divisor b *unterschiedliche* Vorzeichen haben.

$28 : 7 = 4$ $28 : (-7) = -4$ $(-28) : 7 = -4$ $(-28) : (-7) = 4$

Damit ist die Division ganzer Zahlen auf die Division natürlicher Zahlen zurückgeführt.

Wenn man den Begriff „Vielfaches“ so erweitert, dass man in $v = a \cdot b$ für a und b auch negative Zahlen zulässt, kann man auf die Beträge verzichten und Teilbarkeitsbeziehungen in der Menge $\mathbb{Z}$ definieren.

Es gilt daher:
Die Division $q = a : b$ ist im Bereich der ganzen Zahlen $\mathbb{Z}$ nur ausführbar, wenn der Betrag des Dividenden a ein Vielfaches vom Betrag des Divisors b ist, also wenn gilt:
$a = m \cdot b$ oder
$|b|$ ist ein Teiler von $|a|$.

$-144 : 12 = -12$,
da $|12|$ Teiler von $|-144|$ ist.

$108 : (-22)$ ist in $\mathbb{Z}$ nicht ausführbar,
da $|-22|$ nicht Teiler von $|108|$ ist.

2.3 Bruchzahlen (gebrochene Zahlen)

2.3.1 Zahlbegriff; Zahldarstellungen

Im Bereich der natürlichen Zahlen ℕ ist die Division nur ausführbar, wenn der Dividend ein Vielfaches vom Divisor ist (↗ S. 44; Division natürlicher Zahlen).

Mithilfe von **Brüchen** kann man Teile eines Ganzen, einer Anzahl oder Bruchteile einer Größe angeben.

1 : 2 ist in ℕ nicht lösbar.
Aus praktischen Beispielen des Teilens oder Verteilens kennt man aber als Resultat $\frac{1}{2} = 0{,}5$.
Dies ist keine ganze Zahl, sondern ein Bruch.

Um den Bereich zu erhalten, in dem man uneingeschränkt (außer durch 0) dividieren kann, ergänzt man die natürlichen Zahlen durch **Brüche**.

> **D** Ein Bruch q ist eine Zahl, die aus zwei natürlichen Zahlen z und n ($n \neq 0$) in der Form $q = \frac{z}{n}$ gebildet wird.
> Dabei heißt z der **Zähler** und n der **Nenner** des Bruches q.

Ein Bruch besteht aus: ZÄHLER / BRUCHSTRICH / NENNER $\frac{3}{4}$

Beispiele: $\frac{1}{2}; \frac{2}{3}; \frac{5}{4}; \frac{2}{10}$

Diese Brüche werden im Unterschied zu den Dezimalbrüchen (↗ S. 65) gewöhnliche oder **gemeine Brüche** genannt.

> **D** Brüche mit dem Zähler 1 heißen **Stammbrüche**.

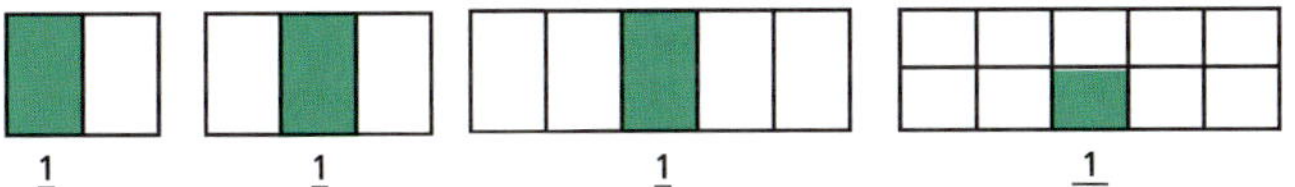

$\frac{1}{2}$ $\frac{1}{3}$ $\frac{1}{5}$ $\frac{1}{10}$

Ein Bruch mit dem Nenner 1 ist identisch mit der natürlichen Zahl im Zähler: $\frac{a}{1} = a \quad (a \in \mathbb{N})$

$\frac{2}{1} = 2; \quad \frac{5}{1} = 5; \quad \frac{100}{1} = 100$

Wie die natürlichen Zahlen können auch Brüche auf dem Zahlenstrahl veranschaulicht werden.

$q = \frac{3}{5}$

Der Nenner gibt an, in wie viele gleich lange Teile die Strecke von 0 bis 1 zerlegt werden soll.
Der Zähler gibt an, wie viele dieser Teile genommen werden sollen.

Jedem Bruch ist ein Punkt des Zahlenstrahls zugeordnet. Dabei gibt der Abstand vom Nullpunkt des Zahlenstrahls den Wert des Bruches an. Jedem Punkt des Zahlenstrahls können unendlich viele Brüche zugeordnet werden.

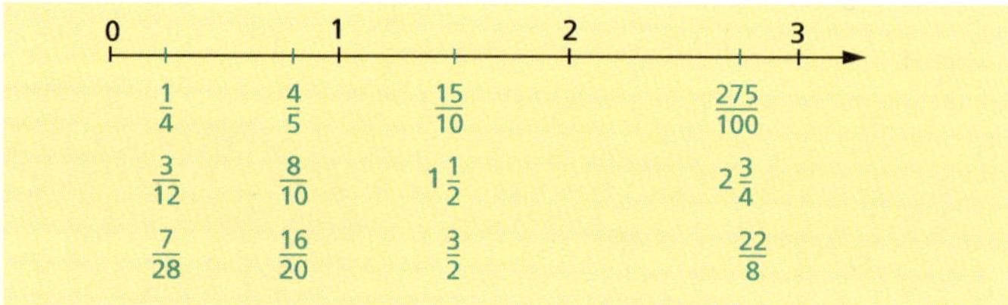

Ein Bruch $q = \frac{z}{n}$ heißt

echter Bruch, wenn $z < n$ gilt, also der Zähler kleiner als der Nenner ist.

unechter Bruch, wenn $z \geq n$ gilt, also der Zähler größer als der Nenner ist oder Zähler und Nenner gleich sind.

$\frac{2}{3}; \frac{4}{5}; \frac{9}{10}; \frac{99}{100}$

$\frac{3}{2}; \frac{4}{4}; \frac{17}{16}; \frac{101}{100}$

Eine gemischte Zahl besteht aus einer natürlichen Zahl und einem echten Bruch.

Der Wert eines unechten Bruches ist größer oder gleich 1.
Wenn bei einem Bruch Zähler und Nenner gleich sind, hat er den Wert 1.
Unechte Brüche können auch als **gemischte Zahlen** geschrieben werden.

$\frac{3}{2} = 1\frac{1}{2}; \quad \frac{17}{16} = 1\frac{1}{16}; \quad \frac{27}{8} = 3\frac{3}{8}$

Brüche heißen

gleichnamig, wenn ihre Nenner gleich sind.

ungleichnamig, wenn ihre Nenner nicht gleich sind.

$\frac{2}{3}; \frac{5}{3}; \frac{3}{3}$

$\frac{2}{3}; \frac{3}{5}; \frac{3}{2}$

Erweitern

Erweitern eines Bruches heißt, Zähler und Nenner mit der gleichen, von 0 verschiedenen Zahl multiplizieren.

$\frac{z}{n} \overset{\cdot g}{=} \frac{z \cdot g}{n \cdot g}$ $(z, n, g \in \mathbb{N}; n \neq 0; g \neq 0)$

$\frac{17}{19} \overset{\cdot 3}{=} \frac{17 \cdot 3}{19 \cdot 3} = \frac{51}{57}; \quad \frac{25}{28} \overset{\cdot 7}{=} \frac{25 \cdot 7}{28 \cdot 7} = \frac{175}{196}$

Kürzen

D **Kürzen** eines Bruches heißt, Zähler und Nenner durch die gleiche, von 0 verschiedene Zahl dividieren.

$\frac{z}{n} \overset{:g}{=} \frac{z:g}{n:g}$ (z, n, g ∈ ℕ; n ≠ 0; g ≠ 0)

$\frac{51}{57} \overset{:3}{=} \frac{51:3}{57:3} = \frac{17}{19}$; $\frac{27}{36} \overset{:9}{=} \frac{27:9}{36:9} = \frac{3}{4}$

Zwei Brüche, die durch Erweitern oder Kürzen auseinander hervorgehen, werden demselben Punkt auf dem Zahlenstrahl zugeordnet. Sie stellen dieselbe Bruchzahl (gebrochene Zahl) dar.

$\frac{1}{4}$	$\frac{4}{5}$	$\frac{3}{2}$	$\frac{11}{4}$
$\frac{3}{12}$	$\frac{8}{10}$	$\frac{15}{10}$	$\frac{44}{16}$
$\frac{20}{80}$	$\frac{28}{35}$	$\frac{21}{14}$	$\frac{275}{100}$

$\frac{4}{5}$, $\frac{8}{10}$ und $\frac{28}{35}$ stellen dieselbe Bruchzahl dar.

Die Menge der positiven Bruchzahlen mit der Zahl 0 wird mit $\mathbb{Q}_+$ bezeichnet. Sie enthält die Menge der natürlichen Zahlen ℕ als Teilmenge.
Es gilt $\mathbb{N} \subset \mathbb{Q}_+$, weil $\frac{a}{1} = a$.
Die Menge der Bruchzahlen $\mathbb{Q}_+$ hat unendlich viele Elemente.

D Vertauscht man bei einem Bruch $\frac{a}{b}$ (a, b ∈ ℕ; a ≠ 0, b ≠ 0) Zähler und Nenner, so erhält man den Bruch $\frac{b}{a}$.
$\frac{b}{a}$ ist der **Kehrwert** von $\frac{a}{b}$ bzw. $\frac{a}{b}$ der Kehrwert von $\frac{b}{a}$.
Die beiden Brüche $\frac{a}{b}$ und $\frac{b}{a}$ heißen zueinander **reziprok.**

reciprocus (lat.) – umgekehrt

$\frac{2}{3}$ ist der Kehrwert von $\frac{3}{2}$ und $\frac{3}{2}$ ist der Kehrwert von $\frac{2}{3}$.

Wie bei den natürlichen Zahlen kann in der Menge der Bruchzahlen $\mathbb{Q}_+$ eine Ordnungsrelation erklärt werden.

Die Zahl 1 ist zu sich selbst reziprok. Zur Zahl 0 gibt es keine reziproke Zahl.

D Von zwei Brüchen ist derjenige größer, dessen Darstellung auf dem Zahlenstrahl weiter rechts liegt.

$0 < \frac{1}{12} < \frac{1}{4} < \frac{1}{3} < \frac{1}{2} < \frac{2}{3} < \frac{5}{6} < 1$

Ein Bruch $\frac{a}{b}$ ist genau dann größer als ein Bruch $\frac{c}{d}$, wenn $a \cdot d > b \cdot c$ gilt.

$\frac{a}{b} > \frac{c}{d}$, wenn $a \cdot d > b \cdot c$.

Dieses Verfahren zum Vergleichen von Bruchzahlen wird auch Kreuztest genannt.

$\frac{2}{3} > \frac{3}{5}$

Nach dem Gleichnamigmachen gilt:	Nach dem „Kreuztest" gilt:
$\frac{10}{15} > \frac{9}{15}$	$2 \cdot 5 > 3 \cdot 3$ bzw. $10 > 9$

Zwischen zwei Bruchzahlen liegt immer noch (mindestens) eine weitere.

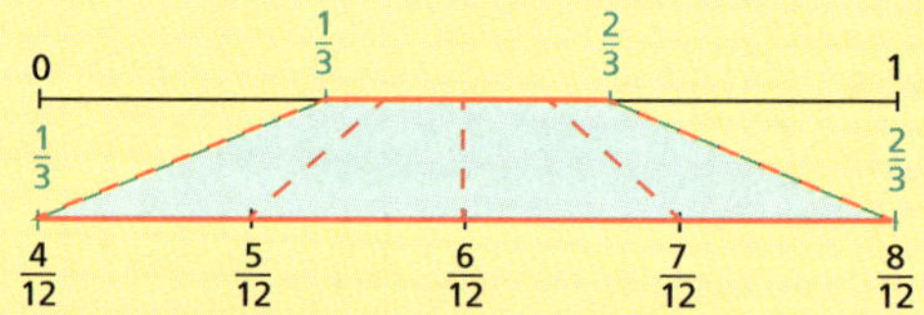

Zwischen $\frac{1}{3}$ und $\frac{2}{3}$ liegen z.B. $\frac{5}{12}$, $\frac{6}{12}$ und $\frac{7}{12}$.

Hieraus folgt, dass zwischen zwei Bruchzahlen noch unendlich viele weitere Bruchzahlen liegen. Man sagt:

Die Menge der Bruchzahlen $\mathbb{Q}_+$ ist überall dicht.

Die Menge $\mathbb{Q}_+$ ist abzählbar. Dies kann man mithilfe des **Diagonalverfahrens** (↗ S. 29) zeigen.

Es gibt für eine Bruchzahl weder einen unmittelbaren Nachfolger noch einen unmittelbaren Vorgänger.

Mit Bruchzahlen wird gerechnet, indem man geeignete Brüche als Repräsentanten auswählt und mit diesen rechnet. Wie dies geschieht, zeigen die folgenden Abschnitte.

2.3.2 Rechnen mit gemeinen Brüchen (Bruchrechnung)

Addition

Gleichnamige Brüche werden addiert, indem man die Zähler addiert und den Nenner beibehält.

$\frac{a}{n} + \frac{b}{n} = \frac{a+b}{n}$ (a, b, n ∈ ℕ; n ≠ 0)

addere (lat.) – hinzufügen

$\frac{1}{3} + \frac{2}{3} = \frac{1+2}{3} = \frac{3}{3} = 1$ $\quad \frac{4}{5} + \frac{7}{5} = \frac{4+7}{5} = \frac{11}{5} = 2\frac{1}{5}$

Ungleichnamige Brüche werden addiert, indem man die Brüche gleichnamig macht und diese gleichnamigen Brüche dann addiert.

Sind $\frac{a}{b}$ und $\frac{c}{d}$ jeweils schon gekürzt, so nennt man das kleinste gemeinsame Vielfache (↗ S. 48; kgV) von b und d den **Hauptnenner** der beiden Brüche.

$\frac{5}{6} + \frac{1}{8} = \frac{20}{24} + \frac{3}{24} = \frac{23}{24}$

Man findet den Hauptnenner 24 durch Vergleichen der Vielfachen von 6 und 8.

Man kann den Hauptnenner auch mithilfe der Primfaktorzerlegung der Nenner bestimmen.

$\frac{7}{18} + \frac{5}{12} = \frac{14}{36} + \frac{15}{36} = \frac{29}{36}$

$18 = 2 \cdot 3^2$
$12 = 2^2 \cdot 3$
$2^2 \cdot 3^2 = 36$

Sind bei den Brüchen $\frac{a}{b}$ und $\frac{c}{d}$ die Nenner b und d teilerfremd, so ist der Hauptnenner das Produkt aus b und d.

$\frac{1}{3} + \frac{1}{4} = \frac{1 \cdot 4}{3 \cdot 4} + \frac{1 \cdot 3}{4 \cdot 3} = \frac{4}{12} + \frac{3}{12} = \frac{7}{12}$

Für die **Addition von Brüchen** gelten wie für die Addition natürlicher Zahlen die folgenden Gesetzmäßigkeiten:

S Die Addition ist im Bereich der Brüche eindeutig und stets ausführbar. Die Zahl 0 ist das **neutrale Element der Addition.**
Es gilt: $q + 0 = 0 + q = q$

$\frac{4}{7} + 0 = \frac{4}{7}$ $\quad 0 + \frac{2}{3} = \frac{2}{3}$

S Eine Summe zweier Brüche ist nie kleiner als ein einzelner Summand.
Für $s = a + b$ gilt stets: $s \geq a$ und $s \geq b$

$\frac{1}{3} + \frac{1}{5} = \frac{8}{15}$; also $\frac{8}{15} > \frac{1}{3}$ und $\frac{8}{15} > \frac{1}{5}$.

monotonos (griech.) – eintönig

relatio (lat.) – Beziehung, Verhältnis

S Die Addition ist **monoton** bezüglich der Kleiner-Relation.
Aus $a < b$ folgt stets: $a + c < b + c$

Aus $\frac{1}{3} < \frac{1}{2}$ folgt $\frac{1}{3} + \frac{1}{4} < \frac{1}{2} + \frac{1}{4}$,
denn $\frac{7}{12} < \frac{9}{12}$.

Aus $\frac{2}{7} < \frac{3}{5}$ folgt $\frac{2}{7} + \frac{1}{3} < \frac{3}{5} + \frac{1}{3}$,
denn $\frac{65}{105} < \frac{98}{105}$.

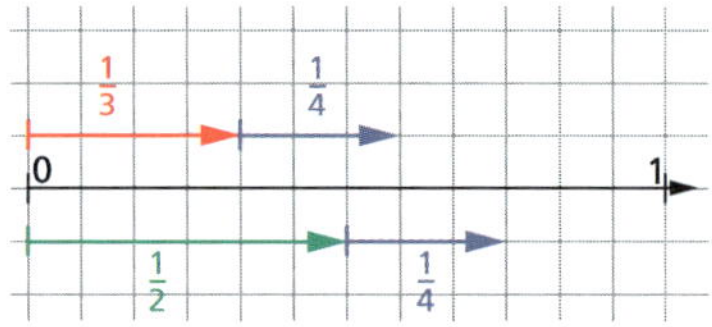

commutare (lat.) – vertauschen

S Für die Addition gilt das **Kommutativgesetz:**
Summanden darf man vertauschen, dabei bleibt die Summe gleich.
$a + b = b + a$

$\frac{3}{5} + \frac{7}{4} = \frac{7}{4} + \frac{3}{5} = \frac{47}{20}$ $\qquad$ $\frac{5}{8} + \frac{3}{7} = \frac{3}{7} + \frac{5}{8} = \frac{59}{56}$

associare (lat.) – verbinden

S Für die Addition gilt das **Assoziativgesetz:**
Summanden darf man beliebig zusammenfassen, dabei bleibt die Summe gleich.
$a + (b + c) = (a + b) + c$

Durch vorteilhaftes Zusammenfassen lässt sich der Rechenweg verkürzen.

$$\begin{aligned}\left(\frac{3}{5} + \frac{4}{7}\right) + \frac{3}{7} &= \frac{3}{5} + \left(\frac{4}{7} + \frac{3}{7}\right)\\ \left(\frac{21}{35} + \frac{20}{35}\right) + \frac{3}{7} &= \frac{3}{5} + \frac{7}{7}\\ \frac{41}{35} + \frac{15}{35} &= \frac{3}{5} + 1\\ \frac{56}{35} &= \frac{8}{5}\\ \frac{8}{5} &= \frac{8}{5}\end{aligned}$$

$$\begin{aligned}\frac{2}{3} + \left(\frac{1}{4} + \frac{5}{8}\right) &= \left(\frac{2}{3} + \frac{1}{4}\right) + \frac{5}{8}\\ \frac{2}{3} + \left(\frac{2}{8} + \frac{5}{8}\right) &= \left(\frac{8}{12} + \frac{3}{12}\right) + \frac{5}{8}\\ \frac{2}{3} + \frac{7}{8} &= \frac{11}{12} + \frac{5}{8}\\ \frac{16}{24} + \frac{21}{24} &= \frac{22}{24} + \frac{15}{24}\\ \frac{37}{24} &= \frac{37}{24}\end{aligned}$$

Aus beiden Gesetzen folgt, dass beim Addieren die Reihenfolge der Summanden beliebig ist.

Subtraktion

subtrahere (lat.) – abziehen

Gleichnamige Brüche werden subtrahiert, indem man die Zähler subtrahiert und den Nenner beibehält:
$\frac{a}{n} - \frac{b}{n} = \frac{a-b}{n}$ $\quad$ $(a, b, n \in \mathbb{N};\ n \neq 0;\ a \geq b)$

$\frac{7}{3} - \frac{2}{3} = \frac{7-2}{3} = \frac{5}{3}$ $\qquad$ $\frac{8}{15} - \frac{3}{15} = \frac{8-3}{15} = \frac{5}{15} = \frac{1}{3}$

Ungleichnamige Brüche werden subtrahiert, indem man die Brüche gleichnamig macht und diese gleichnamigen Brüche dann subtrahiert.

$\frac{7}{4} - \frac{1}{3} = \frac{21}{12} - \frac{4}{12} = \frac{17}{12}$ $\qquad$ $\frac{5}{6} - \frac{1}{8} = \frac{20}{24} - \frac{3}{24} = \frac{17}{24}$

Damit ist die **Subtraktion von Brüchen** auf die Subtraktion natürlicher Zahlen zurückgeführt.

Die Subtraktion von Brüchen ist nicht uneingeschränkt ausführbar, sondern nur, wenn der Subtrahend nicht größer als der Minuend ist.

$\frac{2}{4} - \frac{3}{4}$

ist nicht lösbar in $\mathbb{Q}_+$.

$\frac{3}{5} - \frac{2}{3} = \frac{9}{15} - \frac{10}{15}$

ist nicht lösbar in $\mathbb{Q}_+$.

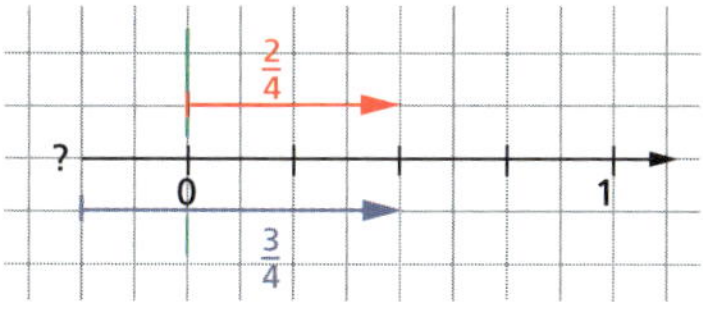

Multiplikation

Brüche werden miteinander multipliziert, indem man jeweils die Zähler und jeweils die Nenner miteinander multipliziert.

$\frac{a}{b} \cdot \frac{c}{d} = \frac{a \cdot c}{b \cdot d}$

multiplicare (lat.) – vervielfachen

$\frac{2}{3} \cdot \frac{5}{7} = \frac{2 \cdot 5}{3 \cdot 7} = \frac{10}{21}$ $\qquad$ $\frac{4}{6} \cdot \frac{12}{23} = \frac{4 \cdot \cancelto{2}{12}}{\cancelto{1}{6} \cdot 23} = \frac{4 \cdot 2}{1 \cdot 23} = \frac{8}{23}$

Damit ist die **Multiplikation von Brüchen** auf die Multiplikation natürlicher Zahlen zurückgeführt.

Zur Vereinfachung sollte man vor dem Multiplizieren kürzen.

Ein Bruch wird mit einer ganzen Zahl multipliziert, indem der Zähler mit dieser Zahl multipliziert und der Nenner beibehalten wird.

$\frac{2}{9} \cdot 8 = \frac{2 \cdot 8}{9} = \frac{16}{9}$ $\qquad$ $\frac{14}{15} \cdot 20 = \frac{14 \cdot \cancelto{4}{20}}{\cancelto{3}{15}} = \frac{14 \cdot 4}{3} = \frac{56}{3}$

Für die Multiplikation von Brüchen gilt:

S 1 ist das **neutrale Element der Multiplikation.**

$q \cdot 1 = 1 \cdot q = q$

Ein Produkt ist genau dann 0, wenn (mindestens) ein Faktor 0 ist.

$q \cdot 0 = 0 \cdot q = 0$

S Die Multiplikation ist **monoton** bezüglich der Kleiner-Relation.

Aus $q < p$ folgt stets: $q \cdot r < p \cdot r$

monotonos (griech.) – eintönig;

relatio (lat.) – Beziehung, Verhältnis

Aus $\frac{1}{7} < \frac{1}{3}$ folgt $\frac{1}{7} \cdot \frac{1}{5} < \frac{1}{3} \cdot \frac{1}{5}$ und damit $\frac{1}{35} < \frac{1}{15}$, denn $\frac{3}{105} < \frac{7}{105}$.

Im Unterschied zur Multiplikation natürlicher Zahlen kann bei Brüchen ein Produkt kleiner als ein einzelner Faktor sein.

$\frac{1}{5} \cdot \frac{1}{3} = \frac{1}{15}$; $\frac{1}{15} < \frac{1}{5}$ und $\frac{1}{15} < \frac{1}{3}$.

$\frac{1}{5} \cdot \frac{4}{3} = \frac{4}{15}$; $\frac{4}{15} > \frac{1}{5}$, aber $\frac{4}{15} < \frac{4}{3}$.

commutare (lat.) – vertauschen

Für die Multiplikation gilt das **Kommutativgesetz:**
Faktoren darf man vertauschen, dabei bleibt das Produkt gleich.
$q \cdot p = p \cdot q$

$\frac{3}{5} \cdot \frac{4}{5} = \frac{4}{5} \cdot \frac{3}{5} = \frac{12}{25}$ $\qquad$ $\frac{4}{13} \cdot \frac{2}{7} = \frac{2}{7} \cdot \frac{4}{13} = \frac{8}{91}$

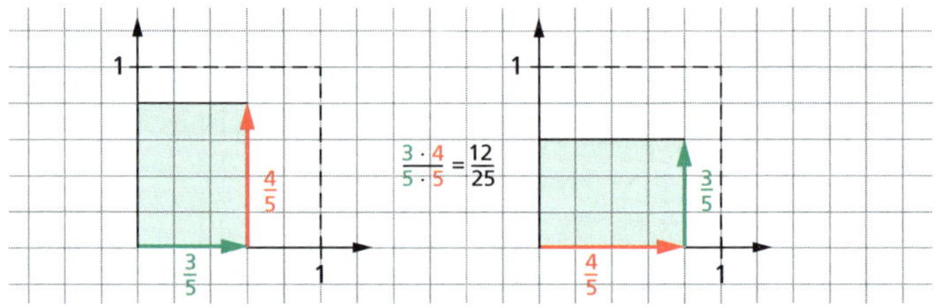

associare (lat.) – verbinden

Für die Multiplikation gilt das **Assoziativgesetz:**
Faktoren darf man beliebig zusammenfassen, dabei bleibt das Produkt gleich.
$q \cdot (p \cdot r) = (q \cdot p) \cdot r$

$\frac{3}{5} \cdot \left(\frac{7}{2} \cdot \frac{6}{9}\right) = \left(\frac{3}{5} \cdot \frac{7}{2}\right) \cdot \frac{6}{9}$ $\qquad$ $\frac{8}{7} \cdot \left(\frac{5}{3} \cdot \frac{21}{20}\right) = \left(\frac{8}{7} \cdot \frac{5}{3}\right) \cdot \frac{21}{20}$

$\frac{3}{5} \cdot \left(\frac{7 \cdot 6}{2 \cdot 9}\right) = \left(\frac{3}{5} \cdot \frac{7}{2}\right) \cdot \frac{6}{9}$ $\qquad$ $\frac{8}{7} \cdot \frac{5 \cdot 21}{3 \cdot 20} = \frac{8 \cdot 5}{7 \cdot 3} \cdot \frac{21}{20}$

$\frac{3 \cdot 21}{5 \cdot 9} = \frac{21 \cdot 6}{10 \cdot 9}$ $\qquad$ $\frac{8 \cdot 7}{7 \cdot 4} = \frac{40 \cdot 21}{21 \cdot 20}$

$\frac{7}{5} = \frac{7}{5}$ $\qquad$ $2 = 2$

Aus beiden Gesetzen folgt, dass beim Multiplizieren die Reihenfolge der Faktoren beliebig ist.

distribuere (lat.) – verteilen

Für die Multiplikation gilt bezüglich der Addition (Subtraktion) das **Distributivgesetz:**
$q \cdot (p \pm r) = q \cdot p \pm q \cdot r$ oder
$(p \pm r) \cdot q = p \cdot q \pm r \cdot q$

$\frac{7}{2} \cdot \frac{22}{5} + \frac{7}{2} \cdot \frac{8}{5} = \frac{7}{2} \cdot \left(\frac{22}{5} + \frac{8}{5}\right) = \frac{7}{2} \cdot \frac{30}{5} = \frac{7}{2} \cdot 6 = 21$

$12\left(\frac{1}{4} + \frac{1}{3}\right) = 12 \cdot \frac{1}{4} + 12 \cdot \frac{1}{3} = 3 + 4 = 7$

Division

> **D** Man dividiert durch einen Bruch, indem man mit dem Kehrwert dieses Bruches multipliziert:
> $\frac{a}{b}:\frac{c}{d}=\frac{a}{b}\cdot\frac{d}{c}=\frac{a\cdot d}{b\cdot c}$

dividere (lat.) – teilen

$\frac{1}{3}:\frac{1}{2}=\frac{1}{3}\cdot\frac{2}{1}=\frac{2}{3}$ $\qquad$ $\frac{8}{3}:\frac{2}{9}=\frac{\overset{4}{\cancel{8}}\cdot\overset{3}{\cancel{9}}}{\underset{1}{\cancel{3}}\cdot\underset{1}{\cancel{2}}}=12$

Da zu jedem Bruch (außer 0) ein reziproker Bruch existiert, ist die Division von Brüchen (außer durch 0) uneingeschränkt ausführbar.

Wenn man einen Bruch durch einen echten Bruch dividiert, ist der Quotient größer als der Dividend.

> **S** Ein Bruch $\frac{z}{n}$ wird durch eine ganze Zahl dividiert, indem man den Zähler durch diese Zahl dividiert oder den Nenner mit dieser Zahl multipliziert.

$\frac{9}{7}:3=\frac{9:3}{7}=\frac{3}{7}$ $\qquad$ $\frac{2}{3}:5=\frac{2}{3\cdot 5}=\frac{2}{15}$

Damit ist die **Division von Brüchen** auf die Multiplikation von Brüchen zurückgeführt.

2.3.3 Dezimalbrüche; Rechnen mit Dezimalbrüchen

Dezimalbrüche

Bruchzahlen kann man nicht nur als gemeine Brüche, sondern auch als Dezimalbrüche (Dezimalzahlen) darstellen.

> **D** Brüche, die im Nenner eine Potenz von 10 haben, heißen **Dezimalbrüche (Zehnerbrüche):**
> $\frac{z}{10^n}$ $(z, n \in \mathbb{N})$

decimus (lat.) – zehnter

Dezimalbrüche kann man wie folgt darstellen:

a) Stammbrüche: $\frac{1}{10}=\frac{1}{10^1}=0{,}1$; $\frac{1}{100}=\frac{1}{10^2}=0{,}01$; $\frac{1}{1000}=\frac{1}{10^3}=0{,}001$
allgemein: $\frac{1}{10^n}=0{,}00\ldots01$ (mit insgesamt n Nullen).

b) Beliebige Dezimalbrüche $\frac{z}{10^n}$: Man schreibt den Zähler z und setzt das Komma vor die n-te Stelle von rechts. Gegebenenfalls müssen Nullen ergänzt werden.

$\frac{23}{10}=\frac{23}{10^1}=2{,}\underbrace{3}_{1}$ $\qquad$ $\frac{23}{100}=\frac{23}{10^2}=0{,}\underbrace{23}_{2}$

$\frac{23}{1000}=\frac{23}{10^3}=0{,}\underbrace{023}_{3}$ $\qquad$ $\frac{23}{10\,000}=\frac{23}{10^4}=0{,}\underbrace{0023}_{4}$

D

Ein Dezimalbruch heißt

echter Dezimalbruch, wenn vor dem Komma eine 0 steht.	**unechter Dezimalbruch,** wenn vor dem Komma eine von 0 verschiedene natürliche Zahl steht.
0,23; 0,075	2,3; 14,008

Alle Brüche $\frac{p}{q}$ lassen sich in Dezimalbrüche umwandeln, indem man den Zähler p durch den Nenner q dividiert.

Ist die Division p : q

ohne Rest ausführbar, entsteht ein **endlicher Dezimalbruch.**	mit Rest ausführbar, entsteht ein **periodischer Dezimalbruch.**

periodos (griech.) – Wiederkehr

17 : 8 = 2,125	1 : 3 = 0,3333…
16	10
10	9
8	10
20	9
16	10
40	9
40	10
0	9

Die Periode im periodischen Dezimalbruch kann unterschiedlich lang sein.

Periodische Dezimalbrüche werden geschrieben, indem die **Periode,** d.h. die sich wiederholende Ziffernfolge, überstrichen wird.

$\frac{1}{3} = 0{,}333\ldots = 0{,}\overline{3}$ $\qquad$ $\frac{1}{6} = 0{,}1666\ldots = 0{,}1\overline{6}$

$\frac{1}{7} = 0{,}142857142857\ldots = 0{,}\overline{142857}$ $\qquad$ $\frac{16}{99} = 0{,}\overline{16}$

Addition und Subtraktion von Dezimalbrüchen

Wenn an einen Dezimalbruch nach dem Komma am Ende Nullen angehängt werden, verändert sich der Wert des Dezimalbruchs nicht.

2,35 = 2,350, denn $\frac{235}{100} \overset{\cdot 10}{=} \frac{2\,350}{1\,000}$.

addere (lat.) – hinzufügen;

subtrahere (lat.) – abziehen

Dezimalbrüche werden schriftlich addiert (subtrahiert), indem sie so untereinandergeschrieben werden, dass die Kommas und damit die gleichen Stellenwerte untereinander stehen.
Es wird wie mit natürlichen Zahlen addiert (subtrahiert). Im Ergebnis setzt man das Komma genau unter die Kommas der anderen Zahlen.

Die Dezimalbrüche 0,3; 0,756; 1,42 und 10,007 werden addiert.

$$\begin{array}{r} 0{,}300 \\ 0{,}756 \\ 1{,}420 \\ +\ 10{,}007 \\ \hline 12{,}483 \end{array}$$

Die Dezimalbrüche 1,47; 0,1 und 0,01 werden von 2,407 subtrahiert.

$$\begin{array}{r} 2{,}407 \\ -\ 1{,}470 \\ -\ 0{,}100 \\ -\ 0{,}010 \\ \hline 0{,}827 \end{array}$$

Die Subtraktion von Dezimalbrüchen ist ausführbar, wenn der Subtrahend nicht größer als der Minuend ist.

Multiplikation von Dezimalbrüchen

Dezimalbrüche werden miteinander multipliziert, indem man zunächst ohne Berücksichtigung des Kommas wie mit natürlichen Zahlen multipliziert und im Produkt von rechts beginnend so viele Dezimalstellen abzählt, wie beide Faktoren zusammen besitzen, und dort das Komma setzt.

multiplicare (lat.) – vervielfachen

$0{,}3 \cdot 0{,}5$ $\quad 3 \cdot 5 = 15$

$0{,}\underbrace{3}_{1} \cdot 0{,}\underbrace{5}_{1}$ (1 + 1) $\quad = 0{,}\underbrace{15}_{2}$

$1{,}2 \cdot 0{,}03$ $\quad 12 \cdot 3 = 36$

$1{,}\underbrace{2}_{1} \cdot 0{,}\underbrace{03}_{2}$ (1 + 2) $\quad = 0{,}\underbrace{036}_{3}$

$$\begin{array}{r} 5{,}32 \cdot 1{,}6 \\ \hline 532 \\ 3192 \\ \hline 8{,}\underbrace{512}_{3} \end{array}$$

Division von Dezimalbrüchen

Ein Dezimalbruch (Dividend) wird durch einen zweiten Dezimalbruch (Divisor) dividiert, indem Dividend und Divisor so mit einer Potenz von 10 multipliziert werden, dass der Divisor eine ganze Zahl ist.
Die Division erfolgt wie bei den natürlichen Zahlen. Im Quotient wird das Komma entsprechend dem Komma im Dividenden gesetzt.

dividere (lat.) – teilen

In beiden Dezimalbrüchen muss man das Komma um so viele Stellen nach rechts verschieben, wie der Divisor Dezimalstellen hat.

$1{,}\underbrace{44}_{2} : 0{,}\underbrace{12}_{2} = 144 : 12 = 12$

$4{,}\underbrace{8}_{1} : 0{,}\underbrace{8}_{1} = 480 : 8 = 60$

$11{,}\underbrace{5}_{1}5 : 0{,}\underbrace{5}_{1} = 115{,}5 : 5 = 23{,}1$

$2{,}\underbrace{8}_{1}29 : 0{,}\underbrace{3}_{1} =$

$28{,}29 : 3 = 9{,}43$

$$\begin{array}{l} \underline{27} \\ \ 12 \\ \ \underline{12} \\ \ \ 09 \\ \ \ \ \underline{9} \\ \ \ \ 0 \end{array}$$

Die Division von Dezimalbrüchen ist ebenfalls auf die Division natürlicher Zahlen zurückführbar.

2.4 Rationale Zahlen

2.4.1 Zahlbegriff; Zahldarstellungen

Rechenoperation	Ganze Zahlen $\mathbb{Z}$	Brüche $\mathbb{Q}_+$
Addition	Jede Additionsaufgabe ist lösbar.	Jede Additionsaufgabe ist lösbar.
Subtraktion	Jede Subtraktionsaufgabe ist lösbar.	Nicht jede Subtraktionsaufgabe ist lösbar. Beispiel: $\frac{5}{3} - \frac{8}{3}$ ist nicht lösbar.
Multiplikation	Jede Multiplikationsaufgabe ist lösbar.	Jede Multiplikationsaufgabe ist lösbar.
Division	Nicht jede Divisionsaufgabe ist lösbar. Beispiel: $(-7):2$ ist nicht lösbar.	Jede Divisionsaufgabe ist lösbar. Die Division durch 0 ist nicht definiert.

Sowohl von $\mathbb{Z}$ als auch von $\mathbb{Q}_+$ kann man zu einem Bereich gelangen, in dem man alle vier Grundrechenoperationen (außer Division durch 0) uneingeschränkt ausführen kann. Dieser Bereich ist die Menge der rationalen Zahlen $\mathbb{Q}$. Ein Weg, diese Menge $\mathbb{Q}$ zu erhalten, ist, bei Brüchen auch negative Zahlen als Zähler zuzulassen.

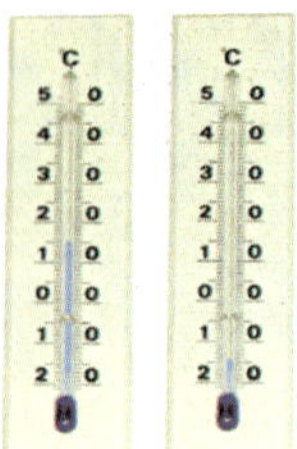

D Zwei Zahlen heißen **zueinander entgegengesetzt,** wenn ihre Darstellung auf der Zahlengeraden den gleichen Abstand vom Nullpunkt hat.
Zwei zueinander entgegengesetzte Zahlen haben verschiedene Vorzeichen.

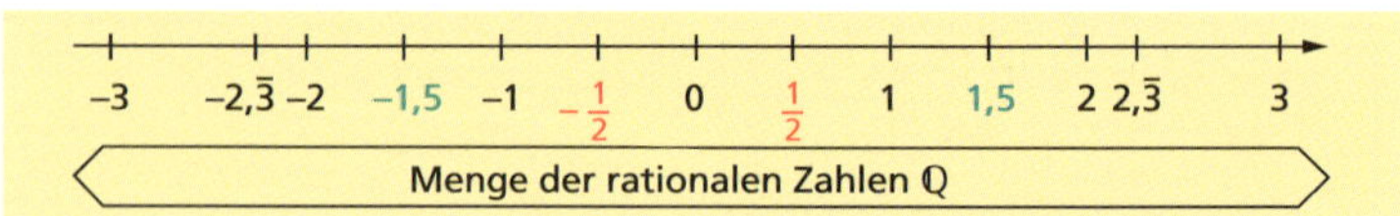

Jeweils zueinander entgegengesetzt sind: $-\frac{1}{2}$ und $\frac{1}{2}$; 1,5 und –1,5.

Zwei Kräfte wirken in entgegengesetzter Richtung.

D **Die Menge der rationalen Zahlen** $\mathbb{Q}$ ergibt sich aus den Bruchzahlen, den zu diesen entgegengesetzten Zahlen und der Zahl 0.
Die Menge $\mathbb{Q}$ enthält als Teilmengen die Mengen $\mathbb{N}$, $\mathbb{Z}$ und $\mathbb{Q}_+$.

ratio (lat.) – Rechnung, Methode

Man versucht, die Relationen und Operationen in der Menge der rationalen Zahlen so festzulegen, dass die für die Teilmengen $\mathbb{N}$, $\mathbb{Z}$ und $\mathbb{Q}_+$ geltenden Gesetzmäßigkeiten nach Möglichkeit auf den gesamten Bereich ausgedehnt werden.
Analog zu dem Vorgehen bei den ganzen Zahlen können in der Menge der rationalen Zahlen $\mathbb{Q}$ der Begriff „absoluter Betrag" und eine Ordnungsrelation erklärt werden.

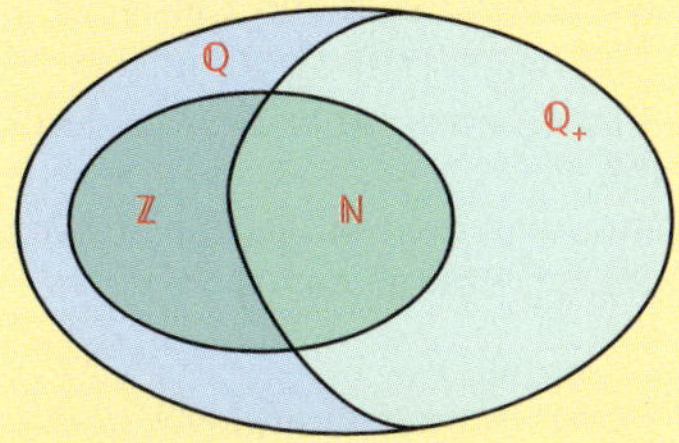

Der Abstand, den eine rationale Zahl r vom Nullpunkt hat, ist ihr absoluter Betrag $|r|$.

$$|r| = \begin{cases} r, & \text{wenn } r \text{ positiv oder 0 ist.} \\ -r, & \text{wenn } r \text{ negativ ist.} \end{cases}$$

D Eine rationale Zahl ist
- **positiv,** wenn ihre Darstellung auf der Zahlengeraden rechts vom Nullpunkt liegt,
- **negativ,** wenn ihre Darstellung auf der Zahlengeraden links vom Nullpunkt liegt.

Die Zahl Null ist weder positiv noch negativ.

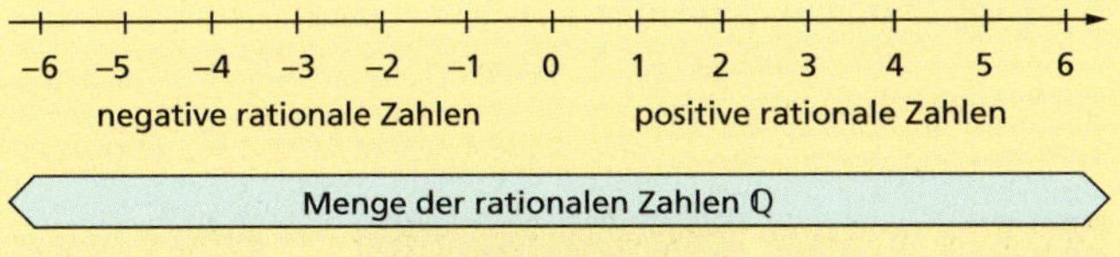

D Von zwei rationalen Zahlen ist diejenige größer, deren Darstellung auf der Zahlengeraden weiter rechts liegt.

$$-\frac{5}{2} < -2 < -1 < 0 < 1 < 1{,}5 < 2 < 3$$

Analog zu den ganzen Zahlen gilt für die rationalen Zahlen:
- Eine Zahl q ist genau dann positiv, wenn $q > 0$ ist.
- Eine Zahl q ist genau dann negativ, wenn $q < 0$ ist.
- Jede positive Zahl ist größer als jede negative Zahl.
- Von zwei positiven Zahlen ist diejenige größer, die den größeren Betrag hat.
- Von zwei negativen Zahlen ist diejenige größer, die den kleineren Betrag hat.

Zwischen zwei rationalen Zahlen liegt stets noch eine weitere rationale Zahl.
Genau wie die Menge der Bruchzahlen $\mathbb{Q}_+$ ist die Menge der rationalen Zahlen $\mathbb{Q}$ überall dicht.

reciprocus (lat.) – umgekehrt

D Zwei rationale Zahlen $\frac{a}{b}$ und $\frac{b}{a}$ $(a, b \neq 0)$ heißen zueinander **reziprok.**

$\frac{3}{4}$ und $\frac{4}{3}$ sind zueinander reziprok.

addere (lat.) – hinzufügen

2.4.2 Rechnen mit rationalen Zahlen

Die **Addition rationaler Zahlen** wird auf die Addition von ganzen Zahlen und von Bruchzahlen zurückgeführt.

Zwei rationale Zahlen mit *gleichen* Vorzeichen werden wie folgt addiert:
1. Man *bildet* die Beträge und *addiert* sie.
2. Man gibt der Summe das Vorzeichen der Ausgangswerte.

Zwei rationale Zahlen mit *unterschiedlichen* Vorzeichen werden wie folgt addiert:
1. Man bildet die Beträge und *subtrahiert* den kleineren vom größeren Betrag.
2. Man gibt der Summe das Vorzeichen, das die Zahl mit dem größeren Betrag hat.

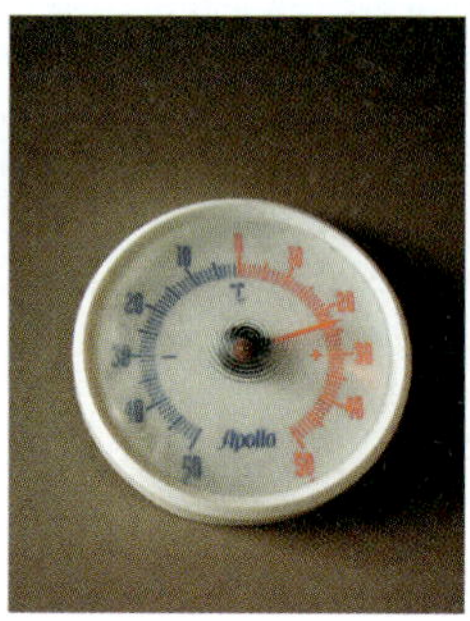
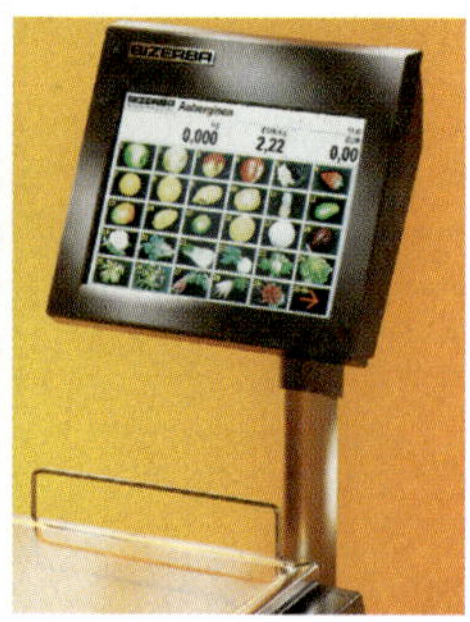

$\frac{2}{7} + \frac{3}{7} = \frac{5}{7}$ $-0{,}42 + 0{,}8 = 0{,}38$

$-2{,}1 + (-4{,}9) = -7$ $\frac{4}{9} + \left(-\frac{7}{9}\right) = -\frac{3}{9} = -\frac{1}{3}$

Für zwei rationale Zahlen a und b gilt $a < b$ genau dann, wenn es eine rationale Zahl x mit $x > 0$ gibt, sodass $a + x = b$ gilt.

$-\frac{2}{3} < -\frac{1}{2}$, weil $-\frac{2}{3} + \frac{1}{6} = -\frac{1}{2}$. $-\frac{2}{3} < -\frac{5}{8}$, weil $-\frac{2}{3} + \frac{1}{24} = -\frac{5}{8}$.

S Für die Addition gilt das **Kommutativgesetz:**
Summanden darf man vertauschen, dabei bleibt die Summe gleich.
$a + b = b + a$

commutare (lat.) – vertauschen

$-7{,}2 + 6{,}8 = 6{,}8 - 7{,}2 = -0{,}4$ $\frac{4}{3} - \frac{11}{6} = -\frac{11}{6} + \frac{8}{6} = -\frac{3}{6} = -\frac{1}{2}$

S Für die Addition gilt das **Assoziativgesetz:**
Summanden darf man beliebig zusammenfassen, dabei bleibt die Summe gleich.
$a + (b + c) = (a + b) + c$

associare (lat.) – verbinden

$$\begin{aligned} -4{,}8 + [7{,}2 + (-5{,}2)] &= [(-4{,}8) + 7{,}2] + (-5{,}2) \\ -4{,}8 + 2 &= 2{,}4 - 5{,}2 \\ -2{,}8 &= -2{,}8 \end{aligned}$$

Von einer rationalen Zahl a wird eine rationale Zahl b subtrahiert, indem man zu a die zu b entgegengesetzte Zahl $-b$ addiert.
$a - b = a + (-b)$

subtrahere (lat.) – abziehen

$\frac{7}{4} - \frac{2}{3} = \frac{21}{12} + \left(-\frac{8}{12}\right) = \frac{13}{12}$

Da zu jeder rationalen Zahl eine entgegengesetzte rationale Zahl existiert, ist die Subtraktion stets ausführbar.

Zwei rationale Zahlen werden multipliziert, indem man ihre Beträge multipliziert und das Vorzeichen des Produkts gesondert bestimmt. Das Produkt ist
- *positiv,* wenn beide Faktoren *gleiche* Vorzeichen haben,
- *negativ,* wenn beide Faktoren *unterschiedliche* Vorzeichen haben.

multiplicare (lat.) – vervielfachen

$\frac{1}{2} \cdot \frac{3}{4} = \frac{3}{8}$; $(-3{,}2) \cdot (-0{,}5) = 1{,}6$; $\frac{2}{7} \cdot (-7) = -2$; $-0{,}8 \cdot 1{,}2 = -0{,}96$

S Für die Multiplikation gilt das **Kommutativgesetz:**
Faktoren darf man vertauschen, dabei bleibt das Produkt gleich.
$a \cdot b = b \cdot a$

$4{,}8 \cdot (-27) = (-27) \cdot 4{,}8 = -129{,}6$

associare (lat.) – verbinden

S Für die Multiplikation gilt das **Assoziativgesetz:**
Faktoren darf man beliebig zusammenfassen, dabei bleibt das Produkt gleich.
$a \cdot (b \cdot c) = (a \cdot b) \cdot c$

$$\frac{4}{5} \cdot \left[\frac{3}{2} \cdot \left(-\frac{5}{6}\right)\right] = \left[\frac{4}{5} \cdot \frac{3}{2}\right] \cdot \left(-\frac{5}{6}\right)$$
$$\frac{4}{5} \cdot \left(-\frac{5}{4}\right) = \frac{6}{5} \cdot \left(-\frac{5}{6}\right)$$
$$-1 = -1$$

$3 \cdot (2 \cdot 4) = 24$

$(3 \cdot 2) \cdot 4 = 24$

Ein Produkt aus mehreren rationalen Zahlen ist

positiv,	null,	negativ,
wenn die Anzahl der negativen Faktoren gerade ist.	wenn (mindestens) ein Faktor null ist.	wenn die Anzahl der negativen Faktoren ungerade ist.

$(-1{,}2) \cdot (-2) \cdot (-4) \cdot (-1) = 9{,}6$

$(-4{,}8) \cdot 0{,}7 \cdot 0 \cdot \left(-\frac{8}{3}\right) = 0$

$(-1{,}4) \cdot 2 \cdot (-1) \cdot (-3) = -8{,}4$

distribuere (lat.) – verteilen

S Für die Multiplikation gilt bezüglich der Addition (Subtraktion) das **Distributivgesetz:**
$a \cdot (b \pm c) = a \cdot b \pm a \cdot c$

$(-1{,}2) \cdot (6 - 1{,}2) = (-1{,}2) \cdot 6 - (-1{,}2) \cdot 1{,}2 = -7{,}2 + 1{,}44 = -5{,}76$

Es gilt für die Vorzeichen:

$+ : + = +$
$- : - = +$
$- : + = -$
$+ : - = -$

Eine rationale Zahl a wird durch eine rationale Zahl b dividiert, indem man den Betrag von a durch den Betrag von b dividiert und das Vorzeichen des Quotienten gesondert bestimmt. Der Quotient ist
- *positiv,* wenn der Dividend a und der Divisor b das *gleiche* Vorzeichen haben,
- *negativ,* wenn der Dividend a und der Divisor b *unterschiedliche* Vorzeichen haben.

$1{,}44 : 1{,}2 = 1{,}2$ $\quad (-2{,}8) : 0{,}7 = -4$

$(-1{,}44) : (-1{,}2) = 1{,}2$ $\quad 2{,}8 : (-0{,}7) = -4$

2.5 Reelle Zahlen

2.5.1 Zahlbegriff

Obwohl die rationalen Zahlen überall dicht liegen (↗ S. 68; Zahlbegriff), gibt es auf der Zahlengeraden noch Punkte, denen keine rationale Zahl zugeordnet werden kann.

Einen solchen Punkt erhält man z. B. dadurch, dass man im Punkt 1 der Zahlengeraden eine Senkrechte der Länge 1 errichtet und deren Endpunkt mit dem Nullpunkt verbindet.
Die Verbindungsstrecke, die nach dem Satz des Pythagoras die Länge $\sqrt{2}$ hat, kann man einfach abtragen. Der Beweis, dass $\sqrt{2}$ keine rationale Zahl ist, wird indirekt geführt (↗ S. 25).

Feststellung:
$\sqrt{2}$ ist keine rationale Zahl.

Annahme:
$\sqrt{2}$ ist rational und lässt sich demzufolge als Bruch $\frac{p}{q}$ schreiben.
p und q haben keinen gemeinsamen Teiler.

Beweis:
Aus $\sqrt{2} = \frac{p}{q}$ folgt $2 = \frac{p \cdot p}{q \cdot q}$, d. h., der Bruch $\frac{p \cdot p}{q \cdot q}$ müsste kürzbar sein. Dann müssten aber p und q mindestens einen gemeinsamen Teiler haben, was der Annahme widerspricht.

Schlussfolgerung:
Die Annahme ist falsch, also ist $\sqrt{2}$ keine rationale Zahl. (w. z. b. w.)

PYTHAGORAS VON SAMOS (um 580 bis um 500 v. Chr.)

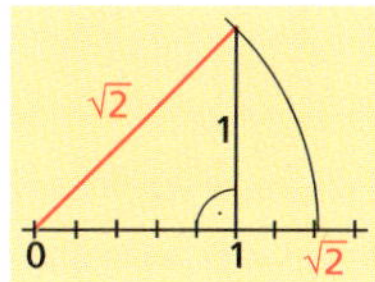

Zahlen, die nicht in der Form $\frac{a}{b}$ ($a, b \in \mathbb{Z}$; $b \neq 0$) dargestellt werden können, heißen **irrationale Zahlen.** In der Darstellung als Dezimalbruch sind irrationale Zahlen unendlich und nicht periodisch.

irrationalis (lat.) – unvernünftig

$\pi = 3{,}141592\ldots$ $\quad e \approx 2{,}718281\ldots$ $\quad \sqrt{3} = 1{,}73205\ldots$

S Die Quadratwurzel aus einer natürlichen Zahl ist entweder selbst eine natürliche Zahl oder sie ist irrational.

$\sqrt{16} = 4$ $\quad \sqrt{121} = 11$ $\quad \sqrt{5} = 2{,}236067\ldots$

D Die Gesamtheit der rationalen und der irrationalen Zahlen bildet die **Menge der reellen Zahlen $\mathbb{R}$.**

Bei den irrationalen Zahlen kann man noch zwischen algebraisch irrationalen und transzendenten Zahlen unterscheiden.

Für die reellen Zahlen gilt:
Jedem Punkt der Zahlengeraden kann umkehrbar eindeutig eine reelle Zahl zugeordnet werden, d. h., zu jeder reellen Zahl gibt es genau einen Punkt und umgekehrt.
Man sagt: Die Menge der reellen Zahlen ist abgeschlossen.

Da die rationalen Zahlen **überall dicht** liegen, kann man jede irrationale Zahl beliebig genau durch eine Folge rationaler Zahlen annähern.

Es gilt für $\sqrt{2}$:

$1{,}4 < \sqrt{2} < 1{,}5$ weil $1{,}4^2 = 1{,}96 < 2 < 2{,}25 = 1{,}5^2$

$1{,}41 < \sqrt{2} < 1{,}42$ weil $1{,}41^2 = 1{,}9881 < 2 < 2{,}0164 = 1{,}42^2$

$1{,}414 < \sqrt{2} < 1{,}415$ weil $1{,}414^2 = 1{,}999396 < 2 < 2{,}002225 = 1{,}415^2$

$1{,}4142 < \sqrt{2} < 1{,}4143$ weil $1{,}4142^2 = 1{,}99996164 < 2 < 2{,}00024449 = 1{,}4143^2$

intervallum (lat.) – Zwischenraum

Man kann durch eine **Intervallschachtelung** jede irrationale Zahl beliebig genau annähern. In der Praxis können bei Anwendungsaufgaben reelle Zahlen näherungsweise durch rationale Zahlen ersetzt werden.

2.5.2 Rechnen mit reellen Zahlen

Im Bereich der reellen Zahlen sind die Addition, die Subtraktion, die Multiplikation und die Division (außer durch 0) uneingeschränkt ausführbar.

D

0 ist das **neutrale Element der Addition.** Es gilt: $r + 0 = 0 + r = r$
1 ist das **neutrale Element der Multiplikation.** Es gilt: $1 \cdot r = r \cdot 1 = r$

Es gelten die gleichen Regeln und Gesetze wie im Bereich der rationalen Zahlen.

commutare (lat.) – vertauschen; associare (lat.) – verbinden; distribuere (lat.) – verteilen

S

Für die Addition und die Multiplikation gilt jeweils das **Kommutativgesetz:**
$a + b = b + a$; $a \cdot b = b \cdot a$
Für die Addition und die Multiplikation gilt jeweils das **Assoziativgesetz:**
$(a + b) + c = a + (b + c)$; $(a \cdot b) \cdot c = a \cdot (b \cdot c)$
Für die Addition gilt bezüglich der Multiplikation das **Distributivgesetz:**
$a \cdot (b + c) = a \cdot b + a \cdot c$ bzw. $(b + c) \cdot a = b \cdot a + c \cdot a$

S

Addition und Multiplikation sind **monoton** bezüglich der Kleiner-Relation. Aus $a < b$ folgt $a + c < b + c$ und $a \cdot c < b \cdot c$ für $c > 0$.

Aus $\sqrt{2} < \sqrt{3}$ folgt $\sqrt{2} + 4 < \sqrt{3} + 4$.

Beim Rechnen mit reellen Zahlen gibt es folgende Möglichkeiten:

a) Alle vorkommenden Zahlen sind rational. Dann kommen die Regeln und Verfahren des Rechnens mit rationalen Zahlen zur Anwendung.
b) Mindestens eine vorkommende Zahl ist irrational. Dann gilt:
   - Rechnen mit Wurzeln, Logarithmen (↗ S. 79 f.), Winkelfunktionswerten u. Ä.
   - Rechnen mit rationalen Näherungswerten (↗ S. 87).

2.6 Rechnen mit Potenzen, Wurzeln und Logarithmen

2.6.1 Potenzbegriff; Potenzgesetze; Rechnen mit Potenzen

Begriffe

Produkte aus gleichen Faktoren lassen sich als **Potenzen** schreiben.

$2 \cdot 2 \cdot 2 \cdot 2 \cdot 2 = 2^5 = 32$
$(-6) \cdot (-6) \cdot (-6) = (-6)^3 = -216$
$\left(\frac{7}{5}\right) \cdot \left(\frac{7}{5}\right) \cdot \left(\frac{7}{5}\right) \cdot \left(\frac{7}{5}\right) = \left(\frac{7}{5}\right)^4 = \frac{2401}{625}$

potentia (lat.) – Kraft, Macht; exponere (lat.) – offen hinstellen; basis (griech.) – Grundlage

D In der Potenz $c = a^n = a \cdot a \cdot a \cdot \ldots \cdot a$ (n-mal der Faktor a) heißen a ($a \in \mathbb{R}$) die **Basis,** n ($n \in \mathbb{N}$; $n > 1$) der **Exponent** und c der **Potenzwert.**

Exponent
$c = a^n$
Potenzwert Basis

$-2^4 = -(2 \cdot 2 \cdot 2 \cdot 2) = -16$, aber $(-2)^4 = (-2) \cdot (-2) \cdot (-2) \cdot (-2) = 16$
$\frac{3^2}{4} = \frac{3 \cdot 3}{4} = \frac{9}{4}$, aber $\left(\frac{3}{4}\right)^2 = \frac{3}{4} \cdot \frac{3}{4} = \frac{3 \cdot 3}{4 \cdot 4} = \frac{9}{16}$

In einer Folge von Potenzen steigen die Potenzwerte sehr rasch an, selbst wenn die Exponenten nur langsam wachsen.

$11^2 = 121$ $11^3 = 1\,331$ $11^4 = 14\,641$ $11^5 = 161\,051$

$9^9 = 387\,420\,489$ ist die größte Zahl, die man mit zwei Ziffern schreiben kann.

Das Potenzieren ist nicht kommutativ. Die Beziehung $a^b = b^a$ ($a \neq b$) gilt nicht allgemein.

$2^4 = 4^2$, weil $2^4 = 4^2 = 16$, aber
$2^3 \neq 3^2$, weil $2^3 = 8$ und $3^2 = 9$ und $8 \neq 9$

D Jede Potenz a^2 ($a \in \mathbb{N}$) heißt **Quadratzahl.** Es gilt: $a^2 = a \cdot a$
Jede Potenz a^3 ($a \in \mathbb{N}$) heißt **Kubikzahl.** Es gilt: $a^3 = a \cdot a \cdot a$

quadratum (lat.) – Viereck; kybos (griech.) – **Würfel**

Quadrat- und Kubikzahlen der natürlichen Zahlen von 1 bis 13.

n	1	2	3	4	5	6	7	8	9	10	11	12	13
n^2	1	4	9	16	25	36	49	64	81	100	121	144	169
n^3	1	8	27	64	125	216	343	512	729	1000	1331	1728	2197

Quadratzahlen enden immer auf eine der Ziffern 0; 1; 4; 5; 6 oder 9, niemals also auf 2; 3; 7 oder 8 (↗ S. 349).

Potenzen sind zunächst nur erklärt, wenn die Exponenten natürliche Zahlen größer 1 sind.
Betrachtet man die Folge a^6; a^5; a^4; a^3; a^2 $(a > 0)$, so ist festzustellen, dass sich das folgende Glied ergibt, indem man das vorhergehende durch a dividiert (was den Exponenten jeweils um 1 verkleinert).
Es gilt folgende Festlegung:

D
$a^1 = a\ (a \in \mathbb{R})$; $a^0 = 1$; $a^{-1} = \frac{1}{a}$; $a^{-2} = \frac{1}{a^2}$; $a^{-n} = \frac{1}{a^n}\ (a \in \mathbb{R};\ a \neq 0)$
Damit lässt sich die Potenz a^n auch rekursiv definieren durch:
$a^0 = 1$ und $a^n = a^{n-1} \cdot a$
Es gilt für alle n: $1^n = 1$ und für $n \neq 0$: $0^n = 0$ (0^0 ist nicht definiert.)

$4^1 = 4$ $\quad 8^0 = 1$ $\quad 12^{-1} = \frac{1}{12}$ $\quad 3^{-2} = \frac{1}{3^2} = \frac{1}{9}$

So kann man zusammengesetzte Einheiten ohne Bruchstrich schreiben.

Einheiten		
Geschwindigkeit	**Beschleunigung**	**Dichte**
$\frac{m}{s} = m \cdot s^{-1}$	$\frac{m}{s^2} = m \cdot s^{-2}$	$\frac{g}{cm^3} = g \cdot cm^{-3}$

S
Der Wert einer Potenz mit einer negativen Basis ist
- *positiv,* wenn der Betrag des Exponenten eine *gerade* Zahl ist,
- *negativ,* wenn der Betrag des Exponenten eine *ungerade* Zahl ist.

$(-2)^2 = 4$; $\quad (-2)^3 = -8$; $\quad (-2)^{-4} = \frac{1}{16}$; $\quad (-1)^{1999} = -1$; $\quad (-1)^{2000} = 1$

Potenzgesetze; Rechnen mit Potenzen

potentia (lat.) – Kraft, Macht

Für das Rechnen mit Potenzen $(a, b \in \mathbb{R};\ a \neq 0;\ b \neq 0;\ m, n \in \mathbb{Z})$ gelten folgende Gesetze:

exponere (lat.) – offen hinstellen; basis (giech.) – Grundlage

S
Potenzen mit gleicher Basis werden multipliziert, indem man die Exponenten addiert und die Basis beibehält:
$a^n \cdot a^m = a^{n+m}$

$2^5 \cdot 2^3 = 2^{5+3} = 2^8 = 256$ $\qquad (-2)^3 \cdot (-2)^4 = (-2)^{3+4} = (-2)^7 = -128$
$2^5 \cdot 2^3 = 32 \cdot 8 = 256$ $\qquad (-2)^3 \cdot (-2)^4 = (-8) \cdot 16 = -128$

$2^{-3} \cdot 2^5 = 2^{-3+5} = 2^2 = 4$ $\qquad 0{,}5^3 \cdot 0{,}5^2 = 0{,}5^{3+2} = 0{,}5^5 = 0{,}03125$
$2^{-3} \cdot 2^5 = \frac{1}{8} \cdot 32 = 4$ $\qquad 0{,}5^3 \cdot 0{,}5^2 = 0{,}125 \cdot 0{,}25 = 0{,}03125$

S
Potenzen mit gleicher Basis werden dividiert, indem man die Exponenten subtrahiert und die Basis beibehält:
$a^n : a^m = a^{n-m}$

$2^5 : 2^3 = 2^{5-3} = 2^2 = 4$ $\quad$ $(-2)^3 : (-2)^4 = (-2)^{3-4} = (-2)^{-1} = -\frac{1}{2}$

$2^5 : 2^3 = 32 : 8 = 4$ $\quad$ $(-2)^3 : (-2)^4 = (-8) : 16 = -\frac{1}{2}$

$2^{-3} : 2^5 = 2^{-3-5} = 2^{-8} = \frac{1}{256}$ $\quad$ $2^2 : 2^{-3} = 2^{2-(-3)} = 2^5 = 32$

$2^{-3} : 2^5 = \frac{1}{8} : 32 = \frac{1}{256}$ $\quad$ $2^2 : 2^{-3} = 4 : \frac{1}{8} = 4 \cdot 8 = 32$

S Potenzen mit gleichem Exponenten werden multipliziert, indem man die Basen multipliziert und den Exponenten beibehält:
$a^n \cdot b^n = (a \cdot b)^n$

$2^3 \cdot 3^3 = (2 \cdot 3)^3 = 6^3 = 216$ $\quad$ $(-3)^3 \cdot 2^3 = (-3 \cdot 2)^3 = (-6)^3 = -216$

$2^3 \cdot 3^3 = 8 \cdot 27 = 216$ $\quad$ $(-3)^3 \cdot 2^3 = -27 \cdot 8 = -216$

S Potenzen mit gleichem Exponenten werden dividiert, indem man die Basen dividiert und den Exponenten beibehält:
$a^n : b^n = (a : b)^n$ oder $\frac{a^n}{b^n} = \left(\frac{a}{b}\right)^n$

$8^2 : 4^2 = \left(\frac{8}{4}\right)^2 = 2^2 = 4$ $\quad$ $(-4)^3 : 2^3 = \left(\frac{-4}{2}\right)^3 = (-2)^3 = -8$

$8^2 : 4^2 = 64 : 16 = 4$ $\quad$ $(-4)^3 : 2^3 = -64 : 8 = -8$

S Eine Potenz wird potenziert, indem man die Exponenten multipliziert und die Basis beibehält:
$(a^n)^m = a^{n \cdot m}$

$(2^2)^3 = 2^{2 \cdot 3} = 2^6 = 64$, aber $2^{(2^3)} = 2^8 = 256$

Aus den Potenzgesetzen folgt:

S Die Potenz eines Bruches mit dem Exponenten n ist gleich der Potenz des Kehrwertes dieses Bruches mit dem Exponenten (–n):
$\left(\frac{a}{b}\right)^n = \left(\frac{b}{a}\right)^{-n}$

$\left(\frac{2}{3}\right)^2 = \frac{2^2}{3^2} = \frac{3^{-2}}{2^{-2}} = \left(\frac{3}{2}\right)^{-2}$ $\quad$ $\left(\frac{1}{2}\right)^{-3} = \frac{1^{-3}}{2^{-3}} = \frac{2^3}{1^3} = \left(\frac{2}{1}\right)^3 = 2^3$

Prioritätsregeln (Vorrangregeln)

1. Potenzieren geht vor Punktrechnung (Multiplikation, Division).
2. Punktrechnung geht vor Strichrechnung (Addition, Subtraktion).
3. Sonst wird von links nach rechts gerechnet.

prior (lat.) – vorderer, erster

$(2 + 3)^2 = 5^2 = 25$ $\quad$ $2 \cdot 3^2 = 2 \cdot 9 = 18$

$22 + 2 \cdot (3^2 + 1)^2 = 22 + 2 \cdot 10^2 = 22 + 2 \cdot 100 = 222$

Abgetrennte Zehnerpotenzen

Die Potenzgesetze kann man verwenden, um sehr große oder sehr kleine Zahlen übersichtlich darzustellen. Man wählt dazu ein Darstellen von Zahlen mit **abgetrennten Zehnerpotenzen.**

$1000 = 10^3$; $5000 = 5 \cdot 10^3$; $18000 = 18 \cdot 10^3 = 1{,}8 \cdot 10^4$
$0{,}1 = 10^{-1}$; $0{,}0003 = 3 \cdot 10^{-4}$; $0{,}0018 = 1{,}8 \cdot 10^{-3}$

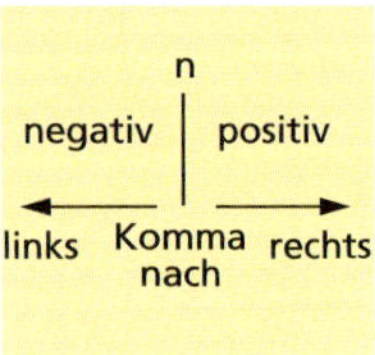

Bei der **Darstellung mit abgetrennten Zehnerpotenzen** wird die Zahl in der Form $a{,}bcd\ldots \cdot 10^n$ dargestellt, wobei gilt:
$1 \le |a| < 10$ und $a \in \mathbb{Z}$; bcd... natürliche Zahlen von 0 bis 9; $n \in \mathbb{Z}$.
Man kommt von dieser Darstellung zu einer Darstellung ohne abgetrennte Zehnerpotenzen, indem man das Komma um n Stellen verschiebt: nach rechts, wenn n positiv ist, und nach links, wenn n negativ ist. Gegebenenfalls sind entsprechend viele Nullen zu ergänzen.

Beispiel	Anweisung
$5{,}287463 \cdot 10^5 = 528746{,}3$	Komma um 5 Stellen nach rechts rücken.
$-5{,}28 \cdot 10^{-4} = -0{,}000528$	Komma um 4 Stellen nach links rücken.

So lassen sich z. B. Naturkonstanten übersichtlicher angeben.

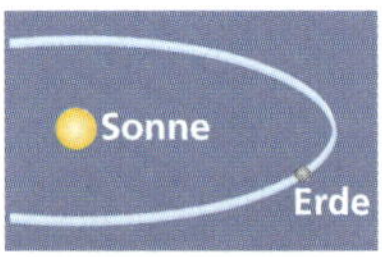

Die mittlere Entfernung Sonne–Erde beträgt $1{,}496 \cdot 10^8$ km.
Die Lichtgeschwindigkeit im Vakuum ist $2{,}997\,924\,58 \cdot 10^8\ \mathrm{m \cdot s^{-1}}$.
Die Gravitationskonstante hat den Wert
$6{,}672\,59 \cdot 10^{-11}\ \mathrm{m^3 \cdot kg^{-1} \cdot s^{-2}}$.

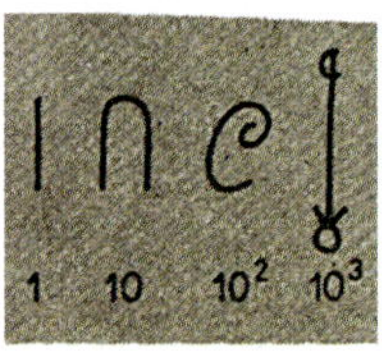

Beim Rechnen mit abgetrennten Zehnerpotenzen wendet man die Potenzgesetze und die in $\mathbb{R}$ geltenden Gesetzmäßigkeiten und Rechenregeln an.
Beim Addieren und Subtrahieren wird das Distributivgesetz angewendet.

$2{,}8 \cdot 10^3 + 1{,}3 \cdot 10^3 = (2{,}8 + 1{,}3) \cdot 10^3 = 4{,}1 \cdot 10^3$
$5{,}62 \cdot 10^{-4} - 8{,}03 \cdot 10^{-4} = (5{,}62 - 8{,}03) \cdot 10^{-4} = -2{,}41 \cdot 10^{-4}$

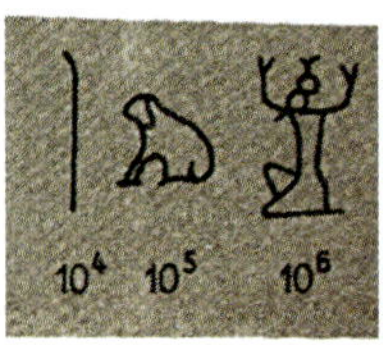

Sind beim Addieren und Subtrahieren die Exponenten der abgetrennten Zehnerpotenzen nicht gleich, müssen sie angeglichen werden.

$2{,}8 \cdot 10^3 + 1{,}3 \cdot 10^2 = 2{,}8 \cdot 10^3 + 0{,}13 \cdot 10^3 = (2{,}8 + 0{,}13) \cdot 10^3 = 2{,}93 \cdot 10^3$
$5{,}62 \cdot 10^{-4} - 8{,}03 \cdot 10^{-5} = 5{,}62 \cdot 10^{-4} - 0{,}803 \cdot 10^{-4} = 4{,}817 \cdot 10^{-4}$

Auch beim Multiplizieren bzw. Dividieren werden die Potenzgesetze angewendet.

$2{,}8 \cdot 10^3 \cdot 1{,}3 \cdot 10^3 = 2{,}8 \cdot 1{,}3 \cdot 10^3 \cdot 10^3 = 3{,}64 \cdot 10^6 = 3\,640\,000$
$2{,}8 \cdot 10^3 \cdot 1{,}3 \cdot 10^2 = 2{,}8 \cdot 1{,}3 \cdot 10^3 \cdot 10^2 = 3{,}64 \cdot 10^5 = 364\,000$
$2{,}8 \cdot 10^3 \cdot 1{,}3 \cdot 10^{-2} = 2{,}8 \cdot 1{,}3 \cdot 10^3 \cdot 10^{-2} = 3{,}64 \cdot 10^1 = 36{,}4$
$2{,}8 \cdot 10^3 \cdot 1{,}3 \cdot 10^{-8} = 2{,}8 \cdot 1{,}3 \cdot 10^3 \cdot 10^{-8} = 3{,}64 \cdot 10^{-5} = 0{,}0\,000\,364$

Die „Vorsätze“ sind durch internationale Verträge vereinbart und in allen Ländern gleich.

Zur Abkürzung der positiven und negativen Zehnerpotenzen gibt es Vorsilben („Vorsätze“) wie z. B. Kilo, Milli, Mikro, die bei vielen Einheiten benutzt werden (↗ S. 81, Größen; S. 350).

2.6.2 Wurzelbegriff; Wurzelgesetze; Rechnen mit Wurzeln

Die Frage, welche Zahl a man mit einem vorgegebenen Exponenten n potenzieren muss, um eine vorgegebene Zahl c zu erhalten, führt zu *einer Umkehrung* des Potenzierens, zum **Radizieren** (Wurzelziehen).

D $a^n = c$ ($a \in \mathbb{R}$; $a \geq 0$; $n \in \mathbb{N}$; $n \neq 0$, $n \neq 1$; $c \geq 0$) ist gleichbedeutend mit $a = \sqrt[n]{c}$ (gesprochen: a ist gleich n-te Wurzel aus c). Dabei heißen n der **Wurzelexponent,** c der **Radikand** und a der **Wurzelwert.**

Wurzelexponent
$a = \sqrt[n]{c}$
Wurzelwert
Radikand

$2^2 = 4$, also $\sqrt[2]{4} = 2$ $3^4 = 81$, also $\sqrt[4]{81} = 3$
$4^3 = 64$, also $\sqrt[3]{64} = 4$ $3^5 = 243$, also $\sqrt[5]{243} = 3$

Wurzeln mit dem Wurzelexponenten 2 nennt man **Quadratwurzeln** und vereinbart, dass der Wurzelexponent nicht geschrieben werden muss.

D $\sqrt[2]{a} = \sqrt{a}$ heißt **Quadratwurzel.** Es gilt: $\sqrt{a^2} = |a|$

Im Bereich der reellen Zahlen existiert die n-te Wurzel aus c stets, wenn c eine nichtnegative reelle Zahl und n eine natürliche Zahl ($n > 1$) ist:

$a = \sqrt[n]{c}$ ist eine reelle Zahl, wenn $c \in \mathbb{R}$, $n \in \mathbb{N}$, $c \geq 0$ und $n \geq 2$.

Wurzeln aus negativen Zahlen existieren im Bereich der reellen Zahlen nicht.

Die folgende Definition erlaubt es, Wurzeln als Potenzen zu schreiben:

D $\sqrt[n]{a^m} = a^{\frac{m}{n}}$ ($a > 0$; $m, n \in \mathbb{N}$; $m \geq 1$, $n \geq 2$)

$\sqrt[3]{2^2} = 2^{\frac{2}{3}}$ $\sqrt[3]{2^6} = 2^{\frac{6}{3}} = 2^2$

LEONARDO FIBONACCI (1180 bis um 1250), **MICHAEL STIFEL** (1487 bis 1567) und RENÉ DESCARTES trugen zur Entwicklung des **Wurzelbegriffs** bei.

RENÉ DESCARTES
(1596 bis 1650)

Potenzgesetz	Wurzelgesetz	Beispiel	
$a^{\frac{1}{n}} \cdot b^{\frac{1}{n}} = (a \cdot b)^{\frac{1}{n}}$	$\sqrt[n]{a} \cdot \sqrt[n]{b} = \sqrt[n]{a \cdot b}$	$8^{\frac{1}{2}} \cdot 2^{\frac{1}{2}} = 16^{\frac{1}{2}} = \sqrt{16} = 4$	$\sqrt{8} \cdot \sqrt{2} = \sqrt{16} = 4$
$a^{\frac{1}{n}} : b^{\frac{1}{n}} = \left(\frac{a}{b}\right)^{\frac{1}{n}}$	$\sqrt[n]{a} : \sqrt[n]{b} = \sqrt[n]{\frac{a}{b}}$	$81^{\frac{1}{3}} : 3^{\frac{1}{3}} = 27^{\frac{1}{3}} = \sqrt[3]{27} = 3$	$\sqrt[3]{81} : \sqrt[3]{3} = \sqrt[3]{27} = 3$
$\left(a^{\frac{1}{n}}\right)^m = a^{\frac{m}{n}} = (a^m)^{\frac{1}{n}}$	$(\sqrt[n]{a})^m = \sqrt[n]{a^m}$	$\left(8^{\frac{1}{3}}\right)^2 = 8^{\frac{2}{3}} = \sqrt[3]{64} = 4$	$(\sqrt[3]{8})^2 = \sqrt[3]{8^2} = \sqrt[3]{64} = 4$
$\left(a^{\frac{1}{n}}\right)^{\frac{1}{m}} = a^{\frac{1}{m \cdot n}} = \left(a^{\frac{1}{m}}\right)^{\frac{1}{n}}$	$\sqrt[m]{\sqrt[n]{a}} = \sqrt[m \cdot n]{a} = \sqrt[n]{\sqrt[m]{a}}$	$\left(64^{\frac{1}{3}}\right)^{\frac{1}{2}} = 64^{\frac{1}{2 \cdot 3}} = 64^{\frac{1}{6}} = \sqrt[6]{64} = 2$	$\sqrt[2]{\sqrt[3]{64}} = \sqrt[6]{64} = 2$

Ferner gilt: $\sqrt[n]{1} = 1$ $\sqrt[n]{0} = 0$ $\sqrt[n]{a^n} = a$ ($a > 0$)

2.6.3 Logarithmen; Logarithmengesetze

Es gibt zwei Umkehrungen zum Potenzieren. Die erste Umkehrung ist das Radizieren.

Ist in der Gleichung $a^n = c$ der Exponent unbekannt, führt die Frage, mit welchem Exponenten n man eine vorgegebene Zahl a potenzieren muss, um eine vorgegebene Zahl c zu erhalten, zur *zweiten Umkehrung* des Potenzierens, dem **Logarithmieren.**

logos (griech.) – Wort; arithmos (griech.) – Zahl

D **$a^n = c$ ($a \in \mathbb{R}$; $a > 0$; $n \in \mathbb{N}$; $n \neq 0$, $n \neq 1$; $c \geq 0$) ist gleichbedeutend mit $n = \log_a c$ (gesprochen: n = Logarithmus von c zur Basis a).**

Der Logarithmus von c zur Basis a ist diejenige Zahl, mit der man a potenzieren muss, um c zu erhalten. Der Logarithmus ist also ein Exponent.

$2^5 = 32$, also $\log_2 32 = 5$; $3^4 = 81$, also $\log_3 81 = 4$
$5^3 = 125$, also $\log_5 125 = 3$; $10^2 = 100$, also $\log_{10} 100 = 2$
$10^3 = 1000$, also $\log_{10} 1000 = 3$; $10^4 = 10\,000$, also $\log_{10} 10\,000 = 4$
$\left(\frac{1}{3}\right)^3 = \frac{1}{27}$, also $\log_{\frac{1}{3}} \frac{1}{27} = 3$; $0{,}5^2 = 0{,}25$, also $\log_{0{,}5} 0{,}25 = 2$

S Für $a > 0$ gilt: $\log_a 1 = 0$ (weil $a^0 = 1$) und $\log_a a = 1$ (weil $a^1 = a$)

Neben den **dekadischen Logarithmen** gibt es auch **natürliche Logarithmen.**

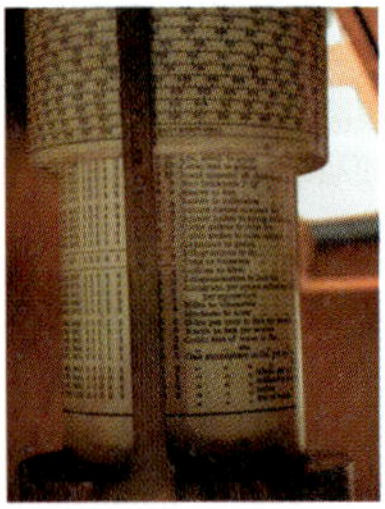

Für das Rechnen haben Logarithmen eine große Rolle gespielt. Dabei waren Logarithmen zur Basis 10, die sogenannten **dekadischen Logarithmen,** bedeutsam. Man schreibt deshalb auch für $\log_{10} a$ einfach lg a.
Im Bereich der natürlichen Zahlen $\mathbb{N}$ existiert $n = \log_a b$ nur, wenn b eine n-te Potenz von a ist. Hingegen existiert im Bereich der reellen Zahlen der Logarithmus von b zur Basis a stets, wenn a und b positive reelle Zahlen sind ($a \neq 1$). Logarithmen negativer Zahlen existieren im Bereich der reellen Zahlen nicht.

S $n = \log_a b$ ist eine reelle Zahl, wenn $a, b \in \mathbb{R}$; $a > 0$; $b > 0$; $a \neq 1$.

Aus den Potenzgesetzen lassen sich folgende **Logarithmengesetze** ableiten:

Potenzgesetz	Logarithmengesetz	Beispiel
$a^u \cdot a^v = a^{u+v}$	$\log_a(u \cdot v) = \log_a u + \log_a v$	$\log_2(4 \cdot 8) = \log_2 4 + \log_2 8 = 2 + 3 = 5$
$a^u : a^v = a^{u-v}$	$\log_a\left(\frac{u}{v}\right) = \log_a u - \log_a v$	$\log_3\left(\frac{27}{9}\right) = \log_3 27 - \log_3 9 = 3 - 2 = 1$
$(a^u)^v = a^{u \cdot v}$	$\log_a(u^v) = v \log_a u$	$\log_5(25^4) = 4 \cdot \log_5 25 = 4 \cdot 2 = 8$
$a^{\frac{u}{n}} = \sqrt[n]{a^u}$	$\log_a \sqrt[n]{u} = \frac{1}{n} \cdot \log_a u$	$\log_2 \sqrt[4]{8} = \frac{1}{4} \cdot \log_2 8 = \frac{1}{4} \cdot 3 = \frac{3}{4}$

Aus der Definition des Logarithmus und aus $\log_a(u^v) = v \log_a u$ ergeben sich folgende Beziehungen:
$a^{\log_a x} = x$; $\log_a a^x = x$

2.7 Größen

2.7.1 Größenbegriff; Größenbereiche

D **Größen** sind Angaben, die sich als Produkt einer Maßzahl (dem Zahlenwert) und einer Maßeinheit (Einheit) darstellen lassen.

In der Physik versteht man unter einer **Größe** eine messbare Eigenschaft von Objekten.

Größen:

4,28 m	(Meter)	3 200 kg	(Kilogramm)	20 ha	(Hektar)
5 min	(Minute)	9,78 €	(Euro)	1,04 *l*	(Liter)

D Eine Menge gleichartiger Größen, die man addieren, mit positiven Faktoren vervielfachen und dem Betrag nach vergleichen kann, heißt **Größenbereich.**

Wichtige Größenbereiche sind
Längen-, Flächen-, Raummaße; Währungen; Masse; Zeit.

Größen innerhalb eines Größenbereiches kann man umrechnen (↗ S. 350).

Dezimale Einheiten	Nichtdezimale Einheiten
Umrechnungszahlen sind Potenzen von 10.	Umrechnungszahlen sind keine Potenzen von 10.
1 km = 10^3 m 1 ha = 10^4 m^2 1 *l* = 10^3 ml	1 d = 24 h 1 min = 60 s 1 kg = 2 Pfd.

Vorsilbe	Bedeutung	Kurzzeichen	Zehnerpotenzen
Giga	Milliarde	G	10^9 = 1 000 000 000
Mega	Million	M	10^6 = 1 000 000
Kilo	Tausend	k	10^3 = 1 000
Hekto	Hundert	h	10^2 = 100
Deka	Zehn	da	10^1 = 10
Dezi	Zehntel	d	10^{-1} = 0,1
Zenti	Hundertstel	c	10^{-2} = 0,01
Milli	Tausendstel	m	10^{-3} = 0,001
Mikro	Millionstel	µ	10^{-6} = 0,000001

2.7.2 Längen-, Flächen- und Volumeneinheiten

Längeneinheiten

Einheiten: Kilometer (km); Meter (m); Dezimeter (dm); Zentimeter (cm); Millimeter (mm)

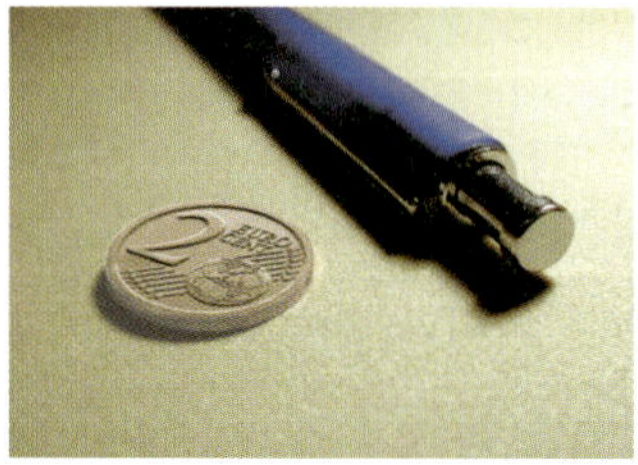

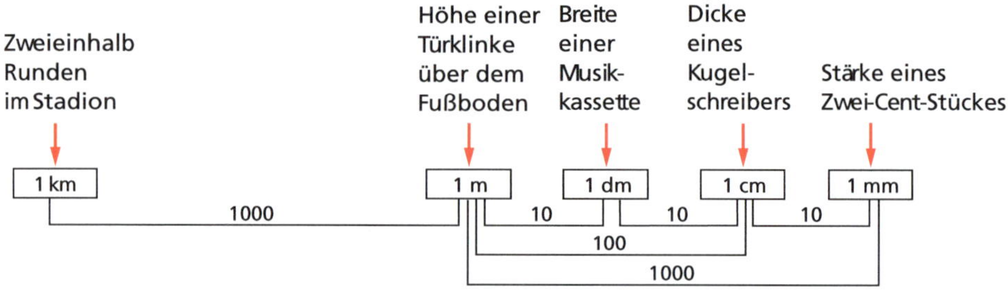

0,2 km = 200 m
4,25 dm = 0,425 m

875 mm = 87,5 cm
4600 m = 4,6 km

Weitere **Längeneinheiten** sind Lichtjahr und Angström.

Weitere Einheiten (in anderen Ländern noch gebräuchlich):

1 mile (mi)	= 1 760 yards	= 1,609 km
1 yard (yd)	= 3 feet	= 0,914 m
1 foot (ft)	= 12 inches	= 30,48 cm
1 inch (in)	= 12 lines	= 2,54 cm
1 Zoll (")		= 25,4 mm
1 Seemeile (sm)		= 1,852 km

4,6 sm = 8 519,2 m
4,5 " = 114,3 mm
3ft = 91,4 cm
2,8 mi = 4,505 km

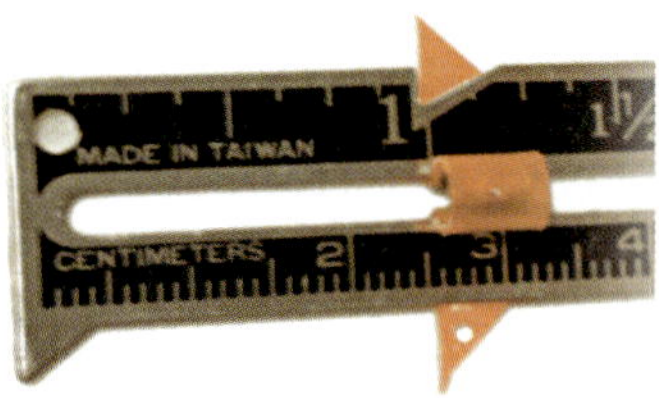

Flächeneinheiten

Einheiten: Quadratkilometer (km^2); Hektar (ha); Ar (a);
Quadratmeter (m^2); Quadratdezimeter (dm^2);
Quadratzentimeter (cm^2); Quadratmillimeter (mm^2)

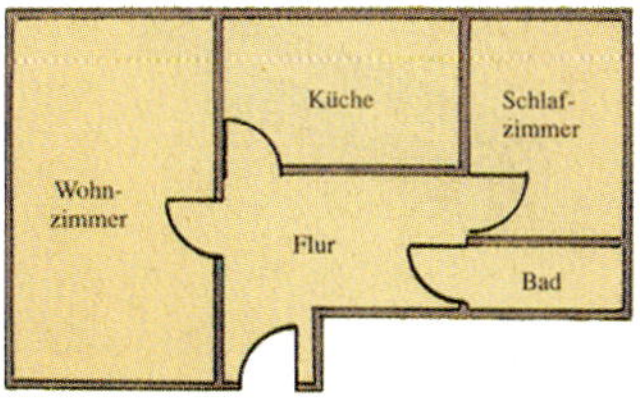

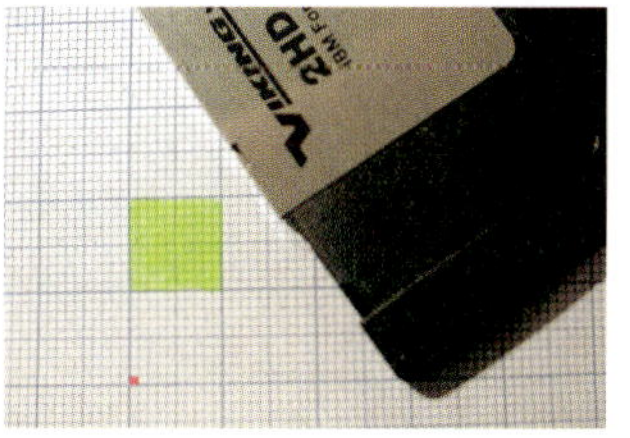

Fläche eines Golfplatzes	Stadionfläche	Fläche einer Wohnung	Tafelfläche	Fläche einer Diskette	4 Kästchen im Heft	1 Kästchen auf Millimeterpapier
↓	↓	↓	↓	↓	↓	↓
1 km^2	1 ha	1 a	1 m^2	1 dm^2	1 cm^2	1 mm^2

Umrechnungszahl zwischen benachbarten Einheiten: jeweils 100

$0{,}2\ km^2 = 20\ ha$ $800\,000\ m^2 = 0{,}8\ km^2$ $875\ mm^2 = 8{,}75\ cm^2$

Weitere Einheit: 1 Morgen = 0,25 ha = 25 a = $2\,500\ m^2$

64 Morgen = 16 ha = $160\,000\ m^2$

Volumeneinheiten

Einheiten: Kubikkilometer (km^3); Kubikmeter (m^3);
Kubikdezimeter (dm^3); Kubikzentimeter (cm^3);
Kubikmillimeter (mm^3);
Hektoliter (hl); Liter (l); Zentiliter (cl); Milliliter (ml)

Müllcontainer → 1 m^3
Aquarium → 1 hl
Milchpackung → 1 dm^3
Zuckerwürfel → 1 cm^3
Zuckerkorn → 1 mm^3

1 m^3 —1 000— 1 dm^3 —1 000— 1 cm^3 —1 000— 1 mm^3
1 dm^3 = 1 l; 1 cm^3 = 1 ml
1 hl —100— 1 l —1 000— 1 ml

$0{,}2\ km^3 = 200\,000\,000\ m^3$ $875\ mm^3 = 0{,}875\ cm^3$

Weitere Einheiten: 1 gallon (gal) = 3,785 l; 1 barrel = 158,758 l

5 gal = 18,925 l 3 barrel = 476,274 l

2.7.3 Masseeinheiten

Einheiten: Tonne (t); Dezitonne (dt); Kilogramm (kg); Gramm (g); Milligramm (mg)

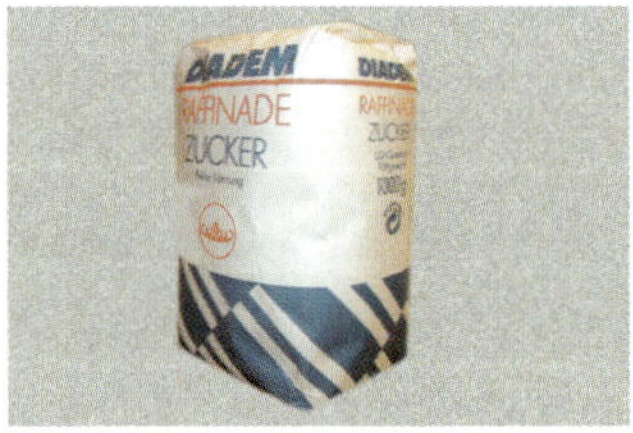

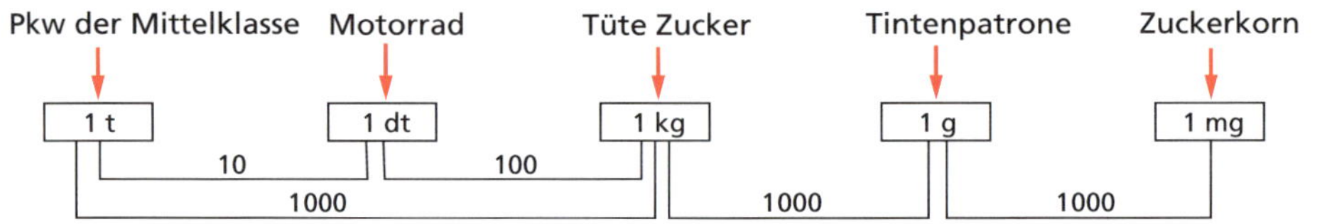

0,2 t = 200 kg 800 000 g = 8 dt 5 g = 0,005 kg = 5 000 mg

Weitere Einheiten: 1 Karat = 200 mg; 1 Unze (oz) = 28,35 g; 1 Pfund (Pfd.) = 500 g; 1 Zentner (Ztr.) = 50 kg

3,5 Pfd. = 1,75 kg = 1 750 g 24 Ztr. = 1 200 kg =1,2 t

2.7.4 Zeiteinheiten

dies (lat.) – Tag (d); hora (lat.) – Stunde (h)

Einheiten: Jahr; Monat; Woche; Tag (d); Stunde (h); Minute (min); Sekunde (s); Millisekunde (ms)

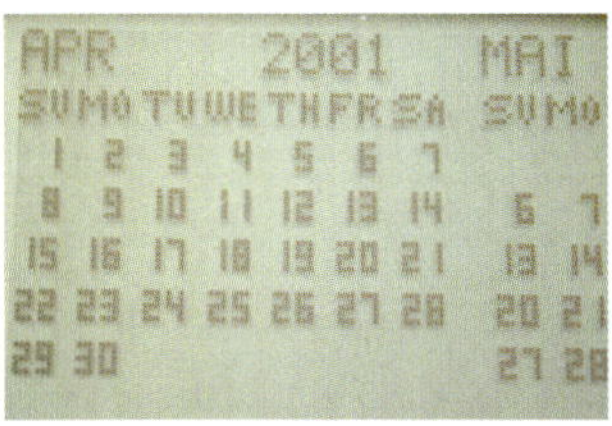

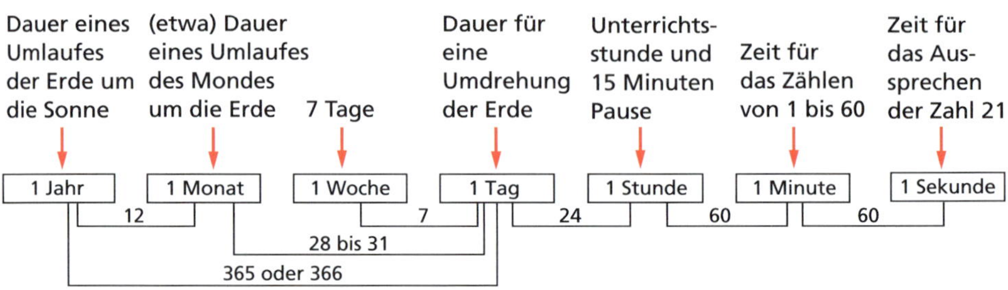

Zeitpunkt: 12.00 Uhr
Zeitdauer: 12 Stunden

3 h = 180 min = 10 800 s
2 d = 48 h

2.7.5 Währungseinheiten

Einheiten: 1 Euro (€); 1 Cent (ct);
1 Schweizer Franken (sfr); 1 Rappen (Rp);
1 US-Dollar ($); 1 Cent (c);
1 japanischer Yen (¥); 1 Sen;
1 russischer Rubel (Rbl); 1 Kopeke (Kop)

Umrechnungen

Ab 1. Januar 1999 wurde der Euro als gesetzliches Zahlungsmittel für die Mitgliedsländer der Europäischen Währungsunion eingeführt und die Wechselkurse untereinander festgelegt.
Die folgende Tabelle zeigt einige Umrechnungsbeispiele:

Land	Währung	Kurs für 1 €
Deutschland	Deutsche Mark	1,95583 DM
Belgien	Belgischer Franc	40,3399 BEF
Finnland	Finnmark	5,94573 FIM
Frankreich	Französischer Franc	6,55957 FRF
Griechenland	Griechische Drachme	340,750 GRD
Irland	Irisches Pfund	0,787564 IEP
Italien	Italienische Lire	1936,27 ITL
Luxemburg	Luxemburgischer Franc	40,3399 LUF
Niederlande	Niederländischer Gulden	2,20371 NLG
Österreich	Österreichischer Schilling	13,7603 ATS
Portugal	Portugiesischer Escudo	200,482 PTE
Spanien	Spanische Peseta	166,386 ESP

Will man Währungen anderer (nicht zur Europäischen Währungsunion gehörender) Länder umrechnen, muss man den jeweiligen Umrechnungskurs kennen. Der Umrechnungskurs ist veränderlich.

Für den Schweizer Franken (sfr) sei der Kurs 152,32, d. h.
100 € = 152,32 sfr. Wie viel Euro kosten 40 sfr?
$40\text{ sfr} = \frac{40 \cdot 100}{152{,}32}\text{ €} = 26{,}26\text{ €}$
Für 40 sfr muss man 26,26 € bezahlen.

Für den japanischen Yen (¥) sei der Kurs 10 692, d. h.
100 € = 10 692 ¥. Wie viel Euro erhält man für 500 ¥?
$500\text{ ¥} = \frac{100 \cdot 500}{10\,692}\text{ €} = 4{,}68\text{ €}$ Für 500 ¥ erhält man 4,68 €.

2.8 Rechnen mit Näherungswerten

2.8.1 Grundbegriffe

Oft ist es nicht möglich oder nicht zweckmäßig, für eine Größe einen genauen Wert anzugeben. Man arbeitet dann mit **Näherungswerten.**

irrationalis (lat.) – unvernünftig

Irrationale Zahlen sind z. B.
$\sqrt{2} = 1{,}41421356\ldots$
$\pi = 3{,}14159265\ldots$

Näherungswerte kommen vor

- als Ergebnisse von Schätzungen
- als Maßzahlen gemessener Größen
- als Resultate von Rundungen
- als Angaben für irrationale Zahlen

D Die Abweichung zwischen einem genauen Wert x und seinem Näherungswert $\bar{x}$ heißt **absoluter Fehler** von x.
Man bezeichnet ihn mit Δx.
Es gilt: $\Delta x = |x - \bar{x}|$

Bei Rundungen lässt sich der absolute Fehler genau angeben.

Rundet man $\frac{1}{3}$ auf 0,3, so ist der absolute Fehler $\frac{1}{3} - \frac{3}{10} = \frac{1}{30}$.

Bei Messwerten kann der absolute Fehler geschätzt werden, indem man sich überlegt, welche Genauigkeit die Messmittel und die subjektive Beobachtungsgabe zulassen.

Misst man die Länge einer Strecke s mit dem Lineal zu 19,7 cm, so kann man als absoluten Fehler $\Delta s = \pm 0{,}1$ cm angeben.
Das bedeutet: Der genaue Wert für s liegt zwischen 19,6 cm und 19,8 cm. Misst man die Länge einer Strecke a mit dem Bandmaß zu 30,52 m, so kann man $\Delta a = \pm 1$ cm angeben.

Der absolute Fehler sagt nur bedingt etwas über die Genauigkeit eines Wertes aus. Eine bessere Vergleichsmöglichkeit erhält man erst durch die Berechnung des relativen Fehlers.

D Der **relative Fehler** ist das Verhältnis von absolutem Fehler zum genauen Wert: $\delta x = \left|\frac{\Delta x}{x}\right|$
Den relativen Fehler kann man auch in Prozent angeben.
Man spricht dann vom **prozentualen Fehler.**

Gemessener Wert	Absoluter Fehler	Relativer Fehler	Prozentualer Fehler
19,7 cm	0,1 cm	$\frac{0{,}1}{19{,}7} = 0{,}005$	0,5 %
30,52 m	0,01 m	$\frac{0{,}01}{30{,}25} = 0{,}0003$	0,03 %

Die 2. Messung ist genauer, obwohl der absolute Fehler größer ist.

Oft ist es wichtig, dass man den absoluten Fehler einer Größe kennt. Deshalb wird bei vielen Messwerten der Fehler (oder eine Schranke für den Fehler) angegeben.
Dies ist vor allem bei physikalischen Konstanten der Fall.

BERGSTRAND hat 1950 die Lichtgeschwindigkeit im Vakuum gemessen und dabei den Wert $c = (299\,793{,}0 \pm 0{,}3)\ \text{km} \cdot \text{s}^{-1}$ ermittelt.

Bei einem Näherungswert heißen alle Ziffern, die mit denen des genauen Wertes übereinstimmen, **zuverlässige Ziffern.**
Eine letzte Ziffer gilt auch dann als zuverlässig, wenn sie durch eine Rundung des genauen Wertes auf diese Stelle bestätigt würde, d. h., wenn sie nicht mehr als 0,5 Einheiten von der entsprechenden Ziffer des genauen Wertes abweicht.

Gibt man für einen Wert $x = 3{,}448$ den Näherungswert $x_1 = 3{,}45$ an, so sind in diesem alle Ziffern zuverlässig, hingegen ist in einem Näherungswert $x_2 = 3{,}4$ nur die 3, nicht aber die 4 eine zuverlässige Ziffer.

Durch Anwendung der Rundungsregeln erhält man **Näherungswerte,** in denen alle Ziffern zuverlässig sind.

Wenn bei einem Näherungswert kein Fehler angegeben ist, geht man davon aus, dass er nur zuverlässige Ziffern enthält, die Abweichung also nicht größer als 0,5 Einheiten der als letzte angegebenen Stelle ist.

Es hat demnach
$a = 20{,}35$ cm den maximalen absoluten Fehler $\Delta a = \pm\,0{,}005$ cm
und
$m = 205{,}0$ g den maximalen absoluten Fehler $\Delta m = \pm\,0{,}05$ g.

In diesem Zusammenhang ist die Darstellung mit abgetrennten Zehnerpotenzen (↗ S. 78) bedeutsam, weil damit die Genauigkeit eines Wertes angegeben werden kann.

Masse m	$1{,}4 \cdot 10^2$ kg	$1{,}40 \cdot 10^2$ kg
Δm (max.)	$\pm 0{,}05 \cdot 10^2$ kg $= \pm 5$ kg	$\pm 0{,}005 \cdot 10^2$ kg $= \pm 0{,}5$ kg

2.8.2 Rechnen mit Näherungswerten

S

Wenn in eine Rechnung (mindestens) ein Näherungswert eingeht, so ist auch das Resultat ein Näherungswert.

Es gibt Verfahren zum Berechnen von Fehlerfortpflanzungen bzw. zum Abschätzen entstehender Fehler.

Die Frage, in welchem Maße sich bei einer Rechnung die Genauigkeit der Eingangswerte auf die Genauigkeit des Resultates auswirkt, kann nicht allgemein beantwortet werden.

Die Genauigkeit hängt ab
- von der Art der Aufgabe sowie den darin enthaltenen Werten,
- von den auszuführenden Operationen,
- von zu verwendenden Funktionswerten und
- auch vom eingeschlagenen Lösungsweg.

Bei der Addition und Subtraktion von Näherungswerten sucht man denjenigen Näherungswert, bei dem die letzte zuverlässige Ziffer am weitesten links steht, und rundet das Ergebnis auf diese Stelle.

$$\begin{array}{r} 26\,?\,? \\ 12{,}7\,? \\ +\;3{,}89 \\ \hline 42{,}59 \approx 43 \end{array} \qquad \begin{array}{r} 50{,}0\,? \\ -\,17{,}46 \\ -\;3{,}8\,? \\ \hline 28{,}74 \approx 28{,}7 \end{array}$$

Bei der Multiplikation und Division von Näherungswerten sucht man den Wert mit der geringsten Anzahl von zuverlässigen Ziffern und rundet das Ergebnis auf diese Anzahl von Ziffern.

$3{,}8\text{ m} \cdot 5{,}42\text{ m} = 20{,}596\text{ m}^2 \approx 21\text{ m}^2$

Eine zulässige Abweichung vom vorgegebenen Maß nennt man in der Technik **Toleranz.**

Eine gute Methode, sich einen Überblick über die Genauigkeit eines Rechenergebnisses zu verschaffen, ist die **Berechnung von Wertschranken.** Um eine **obere Wertschranke** für ein Rechenergebnis zu ermitteln, in das Näherungswerte eingegangen sind, wählt man von jedem Eingangswert den größt- oder kleinstmöglichen aus, je nachdem wie er in die Rechnung eingeht. Positive Werte vorausgesetzt, muss z. B. für Summanden bzw. Faktoren der größtmögliche, für Subtrahenden bzw. Divisoren hingegen der kleinstmögliche Wert eingesetzt werden.
Analog wählt man zum Ermitteln einer **unteren Wertschranke** von jedem Eingangswert den kleinst- oder größtmöglichen aus, je nachdem wie er in die Rechnung eingeht. Positive Werte vorausgesetzt, muss z. B. für Summanden bzw. Faktoren der kleinstmögliche, für Subtrahenden bzw. Divisoren hingegen der größtmögliche Wert eingesetzt werden.

Das Volumen eines Rohres ist zu berechnen, von dem der Außendurchmesser $d_1 = 45$ mm, der Innendurchmesser $d_2 = 25$ mm und die Länge $l = 750$ mm bekannt sind. Für die Maßzahlen gilt also:
$44{,}5 \le d_1 \le 45{,}5$; $24{,}5 \le d_2 \le 25{,}5$ und $749{,}5 \le l \le 750{,}5$

Untere Schranke	Gemessene/ berechnete Werte	Obere Schranke
44,5 mm 25,5 mm 749,5 mm	$d_1 = 45$ mm $d_2 = 25$ mm $l = 750$ mm	45,5 mm 24,5 mm 750,5 mm
782 912,4 mm^3	$V = 824\,668{,}07\text{ mm}^3$	866 478,7 mm^3

Man erkennt, dass eine Angabe $V = 824\,668{,}07\text{ mm}^3$, die einen absoluten Fehler von $\pm 0{,}005\text{ mm}^3$ signalisiert, eine sinnlose Genauigkeit vortäuschen würde.
Richtig ist eine Rundung auf $V = 820\text{ cm}^3$, wobei die 2 schon nicht mehr zuverlässig ist.

3 PROZENT- UND ZINSRECHNUNG

3.1 Prozentrechnung

pro (lat.) – für; centum (lat.) – hundert

Bei Wahlprognosen sind **Prozentpunkte** gebräuchlich.

3.1.1 Grundbegriffe

Zum Vergleichen und Veranschaulichen von Größen oder Zahlenangaben werden häufig Prozentangaben verwendet. Dabei werden die Angaben auf die Vergleichszahl 100 bezogen. Prozentangaben sind nur in Verbindung mit einer Bezugsgröße G sinnvoll.

D

Ein **Prozent** von G ist ein Hundertstel von G.
$1\,\%$ von $G = \frac{1}{100} \cdot G = \frac{G}{100}$

Ein Prozent von 200 € ist ein Hundertstel von 200 €, also 2 €.
$\frac{1}{100} \cdot 200\text{ €} = \frac{200\text{ €}}{100} = 2\text{ €}$

D

Die Bezugsgröße G heißt **Grundwert,** die Angabe p % heißt **Prozentsatz** und die Zahl p vor dem Prozentzeichen heißt **Prozentzahl** (Prozentpunkt). Der Wert, der dem Prozentsatz entspricht, heißt **Prozentwert** W.

20 % von 400 € sind $\frac{20}{100} \cdot 400$ €, also 80 €.

20 % ↕ Prozentsatz (p %)
400 € ↕ Grundwert (G)
80 € ↕ Prozentwert (W)

3.1.2 Bequeme Prozentsätze

Bei einigen Prozentsätzen kann man bei gegebenen Grundwerten die zugehörigen Prozentwerte sehr leicht (bequem) im Kopf angeben, weil man mit einfachen Brüchen rechnen kann.

Bequeme Prozentsätze	1 %	5 %	10 %	25 %	$33\frac{1}{3}$ %	50 %	75 %
Bruchdarstellung	$\frac{1}{100}$	$\frac{1}{20}$	$\frac{1}{10}$	$\frac{1}{4}$	$\frac{1}{3}$	$\frac{1}{2}$	$\frac{3}{4}$
Dezimalbruchdarstellung	0,01	0,05	0,1	0,25	$0,\overline{3}$	0,5	0,75
Zeichnerische Darstellung	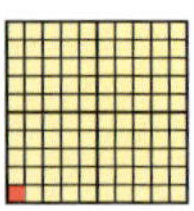	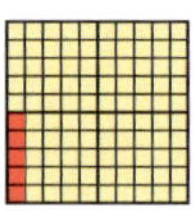	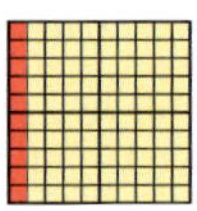	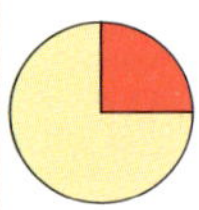	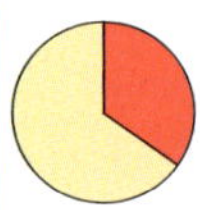	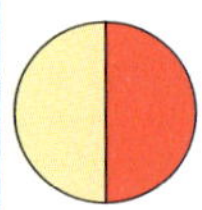	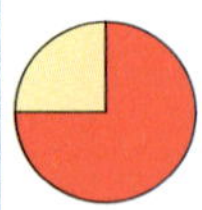

Weitere bequeme Prozentsätze sind:

$20\ \% = \frac{1}{5} = 0{,}2$; $66\frac{2}{3}\ \% = \frac{2}{3} = 0{,}\bar{6}$; $80\ \% = \frac{4}{5} = 0{,}8$; $100\ \% = 1$;

$150\ \% = \frac{3}{2} = 1{,}5$; $200\ \% = \frac{2}{1} = 2$; $1000\ \% = \frac{10}{1} = 10$

50 % von 34 kg	sind 17 kg,	denn $50\ \% = \frac{1}{2}$ und $\frac{1}{2} \cdot 34\ \text{kg} = 17\ \text{kg}$.
20 % von 20 km	sind 4 km,	denn $20\ \% = \frac{1}{5}$ und $\frac{1}{5} \cdot 20\ \text{km} = 4\ \text{km}$.
75 % von 12 *l*	sind 9 *l*,	denn $75\ \% = \frac{3}{4}$ und $\frac{3}{4} \cdot 12\ l = 9\ l$.

3.1.3 Berechnen von Prozentwerten, Prozentsätzen und Grundwerten

S Für die Beziehung zwischen dem Grundwert G, dem Prozentsatz p % und dem Prozentwert W gilt folgende Grundgleichung der Prozentrechnung:

$p\ \% = \frac{W}{G}$ bzw. $\frac{p}{100} = \frac{W}{G}$

Prozentwert, Grundwert und Prozentsatz hängen voneinander ab.
Bei Prozentsätzen unter 100 % ist der Prozentwert kleiner als der Grundwert. Beim Prozentsatz 100 % ist der Prozentwert gleich dem Grundwert. Bei Prozentsätzen über 100 % ist der Prozentwert größer als der Grundwert.

Berechnen von Prozentwerten

S **Prozentwerte** werden berechnet mithilfe der Gleichung

$W = p\ \% \cdot G$ bzw. $W = \frac{p \cdot G}{100}$ oder mit dem Dreisatz (↗ S. 365).

Für die Klassenfahrt im Sommer haben von den 25 Schülerinnen und Schülern bereits 48 % die Fahrt bezahlt.
Wie viele Schülerinnen und Schüler sind das?

Gesucht: W
Gegeben: G = 25 Schüler
p % = 48 %; p = 48

Lösung mit

der Gleichung:	dem Dreisatz:
$W = \frac{p \cdot G}{100}$	$100\ \% \mathrel{\widehat{=}} 25$ Schüler
	$1\ \% \mathrel{\widehat{=}} \frac{25}{100}$ Schüler
$W = \frac{48 \cdot 25\ \text{Schüler}}{100}$	$48\ \% \mathrel{\widehat{=}} \frac{25 \cdot 48}{100}$ Schüler
W = 12 Schüler	$48\ \% \mathrel{\widehat{=}} 12$ Schüler

Antwort: 12 Schülerinnen und Schüler haben bereits die Fahrt bezahlt.

Berechnen von Prozentsätzen

S **Prozentsätze** werden berechnet mithilfe der Gleichung
$p\,\% = \frac{W}{G}$ bzw. $p = \frac{W \cdot 100}{G}$
oder mit dem Dreisatz (↗ S. 365).

Prozentwert und **Grundwert** müssen in der gleichen Einheit eingesetzt werden.
Ein Überschlag mit **bequemen Prozentsätzen** ergibt:
$\frac{29}{120} \approx \frac{30}{120} = \frac{1}{4} = 25\,\%$

Bei einer Verkehrskontrolle wurden 120 Kraftfahrzeuge (Kfz) überprüft. 29 Kraftfahrzeuge fuhren zu schnell.
Wie viel Prozent der kontrollierten Kraftfahrzeuge fuhren zu schnell?

Gesucht: p %
Gegeben: G = 120 Kfz
W = 29 Kfz

Lösung mit

der Gleichung:	dem Dreisatz:
$p = \frac{W \cdot 100}{G}$	$120\text{ Kfz} \mathrel{\hat=} 100\,\%$
	$1\text{ Kfz} \mathrel{\hat=} \frac{100\,\%}{120}$
$p = \frac{29\text{ Kfz} \cdot 100}{120\text{ Kfz}}$	$29\text{ Kfz} \mathrel{\hat=} \frac{100\,\% \cdot 29}{120}$
$p = 24{,}17$	$29\text{ Kfz} \mathrel{\hat=} 24{,}17\,\%$

Antwort: Etwa 24 % der überprüften Kraftfahrzeuge fuhren zu schnell.

Berechnen von Grundwerten

S **Grundwerte** werden berechnet mithilfe der Gleichung
$G = \frac{W}{p\%}$ bzw. $G = \frac{W \cdot 100}{p}$
oder mit dem Dreisatz (↗ S. 365).

Ein Buchhändler erhält beim Verkauf eines Buches 25 % vom Ladenpreis.
Zu welchem Preis wurde das Buch verkauft, wenn er 4,70 € als Buchhändlerrabatt erhält?

Gesucht: G
Gegeben: p % = 25 %; p = 25
W = 4,70 €

Lösung mit

der Gleichung:	dem Dreisatz:
$G = \frac{W \cdot 100}{p}$	$25\,\% \mathrel{\hat=} 4{,}70\text{ €}$
	$1\,\% \mathrel{\hat=} \frac{4{,}70}{25}\text{ €}$
$G = \frac{4{,}70\text{ €} \cdot 100}{25}$	$100\,\% \mathrel{\hat=} \frac{4{,}70 \cdot 100}{25}\text{ €}$
$G = 18{,}80\text{ €}$	$100\,\% \mathrel{\hat=} 18{,}80\text{ €}$

Antwort: Das Buch wurde zum Preis von 18,80 € verkauft.

Prozentuale Veränderungen

Veränderungen von Größen werden oft in Prozent ausgedrückt. Dabei treten Formulierungen wie „vermehrt um", „vermehrt auf", „vermindert um", „vermindert auf" und ähnliche auf.
Entsprechende Aufgaben lassen sich auf die Grundgleichung der Prozentrechnung zurückführen.

D Verringert sich der Grundwert um einen bestimmten Prozentsatz, so spricht man von einem **prozentualen Abschlag** bzw. einem **verminderten Grundwert.**
$G_- = G \cdot (100\,\% - p\,\%)$ bzw. $G_- = G \cdot (1 - \frac{p}{100})$

D Vermehrt sich der Grundwert um einen bestimmten Prozentsatz, so spricht man von einem **prozentualen Zuschlag** bzw. einem **vermehrten Grundwert.**
$G_+ = G \cdot (100\,\% + p\,\%)$ bzw. $G_+ = G \cdot (1 + \frac{p}{100})$

Verändert sich der Grundwert z. B. um 10 %, so kann man beim prozentualen Abschlag bzw. Zuschlag den Grundwert mit dem Faktor 0,9 bzw. 1,1 multiplizieren.

Da häufig nach dem ursprünglichen Grundwert gefragt wird, rechnet man in diesen Fällen mit den Formeln
$G = \frac{G_-}{100\,\% - p\,\%}$ bzw. $G = \frac{G_+}{100\,\% + p\,\%}$.

Für eine Rechnung werden nach Abzug von 3 % Skonto 165,70 € bezahlt. Wie hoch war die Rechnung?

Gesucht: G
Gegeben: $G_- = 165{,}70$ €
$p\,\% = 3\,\%$
Lösung: $G = \frac{G_-}{100\,\% - p\,\%}$
$G = \frac{165{,}70\text{ €}}{97\,\%}$
$G = \frac{165{,}70\text{ €} \cdot 100}{97}$
$G = 170{,}82$ €
Antwort: Die ursprüngliche Rechnung betrug 170,82 €.

Ein Preisnachlass bei sofortiger Barzahlung heißt **Skonto.**
Ein Preisnachlass unter bestimmten Bedingungen (z. B. Sommerschlussverkauf) wird als **Rabatt** bezeichnet.

Im Verkaufspreis eines Buches von 28,60 € sind 7 % Mehrwertsteuer enthalten. Wie hoch ist der Nettopreis?

Gesucht: G
Gegeben: $G_+ = 28{,}60$ €
$p\,\% = 7\,\%$
Lösung: $G = \frac{G_+}{100\,\% + p\,\%}$
$G = \frac{28{,}60\text{ €}}{107\,\%}$
$G = \frac{28{,}60\text{ €} \cdot 100}{107}$
$G = 26{,}73$ €
Antwort: Der Nettopreis des Buches beträgt 26,73 €.

Die **Mehrwertsteuer** muss der Händler an das Finanzamt abführen.

netto (ital.) – gereinigt;
netto bedeutet: „nach Abzug der Verpackung, der Unkosten, der Steuern u. Ä."

3.1.4 Grafische Darstellungen von Prozentsätzen

Prozentsätze lassen sich grafisch durch **Kreisdiagramme, Streifendiagramme, Säulendiagramme** oder **Liniendiagramme** veranschaulichen. Welche Art der Darstellung günstig ist, hängt vom Sachverhalt ab.

Kreisdiagramme und Streifendiagramme eignen sich zur Darstellung von Größenverhältnissen und Anteilen.

Beim Sportfest einer Schule mit 340 Schülerinnen und Schülern betätigt sich jede Schülerin und jeder Schüler in einer Ballsportart. So entscheiden sich 85 Schülerinnen und Schüler für Volleyball, 136 für Basketball, 68 für Tischtennis und 51 für Fußball. Als Anteil vom Kreis ergeben sich:
Volleyball 90°, Basketball 144°, Tischtennis 72°, Fußball 54°

Kreisdiagramm

100 % ≙ 360°, 1 % ≙ 3,6°

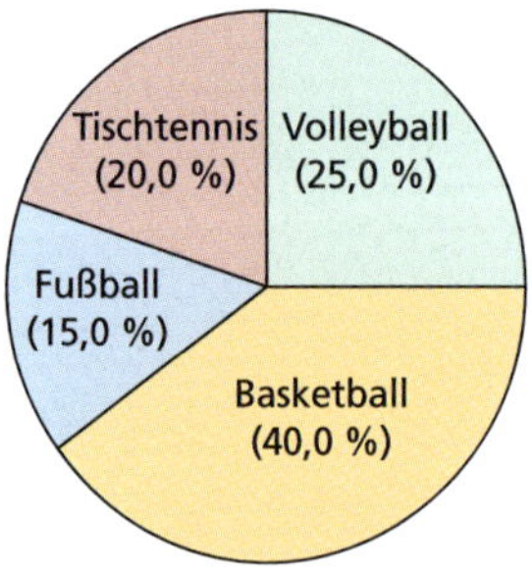

Streifendiagramm

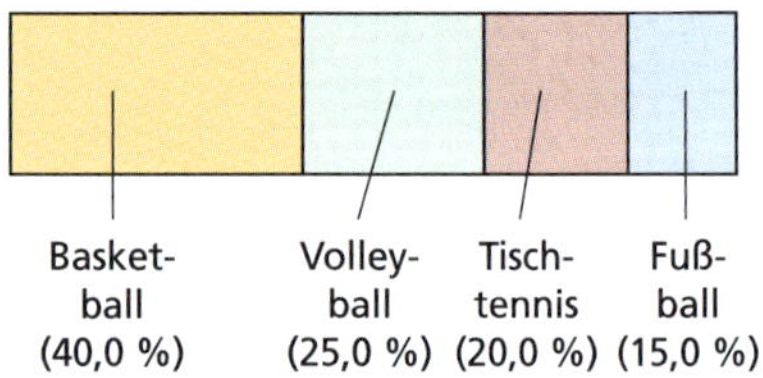

Kreisdiagramm heißt auch **Prozentkreis.** Streifendiagramm heißt auch **Prozentstreifen.**

Wenn z. B. zeitliche Abläufe und Entwicklungstendenzen darzustellen sind, ist ein Liniendiagramm (für mehrere Sachverhalte) oder ein Säulendiagramm (für einen Sachverhalt) sinnvoll.

Säulendiagramm heißt auch **Stabdiagramm.**

Um besser auf die Kundenwünsche reagieren zu können, führt die Autoindustrie regelmäßig Kundenbefragungen durch. Unter anderem wird die bevorzugte Autofarbe bei der Bestellung erfasst.

Liniendiagramm

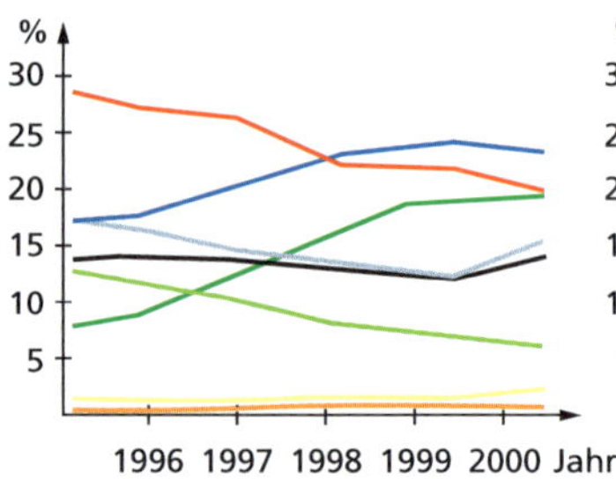

Säulendiagramm

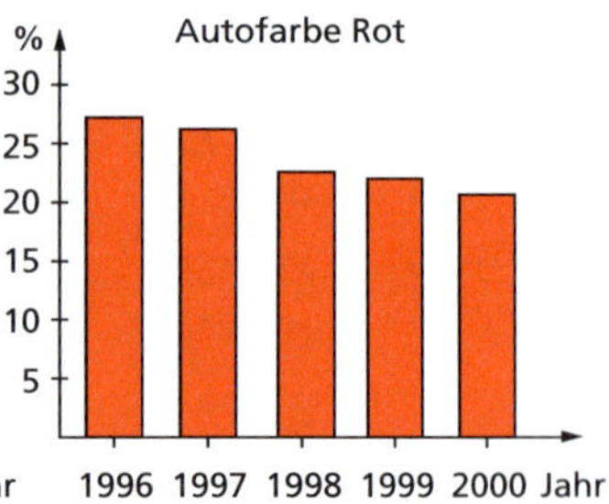

Die Anschaulichkeit von Diagrammen kann durch räumliche Darstellung erhöht werden.

3.2 Promillerechnung

Bei der **Promillerechnung** werden die Angaben auf die Vergleichszahl 1000 bezogen. Auch Promilleangaben sind nur in Verbindung mit einer Bezugsgröße G sinnvoll.

pro (lat.) – für;
mille (lat.) – tausend

D

Ein **Promille** von G ist ein Tausendstel von G.

$1\,‰ \text{ von } G = \frac{1}{1000} \cdot G = \frac{G}{1000}$

Damit gilt: $1\,‰ = 0{,}1\,\%$, da $\frac{1}{1000} = \frac{0{,}1}{100}$

S

Zwischen dem Grundwert G, dem **Promillesatz** p_M, dem **Promillewert** W_M gilt die folgende Beziehung:

$$\frac{p_M}{1000} = \frac{W_M}{G}$$

Ein Erwachsener besitzt im Durchschnitt etwa fünf Liter Blut in seinem Körper. Ein Bußgeld wird fällig, wenn ein Autofahrer mit einem Blutalkoholgehalt von 0,5 ‰ „erwischt" wird.
Wie viel Milliliter Alkohol enthält dann sein Blut?

Gesucht: W_M
Gegeben: $G = 5\,l$
$p_M\,‰ = 0{,}5\,‰$; $p_M = 0{,}5$
Lösung: $W_M = \frac{G \cdot p_M}{1000}$

$W_M = \frac{5\,l \cdot 0{,}5}{1000}$

$W_M = 2{,}5 \text{ ml}$

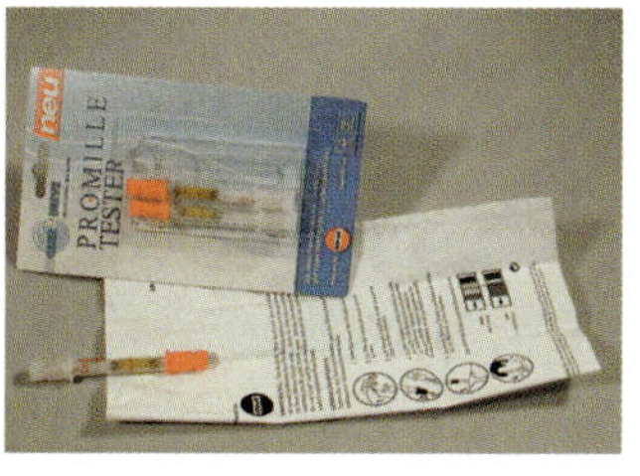

Antwort: Ein Autofahrer hat dann 2,5 ml reinen Alkohols in seinem Blut.

Hinweis: 2,5 ml reinen Alkohols im Blut kann bereits durch den Genuss von zwei Glas Bier oder Wein erreicht oder überschritten werden.

Wenn die Anteile sehr klein sind, ist eine Angabe in Promille unzweckmäßig. Dann gibt man Anteile in ppm oder in ppb an.

ppm für parts per million (engl.) – Teile zu einer Million;
ppb für parts per billion (engl.) – Teile zu einer Milliarde

Name	Bezugszahl	Definition	Bezeichnung
Promille	1000	$p\,‰ = \frac{p}{1000} = \frac{W}{G}$	Promillesatz
parts per million	1000000	$p_{\text{ppm}} = \frac{p}{10^6} = \frac{W}{G}$	ppm-Satz
parts per billion	1000000000	$p_{\text{ppb}} = \frac{p}{10^9} = \frac{W}{G}$	ppb-Satz

3.3 Zinsrechnung

3.3.1 Grundbegriffe

Grundbegriffe

Eine der wichtigsten Anwendungen der Prozentrechnung ist die **Zinsrechnung.** Somit entsprechen die Grundbegriffe und die Grundgleichung der Zinsrechnung auch denen der Prozentrechnung.

Prozentrechnung:	Grundwert G	Prozentsatz p %	Prozentwert W	$\frac{p}{100} = \frac{W}{G}$
	↕	↕	↕	↕
Zinsrechnung:	Kapital K	Zinssatz p %	Zinsen Z	$\frac{p}{100} = \frac{Z}{K}$

Bei der Zinsrechnung spielt außerdem die Zeit eine Rolle. So bezieht sich der Zinssatz im Allgemeinen auf ein Jahr, abgekürzt p. a.

p. a. für per annum (lat.) – pro Jahr

Für die Anzahl der Jahre wird n, für die Anzahl der Monate m und für die Anzahl der Tage t benutzt. Im (deutschen) Bankwesen wird das Jahr mit 360 Tagen und der Monat mit 30 Tagen angesetzt.
Verzinst werden nur ganze Eurobeträge.

3.3.2 Berechnen von Zinsen, Zinssatz, Kapital und Zeitspannen

Berechnen von Zinsen

S

Die nach einem Jahr anfallenden **Zinsen** werden nach der (aus der Grundgleichung folgenden) Formel berechnet:

$Z = \frac{p}{100} \cdot K = \frac{K \cdot p}{100}$

Monique bekam zu ihrem Geburtstag von der Familie Geld geschenkt. Jetzt hat sie 800 € auf ihrem Sparbuch. Sie möchte diese Summe für ein Jahr fest anlegen. Dadurch wird ein höherer Zinssatz zugrunde gelegt.
Wie viel Euro Zinsen erhält sie bei einem Zinssatz von 4 % p. a.?

Gesucht: Z
Gegeben: p % = 4 %; p = 4
K = 800 €

Lösung: $Z = \frac{p}{100} \cdot K$

$Z = \frac{4}{100} \cdot 800\ €$

$Z = 32\ €$

Antwort: Die Zinsen betragen 32 €.

Wird für weniger als ein Jahr ein Sparbetrag bei einer Bank angelegt oder ein Darlehen gewährt, so werden Monats- und Tageszinsen berechnet.
Die **Jahreszinsen** werden mit den entsprechenden Anteilen eines Jahres (der Laufzeit) multipliziert, z. B. sind fünf Monate $\frac{5}{12}$ eines Jahres.
Zinsen bei Guthaben werden auf volle Cent abgerundet. Bei Darlehen werden Zinsen auf volle Cent aufgerundet.

Monatszinsen: $Z_m = \frac{p}{100} \cdot K \cdot \frac{m}{12} = \frac{K \cdot p \cdot m}{100 \cdot 12}$

Eine Bank gewährt für den Kauf eines Mittelklassewagens einen Kredit von 8 700 € zu einem Zinssatz von 11,3 % p. a. für elf Monate.
Wie hoch ist der Rückzahlungsbetrag nach elf Monaten, wenn keine weiteren Kosten entstehen?

Gesucht: Z_m
Rückzahlungsbetrag

Gegeben: $K = 8\,700$ €
$p\,\% = 11{,}3\,\%$; $p = 11{,}3$
$m = 11$

Lösung: $Z_m = \frac{K \cdot p \cdot m}{100 \cdot 12}$

$Z_m = \frac{8\,700\,€ \cdot 11{,}3 \cdot 11}{100 \cdot 12}$

$Z_m = 901{,}18$ €

Antwort: Es sind 9 601,18 € (8 700 € + 901,18 €) zurückzuzahlen.

Tageszinsen: $Z_t = \frac{p}{100} \cdot K \cdot \frac{t}{360} = \frac{K \cdot p \cdot t}{100 \cdot 360}$

Ein Guthaben von 7 250 € wird bei einem Zinssatz von 2,7 % p. a. für 130 Tage verzinst.
Wie viel Euro Zinsen fallen an?

Gesucht: Z_t

Gegeben: $K = 7\,250$ €
$p\,\% = 2{,}7\,\%$; $p = 2{,}7$
$t = 130$

Lösung: $Z_t = \frac{K \cdot p \cdot t}{100 \cdot 360}$

$Z_t = \frac{7\,250\,€ \cdot 2{,}7 \cdot 130}{100 \cdot 360}$

$Z_t = 70{,}69$ €

Antwort: Der Zinsertrag beträgt 70,69 €.

Berechnen von Zinssätzen

Kennt man das Kapital und die anfallenden Zinsen, kann man den **Zinssatz** p. a. nach folgenden Formeln berechnen:

Zinssatz für ein Jahr: $p = \frac{Z \cdot 100}{K}$

Für ein Guthaben von 2 800 € erhält man nach einem Jahr 95,20 € Zinsen.
Wie hoch ist der Zinssatz?

Gesucht: p %
Gegeben: K = 2 800 €
Z = 95,20 €
Lösung: $p = \frac{Z \cdot 100}{K}$

$p = \frac{95{,}20\ € \cdot 100}{2\,800\ €}$

$p = 3{,}4$

Antwort: Der Zinssatz beträgt 3,4 % p. a.

Zinssatz für m Monate: $p = \frac{Z_m \cdot 100 \cdot 12}{K \cdot m}$

Für ein Guthaben von 800 € erhält man nach vier Monaten 10,40 € Zinsen.
Wie hoch ist der Zinssatz?

Gesucht: p %
Gegeben: K = 800 €
Z_m = 10,40 €
m = 4
Lösung: $p = \frac{Z_m \cdot 100 \cdot 12}{K \cdot m}$

$p = \frac{10{,}40\ € \cdot 100 \cdot 12}{800\ € \cdot 4}$

$p = 3{,}9$

Antwort: Der Zinssatz beträgt 3,9 % p. a.

Zinssatz für t Tage: $p = \frac{Z_t \cdot 100 \cdot 360}{K \cdot t}$

Berechnen von Kapital

Kennt man den Zinssatz p. a. und die anfallenden Zinsen, kann man das **Kapital** nach folgenden Formeln berechnen:

Kapital nach einem Jahr: $K = \frac{Z \cdot 100}{p}$

Herr Reichenbach erhielt am Jahresende für seine Fondsanteile 12,60 €.
Wie viel Euro hatte er angelegt, wenn der Zinssatz 4,2 % p. a. betrug?

Gesucht: K

Gegeben: Z = 12,60 €
p % = 4,2 %; p = 4,2

Lösung: $K = \frac{Z \cdot 100}{p}$

$K = \frac{12{,}60\ € \cdot 100}{4{,}2}$

$K = 300\ €$

Antwort: Herr Reichenbach hatte 300 € angelegt.

Kapital nach m Monaten: $K = \frac{Z_m \cdot 100 \cdot 12}{p \cdot m}$

Welchen Betrag hat Max auf seinem Sparbuch, wenn er bei einem Zinssatz von 4,2 % nach drei Monaten 5,25 € Zinsen erhält?

Gesucht: K

Gegeben: Z_m = 5,25 €
p % = 4,2 %; p = 4,2
m = 3

Lösung: $K = \frac{Z_m \cdot 100 \cdot 12}{p \cdot m}$

$K = \frac{5{,}25\ € \cdot 100 \cdot 12}{4{,}2 \cdot 3}$

$K = 500\ €$

Antwort: Max hat auf seinem Sparbuch einen Betrag von 500 €.

Kapital nach t Tagen: $K = \frac{Z_t \cdot 100 \cdot 360}{p \cdot t}$

Berechnen von Zeitspannen

Kennt man den Zinssatz p. a., das Kapital und die anfallenden Zinsen, kann man die jeweilige Zeitspanne, die kleiner als ein Jahr sein muss, nach folgenden Formeln berechnen:

Verzinsungsdauer in Monaten: $m = \frac{Z_m \cdot 100 \cdot 12}{K \cdot p}$

Verzinsungsdauer in Tagen: $t = \frac{Z_t \cdot 100 \cdot 360}{K \cdot p}$

Herr Schröder hat die Zahlungsfrist für die Rechnung einer Versandhausbestellung überschritten. Daher wurden ihm für die Rechnung in Höhe von 600 € 8,10 € Verzugszinsen von 9 % p. a. in Rechnung gestellt. Um wie viel Tage hat er die Zahlungsfrist überschritten?

Mahnung	
Rechnungsbetrag	600,00 €
Verzugszinsen	8,10 €
Zahlungsbetrag	608,10 €

Gesucht: t

Gegeben: $K = 600\ €$

$Z_t = 8{,}10\ €$

$p\ \% = 9\ \%;\ p = 9$

Lösung: $t = \frac{Z_t \cdot 100 \cdot 360}{K \cdot p}$

$t = \frac{8{,}10\ € \cdot 100 \cdot 360}{600\ € \cdot 9}$

$t = 54$

Antwort: Um 54 Tage wurde die Zahlungsfrist überzogen.

3.3.3 Zinseszins

Wenn ein Kapital länger als ein Jahr verzinst wird, werden im Allgemeinen jeweils am Jahresende die Zinsen berechnet, dem Kapital zugeschlagen und dann im folgenden Jahr mit verzinst. Das Anfangskapital wächst um einen bestimmten Faktor.
Die entsprechende Rechnung heißt **Zinseszinsrechnung.**

S

Für die Beziehung zwischen dem **Anfangskapital** K_0, dem Zinssatz p%, der Anzahl von Jahren n und dem **Endkapital** K_n gilt folgende Beziehung:

$K_n = K_0 \cdot \left(\frac{100 + p}{100}\right)^n$ bzw. $K_n = K_0 \cdot (1 + \frac{p}{100})^n$

Man setzt $\frac{100 + p}{100} = 1 + \frac{p}{100} = q$ und nennt q den **Zinsfaktor.**

Dann gilt: $K_n = K_0 \cdot q^n$

Bei einer Bank erhält man nur 339,04 €, weil Zinsen jährlich verrechnet und nur ganze Euro-Beträge verzinst werden.

Ein Betrag von 250 € wird auf acht Jahre fest angelegt und mit 4 % p. a. verzinst.
Wie hoch ist das Guthaben nach acht Jahren?

Zinseszins-Tabelle

Ein Kapital von 1000,— wächst hiernach bei einer Verzinsung von: … auf

in Jahren	4 %	4½ %	5 %	5½ %	6 %	6½ %	7 %	7½ %
1	1040	1045	1050	1055	1060	1065	1070	1075
2	1081	1092	1102	1113	1123	1134	1145	1155
3	1124	1141	1157	1174	1190	1208	1225	1242
4	1169	1192	1215	1238	1262	1286	1310	1335
5	1216	1246	1276	1306	1338	1370	1402	1435
6	1265	1302	1340	1378	1418	1459	1500	1543
7	1315	1360	1407	1454	1503	1554	1605	1659
8	1368	1422	1477	1534	1593	1655	1718	1783
9	1423	1485	1551	1618	1689	1762	1838	1917
10	1480	1552	1628	1707	1790	1877	1967	2061
11	1539	1622	1710	1801	1897	1999	2105	2215
12	1600	1695	1795	1900	2011	2129	2252	2381
13	1664	1771	1885	2005	2132	2267	2410	2560
14	1731	1851	1979	2115	2260	2415	2578	2752
15	1800	1934	2078	2231	2395	2571	2759	2959
16	1872	2021	2182	2354	2539	2739	2952	3180
17	1947	2112	2291	2484	2692	2917	3158	3419
18	2025	2207	2406	2620	2853	3106	3380	3675
19	2106	2307	2526	2784	3024	3308	3616	3951
20	2190	2411	2652	2916	3206	3523	3869	4248

Gesucht: K_8

Gegeben: $K_0 = 250\ €$

$n = 8$

$p\ \% = 4\ \%;\ p = 4$

Lösung: $K_n = K_0 \cdot q^n$

$K_8 = 250\ € \cdot 1{,}04^8$

$K_8 = 342{,}14\ €$

Antwort: Das Guthaben beträgt nach acht Jahren 342,14 €.

Kennt man in der Formel $K_n = K_0 \cdot q^n$ drei Größen, kann man die vierte Größe berechnen.
Für jeden der drei noch nicht behandelten Fälle wird nachfolgend ein Beispiel angegeben.

Welchen Geldbetrag muss man anlegen, wenn man bei einem Zinssatz von 5 % p. a. nach zehn Jahren eine Summe von 20000 € haben will?

Gesucht: K_0

Gegeben: $K_{10} = 20\,000$ €
$n = 10$
$p\,\% = 5\,\%;\ p = 5$

Lösung: $K_0 = \frac{K_n}{q^n}$

$K_0 = \frac{20\,000\text{ €}}{1{,}05^{10}}$

$K_0 = 12\,278{,}27$ €

Antwort: Das Anfangskapital müsste 12 278,27 € betragen.

Wie hoch war der Zinssatz, wenn aus 100,00 € Guthaben nach fünf Jahren 140,00 € Guthaben geworden ist?

Gesucht: p %

Gegeben: $K_0 = 100{,}00$ €
$K_5 = 140{,}00$ €
$n = 5$

Lösung: $q = \sqrt[n]{\frac{K_n}{K_0}}$

$q = \sqrt[5]{\frac{140\text{ €}}{100\text{ €}}}$

$q = 1{,}0696$

$p = (q - 1) \cdot 100 = 6{,}96 \approx 7$

Antwort: Der Zinssatz betrug 7 %.

Nach welcher Zeit hat sich ein Kapital bei einem Zinssatz von 5 % verdoppelt?

Gesucht: n

Gegeben: K_0
$K_n = 2K_0$
$p\,\% = 5\,\%;\ p = 5$

Lösung: $n = \frac{\lg\left(\frac{K_n}{K_0}\right)}{\lg q}$

$n = \frac{\lg 2}{\lg 1{,}05}$

$n = 14{,}21 \approx 15$

Antwort: Das Kapital hat sich nach 15 Jahren (genau 14 Jahre und 76 Tage) verdoppelt.

3.4 Rentenrechnung

3.4.1 Ratenzahlungen

Ansparen eines Kapitals durch Raten (vorschüssig)

D

Wird am *Jahresanfang* regelmäßig der gleiche Betrag R **(Rate)** eingezahlt und mit p % p. a. verzinst, beträgt das Kapital nach n Jahren:

$K_n = \frac{R(q^n - 1)}{q - 1} \cdot q \quad \text{mit } q = 1 + \frac{p}{100}$

Man nennt K_n den **vorschüssigen Zahlungsendwert.**

Ein Sparvertrag läuft über 15 Jahre und sieht eine Verzinsung von 7 % p. a. vor. Wie viel Euro erhält man nach 15 Jahren, wenn zu Beginn jedes Jahres 100 € eingezahlt werden?

Gesucht: K_n

Gegeben: $R = 100$ €
$p\,\% = 7\,\%;\ p = 7$
$n = 15$

Lösung: $K_n = \frac{R(q^n - 1)}{q - 1} \cdot q$

$K_n = \frac{100\,€(1{,}07^{15} - 1)}{1{,}07 - 1} \cdot 1{,}07$

$K_n = 2\,688{,}81$ €

Antwort: Man erhält nach 15 Jahren 2 688,81 €.

Vermehrung (Verminderung) eines Kapitals durch Raten (vorschüssig)

D

Wird ein Anfangskapital K_0 zum *Jahresanfang* regelmäßig um den gleichen Betrag R **(Rate)** erhöht bzw. vermindert und mit p % p. a. verzinst, beträgt das Kapital nach n Jahren:

$K_n = K_0 \cdot q^n + \frac{R(q^n - 1)}{q - 1} \cdot q$ bzw. $K_n = K_0 \cdot q^n - \frac{R(q^n - 1)}{q - 1} \cdot q \quad (q = 1 + \frac{p}{100})$

Man nennt auch hier K_n den **vorschüssigen Zahlungsendwert.**

Zu einem Anfangskapital von 1000 € werden jeweils am Jahresanfang 100 € eingezahlt. Der Zinssatz beträgt 4 % p. a.
Wie hoch ist das Guthaben nach zehn Jahren?

Gesucht: K_n

Gegeben: $K_0 = 1\,000$ €
$p\,\% = 4\,\%;\ p = 4$
$R = 100$ €; $n = 10$

Lösung: $K_n = K_0 \cdot q^n + \frac{R(q^n - 1)}{q - 1} \cdot q$

$K_n = 1000\,€ \cdot 1{,}04^{10} + \frac{100\,€(1{,}04^{10} - 1)}{1{,}04 - 1} \cdot 1{,}04$

$K_n = 2\,728{,}88$ €

Antwort: Das Guthaben beträgt nach zehn Jahren 2 728,88 €.

Ansparen eines Kapitals durch Raten (nachschüssig)

D Wird am *Jahresende* regelmäßig der gleiche Betrag R **(Rate)** eingezahlt und mit p % p. a. verzinst, beträgt das Kapital nach n Jahren:

$K_n = \frac{R(q^n - 1)}{q - 1}$ mit $q = 1 + \frac{p}{100}$

Man nennt K_n den **nachschüssigen Zahlungsendwert.**

Ein Sparvertrag läuft über 15 Jahre und sieht eine Verzinsung von 7 % p. a. vor.
Wie viel Euro erhält man nach 15 Jahren, wenn am Ende jedes Jahres 100 € eingezahlt werden?

Gesucht: K_n

Gegeben: $R = 100$ €
$p\,\% = 7\,\%$; $p = 7$
$n = 15$

Lösung: $K_n = \frac{R(q^n - 1)}{q - 1}$

$K_n = \frac{100\text{ €}(1{,}07^{15} - 1)}{1{,}07 - 1}$

$K_n = 2\,512{,}90$ €

Antwort: Man erhält nach 15 Jahren 2 512,90 €.

Vermehrung (Verminderung) eines Kapitals durch Raten (nachschüssig)

D Wird ein Anfangskapital K_0 zum *Jahresende* regelmäßig um den gleichen Betrag R **(Rate)** erhöht bzw. vermindert und mit p % p. a. verzinst, beträgt das Kapital nach n Jahren:

$K_n = K_0 \cdot q^n + \frac{R(q^n - 1)}{q - 1}$ bzw. $K_n = K_0 \cdot q^n - \frac{R(q^n - 1)}{q - 1}$ $\left(q = 1 + \frac{p}{100}\right)$

Man nennt auch hier K_n den **nachschüssigen Zahlungsendwert.**

Von einem Anfangskapital von 1000 € werden jeweils am Jahresende 100 € abgehoben. Der Zinssatz beträgt 4 % p. a.
Wie hoch ist das Guthaben nach zehn Jahren noch?

Gesucht: K_n

Gegeben: $K_0 = 1000$ €
$p\,\% = 4\,\%$; $p = 4$
$R = 100$ €
$n = 10$

Lösung: $K_n = K_0 \cdot q^{10} - \frac{R(q^n - 1)}{q - 1}$

$K_n = 1000\text{ €} \cdot 1{,}04^{10} - \frac{100\text{ €}(1{,}04^{10} - 1)}{1{,}04 - 1}$

$K_n = 279{,}63$ €

Antwort: Bei einer Abhebung von 100 € jeweils am Jahresende beträgt das Guthaben nach zehn Jahren noch 279,63 €.

3.4.2 Schuldentilgung

S

Wird eine Schuld S bei einem Zinssatz von p % p. a. durch regelmäßige Ratenzahlung R am Jahresende in n Jahren vollständig getilgt, so beträgt die zu zahlende Rate:

$R = \frac{S \cdot q^n(q-1)}{q^n - 1}$ mit $q = 1 + \frac{p}{100}$

Eine Hypothek (im Grundbuch eingetragene Schuld) beträgt 150 000 €. Der Zinssatz ist 8,5 % p. a. Die Hypothek soll in zwölf Jahren getilgt sein.
Wie viel Euro beträgt die jährliche Ratenzahlung?

Gesucht: R

Gegeben: S = 150 000 €
p % = 8,5 %; p = 8,5
n = 12

Lösung: $R = \frac{S \cdot q^n(q-1)}{q^n - 1}$

$R = \frac{150\,000\text{ €} \cdot 1{,}085^{12} \cdot (1{,}085 - 1)}{1{,}085^{12} - 1}$

R = 20 422,90 €

Antwort: Es sind jährlich 20 422,90 € zu zahlen.

S

Wird eine Schuld S bei einem Zinssatz von p % p. a. durch regelmäßige Ratenzahlung R am Jahresende vollständig getilgt, so beträgt die Tilgungsdauer in Jahren:

$n = \frac{\lg R - \lg[R - S(q-1)]}{\lg q}$ mit $q = 1 + \frac{p}{100}$

Ein Darlehen von 150 000 € wird zu 8 % verzinst und am Ende jedes Jahres mit 13 500 € getilgt.
Nach wie vielen Jahren ist es getilgt?

Gesucht: n

Gegeben: S = 150 000 €
R = 13 500 €
p % = 8 %; p = 8

Lösung: $n = \frac{\lg R - \lg[R - S(q-1)]}{\lg q}$

$n = \frac{\lg 13\,500 - \lg[13\,500 - 150\,000 \cdot (1{,}08 - 1)]}{\lg 1{,}08}$

n = 28,5

Antwort: Das Darlehen ist nach rund 29 Jahren getilgt.

4 GLEICHUNGEN UND UNGLEICHUNGEN

4.1 Variable und Term

4.1.1 Grundbegriffe

varius (lat.) – verschieden, wechselnd

Zum Beschreiben allgemeiner Zusammenhänge benötigt man Zeichen, die für ein Objekt aus einer bestimmten Menge stehen. Solche Zeichen heißen Variable oder Unbekannte.

Der Begriff „Unbekannte“ wird oft im Zusammenhang mit Gleichungen benutzt.

D Eine **Variable** ist ein Zeichen für ein Objekt aus einer Menge gleichartiger Objekte. Diese Menge heißt der Grundbereich G oder Variablengrundbereich.

Variablen werden meist durch Buchstaben (x, y, t, a, b, g, A, M) dargestellt.

$n \in \mathbb{N}$ Die Variable n stellt eine beliebige Zahl aus dem Grundbereich $\mathbb{N}$, der Menge der natürlichen Zahlen, dar.

Genauer müsste man sagen: „Eine **Variable** ist ein Zeichen für alle Namen eines Objekts …“ – doch auf diese Unterscheidung soll hier nachfolgend nicht weiter eingegangen werden.

Variablen werden nicht nur für Zahlen, sondern auch für andere mathematische Objekte verwendet.

Die Geraden g und h sind zueinander parallel: $g \parallel h$

D Ein **Term** ist eine sinnvolle mathematische Zeichenreihe ohne Relationszeichen.

Relationszeichen sind z. B. <, >, ≤, ≥, =, ≠.

Terme	keine Terme: Relationszeichen enthalten	keine Terme: keine sinnvolle Zeichenreihe
$4 + \frac{5}{8}$	$3 < 5$	$27 +$
$a^2 - b^2$	$2 \cdot x = 7$	$2 \cdot (4 - 3$
$\sin x$	$4 \cdot 12 \neq 50$	$\frac{1}{2x -}$

D Terme, die den gleichen Wert haben, heißen **gleichwertig.** Dies ist vom jeweiligen Grundbereich abhängig.

Gleichwertig sind:

$225 : 5$	und	$5 \cdot 9$, denn der Termwert ist 45.
$a^2 - b^2$	und	$(a + b)(a - b)$, denn es ist die 3. binomische Formel.
$x - 2$	und	$\frac{x^2 - 4}{x + 2}$ für $G = \mathbb{N}$, jedoch nicht für $G = \mathbb{Z}$.

4.1.2 Rechnen mit Variablen; Termumformungen

Zusammenfassen

Kommen in Termen, die in Form von algebraischen Summen vorliegen, die gleichen Variablen mehrfach vor, so kann man sie zusammenfassen und als Produkt aus Zahl und Variablen schreiben.

$a + a + a = 3 \cdot a = 3a \qquad ab + ab + ab + ab = 4 \cdot ab = 4ab$

Die Zahl, die vor einer Variablen steht, heißt **Koeffizient.** Der Koeffizient 1 wird nicht geschrieben.

cum (lat.) – mit; efficiens (lat.) – bewirkend

S Treten in algebraischen Summen gleiche Variablen mit unterschiedlichen Koeffizienten auf, so werden sie zusammengefasst, indem die Koeffizienten addiert (subtrahiert) werden.

Im Endergebnis werden die Variablen zumeist in lexikografischer Anordnung geschrieben.

$3a + 2b + a - 4b = 3a + a + 2b - 4b = (3 + 1)a + (2 - 4)b = 4a - 2b$
$3x^2 + x + 2x^2 - 4x + x^3 = x^3 + (3 + 2)x^2 + (1 - 4)x = x^3 + 5x^2 - 3x$

Es dürfen nur gleiche Potenzen (also Werte mit gleicher Basis und gleichem Exponenten) zusammengefasst werden.

Addition und Subtraktion von Termen; Verwenden von Klammern

Sollen zwei Summen (Differenzen) addiert (subtrahiert) werden, so setzt man jeden Term in Klammern und zwischen beide Klammern das entsprechende Operationszeichen.

$T_1 = 2x + 3y; \quad T_2 = 4x - 2y$
$T_1 + T_2 = (2x + 3y) + (4x - 2y) \qquad T_1 - T_2 = (2x + 3y) - (4x - 2y)$

S Kommen in einer algebraischen Summe Klammern vor, so kann man diese auflösen.
1. Steht vor der Klammer das Zeichen „+", lässt man die Klammer weg.
2. Steht vor der Klammer das Zeichen „–", lässt man die Klammer und das Zeichen vor der Klammer weg und kehrt die Zeichen „+" bzw. „–" bei allen Gliedern in der Klammer jeweils um.

$(2x + 3y) + (4x - 2y) = 2x + 3y + 4x - 2y = 6x + y$
$(2x + 3y) - (4x - 2y) = 2x + 3y - 4x + 2y = -2x + 5y$

Die Addition von Termen kann analog zur Addition reeller Zahlen auf mehr als zwei Terme erweitert werden. Es gelten das Kommutativ- und das Assoziativgesetz.

$(2a + 3b - 4) - (-a + 2b + 6) + (4a - 5b + d)$
$= \underline{2a} + \underline{3b} - \underline{4} + \underline{a} - \underline{2b} - \underline{6} + \underline{4a} - \underline{5b} + d = \underline{7a} - \underline{4b} + d - \underline{10}$

Multiplikation eines Polynoms mit einer Variablen

bis (lat.) – zweimal;
tres (lat.) – drei;
poly (griech.) – viel;
nomen (lat.) – Name

D Ein zweigliedriger Term heißt auch **Binom,** ein dreigliedriger Term **Trinom,** ein mehrgliedriger Term **Polynom.**

Binome sind: $a + b$; $7x^2 - 8y$; $\frac{3}{6}a + \frac{1}{d}$

Trinome sind: $a^2 + b - c$; $4x^2 - y + z^3$

S Ein Polynom wird mit einer Variablen (oder einer Zahl) multipliziert, indem jedes Glied des Polynoms in der Klammer mit dieser Variablen (oder Zahl) multipliziert wird.

Man nennt dies **Ausmultiplizieren.**

$a(b + c - d) = ab + ac - ad$ $\qquad$ $2(x^2 + 3ax - 7) = 2x^2 + 6ax - 14$

Die Umkehrung des Ausmultiplizierens ist das **Ausklammern.**

Die auszuklammernde Variable darf nicht den Wert 0 annehmen.

S Aus einem Polynom kann man eine Variable (Zahl) ausklammern, indem man die Variable (Zahl) als Faktor vor das Polynom setzt und jedes Glied des Polynoms durch diese Variable (Zahl) dividiert bzw. mit dem Reziproken der Variable (Zahl) multipliziert.

$2x + 4y - 8z = 2 \cdot x + 2 \cdot 2y - 2 \cdot 4z = 2(x + 2y - 4z)$

$4a^2 + 3a - 6a^3 = 2a \cdot 2a + 2a \cdot \frac{3}{2} - 2a \cdot 3a^2 = 2a \cdot (2a + \frac{3}{2} - 3a^2)$

$-2a - 4b + 6c = -2(a + 2b - 3c)$

$3ax - 4bx + 6a - 8b = x(3a - 4b) + 2(3a - 4b) = (3a - 4b)(x + 2)$

Als Probe empfiehlt es sich, mit den ausgeklammerten Faktoren auszumultiplizieren. Dadurch muss der ursprüngliche Term entstehen.

Beim Ausklammern ist es meist nur sinnvoll, solche Faktoren auszuklammern, durch die alle Glieder des Polynoms teilbar sind.

Multiplikation und Division von Polynomen

S Zwei Polynome werden multipliziert, indem man jedes Glied des einen Polynoms mit jedem Glied des anderen Polynoms multipliziert und die so entstehenden Produkte addiert.

Hat das erste Polynom m Glieder und das zweite Polynom n Glieder, entstehen $m \cdot n$ Produkte, die man manchmal zusammenfassen kann.

$(2a - 3b)(5a + 3b + 2c - 7)$

$= 10a^2 + 6ab + 4ac - 14a - 15ab - 9b^2 - 6bc + 21b$

$= 10a^2 - 9b^2 - 14a + 21b - 9ab + 4ac - 6bc$

Analog zur Multiplikation von Zahlen und Variablen kann auch die Multiplikation von Polynomen auf mehrere Faktoren ausgedehnt werden. Dabei gelten das Kommutativ- und das Assoziativgesetz.

$$(2x-3y)(x+y)(4a-3b) = (2x^2+2xy-3xy-3y^2)(4a-3b)$$
$$= (2x^2-xy-3y^2)(4a-3b) = 8ax^2-4axy-12ay^2-6bx^2+3bxy+9by^2$$

Bei der Division von Polynomen kann man häufig kürzen; dazu müssen die Summen in Produkte umgewandelt werden.

$$\frac{10ab-5b}{15bc} = \frac{\cancel{5b}^{1}\cdot(2a-1)}{\cancel{5b}_{1}\cdot 3c} = \frac{2a-1}{3c} \quad (b,\ c \neq 0)$$

$$\frac{4xy}{a+b} : \frac{8xz}{2a+2b} = \frac{4xy}{a+b}\cdot\frac{2(a+b)}{8xz} = \frac{\cancel{4xy}^{1}\cdot\cancel{2}^{1}\cancel{(a+b)}^{1}}{\cancel{(a+b)}_{1}\cdot\cancel{8}\cancel{x}z_{\cancel{2}_{1}}} = \frac{y}{z} \quad x,\ z \neq 0;\ a \neq -b$$

Binomische Formeln

Aus der Multiplikation von Polynomen folgen die nachstehenden Formeln für Binome, die wegen ihres relativ häufigen Auftretens eine gewisse Sonderstellung einnehmen.

S Es gilt:
$$(a+b)^2 = a^2+2ab+b^2$$
$$(a-b)^2 = a^2-2ab+b^2$$
$$(a+b)(a-b) = a^2-b^2$$

1. binomische Formel: $(a+b)^2 = a^2+2ab+b^2$

↓

$(4x+3y)^2 = 16x^2+24xy+9y^2$

2. binomische Formel: $(a-b)^2 = a^2-2ab+b^2$

↓

$(4x-3y)^2 = 16x^2-24xy+9y^2$

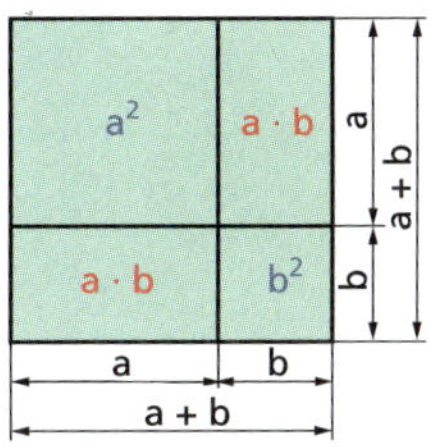

Da in der ersten binomischen Formel für b auch negative Werte stehen können, ist die zweite binomische Formel eigentlich überflüssig.

3. binomische Formel: $(a+b)\cdot(a-b) = a^2-b^2$

↓

$(4x+3y)(4x-3y) = 16x^2-9y^2$

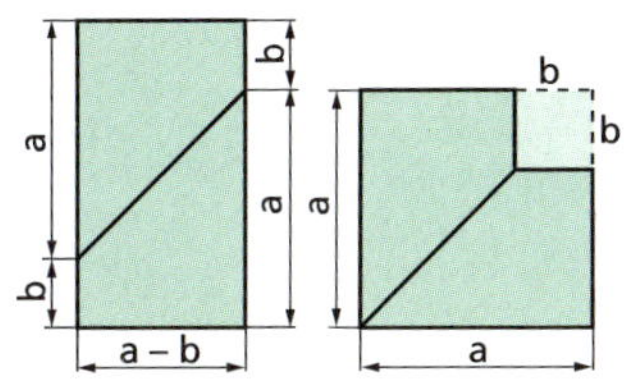

Vielfach ist es notwendig bzw. zweckmäßig, die binomischen Formeln in beiden Richtungen zu nutzen. So können entsprechende Summen in Produkte umgeformt werden.

$36s^2+60st+25t^2 = (6s+5t)^2$;	$a \mathrel{\hat=} 6s$; $b \mathrel{\hat=} 5t$;	1. binomische Formel
$49x^2-14xy+y^2 = (7x-y)^2$;	$a \mathrel{\hat=} 7x$; $b \mathrel{\hat=} y$;	2. binomische Formel
$4z^2-\frac{1}{9} = (2z+\frac{1}{3})\cdot(2z-\frac{1}{3})$;	$a \mathrel{\hat=} 2z$; $b \mathrel{\hat=} \frac{1}{3}$;	3. binomische Formel

Höhere Potenzen von Binomen, pascalsches Dreieck

> S
> Es gilt: $(a + b)^3 = a^3 + 3a^2b + 3ab^2 + b^3$
> $(a + b)^4 = a^4 + 4a^3b + 6a^2b^2 + 4ab^3 + b^4$
> $(a + b)^5 = a^5 + 5a^4b + 10a^3b^2 + 10a^2b^3 + 5ab^4 + b^5$

Der französische Mathematiker, Naturforscher und Theologe BLAISE PASCAL ist jedoch nicht der „Erfinder" dieser Anordnung.
Der chinesische Mathematiker CHU SHIH-CHIEM beschrieb 1303 in seinem Buch „Kostbarer Spiegel der vier Elemente" eine solche pyramidenartige Anordnung von Zahlen.

BLAISE PASCAL
(1623 bis 1662)

Durch Anwenden der Polynommultiplikation kann man die Beziehungen für höhere Exponenten herleiten. Es gilt:
$(a + b)^n = a^n + x_1a^{n-1}b + x_2\,a^{n-2}b^2 + \ldots + x_{n-1}ab^{n-1} + b^n$
Das erste Glied heißt a^n, dann nehmen die Exponenten von a um 1 ab und die von b um 1 zu, bis das letzte Glied b^n erscheint. Die Koeffizienten x_i sind symmetrisch. Man erhält sie durch folgende Anordnung:
An der Spitze (0. Zeile) steht eine 1, die erste Zeile heißt „1 1", in jeder neuen Zeile beginnt und endet man mit 1 und schreibt in die Lücken die Summe der beiden darüberstehenden Zahlen. Diese Anordnung heißt nach BLAISE PASCAL **pascalsches Dreieck.** Für jede Zeile n gilt: Die Summe der Zahlen ergibt 2^n.

n											
0						1					
1					1		1				
2				1		2		1			
3			1		3		3		1		
4		1		4		6		4		1	
5	1		5		10		10		5		1

Verwenden von Variablen in der Mathematik

– *Verwenden von Variablen zur mathematischen Modellierung*

Soll ein Sachverhalt mathematisch bearbeitet werden, muss man diesen mit einer geeigneten mathematischen Theorie beschreiben. Viele Sachverhalte lassen sich durch Gleichungen darstellen.

Die Kosten für einen Mietwagen betragen pro Tag 30,00 € und 0,29 € für jeden gefahrenen Kilometer.
Durch Verwenden von Variablen (K für Kosten, d für die Anzahl der Tage und m für die Anzahl der Kilometer) erhält man die Gleichung
$K = 30{,}00\,€ \cdot d + 0{,}29\,€ \cdot m$.
Mit dieser Gleichung lassen sich die Kosten berechnen.

– *Verwenden von Variablen zum Formulieren allgemeiner Aussagen*

Beziehungen oder allgemeine Zusammenhänge lassen sich durch Variablen übersichtlich in Kurzform darstellen.

Das Kommutativgesetz für die Addition natürlicher Zahlen besagt, dass man Summanden vertauschen darf.
Mit Variablen lässt sich schreiben: $a + b = b + a$ mit $a, b \in \mathbb{N}$.

– *Verwenden von Variablen zum Führen und Aufschreiben von Beweisen*

Zum Führen eines mathematischen Beweises und besonders zum Aufschreiben des Beweisschrittes sind Variablen sehr zweckmäßig.

Es ist zu beweisen, dass die Summe dreier aufeinanderfolgender natürlicher Zahlen stets durch 3 teilbar ist.
Ansatz: Die mittlere Zahl sei n $(n \geq 1)$. Dann heißen die Zahlen
$n - 1$; n; $n + 1$ und ihre Summe ist $s = (n - 1) + n + (n + 1) = 3n$.
Da 3n durch 3 teilbar ist, gilt dies auch für s.

4.2 Grundlagen der Gleichungslehre

4.2.1 Grundbegriffe

D Eine **Gleichung** ist ein mathematischer Ausdruck, der aus zwei Termen besteht, die durch das Zeichen „=“ verbunden sind.
Eine **Ungleichung** ist ein mathematischer Ausdruck, der aus zwei Termen besteht, die durch eines der Zeichen „≠“, „<“ „>“; „≤“, „≥“ verbunden sind.
Die beiden Terme heißen rechte Seite bzw. linke Seite der Gleichung bzw. Ungleichung.

Der Begriff Gleichung geht auf LEONARDO FIBONACCI zurück.

Gleichungen		Ungleichungen	
$3x - 6 = 25$	$19 - 7 = 12$	$18 < 17 + 2$	$4x - 5 > 12$
$a + a = 2a$	$3x - 4y = 5z$	$3a + 5a \neq 3a$	$17 \leq 23$
$14 - 8 = -6$	$0{,}8a - 2 = -1{,}2a$	$21 - 2^2 > 18$	$4x^2 + 2 > 4x^4$

LEONARDO FIBONACCI
(1180 bis 1250)

D Gleichungen und Ungleichungen, in denen keine Variablen auftreten, sind wahre oder falsche **Aussagen**.

Gleichung
- $4 \cdot 25 = 100$ – wahre Aussage
- $4 \cdot 25 = 17$ – falsche Aussage

Ungleichung
- $4 \cdot 25 < 10^3$ – wahre Aussage
- $4 \cdot 25 > 100$ – falsche Aussage

D Gleichungen und Ungleichungen, in denen (mindestens) *eine* Variable auftritt, werden zu Aussagen, wenn für *alle* Variablen Werte aus dem jeweiligen Grundbereich eingesetzt werden.

Gleichung mit Variablen:
$3x - 7 = 5$

- für $x = 1$ → $-4 = 5$ falsche Aussage
- für $x = 4$ → $5 = 5$ wahre Aussage

Ungleichung mit Variablen:
$2x < -5$

- für $x = -2$ → $-4 < -5$ falsche Aussage
- für $x = -3$ → $-6 < -5$ wahre Aussage

Bei Gleichungen bzw. Ungleichungen, in denen (mindestens) eine Variable auftritt, sollen einzelne (oder alle) Werte gefunden werden, für die die Gleichung bzw. Ungleichung zu einer wahren Aussage wird.
Man spricht in diesem Fall von einer **Bestimmungsgleichung.**

Unterteilungsmöglichkeiten für Gleichungen:

Kriterium	Beispiel	
Anzahl der Variablen	Gleichung mit einer Variablen	$3x + 4 = 7$
Grad der Gleichung	quadratische Gleichung	$x^2 + 4x = 36$
Funktionsart	trigonometrische Gleichung	$2 \cdot \sin x = 0{,}5$

parametrein (griech.) – etwas messen, vergleichen

Gleichungen, in denen mehrere Variablen vorkommen, von denen eine oder mehrere Variablen für bekannte Größen (Parameter) und eine oder mehrere andere Variablen für gesuchte Größen stehen, heißen **Parametergleichungen.**

Gleichungen mit Parametern treten auch auf, wenn man mehrere einzelne Gleichungen gleicher Struktur, aber mit verschiedenen Zahlen gewissermaßen auf „einen Schlag" lösen will.
Wenn man in die nach x umgestellte Gleichung für a nacheinander spezielle Werte einsetzt, erhält man das jeweilige Ergebnis.

$\frac{x+2}{x \cdot 2} = 2$

$\frac{x+5}{x \cdot 5} = 5$

$\frac{x+100}{x \cdot 100} = 100$

Parametergleichung

$\frac{x+a}{x \cdot a} = a \longrightarrow x = \frac{a}{a^2 - 1}$

für $a = 2$: $x = \frac{2}{3}$

für $a = 5$: $x = \frac{5}{24}$

für $a = 100$: $x = \frac{100}{9\,999}$

Rechteck

Gesucht:	u	b
Gegeben:	a, b	a, u
Lösung:	$u = 2(a + b)$	$b = \frac{u}{2} - a$

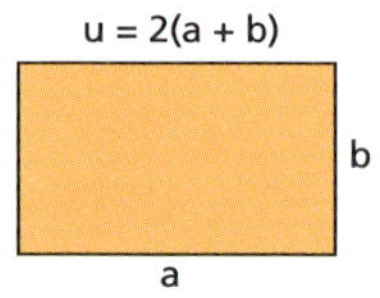

4.2.2 Lösen einer Gleichung bzw. Ungleichung; Lösungsmenge

Eine Gleichung bzw. Ungleichung *lösen* heißt, *alle* Zahlen oder Größen eines vorgegebenen Grundbereichs zu finden, die beim Einsetzen in die Variablen eine wahre Aussage erzeugen.

Man sagt auch, diese Zahlen oder Größen erfüllen die Gleichung bzw. Ungleichung.

D Jede Zahl oder Größe aus dem Grundbereich, die die Gleichung bzw. Ungleichung erfüllt, heißt Lösung dieser Gleichung bzw. Ungleichung. Alle Lösungen zusammen bilden die **Lösungsmenge.**

Die Lösungsmenge L kann bestehen aus

keinem Element. $L = \{\} = \emptyset$ leere Menge	genau einem Element.	endlich vielen Elementen.	unendlich vielen Elementen.

Gegeben ist die Gleichung $3x - 16 = 2$; $G = \mathbb{N}$.

x	Aussage		Wahrheitswert
0	$3 \cdot 0 - 16 = 2$	$-16 = 2$	falsch
4	$3 \cdot 4 - 16 = 2$	$-4 = 2$	falsch
6	$3 \cdot 6 - 16 = 2$	$2 = 2$	wahr
10	$3 \cdot 10 - 16 = 2$	$14 = 2$	falsch

Die Zahl 6 erfüllt die Gleichung als einzige, $L = \{6\}$.

Gegeben ist die Ungleichung $x - 7 < 3$; $G = \mathbb{N}$.

x	Aussage		Wahrheitswert
2	$2 - 7 < 3$	$-5 < 3$	wahr
8	$8 - 7 < 3$	$1 < 3$	wahr
10	$10 - 7 < 3$	$3 < 3$	falsch
13	$13 - 7 < 3$	$6 < 3$	falsch

Die Zahlen 2 und 8 (und viele andere auch) erfüllen die Ungleichung, $L = \{x \in \mathbb{N}: x < 10\}$.

Bei linearen Gleichungen mit einer Variablen besteht die Lösungsmenge entweder aus
- genau einer Zahl,
- aus allen Zahlen des Grundbereichs G oder
- sie ist leer.

Eine Lösung	Unendlich viele Lösungen	Keine Lösung
$7x - 5 = 6x - 3$ $L = \{2\}$	$7x - 5 = 7x - 5$ $L = G$	$7x - 5 = 7x + 3$ $L = \{\}$

D Gleichungen, bei denen die Lösungsmenge aus allen Zahlen des Grundbereichs besteht, heißen **Identitäten.**

$(a + b)^2 = a^2 + 2ab + b^2$	1. binomische Formel
$a(b + c) = ab + ac$	Distributivgesetz

Bei Gleichungen mit mehreren Variablen kann die Lösungsmenge auch aus Zahlenpaaren oder Zahlentripeln usw. bestehen.

Gegeben ist die Gleichung $x - y = 5$; $G = \mathbb{Q}$.
$L = \{(5; 0), (8; 3), (1; -4), (10{,}5; 5{,}5), \ldots\}$

Die Lösungsmenge einer Gleichung bzw. Ungleichung ist abhängig vom gewählten Grundbereich.

$3x + 8 \leq 17$

$G = \mathbb{N}$; $L = \{3; 2; 1; 0\}$

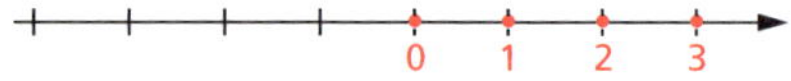

$G = \mathbb{Z}$;
$L = \{3; 2; 1; 0; -1; \ldots\}$

$G = \mathbb{R}$; $L = \{x \in \mathbb{R}: x \leq 3\}$

⊢⊣ ist eine Darstellung für ein abgeschlossenes Intervall, wobei die Intervallgrenzen mit zum Intervall gehören.

Bei Textaufgaben ergibt sich der Grundbereich aus dem entsprechenden Sachverhalt.

In einer Reisegruppe, die aus 31 Personen besteht, ist die Anzahl der Erwachsenen um 6 größer als die Anzahl der Kinder.
Wie viele Kinder sind in der Gruppe?

Anzahl der Kinder: x $(x \in \mathbb{N})$
Anzahl der Erwachsenen: $x + 6$ $(x \in \mathbb{N})$

$$
\begin{aligned}
x + (x + 6) &= 31 && | \text{ Klammer auflösen} \\
2x + 6 &= 31 && | -6 \\
2x &= 25 && | :2 \\
x &= 12{,}5
\end{aligned}
$$

Im Bereich der natürlichen Zahlen $\mathbb{N}$ hat die Gleichung keine Lösung. Die Angaben über die Reisegruppe können also nicht stimmen.

4.2.3 Proben bei Gleichungen und Ungleichungen

Stellt sich bei der Probe heraus, dass der gefundene Wert nicht zu einer wahren Aussage führt, so sind Lösung und Probe zu überprüfen. Man kann den Fehler lokalisieren, indem man die einzelnen Zeilen der Lösung mit eingesetztem Wert in umgekehrter Richtung durchgeht (Rückwärtsarbeiten).

Nach der Ermittlung einer Lösung überzeugt man sich von ihrer Richtigkeit, indem man sie in die Ausgangsgleichung einsetzt und feststellt, ob eine wahre Aussage entsteht. Diesen Vorgang nennt man **Probe**.

$$
\begin{aligned}
15x + 26 &= 18x + 41 && | -15x \\
26 &= 3x + 41 && | -41 \\
-15 &= 3x && | :3 \\
x &= -5 \\
L &= \{-5\}
\end{aligned}
$$

Probe:
linke Seite: $15 \cdot (-5) + 26 = -75 + 26 = -49$
rechte Seite: $18 \cdot (-5) + 41 = -90 + 41 = -49$
Vergleich: $-49 = -49$

4.2.4 Inhaltliches Lösen von Gleichungen bzw. Ungleichungen

Das Lösen von Gleichungen (Ungleichungen) gelingt oftmals durch einfache Überlegungen ohne Anwendung formaler Regeln. Man spricht vom inhaltlichen Lösen einer Gleichung (Ungleichung) im Unterschied zum kalkülmäßigen Lösen (Anwenden von Lösungsverfahren).

Einsetzen; systematisches Probieren

Man setzt nacheinander verschiedene Zahlen aus dem Grundbereich in die Gleichung (Ungleichung) ein und prüft, ob man eine wahre Aussage erhält.

(1) Gegeben ist die Gleichung $9x - 10 = 7x + 4 \quad (x \in \mathbb{N})$.

x	Aussage	Wahrheitswert
1	$-1 = 11$	falsch
3	$17 = 25$	falsch
7	$53 = 53$	wahr

Die Zahl 7 erfüllt die Gleichung, $L = \{7\}$.

(2) Gegeben ist die Ungleichung $4x - 6 < 18 \quad (x \in \mathbb{N})$.

x	Aussage	Wahrheitswert
0	$-6 < 18$	wahr
1	$-2 < 18$	wahr
⋮	⋮	⋮
4	$10 < 18$	wahr
5	$14 < 18$	wahr
6	$18 < 18$	falsch

Daraus folgt, dass die natürlichen Zahlen bis 5 die Ungleichung erfüllen, $L = \{0; 1; 2; 3; 4; 5\}$.

(1)

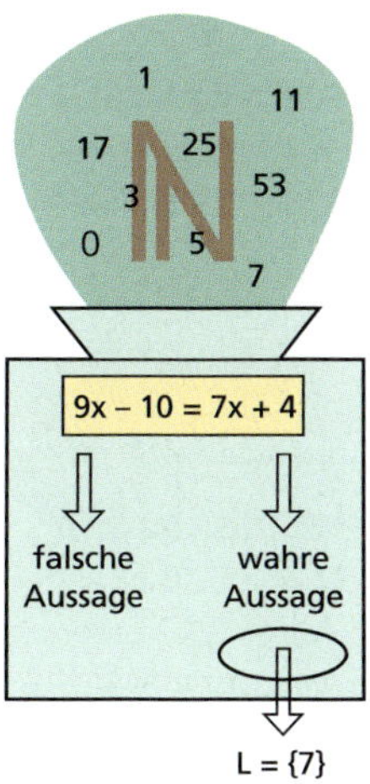

(2)

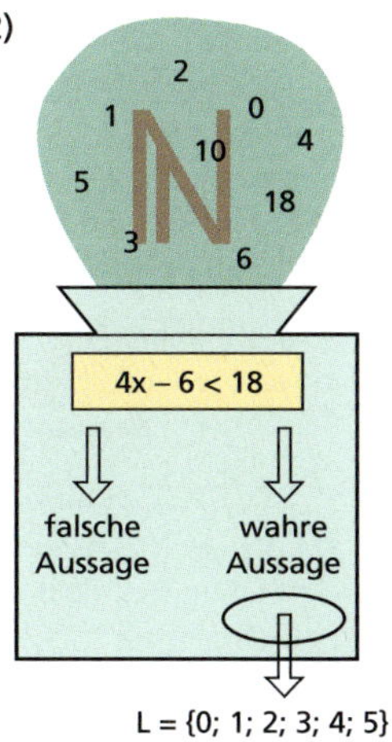

Rückwärtsschließen

Oft ist ein Vorgehen günstiger, bei dem man die Gleichung gewissermaßen von rückwärts her betrachtet.
Dabei werden, beginnend mit dem Ergebnis, die Umkehroperationen schrittweise rückwärts angewendet.

Gegeben ist die Gleichung $12x + 6 = 30$.

Wenn man das Zwölffache einer Zahl um 6 vermehrt, erhält man 30. Ohne die Vermehrung um 6 muss man demnach 24 erhalten, d. h., das Zwölffache einer Zahl ist 24. Dann kann es sich nur um die Zahl 2 handeln.

	$12x$	$+$	6	$=$ 30
2 ←	: 12	24 ←	− 6	Rückwärtsschließen

Die Gleichung $12x + 6 = 30$ hat als Lösungsmenge
$L = \{2\}$.

Schließen unter Benutzung von Veranschaulichungen

Viele mathematische Sachverhalte lassen sich zeichnerisch darstellen. Mithilfe von Skizzen, Fließschemata oder einfachen symbolhaften Darstellungen lassen sich Lösungen finden. Die Überprüfung der Richtigkeit erfolgt an der jeweiligen Gleichung.

Gegeben ist die Gleichung $6x + 1 = 3x + 13$; $x \in \mathbb{N}$.

Man setzt in Gedanken für die Variable x ein „x-Männchen" mit je gleichem, aber unbekanntem Gewicht und für die Zahlen Wägestücke zu je 1 g ein.

Auf einer Waage, die im Gleichgewicht ist, sähe das folgendermaßen aus:

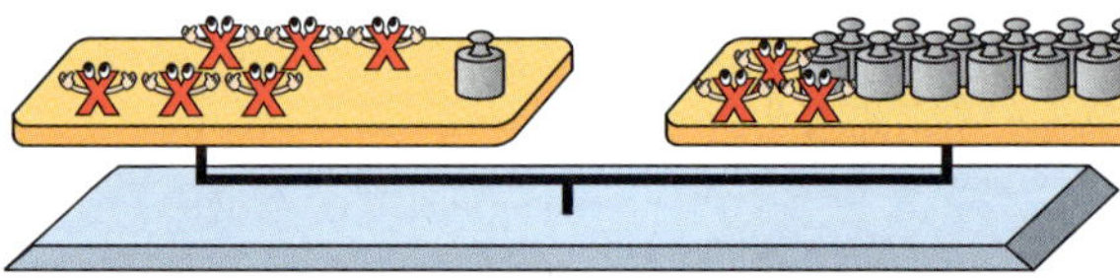

Nun würde sich an der Gleichheit (dem Gleichgewicht) auf beiden Seiten nichts ändern, wenn man auf beiden Seiten je drei „x-Männchen" und je 1 g herunternähme.
Dann entstünde folgendes Bild:

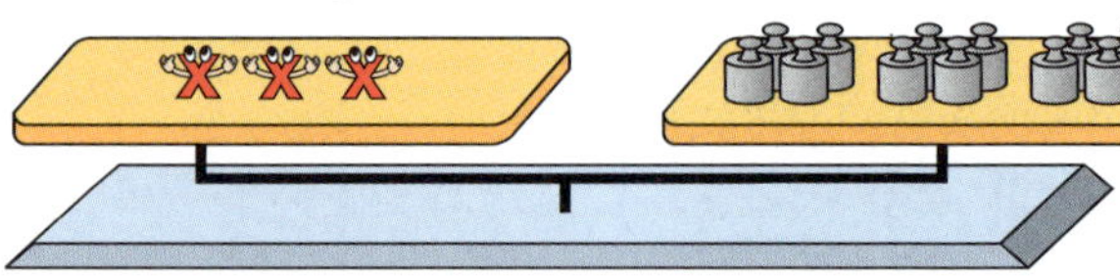

Da die drei „x-Männchen" dem Gewicht von 12 g entsprechen, lässt sich schließen, dass ein „x-Männchen" 4 g wiegt.

Die Gleichung $6x + 1 = 3x + 13$ hat als Lösungsmenge
$L = \{4\}$.

4.3 Äquivalentes Umformen von Gleichungen und Ungleichungen

4.3.1 Begriff „Äquivalenz"

Die Gleichungen $5x - 3 = x + 7$ ($G = \mathbb{R}$) und $x + 0{,}5 = 3$ ($G = \mathbb{R}$) haben die gleiche Lösungsmenge, obwohl sie verschieden aussehen.
Sie werden beide nur von $x = 2{,}5$ erfüllt.

> **D** Gleichungen bzw. Ungleichungen mit demselben Grundbereich, die die gleiche Lösungsmenge haben, heißen zueinander **äquivalent.**

aequus (lat.) – gleich; valere (lat.) – wert sein

$\frac{x}{3} = -2$ ($G = \mathbb{R}$) $\quad$ $2x - 13 = 5x + 5$ ($G = \mathbb{R}$)
$L = \{-6\}$ $\quad$ $L = \{-6\}$
Beide Gleichungen sind zueinander äquivalent.

$x + 5 < 8$ ($G = \mathbb{N}$) $\quad$ $7x < 20$ ($G = \mathbb{N}$)
$L = \{0; 1; 2\}$ $\quad$ $L = \{0; 1; 2\}$
Beide Ungleichungen sind zueinander äquivalent.

Die Äquivalenz zweier Gleichungen bzw. Ungleichungen ist vom jeweiligen Grundbereich abhängig.

$x^2 = 9$ und $x = 3$

$G = \mathbb{N}$
$L = \{3\}$ und $L = \{3\}$
Die Gleichungen sind zueinander äquivalent.

$G = \mathbb{Z}$
$L = \{-3; 3\}$ und $L = \{3\}$
Die Gleichungen sind nicht zueinander äquivalent.

$2x < 7$ und $4x < 15$

$G = \mathbb{N}$
$L = \{0; 1; 2; 3\}$ und $L = \{0; 1; 2; 3\}$
Die Ungleichungen sind zueinander äquivalent.

$G = \mathbb{Q}_+$
$L = \{x \mid x < 3{,}5\}$ und $L = \{x \mid x < 3{,}75\}$
Die Ungleichungen sind nicht zueinander äquivalent.

4.3.2 Äquivalentes Umformen von Gleichungen

> **D** Eine Umformung, mit der man von einer Gleichung zu einer (zu dieser) äquivalenten Gleichung gelangt, heißt **äquivalente Umformung.**

Man versucht, die Ausgangsgleichung durch entsprechende Umformungen so weit zu vereinfachen, dass die gesuchte Variable isoliert auf einer (meist der linken) Seite steht.

Regeln, die zu einer (zur vorhergehenden) äquivalenten Gleichung führen, heißen **Umformungsregeln.**
Es ist zu unterscheiden zwischen
- Umformungen, die auf einzelnen Seiten vorgenommen werden können, und
- Umformungen, die auf beiden Seiten vorgenommen werden müssen.

Auflösen von Klammern, Ausklammern, Kürzen und Erweitern von Brüchen, Ordnen und Zusammenfassen gehören zu den Umformungen, die auch nur auf einer Seite der Gleichung vorgenommen werden können.

Beim Kürzen und Erweitern mit einem Term darf der Term nicht den Wert 0 annehmen.

$$2(x-3)-4(2-x)=5 \quad |\text{Klammern auflösen}$$
$$2x-6-8+4x=5 \quad |\text{ordnen}$$
$$2x+4x-6-8=5 \quad |\text{zusammenfassen}$$
$$6x-14=5$$

$$\frac{3}{2}-\frac{9}{x}=6 \quad |\text{auf Hauptnenner erweitern}$$
$$\frac{3x}{2x}-\frac{18}{2x}=6 \quad |\text{zusammenfassen}$$
$$\frac{3x-18}{2x}=6$$

$$x^2+6x+9=2x+6 \quad |\text{ausklammern}$$
$$(x+3)^2=2(x+3)$$

Die Umformungsregeln für Addition und Subtraktion finden sich schon bei dem arabischen Mathematiker MUHAMMAD IBN MUSA AL-CHWARIZMI (780 bis 850).

Die wichtigsten Umformungsregeln, die gleichzeitig auf beiden Seiten der Gleichung vorgenommen werden müssen, sind in der folgenden Tabelle dargestellt:

Umformungen	Beispiel
Seiten vertauschen	$45 = x$ $x = 45$
Addition bzw. Subtraktion der gleichen Zahl oder des gleichen im Grundbereich definierten Terms auf beiden Seiten	$5x-2=37 \quad \mid +2$ $5x = 39$
Multiplikation mit der gleichen Zahl (außer 0) oder mit dem gleichen von 0 verschiedenen und im Grundbereich definierten Term auf beiden Seiten	$\frac{x}{4}=1{,}5 \quad \mid \cdot 4$ $x = 6$
Division durch die gleiche Zahl (außer 0) oder durch den gleichen von 0 verschiedenen und im Grundbereich definierten Term auf beiden Seiten	$-x = 15 \quad \mid :(-1)$ $x = -15$

Quadrieren, Potenzieren und Radizieren sind keine äquivalenten Umformungen von Gleichungen.

$x + 7 = 8$ ist nicht äquivalent zu $(x + 7)^2 = 64$
$L = \{1\}$ $L = \{1; -15\}$

$x^2 = 9$ ist nicht äquivalent zu $x = \sqrt{9}$
$L = \{3; -3\}$ $L = \{3\}$

Wenn daher beim Lösen einer Gleichung Quadrieren oder Radizieren notwendig sind, muss stets durch die Probe gesichert werden, dass die gefundenen Werte wirklich Lösungen sind und dass keine weiteren Lösungen existieren.

Die Gleichung $\sqrt{x+42} = x$ wird durch Quadrieren umgeformt zu $x + 42 = x^2$. Die quadratische Gleichung $x^2 - x - 42 = 0$ hat die Lösung 7 und −6, doch nur die Zahl 7 erfüllt, wie die Probe zeigt, die Ausgangsgleichung.

4.3.3 Äquivalentes Umformen von Ungleichungen

Auch bei Ungleichungen sind Quadrieren, Potenzieren und Radizieren keine **äquivalenten Umformungen.**

Umformungen, die allein auf einer Seite vorgenommen werden können, sind dieselben wie für Gleichungen.
Umformungen, die auf beiden Seiten vorgenommen werden müssen, unterscheiden sich teilweise.

Umformungen	**Beispiel**
Seiten vertauschen, jeweils mit Umkehrung des Relationszeichens: aus < wird > und umgekehrt, aus ≤ wird ≥ und umgekehrt	$x \geq -5$ $-5 \leq x$
Addition bzw. Subtraktion der gleichen Zahl oder des gleichen im Grundbereich definierten Terms auf beiden Seiten	$5x - 7 < -1 \quad \vert +7$ $5x < 6$
Multiplikation mit der gleichen positiven Zahl (außer 0) oder mit dem gleichen im Grundbereich definierten positiven Term auf beiden Seiten	$\frac{x}{5} < -4 \quad \vert \cdot 5$ $x < -20$
Division durch die gleiche positive Zahl (außer 0) oder durch den gleichen von 0 verschiedenen und im Grundbereich definierten positiven Term auf beiden Seiten	$5x < 20 \quad \vert :5$ $x < 4$
Multiplikation und Division mit der gleichen negativen Zahl oder mit dem gleichen im Grundbereich definierten negativen Term, jeweils mit Umkehrung des Relationszeichens	$\frac{x}{-8} \geq -11 \quad \vert \cdot (-8)$ $x \leq 88$ $-2x > 16 \quad \vert :(-2)$ $x < -8$

4.4 Lineare Gleichungen

4.4.1 Lineare Gleichungen mit einer Variablen

Der Begriff Variable steht im Folgenden für die „gesuchten" Variablen (z. B. x, y, z) im Unterschied zu Parametern (z. B. a, b, c).

D Gleichungen der Form $a \cdot x + b = 0$ $(a \neq 0)$ oder solche, die durch äquivalentes Umformen in diese Form überführt werden können, heißen **lineare Gleichungen mit einer Variablen.**

Lösen durch Anwenden der Umformungsregeln (kalkülmäßiges Lösen)

Beim kalkülmäßigen Lösen von Gleichungen verfolgt man die Strategie, mithilfe äquivalenter Umformungen die Variable zu isolieren, d. h., die Gleichung so umzuformen, dass die Variable allein auf einer Seite der Gleichung steht.

Dazu sind gegebenenfalls folgende Schritte auszuführen:
- Klammern auflösen
- auf jeder der beiden Seiten der Gleichung ordnen und zusammenfassen
- Variablen auf eine Seite der Gleichung bringen
- Variable isolieren

$4x - (2 - 6x) = -2(3x - 5) + 14x$ | Klammern auflösen
$4x - 2 + 6x = -6x + 10 + 14x$ | ordnen und zusammenfassen
$10x - 2 = 8x + 10$ | $-8x$; $+2$ (Variable auf eine Seite bringen)
$2x = 12$ | $:2$ (Variable isolieren)
$x = 6$
$L = \{6\}$

Probe: linke Seite: $4 \cdot 6 - (2 - 6 \cdot 6) = 24 - (-34) = 58$
rechte Seite: $-2(3 \cdot 6 - 5) + 14 \cdot 6 = -26 + 84 = 58$
Vergleich: $58 = 58$

$\frac{x}{4} - \frac{x}{5} + \frac{x}{6} = 26$ | $\cdot 60$ (Hauptnenner)
$15x - 12x + 10x = 26 \cdot 60$ | zusammenfassen
$13x = 26 \cdot 60$ | $:13$ (Variable isolieren)
$x = \frac{26 \cdot 60}{13}$ | kürzen
$x = 120$
$L = \{120\}$

Probe: linke Seite: $\frac{120}{4} - \frac{120}{5} + \frac{120}{6} = 30 - 24 + 20 = 26$
rechte Seite: 26
Vergleich: $26 = 26$

$\frac{3{,}5}{x} - 2 = 3$ | $+2$
$\frac{3{,}5}{x} = 5$ | $\cdot x$ $(x \neq 0)$
$3{,}5 = 5x$ | $:5$ (Variable isolieren)
$0{,}7 = x$
$L = \{0{,}7\}$

Probe:

linke Seite: $\frac{3{,}5}{0{,}7} - 2 = \frac{35}{7} - 2 = 5 - 2 = 3$

rechte Seite: 3

Vergleich: $3 = 3$

Durchführen von Fallunterscheidungen (z. B. bei Gleichungen mit Beträgen)

$$|2x + 3| = 4$$

$2x + 3 = 4 \quad \vert -3$	$2x + 3 = -4 \quad \vert -3$
$2x = 1 \quad \vert :2$	$2x = -7 \quad \vert :2$
$x = \frac{1}{2}$	$x = -3{,}5$

$$L = \{0{,}5; -3{,}5\}$$

Lösen von Parametergleichungen

$\frac{x+a}{x-a} = a \quad (x \neq a)$

Die Variable a steht hier für eine bekannte, im bestimmten Fall durch eine Zahl ersetzbare Größe; x ist die gesuchte Größe.

$\frac{x+a}{x-a} = a \quad | \cdot (x-a) \text{ mit } x \neq a$

$x + a = a(x - a) \quad |$ ausmultiplizieren

$x + a = ax - a^2 \quad | + a^2; -x$

$a^2 + a = ax - x \quad |$ ausklammern

$a(a + 1) = x(a - 1)$

1. Fall: $(a - 1) \neq 0$, also $a \neq 1$

$a(a + 1) = x(a - 1) \quad | : (a - 1)$

$x = \frac{a(a+1)}{(a-1)}$

Man erhält z. B. für $a = 2$ die Lösung $x = 6$, für $a = 4$ die Lösung $x = \frac{20}{3}$ und kann beispielsweise erkennen, für welche Werte von a die Lösung ganzzahlig ist.

2. Fall: $a = 1$

$a(a + 1) = x(a - 1)$

$1 \cdot 2 = x \cdot 0$

$2 = 0$

$L = \{\}$

parametrein (griech.) – etwas messen, vergleichen

Grafisches Lösen

Man kann jede lineare Gleichung mit einer Variablen der Form $a \cdot x + b = 0$ in eine Funktionsgleichung $y = a \cdot x + b$ umwandeln. Beim Graphen kann die Nullstelle als x-Koordinate des Schnittpunkts mit der x-Achse abgelesen werden.

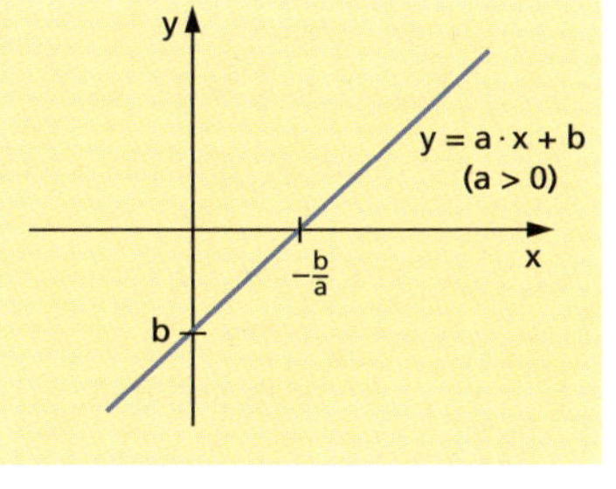

Gleichung: $2x - 3 = 0$

Funktionsgleichung: $y = 2x - 3$

Der Schnittpunkt des Graphen mit der x-Achse ist S(1,5; 0).

Lösung der Gleichung: $x = 1{,}5$

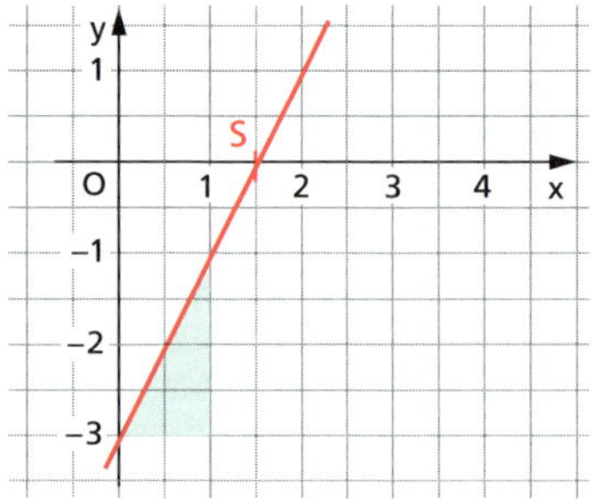

Lösen von Verhältnisgleichungen

proportio (lat.) – Verhältnis

Viele Probleme, bei denen mit drei gegebenen Größen eine vierte berechnet wird, führen auf **Verhältnisgleichungen** (Proportionen). Verhältnisgleichungen haben eine große Bedeutung bei der Prozentrechnung (↗ S. 90), aber auch bei den Strahlensätzen (↗ S. 213) und bei linearen Funktionen der Form $y = mx$ (↗ S. 157).
Verhältnisgleichungen lassen sich mittels Umformungsregeln lösen. Es existieren allerdings auch spezielle Regeln für das Lösen von Verhältnisgleichungen.

D Eine Gleichung der Form $\frac{a}{b} = \frac{c}{d}$ $(a, b, c, d \neq 0)$ heißt **Verhältnisgleichung** oder **Proportion.**

Eine Verhältnisgleichung lässt sich auch in der Form schreiben:

a	:	b	=	c	:	d
Außenglied Vorderglied		Innenglied Hinterglied		Innenglied Vorderglied		Außenglied Hinterglied

Die Verhältnisgleichung lässt sich folgendermaßen umformen:

$$\frac{a}{b} = \frac{c}{d}$$

$$a = \frac{c \cdot b}{d}$$

$$a \cdot d = b \cdot c$$

Die Gleichung $a \cdot d = b \cdot c$ wird **Produktgleichung** genannt.

S In jeder Verhältnisgleichung $a : b = c : d$ ist das Produkt der Innenglieder gleich dem Produkt der Außenglieder: $b \cdot c = a \cdot d$

Es lassen sich also folgende Vertauschungen in Verhältnisgleichungen vornehmen:

- beide Innenglieder
- beide Außenglieder
- Innen- gegen Außenglieder
- beide Seiten

$a : b = c : d \Rightarrow a : c = b : d$

$a : b = c : d \Rightarrow d : b = c : a$

$a : b = c : d \Rightarrow b : a = d : c$

$a : b = c : d \Rightarrow c : d = a : b$

Die Klassen 7a und 7b planen eine gemeinsame Fahrt. Die Klasse 7a muss insgesamt 3 300 € für 30 Schülerinnen und Schüler bezahlen. Berechnet werden sollen die Gesamtkosten für die 25 Schülerinnen und Schüler der Klasse 7b.

Preis pro Klasse in €	3 300	x
Anzahl der Schüler	30	25

$$\frac{x}{25} = \frac{3\,300}{30}$$

$$x = \frac{3\,300 \cdot 25}{30} = 2\,750$$

Antwort: Die Klasse 7b muss insgesamt 2 750 € bezahlen.

4.4.2 Lineare Gleichungen mit zwei Variablen

D Gleichungen der Form $a \cdot x + b \cdot y + c = 0$ $(a, b \neq 0)$ oder solche, die durch äquivalentes Umformen in diese Form überführt werden können, heißen **lineare Gleichungen mit zwei Variablen.**

Derartige Gleichungen mit $x, y \in \mathbb{Z}$ heißen **diophantische Gleichungen,** benannt nach dem griechischen Mathematiker DIOPHANT (um 250).

Die Lösungsmengen solcher Gleichungen bestehen aus Mengen von Zahlenpaaren.

Ein Betrag von 50 ct soll aus Münzen von 2 ct und von 5 ct zusammengesetzt werden. Es sei x die Anzahl der Münzen zu 2 ct und y die Anzahl der Münzen zu 5 ct. Dann ist:

$2x + 5y = 50 \quad (x, y \in \mathbb{N};\ x, y > 0)$

$y = -0{,}4x + 10$

$L = \{(5; 8), (10; 6), (15; 4), (20; 2)\}$

Die Lösungsmenge ist also endlich.

Man findet die Lösungen einer solchen Gleichung, indem man die Gleichung nach einer Variablen auflöst und Werte für die eine Variable einsetzt. Man erhält die jeweils zugehörigen Werte für die andere Variable.

$2x + 5y = 50 \quad | -2x \quad (x, y \in \mathbb{N};\ x, y > 0)$

$5y = 50 - 2x \quad | :5$

$y = -\frac{2}{5}x + 10$

Durch Einsetzen von Zahlen für x erhält man:

x	5	10	15	20
y	8	6	4	2

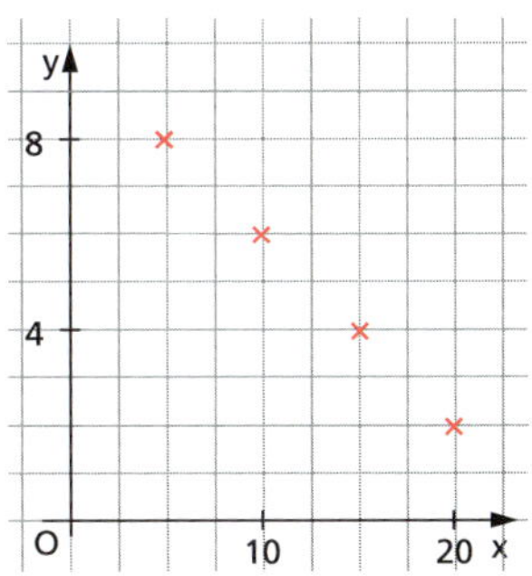

So aufgelöste Gleichungen kann man auch als Gleichung einer linearen Funktion auffassen. Der Graph einer solchen Funktion ist eine Menge von Punkten, deren Koordinaten die Zahlenpaare der Lösung sind.

4.5 Lineare Ungleichungen

4.5.1 Lineare Ungleichungen mit einer Variablen

D Ungleichungen der Form $a \cdot x + b < 0$ $(a \neq 0)$ oder solche, die durch äquivalentes Umformen in diese Form überführt werden können, heißen **lineare Ungleichungen mit einer Variablen.**

$12x - 5 < 9x + 7$

Umformung:

$$\begin{aligned} 12x - 5 &< 9x + 7 && \mid -9x \\ 3x - 5 &< 7 && \mid +5 \\ 3x &< 12 && \mid :3 \\ x &< 4 \end{aligned}$$

In Abhängigkeit vom Grundbereich G ist die Lösungsmenge unterschiedlich:

$G = \mathbb{N}$;
$L = \{3; 2; 1; 0\}$

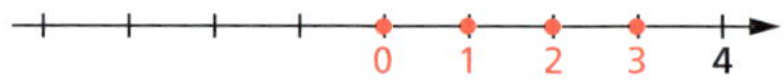

$G = \mathbb{Z}$;
$L = \{3; 2; 1; 0; -1; \ldots\}$

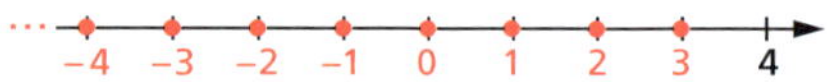

$G = \mathbb{R}$;
$L = \{x \in \mathbb{R}; x < 4\}$

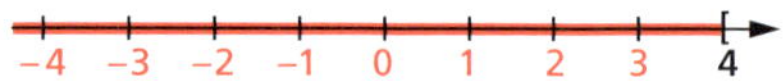

]–[ist eine Darstellung für ein offenes Intervall, wobei die Intervallgrenzen *nicht* zum **Intervall** gehören.

$\frac{10}{x} + 3 < 5$ $(x \in \mathbb{R}; x \neq 0)$

1. Fall: Annahme x ist positiv

$$\begin{aligned} \frac{10}{x} + 3 &< 5 && \mid -3 \\ \frac{10}{x} &< 2 && \mid \cdot x \\ 10 &< 2x && \mid :2 \\ x &> 5 \end{aligned}$$

Lösungsmenge: Alle positiven reellen Zahlen, die größer als 5 sind.

2. Fall: Annahme x ist negativ

$$\begin{aligned} \frac{10}{x} + 3 &< 5 && \mid -3 \\ \frac{10}{x} &< 2 && \mid \cdot x \\ 10 &> 2x && \mid :2 \\ x &< 5 \end{aligned}$$

Lösungsmenge: Alle negativen reellen Zahlen, die kleiner als 5 sind, d. h. alle reellen negativen Zahlen.

Die Lösungsmengen des 1. und 2. Falles ergeben zusammen die Lösungsmenge der Ungleichung:

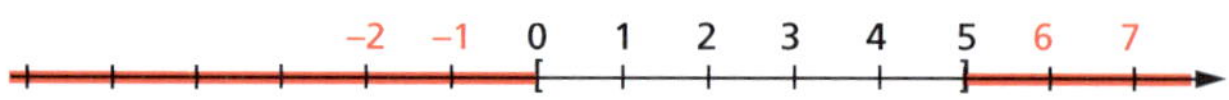

4.5.2 Lineare Ungleichungen mit zwei Variablen

Ungleichungen der Form $a \cdot x + b \cdot y + c < 0$ ($a, b \neq 0$) oder solche, die durch äquivalentes Umformen in diese Form überführt werden können, heißen **lineare Ungleichungen mit zwei Variablen.**

Derartige Ungleichungen spielen bei sogenannten Optimierungsproblemen eine Rolle.

Die Lösungsmengen solcher Ungleichungen bestehen aus einer Menge von Zahlenpaaren.

Die Ungleichung $2x + y \leq 3$ ($x, y \in \mathbb{N}$) hat als Lösungsmenge
$L = \{(0; 0), (0; 1), (0; 2), (0; 3), (1; 0), (1; 1)\}$.

Meist lassen sich die Paare jedoch nicht durch eine Aufzählung angeben. In solchen Fällen löst man die Ungleichung nach einer der beiden Variablen auf und stellt die Lösungsmenge grafisch dar.

$4x - 2y < 6$ ($x, y \in \mathbb{R}$)

Umformung: $4x - 2y < 6 \quad | -4x$
$-2y < -4x + 6 \quad | : (-2)$ Relationszeichen ändern!
$y > 2x - 3$

Durch Einsetzen von Zahlen für x lassen sich Zahlen für y ermitteln.
Die Darstellung der Funktion mit $y = 2x - 3$ im Koordinatensystem ergibt eine Gerade. Die oberhalb dieser Geraden liegenden Punkte haben Koordinaten, die als Paare die Ungleichung $y > 2x - 3$ erfüllen.
Somit stellt die oberhalb der Geraden liegende Halbebene *ohne* die Punkte der Geraden selbst die Lösungsmenge der Ungleichung dar.

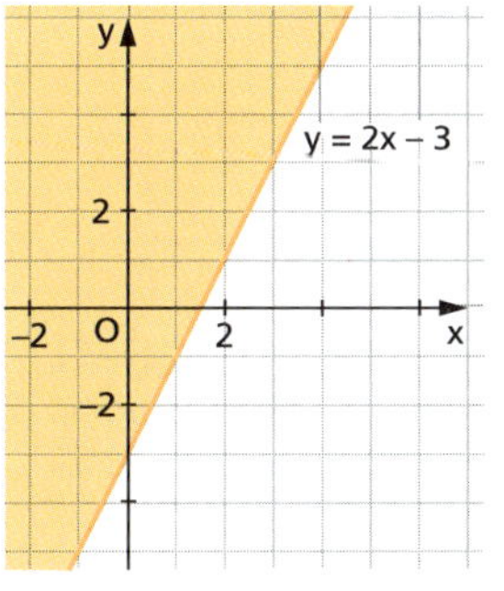

$2x + 2y \leq 6$ ($x, y \in \mathbb{R}$)

Umformung: $2x + 2y \leq 6 \quad | : 2$
$x + y \leq 3$
$y \leq -x + 3$

Die Darstellung der Funktion mit $y = -x + 3$ im Koordinatensystem ergibt eine Gerade.
Alle Punkte der Geraden selbst und die unterhalb der Geraden liegenden Punkte haben Koordinaten, die als Paare die Ungleichung $2x + 2y \leq 6$ erfüllen.
Somit stellt die unterhalb der Geraden liegende Halbebene *mit* den Punkten der Geraden die Lösungsmenge der Ungleichung dar.

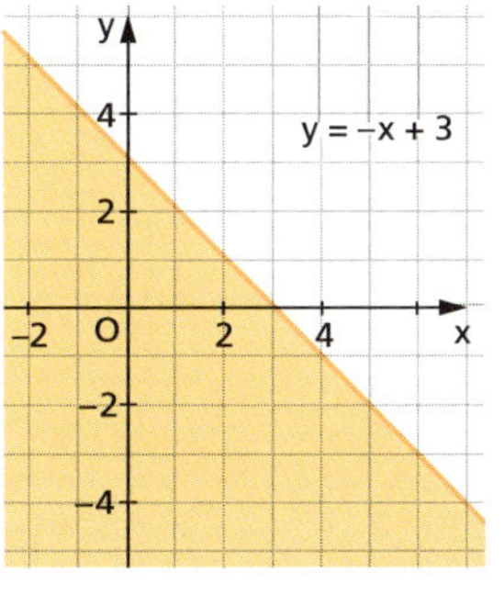

4.6 Lineare Gleichungssysteme

4.6.1 Grundbegriffe

Es gibt auch Gleichungssysteme, die aus mehr als zwei Gleichungen mit mehr als zwei Variablen bestehen.

D Zwei lineare Gleichungen mit zwei Variablen bilden ein **lineares Gleichungssystem.**
Lösungen dieses Gleichungssystems sind Zahlenpaare, die jede dieser Gleichungen erfüllen. Die Gesamtheit aller Lösungen bildet die Lösungsmenge dieses Gleichungssystems.

Um die Zugehörigkeit zweier Gleichungen zu einem System zu charakterisieren, werden beide oftmals mit den römischen Ziffern **I** und **II** gekennzeichnet:

I $a_1 \cdot x + b_1 \cdot y = c_1$
II $a_2 \cdot x + b_2 \cdot y = c_2$

4.6.2 Lösen linearer Gleichungssysteme

Zum Lösen linearer Gleichungssysteme gibt es verschiedene Verfahren. Dabei ist allen rechnerischen Verfahren gemeinsam, dass versucht wird, durch Beseitigen (Eliminieren) einer der beiden Variablen das System aus **zwei Gleichungen mit zwei Variablen** auf **eine Gleichung mit einer Variablen** zurückzuführen.

Einsetzungsverfahren

substituere (lat.) – einsetzen, ersetzen

Beim **Einsetzungsverfahren (Substitutionsverfahren)** löst man eine der beiden Gleichungen nach einer der beiden Variablen auf und setzt den so erhaltenen Term für diese Variable in die andere Gleichung ein.

Das Einsetzungsverfahren ist dann vorteilhaft, wenn (wenigstens) eine der beiden Gleichungen nach einer der beiden Variablen aufgelöst ist.

I $y = -x + 2$
II $4x + 3y = 2$

I in II einsetzen (einsetzen: $y = -x + 2$)

$$4x + 3y = 2 \qquad y = -x + 2$$
$$4x + 3(-x + 2) = 2$$
$$4x - 3x + 6 = 2 \qquad y = -(-4) + 2$$
$$x = -4 \qquad y = 6$$
$$L = \{(-4;\ 6)\}$$

Gleichsetzungsverfahren

Das **Gleichsetzungsverfahren** ist ein Spezialfall des Einsetzungsverfahrens. Man löst beide Gleichungen nach derselben Variablen auf und setzt die beiden erhaltenen Terme gleich.

Das Gleichsetzungsverfahren ist immer dann sinnvoll, wenn beide Gleichungen nach einer Variablen aufgelöst vorliegen.

I $3x = 10 - 5y$
II $3x = -2y + 13$

I und **II** gleichsetzen

$10 - 5y = -2y + 13 \quad | +2y$
$10 - 3y = 13 \quad | -10$
$-3y = 3 \quad | :(-3)$
$y = -1$

$y = -1$ in **I** einsetzen:
$3x = 10 - 5 \cdot (-1)$
$x = 5$

$L = \{(5; -1)\}$

Additionsverfahren

Beim **Additionsverfahren** formt man eine oder beide Gleichungen so um, dass bei der Addition der beiden Gleichungen eine der beiden Variablen wegfällt.

Das Additionsverfahren ist immer dann zweckmäßig, wenn die Koeffizienten einer Variablen in beiden Gleichungen zueinander entgegengesetzte Zahlen sind.

I $8x + 5y = 51$
II $3x - 5y = 26$

I + II $11x = 77 \quad | :11$
$x = 7$

$x = 7$ in **I** einsetzen:
$8 \cdot 7 + 5y = 51$
$y = -1$
$L = \{(7; -1)\}$

Probe: **I** linke Seite: $8 \cdot 7 + 5 \cdot (-1) = 56 - 5 = 51$
rechte Seite: 51
Vergleich: $51 = 51$

Probe: **II** linke Seite: $3 \cdot 7 - 5 \cdot (-1) = 21 + 5 = 26$
rechte Seite: 26
Vergleich: $26 = 26$

Grafisches Lösen

Die Gleichungen des Systems werden als Gleichungen zweier linearer Funktionen aufgefasst. Diese Funktionen werden grafisch dargestellt. Die Koordinaten des Schnittpunktes der Geraden sind die Lösungen des entsprechenden Gleichungssystems.

I $y = 2x - 5$
II $y = -x + 1$

Die grafische Darstellung zeigt, dass beide Graphen einander in S(2; −1) schneiden.
Dieses Zahlenpaar ist somit Lösung des genannten Gleichungssystems, $L = \{(2; -1)\}$.

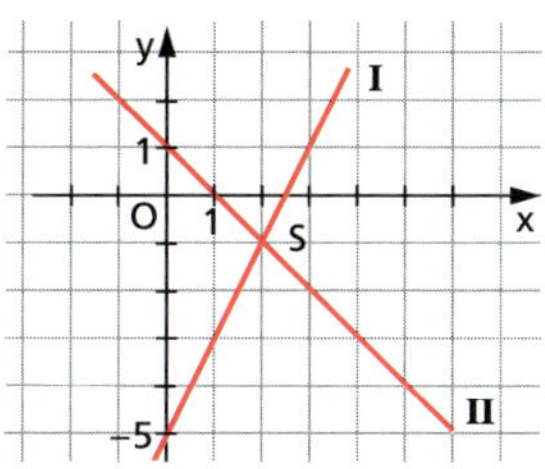

Lösbarkeitsbedingungen für ein Gleichungssystem

<table>
<tr><td colspan="3">Ein lineares Gleichungssystem der Form $\begin{array}{ll} \text{I} & a_1 \cdot x + b_1 \cdot y = c_1 \\ \text{II} & a_2 \cdot x + b_2 \cdot y = c_2 \end{array}$ hat</td></tr>
<tr><td>genau eine Lösung,</td><td>unendlich viele Lösungen,</td><td>keine Lösung,</td></tr>
<tr><td>wenn gilt: $\frac{a_1}{a_2} \neq \frac{b_1}{b_2}$.</td><td>wenn gilt: $\frac{a_1}{a_2} = \frac{b_1}{b_2} = \frac{c_1}{c_2}$.</td><td>wenn gilt: $\frac{a_1}{a_2} = \frac{b_1}{b_2} \neq \frac{c_1}{c_2}$.</td></tr>
<tr><td>$\begin{array}{ll} \text{I} & 2x + 4y = 20 \\ \text{II} & 3x - 4y = 50 \end{array}$
$L = \{(14; -2)\}$
Es gilt: $\frac{2}{3} \neq \frac{4}{-4}$</td><td>$\begin{array}{ll} \text{I} & 2x + 4y = 20 \\ \text{II} & 3x + 6y = 30 \end{array}$
$L = \{(x, y): y = -\frac{1}{2}x + 5\}$
Es gilt: $\frac{2}{3} = \frac{4}{6} = \frac{20}{30}$</td><td>$\begin{array}{ll} \text{I} & 2x + 4y = 20 \\ \text{II} & 3x + 6y = 40 \end{array}$
$L = \{\,\}$
Es gilt: $\frac{2}{3} = \frac{4}{6} \neq \frac{20}{40}$</td></tr>
<tr><td>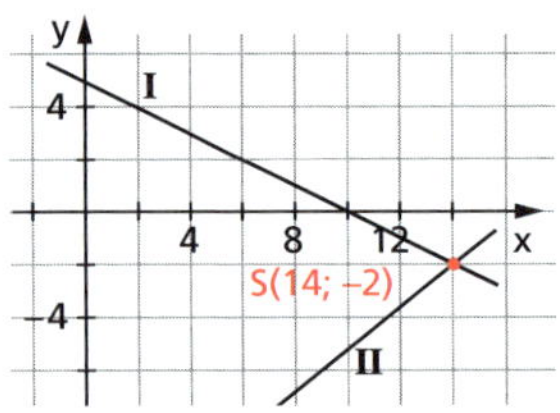
</td><td>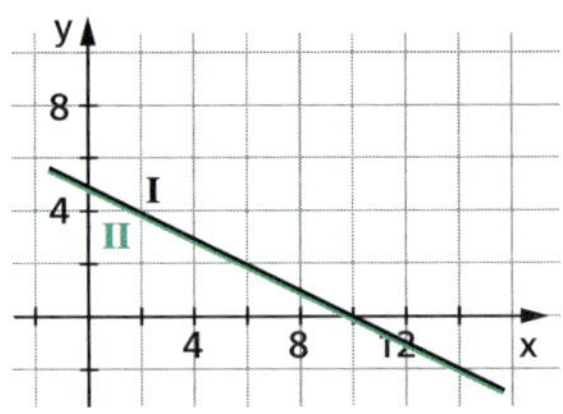
</td><td>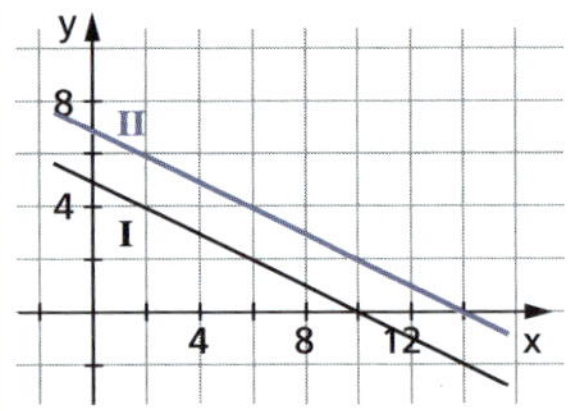
</td></tr>
<tr><td>Die Geraden schneiden einander.</td><td>Die Geraden sind identisch.</td><td>Die Geraden sind zueinander parallel.</td></tr>
</table>

Beim Lösen linearer Gleichungssysteme mit mehr als zwei Gleichungen und mehr als zwei Variablen wendet man den gaußschen Algorithmus an.

Gleichungssysteme können auch aus mehr als zwei Gleichungen mit mehr als zwei Variablen bestehen. Die Anzahl g der Gleichungen und die Anzahl v der Variablen können beliebige natürliche Zahlen sein; g und v müssen nicht gleich sein.
Liegt ein System von n Gleichungen mit n Variablen vor, so führt man es durch Eliminieren einer Variablen in allen Gleichungen auf ein System von (n – 1) Gleichungen mit (n – 1) Variablen zurück usw. Dazu eignet sich vor allem das Additionsverfahren.
Das Vorgehen wird am Beispiel eines **Systems von drei Gleichungen mit drei Variablen** gezeigt:

$$\begin{array}{lrl} \text{I} & 2x - 3y + 4z = 20 & | \cdot 3 \\ \text{II} & x + 4y - 3z = -16 & | \cdot 4 \\ \text{III} & 3x - y + 2z = 11 & \\ \hline \text{I'} & 6x - 9y + 12z = 60 & \\ \text{II'} & 4x + 16y - 12z = -64 & \\ \hline \text{IV} & 10x + 7y = -4 & | \cdot (-5) \end{array} \qquad \begin{array}{lrl} \text{I} & 2x - 3y + 4z = 20 & \\ \text{II} & x + 4y - 3z = -16 & | \cdot 2 \\ \text{III} & 3x - y + 2z = 11 & | \cdot 3 \\ \hline \text{II''} & 2x + 8y - 6z = -32 & \\ \text{III''} & 9x - 3y + 6z = 33 & \\ \hline \text{V} & 11x + 5y = 1 & | \cdot 7 \end{array}$$

$$\begin{array}{lrl} \text{IV'} & -50x - 35y & = 20 \\ \text{V'} & 77x + 35y & = 7 \\ \hline & 27x & = 27 \end{array}$$

Das Gleichungssystem hat die Lösungsmenge $L = \{(1; -2; 3)\}$.

4.7 Quadratische Gleichungen

4.7.1 Begriffe

> **D** Die Gleichung $a \cdot x^2 + b \cdot x + c = 0$ mit $a \neq 0$ heißt **allgemeine Form der quadratischen Gleichung.**

Weil $a \neq 0$ ist, kann die Gleichung durch a dividiert werden und man erhält:

$$x^2 + \underbrace{\frac{b}{a}}\cdot x + \frac{c}{a} = 0$$

x^2	$\frac{b}{a}\cdot x$	$\frac{c}{a}$
↓	↓	↓
quadratisches Glied	lineares Glied	absolutes Glied

Zur Vereinfachung werden die Koeffizienten umbenannt:
$\frac{b}{a} = p$ und $\frac{c}{a} = q$

> **D** Die Gleichung $x^2 + p \cdot x + q = 0$ heißt **Normalform der quadratischen Gleichung.**

Allgemeine Form	Normalform
$5x^2 + 20x - 15 = 0$	$x^2 + 4x - 3 = 0$
$\frac{x^2}{4} - 2x + 1 = 0$	$x^2 - 8x + 4 = 0$
$(a^2 - 1)x^2 + mx + (a - 1)^2 = 0$	$x^2 + \frac{m}{a^2 - 1}x + \frac{(a-1)^2}{a^2 - 1} = 0$
mit $a \neq 1$; $a \neq -1$	mit $a \neq 1$; $a \neq -1$

4.7.2 Lösungsverfahren für spezielle quadratische Gleichungen

Jede quadratische Gleichung kann in ihre Normalform umgeformt werden. So genügt die Untersuchung von Gleichungen der Form $x^2 + p \cdot x + q = 0$.

Bei folgenden Spezialfällen vereinfachen sich die Lösungswege:

1. Fall: p = 0 und q = 0

Die Gleichung hat die Form $x^2 = 0$.

$$x^2 = 0$$
$$x_{1;2} = 0$$
$$L = \{0\}$$

Die Gleichung $x^2 = 0$ hat die *Doppellösung* $x_1 = x_2 = 0$.

2. Fall: $p \neq 0$ und $q = 0$

Die Gleichung hat die Form $x^2 + p \cdot x = 0$.

$$x^2 + p \cdot x = 0 \quad | \text{ausklammern}$$
$$x(x + p) = 0$$
$$x = 0 \text{ oder } x + p = 0$$
$$x_1 = 0 \qquad x_2 = -p$$
$$L = \{0; -p\}$$

Beispiel:

$$x^2 + 6x = 0$$
$$x(x + 6) = 0$$
$$x = 0 \text{ oder } x + 6 = 0$$
$$x_1 = 0 \qquad x_2 = -6$$
$$L = \{0; -6\}$$

3. Fall: $p = 0$ und $q \neq 0$

Die Gleichung hat die Form $x^2 + q = 0$.

$$x^2 + q = 0 \quad | -q$$
$$x^2 = -q$$

Die rechte Seite der Gleichung muss positiv sein, damit reelle Lösungen vorhanden sind.

$$x^2 = q$$
$$x^2 - q = 0 \quad | \text{3. binomische Formel}$$
$$(x + \sqrt{q})(x - \sqrt{q}) = 0$$
$$x + \sqrt{q} = 0 \text{ oder } x - \sqrt{q} = 0$$
$$x_1 = -\sqrt{q} \qquad x_2 = \sqrt{q}$$
$$L = \{-\sqrt{q}; \sqrt{q}\}$$

1. $x^2 - 16 = 0$
   $(x + 4)(x - 4) = 0$
   $x_1 = -4 \quad x_2 = 4$
   $L = \{-4; 4\}$

2. $x^2 + 16 = 0$
   Die 3. binomische Formel ist nicht anwendbar. Diese Gleichung hat keine reellen Lösungen.

Die **Lösungsformel** für quadratische Gleichungen lässt sich auch mithilfe von **Beträgen** herleiten.

4.7.3 Lösungsformel für quadratische Gleichungen

4. Fall: $p \neq 0$ und $q \neq 0$

Die Gleichung hat die Form $x^2 + p \cdot x + q = 0$.

$$x^2 + p \cdot x + q = 0 \quad | -q$$
$$x^2 + p \cdot x = -q \quad | +\left(\tfrac{p}{2}\right)^2 \text{ (quadratische Ergänzung)}$$
$$x^2 + p \cdot x + \left(\tfrac{p}{2}\right)^2 = -q + \left(\tfrac{p}{2}\right)^2 \quad | \text{1. binomische Formel}$$
$$\left(x + \tfrac{p}{2}\right)^2 = \left(\tfrac{p}{2}\right)^2 - q \quad | -\left[\left(\tfrac{p}{2}\right)^2 - q\right]$$
$$\left(x + \tfrac{p}{2}\right)^2 - \left[\left(\tfrac{p}{2}\right)^2 - q\right] = 0 \quad | \text{3. binomische Formel}$$
$$\left[\left(x + \tfrac{p}{2}\right) + \sqrt{\left(\tfrac{p}{2}\right)^2 - q}\right] \cdot \left[\left(x + \tfrac{p}{2}\right) - \sqrt{\left(\tfrac{p}{2}\right)^2 - q}\right] = 0$$
$$\left(x + \tfrac{p}{2}\right) + \sqrt{\left(\tfrac{p}{2}\right)^2 - q} = 0 \quad \text{oder} \quad \left(x + \tfrac{p}{2}\right) - \sqrt{\left(\tfrac{p}{2}\right)^2 - q} = 0$$
$$x_1 + \tfrac{p}{2} = -\sqrt{\left(\tfrac{p}{2}\right)^2 - q} \qquad x_2 + \tfrac{p}{2} = +\sqrt{\left(\tfrac{p}{2}\right)^2 - q}$$
$$x_1 = -\tfrac{p}{2} - \sqrt{\left(\tfrac{p}{2}\right)^2 - q} \qquad x_2 = -\tfrac{p}{2} + \sqrt{\left(\tfrac{p}{2}\right)^2 - q}$$

Die beiden Lösungen x_1 und x_2 unterscheiden sich nur im Vorzeichen des „Wurzelsummanden".

Die **Lösungsformel** für die Normalform der quadratischen Gleichung lautet: $x_{1;2} = -\frac{p}{2} \pm \sqrt{\left(\frac{p}{2}\right)^2 - q}$

(1) $x^2 + 8x + 15 = 0$
$p = 8,\ q = 15$
$x_{1;2} = -\frac{8}{2} \pm \sqrt{\left(\frac{8}{2}\right)^2 - 15}$
$x_{1;2} = -4 \pm \sqrt{16 - 15}$
$x_{1;2} = -4 \pm \sqrt{1}$
$x_1 = -3 \quad x_2 = -5$
$L = \{-3; -5\}$

(2) $x^2 + 2x + 1 = 0$
$p = 2;\ q = 1$
$x_{1;2} = -1 \pm \sqrt{1 - 1}$
$x_{1;2} = -1 \pm 0$
$x_{1;2} = -1$
$L = \{-1\}$

(3) $x^2 + 2x + 3 = 0$
$p = 2;\ q = 3$
$x_{1;2} = -1 \pm \sqrt{1 - 3}$
$x_{1;2} = -1 \pm \sqrt{-2}$
$L = \{\}$
Die quadratische Gleichung hat keine reellen Lösungen.

Probe zu (1)	für x_1:	für x_2:
linke Seite:	$(-3)^2 + 8 \cdot (-3) + 15 = 9 - 24 + 15 = 0$	$(-5)^2 + 8 \cdot (-5) + 15 = 25 - 40 + 15 = 0$
rechte Seite:	0	0
Vergleich:	$0 = 0$	$0 = 0$

4.7.4 Diskussion der Lösungen einer quadratischen Gleichung

Die Lösungen einer quadratischen Gleichung hängen von dem **Radikanden** $\left(\frac{p}{2}\right)^2 - q = D$ ab. Deshalb wird dieser Ausdruck **Diskriminante** genannt.
Es sind dabei drei Fälle zu unterscheiden:

radix (lat.) – Wurzel; discriminare (lat.) – unterscheiden

$x_{1;2} = -\frac{p}{2} \pm \sqrt{D}$ mit $x \in \mathbb{R}$ $\quad \left(D = \left(\frac{p}{2}\right)^2 - q\right)$

D = 0	**D > 0**	**D < 0**
$x_{1;2} = -\frac{p}{2}$ $L = \{-\frac{p}{2}\}$ eine (doppelte) Lösung	$x_{1;2} = -\frac{p}{2} \pm \sqrt{D}$ $L = \{-\frac{p}{2} + \sqrt{D}; -\frac{p}{2} - \sqrt{D}\}$ zwei Lösungen	$x_{1;2} = -\frac{p}{2} \pm \sqrt{D}$ $L = \{\}$, da $\sqrt{D}$ keine reelle Zahl keine reellen Lösungen
$x^2 + 12x + 36 = 0$ $x_{1;2} = -6 \pm \sqrt{36 - 36}$ $x_{1;2} = -6 \pm \sqrt{0}$ $x_{1;2} = -6$ $L = \{-6\}$	$x^2 - \frac{9}{2}x + 2 = 0$ $x_{1;2} = \frac{9}{4} \pm \sqrt{\frac{81}{16} - \frac{32}{16}}$ $x_{1;2} = \frac{9}{4} \pm \sqrt{\frac{49}{16}}$ $x_1 = 4 \quad x_2 = \frac{1}{2}$ $L = \{4; \frac{1}{2}\}$	$x^2 + 2x + 2 = 0$ $x_{1;2} = -1 \pm \sqrt{1 - 2}$ $x_{1;2} = -1 \pm \sqrt{-1}$ $L = \{\}$

4.7.5 Wurzelsatz von Vieta

Der **vietasche Wurzelsatz** ist nach dem französischen Mathematiker FRANÇOIS VIÈTE (VIETA ist die lateinische Form des Namens) benannt.
Die Beziehungen für quadratische und auch für kubische Gleichungen waren schon den italienischen Mathematikern des 16. Jahrhunderts bekannt und wurden u. a. von GERONIMO CARDANO (1501 bis 1576) benutzt.

FRANÇOIS VIÈTE (1540 bis 1603)

Zwischen den Koeffizienten p und q der quadratischen Gleichung $x^2 + px + q = 0$ und den Lösungen x_1 und x_2 dieser Gleichung bestehen folgende Beziehungen:

> Es gilt: $x_1 + x_2 = -p$ und $x_1 \cdot x_2 = q$
> Diese Gleichungen werden als **Wurzelsatz von Vieta** bezeichnet.

Der Wurzelsatz ist mithilfe der Lösungsformel leicht nachweisbar:

$$x_1 + x_2 = (-\tfrac{p}{2} + \sqrt{D}) + (-\tfrac{p}{2} - \sqrt{D}) = -p$$

$$x_1 \cdot x_2 = (-\tfrac{p}{2} + \sqrt{D}) \cdot (-\tfrac{p}{2} - \sqrt{D}) = \tfrac{p^2}{4} - D = \tfrac{p^2}{4} - \tfrac{p^2}{4} + q = q$$

Der vietasche Wurzelsatz lässt sich im Zusammenhang mit quadratischen Gleichungen vielfältig benutzen.

Berechnen der zweiten Lösung, wenn eine Lösung bekannt ist

$x^2 - 12x + 32 = 0$
$p = -12;\ q = 32$
$x_1 = 4$

$x_1 \cdot x_2 = q$
$x_2 = \frac{q}{x_1} = \frac{32}{4}$
$x_2 = 8$

Durchführen der Probe, wenn beide Lösungen bekannt sind

$x^2 + 16x - 36 = 0$
$p = 16;\ q = -36$
$x_1 = 2 \quad x_2 = -18$
Probe:
$x_1 \cdot x_2 = -36 = q$
$x_1 + x_2 = -16 = -p \Rightarrow p = 16$

$x^2 - 18x + 81 = 0$
$p = -18;\ q = 81$
$x_{1;2} = 9$
Probe:
$x_1 \cdot x_2 = 81 = q$
$x_1 + x_2 = 18 = -p \Rightarrow p = -18$

Berechnen von p und q mithilfe der Lösungen, wenn beide Lösungen bekannt sind

$x_1 = -15 \quad x_2 = 3$
$x_1 \cdot x_2 = (-15) \cdot 3 = -45 = q$
$x_1 + x_2 = -15 + 3 = -12 = -p \Rightarrow p = 12$

$x^2 + p \cdot x + q = 0$
$x^2 + 12x - 45 = 0$

Kürzerer Lösungsweg

$x^2 - 10x + 21 = 0$
$x_1 \cdot x_2 = q = 21$
$x_1 + x_2 = -p = 10$

Durch Probieren erhält man: $3 \cdot 7 = 21$
$3 + 7 = 10$
$x_1 = 3 \quad x_2 = 7$

Quadratische Gleichungen mit den Lösungen x_1 und x_2 sind auch in der Form $(x - x_1)(x - x_2) = 0$ darstellbar. Man nennt diese Form **Produktdarstellung** oder spricht von der **Zerlegung in Linearfaktoren.**

$x_1 = -7 \quad x_2 = 5$

$(x - x_1)(x - x_2) = 0$
$(x + 7)(x - 5) = 0$
$x^2 + 2x - 35 = 0$

4.8 Bruchgleichungen und Bruchungleichungen

D

Ein Term wird genau dann **Bruchterm** genannt, wenn sein Nenner eine Variable enthält.
Eine Gleichung bzw. Ungleichung wird genau dann **Bruchgleichung** bzw. **Bruchungleichung** genannt, wenn sie mindestens einen Bruchterm enthält.

Bruchterme:	Bruchgleichungen:	Bruchungleichungen:
$\frac{2}{5-y}$; $\frac{3b}{x(x+2)}$	$\frac{24}{x+5} = 8$; $\frac{x+5}{2x} = 4$	$\frac{7}{f+3} > 2$; $\frac{x+3}{x-2} > 0$

D

Bei Bruchtermen dürfen nur solche Zahlen oder Größen für Variablen eingesetzt werden, für die der Wert des Terms im Nenner ungleich 0 ist.
Diese Einsetzungen bilden die **Definitionsmenge** des Bruchterms.

$\frac{2}{5-y}$ $(y \in \mathbb{Q})$ — Für y = 5 wird der Nenner 0. Die Definitionsmenge umfasst alle rationalen Zahlen außer 5: $D = \mathbb{Q} \setminus \{5\}$

$\frac{3b}{x(x+2)}$ $(x \in \mathbb{R})$ — Für x = 0 und für x = –2 wird der Nenner 0. Die Definitionsmenge umfasst alle reellen Zahlen außer 0 und (–2): $D = \mathbb{R} \setminus \{0; -2\}$

Beim Lösen von Bruchgleichungen müssen die Brüche zuerst umgeformt werden, um „bruchfreie" Gleichungen zu erhalten.

Bruchgleichungen werden folgendermaßen gelöst:
1. Beide Seiten der Bruchgleichung werden mit dem Hauptnenner multipliziert.
2. Auf beiden Seiten werden die Brüche gekürzt.
3. Die neue Gleichung wird mit den bekannten Umformungsschritten gelöst.
4. Es muss geprüft werden, ob die Lösung der neuen Gleichung auch zur Definitionsmenge der Bruchgleichung gehört.

$$\frac{5}{2x} - \frac{3}{4x} = 1{,}75 \quad (x \in \mathbb{Q};\ x \neq 0)$$

$$\frac{5}{2x} - \frac{3}{4x} = 1{,}75 \quad | \cdot 4x \text{ (Hauptnenner)}$$

$$\frac{5 \cdot 4x}{2x} - \frac{3 \cdot 4x}{4x} = 1{,}75 \cdot 4x \quad | \text{ kürzen}$$

$$10 - 3 = 7x \quad | \text{ zusammenfassen}$$

$$7 = 7x \quad | : 7$$

$$1 = x$$

$$L = \{1\}$$

Der Wert für x gehört zur Definitionsmenge.

Probe:

linke Seite: $\frac{5}{2 \cdot 1} - \frac{3}{4 \cdot 1} = \frac{5}{2} - \frac{3}{4} = \frac{10}{4} - \frac{3}{4} = \frac{7}{4} = 1{,}75$

rechte Seite: 1,75

Vergleich: 1,75 = 1,75

wahre Aussage, d. h. x = 1; L = {1}

$$\frac{x+2}{x-5} > 0 \quad (x \in \mathbb{Q};\ x \neq 5)$$

Ein Bruch ist größer 0, wenn gilt:

Zähler und Nenner größer als 0.

$x + 2 > 0$ und $x - 5 > 0$

$x > -2$ und $x > 5$

→ $x > 5$

Zähler und Nenner kleiner als 0.

$x + 2 < 0$ und $x - 5 < 0$

$x < -2$ und $x < 5$

→ $x < -2$

Lösungen für die Bruchungleichungen sind alle x, für die gilt:

$x > 5$ oder $x < -2$

$L = \{x \in \mathbb{Q}: x < -2 \text{ oder } x > 5\}$

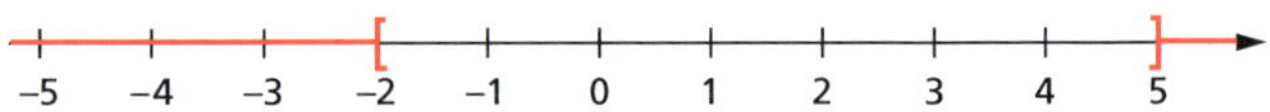

Sind beide Seiten einer Gleichung Bruchterme, heißen die Gleichungen Verhältnisgleichungen. Man kann die Nenner durch **Produktbildung** beseitigen.

Das Produkt der Innenglieder ist gleich dem Produkt der Außenglieder.

$$\frac{2}{x-4} = \frac{3}{x+2} \qquad (x \neq 4;\ x \neq -2)$$

$$2 : (x-4) = 3 : (x+2)$$

$$2(x+2) = 3(x-4)$$

$$2x + 4 = 3x - 12$$

$$16 = x$$

$$L = \{16\}$$

Die ohmschen Widerstände $R_1 = 800\ \Omega$ und R_2 seien in Reihe geschaltet, parallel zu ihnen der Widerstand $R_3 = 500\ \Omega$. Der Gesamtwiderstand R soll $400\ \Omega$ betragen. Wie groß muss R_2 sein?

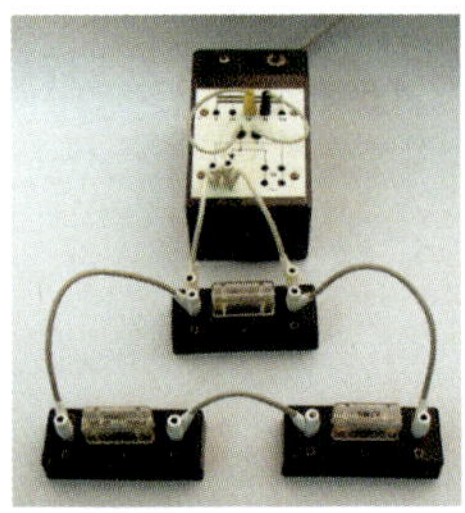

Gesucht: R_2

Gegeben: $R = 400\ \Omega$

$R_1 = 800\ \Omega$

$R_3 = 500\ \Omega$

Lösung:

$$\frac{1}{R} = \frac{1}{R_1 + R_2} + \frac{1}{R_3}$$

$$\frac{1}{400} = \frac{1}{800 + R_2} + \frac{1}{500} \quad \Big| -\frac{1}{500}$$

$$\frac{1}{400} - \frac{1}{500} = \frac{1}{800 + R_2}$$

$$\frac{1}{2\,000} = \frac{1}{R_2 + 800}$$

$$R_2 + 800 = 2\,000$$

$$R_2 = 1200$$

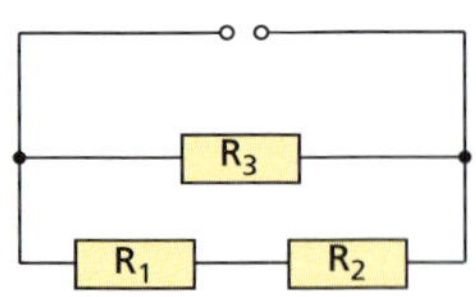

Antwort: Der Widerstand R_2 muss $1200\ \Omega$ betragen.

4.9 Algebraische Gleichungen höheren Grades

4.9.1 Begriffe

D Eine Gleichung der Form $a_n \cdot x^n + a_{n-1} \cdot x^{n-1} + \ldots + a_1 \cdot x + a_0 = 0$ mit $a_n \neq 0$ heißt **algebraische Gleichung n-ten Grades.**

Der Grad der Gleichung ist gleich dem größten Exponenten der Variablen. Der Summand $a_1 \cdot x$ heißt lineares Glied, der Summand a_0 konstantes Glied (Absolutglied) der Gleichung.
Quadratische Gleichungen sind ein besonders einfacher Fall der algebraischen Gleichungen. Man kann sie algebraische Gleichungen zweiten Grades nennen. Das Lösen quadratischer Gleichungen und Gleichungen dritten Grades ist eng verbunden mit dem Ziehen von Quadrat- bzw. Kubikwurzeln. Einige Gleichungen höheren Grades können auch durch inhaltliche Überlegungen gelöst werden.

Von ARCHIMEDES, HERON und DIOPHANT sind numerische Lösungsverfahren für **algebraische Gleichungen** überliefert. Während das Lösen quadratischer Gleichungen schon im Altertum gelang, blieben alle Versuche, die Lösungen von Gleichungen höheren Grades zu bestimmen, bis in die Zeit der Renaissance erfolglos.

4.9.2 Kubische Gleichungen und Gleichungen höheren Grades

D Eine Gleichung der Form $A \cdot x^3 + B \cdot x^2 + C \cdot x + D = 0$ $(A \neq 0)$ heißt **kubische Gleichung** oder **Gleichung dritten Grades.**

Nach Division durch A hat sie die Form $x^3 + a \cdot x^2 + b \cdot x + c = 0$.

$4x^3 - 24x^2 + 12x - 32 = 0 \quad |:4$
$x^3 - 6x^2 + 3x - 8 = 0$

$\frac{x^3}{3} + 2x^2 - 6x + 10 = 0 \quad |\cdot 3$
$x^3 + 6x^2 - 18x + 30 = 0$

Nach dem **Fundamentalsatz der Algebra** (↗ S. 137) hat eine kubische Gleichung drei Lösungen. Die Herleitung einer Lösungsformel wird hier nur angedeutet.
Durch die Substitution $x = z - \frac{a}{3}$ erhält man eine kubische Gleichung mit der Variablen z, in der aber das quadratische Glied fehlt. Die Gleichung
$(z - \frac{a}{3})^3 + a(z - \frac{a}{3})^2 + b(z - \frac{a}{3}) + c = 0$
ergibt nämlich nach Ausführen der Multiplikationen und Zusammenfassen
$z^3 + p \cdot z + q = 0$, wobei
$p = b - \frac{1}{3}a^2$ und $q = \frac{ab}{3} - \frac{2}{27}a^3 + c$
sind.

Auf diese Form der kubischen Gleichung bezieht sich die cardanische Lösungsformel:

$$z = \sqrt[3]{-\frac{q}{2} + \sqrt{\left(\frac{q}{2}\right)^2 + \frac{p^3}{27}}} + \sqrt[3]{-\frac{q}{2} - \sqrt{\left(\frac{q}{2}\right)^2 + \frac{p^3}{27}}}$$

Der Ausdruck $z - \frac{a}{3}$ liefert dann einen Wert für x.

Bei einem Wettbewerb von Rechenmeistern konnte NICCOLÒ TARTAGLIA (1499 bis 1557) Gleichungen dritten Grades lösen. Seine Methode hielt er geheim. Dem Arzt und Mathematiker GERONIMO CARDANO (1501 bis 1576) teilte TARTAGLIA die Methode gegen das Versprechen mit, sie nicht zu veröffentlichen. Dessen ungeachtet veröffentlichte CARDANO 1545 das Verfahren.

In der kubischen Gleichung $x^3 - 3x - 2 = 0$ fehlt das quadratische Glied. Es sind $p = -3$ und $q = -2$.

$$x = \sqrt[3]{1 + \sqrt{1 + \left(\frac{-3}{3}\right)^3}} + \sqrt[3]{1 - \sqrt{1 + \left(\frac{-3}{3}\right)^3}}$$

$$x = \sqrt[3]{1 + \sqrt{1 - 1}} + \sqrt[3]{1 - \sqrt{1 - 1}}$$

$x = 2$ ist eine Lösung

Mithilfe der Polynomdivision (↗ S. 137) und der vorliegenden Lösung kann man die Gleichung nun als Produkt schreiben:
$x^3 - 3x - 2 = (x - 2)(x^2 + 2x + 1) = 0$

Setzt man nun den zweiten Faktor 0, lassen sich mithilfe der Lösungsformel die weiteren Lösungen bestimmen.

$$x^2 + 2x + 1 = 0$$
$$x_{2;\,3} = -1 \pm \sqrt{1 - 1}$$
$$x_{2;\,3} = -1$$

Die **cardanische Formel** hat für praktische Anwendungen heute keine Bedeutung, weil die reellen Nullstellen (mindestens eine ist stets vorhanden) durch Näherungsverfahren mit beliebiger Genauigkeit bestimmt und die Gleichung durch **Polynomdivision** auf eine quadratische zurückgeführt werden kann.

Eine grobe Näherungslösung einer kubischen Gleichung erhält man dadurch, dass man $x^3 + p \cdot x + q = 0$ in der Form $x^3 = -p \cdot x - q$ schreibt und die beiden Seiten dieser Gleichung als Funktionsgleichung auffasst:

$$x^3 + p \cdot x + q = 0 \qquad | -p \cdot x; -q$$
$$x^3 = -p \cdot x - q$$
$$\downarrow \qquad \downarrow$$
$$y_1 = x^3 \qquad y_2 = -p \cdot x - q$$

Die Graphen dieser Funktionen werden in ein Koordinatensystem eingetragen. Die Abszisse des Schnittpunktes ist eine Näherung für eine reelle Lösung. Sie kann – falls erforderlich – durch Näherungsverfahren verbessert werden.

$x^3 = 3x + 2$
$y_1 = x^3$
$y_2 = 3x + 2$

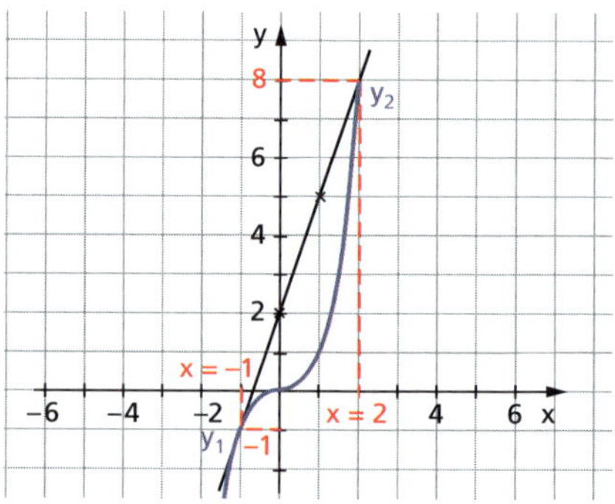

Für die **allgemeine Gleichung vierten Grades** ist im 16. Jahrhundert auch eine Lösungsmethode angegeben worden, für praktische Anwendungen werden heute aber mit Methoden der höheren Mathematik entwickelte Näherungsverfahren benutzt.
Einen Sonderfall stellt die **biquadratische Gleichung** $x^4 + p \cdot x^2 + q = 0$ dar. Da man für x^4 auch $(x^2)^2$ schreiben kann, lässt sich jede biquadratische Gleichung durch Substitution der Form $x^2 = t$ in eine quadratische Gleichung mit der Variablen t überführen.

Lösungsmethode	**Beispiel**
$x^4 + p \cdot x^2 + q = 0$	$x^4 - 5x^2 + 4 = 0$
Durch Substitution $x^2 = t$ erhält man eine quadratische Gleichung.	Substitution $x^2 = t$
$t^2 + p \cdot t + q = 0$	$t^2 - 5t + 4 = 0$
$t_{1;\,2} = -\frac{p}{2} \pm \sqrt{\left(\frac{p}{2}\right)^2 - q}$	$t_{1;\,2} = \frac{5}{2} \pm \sqrt{\left(\frac{5}{2}\right)^2 - 4}$ $t_1 = \frac{5}{2} + \frac{3}{2} = 4$ $t_2 = \frac{5}{2} - \frac{3}{2} = 1$
$x_{1;\,2} = \pm\sqrt{t_1}$ $x_{3;\,4} = \pm\sqrt{t_2}$	$x_{1;\,2} = \pm\sqrt{4}$ $x_1 = 2$ $x_2 = -2$ $x_{3;\,4} = \pm\sqrt{1}$ $x_3 = 1$ $x_4 = -1$

Es können folgende Fälle auftreten:
- alle vier Lösungen reell,
- zwei Lösungen reell, zwei Lösungen nicht reell (komplex),
- alle Lösungen nicht reell.

(1) Die Gleichung $x^4 - x^2 - 6 = 0$ hat die reellen Lösungen $x_1 = \sqrt{3}$, $x_2 = -\sqrt{3}$, die anderen beiden Lösungen sind nicht reell.

(2) Die Gleichung $x^4 - 5x^2 + 6 = 0$ hat keine reellen Lösungen.

S

Fundamentalsatz der Algebra: Eine Gleichung n-ten Grades hat in der Menge der reellen Zahlen höchstens n Lösungen, in der Menge der komplexen Zahlen genau n Lösungen.

Dieser Satz sagt nichts darüber aus, wie diese Lösungen gefunden werden können.

i

1826 konnte der Norweger NIELS HENRIK ABEL (1802 bis 1829) beweisen, dass es für Gleichungen fünften Grades keine geschlossene Lösungsformel geben kann. Die theoretischen Grundlagen, die erst Mitte des 19. Jahrhunderts veröffentlicht wurden, formulierte EVARISTE GALOIS (1811 bis 1832, Tod im Duell).

4.9.3 Polynomdivision

Der **Wurzelsatz von Vieta** sagt aus, dass ein quadratisches Polynom der Form $x^2 + p \cdot x + q$ bei Kenntnis der reellen Nullstellen x_1 und x_2 in der Form eines Produkts geschrieben werden kann. Es gilt:

$$x^2 + p \cdot x + q = (x - x_1)(x - x_2)$$

$$:(x - x_1) \qquad\qquad :(x - x_2)$$

$$(x^2 + p \cdot x + q) : (x - x_1) = x - x_2 \qquad (x^2 + p \cdot x + q) : (x - x_2) = x - x_1$$

Kennt man von einem quadratischen Polynom eine Nullstelle x_i, so ist das Polynom durch das lineare Polynom $x - x_i$ ohne Rest teilbar.

Das Ergebnis dieser Division ist ein Polynom ersten Grades. Diese Aussage lässt sich verallgemeinern.

S

Ein **Polynom n-ten Grades** mit $a_n = 1$, das die Nullstelle x_1 besitzt, lässt sich ohne Rest durch $(x - x_1)$ teilen.
Der Quotient ist vom Grad n – 1.

$$(x^n + a_{n-1} \cdot x^{n-1} + \ldots + a_1 \cdot x + a_0) : (x - x_1)$$
$$= b_{n-1} \cdot x^{n-1} + b_{n-2} \cdot x^{n-2} + \ldots + b_1 \cdot x + b_0$$

Führt man die **Polynomdivision** immer weiter, so stellt man fest, dass sich ein Polynom n-ten Grades als ein Produkt von Linearfaktoren darstellen lässt, wenn man die (reellen) Nullstellen kennt:

$$x^n + a_{n-1} \cdot x^{n-1} + \ldots + a_1 \cdot x + a_0 = (x - x_1) \cdot (x - x_2) \cdot \ldots \cdot (x - x_n)$$

Man geht beim Dividieren durch Polynome analog zur schriftlichen Division von Zahlen vor.

Beispiel für Polynomdivision:

$$(77a^2b^2c + 56abc^2d + 49a^2bc^2d) : 7abc = 11ab + 8cd + 7acd$$
$$\underline{77a^2b^2c}$$
$$0 + 56abc^2d$$
$$\underline{56abc^2d}$$
$$0 + 49\,a^2bc^2d$$
$$\underline{49\,a^2bc^2d}$$
$$0$$

Wenn die Koeffizienten der kubischen Gleichung ganzzahlig sind, dann müssen die reellen Lösungen der Gleichung Teiler des absoluten Gliedes sein.

Beispiel für die Anwendung der Polynomdivision zur Nullstellenbestimmung:

$x^3 + 4x^2 - 17x - 60 = 0$ Eine Nullstelle ist $x_1 = -3$.

$$(x^3 + 4x^2 - 17x - 60) : (x + 3) = x^2 + x - 20$$
$$\underline{-(x^3 + 3x^2)}$$
$$x^2 - 17x$$
$$\underline{-(x^2 + 3x)}$$
$$-20x - 60$$
$$\underline{-(-20x - 60)}$$
$$0$$

Damit gilt: $x^3 + 4x^2 - 17\,x - 60 = (x + 3)(x^2 + x - 20) = 0$

$$x^2 + x - 20 = 0$$

$$x_{2;\,3} = -\frac{1}{2} \pm \sqrt{\frac{1}{4} + 20}$$

$$x_2 = -\frac{1}{2} + \frac{9}{2} = 4$$

$$x_3 = -\frac{1}{2} - \frac{9}{2} = -5$$

Das Polynom $x^3 + 4x^2 - 17x - 60$ hat die Nullstellen
$x_1 = -3$,
$x_2 = 4$ und
$x_3 = -5$.
Es gilt also: $x^3 + 4x^2 - 17\,x - 60 = (x + 3)(x - 4)(x + 5)$

4.10 Wurzel-, Exponential- und Logarithmengleichungen

Sachverhalte der Flächen- und Körperberechnung sowie physikalische Zusammenhänge lassen sich oftmals nicht mittels linearer Gleichungen beschreiben. Häufig sind zur mathematischen Erfassung und Behandlung Wurzelausdrücke oder Gleichungen, bei denen die Variable im Exponent auftritt, notwendig.

4.10.1 Begriffe

Wurzelgleichungen

D Eine Gleichung heißt **Wurzelgleichung**, wenn die Variable im Radikanden auftritt.

radix (lat.) – Wurzel

$\sqrt{x+8} = 1$ $\sqrt[3]{x+2} = 2$ $\sqrt{x+\sqrt{x+1}} = 5$

Exponentialgleichung

D Eine Gleichung heißt **Exponentialgleichung,** wenn die Variable im Exponenten auftritt.

exponere (lat.) – herausstellen

$2^x = 16$ $1{,}1^{\frac{1}{2}\cdot x^2} = 3$ $1{,}8^x = 2x$

Logarithmengleichung

D Eine Gleichung heißt **Logarithmengleichung,** wenn die Variable im Argument der Logarithmusfunktion auftritt.

logos (griech.) – Wort; arithmos (griech.) – Zahl

$2\lg x = 16$ $\log_5\left(\frac{3}{x}\right) = 5$

Im Allgemeinen führen Exponentialgleichungen durch Logarithmieren zu Logarithmengleichungen.

4.10.2 Lösen von Wurzelgleichungen

Rechnerisches Lösen

Bei einfachen Wurzelgleichungen lassen sich die Wurzeln durch Quadrieren bzw. Potenzieren beseitigen.

$$\begin{aligned} 2\sqrt{x+4} &= x+4 && |\text{quadrieren} \\ 4(x+4) &= (x+4)^2 && |\text{Klammern auflösen} \\ 4x+16 &= x^2+8x+16 && |-16;\ -4x \\ 0 &= x^2+4x && |\text{ausklammern} \\ 0 &= x(x+4) \end{aligned}$$

$x_1 = 0$ oder $x_2 + 4 = 0$, also $L = \{0; -4\}$

Quadrieren bzw. Potenzieren sind *keine* äquivalenten Umformungen einer Gleichung.
Die Lösung muss unbedingt überprüft werden, um sicherzustellen, dass die ursprüngliche **Wurzelgleichung** erfüllt wird.

Probe: für x_1 für x_2

	für x_1	für x_2
linke Seite:	$2\sqrt{0+4} = 2\sqrt{4} = 4$	$2\sqrt{-4+4} = 2\sqrt{0} = 0$
rechte Seite:	$0 + 4 = 4$	$-4 + 4 = 0$
Vergleich:	$4 = 4$	$0 = 0$
	wahre Aussage	wahre Aussage

$L = \{0; -4\}$

$$\sqrt[3]{x+1} = 4 \quad | \text{ potenzieren mit 3}$$
$$x + 1 = 64 \quad | -1$$
$$x_1 = 63$$

Probe:
linke Seite: $\sqrt[3]{63+1} = \sqrt[3]{64} = 4$ rechte Seite: 4
Vergleich: $4 = 4$ $L = \{63\}$

Grafisches Lösen

In einigen Fällen lassen sich Wurzelgleichungen grafisch lösen. Man kann die beiden Seiten der Wurzelgleichung als Funktionsgleichungen y_1 und y_2 schreiben. Die Abszisse des Schnittpunktes der entsprechenden Funktionsgraphen liefert dann näherungsweise eine Lösung der Wurzelgleichung.

$$\sqrt[3]{x-1} + x - 2 = 0 \quad | -x; +2$$
$$\sqrt[3]{x-1} = -x + 2$$
$$y_1 = \sqrt[3]{x-1}$$
$$y_2 = -x + 2$$

Die Wurzelgleichung hat die Lösung $x \approx 1{,}4$.

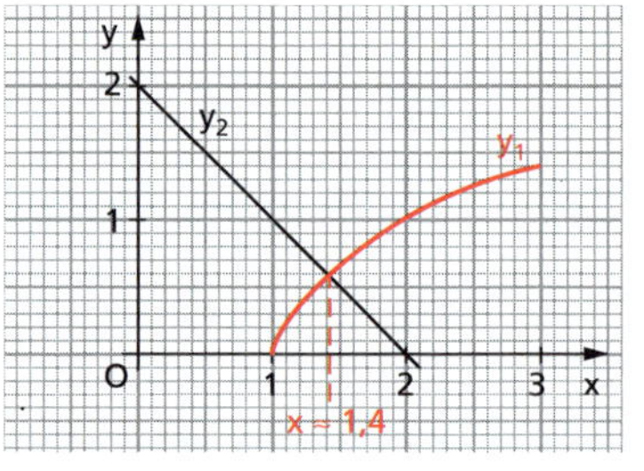

Die Gleichung $\sqrt{x+4} - \sqrt{x-1} = 1$ wird umgeformt in $\sqrt{x+4} = \sqrt{x-1} + 1$.
Betrachtet werden nun die beiden Funktionen mit
$y_1 = \sqrt{x+4}$ $(x \geq -4)$ und $y_2 = \sqrt{x-1} + 1$ $(x \geq 1)$.
Die Abszisse des Schnittpunktes der Graphen dieser Funktionen ist eine Lösung der Gleichung.

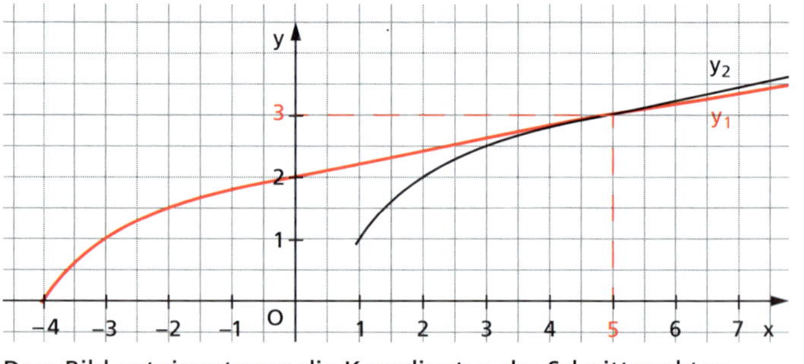

Dem Bild entnimmt man die Koordinaten des Schnittpunktes: $x_s = 5$; $y_s = 3$. Die Wurzelgleichung hat die Lösung $x = 5$.

4.10.3 Lösen von Exponentialgleichungen

Rechnerisches Lösen

Einfache Exponentialgleichungen, d. h. solche Exponentialgleichungen, in denen nur Potenzen mit gleicher Basis auftreten oder unterschiedliche Basen auf die gleiche zurückgeführt werden können, sind mithilfe der Anwendung der **Potenzgesetze** oder durch Logarithmieren lösbar.

S Potenzen mit gleicher Basis a ($a \neq 0$; $a \neq 1$) sind gleich, wenn die Exponenten gleich sind.

Lösen durch Exponentenvergleich

(1) $64^x = 4^6$

$(4^3)^x = 4^6$

$4^{3x} = 4^6$

$\Rightarrow 3x = 6$

$x = 2$

(2) $5^x = \sqrt[3]{5^2}$

$5^x = 5^{\frac{2}{3}}$

$\Rightarrow x = \frac{2}{3}$

(3) $3^{x^2-5} = 81^x$

$3^{x^2-5} = (3^4)^x = 3^{4x}$

$\Rightarrow x^2 - 5 = 4x$

$x^2 - 4x - 5 = 0$

$x_{1;\,2} = 2 \pm \sqrt{4+5} = 2 \pm 3$

$x_1 = 5, \quad x_2 = -1$

Probe zu (3)	für x_1:	für x_2:
linke Seite:	$3^{5^2-5} = 3^{20}$	$3^{(-1)^2-5} = 3^{-4}$
rechte Seite:	$81^5 = (3^4)^5 = 3^{20}$	$81^{-1} = (3^4)^{-1} = 3^{-4}$
Vergleich:	$3^{20} = 3^{20}$	$3^{-4} = 3^{-4}$

Lösen durch Logarithmieren

Wenn Exponentialgleichungen nicht auf einen Vergleich von Potenzen mit gleicher Basis zurückzuführen sind, so können sie oftmals durch Logarithmieren gelöst werden.

Allgemeine Schrittfolge	Beispiel
$a^x = b$	$2^x = 18$
$\lg a^x = \lg b$	$\lg 2^x = \lg 18$
$x \cdot \lg a = \lg b$	$x \cdot \lg 2 = \lg 18$
$x = \frac{\lg b}{\lg a}$	$x = \frac{\lg 18}{\lg 2}$
	$x \approx 4{,}17$

Der atmosphärische Luftdruck wird in Abhängigkeit von der Höhe über dem Meeresspiegel näherungsweise durch die Gleichung $p(H) = p_0 \cdot e^{-kH}$ berechnet. Dabei entspricht p_0 dabei dem Luftdruck am Meeresspiegel: $p_0 = 1010$ hPa. k ist eine für den Luftdruckabfall spezifische Konstante von $1{,}25 \cdot 10^{-4}\,m^{-1}$.
In welcher Höhe befindet sich ein Flugzeug, wenn der äußere Luftdruck 400 hPa beträgt?

Gesucht: Höhe H

Gegeben: $p_0 = 1\,010$ hPa

$k = 1{,}25 \cdot 10^{-4} \cdot m^{-1}$

Lösung: $p(H) = p_0 e^{-kH}$

$\lg p = \lg p_0 - k \cdot H \cdot \lg e$

$$H = \frac{k^{-1} \cdot (\lg p_0 - \lg p)}{\lg e}$$

$H \approx 7\,400$ m

Antwort: Das Flugzeug befindet sich in 7 400 m Höhe.

Grafisches Lösen

In einigen Fällen lassen sich Exponentialgleichungen grafisch lösen. Dies bietet sich vor allem dann an, wenn die Variable nicht nur im Exponenten vorkommt, also keine reine Exponentialgleichung vorliegt.

$2^x + x^2 - 2 = 0 \quad |-x^2; +2$

$2^x = -x^2 + 2$

$y_1 = 2^x$ $\quad$ $y_2 = -x^2 + 2$

$x_1 \approx -1{,}25$ $\quad$ $x_2 \approx 0{,}6$

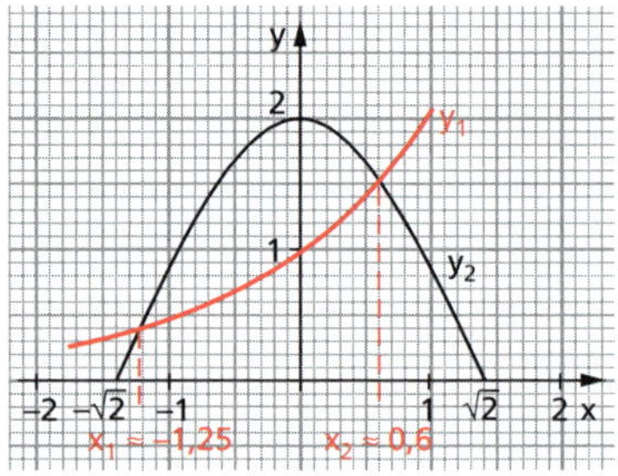

4.10.4 Lösen von Logarithmengleichungen

Logarithmengleichungen erhält man, wenn Exponentialgleichungen durch Logarithmieren gelöst werden sollen.

Bei welchem Zinssatz verdoppelt sich ein Kapital in acht Jahren?

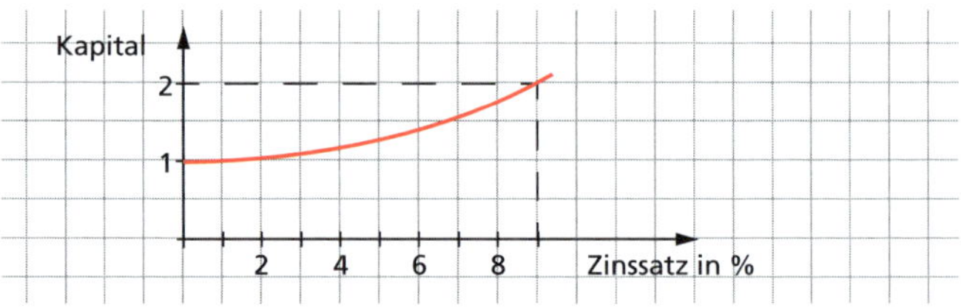

Gesucht: Zinssatz p %

Gegeben: n = 8

Lösung: $K(1 + \frac{p}{100})^8 = 2K$

$8 \lg (1 + \frac{p}{100}) = \lg 2$

$\lg(1 + \frac{p}{100}) = 0{,}037629$

$1 + \frac{p}{100} = 10^{0{,}037629} \approx 1{,}09$, also $\frac{p}{100} = 0{,}09$ und $p = 9$.

Antwort: Bei einem Zinssatz von 9 % p. a. hat sich das Kapital nach acht Jahren verdoppelt.

4.11 Trigonometrische Gleichungen

Trigonometrische Gleichungen (goniometrische Gleichungen) sind Gleichungen, in denen die Variable im Argument von Winkelfunktionen vorkommt.

gonia (griech.) – Winkel

$\sin x = 0{,}5$; $\tan x = 1{,}39$; $3 \cdot \cos x = 0{,}7$

Beim Lösen trigonometrischer Gleichungen besteht die Aufgabe darin, den Winkel x im Grad- oder Bogenmaß zu bestimmen, der die Gleichung erfüllt.

$\sin x = 0{,}5 \qquad 0 \leq x \leq 2\pi$

mit $\sin 30° = 0{,}5$ folgt daraus

$x_1 = 30° \qquad x_2 = 180° - 30°$

$x_2 = 150°$

Lösungen im Gradmaß: $x_1 = 30°$ $\qquad x_2 = 150°$

Lösungen im Bogenmaß: $x_1 = \frac{\pi}{6} \approx 0{,}52$ $\qquad x_2 = \frac{5\pi}{6} \approx 2{,}62$

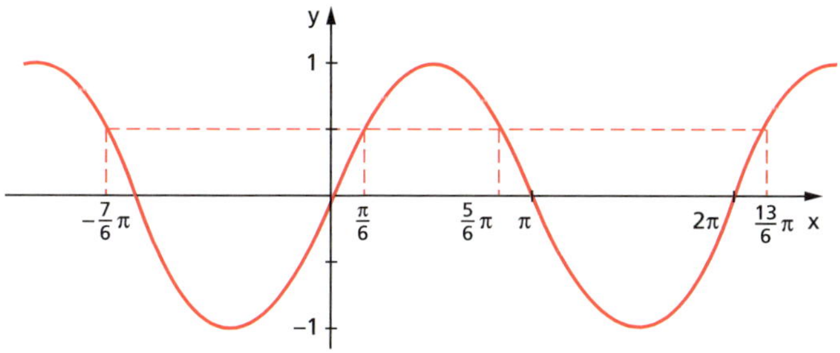

Es gibt weitere Lösungen, weil die **trigonometrischen Funktionen** periodisch sind.

Weil die trigonometrischen Funktionen periodisch sind, ist bei der Lösung von trigonometrischen Gleichungen die Angabe eines Intervalls notwendig.

Kompliziertere trigonometrische Gleichungen lassen sich nur in einigen Spezialfällen nach der Variablen auflösen. Es gibt nur Empfehlungen, wie man vorgehen kann:

1. Trigonometrische Ausdrücke sollte man so umformen, dass nur ein Funktionstyp mit gleichen Argumenten auftritt.
2. Wegen der Vielfachheit von Lösungen beschränke man sich auf ein bestimmtes Intervall, z. B. 0° bis 360° bzw. 0 bis 2π.
3. Wenn zum Lösen der Ausgangsgleichung das Quadrieren erforderlich ist, so können Lösungen auftreten, die die ursprüngliche Gleichung nicht erfüllen. Ein Überprüfen der Lösungen durch Proben ist unbedingt erforderlich.

$3 \cdot \cos x = 0{,}7 \quad | :3 \qquad 0 \leq x \leq 2\pi$

$\cos x = 0{,}2333$

$x_1 = 76{,}5°$

$x_2 = 283{,}5°$

4.12 Näherungsverfahren zum Lösen von Gleichungen mit einer Variablen

4.12.1 Iterationsverfahren

Näherungsverfahren werden dort benutzt, wo exakte Möglichkeiten zur Lösung eines mathematisch formulierten Problems uneffektiv sind, nicht existieren oder nicht bekannt sind.
Die praktische Mathematik kennt *verschiedene Arten* von Näherungsmethoden.

Ein Grundgedanke der Näherungsverfahren zum Bestimmen der Lösungen von Gleichungen besteht darin, die Gleichung in eine Funktion umzuwandeln, sodass die Variable der Gleichung als Veränderliche der Funktion erscheint, und dann die Nullstellen dieser Funktion zu suchen, also statt der Gleichung $p(x) = 0$ die Funktion $f(x) = p(x)$ zu betrachten. Dieses „Suchen" besteht darin, dass man eine z. B. durch Schätzen gefundene Näherungslösung schrittweise verbessert bzw. ein Intervall, in dem die Lösung liegt, systematisch verkleinert.

intervallum (lat.) – Zwischenraum; iteratio (lat.) – Wiederholung

Bei ständiger Verkleinerung eines eine Nullstelle einschließenden Intervalls, also durch eine **Intervallschachtelung**, ist es letztlich möglich, dass die Nullstelle bestimmt werden kann.
Man nennt ein solches Vorgehen **Iteration.**

convergere (lat.) – hinwenden, sich neigen

Man spricht von einem **Iterationsverfahren**, wenn es möglich ist, aus einer Näherungslösung durch Anwenden eines Algorithmus zu einer besseren Näherungslösung zu kommen und die Lösung beliebig gut an die exakte Lösung heranzuführen.
Man sagt dann, dass die Iteration konvergiert.

Der Umfang eines Kreises mit dem Durchmesser d ist größer als der Umfang des einbeschriebenen regelmäßigen Sechsecks und kleiner als der Umfang des umbeschriebenen Quadrats.
Mithilfe einer Näherung kann eine Abschätzung für π gefunden werden.

$$u_S < u_K < u_Q$$
$$6r < 2\pi r < 8r$$
$$6 < 2\pi < 8$$
$$3 < \pi < 4$$

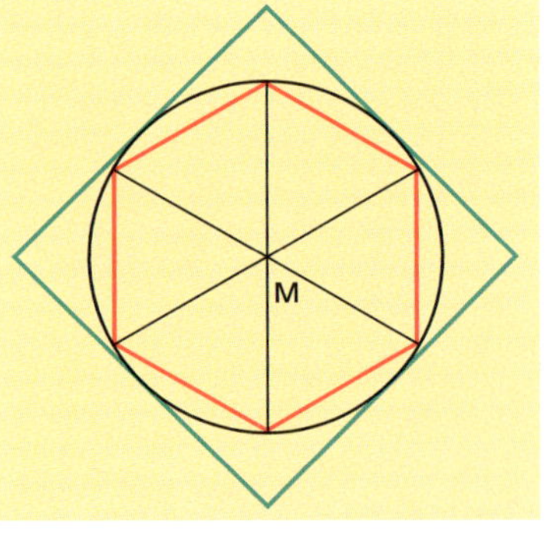

Eine weitere Näherung für π könnte darin bestehen, das umbeschriebene Quadrat in ein 8-Eck, 16-Eck usw. umzuwandeln bzw. das einbeschriebene Sechseck in ein 12-Eck, 24-Eck usw.

4.12.2 Nullstellenbestimmung durch Intervallschachtelung

Bei der **Nullstellenbestimmung** mittels **Intervallschachtelung** wird das Intervall so verkleinert, dass die Nullstelle in dem verkleinerten Intervall liegt. Dieses Vorgehen wird wiederholt, bis das Intervall so klein ist, dass ein Wert aus diesem Intervall als hinreichend genaue Näherung für die Nullstelle betrachtet werden kann.

Dabei muss die Funktion folgende Bedingungen erfüllen:

1. Der Graph der Funktion kann über dem Intervall in einem Zug gezeichnet werden (stetig).
2. Die Funktionswerte am Anfang und am Ende des Intervalls haben unterschiedliche Vorzeichen.

Die einfachste Art der Intervallschachtelung ist es, das Intervall jedes Mal zu halbieren. Diese Verfahrensweise wird auch **Intervallhalbierungsmethode** (Bisektionsmethode) genannt.

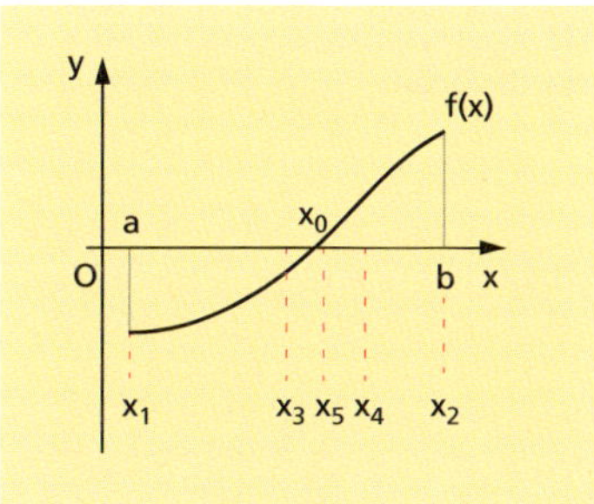

$[x_1; x_2]$ Vorzeichenwechsel
Intervall halbieren

$[x_1; x_3]$ kein Vorzeichenwechsel
anderes Teilintervall wählen

$[x_2; x_3]$ Vorzeichenwechsel
Intervall halbieren

$[x_3; x_4]$ Vorzeichenwechsel
Intervall halbieren

Für die Beendigung dieses Verfahrens muss eine Abbruchbedingung (eine Genauigkeitsforderung) angegeben werden.

Gleichung: $\sqrt[3]{x-1} - x^2 + 8x - 15 = 0$
Für beliebige Funktionswerte gilt: $f(x) = \sqrt[3]{x-1} - x^2 + 8x - 15$
Um ein Anfangsintervall für die Iteration zu finden, berechnet man einige Funktionswerte oder schätzt zumindest ab, ob sie positiv oder negativ sind:

x	1	2	3	4
f(x)	−8	−2	$+\sqrt[3]{2}$	$+\sqrt[3]{3}+1$

Eine Nullstelle liegt zwischen 2 und 3. Die Iteration kann also mit dem Intervall [2; 3] beginnen.

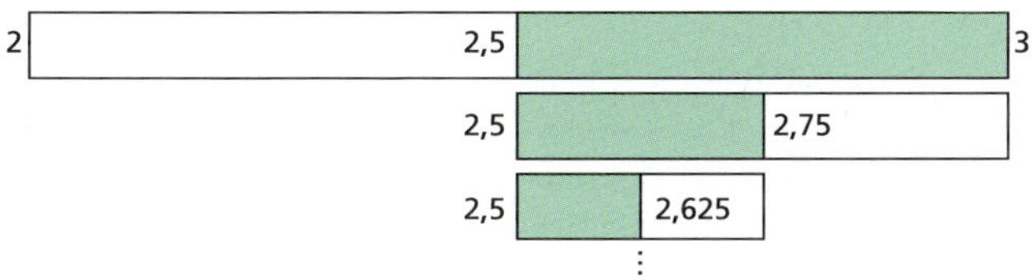

Anfangswerte: 2,0000 und 3,0000

x	f(x)
2,5000000000	−0,1053
2,7500000000	0,6426
2,6250000000	0,2850
2,5625000000	0,0940
2,5312500000	−0,0046
2,5468750000	0,0449
2,5390625000	0,0202
2,5332031250	0,0016
2,5322265625	−0,0015

Nullstelle = 2,5327, Abweichung: 0,000049

4.12.3 Sekantennäherungsverfahren (regula falsi)

regula falsi – Regel des falschen Wertes (historische Bezeichnung dieses Verfahrens)

Wie beim Verfahren zur Nullstellenbestimmung mittels Intervallschachtelung wird auch beim **Sekantennäherungsverfahren (regula falsi)** vorgegangen.

Um die Lösungen der Gleichung $p(x) = 0$ zu bestimmen, wird die Funktion $f(x) = p(x)$ betrachtet. In dem Intervall $[x_0; x_1]$ existiert dann mindestens eine Nullstelle, wenn die Funktion in dem Intervall stetig ist und an den Intervallenden unterschiedliche Vorzeichen hat.

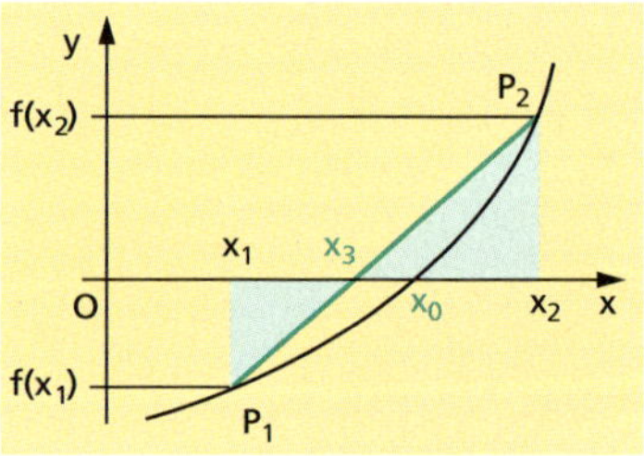

Verbindet man in dem Graphen der Funktion die Punkte $P_1\,(x_1; f(x_1))$ und $P_2\,(x_2; f(x_2))$, so erhält man die im obigen Bild hervorgehobene Strahlensatzfigur mit dem Schnittpunkt an der Stelle x_3. Aus der Strahlensatzfigur des Bildes folgt unmittelbar

$$\frac{x_3 - x_1}{f(x_1)} = -\frac{x_2 - x_3}{f(x_2)},$$

wobei das Minuszeichen den Vorzeichenwechsel von $f(x)$ korrigiert.
Die Schnittstelle x_3 der Verbindungsstrecke der Punkte P_1 und P_2 mit der x-Achse ist geeignet, das die Nullstelle einschließende Intervall zu verkleinern. Der Wert von x_3 ergibt sich als:

$$x_3 = x_1 - f(x_1) \cdot \frac{x_2 - x_1}{f(x_2) - f(x_1)}$$

Dieses Vorgehen wird mit dem verkleinerten Intervall wiederholt, bis die geforderte Genauigkeit erreicht ist. Dabei wird derjenige der Punkte P_1 oder P_2 durch den Punkt $P_3(x_3; f(x_3))$ ersetzt, dessen y-Koordinate das Vorzeichen von $f(x_3)$ hat. Die völlig gleichartige Rechnung liefert dann einen Wert x_4. Die iterative Fortsetzung liefert weiter Werte $x_5; \ldots; x_n$.

FUNKTIONEN 5

5.1 Grundbegriffe und Eigenschaften von Funktionen

5.1.1 Funktionsbegriff

LEONHARD EULER erklärte im Jahre 1749 eine Funktion als veränderliche Größe, die von einer anderen veränderlichen Größe abhängt.

functio (lat.) – Geltung;
$f(x)$ und y werden häufig gleichwertig nebeneinander benutzt.

D Eine **Funktion** f ist eine eindeutige Zuordnung (Abbildung), die jedem Element x aus einer Menge D eindeutig ein Element y aus einer Menge W zuordnet. Es entsteht eine Menge geordneter Paare. D heißt **Definitionsbereich,** W **Wertebereich** der Funktion; x nennt man **Argument,** das zugeordnete Element y aus W heißt **Funktionswert** von x und wird auch mit f(x) bezeichnet.

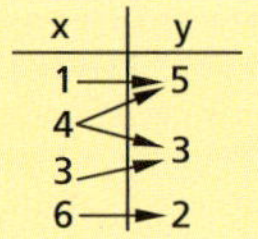

(1; 5), (3; 3), (4; 3), (4; 5), (6; 2)

D = {1; 3; 4; 6}
W = {2; 3; 5}

25 Schüler haben eine Klassenarbeit geschrieben. Wie viele Schüler die Zensur 1; 2; 3; 4; 5 bzw. 6 erhalten haben, ist aus einem Zensurenspiegel erkennbar:

Zensur	1	2	3	4	5	6
Anzahl	4	7	6	7	0	1

Die Zuordnung der Zensuren zur Anzahl der Schüler mit der jeweiligen Zensur ist eine Funktion.
Es gilt: D = {1; 2; 3; 4; 5; 6}; W = {0; 1; 4; 6; 7}
Die Zuordnungsvorschrift ist der Zensurenspiegel.

Für die Zuordnungsvorschrift benutzt man verschiedene Schreibweisen:
$f: x \longmapsto y;\ x \in D$ und $y \in W$ oder
$f: x \longmapsto f(x);\ x \in D$ und $y \in W$ oder
als Funktionsgleichung $y = f(x)$ oder
$\{(x;\ y) : x \in D$ und $y \in W\}$ (gesprochen: Menge der geordneten Paare x, y mit x aus D und y aus W).
Funktionen können durch eine Zuordnungsvorschrift (meist in Form einer Gleichung) und die Angabe des Definitions- bzw. des Wertebereichs beschrieben werden.

Jeder reellen Zahl soll ihr Quadrat zugeordnet werden.
Es gilt also: $D = \mathbb{R}$; $W = [0; +\infty[$;
$f: x \longmapsto x^2$, also $y = x^2$.

x	−4	−2	0	2	4
x^2	16	4	0	4	16

Dies ist eine eindeutige Zuordnung (jedem x wird genau *ein* Quadrat zugeordnet), also eine Funktion.

5.1.2 Darstellung von Funktionen

Da eine Funktion eine Menge geordneter Paare ist, könnte man alle diese Paare angeben. Bei unendlich vielen geordneten Paaren ist dies allerdings nicht möglich.

Darstellungsmöglichkeiten von Funktionen

<table>
<tr><th>Darstellung der Zuordnungsvorschrift</th><th>Beispiel
Zensurenverteilung</th><th>Beispiel
Quadrat einer Zahl</th></tr>
<tr><td>Wortvorschrift</td><td>Jeder Zensur wird die Anzahl der Schüler zugeordnet, die in der Arbeit diese Zensur erhalten haben.</td><td>Jeder Zahl x wird ihr Quadrat zugeordnet.</td></tr>
<tr><td>Funktionsgleichung</td><td>hier nicht möglich
D = {1; 2; 3; 4; 5; 6}
W = {0; 1; 4; 6; 7}</td><td>$f(x) = x^2$
$D = \mathbb{R}$
$W = [0; +\infty[$</td></tr>
<tr><td>Wertetabelle</td><td><table><tr><td>x</td><td>1</td><td>2</td><td>3</td><td>4</td><td>5</td><td>6</td></tr><tr><td>y</td><td>4</td><td>7</td><td>6</td><td>7</td><td>0</td><td>1</td></tr></table></td><td><table><tr><td>x</td><td>…</td><td>–2</td><td>–1</td><td>0</td><td>1</td><td>1,5</td><td>…</td></tr><tr><td>f(x)</td><td>…</td><td>4</td><td>1</td><td>0</td><td>1</td><td>2,25</td><td>…</td></tr></table></td></tr>
<tr><td>Grafische Darstellung (Graph der Funktion)</td><td>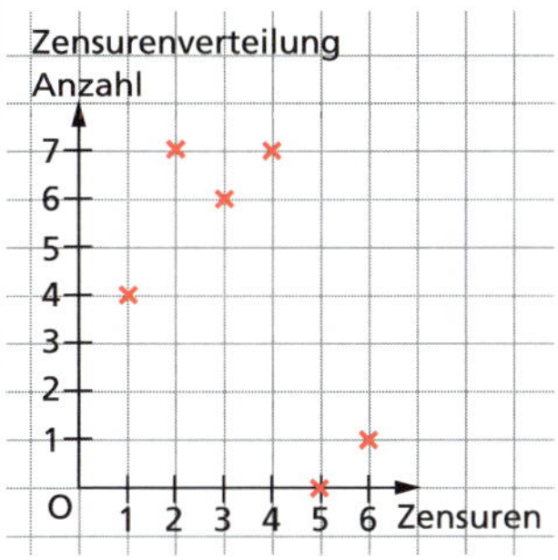</td><td>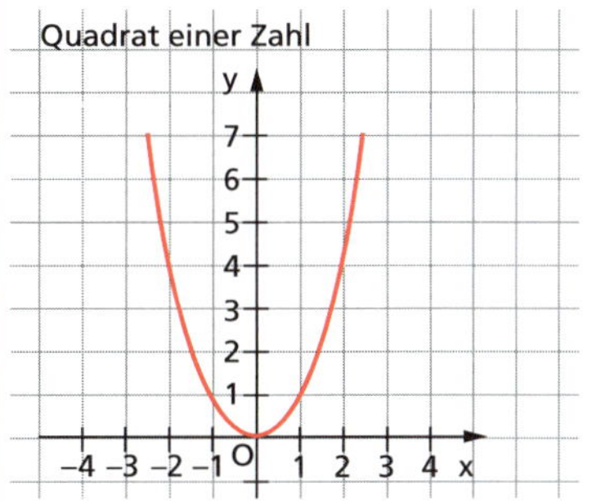</td></tr>
</table>

Funktionsgraphen werden meist im **kartesischen Koordinatensystem** dargestellt.

Ein Punkt ist durch seine **Koordinaten**, d. h. durch die Abstände zu den Achsen, eindeutig festgelegt. Die Abstände heißen **Abszisse** (x-Wert) und **Ordinate** (y-Wert). Die Achsen des Koordinatensystems bezeichnet man als x-Achse (Abszissen-Achse, Rechtsachse) bzw. y-Achse (Ordinaten-Achse, Hochachse). Die Achsen schneiden einander im **Koordinatenursprung** O, mit den Koordinaten (0; 0).

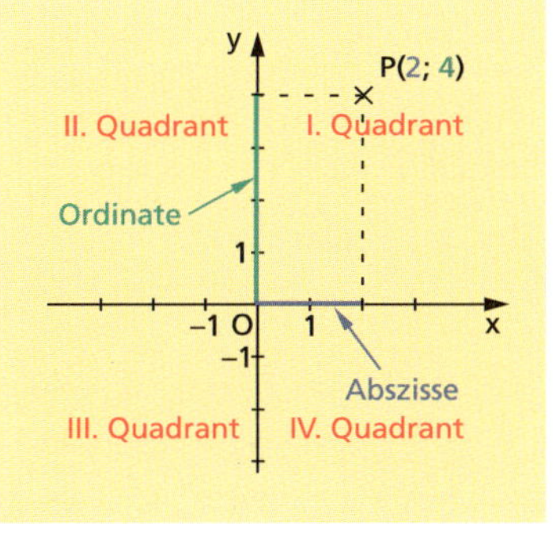

René Descartes (lat. Cartesius, 1596 bis 1650) führte zur Beschreibung von Punkten in der Ebene ein System von zwei rechtwinklig zueinanderliegenden Achsen (Zahlengeraden) und Koordinaten ein.

O ist die Abkürzung für „origo" (lat.) – Ursprung.

René Descartes
(1596 bis 1650)

Jedem geordneten Paar reeller Zahlen (x; y) wird durch das Koordinatensystem genau ein Punkt der Ebene zugeordnet. Umgekehrt gehört zu jedem Punkt der Ebene genau ein geordnetes Paar reeller Zahlen (x; y). Der Punkt P(2; 4) hat den x-Wert (die Abszisse) 2 und den y-Wert (die Ordinate) 4.

5.1.3 Eigenschaften von Funktionen

Monotonie

D Eine Funktion heißt in einem Intervall ihres Definitionsbereichs
- **monoton wachsend (steigend),** wenn für alle x_1 und x_2 aus dem Intervall gilt:
  Aus $x_1 < x_2$ folgt immer $f(x_1) \leq f(x_2)$.
  Gilt dabei sogar $f(x_1) < f(x_2)$, so spricht man von **streng monoton wachsend (steigend).**
- **monoton fallend,** wenn für alle x_1 und x_2 aus dem Intervall gilt:
  Aus $x_1 < x_2$ folgt immer $f(x_1) \geq f(x_2)$.
  Gilt dabei sogar $f(x_1) > f(x_2)$, so spricht man von **streng monoton fallend.**

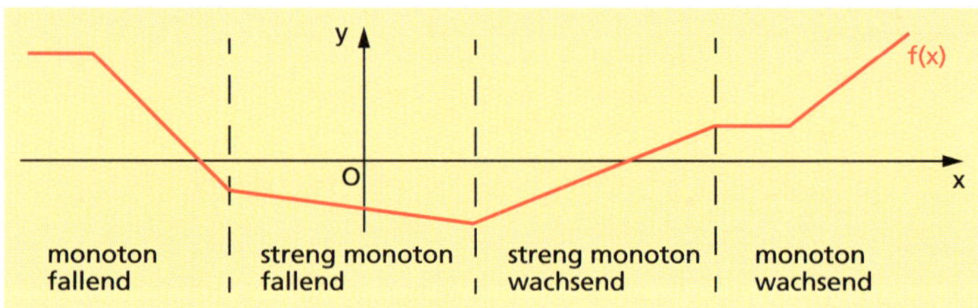

Gerade und ungerade Funktionen

D Eine Funktion f heißt **gerade Funktion,** wenn mit x auch (–x) zum Definitionsbereich gehört und für alle Argumente x gilt: $f(-x) = f(x)$

Unterscheiden sich zwei Argumente nur im Vorzeichen, so sind bei geraden Funktionen ihre Funktionswerte gleich.
Die Graphen gerader Funktionen sind achsensymmetrisch zur y-Achse.

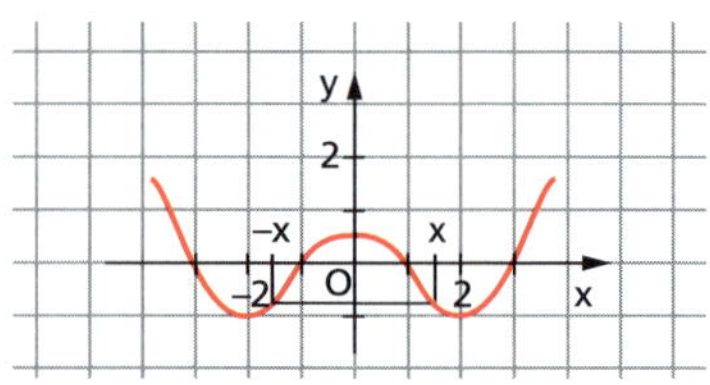

D Eine Funktion f heißt **ungerade Funktion,** wenn mit x auch (–x) zum Definitionsbereich gehört und für alle Argumente x gilt:
$f(-x) = -f(x)$

Die Funktionswerte entgegengesetzt liegender Argumente unterscheiden sich nur im Vorzeichen.
Die Graphen ungerader Funktionen sind punktsymmetrisch zum Koordinatenursprung O.

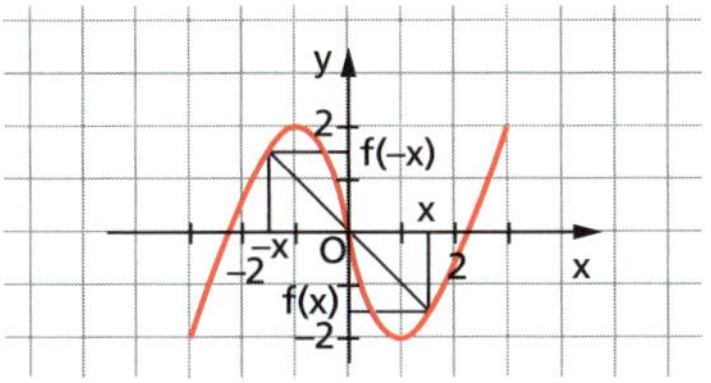

Periodizität

D Eine Funktion f heißt **periodische Funktion,** wenn es eine Zahl $b > 0$ gibt, sodass für jedes x gilt:
$f(x) = f(x + b)$
Jede solche Zahl b wird Periode genannt.

periodos (griech.) – Wiederkehr

Winkelfunktionen sind periodische Funktionen.

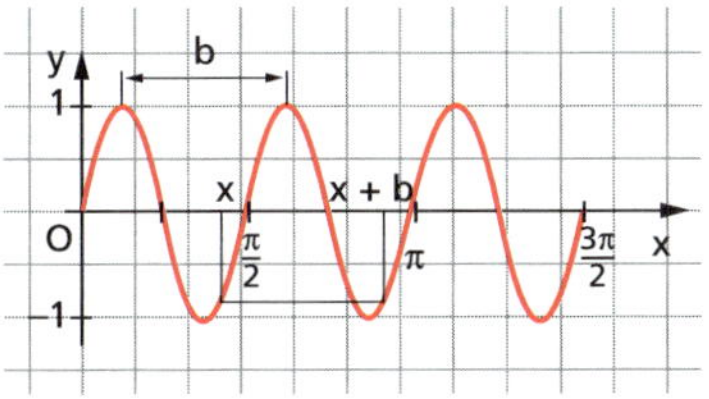

Umkehrbarkeit

D Eine Funktion f heißt **umkehrbar eindeutige (eineindeutige) Funktion,** wenn nicht nur jedem Argument eindeutig ein Funktionswert zugeordnet ist, sondern auch umgekehrt zu jedem Funktionswert genau ein Argument gehört.

Ein Auto fährt gleichförmig mit einer Geschwindigkeit von 80 $\frac{km}{h}$ eine bestimmte Strecke.
Die Zuordnung „benötigte Zeit $\longmapsto$ zurückgelegter Weg" ist eindeutig, also eine Funktion. Sie ist sogar umkehrbar eindeutig, weil jeder seit dem Start zurückgelegten Wegstrecke genau eine Zeit zugeordnet werden kann.

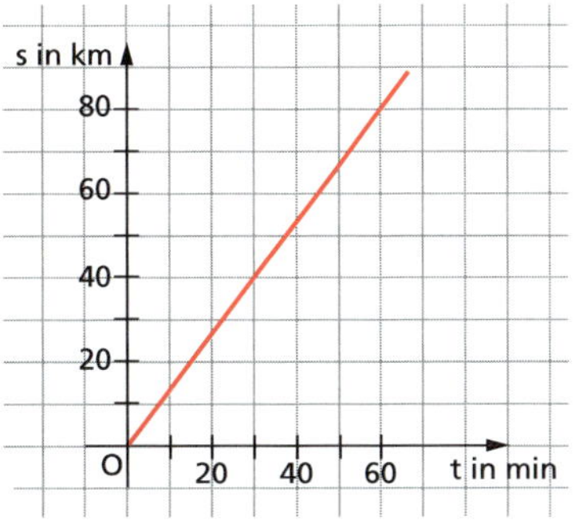

Die Funktion mit $y = x^2$ ist nicht umkehrbar eindeutig, denn zu jedem Funktionswert (außer $y = 0$) gehören zwei Argumente.

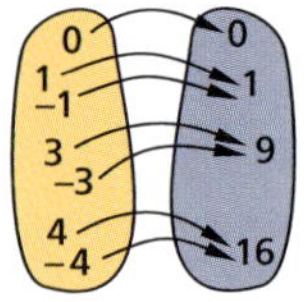

x	0	1	−1	3	−3	4	−4
y	0	1	1	9	9	16	16

Vertauscht man bei einer umkehrbar eindeutigen Funktion Definitions- und Wertebereich, so entsteht eine neue Funktion.

inversus (lat.) – umgekehrt

D Durch Vertauschen der Elemente in allen Paaren (x; y) einer eineindeutigen Funktion f entsteht wieder eine Funktion. Diese Funktion heißt **Umkehrfunktion (inverse Funktion)** von f und wird mit f^{-1} bezeichnet.

Eine andere Bedeutung von f^{-1} tritt bei den Potenzen auf: $f^{-1} = \frac{1}{f}$

Man erhält die Funktionsgleichung von f^{-1}, indem man $y = f(x)$ nach x auflöst und danach x und y vertauscht, denn es ist üblich, die Elemente des Definitionsbereichs mit x, die Elemente des Wertebereichs mit y zu bezeichnen und die Achsenbenennung in einem kartesischen Koordinatensystem beizubehalten.

Die Funktion $f(x) = x^2$ $(D = \mathbb{R};\ W = [0; +\infty[)$ ist nicht eineindeutig. Verwendet man aber als Definitionsbereich die Menge der nichtnegativen reellen Zahlen $(D = [0; +\infty[)$, so hat man eine eineindeutige Funktion.

Bilden der Umkehrfunktion: $y = x^2$ wird nach x aufgelöst: $x = \sqrt{y}$
x und y werden vertauscht: $y = \sqrt{x}$

$f^{-1}(x) = \sqrt{x}$ ist also die Umkehrfunktion zu $f(x) = x^2$ mit $x \geq 0$.

Zeichnet man beide Funktionen in ein Koordinatensystem, so erkennt man, dass die Graphen der beiden Funktionen achsensymmetrisch zur Winkelhalbierenden des I. Quadranten sind. Diese Eigenschaft besitzen alle Graphen von zueinander inversen Funktionen.

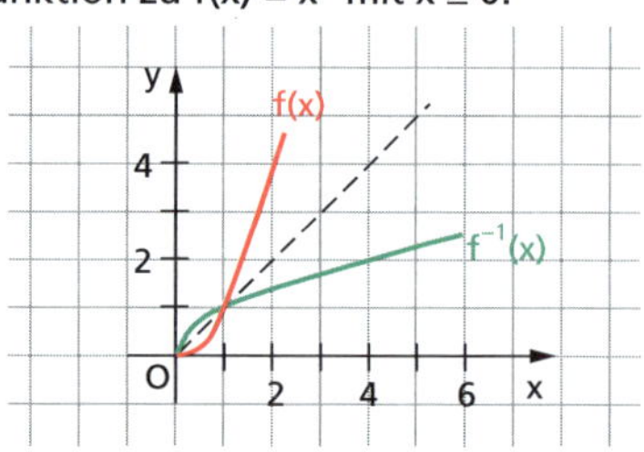

5.1.4 Schnittpunkte von Funktionsgraphen mit den Achsen

Schnittpunkt mit der y-Achse

D Die **Ordinate** des Schnittpunktes eines Funktionsgraphen mit der y-Achse erhält man, indem man für x in der Funktionsgleichung die Zahl 0 einsetzt. Die Ordinate dieses Schnittpunktes mit der y-Achse nennt man auch **y-Achsenabschnitt**.

Gegeben ist die Funktion mit der Gleichung $y = -3x + 4$.
Gesucht ist der Schnittpunkt S ihres Graphen mit der y-Achse.
$y = -3x + 4$, für $x = 0$ eingesetzt:
$y = -3 \cdot 0 + 4$
$y = 4$
Der Schnittpunkt mit der y-Achse ist S(0; 4). Der y-Achsenabschnitt ist 4.

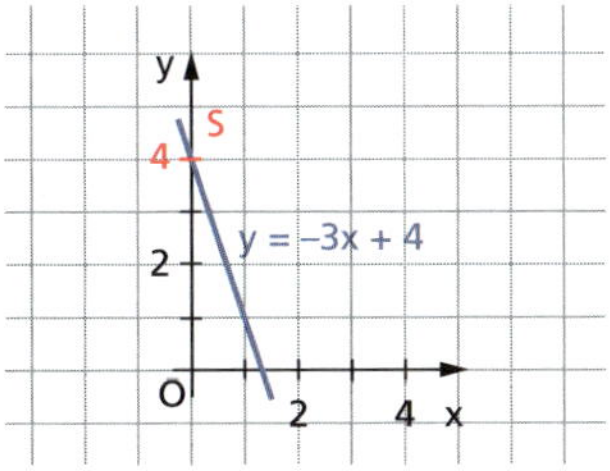

Da Funktionen *eindeutige* Abbildungen sind, dem Wert $x = 0$ also nur genau ein Wert für y zugeordnet wird, existiert für eine Funktion höchstens ein Schnittpunkt ihres Graphen mit der y-Achse.

Schnittpunkte mit der x-Achse; Nullstellen von Funktionen

D Die **Abszisse** des Schnittpunktes eines Funktionsgraphen mit der x-Achse erhält man, indem man für y in der Funktionsgleichung die Zahl 0 einsetzt. Die Abszisse dieses Schnittpunktes mit der x-Achse nennt man auch **Nullstelle** der Funktion.

abscindere (lat.) – trennen

Gegeben ist die Funktion mit der Gleichung $y = 4x - 2$.
Gesucht ist der Schnittpunkt S ihres Graphen mit der x-Achse.
$y = 4x - 2$, für $y = 0$ eingesetzt:
$0 = 4x - 2 \quad | +2$
$2 = 4x \quad | :4$
$\frac{1}{2} = x$
Der Schnittpunkt mit der x-Achse ist $S(\frac{1}{2}; 0)$. Die Nullstelle ist $x = \frac{1}{2}$.

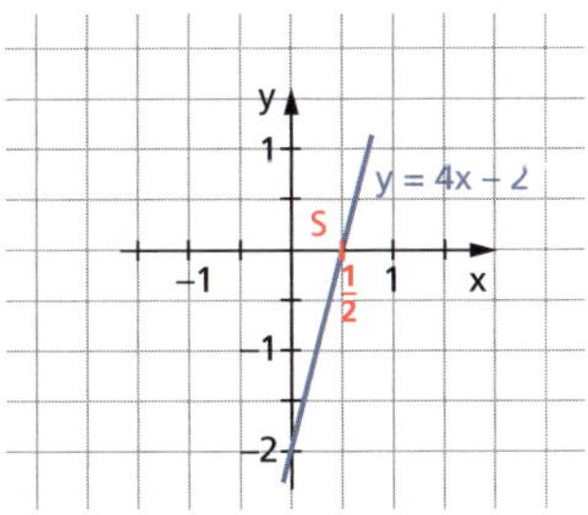

Funktionsgraphen haben keinen, einen oder mehrere Schnitt- bzw. Berührungspunkte mit der x-Achse.

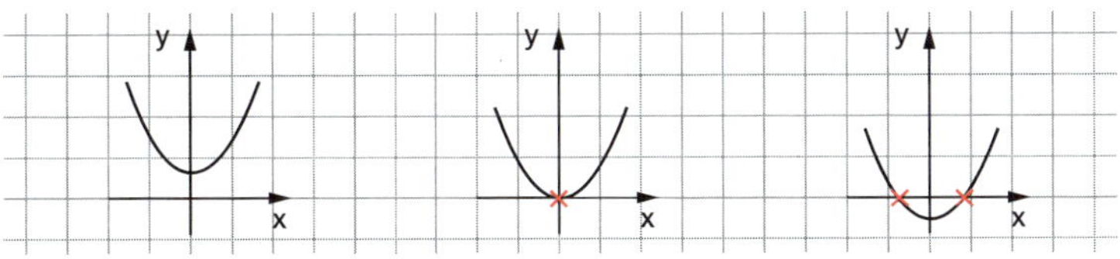

Gesucht sind die Nullstellen der Funktion mit $y = x^2 - x - 6$.
$0 = x^2 - x - 6$
$x_{1;2} = -\frac{p}{2} \pm \sqrt{\left(\frac{p}{2}\right)^2 - q}$
$x_{1;2} = \frac{1}{2} \pm \sqrt{\frac{1}{4} + 6}$
$x_1 = \frac{1}{2} + \frac{5}{2} = 3 \quad x_2 = \frac{1}{2} - \frac{5}{2} = -2$
Es gibt zwei Nullstellen, $x_1 = 3$ und $x_2 = -2$.

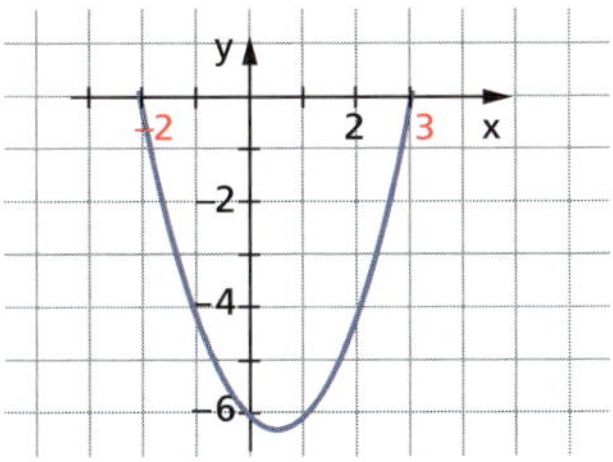

5.2 Proportionalität

proportio (lat.) – Verhältnis, Ebenmaß

5.2.1 Direkte Proportionalität

Die direkte Proportionalität wird oftmals auch nur kurz Proportionalität genannt.

D Eine **Zuordnung** heißt **direkte Proportionalität,** wenn zwei veränderliche Größen x und y immer den gleichen Quotienten k haben, also gilt: $\frac{y}{x} = k$, d.h. $y = k \cdot x$
$y \sim x$ (gesprochen: y ist proportional zu x)

Ein undichter Wasserhahn tropft gleichmäßig. Die Tropfen werden in einem Messbecher aufgefangen und der Wasserverlust wird sechs Stunden lang jede Stunde abgelesen.

Zeit x in h	1	2	3	4	5	6
Wasserverlust y in ml	250	500	750	1000	1250	1500

Zwischen den beiden Größen *Wasserverlust* und *Zeit* besteht eine direkte Proportionalität. Der Wasserverlust ist direkt proportional zur Zeit. Pro Stunde tropfen immer 250 ml Wasser aus dem Hahn.

Direkte Proportionalität zwischen zwei Größen

Jedes einzelne Merkmal genügt zur Feststellung der direkten Proportionalität.

Merkmale	Beispiel
(1) Je *größer* die eine Größe, desto *größer* die andere Größe. Wird die eine Größe *verdoppelt* (verdreifacht usw.), *verdoppelt* (verdreifacht usw.) sich auch die andere Größe.	Je *mehr* Zeit vergeht, desto *mehr* Wasser ist herausgetropft. In der *doppelten* (dreifachen) Zeit *verdoppelt* (verdreifacht) sich der Wasserverlust.
(2) Alle Quotienten einander zugeordneter Werte sind gleich **(Quotientengleichheit).** $\frac{y}{x} = k$	$\frac{250\text{ ml}}{1\text{ h}} = \frac{500\text{ ml}}{2\text{ h}} = \frac{750\text{ ml}}{3\text{ h}} = \frac{1000\text{ ml}}{4\text{ h}}$ $= \frac{1250\text{ ml}}{5\text{ h}} = \frac{1500\text{ m}}{6\text{ h}} = \mathbf{250\ \frac{ml}{h}}$
(3) Man kann alle Werte der einen Größe mit dem gleichen Faktor **(Proportionalitätsfaktor k)** multiplizieren und erhält die zugeordneten Werte der anderen Größe.	$250\ \frac{\text{ml}}{\text{h}} \cdot 1\text{ h} = 250\text{ ml}$ $250\ \frac{\text{ml}}{\text{h}} \cdot 2\text{ h} = 500\text{ ml}$ ⋮ $250\ \frac{\text{ml}}{\text{h}} \cdot 6\text{ h} = 1500\text{ ml}$ $\mathbf{k = 250\ \frac{ml}{h}}$
(4) Für die direkte Proportionalität gilt: $y = k \cdot x$	$y = 250\ \frac{\text{ml}}{\text{h}} \cdot x$

Merkmale	Beispiel
(5) Wird der Zusammenhang zwischen den Größen grafisch dargestellt, so liegen alle Punkte auf einer Geraden, die durch den Koordinatenursprung verläuft und nicht mit den Achsen zusammenfällt.	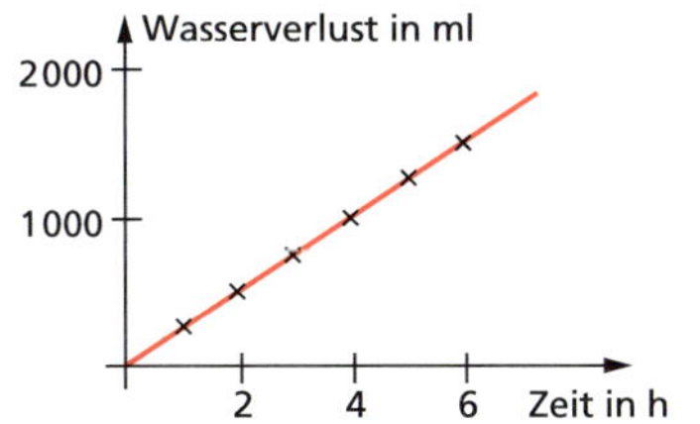

Auf dem Markt kosten 3 kg Äpfel 1,50 €.
Wie viel Euro kosten 4 kg Äpfel der gleichen Sorte?

$\frac{1{,}50}{3} = \frac{2{,}00}{4} = 0{,}5$

$k = 0{,}5$

$y = 0{,}5 \cdot x$

Antwort: 4 kg Äpfel kosten 2,00 €.

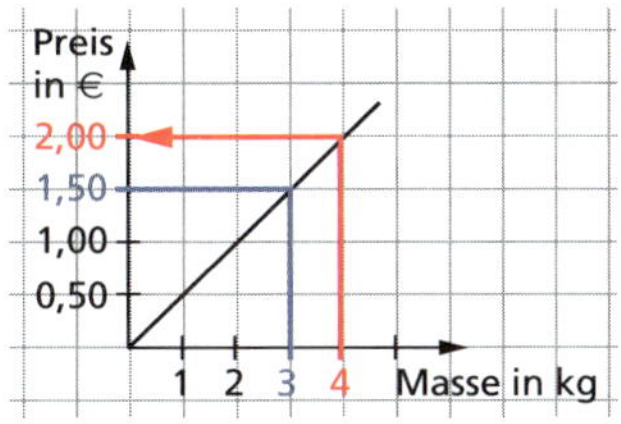

5.2.2 Indirekte Proportionalität

D

Eine **Zuordnung** heißt **indirekte Proportionalität,** wenn zwei veränderliche Größen x und y immer das gleiche Produkt k haben, also gilt:
$y \cdot x = k$, d.h. $y = k \cdot \frac{1}{x}$
$y \sim \frac{1}{x}$ (gesprochen: y ist indirekt proportional zu x)

Die **indirekte Proportionalität** wird auch **umgekehrte Proportionalität** oder **Antiproportionalität** genannt.

Schließen sich mehrere Lottospieler zu einer Tippgemeinschaft zusammen, so wird bei gleichen Einsätzen der einzelnen Spieler der Gewinn gleichmäßig auf alle Mitglieder verteilt. Die Tabelle zeigt, wie ein Gewinn von 24 000 € auf die Mitglieder einer Tippgemeinschaft in Abhängigkeit von ihrer Anzahl verteilt werden muss.

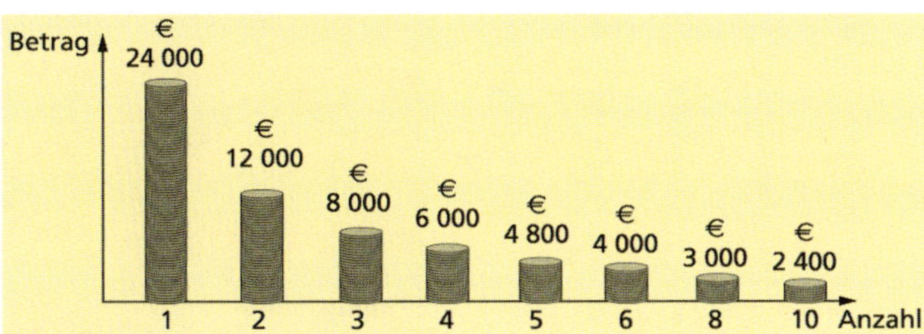

Anzahl der Mitglieder	2	3	4	5	6	8	10
Gewinn (in €) pro Mitglied	12 000	8 000	6 000	4 800	4 000	3 000	2 400

LOTTO am Mittwoch
6 aus 49

Jedes einzelne Merkmal genügt zur Feststellung der indirekten Proportionalität.

Indirekte Proportionalität zwischen zwei Größen

Merkmale	Beispiel
(1) Je *größer* die eine Größe, desto *kleiner* die andere Größe. Wird die eine Größe *verdoppelt* (verdreifacht usw.), so wird die andere Größe *halbiert* (gedrittelt usw.).	Je mehr Mitglieder die Tippgemeinschaft hat, desto weniger erhält jeder vom Gewinn. Verdoppelt sich die Anzahl der Mitglieder, dann halbiert sich der Gewinn pro Mitglied.
(2) Alle Produkte einander zugeordneter Werte sind gleich **(Produktgleichheit).** $y \cdot x = k$	$2 \cdot 12000$ € $= 3 \cdot 8000$ € $=$ $4 \cdot 6000$ € $= 5 \cdot 4800$ € $=$ $6 \cdot 4000$ € $= 8 \cdot 3000$ € $=$ $10 \cdot 2400$ € $=$ **24000 €**
(3) Für die indirekte Proportionalität gilt: $y = k \cdot \frac{1}{x} = \frac{k}{x}$	$y = 24\,000\text{ €} \cdot \frac{1}{x} = \frac{24\,000\text{ €}}{x}$
(4) Wird der Zusammenhang zwischen den Größen grafisch dargestellt, so liegen alle Punkte auf einer gekrümmten Linie, einem Hyperbelast.	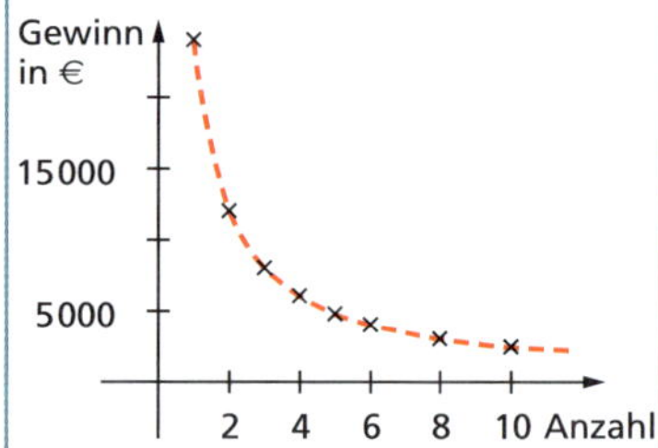

Sechs Schüler der Klasse 7 c wollen ihren Klassenraum neu gestalten. Sie planen dafür vier Stunden ein.

Wie lange dauert die Ausgestaltung, wenn nur drei Schüler die Arbeit ausführen?

Schülerzahl	Arbeitszeit in h
6	4
3	**8**

(Schülerzahl : 2; Arbeitszeit · 2)

$6 \cdot 4 = 3 \cdot 8 = 24$

Produktgleichheit ist gegeben:

$y = 24 \cdot \frac{1}{x}$

Antwort:

Wenn drei Schüler den Raum renovieren, dauert es acht Stunden.

5.3 Lineare Funktionen

D Eine Funktion mit einer Gleichung der Form $y = m \cdot x + n$ $(m; n \in \mathbb{R})$ oder einer solchen, die durch äquivalentes Umformen in diese Form überführt werden kann, heißt **lineare Funktion.**

Für lineare Funktionen ist der Definitionsbereich im Allgemeinen die Menge der reellen Zahlen, was dann auch für den Wertebereich (für $m \neq 0$) gilt.
Die Zahlen m und n sind **Parameter.**

Eine Telefongesellschaft wirbt mit folgendem Angebot:
Monatsgrundpreis: 10 €
Kosten für eine Gesprächsminute im Inland: 0,05 €
Dieser Sachverhalt lässt sich auch als Gleichung darstellen:
$y = 0{,}05\ € \cdot x + 10\ €$

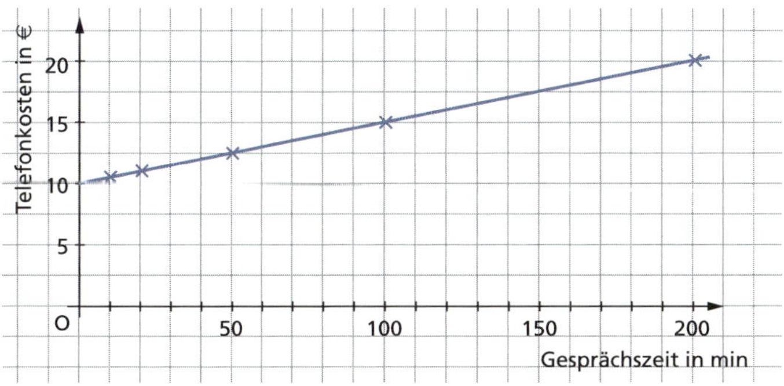

Eine Funktion der Form $y = n$, d. h. $y = m \cdot x + n$ mit $m = 0$, heißt **konstante Funktion.** Der Graph einer konstanten Funktion mit $y = n$ ist eine Parallele zur x-Achse im Abstand n.

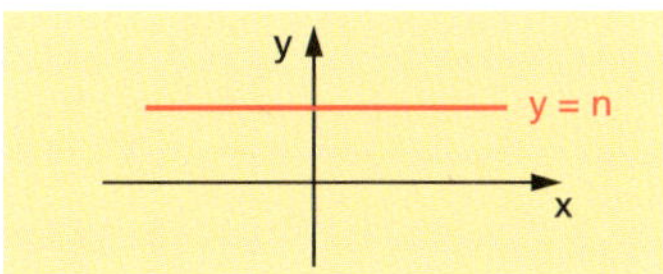

5.3.1 Funktionen mit der Gleichung $y = m \cdot x$

Für Funktionen mit der Gleichung $y = m \cdot x$ $(m \neq 0)$ gilt:
- Die Graphen bestehen aus Punkten, die auf einer Geraden liegen, die durch den Koordinatenursprung verläuft.
- m gibt den **Anstieg,** die **Steigung** der Funktion an.

Eine Schnecke benötigt für einen Weg von 12 cm eine Zeit von etwa 1 min.
Weg und Zeit sind direkt proportional zueinander.
Welchen Weg legt die Schnecke in 5 min zurück?

Zeit t in min	0	1	1,5	2	4	5
Weg s in cm	0	12	18	24	48	60

Funktionsgleichung: $y = 12 \cdot x$

Antwort: Die Schnecke legt in fünf Minuten 60 cm zurück.

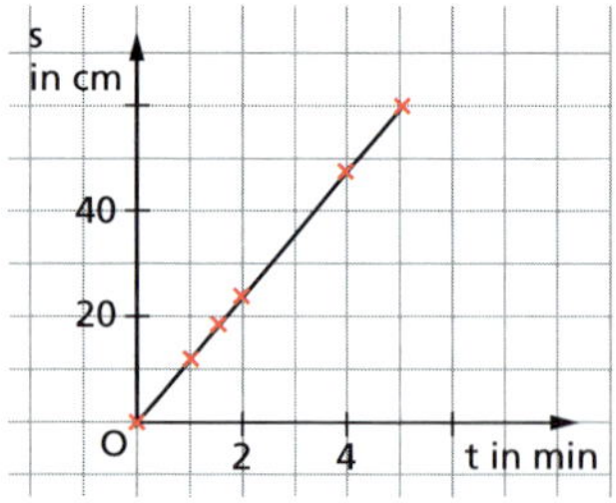

Zeichnen von Funktionsgraphen

Um den Graphen einer linearen Funktion mit $y = m \cdot x$ zu zeichnen, werden nur zwei Punkte benötigt. Als ein Punkt kann immer der Koordinatenursprung gewählt werden.
Einen zweiten Punkt erhält man, indem man
① die Koordinaten dieses Punktes mithilfe der Funktionsgleichung berechnet oder
② den Anstieg m benutzt.

① $y = 2{,}5x$

Für $x = 2$: $y = 2{,}5 \cdot 2$
$y = 5$
P(2; 5)

② $y = \frac{3}{4}x$

$m = \frac{3}{4}$: Wenn x um 4 wächst, wächst y um 3.
P(4; 3)

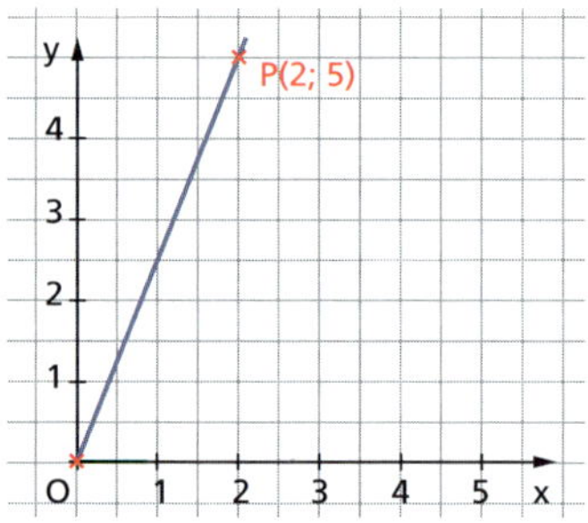

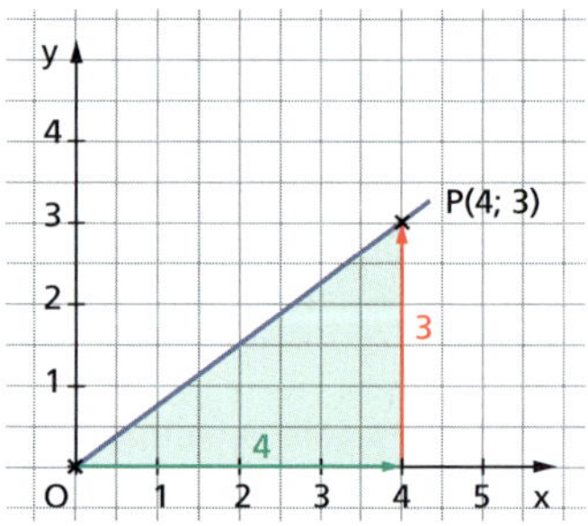

Das eingezeichnete rechtwinklige Dreieck nennt man **Anstiegsdreieck (Steigungsdreieck).** Anstiegsdreiecke kann man in beliebiger Größe und an beliebiger Stelle zeichnen sowie entlang dem Graphen verschieben.

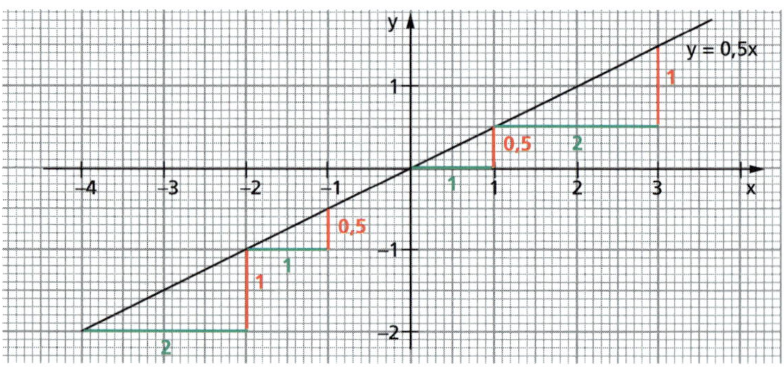

Wenn x um 1 vergrößert wird, verändert sich y um m.

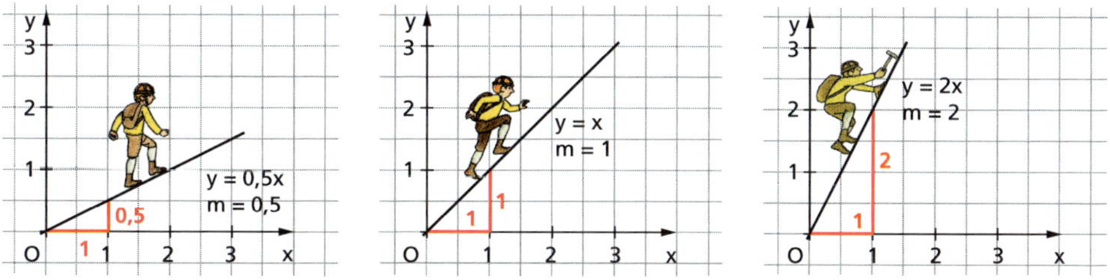

Hinter der Gleichung $y = m \cdot x$ verbirgt sich eine ganze Schar von Funktionsgraphen, die sich nur im Anstieg m unterscheiden.
Für $m > 0$ steigt die Gerade, für $m < 0$ fällt die Gerade.

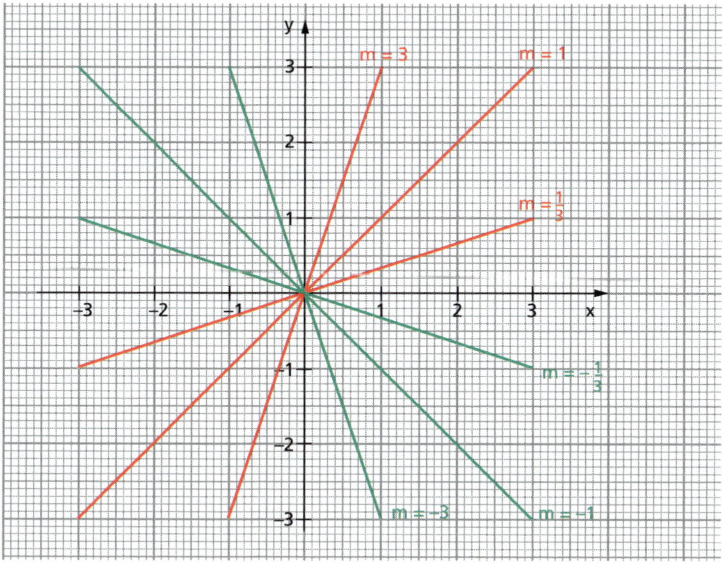

5.3.2 Funktionen mit der Gleichung $y = m \cdot x + n$

Für Funktionen mit der Gleichung $y = m \cdot x + n \quad (m \neq 0)$ gilt:

- Die Graphen bestehen aus Punkten, die auf einer Geraden liegen.
- n heißt **absolutes Glied** und gibt an, wo die Gerade die y-Achse schneidet.
- Bei gleichem Anstieg m und unterschiedlichen n sind die Graphen zueinander parallele Geraden.

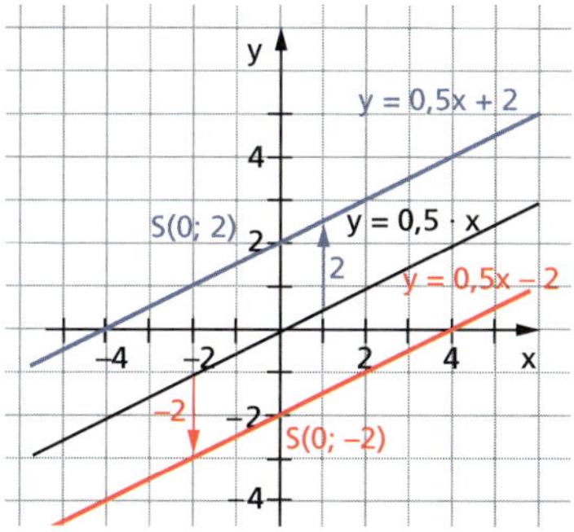

In einem Aquarium befinden sich noch 2 l Wasser. Es wird gleichmäßig mit einem Schlauch gefüllt. Pro Minute laufen 1,5 l Wasser hinein. Das Volumen V des Wassers im Aquarium ist eine Funktion der Zeit t. Für die Funktion gilt die Gleichung:
$V = 1{,}5\ \frac{l}{\text{min}} \cdot t + 2\ l$

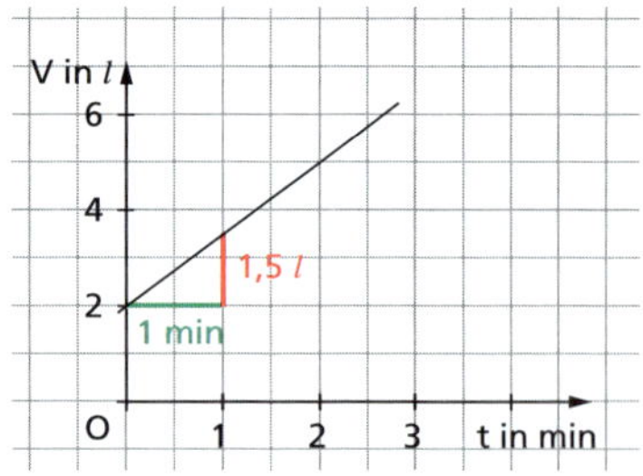

Zeichnen von Funktionsgraphen

Die einfache Möglichkeit, den Graphen einer linearen Funktion zu zeichnen, ist das Verwenden von Werten aus einer Wertetabelle. Dabei sollte man günstige, d. h. leicht errechenbare Werte nutzen.

Gleichung: $y = \frac{1}{2}x + 1$

Wertetabelle:

x	−2	0	2	4
y	0	1	2	3

Graph:

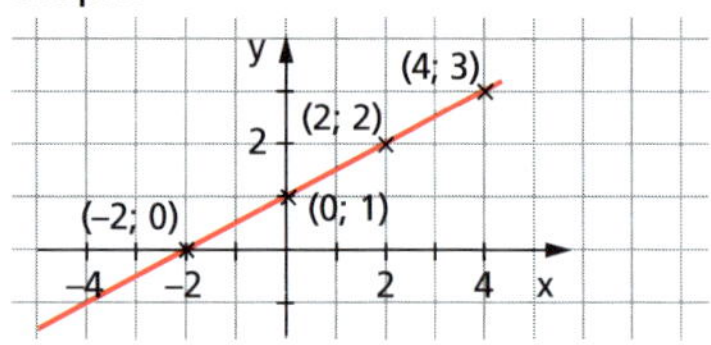

Man kann auch ein Steigungsdreieck und den Schnittpunkt mit der y-Achse (0; n) nutzen.

Der Graph zu $y = -\frac{3}{2}x - 1$ ist zu zeichnen.

Der Punkt (0; −1) ist der Schnittpunkt mit der y-Achse. Von diesem Punkt aus wird das Steigungsdreieck (um 2 Einheiten nach rechts und um 3 Einheiten nach unten) angetragen.

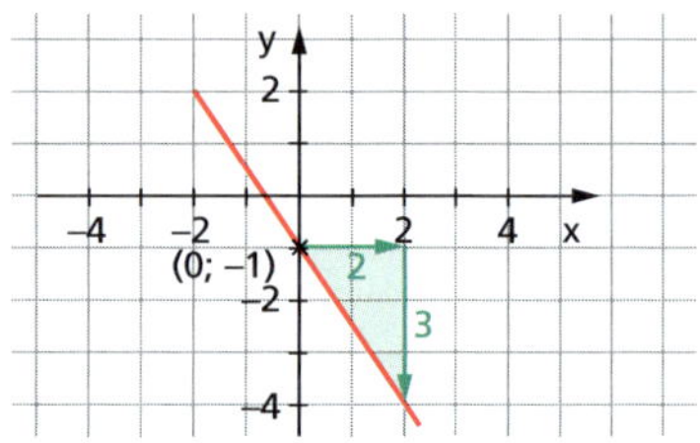

Nullstellenermittlung

Um die Nullstelle einer linearen Funktion (↗ S. 153) zu ermitteln, wird in die Funktionsgleichung für y = 0 eingesetzt und nach x aufgelöst.

Gesucht ist die Nullstelle der Funktion mit $y = \frac{3}{2}x - 4$.

$0 = \frac{3}{2}x - 4 \quad | + 4$

$4 = \frac{3}{2}x \quad | : \frac{3}{2}$

$\frac{8}{3} = x$

Antwort: Die Nullstelle der Funktion ist $x = \frac{8}{3}$.

Ermitteln der Funktionsgleichung aus zwei Punkten des Graphen

Eine lineare Funktion ist durch zwei Punkte ihres Graphen eindeutig bestimmt. Die Funktionsgleichung lässt sich mithilfe der Lösung eines **Gleichungssystems** bestimmen.

Gesucht:
Funktionsgleichung

Gegeben:
$P_1(2; 5)$; $P_2(-2; -1)$ als Punkte des Graphen einer Funktion mit $y = m \cdot x + n$

Lösung:
$P_1(2; 5)$ in $y = m \cdot x + n$ eingesetzt, liefert **I** $5 = 2m + n$.
$P_2(-2; -1)$ in $y = m \cdot x + n$ eingesetzt, liefert **II** $-1 = -2m + n$.

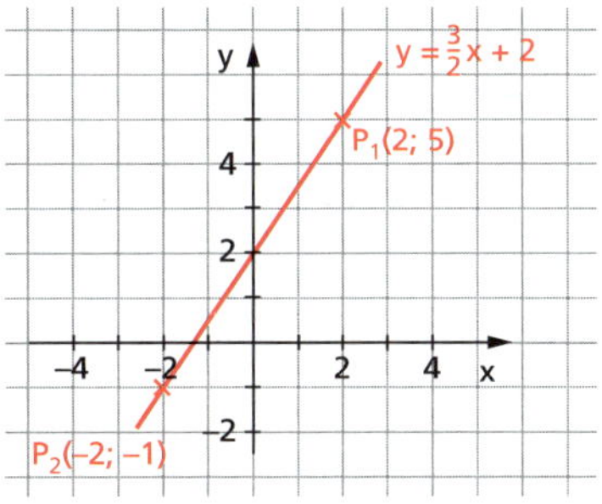

Man erhält ein Gleichungssystem, das hier z. B. durch das Additionsverfahren (↗ S. 127) gelöst werden kann.

$$\begin{array}{lrcl} \textbf{I} & 5 & = & 2m + n \\ \textbf{II} & -1 & = & -2m + n \\ \hline \textbf{I + II} & 4 & = & 2n \\ & n & = & 2 \end{array} \qquad \begin{array}{lrcl} \text{in } \textbf{I} & 5 & = & 2m + 2 \\ & 3 & = & 2m \\ & \frac{3}{2} & = & m \end{array}$$

Antwort: $y = \frac{3}{2}x + 2$ ist die Funktionsgleichung.

Das dargestellte Verfahren, allgemein auf zwei Punkte $P_1(x_1; y_1)$ und $P_2(x_2; y_2)$ angewandt, liefert die beiden Gleichungen **I** $y_1 = m \cdot x_1 + n$ und **II** $y_2 = m \cdot x_2 + n$. Subtrahiert man die zweite Gleichung von der ersten, um n zu eliminieren, erhält man $y_1 - y_2 = m \cdot x_1 - m \cdot x_2 = m \cdot (x_1 - x_2)$.

S

Ist f eine lineare Funktion mit dem Anstieg m, so gilt für $x_1 > x_2$:
$$m = \frac{y_1 - y_2}{x_1 - x_2} = \frac{f(x_1) - f(x_2)}{x_1 - x_2}$$

Mit diesem Satz kann der Anstieg einer Funktion sofort ermittelt werden und es lässt sich anschließend n errechnen.

Gesucht:
Funktionsgleichung

Gegeben:
$P_1(3; 5)$; $P_2(6; 7)$ als Punkte des Graphen einer linearen Funktion mit $y = m \cdot x + n$

Lösung:
$m = \frac{5-7}{3-6} = \frac{-2}{-3} = \frac{2}{3} \Rightarrow$

$y = \frac{2}{3}x + n$

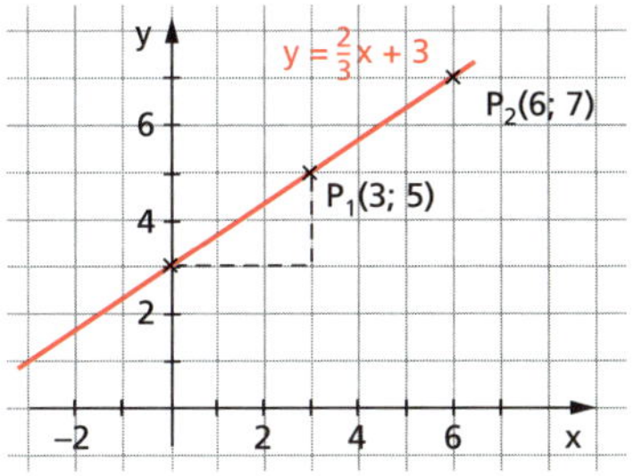

Werte z. B. von $P_1(3; 5)$ eingesetzt:

$5 = \frac{2}{3} \cdot 3 + n$

$5 = 2 + n$

$3 = n$

Antwort: $y = \frac{2}{3}x + 3$ ist die Funktionsgleichung.

5.4 Quadratische Funktionen

D

Eine Funktion mit einer Gleichung der Form $y = a \cdot x^2 + b \cdot x + c$ $(a \neq 0)$ oder einer solchen, die durch äquivalentes Umformen in diese Form überführt werden kann, heißt **quadratische Funktion.**
$a \cdot x^2$ heißt quadratisches Glied,
$b \cdot x$ heißt lineares Glied,
c heißt konstantes Glied (absolutes Glied).

5.4.1 Graphen quadratischer Funktionen

Die einfachste quadratische Funktion hat die Gleichung $y = x^2$. Das ist der Sonderfall der quadratischen Funktion für $a = 1$, $b = 0$ und $c = 0$.

x	–4	–2	1	0	1	2	3
y	16	4	1	0	1	4	9

Der Graph heißt **Normalparabel.**

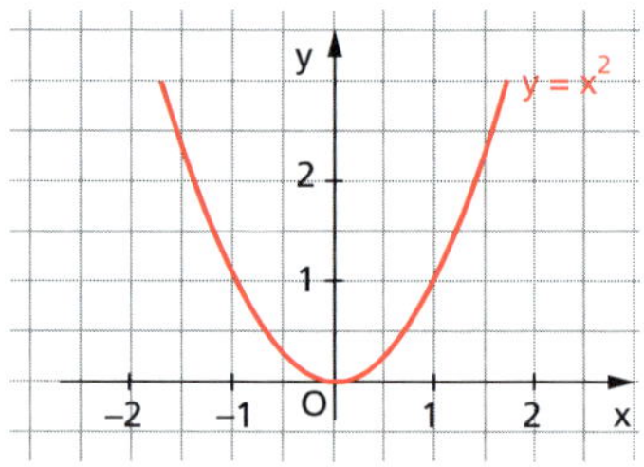

Eigenschaften der Normalparabel für die Funktion mit $y = x^2$

- Die Kurve ist „nach oben“ offen.
- Die Kurve berührt die x-Achse im Koordinatenursprung.
- Die y-Achse ist Symmetrieachse der Kurve.
- Der Punkt P(0; 0) heißt Scheitelpunkt der Normalparabel.

Diese Normalparabel kann auf unterschiedliche Art verändert werden: Sie kann gestaucht, gestreckt, gespiegelt und im Achsenkreuz verschoben werden.

Stauchung und Streckung

Der Graph zu $y = a \cdot x^2$ ist für $a = 1$ die Normalparabel.
Der Parameter a bewirkt eine Stauchung oder Streckung der Parabel, wenn $a > 0$ ist.

$0 < a < 1$ Parabel wird gestaucht.
$a > 1$ Parabel wird gestreckt.

x	–2	–1	0	1	2
$y = x^2$	4	1	0	1	4
$y = 2x^2$	8	2	0	2	8
$y = \frac{1}{2}x^2$	2	$\frac{1}{2}$	0	$\frac{1}{2}$	2

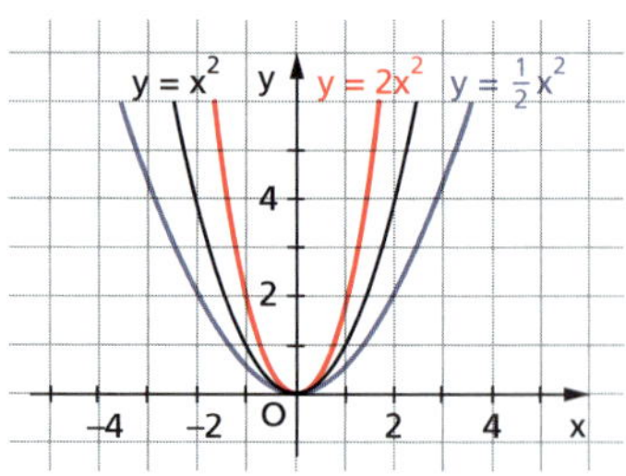

Spiegelung

Graphen der Funktionen mit $y = a \cdot x^2$ entstehen durch Spiegelung an der x-Achse, wenn $a < 0$ ist.
Der Graph der Funktion mit $y = -x^2$ ist eine Normalparabel.

x	–2	–1	0	1	2	3
$y = x^2$	4	1	0	1	4	9
$y = -x^2$	–4	–1	0	–1	–4	–9

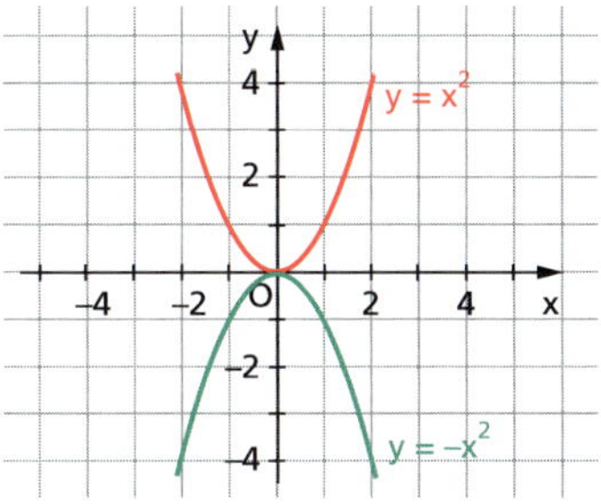

Verschiebung der Normalparabel längs der y-Achse

Zur Funktion mit $y = x^2$ gehört der Graph mit dem Scheitelpunkt im Koordinatenursprung.
Bei $y = x^2 + c$ $(c \in \mathbb{R})$ wird zu jedem Funktionswert $y = x^2$ der Betrag von c addiert oder subtrahiert, je nachdem ob c positiv oder negativ ist.
Der Graph der Funktion $y = x^2 + c$ entsteht durch Verschiebung der Normalparabel entlang der y-Achse.
Ansonsten ändert sich an der Gestalt der Normalparabel nichts.

$c > 0$ Verschiebung entlang der y-Achse nach oben
$c < 0$ Verschiebung entlang der y-Achse nach unten

x	–2	–1	0	1	2
$y = x^2$	4	1	0	1	4
$y = x^2 - 2$	2	–1	–2	–1	2
$y = x^2 + 2$	6	3	2	3	6

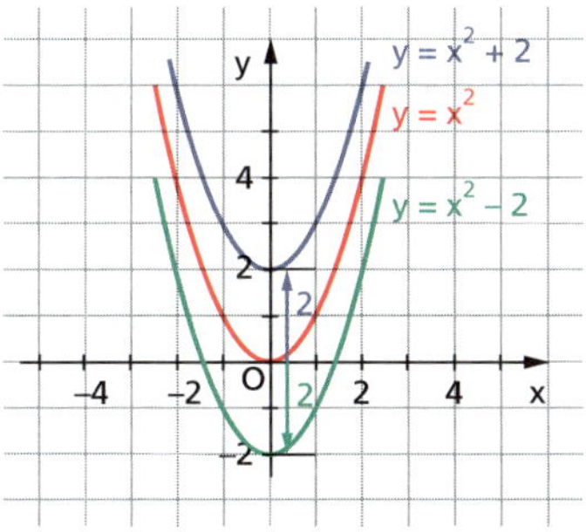

Verschiebung der Normalparabel längs der x-Achse

Wird die Normalparabel zu $y = x^2$ in Richtung der negativen x-Achse um den Wert d verschoben, so hat der Scheitelpunkt S die Koordinaten $S(-d; 0)$ und die Parabel die Gleichung $y = (x + d)^2$.

$d < 0$ Verschiebung der Parabel $y = x^2$ entlang der x-Achse in positiver Richtung
$d > 0$ Verschiebung der Parabel $y = x^2$ entlang der x-Achse in negativer Richtung

x	–2	–1	0	1	2
$y = x^2$	4	1	0	1	4
$y = (x - 2)^2$	16	9	4	1	0
$y = (x + 2)^2$	0	1	4	9	16

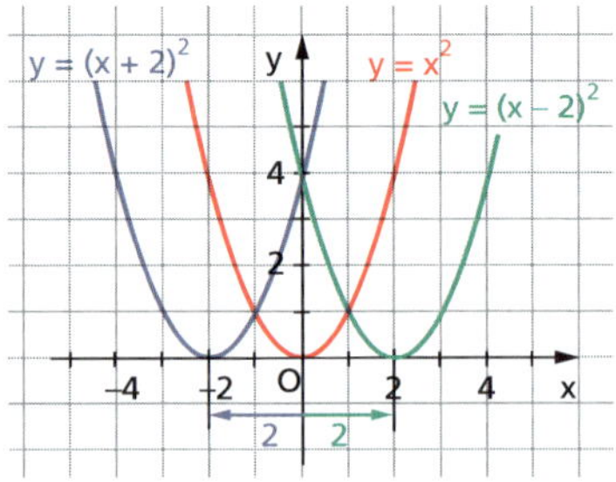

Verschiebung der Normalparabel in Richtung der x-Achse und der y-Achse

Wird die Normalparabel in Richtung der x-Achse und der y-Achse verschoben, so hat die Parabel die Gleichung $y = (x + d)^2 + e$.

Normalparabel wird entlang der x-Achse um d verschoben.

Normalparabel wird entlang der y-Achse um e verschoben.

Normalparabel wird entlang der x-Achse und der y-Achse verschoben.

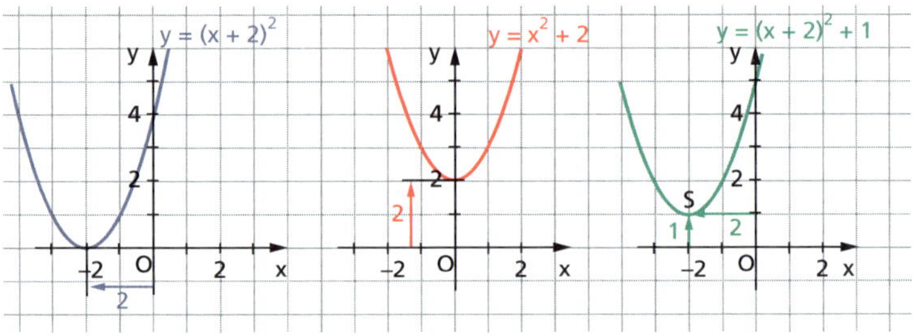

5.4.2 Nullstellen der Funktionen mit $y = x^2 + p \cdot x + q$

Neben dem Scheitelpunkt sind die Schnitt- bzw. Berührungspunkte mit der x-Achse besondere Punkte der Parabel. Da dort die Ordinate den Wert 0 hat, heißen die Abszissen auch **Nullstellen.**

Unmittelbar aus der Anschauung ergibt sich, dass eine Funktion mit $y = a \cdot x^2 + b \cdot x + c$ zwei Nullstellen, genau eine Nullstelle oder keine Nullstelle haben kann.

Bei der Berechnung der Nullstellen quadratischer Funktionen ist der Fall a = 1 besonders häufig. Die Funktionsgleichung hat dann die Form $y = x^2 + b \cdot x + c$, meist geschrieben in der Form $y = x^2 + p \cdot x + q$.

Die Koordinaten des **Scheitelpunktes** sind wegen

$x^2 + p \cdot x + q = \left(x + \frac{p}{2}\right)^2 + \left(-\left(\frac{p}{2}\right)^2 + q\right)$ $S(x_s; y_s) = S\left(-\frac{p}{2}; -\left(\frac{p}{2}\right)^2 + q\right)$.

discriminare (lat.) – unterscheiden

Der Term $\left(\frac{p}{2}\right)^2 - q$ wird als **Diskriminante** D bezeichnet, also $S\left(-\frac{p}{2}; -D\right)$.

Die Entscheidung darüber, ob eine quadratische Funktion zwei, genau eine oder keine Nullstellen hat, hängt von der Ordinate des Scheitelpunktes ab.

Diskriminante D	$D > 0$	$D = 0$	$D < 0$
Anzahl der Nullstellen	2 Nullstellen	eine (doppelte) Nullstelle	keine Nullstelle
Graph	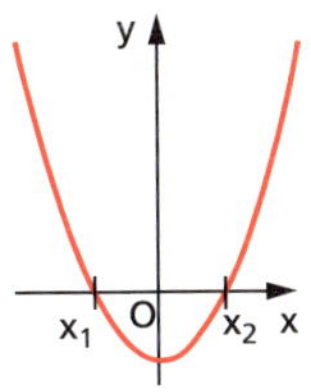	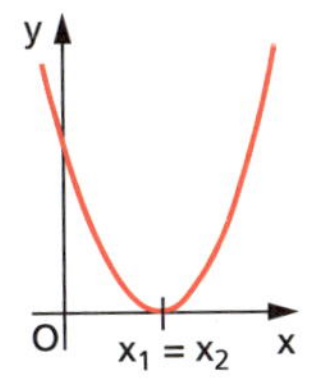	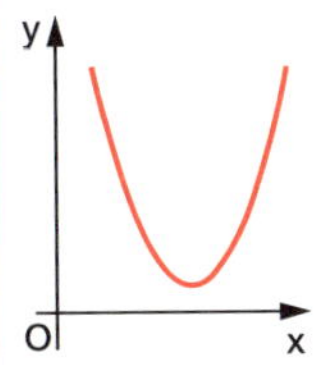
Beispiele			
Gleichung	$y = x^2 - 2x - 3$	$y = x^2 - 2x + 1$	$y = x^2 - 2x + 3$
Scheitelpunkt	S(1; –4)	S(1; 0)	S(1; 2)
Diskriminante	$D = 4$	$D = 0$	$D = -2$
Nullstellen	$x_1 = 3; x_2 = -1$	$x_{1;2} = 1$	keine Nullstelle
Graph	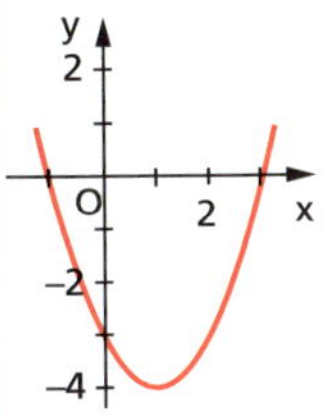	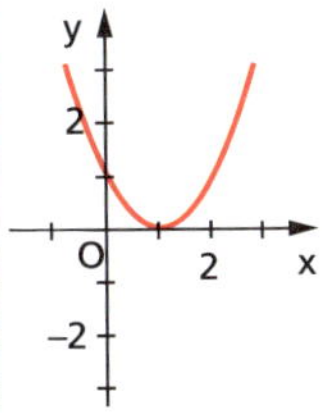	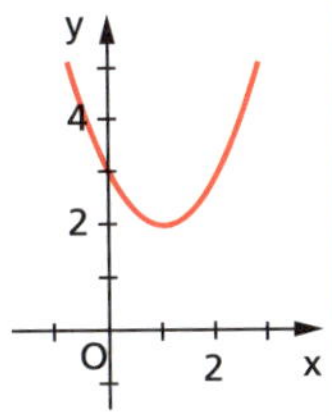

5.4.3 Die Funktionen mit $y = a \cdot x^2 + b \cdot x + c$

Für die allgemeine Form einer quadratischen Funktion mit $y = a \cdot x^2 + b \cdot x + c$ gilt:

Funktionsgleichung	$y = a \cdot x^2 + b \cdot x + c$	$y = 4x^2 - 8x + 3$
Definitionsbereich	$-\infty < x < \infty$	$-\infty < x < \infty$
Wertebereich	$\frac{4a \cdot c - b^2}{4a} \leq y < \infty$ für $a > 0$; $-\infty < y \leq \frac{4a \cdot c - b^2}{4a}$ für $a < 0$	$-1 \leq y \leq \infty$
Scheitelpunkt der Parabel	$S(-\frac{b}{2a}; \frac{4a \cdot c - b^2}{4a})$	S(1; –1)
Nullstellen	$x_{1;2} = \frac{1}{2a}(-b \pm \sqrt{b^2 - 4a \cdot c})$	$x_1 = 0{,}5; x_2 \approx 1{,}5$

5.5 Potenzfunktionen

> **D** Funktionen mit Gleichungen der Form $y = x^n$ $(x \in \mathbb{R}, n \in \mathbb{Z})$ heißen **Potenzfunktionen.**

Der Parameter n heißt Grad der Potenzfunktion.
Es ist zweckmäßig, eine Einteilung der Potenzfunktionen in Abhängigkeit vom Exponenten n vorzunehmen.

5.5.1 Potenzfunktionen mit geraden Exponenten

Ist der Exponent n in $y = x^n$ eine gerade Zahl ($n = 2k$ mit $k \in \mathbb{Z}$), so liegen **gerade Funktionen** (↗ S. 150) vor. Die y-Achse ist die Symmetrieachse für alle diese Funktionsgraphen. Man kann folgende Potenzfunktionen mit geraden Exponenten unterscheiden:

$y = x^{2k}$	$k > 0$	$k = 0$	$k < 0$
Definitionsbereich	$-\infty < x < \infty$	$-\infty < x < \infty$; $x \neq 0$, da 0^0 nicht erklärt	$-\infty < x < \infty$; $x \neq 0$
Wertebereich	$0 \leq y < \infty$	$y = 1$	$0 < y < \infty$
Nullstelle	$x = 0$	keine	keine
Gemeinsame Punkte aller Graphen	(–1; 1), (0; 0), (1; 1)		(–1; 1), (1; 1)
Besonderheiten	Die quadratische Funktion mit $y = x^2$ ist ein Spezialfall der Potenzfunktionen. Ihr Graph heißt **Normalparabel.**	Die Funktion $y = x^0$ ist eine lineare (konstante) Funktion mit dem Anstieg $m = 0$. Der Graph ist eine **Parallele** zur x-Achse durch den Punkt (0; 1).	Die Graphen schmiegen sich an die x-Achse und an die y-Achse an, erreichen diese aber nicht. Die Graphen heißen **Hyperbeln.**
Beispiele	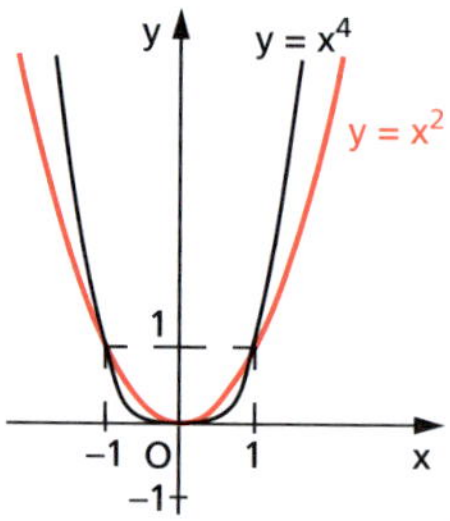	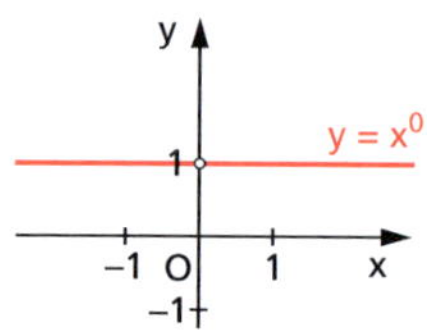	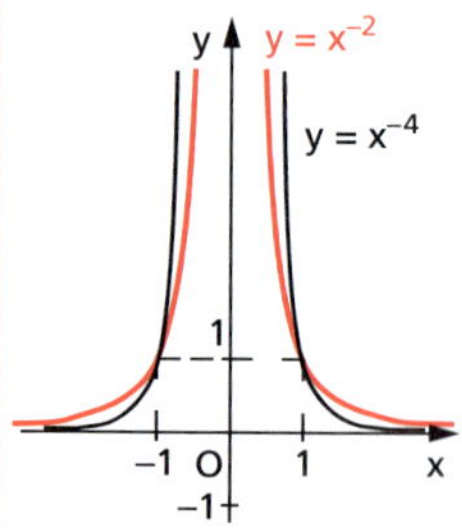

5.5.2 Potenzfunktionen mit ungeraden Exponenten

Ist der Exponent n in $y = x^n$ eine ungerade Zahl ($n = 2k + 1$ mit $k \in \mathbb{Z}$), so liegen **ungerade Funktionen** (↗ S. 150) vor.
Die Funktionsgraphen sind punktsymmetrisch (zentralsymmetrisch) zum Koordinatenursprung O.
Bezüglich der Potenzfunktionen mit ungeraden Exponenten kann man folgende Fälle unterscheiden:

$y = x^{2k+1}$	$k > 0$	$k = 0$	$k < 0$
Definitionsbereich	$-\infty < x < \infty$	$-\infty < x < \infty$	$-\infty < x < \infty;\ x \neq 0$
Wertebereich	$-\infty < y < \infty$	$-\infty < y < \infty$	$-\infty < y < \infty;\ y \neq 0$
Nullstelle	$x = 0$	$x = 0$	keine
Gemeinsame Punkte aller Graphen	(–1; –1), (0; 0), (1; 1)		(–1; –1), (1; 1)
Besonderheiten	Der Graph der Funktion mit $y = x^3$ heißt **kubische Parabel.**	Dieser Spezialfall ist eine **lineare Funktion** mit dem Anstieg $m = 1$. Ihr Graph ist eine Gerade, die durch den Koordinatenursprung geht.	Die Funktion mit $y = x^{-1} = \frac{1}{x}$ beschreibt eine **indirekte Proportionalität.** Ihr Graph heißt **Hyperbel(ast).**
Beispiele	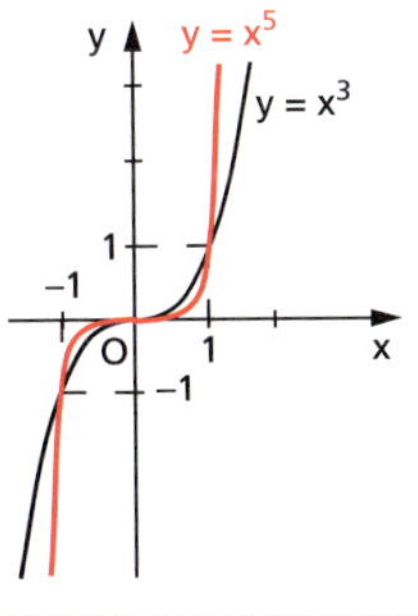	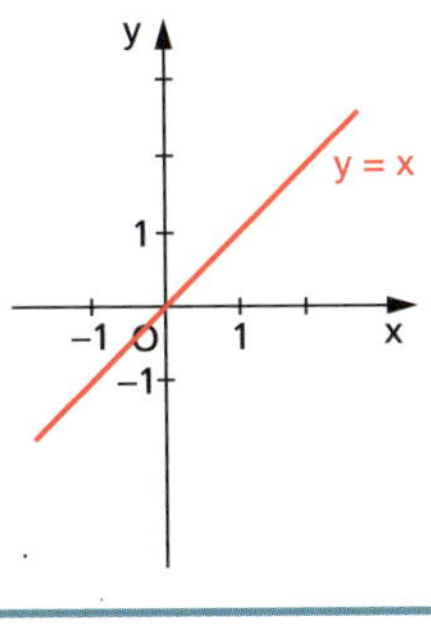	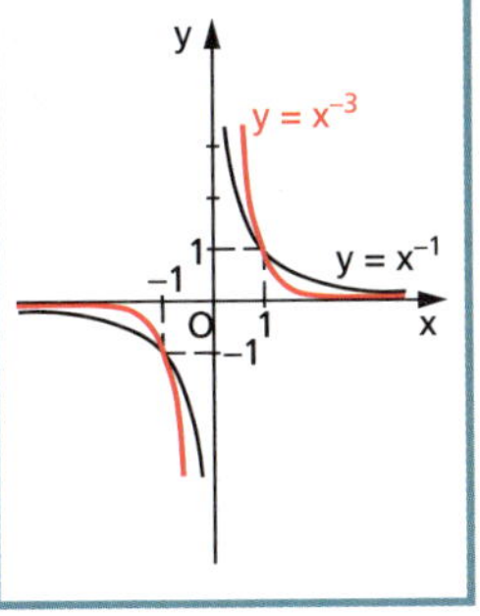

Die Graphen der Funktion $y = x^{-1}$, $y = x^{-3}$, ... heißen Hyperbeln ersten, dritten, ... Grades. Sie bestehen aus zwei Teilen, den Hyperbelästen. Die Hyperbeläste kommen der x-Achse immer näher, ohne sie jemals zu berühren. Man nennt dies **asymptotische** Annäherung.
Die Funktionen mit $y = x^{2k+1}$ ($k \in \mathbb{N}$) sind eineindeutig und lassen sich im gesamten Definitionsbereich umkehren.
Die Umkehrfunktionen heißen Wurzelfunktionen.

5.6 Wurzelfunktionen

D

Funktionen mit Gleichungen der Form
$f(x) = \sqrt[n]{x^m}$ $(x \geq 0;\ m, n \in \mathbb{N};\ m \geq 1;\ n \geq 2)$ heißen **Wurzelfunktionen.**

Wurzelfunktionen sind spezielle Potenzfunktionen, wenn bei diesen die Exponenten nicht nur ganze Zahlen, sondern auch gebrochene Zahlen sein dürfen:

$\sqrt[n]{x^m} = x^{\frac{m}{n}}$

Auch Funktionen mit z. B. $f(x) = \sqrt[3]{x+8}$ oder $f(x) = \sqrt{16 - x^2}$ werden oft als Wurzelfunktionen bezeichnet.

5.6.1 Die Funktion mit $f(x) = \sqrt[2]{x}$

Statt $\sqrt[2]{x}$ kann auch nur $\sqrt{x}$ geschrieben werden.

Die Funktion mit $f(x) = \sqrt{x}$ ist die Umkehrfunktion zu $g(x) = x^2$, jedoch nur für den Bereich nichtnegativer x-Werte, da $g(x) = x^2$ nicht eineindeutig ist.
Gemeinsame Punkte der beiden Funktionen sind (0; 0) und (1; 1).
Da $g(x) = x^2$ für $x \geq 0$ monoton steigend ist, ist es auch $f(x) = \sqrt{x}$.

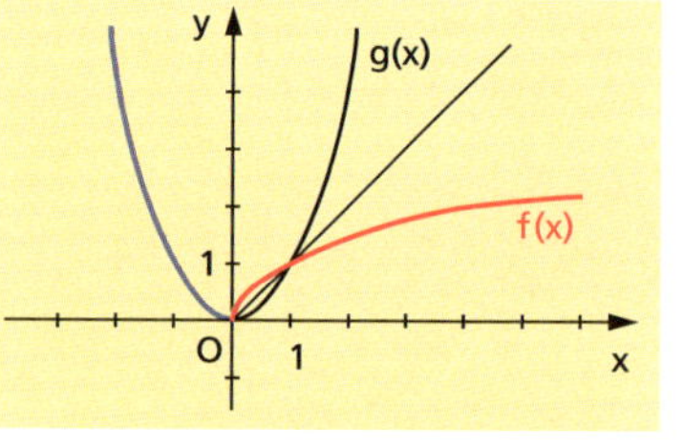

Quadrieren ist keine äquivalente Umformung.
Also ist $f(x) = \sqrt{x}$ nicht äquivalent zu $[f(x)]^2 = x$.
Zieht man wieder auf beiden Seiten die Wurzeln, dann erhält man nach der Quadratwurzeldefinition $|f(x)| = \sqrt{x}$ mit der Fallunterscheidung

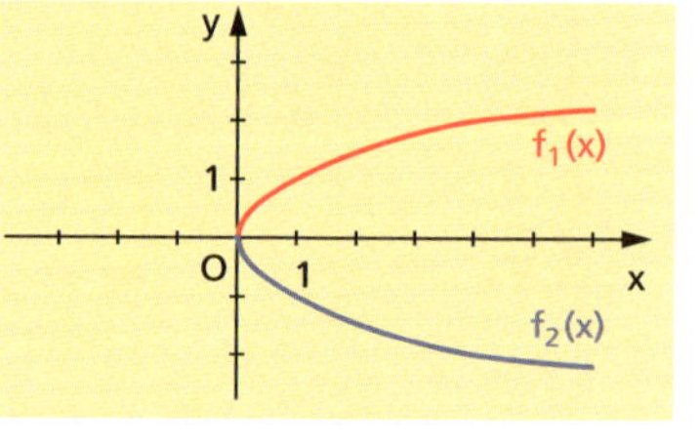

(1) $f(x) \geq 0 \Rightarrow f_1(x) = \sqrt{x}$ und (2) $f(x) < 0 \Rightarrow f_2(x) = -\sqrt{x}$.

5.6.2 Die Funktionen mit $f(x) = \sqrt[n]{x}$

Der Zusammenhang zwischen $f(x) = x^2$ und $f^{-1}(x) = \sqrt{x}$, zueinander inverse Funktionen zu sein, gilt entsprechend für $f(x) = x^n$ $(n \in \mathbb{N};\ n \geq 2)$ und $f^{-1}(x) = \sqrt[n]{x}$, auch hier wieder nur für $x \geq 0$.

Definitionsbereich:	$0 \leq x < \infty$
Wertebereich:	$0 \leq y < \infty$
Nullstelle:	$x = 0$
Gemeinsame Punkte aller Graphen:	(0; 0), (1; 1)
Monotonie:	monoton steigend

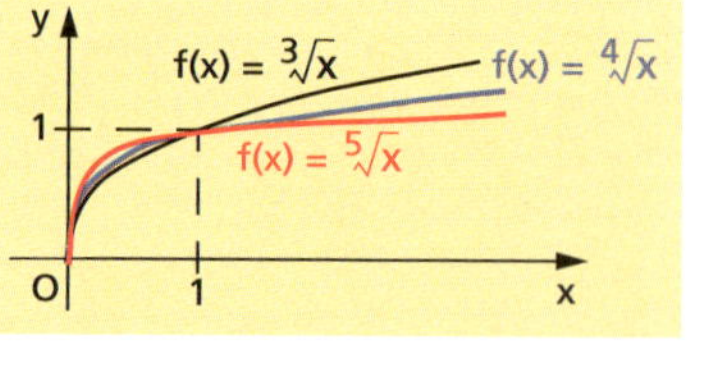

5.7 Exponentialfunktionen

5.7.1 Die Funktionen mit $f(x) = a^x$

D Funktionen mit Gleichungen der Form $f(x) = a^x$ $(a \in \mathbb{R}; a > 0)$ heißen **Exponentialfunktionen.**

Eigenschaften dieser Funktionen

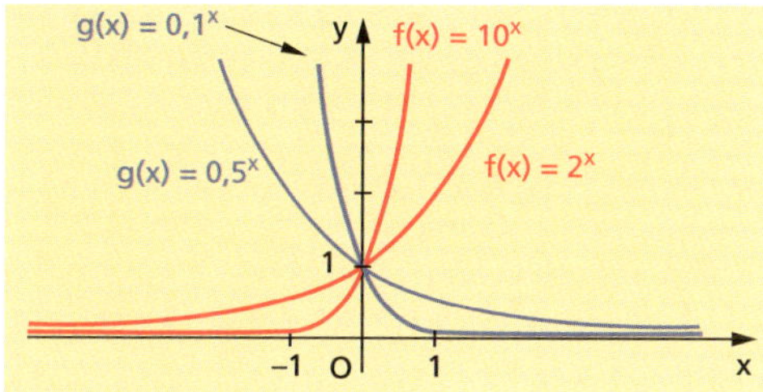

- Definitionsbereich: Die Funktionen sind für alle reellen Werte von x definiert.
- Wertebereich: Es ist $a^x > 0$ für alle Werte von x.
- Die Funktionsgraphen von $f(x) = a^x$ und $g(x) = \left(\frac{1}{a}\right)^x$ gehen durch Spiegelung an der y-Achse ineinander über.
- Die Graphen aller Exponentialfunktionen haben als gemeinsamen Punkt den Punkt (0; 1).
- $f(x) = a^x$ ist für $a > 1$ monoton steigend, für $0 < a < 1$ monoton fallend und damit ist $f(x) = a^x$ eineindeutig.

Zur Förderung von Gärungsprozessen werden oft Hefen eingesetzt.
Die Anzahl der Hefezellen in der Nährlösung verdreifacht sich stündlich. Es werden 15 g Hefe angesetzt: $f(t) = 15 \cdot 3^t$

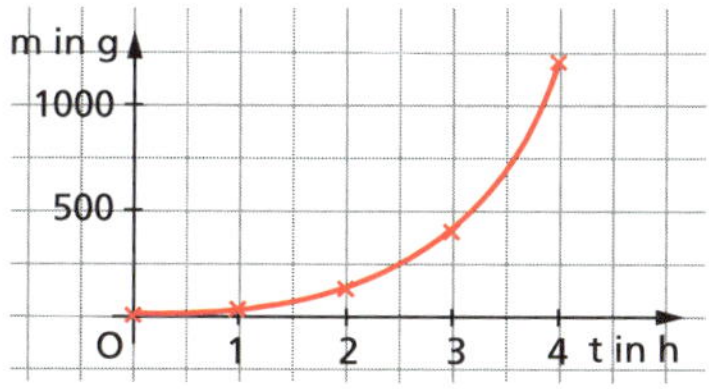

Zeit in h	0	1	2	3	4
Masse in g	15	45	135	405	1215

5.7.2 Die Funktion mit $f(x) = e^x$

Bei Wachstums- oder Zerfallsprozessen (z.B. radioaktiver Zerfall) spielt die sogenannte eulersche Zahl eine besondere Rolle, die durch den Buchstaben e symbolisiert wird und um deren Untersuchung sich EULER (1707 bis 1783) verdient gemacht hat. Der „genaue" Wert der Zahl e ist 2,7182818...

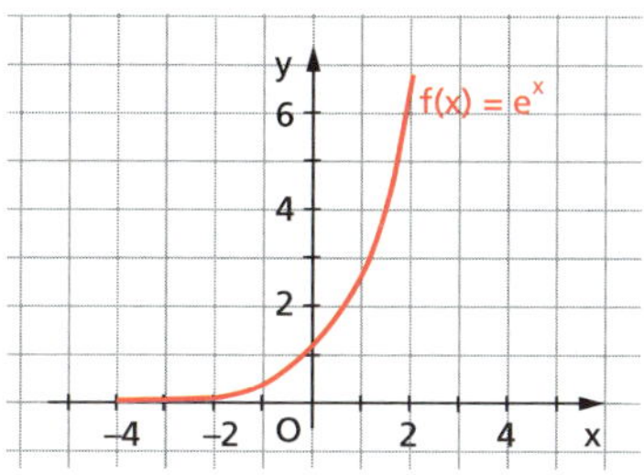

LEONHARD EULER

5.8 Logarithmusfunktionen

5.8.1 Die Funktionen mit $f(x) = \log_a x$

D Funktionen mit Gleichungen der Form $f(x) = \log_a x$ ($a, x \in \mathbb{R}$; $a, x > 0$; $a \neq 1$) heißen **Logarithmusfunktionen.**

Eigenschaften dieser Funktionen

- Die Logarithmusfunktionen mit $f(x) = \log_a x$ sind die Umkehrfunktionen der Exponentialfunktionen mit $g(x) = a^x$.
- Der Definitionsbereich ist das Intervall $D =]0; \infty[$, der Wertebereich ist das Intervall $W =]-\infty; \infty[$.
- Die Graphen aller Logarithmusfunktionen haben den Punkt (1; 0) gemeinsam.
- Die Logarithmusfunktionen $f(x) = \log_a x$ sind für $a > 1$ streng monoton steigend, für $0 < a < 1$ streng monoton fallend und damit eineindeutig.

Graphen von Logarithmus- und Exponentialfunktionen

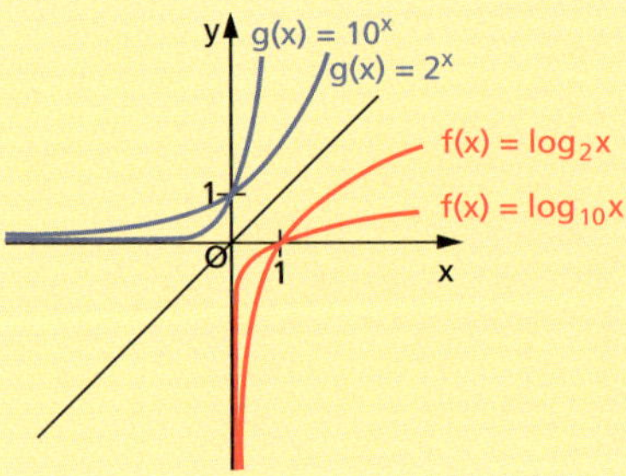

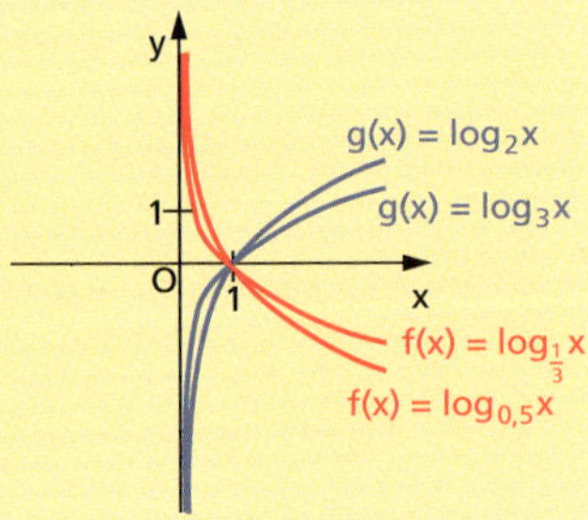

JOHN NAPIER (1550 bis 1617)

5.8.2 Die Funktionen mit $f(x) = \lg x$ und $f(x) = \ln x$

Durchgesetzt haben sich in der Praxis zwei Basiskonstanten.

	$f(x) = \lg x$	$f(x) = \ln x$
Basis	10	e
Symbol	lg	ln
Bezeichnung	dekadischer Logarithmus, briggsscher Logarithmus	natürlicher Logarithmus, neperscher Logarithmus (nach JOHN NAPIER)
Beziehung	$10^{\lg x} = e^{\ln x} = x$	

JOHN NAPIER brachte die erste Logarithmentafel 1614 heraus. HENRY BRIGGS (1561 bis 1631) benutzte erstmals **dekadische Logarithmen** in seinen Tafeln.

5.9 Winkelfunktionen (trigonometrische Funktionen)

5.9.1 Sinus, Kosinus, Tangens und Kotangens am rechtwinkligen Dreieck

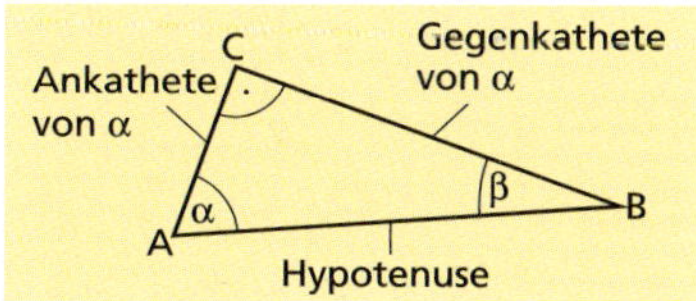

Im rechtwinkligen Dreieck gibt es Zusammenhänge zwischen je zwei Seiten des Dreiecks und einem der Hypotenuse anliegenden Winkel. Da alle rechtwinkligen Dreiecke, die auch in einem weiteren Winkel übereinstimmen, zueinander ähnlich sind **(Hauptähnlichkeitssatz)**, lassen sich für einen festen Winkel die folgenden Quotienten eindeutig bestimmen:

Bezeichnung	Abkürzung	Längenverhältnis	Beispiel
Sinus	sin	$\frac{\text{Gegenkathete}}{\text{Hypotenuse}}$	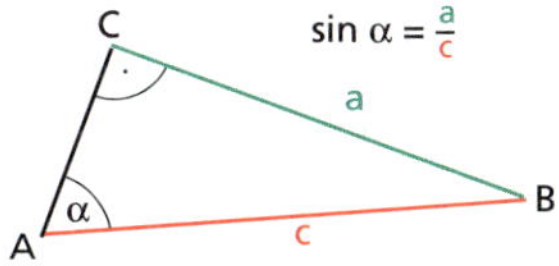 $\sin\alpha = \frac{a}{c}$
Kosinus	cos	$\frac{\text{Ankathete}}{\text{Hypotenuse}}$	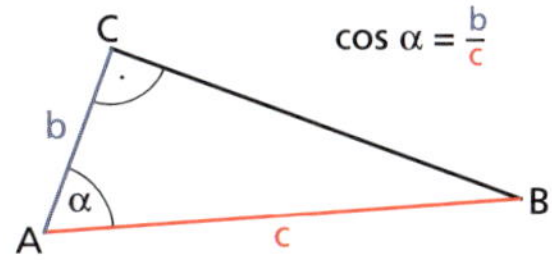 $\cos\alpha = \frac{b}{c}$
Tangens	tan	$\frac{\text{Gegenkathete}}{\text{Ankathete}}$	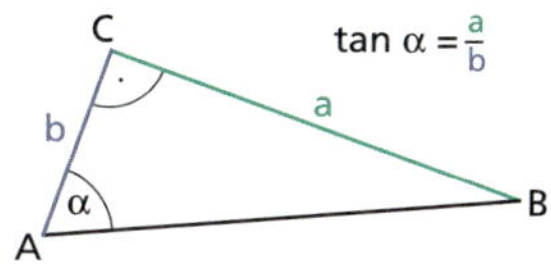 $\tan\alpha = \frac{a}{b}$
Kotangens	cot	$\frac{\text{Ankathete}}{\text{Gegenkathete}}$	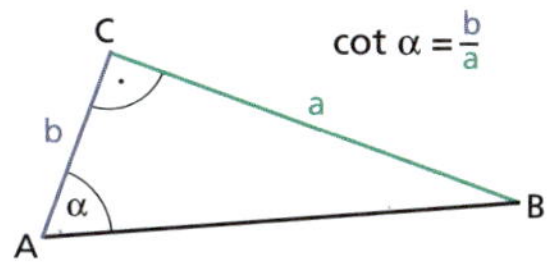 $\cot\alpha = \frac{b}{a}$

5.9.2 Winkelfunktionen am Kreis

Die am rechtwinkligen Dreieck erklärten Beziehungen werden nun so erweitert, dass sie auch für Winkel bis 360° (2π) gelten. Man betrachtet dazu am Kreis einen veränderlichen Winkel, wobei der eine Schenkel der x-Achse zugeordnet ist, der andere Schenkel in mathematisch positivem Sinn (also entgegen dem Uhrzeigersinn) beweglich ist.

Die Bilder verdeutlichen dies für die Sinusfunktion bei spitzen, stumpfen und überstumpfen Winkeln:

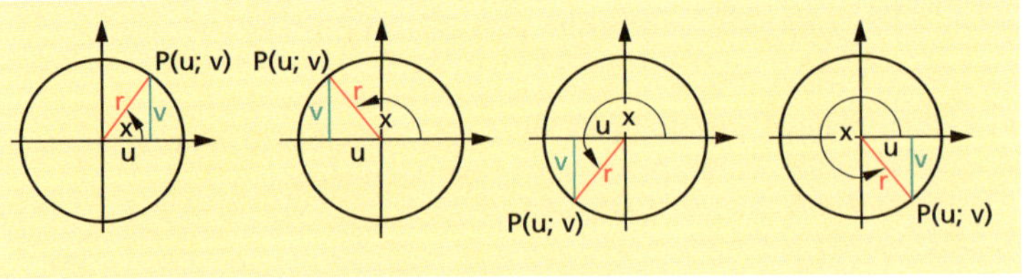

Für die folgenden Definitionen gilt immer:
$0° < x < 360°$; $r > 0$; $r, u, v \in \mathbb{R}$; $-r \leq v, u \leq r$

Die **Sinusfunktion** ist die Menge aller geordneten Paare $(x; \frac{v}{r})$.

Funktionsgleichung: $f(x) = \sin x$

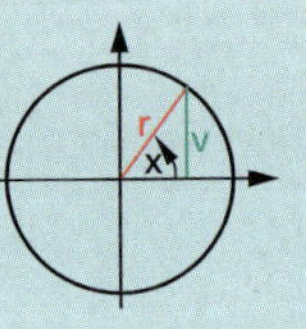

Die **Kosinusfunktion** ist die Menge aller geordneten Paare $(x; \frac{u}{r})$.

Funktionsgleichung: $f(x) = \cos x$

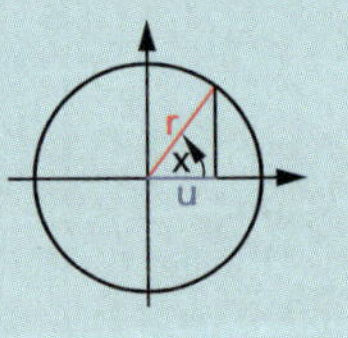

Die **Tangensfunktion** ist die Menge aller geordneten Paare $(x; \frac{v}{u})$.

Funktionsgleichung: $f(x) = \tan x$

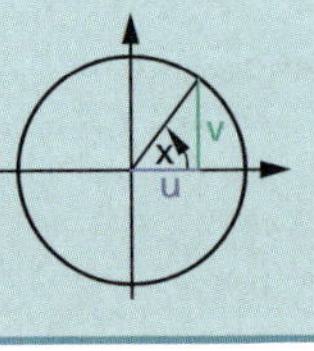

Die **Kotangensfunktion** ist die Menge aller geordneten Paare $(x; \frac{u}{v})$.

Funktionsgleichung: $f(x) = \cot x$

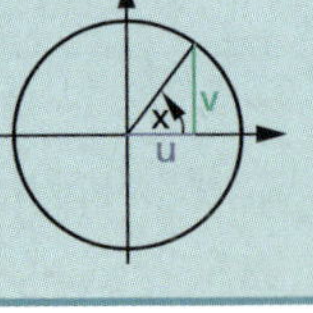

Wählt man als Radius 1 (der Kreis wird dann **Einheitskreis** genannt), so entsprechen die Maßzahlen der Abszisse bzw. Ordinate den Funktionswerten der Sinus- bzw. Kosinusfunktion.

5.9.3 Graphen und Eigenschaften der Winkelfunktionen

Grad- und Bogenmaß

Beim Rechnen mit Winkelfunktionen können die Winkelangaben im **Gradmaß** oder im **Bogenmaß** (↗ S. 353) erfolgen.

arcus (lat.) – Bogen

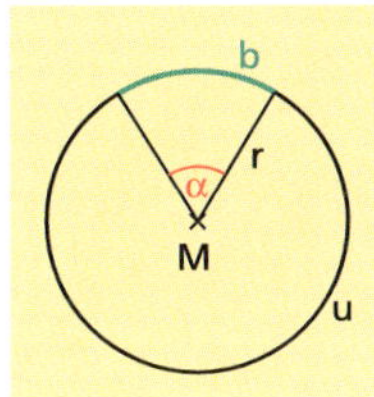

D Das Bogenmaß eines Winkels ist das Verhältnis aus dem zu einem Winkel α gehörenden Kreisbogen b und dem Radius r des Kreises. Es wird mit **Arkus** (kurz: arc) bezeichnet.

$$\operatorname{arc}\alpha = \frac{b}{r} = \frac{\pi r \alpha}{180° r} = \frac{\pi}{180°}\,\alpha$$

Für $\alpha = 23°$ gilt: $\operatorname{arc}\alpha = \frac{\pi \cdot \alpha}{180°}$

$\operatorname{arc} 23° = \frac{\pi \cdot 23°}{180°}$

$\operatorname{arc} 23° = 0{,}401$

Für $\operatorname{arc}\alpha = 0{,}56$ gilt: $\alpha = \frac{\operatorname{arc}\alpha \cdot 180°}{\pi}$

$\alpha = \frac{0{,}56 \cdot 180°}{\pi}$

$\alpha = 32{,}1°$

Das Bogenmaß benutzt man u. a. dann, wenn die Graphen von Winkelfunktionen in einem **kartesischen Koordinatensystem** gezeichnet werden sollen, da hier als Abszissen reelle Zahlen (nicht Gradangaben) verwendet werden (↗ S. 353; Umrechnung Gradmaß in Bogenmaß).

Erweiterung des Winkelbegriffs

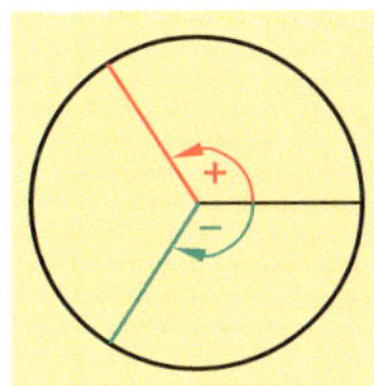

Geht man von der Auffassung aus, dass ein Schenkel eines Winkels fest und der andere beweglich ist, so lässt sich der Winkelbegriff folgendermaßen erweitern:
Jede weitere volle Umdrehung des beweglichen Schenkels vergrößert den Winkel um $2\pi = 360°$, eine Drehung in mathematisch negativer Richtung wird auch negativ gezählt. Eine volle Umdrehung in mathematisch negativer Richtung kennzeichnet also einen Winkel von $-2\pi = -360°$.
Die Definition der Winkelfunktionen wird auf diese Winkel erweitert. Dadurch sind die Winkelfunktionen periodische Funktionen und es gilt:

(1) für $0 \leq x \leq 2\pi$:
$\sin x = \sin(x + 2k\pi)$ und $\cos x = \cos(x + 2k\pi)$ $(x \in \mathbb{R};\ k \in \mathbb{Z})$

(2) für $0 \leq x \leq \pi$:
$\tan x = \tan(x + k\pi)$ und $\cot x = \cot(x + k\pi)$ $(x \in \mathbb{R};\ k \in \mathbb{Z})$

Graphen und Eigenschaften der Winkelfunktionen

Die Graphen der Winkelfunktionen lassen sich unmittelbar aus der Darstellung am Einheitskreis entwickeln. Im folgenden Bild ist dies für den Graphen der Sinusfunktion dargestellt:

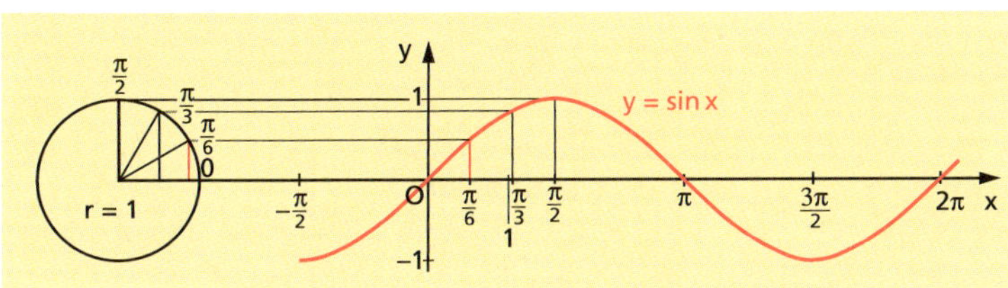

Eigenschaften der Winkelfunktionen:

Sinusfunktion

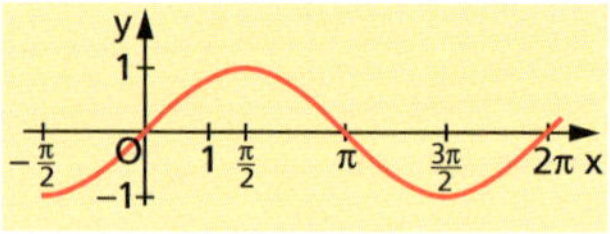

Funktionsgleichung:	$f(x) = \sin x$
Definitionsbereich:	$-\infty < x < \infty$
Wertebereich:	$-1 \leq y \leq 1$
Kleinste Periodenlänge:	2π
Nullstellen:	$0 + k\pi \quad (k \in \mathbb{Z})$
Symmetrieeigenschaften:	ungerade Funktion
Monotonie:	für $-\frac{\pi}{2} + 2k\pi \leq x \leq \frac{\pi}{2} + 2k\pi \quad (k \in \mathbb{Z})$ monoton steigend
	für $\frac{\pi}{2} + 2k\pi \leq x \leq \frac{3\pi}{2} + 2k\pi \quad (k \in \mathbb{Z})$ monoton fallend
Vorzeichen des	$f(x) \geq 0$ für $0 + 2k\pi \leq x \leq \pi + 2k\pi \quad (k \in \mathbb{Z})$
Funktionswertes:	$f(x) \leq 0$ für $\pi + 2k\pi \leq x \leq 2\pi + 2k\pi \quad (k \in \mathbb{Z})$
Besondere Stellen:	$f(x) = 1$ für $x = \frac{\pi}{2} + 2k\pi \quad (k \in \mathbb{Z})$
	$f(x) = -1$ für $x = \frac{3\pi}{2} + 2k\pi \quad (k \in \mathbb{Z})$

Kosinusfunktion

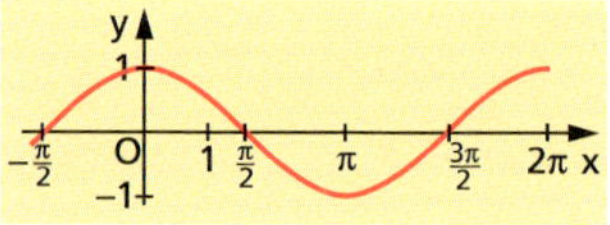

Funktionsgleichung:	$f(x) = \cos x$
Definitionsbereich:	$-\infty < x < \infty$
Wertebereich:	$-1 \leq y \leq 1$
Kleinste Periodenlänge:	2π
Nullstellen:	$\frac{\pi}{2} + k\pi \quad (k \in \mathbb{Z})$
Symmetrieeigenschaften:	gerade Funktion
Monotonie:	für $\pi + 2k\pi \leq x \leq 2\pi + 2k\pi \quad (k \in \mathbb{Z})$ monoton steigend
	für $0 + 2k\pi \leq x \leq \pi + 2k\pi \quad (k \in \mathbb{Z})$ monoton fallend
Vorzeichen des	$f(x) \geq 0$ für $-\frac{\pi}{2} + 2k\pi \leq x \leq \frac{\pi}{2} + 2k\pi \quad (k \in \mathbb{Z})$
Funktionswertes:	$f(x) \leq 0$ für $\frac{\pi}{2} + 2k\pi \leq x \leq \frac{3\pi}{2} + 2k\pi \quad (k \in \mathbb{Z})$
Besondere Stellen:	$f(x) = 1$ für $x = 0 + 2k\pi \quad (k \in \mathbb{Z})$
	$f(x) = -1$ für $x = \pi + 2k\pi \quad (k \in \mathbb{Z})$

Tangensfunktion

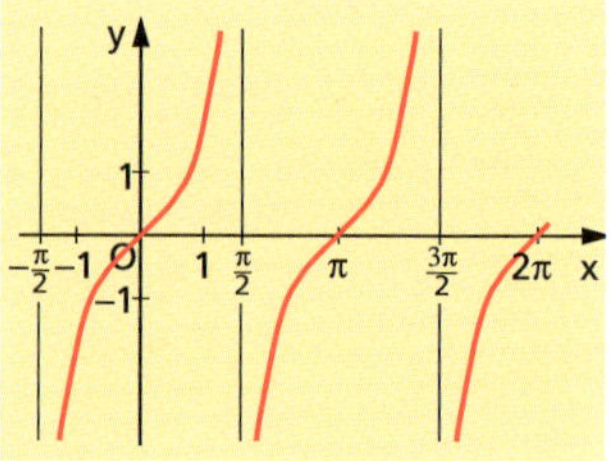

Funktionsgleichung:	$f(x) = \tan x$
Definitionsbereich:	$-\infty < x < \infty$ $x \neq (2k + 1)\frac{\pi}{2}$ $(k \in \mathbb{Z})$
Wertebereich:	$-\infty < y < \infty$
Kleinste Periodenlänge:	π
Nullstellen:	$0 + k\pi \quad (k \in \mathbb{Z})$
Symmetrieeigenschaften:	ungerade Funktion
Monotonie:	monoton steigend
Vorzeichen des	$f(x) \geq 0$ für $0 + k\pi \leq x < \frac{\pi}{2} + k\pi \quad (k \in \mathbb{Z})$
Funktionswertes:	$f(x) \leq 0$ für $-\frac{\pi}{2} + k\pi < x \leq 0 + k\pi \quad (k \in \mathbb{Z})$

Kotangensfunktion

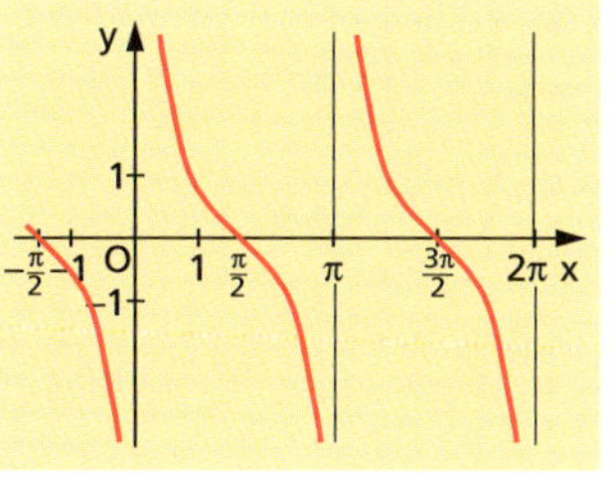

Funktionsgleichung: $f(x) = \cot x$
Definitionsbereich: $-\infty < x < \infty$
$x \neq k\pi \quad (k \in \mathbb{Z})$
Wertebereich: $-\infty < y < \infty$
Kleinste Periodenlänge: π
Nullstellen: $\frac{\pi}{2} + k\pi \quad (k \in \mathbb{Z})$
Symmetrieeigenschaften: ungerade Funktion
Monotonie: monoton fallend
Vorzeichen des Funktionswertes: $f(x) \geq 0$ für $0 + k\pi < x \leq \frac{\pi}{2} + k\pi \quad (k \in \mathbb{Z})$
$f(x) \leq 0$ für $-\frac{\pi}{2} + k\pi \leq x < 0 + k\pi \quad (k \in \mathbb{Z})$

Spezielle Werte von Winkelfunktionen

Gradmaß	0°	30°	45°	60°	90°	120°	135°	150°	180°
Bogenmaß	0	$\frac{\pi}{6}$	$\frac{\pi}{4}$	$\frac{\pi}{3}$	$\frac{\pi}{2}$	$\frac{2\pi}{3}$	$\frac{3\pi}{4}$	$\frac{5\pi}{6}$	π
f(x) = sin x	0	$\frac{1}{2}$	$\frac{1}{2}\sqrt{2}$	$\frac{1}{2}\sqrt{3}$	1	$\frac{1}{2}\sqrt{3}$	$\frac{1}{2}\sqrt{2}$	$\frac{1}{2}$	0
f(x) = cos x	1	$\frac{1}{2}\sqrt{3}$	$\frac{1}{2}\sqrt{2}$	$\frac{1}{2}$	0	$-\frac{1}{2}$	$-\frac{1}{2}\sqrt{2}$	$-\frac{1}{2}\sqrt{3}$	−1
f(x) = tan x	0	$\frac{1}{3}\sqrt{3}$	1	$\sqrt{3}$	n. d.	$-\sqrt{3}$	−1	$-\frac{1}{3}\sqrt{3}$	0
f(x) = cot x	n. d.	$\sqrt{3}$	1	$\frac{1}{3}\sqrt{3}$	0	$-\frac{1}{3}\sqrt{3}$	−1	$-\sqrt{3}$	n. d.

Die Funktionen mit $f(x) = a \cdot \sin(bx + c)$

In der Physik werden zur mathematischen Beschreibung elektromagnetischer Schwingungen Funktionen mit $f(x) = a \cdot \sin(bx + c)$ verwendet.

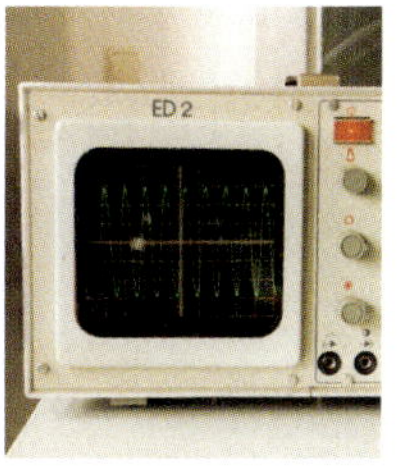

D In der Funktion mit $f(x) = a \cdot \sin x$ heißt a ($a \neq 0$) die **Amplitude** der Sinuskurve. a gibt den maximalen Ordinatenwert an.

Das Bild zeigt Graphen von $f(x) = a \cdot \sin x$.
$a > 1$:
Streckung in Richtung der y-Achse
$0 < a < 1$:
Stauchung in Richtung der y-Achse
$a < 0$:
Spiegelung an der x-Achse

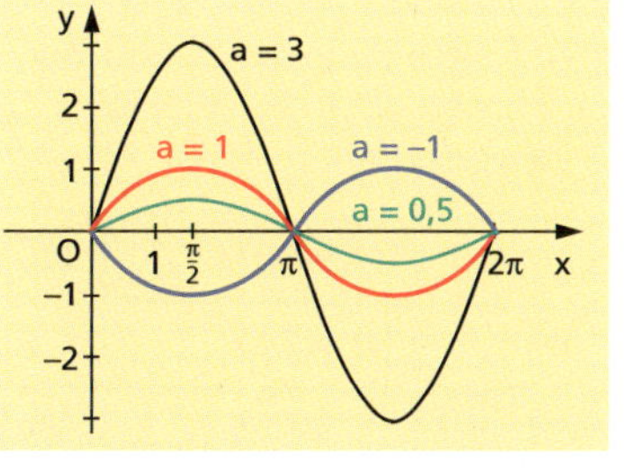

D In der Funktion mit $f(x) = \sin bx$ heißt b ($b \neq 0$) die **Frequenz** der Sinuskurve. Die Frequenz gibt die Anzahl der vollständigen Perioden in einem Intervall der Länge 2π an.

Das Bild zeigt Graphen von $f(x) = \sin bx$.

$b > 1$:
Stauchung in Richtung der x-Achse
$0 < b < 1$:
Streckung in Richtung der x-Achse
$b < 0$:
Spiegelung an der x-Achse

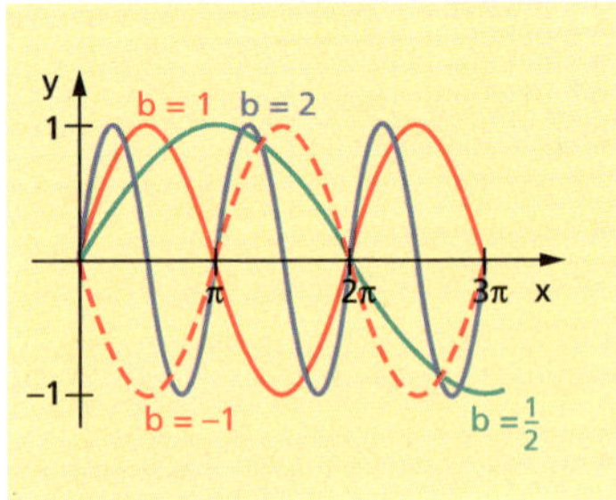

Weil die Funktion $f(x) = \sin x$ Nullstellen für Argumentwerte $k\pi$ $(k \in \mathbb{Z})$ hat, ergeben sich die Nullstellen für $f(x) = \sin bx$ aus $bx = k\pi$:
$x = \frac{\pi}{b} k$

In der Funktion mit $f(x) = \sin (x + c)$ heißt c **Phasenverschiebung** der Sinuskurve.

Das Bild zeigt Graphen von $f(x) = \sin (x + c)$.

$c > 0$:
Verschiebung in Richtung der x-Achse nach links
$c = 0$:
keine Phasenverschiebung
$c < 0$:
Verschiebung in Richtung der x-Achse nach rechts

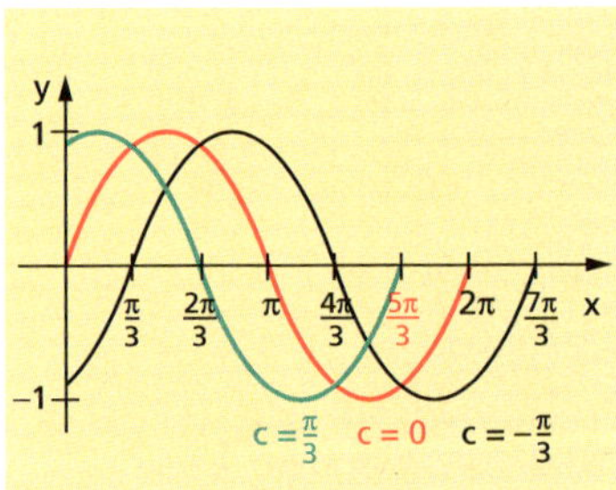

Weil die Funktion $f(x) = \sin x$ Nullstellen für Argumentwerte $k\pi$ $(k \in \mathbb{Z})$ hat, ergeben sich die Nullstellen für $f(x) = \sin (x + c)$ aus $x + c = k\pi$:
$x = k\pi - c$

Beziehungen zwischen den Winkelfunktionen

Wegen der Periodizität und der Symmetrieeigenschaften der Winkelfunktionen lassen sich ihre Werte auf die der Argumente zwischen 0 und $\frac{\pi}{2}$ zurückführen.

Diese Beziehungen werden auch **Quadrantenbeziehungen** genannt.

	90° ± x	**180° ± x**	**270° ± x**	**360° ± x**
sin	$\cos x$	$\mp \sin x$	$-\cos x$	$\pm \sin x$
cos	$\mp \sin x$	$-\cos x$	$\pm \sin x$	$\cos x$
tan	$\mp \cot x$	$\pm \tan x$	$\mp \cot x$	$\pm \tan x$
cot	$\mp \tan x$	$\pm \cot x$	$\mp \tan x$	$\pm \cot x$

PLANIMETRIE 6

6.1 Grundbegriffe

geometrein (griech.) – Land vermessen, ausmessen;
planus (lat.) – eben, flach;
metrein (griech.) – messen;
stereos (griech.) – fest, hart;
axioma (griech.) – Grundwahrheit

Die Geometrie mit ihren Teildisziplinen **Planimetrie** und **Stereometrie** untersucht die uns umgebende Wirklichkeit auf sehr abstrakte Weise. Sie beschäftigt sich nur mit den äußeren Formen der Gegenstände und lässt die stoffliche Zusammensetzung der Dinge und damit die biologischen, physikalischen und chemischen Eigenschaften unberücksichtigt.
Der abstrakte Charakter der Geometrie erlaubt die Ableitung von Gesetzmäßigkeiten unter weitgehendem Verzicht auf Anschauung aus einer recht kleinen Zahl von grundlegenden, von allen als wahr angesehenen Aussagen (Axiomen). So ein Vorgehen ist zugleich notwendig, weil gewonnene Aussagen nicht nur für die gerade untersuchte konkrete Figur, sondern für eine möglichst große Klasse von Figuren gelten sollen.
Ein Blick in die Geschichte der Mathematik zeigt, dass in der Regel Beobachtungen und praktische Versuche, ja oft gezielte Experimente die Ausgangspunkte und Anlässe für die Festlegung von Begriffen oder die Formulierung von Sätzen waren.

Landvermesser in der Zeit vor Christi Geburt benutzten Knotenschnüre für das Abstecken rechter Winkel. Für sie war es eine Erfahrungstatsache, dass ein zwischen zwei Pflöcken gespanntes Seil immer ein und dieselbe Linie markiert. Der dem entsprechende Satz „Zu zwei verschiedenen Punkten gibt es genau eine Verbindungsgerade" wird heute als wahre Grundaussage, als Axiom, angesehen.

6.1.1 Ebene, Linie, Punkt, Gerade, Strahl und Strecke

Verwenden wir die Begriffe „Punkt", „Gerade" und „Ebene" im Sinne unserer Anschauung, sind lediglich Vereinbarungen über ihre Kennzeichnung und ihre Bezeichnung erforderlich.

Die **Ebene** ist die nach allen Richtungen unbegrenzte ebene Fläche unserer Anschauung. Sie wird häufig mit dem griechischen Buchstaben ε (Epsilon) bezeichnet. Die Ebene ist eine unendliche Punktmenge.

Linien sind in der Ebene anschaulich gegeben. Jede Linie ist eine unendliche Punktmenge. Zugleich ist jede Linie eine echte Teilmenge der Ebene.
Linien werden mit kleinen Buchstaben (z. B. g, h, ...) bezeichnet.
Gerade Linien werden **Geraden** genannt.

Wo sich zwei Linien schneiden, legen sie einen **Schnittpunkt** fest. **Punkte** werden meist mit einem Kreuz markiert und in der Regel mit großen Buchstaben (z. B. A, P, …) bezeichnet.

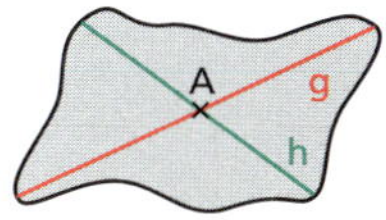

Folgende Lagebeziehungen zwischen Punkt und Gerade sind möglich:

P liegt auf g (g geht durch P)	**Q liegt nicht auf g (g geht nicht durch Q)**
$P \in g$ 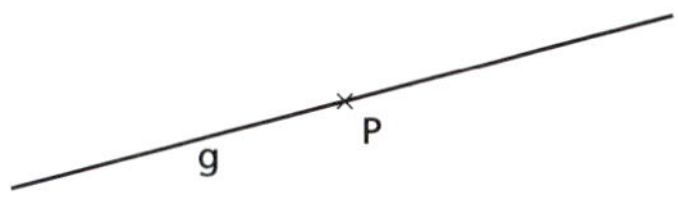	$Q \notin g$ 

Durch jeden Punkt P der Ebene gehen unendlich viele Geraden.

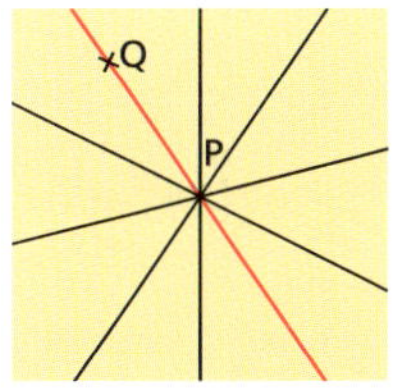

Alle diese Geraden bilden ein **Geradenbüschel.**
Wird noch ein zweiter, von P verschiedener Punkt Q vorgegeben, durch den die Gerade ebenfalls gehen soll, dann wird aus allen Geraden des Büschels eindeutig *genau eine* Gerade ausgewählt.

S Zu zwei verschiedenen Punkten P und Q gibt es stets genau eine Gerade, die durch beide Punkte geht. Diese Gerade heißt die **Verbindungsgerade** der Punkte P und Q.

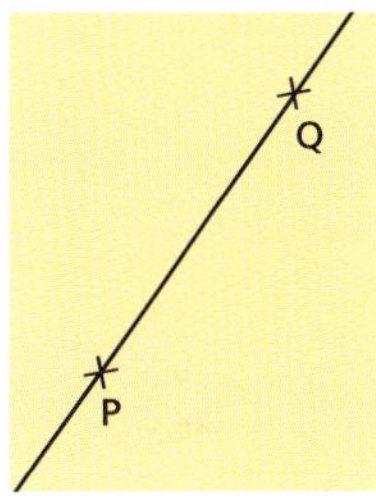

Die Verbindungsgerade zweier Punkte P und Q ($P \neq Q$) kann also immer gezeichnet werden. Durch die Angabe zweier verschiedener Punkte P und Q ist eine Gerade eindeutig bestimmt. Das wird zur Bezeichnung genutzt: Für $P \neq Q$ ist $g_{PQ} = g_{QP} = PQ$ *die* Gerade durch P und Q.

Lagebeziehungen von Geraden in der Ebene

Für zwei Geraden g und h sind folgende Lagebeziehungen möglich:

g und h haben genau einen Punkt gemeinsam	**g und h haben keinen Punkt gemeinsam**	**g und h haben alle Punkte gemeinsam, d. h., sie sind identisch**
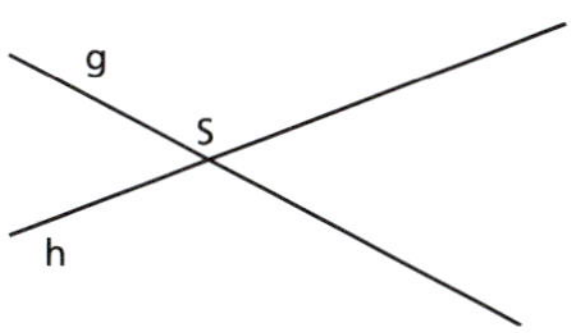	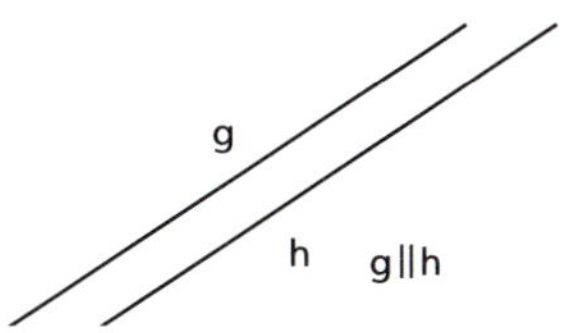	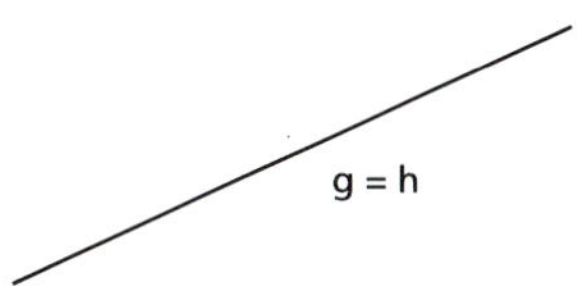
g und h **schneiden einander**	g und h sind **zueinander parallel**	

Zueinander parallele Geraden

> D Zwei Geraden g und h sind zueinander **parallel** (g ∥ h) genau dann, wenn sie keinen Punkt gemeinsam haben oder wenn sie identisch sind.

Zu jeder Geraden g gibt es beliebig viele Parallelen, die z. B. durch Parallelverschiebung (↗ S. 202; Verschiebung) gezeichnet werden können.

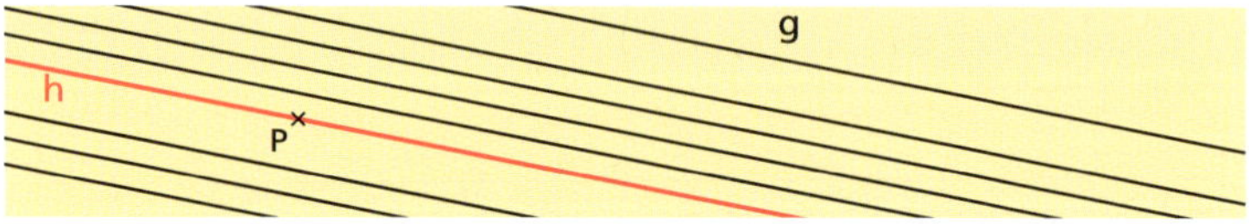

Gilt das euklidische Parallelenaxiom, wird mit den daraus abgeleiteten Sätzen eine **euklidische Geometrie** gewonnen. Gilt das Axiom nicht, führt das zu **nichteuklidischen Geometrien.**

> Zu jeder Geraden g und jedem Punkt P gibt es genau eine Gerade h, die zu g parallel ist und zugleich durch P geht.

Diese Tatsache wird als das **euklidische Parallelenaxiom** bezeichnet.
Für die Relation „… ist parallel zu …“ zwischen Geraden gilt:
- Jede Gerade g ist zu sich selbst parallel, d. h., es ist g ∥ g.
- Wenn g parallel zu h ist, dann ist auch h parallel zu g.
- Wenn g ∥ h und h ∥ k, so ist auch g ∥ k.

Zueinander senkrechte Geraden

orthos (griech.) – senkrecht;
gonia (griech.) – Winkel

> D Zwei Geraden g und h sind zueinander **senkrecht** bzw. zueinander **orthogonal** (g ⊥ h) genau dann, wenn sie sich unter einem rechten Winkel schneiden.

Die Relation „… ist senkrecht zu …“ wird hier auf den rechten Winkel zurückgeführt. Es ist ebenso möglich, diese Relation mithilfe der **Geradenspiegelung** (↗ S. 204; Spiegelung) zu erklären: Zwei Geraden sind zueinander senkrecht genau dann, wenn sie einander schneiden und eine Gerade bei Spiegelung an der anderen Geraden auf sich selbst abgebildet wird.
Für die Relation „… ist senkrecht zu …“ zwischen Geraden gilt:
- Wenn g senkrecht zu h ist, dann ist auch h senkrecht zu g.
- Wenn g ⊥ h und h ⊥ k, so ist g ∥ k.

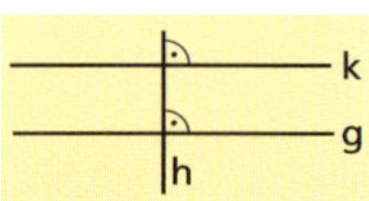

Zu jeder Geraden g gibt es beliebig viele zu g senkrechte Geraden. Durch Angabe eines Punktes P, durch den die zu g senkrechte Gerade gehen soll, wird aus allen diesen Senkrechten eindeutig genau eine ausgewählt.

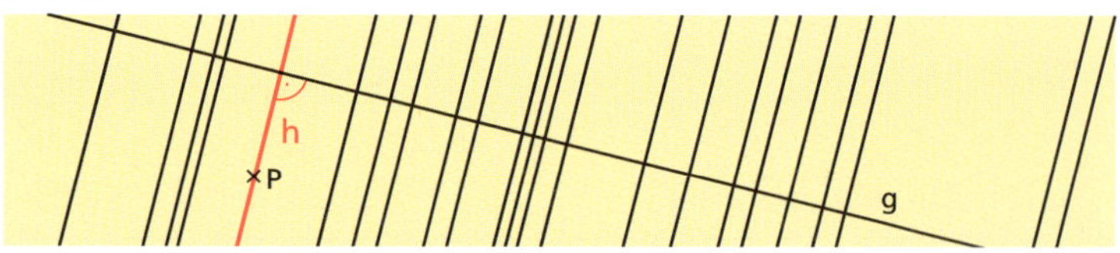

S Zu jeder Geraden g und jedem Punkt P gibt es genau eine Gerade h, die zu g senkrecht ist und durch P geht.

Die Senkrechte zu g durch P ist damit stets eindeutig konstruierbar.

Das Lot

D Die Strecke $\overline{PL}$ ($L \in g$), die auf der Senkrechten zu g durch den Punkt P liegt, heißt das **Lot** von P auf g.
L heißt **Lotfußpunkt.**

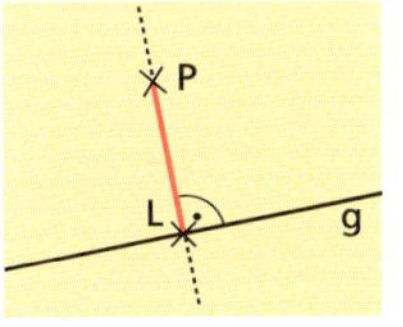

Die mathematische Relation „… ist senkrecht zu …" beschreibt die Beziehung zwischen zwei Geraden.
Umgangssprachlich wird für „senkrecht" oft auch der Begriff „lotrecht" benutzt. So heißt eine Gerade lotrecht, wenn sie „senkrecht" zur Erdoberfläche ist.
Der Begriff „lotrecht" weist auf das Lot, ein an einer Schnur befestigtes Massestück, als Mittel zur Überprüfung dieser Eigenschaft hin.

Eine Gerade heißt **waagerecht,** wenn sie „parallel" zur als Ebene idealisierten Erdoberfläche verläuft. Der Begriff „waagerecht" weist auf die zur Überprüfung oft benutzte Wasserwaage hin. Waagerechte und lotrechte Geraden sind zueinander senkrecht.

Lagebeziehungen mehrerer Punkte

D Drei und mehr Punkte heißen **kollinear** genau dann, wenn sie auf ein und derselben Geraden liegen.

collinere (lat.) – in gerader Linie richten

Lagebeziehungen mehrerer Punkte auf einer Geraden werden mit der Relation „… liegt zwischen … und …" charakterisiert.

Folgende Eigenschaften der Relation werden als gültig vorausgesetzt:

(1) Von drei verschiedenen Punkten einer Geraden liegt genau ein Punkt zwischen den beiden anderen.
(2) Zwischen zwei Punkten A und B einer Geraden gibt es stets mindestens einen weiteren Punkt X der Geraden.
(3) Außerdem gibt es Punkte Y und Z auf der Geraden, sodass A zwischen Y und B liegt sowie B zwischen A und Z.

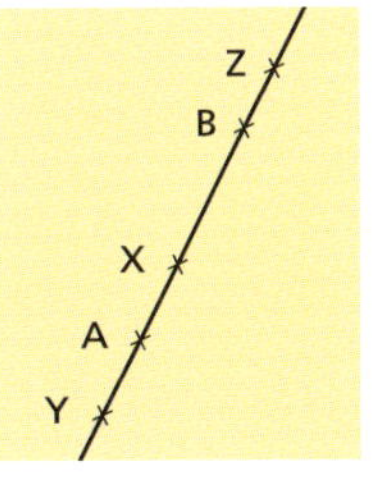

Strahl und Strecke

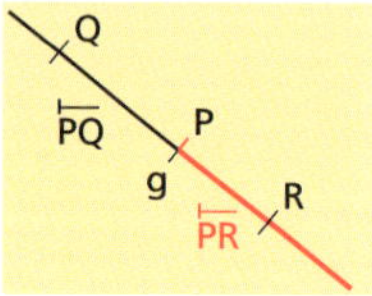

Ein beliebiger Punkt P einer Geraden zerlegt diese Gerade in zwei **Strahlen (Halbgeraden)** mit dem gemeinsamen **Anfangspunkt P.**

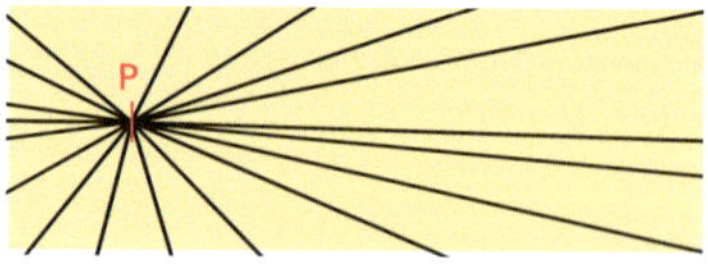

Durch seinen Anfangspunkt und einen zweiten Punkt kann der Strahl bezeichnet werden:
$\overline{PQ}$ ist der Strahl mit dem Anfangspunkt P, der durch Q geht. Der Strahl $\overline{PR}$ hat den Anfangspunkt P und geht durch R. Beide Strahlen sind Teile von $g_{PQ} = g_{PR}$. Alle Strahlen der Ebene mit gemeinsamem Anfangspunkt bilden ein **Strahlenbüschel.**

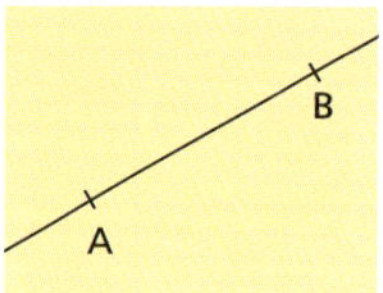

D Die **Strecke** $\overline{AB}$ enthält die **Randpunkte** A und B sowie alle Punkte der Verbindungsgeraden durch A und B, die zwischen A und B liegen.

6.1.2 Länge und Längenmessung

Sollen Dinge wie z. B. Nägel nach ihrer Länge verglichen werden, kann man sie dazu unmittelbar nebeneinander legen. So können Nägel nach ihrer Länge sortiert werden. Es ist auch möglich, Strecken zu vergleichen.

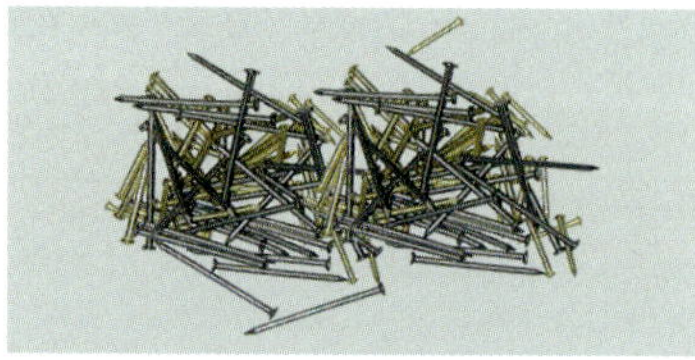

D Können zwei Strecken mit einer Bewegung aufeinander abgebildet werden, so sind sie **deckungsgleich.**
Alle zueinander deckungsgleichen Strecken haben eine gleiche Eigenschaft: ihre **Länge.**

i Es wird auch für eine Strecke die Bezeichnung AB und für die Länge einer Strecke die Bezeichnung $\overline{AB}$ benutzt.

Beim **Messen der Länge einer Strecke** wird ermittelt, wie oft man eine **Einheitsstrecke (Einheit)** auf der zu messenden Strecke lückenlos hintereinander legen kann.
Als Einheitsstrecke können verschiedene Strecken gewählt werden:

(1) Länge und Breite eines Zimmers werden abgeschritten, also in Schrittlängen gemessen.
(2) Länge und Breite des Zimmers werden in Meter gemessen.

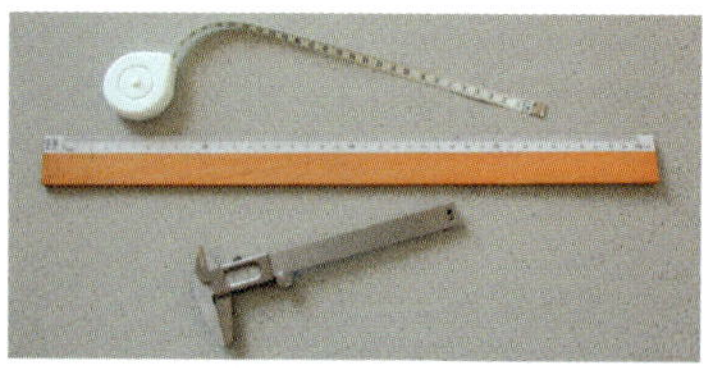

Im Beispiel (1) wird eine *willkürliche Einheit* benutzt. Sie hat den Nachteil, dass der Messwert von der messenden Person abhängt.
Im Beispiel (2) wird eine *normierte,* gesetzlich festgelegte Einheit benutzt. Das Messergebnis ist dadurch unabhängig von der messenden Person (↗ S. 82; Längeneinheiten).

Abstand eines Punktes von einer Geraden

D Als **Abstand eines Punktes P von einer Geraden g** wird die Länge der kürzesten Verbindungsstrecke von P und einem Punkt von g bezeichnet.
Diese kürzeste Verbindungsstrecke ist stets das Lot von P auf g.

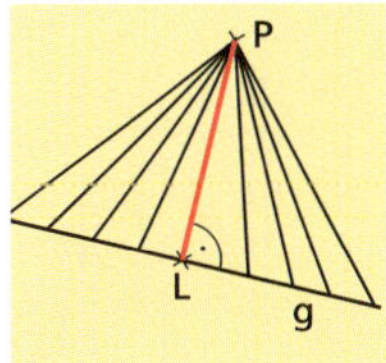

Der Abstand des Punktes P von der Geraden g im nebenstehenden Bild beträgt $\overline{PL} = 15$ mm.

Abstand zweier paralleler Geraden

D Es seien g und h zwei zueinander parallele Geraden sowie k eine zu g (und damit auch zu h) senkrechte Gerade. Ist A der Schnittpunkt von g und k sowie B der Schnittpunkt von h und k, dann ist die Länge der Strecke $\overline{AB}$ der **Abstand der Parallelen g und h.**

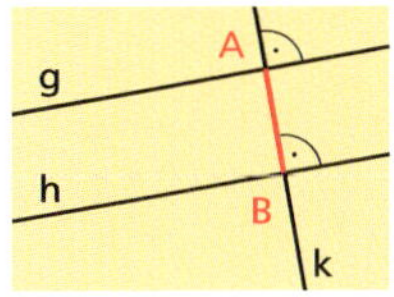

6.1.3 Fläche und Flächeninhaltsmessung

Fläche ebener Figuren

Jede geschlossene Linie (z. B. Kreislinie, Rechteckslinie) zerlegt die Ebene in Teilflächen.

D Die **Fläche** einer ebenen Figur umfasst alle Punkte, die sich im Inneren oder auf dem Rand der Figur befinden.

Die Linien A, C, E, F und G erzeugen ebene Figuren. Diese besitzen eine Fläche.

Flächeninhaltsmessung

D Zwei Figuren sind **flächengleich** (die Flächen sind gleich groß, die Figuren haben den gleichen **Flächeninhalt**), wenn sie so in Teilflächen zerlegt werden können, dass jede der Teilflächen in jeder Figur enthalten ist.

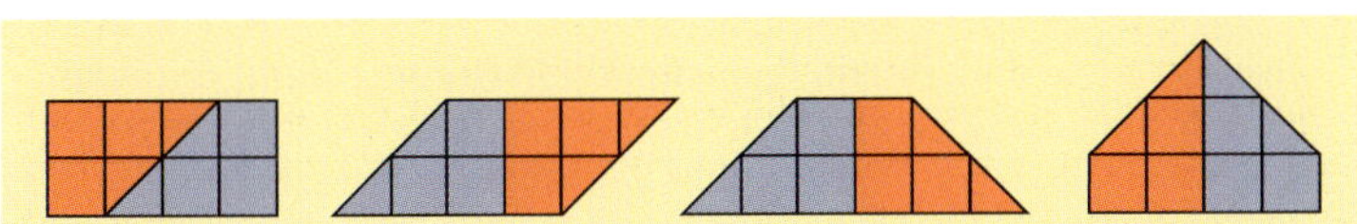

Flächeninhalt

Der Flächeninhalt einer ebenen Figur gibt an, wie oft ein bestimmtes Einheitsquadrat in der Figur enthalten ist.

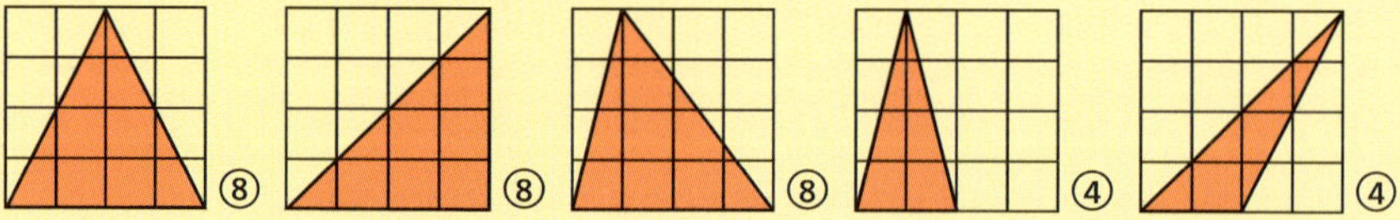

Der Flächeninhalt eines Rechtecks kann als Produkt der Seitenlängen *berechnet* werden.
Ebenso kann auch der Flächeninhalt eines Dreiecks (↗ S. 227), eines Parallelogramms (↗ S. 246 f.), eines Trapezes (↗ S. 245) usw. berechnet werden, indem zu diesen Figuren flächeninhaltsgleiche Rechtecke gesucht werden.

Flächeninhalt unregelmäßiger, krummlinig begrenzter Figuren

approxio (lat.) – sich nähern

Der Flächeninhalt krummlinig begrenzter Figuren kann durch Annäherung **(Approximation)** beim Auslegen ermittelt werden.

Über die Figur in der Abbildung wird ein quadratisches Raster gelegt. Der Flächeninhalt A der Figur ist dann größer als die Anzahl der vollständig von der Figur eingeschlossenen Quadrate und kleiner als die Anzahl aller von der Figur teilweise oder ganz erfassten Quadrate. Durch Verkleinerung der Quadrate des Rasters wird die Genauigkeit des Ergebnisses vergrößert.

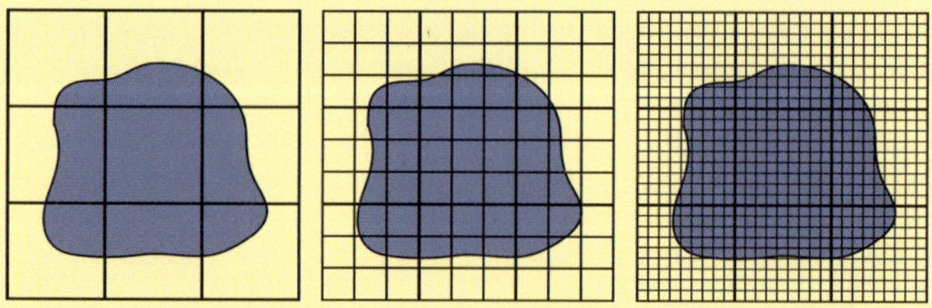

$1 < A < 9$ $22 < A < 45$ $267 < A < 334$

Auf diese Weise wird der Flächeninhalt mit kleiner werdenden Einheiten immer genauer angegeben. Der Genauigkeitszuwachs wird noch deutlicher, wenn man alle Angaben in die Einheit „kleines Quadrat" umrechnet:
$81 < A < 729$ $198 < A < 405$ $267 < A < 334$

6.1.4 Winkel und Winkelmessung

D

Zwei Strahlen mit einem gemeinsamen Anfangspunkt S bilden einen **Winkel.** Der gemeinsame Anfangspunkt ist der **Scheitelpunkt** des Winkels. Die zwei Strahlen sind die **Schenkel** des Winkels.

Bezeichnungsweisen für Winkel:

- Griechischer Buchstabe: z. B. α
- Angabe der Schenkel: $\sphericalangle$ (p, q) ist der durch die Strahlen p und q gebildete Winkel.
- Angabe dreier Punkte: $\sphericalangle$ BSA ist der Winkel mit dem Scheitelpunkt S und den Strahlen $\overline{SA}$ und $\overline{SB}$ als Schenkel.

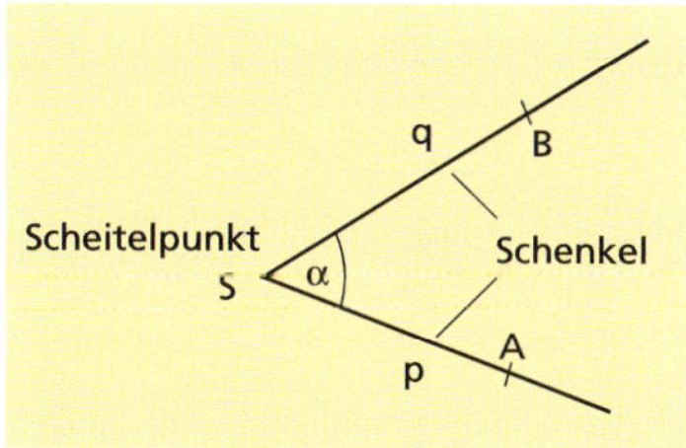

Gestreckter Winkel

Beide Strahlen p und q liegen auf derselben Geraden und haben nur den Punkt S gemeinsam.

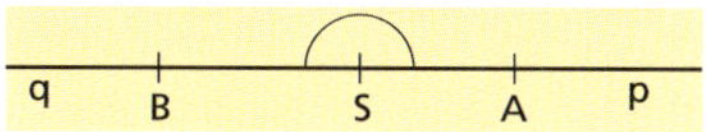

Nullwinkel

Die Strahlen p und q sind identisch. Die Schenkel eines Winkels können auch als Original und Bild eines Strahls bei einer Drehung des Strahls um seinen Anfangspunkt (↗ S. 202; Drehung) angesehen werden.

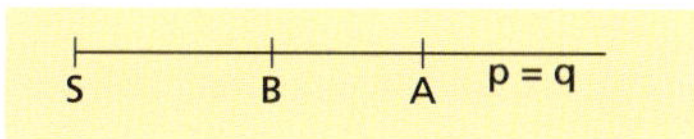

Orientierter Winkel

> D Wird ein Strahl um seinen Anfangspunkt S gedreht, so entsteht ein **orientierter Winkel.** Der Drehpunkt S heißt **Scheitelpunkt** des Winkels. Erfolgt die Drehung entgegen dem Uhrzeigersinn, so ist der Winkel **positiv orientiert.**

Für orientierte Winkel ist im Allgemeinen:
$\sphericalangle$ (p, q) ≠ $\sphericalangle$ (q, p),
$\sphericalangle$ (p, q) ist in der Abbildung ein spitzer Winkel,
$\sphericalangle$ (q, p) ein stumpfer Winkel.

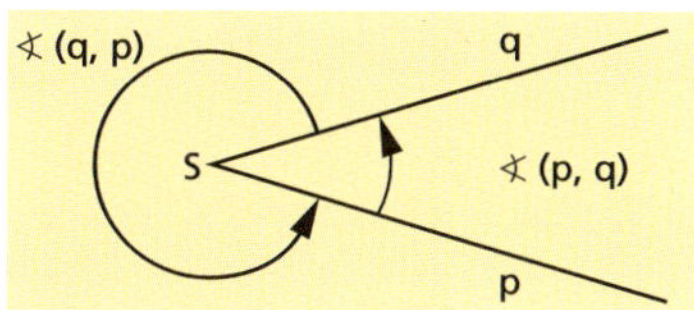

Winkelgröße, Winkelmaße und Winkelmessung

> D Können zwei Winkel mit einer Bewegung aufeinander abgebildet werden, so sind sie **deckungsgleich.** Alle zueinander deckungsgleichen Winkel haben eine gleiche Eigenschaft: ihre **Größe.**

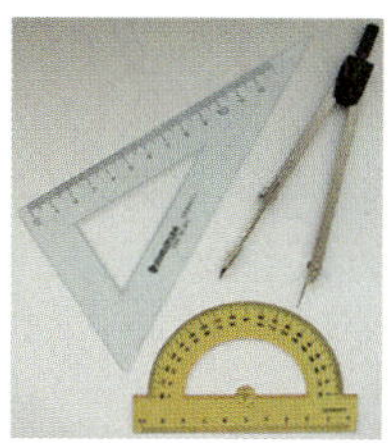

In der Praxis werden Winkel mit einem Messgerät (Winkelmesser, Geodreieck) gemessen. Alle **Winkelmaße** beruhen auf Teilungen des Kreises. Eine Möglichkeit, eine Maßeinheit zum Messen von Winkeln zu erhalten, ist die Teilung eines Kreises durch Radien in deckungsgleiche Teile (Kreisausschnitte). Dies führt zum **Gradmaß.**

Grad (Altgrad)

Diese Teilung des Kreises in 360 Teile hat ihre historischen Wurzeln bei den Sumerern, die ein Zahlsystem mit der Basis 60 verwendeten.

D Einen Winkel der Größe **1 Grad** (1°) erhält man, indem man einen Kreis durch Radien in 360 deckungsgleiche Teile (Kreisausschnitte) zerlegt.

Der Kreis in der Abbildung ist in 360 kongruente Kreisausschnitte zu je 1° geteilt.
Jedes Teil hat die Größe 1° (1 Grad).

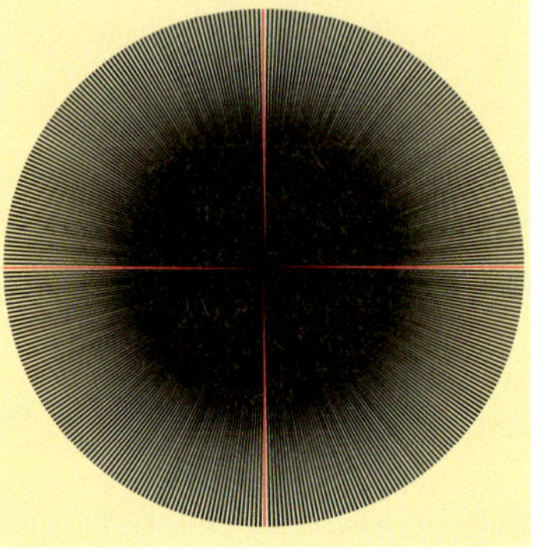

1° = 60' (Minuten)
1' = 60" (Sekunden)
1° = 60' = 3600"

Neugrad (Gon)

gonia (griech.) – Winkel

D Einen Winkel von **1 Neugrad (1 Gon)** erhält man, indem man einen Kreis durch Radien in 400 deckungsgleiche Teile zerlegt.

Jedes Teil hat die Größe 1^g (1 Gon).
1 Neugrad = $1^g = 100^c$ (Neuminuten)
$1^c = 100^{cc}$ (Neusekunden)

90° = 100 Neugrad
180° = 200 Neugrad
360° = 400 Neugrad

Bogenmaß und Radiant

In jedem Kreisausschnitt (Kreissektor) ist die Länge des Kreisbogens b proportional zur Größe des Mittelpunktswinkels (Zentriwinkels) α des Kreisausschnitts und zum Radius r des Kreises (↗ S. 260; Kreisbogen).
Ist b die Länge des Bogens und α die Größe des zugehörigen Mittelpunktswinkels, so ist ausgehend vom Umfang des Kreises:

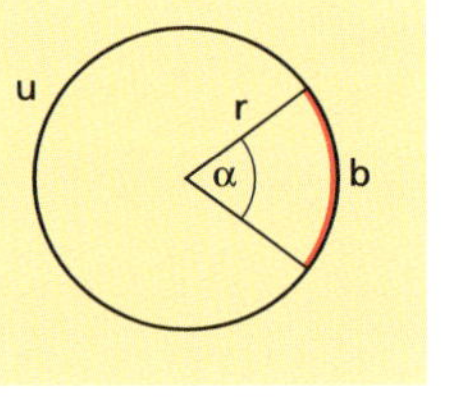

$$\frac{b}{2\pi \cdot r} = \frac{\alpha}{360°}$$
$$\frac{b}{r} = \frac{\alpha \cdot 2\pi}{360°}$$
$$\frac{b}{r} = \frac{\alpha\pi}{180°}$$

Wählt man den Radius 1 (also den Einheitskreis), kann zu jedem Winkel α die Länge des Kreisbogens b angegeben werden.

D Das **Bogenmaß** b eines Winkels α ist die Länge des zugehörigen Kreisbogens auf dem Einheitskreis:
$b = \frac{\alpha}{180°} \cdot \pi$

Die Einheit beim Winkelmessen im Bogenmaß ist der **Radiant (1 rad).**
1 rad ist das Maß eines Winkels, dessen Bogen auf dem Einheitskreis die Länge 1 hat.

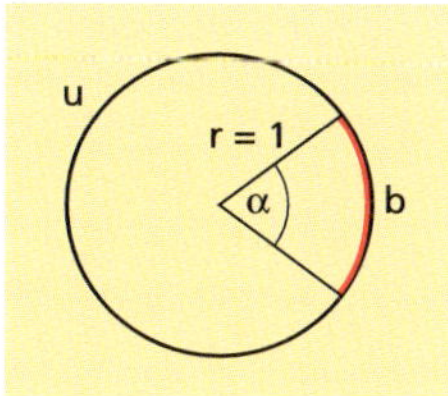

$1 \text{ rad} = \frac{180°}{\pi} = 57°\ 17'\ 45''$

$1° = \frac{\pi}{180°} \text{ rad} = 0{,}017453 \text{ rad}$

Bei der Angabe von Winkelgrößen im Bogenmaß wird auf die Einheit rad meist verzichtet.

$360° = 2\pi$ $180° = \pi$ $90° = \frac{\pi}{2}$ $60° = \frac{\pi}{3}$ $45° = \frac{\pi}{4}$

Winkelmessung mit dem Geodreieck

Der Winkel ist kleiner als 180°.	**Der Winkel ist größer als 180°.**	
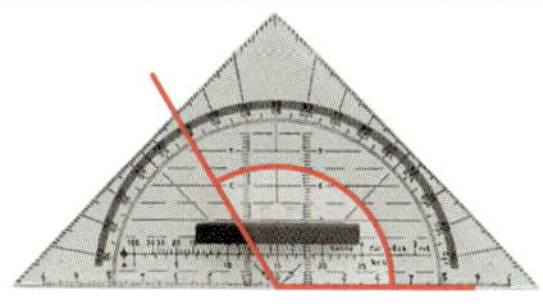	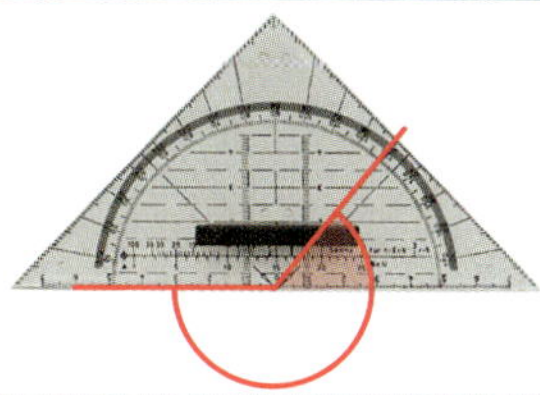	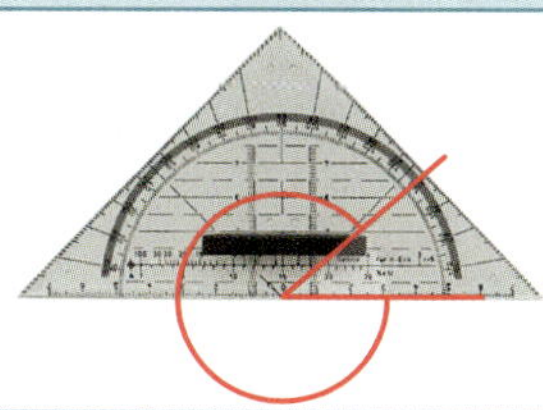
Die Winkelgröße kann direkt abgelesen werden.	Zum abgelesenen Wert wird 180° addiert.	Der abgelesene Wert wird von 360° subtrahiert.

Der Unterschied zwischen einem Winkel und seiner Größe wird meist nicht durch unterschiedliche Symbole ausgedrückt, weil aus dem Zusammenhang hervorgeht, ob ein Winkel oder seine Größe gemeint ist.
Die Schreibweise α = 60° bedeutet, dass der Winkel α eine Größe von 60 Grad hat.

Größenangabe orientierter Winkel

Bei Angabe der Größe orientierter Winkel ist es erforderlich, auch die Orientierung des Winkels zu nennen.
Die positive Orientierung entspricht einer Drehung entgegen dem Uhrzeigersinn. Das entsprechende Winkelmaß hat ein positives Vorzeichen.
Die negative Orientierung entspricht einer Drehung im Uhrzeigersinn.

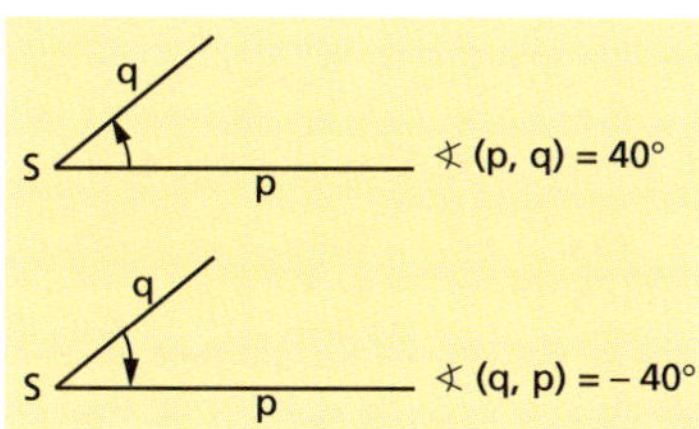

Beim Winkelmaß positiv orientierter Winkel wird das Vorzeichen weggelassen.

Das entsprechende Winkelmaß hat ein negatives Vorzeichen. Der Winkel ∢ (p, q) mit positivem Drehsinn und der Winkel ∢ (q, p) mit negativem Drehsinn sind entgegengesetzt orientiert, aber betragsmäßig gleich.

Winkelarten

Winkel werden nach ihrer Größe unterschieden:

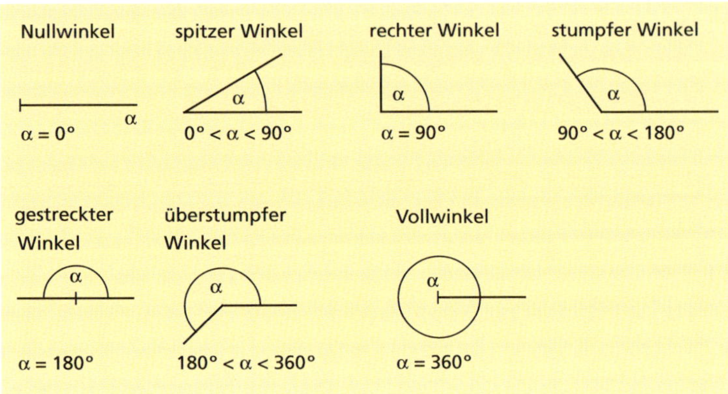

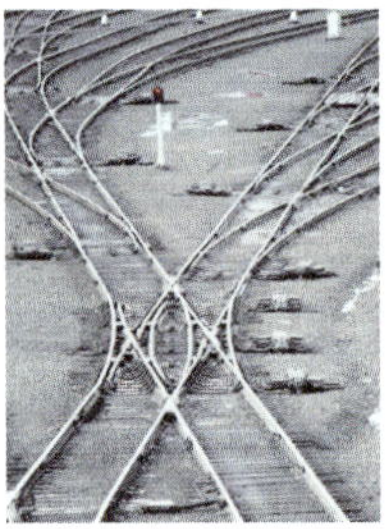

Winkel an einander schneidenden Geraden

Schneiden zwei Geraden einander, so heißen die *gegenüberliegenden* Winkel **Scheitelwinkel.**
In der Abbildung sind α und γ sowie β und δ Scheitelwinkel.

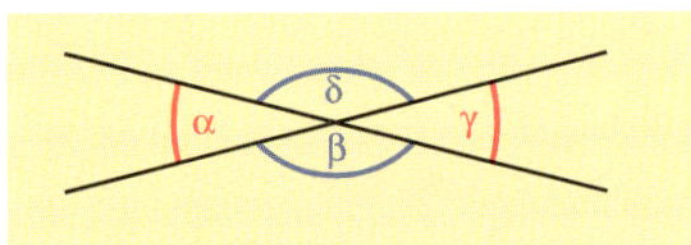

S Scheitelwinkel sind gleich groß.

In der obigen Abbildung gilt: $\alpha = \gamma$ und $\beta = \delta$

Schneiden zwei Geraden einander, so heißen zwei *nebeneinander liegende* Winkel **Nebenwinkel.**
Nebenwinkel haben einen gemeinsamen Schenkel. Die beiden anderen Schenkel liegen auf ein und derselben Geraden und haben genau den Scheitelpunkt gemeinsam.

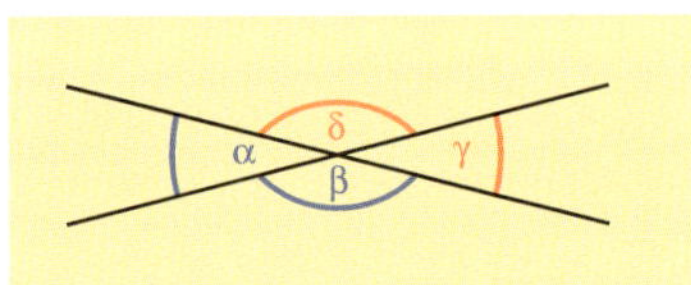

S Die Summe zweier Nebenwinkel beträgt 180°.

In der obigen Abbildung gilt: $\alpha + \beta = \beta + \gamma = \gamma + \delta = \delta + \alpha = 180°$

supplementum (lat.) – Ergänzung; complementum (lat.) – Ergänzung

Ergänzen zwei Winkel einander zu 180°, so heißen sie **Supplementwinkel.**
Ergänzen zwei Winkel einander zu 90°, so heißen sie **Komplementwinkel.**

Winkel an geschnittenen Parallelen

Schneiden zwei verschiedene, zueinander parallele Geraden eine dritte Gerade, so entstehen acht Winkel.
Von Interesse sind Beziehungen zwischen je zwei dieser Winkel, die keinen gemeinsamen Scheitelpunkt haben.

Stufenwinkel	**Wechselwinkel**	**Entgegengesetzt liegende Winkel**
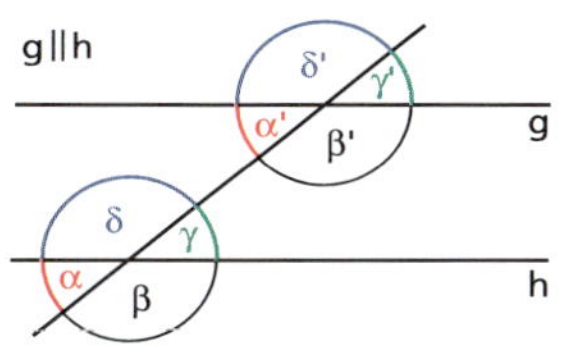	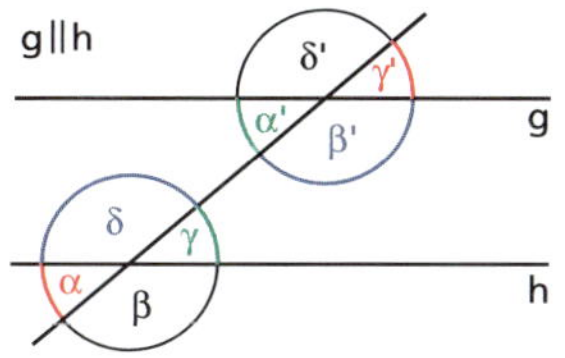	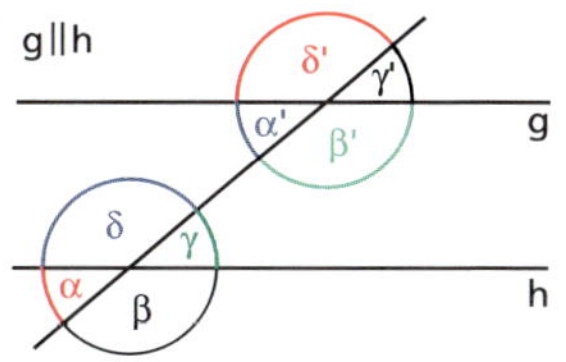
α und α', β und β', γ und γ', δ und δ'	α und γ', β und δ', γ und α', δ und β'	α und δ', β und γ', γ und β', δ und α'

S **Stufenwinkel** sind gleich groß genau dann, wenn sie an parallelen Geraden liegen.

Dieser Satz in der „Genau dann, wenn"-Formulierung hat zwei Teile:
Er sagt einerseits aus, dass an geschnittenen Parallelen die Stufenwinkel gleich groß sind.
Andererseits – und das ist die andere Richtung des Satzes – liefert er ein Kriterium, mit dem entschieden werden kann, ob zwei Geraden parallel sind: Sind die entsprechenden Stufenwinkel gleich groß, dann handelt es sich um parallele Geraden.

Beweis des Stufenwinkelsatzes

Voraussetzung:
α und α' sind Stufenwinkel an den Geraden g und h, die beide von der Geraden k geschnitten werden.

Behauptung:
Teil 1: Wenn $g \parallel h$, so ist $\alpha = \alpha'$.
Teil 2: Wenn $\alpha = \alpha'$, so ist $g \parallel h$.

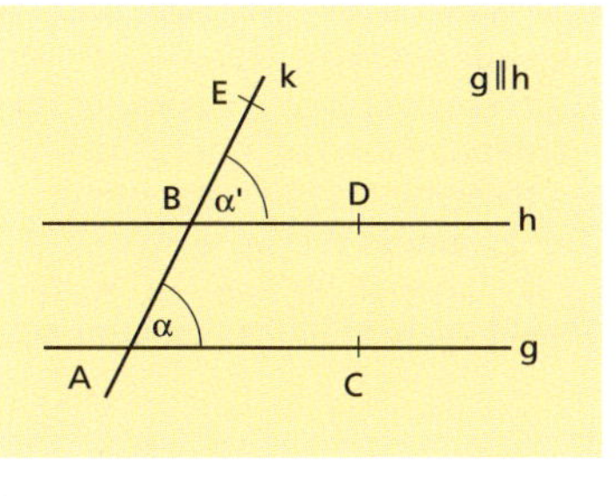

Beweis zu Teil 1:
Wenn $g \parallel h$, so $\alpha = \alpha'$.

Wenn $g \parallel h$, gilt bei der Verschiebung (↗ S. 202) AB:
- Das Bild von A ist B.
- Das Bild von g ist h (weil $g \parallel h$).
- Das Bild von k ist k (weil Verschiebung längs k).
- Das Bild des Strahls $\overrightarrow{AC}$ ist der Strahl $\overrightarrow{BD}$.
- Das Bild des Strahls $\overrightarrow{AB}$ ist der Strahl $\overrightarrow{BE}$.

Damit ist klar, dass bei der Verschiebung ∢ BAC auf ∢ EBD abgebildet wird. Folglich gilt $\alpha = \alpha'$. (w.z.b.w.)

Beweis zu Teil 2:
Wenn $\alpha = \alpha'$, so $g \parallel h$.
Hier wird $\alpha = \alpha'$ vorausgesetzt. Dann muss es eine Bewegung geben, die ∢ BAC auf ∢ EBD abbildet.
Weil die Strahlen $\overrightarrow{AB}$ und $\overrightarrow{BE}$ auf der gleichen Geraden k liegen und aufeinander abgebildet werden, muss k bei der Bewegung auf sich abgebildet werden.
Das Bild von A muss der Punkt B ($A \neq B$) sein. Diese Forderung erfüllt nur die Verschiebung AB.
Da jede Verschiebung Geraden parallel zu sich abbildet und nach Voraussetzung AC auf BD abgebildet wird, ist $g \parallel h$. (w.z.b.w.)

S **Wechselwinkel** sind gleich groß genau dann, wenn sie an parallelen Geraden liegen.

Der **Wechselwinkelsatz** kann auf den Stufenwinkelsatz zurückgeführt werden, indem noch der Satz über die Scheitelwinkel benutzt wird. (Der zu einem Winkel gehörende Wechselwinkel ist bekanntlich der Stufenwinkel seines Scheitelwinkels.)

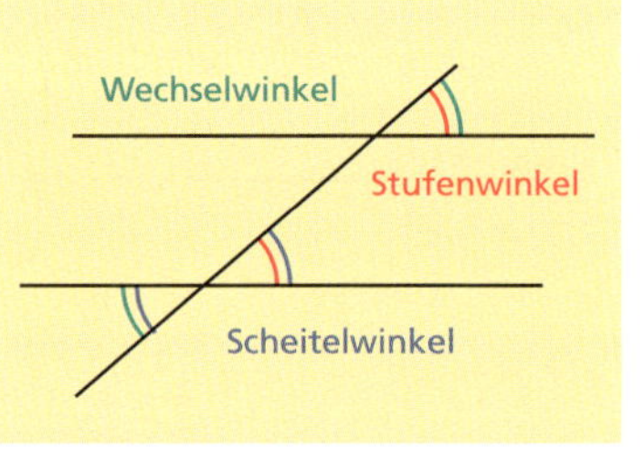

S **Entgegengesetzt liegende Winkel** ergänzen einander zu 180° genau dann, wenn sie an parallelen Geraden liegen.

Der **Satz über entgegengesetzt liegende Winkel** kann auf den Stufenwinkelsatz zurückgeführt werden, indem noch der Satz über die Nebenwinkel benutzt wird.
(Der zu einem Winkel entgegengesetzt liegende Winkel ist Stufenwinkel eines seiner Nebenwinkel.)

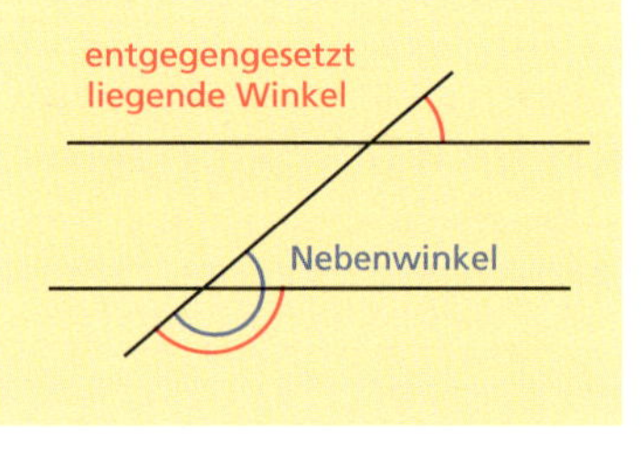

Winkel mit paarweise senkrecht aufeinanderstehenden Schenkeln

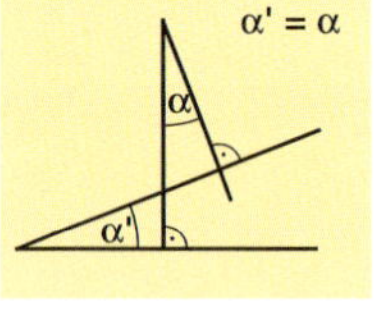

S Zwei Winkel, deren Schenkel paarweise senkrecht aufeinanderstehen, sind gleich groß, falls der Scheitel des einen Winkels nicht im Inneren oder auf einem Schenkel des anderen Winkels liegt.

6.2 Konstruktionen

6.2.1 Konstruktionen mit Zirkel und Lineal

Als Konstruieren im klassischen Sinne bezeichnet man das Bestimmen von Punkten und Punktmengen (allein) mit Zirkel und Lineal.

constructio (lat.) – Bau, Zusammenfügung; circulus (lat.) – Kreislinie

Folgende Konstruktionen sind damit eindeutig ausführbar:

(1) Das Zeichnen der Verbindungsgeraden zweier verschiedener Punkte mit dem Lineal. Das Lineal dient bei solchen Konstruktionen lediglich zum Zeichnen von Geraden. Das heißt, dass die Maßeinteilung eines Lineals dabei nicht zu benutzen ist.

(2) Das Zeichnen eines Kreises um einen gegebenen Mittelpunkt und mit einem gegebenen Radius mit einem Zirkel.
Außer mit einem Zirkel kann ein Kreis auch mit einer straff gespannten Schnur mit zwei Schlaufen gezeichnet werden, von denen die eine über einem Pflock gelegt ist und in die andere ein „Schreibstift" gesteckt wird (↗ S. 256; Gärtnerkonstruktion).

Abtragen von Strecken

Auf einer gegebenen Geraden soll von einem gegebenen Punkt P aus eine Strecke $\overline{AB}$ vorgegebener Länge abgetragen werden.

Konstruktionsbeschreibung:

① Um P wird ein Kreisbogen mit dem Radius $\overline{AB}$ gezeichnet. Der Kreisbogen schneidet die Gerade in den Punkten Q und R.

② Die Strecken $\overline{PQ}$ und $\overline{PR}$ haben jeweils die gleiche Länge wie die Strecke $\overline{AB}$ und liegen auf g.
Ausgehend von der Aufgabe ist zu entscheiden, ob beide Lösungen oder nur eine von ihnen infrage kommt.

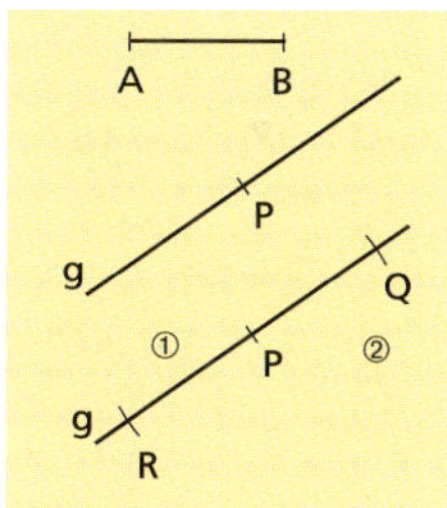

Antragen eines Winkels an einen Strahl

Ein Winkel ∢ (p, q) mit dem Scheitelpunkt S ist gegeben. Konstruiert werden soll ein Winkel gleicher Größe, dessen einer Schenkel ein gegebener Strahl mit dem Anfangspunkt A ist.

Konstruktionsbeschreibung:

① Um S wird ein Kreisbogen gezeichnet.
Er schneidet die Schenkel des Winkels in P und Q.
Ein Kreisbogen um A mit Radius $r = \overline{SP}$ wird gezeichnet.
Er schneidet den Strahl s in B.

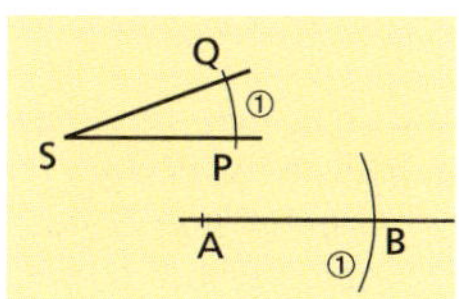

② Um B wird ein Kreisbogen mit $r = \overline{PQ}$ gezeichnet. Die Schnittpunkte des Kreisbogens um B sind C und D.
Die Strahlen $\overrightarrow{AD}$ und $\overrightarrow{AC}$ werden gezeichnet. Die Winkel ∢ BAD und ∢ CAB sind die beiden Lösungen der Aufgabe.

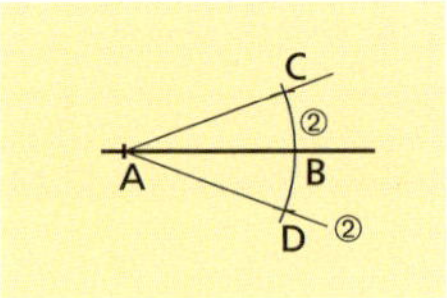

Grundkonstruktionen

Eine Strecke halbieren – die Mittelsenkrechte einer Strecke errichten

Konstruktionsbeschreibung:

① Um A und B werden Kreisbogen mit beliebigem, aber gleichem Radius ($r > \frac{1}{2}\overline{AB}$) gezeichnet. Diese Kreisbogen schneiden einander in C und D.

② Die Gerade CD wird gezeichnet. Sie schneidet die Strecke $\overline{AB}$ in M. Die Gerade CD ist die **Mittelsenkrechte** der Strecke $\overline{AB}$.
Mithilfe dieser Konstruktion wird die Strecke AB **halbiert**. Der Punkt M ist der **Mittelpunkt** der Strecke $\overline{AB}$.

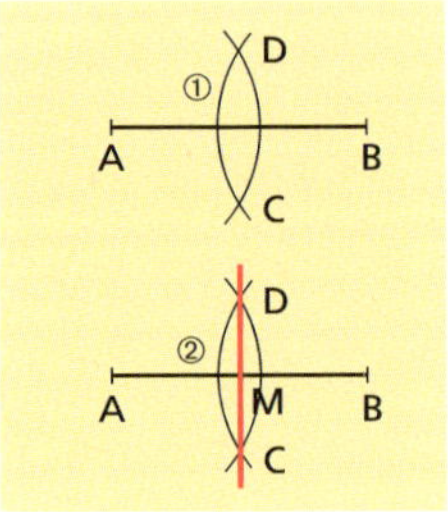

Die Genauigkeit der Konstruktion kann dadurch überprüft werden, dass die drei Punkte A, E und D auf einer Geraden liegen müssen.

Bereits in der altgriechischen Mathematik suchte man ein Konstruktionsverfahren, welches die **Dreiteilung des Winkels** (Trisektion) ermöglicht. Heute ist bewiesen, dass diese Trisektion nur in einigen Ausnahmefällen, nicht aber für beliebige Winkel möglich ist.

Einen Winkel halbieren – die Winkelhalbierende

Konstruktionsbeschreibung:

① Um den Scheitelpunkt A wird ein Kreisbogen gezeichnet. Er schneidet die Schenkel des Winkels ∢ (h, k) in den Punkten B und C.

② Um B und C werden Kreisbogen mit beliebigem, aber gleichem Radius gezeichnet.
D und E sind die Schnittpunkte der beiden Kreisbogen. Der Strahl von A durch E und D wird gezeichnet. Er ist die **Winkelhalbierende** von ∢ (h, k).

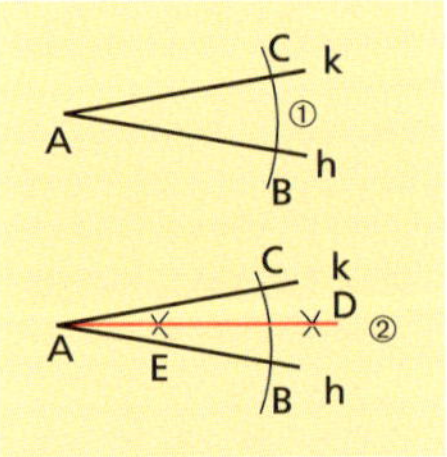

Die Senkrechte zu einer Geraden h in einem Punkt A errichten ($A \in h$)

Konstruktionsbeschreibung:

① Um A wird ein Kreisbogen gezeichnet. Er schneidet die Gerade h in den Punkten B und C.

② Um B und C werden Kreisbogen mit beliebigem, aber gleichem Radius ($r > \overline{AB}$) gezeichnet. Die Kreisbogen schneiden einander in den Punkten D und E. Die Gerade durch A, D und E wird gezeichnet. Sie ist die **Senkrechte** zu h in A.

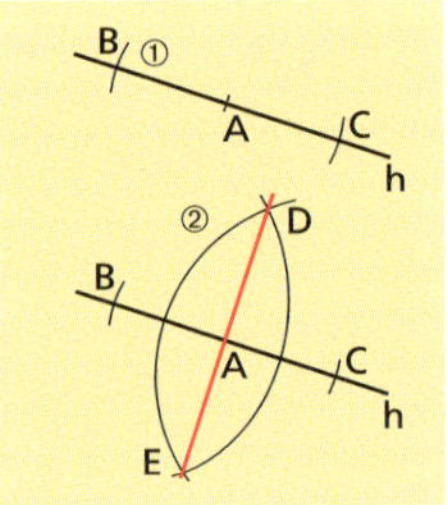

Das Lot von einem Punkt A auf eine Gerade h fällen ($A \notin h$)

Konstruktionsbeschreibung:

① Ein Kreisbogen um A wird gezeichnet, der die Gerade h in zwei verschiedenen Punkten B und C schneidet.

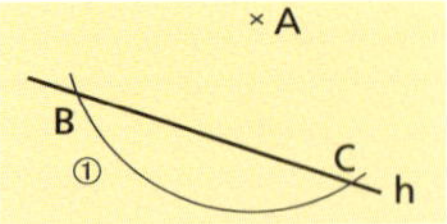

② Um B und C werden Kreisbogen mit beliebigem, aber gleichem Radius ($r > \frac{1}{2}\ \overline{BC}$) gezeichnet, die sich in D schneiden. Die Gerade AD schneidet die Gerade h im Punkt L.

③ Die Strecke $\overline{AL}$ ist das **Lot** von A auf die Gerade h. Der Punkt L heißt **Lotfußpunkt.**

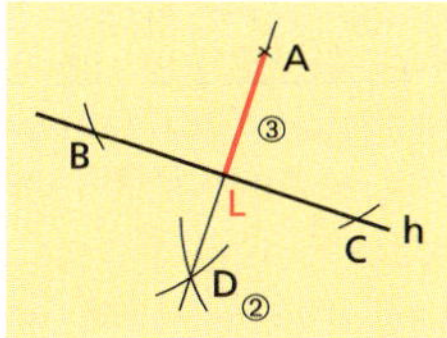

Anwendung der Grundkonstruktionen

Komplexere Konstruktionsaufgaben können häufig auf die Grundkonstruktionen zurückgeführt werden.

Gegeben ist eine Gerade g und ein nicht auf ihr liegender Punkt P. Konstruiert werden soll die Gerade k, die zu g parallel ist und durch den Punkt P geht.

Konstruktionsbeschreibung:

① Das Lot von P auf g wird gefällt. Es liegt auf der Geraden h.

② Die Senkrechte zu h in P wird konstruiert. Diese Senkrechte k ist die Parallele zu g durch den Punkt P.

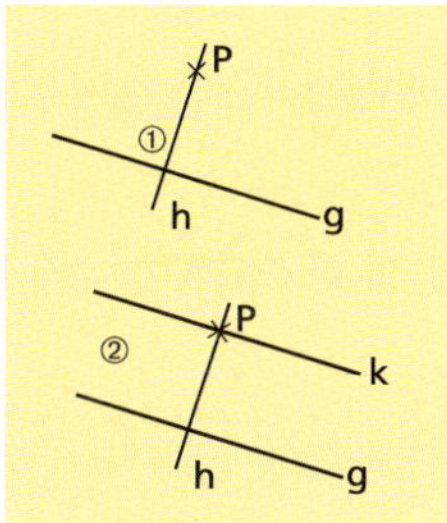

Weitere Anwendungen der Grundkonstruktionen sind beispielsweise die Konstruktionen von Dreiecken (↗ S. 224).

6.2.2 Konstruktionen mit Zeichendreieck, Lineal und Geodreieck

Die Verwendung eines Geodreiecks oder eines Zeichendreiecks kann die Ausführung von Konstruktionsaufgaben dadurch erleichtern, dass zu einer vorgegebenen Geraden g und einem Punkt P

- die Parallele zu g durch P und
- die Senkrechte zu g durch P

in einem Schritt oder in Teilschritten gezeichnet werden können.

Konstruktion der Senkrechten zu g durch P	**Konstruktion der Parallelen zu g durch P (Parallelverschiebung)**
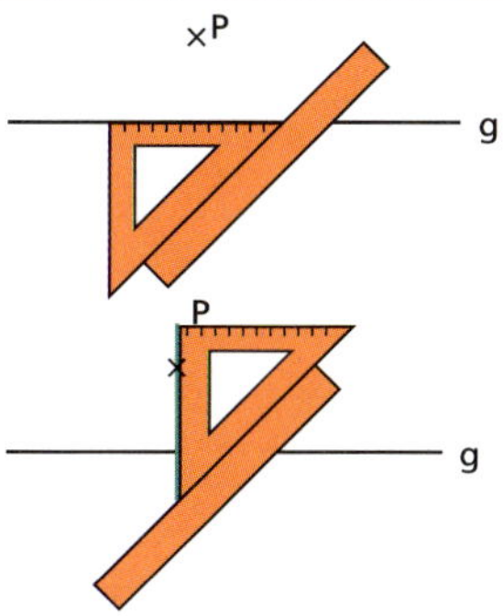	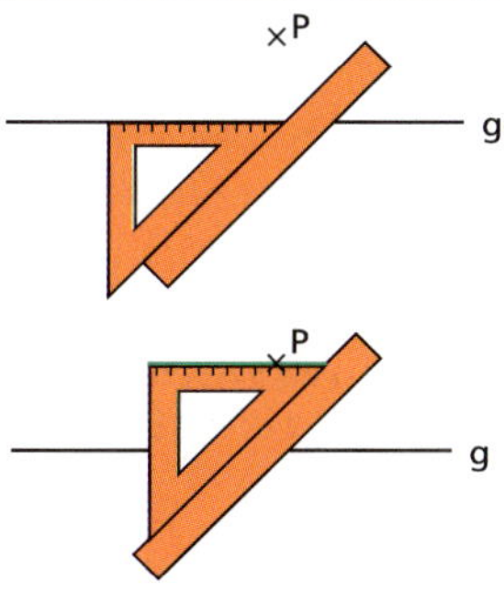

Im antiken Griechenland wurden viele Probleme mit geometrischen Mitteln in Angriff genommen, weil die Geometrie gegenüber der Arithmetik höher entwickelt war. Die Lösung von Aufgaben durch **geometrische Konstruktionen mit Zirkel und Lineal** war weitverbreitet.

Die Lösung der in den **Grundkonstruktionen** enthaltenen Probleme ist auch durch **Falten** möglich.

Zu den bisher unlösbaren Konstruktionsaufgaben gehören die **Dreiteilung des Winkels,** die **„Quadratur des Kreises"** und die Verdopplung des Würfels.

Bei Verwendung des Geodreiecks entfallen die Verschiebungen des Zeichengeräts und die dadurch verursachten Ungenauigkeiten. Genutzt werden die auf dem Geodreieck vorhandenen Markierungen zum Zeichnen zueinander paralleler und zueinander senkrechter Geraden.

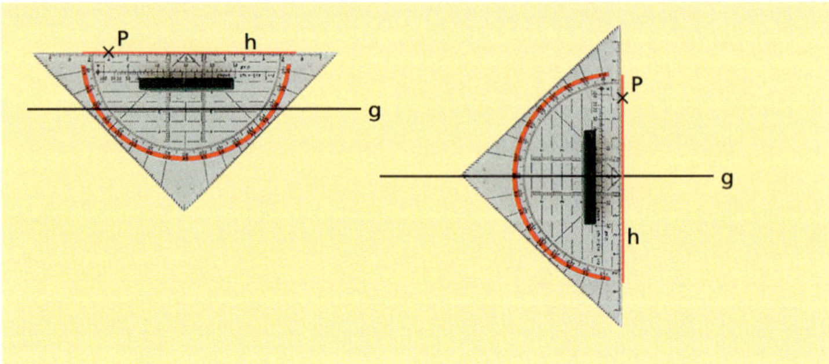

6.2.3 Konstruktionen mit der Methode der Bestimmungslinien

Als **geometrische Örter** bezeichnet man Mengen von Punkten der Ebene, die eine bestimmte gemeinsame Eigenschaft haben.
Liegen diese Punkte alle auf einer (geraden oder gekrümmten) Linie, spricht man von **Bestimmungslinien.**
Die Grundidee beim Konstruieren mittels Bestimmungslinien besteht darin, dass jeder zu konstruierende Punkt als Schnittpunkt zweier Bestimmungslinien charakterisiert und entsprechend gezeichnet wird.
Für Konstruktionen sind insbesondere Geraden und Kreise als Bestimmungslinien nützlich, weil sie mit wenig Aufwand gezeichnet und zugleich eindeutig beschrieben werden können.
Zu den folgenden Bedingungen gehören folgende Bestimmungslinien:

Bedingung, die jeder Punkt der Bestimmungslinie erfüllt	**Bestimmungslinie(n)**	**Darstellung**
alle Punkte, die den gleichen Abstand a von einem Punkt M haben	Kreis um M mit Radius a	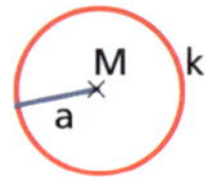
alle Punkte, die den gleichen Abstand a von einer gegebenen Geraden g haben	zwei Parallelen zu g, jeweils im Abstand a	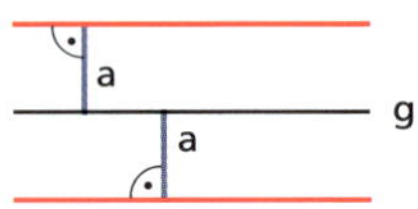
alle Punkte, die von zwei Punkten A und B jeweils gleich weit entfernt sind	Mittelsenkrechte der Strecke $\overline{AB}$	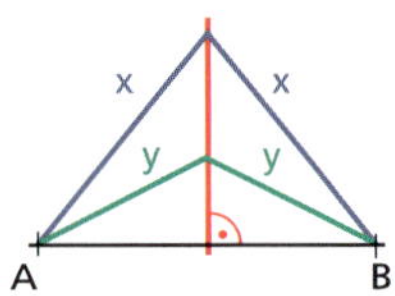

Bedingung, die jeder Punkt der Bestimmungslinie erfüllt	**Bestimmungslinie(n)**	**Darstellung**
alle Punkte, die von den beiden Schenkeln eines Winkels α jeweils den gleichen Abstand haben	Winkelhalbierende des Winkels α	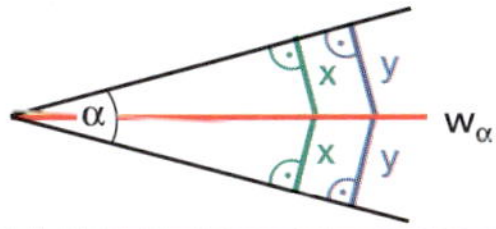
alle Punkte, die von zwei zueinander parallelen Geraden g und h jeweils gleich weit entfernt sind	Mittelparallele m der beiden Geraden g und h	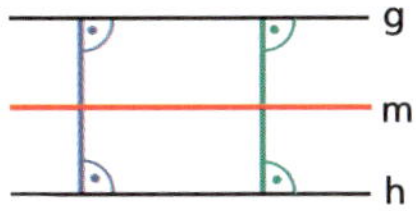
alle Punkte, von denen aus die Strecke $\overline{AB}$ unter dem gleichen Winkel γ erscheint Sonderfall: alle Punkte, von denen aus die Strecke $\overline{AB}$ unter einem rechten Winkel erscheint	Kreisbogen über der Sehne $\overline{AB}$ mit γ als Umfangswinkel (Peripheriewinkel) Kreis mit dem Durchmesser $\overline{AB}$ (Thaleskreis)	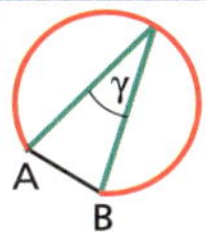 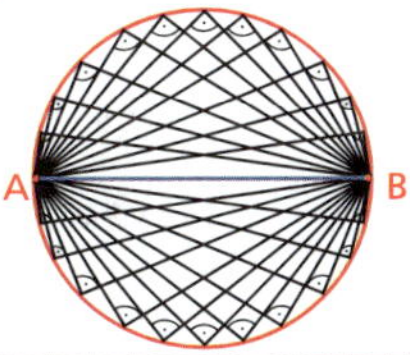

Zu konstruieren ist ein Dreieck ABC (↗ S. 226) mit gegebener Höhe h_c, gegebener Seite c und gegebenem Winkel α.

Lösungsidee:
Der Punkt A ist der Scheitel des Winkels α. Der Punkt B ist bestimmt durch seine Lage auf dem Schenkel des Winkels α und zugleich auf dem Kreisbogen um A mit Radius c.
Der Punkt C ist bestimmt durch seine Lage auf einer Parallelen zu AB und zugleich auf dem freien Schenkel des Winkels α.

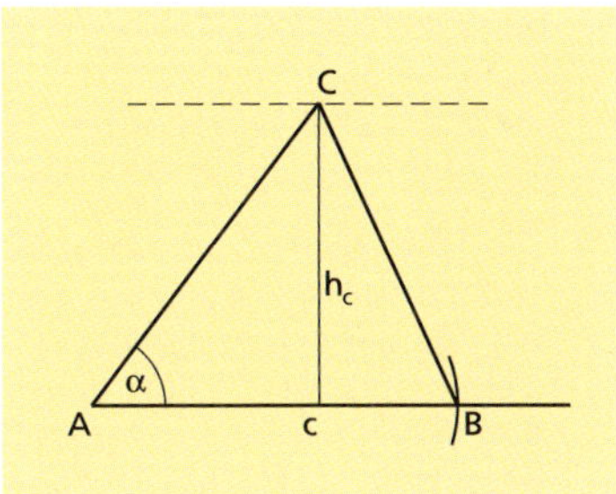

6.2.4 Softwaregestütztes Konstruieren

Der Computer ist in der Geometrie vor allem bei der Veranschaulichung komplexer Objekte und Sachverhalte hilfreich.
Geeignete Software kann die Genauigkeit von Konstruktionen deutlich erhöhen.
Sie beinhaltet spezifische Programmfunktionen wie beispielsweise:
- Rastereinstellungen mit definierbarer Einheit,
- Ausrichten an Rasterpunkten,
- Vergrößern der Ansicht der Zeichnung,

- Magnetisierbarkeit von Objekten (d. h., dass z. B. ein mit der Maus aktivierter Punkt unabhängig von geringen Abweichungen des Nutzers exakt getroffen und für die Zeichnung verwendet wird),
- Möglichkeit der genauen numerischen Eingabe von Winkelgrößen und Streckenlängen,
- integrierte Messfunktionen für Streckenlängen und Winkelgrößen.

Darüber hinaus erleichtert Geometriesoftware das experimentelle Arbeiten und damit das Aufdecken von Gesetzmäßigkeiten.

Generell kann man zwischen **statischer Geometriesoftware** und **dynamischer Geometriesoftware (DGS)** unterscheiden.

(1) Bei statischen Konstruktionsprogrammen kann man wie mit Zirkel und Lineal konstruieren.
Das zeichnerische Können mit Zirkel und Lineal wird durch Können im Umgang mit Maus und Tastatur ersetzt.
Es gibt meist eine Reihe von Konstruktionswerkzeugen, die den traditionellen Zeichengeräten Zirkel und Lineal sowie den Messskalen für Längen und Winkel entsprechen.

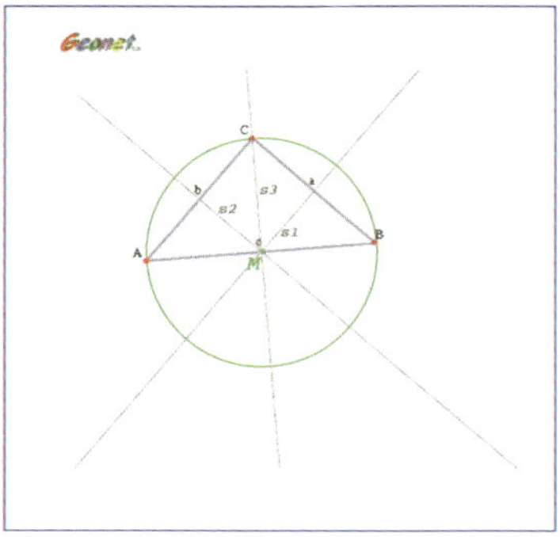

(2) Dynamische Geometriesoftware bietet darüber hinaus weitere Programmfunktionen.
Hier ist es möglich, Makros selbst zu definieren und damit häufig wiederkehrende Zeichenaufgaben als Unterprogramme abzuspeichern.
Vor allem aber lassen sich einmal gezeichnete Figuren im sogenannten Zugmodus dynamisch verändern.

Die Lage eines Eckpunktes eines Dreiecks wird beliebig verändert und immer schneiden die drei Winkelhalbierenden einander in einem gemeinsamen Punkt.
Der entsprechende Satz wird so experimentell sichtbar. Mit derartigen Experimenten können viele der zentralen Sätze der Elementargeometrie veranschaulicht werden.

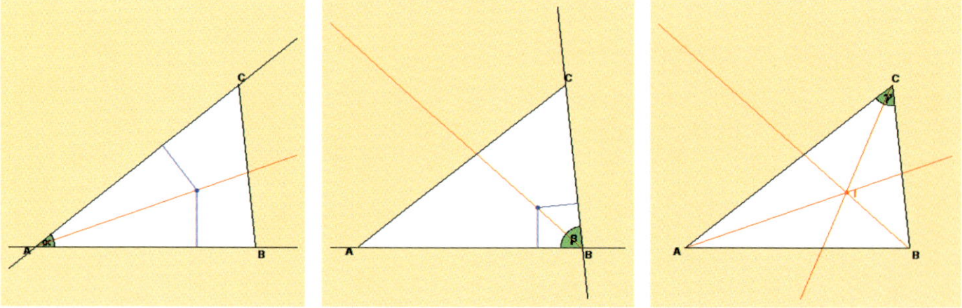

6.3 Geometrische Abbildungen

Ebene Figuren können durch **geometrische Abbildungen (geometrische Transformationen)** ineinander überführt werden, wobei die Punkte der einen Figur (Original) umkehrbar eindeutig auf die Punkte der anderen Figur (Bild) abgebildet werden.

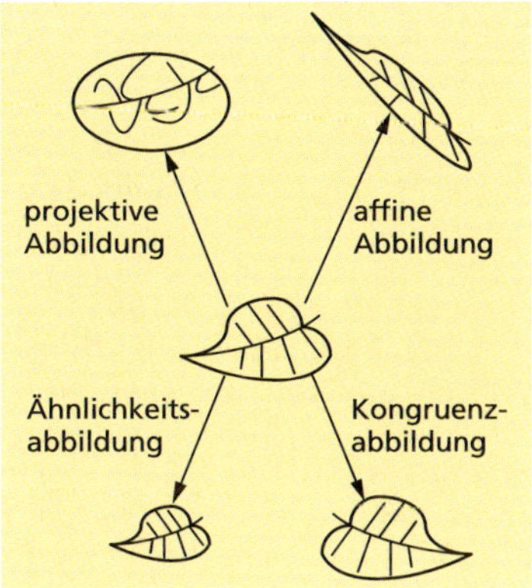

Zur Untersuchung der Eigenschaften einer geometrischen Abbildung betrachtet man zusammengehörige Original- und Bildfiguren, insbesondere deren Strecken und Winkel unter folgenden Gesichtspunkten:

(1) Aus $P \in g$ folgt $P' \in g'$.
(2) Das Bild einer Geraden ist wieder eine Gerade.
(3) Die Bilder zueinander paralleler Geraden sind wieder zueinander parallele Geraden.
(4) Winkelgrößen bleiben bei der Abbildung erhalten.
(5) Original- und Bildstrecken sind gleich lang.

Damit können folgende Arten geometrischer Abbildungen unterschieden werden:

Geometrische Abbildungen	**Mindestens vorhandene Eigenschaften**
projektive Abbildungen	(1)
affine Abbildungen	(1), (2), (3)
Ähnlichkeitsabbildungen	(1), (2), (3), (4)
Kongruenzabbildungen	(1), (2), (3), (4), (5)

Auf projektive und affine Abbildungen wird nicht näher eingegangen.

Entsprechend der Übersicht ist jede Kongruenzabbildung eine besondere Ähnlichkeitsabbildung (mit Ähnlichkeitsfaktor 1), eine besondere affine Abbildung usw. Hingegen ist nicht jede Ähnlichkeitsabbildung eine Kongruenzabbildung usw.

Das Bild einer Figur besitzt entweder den gleichen oder den entgegengesetzten **Umlaufsinn** wie die Figur selbst. Entsprechend spricht man dann von **gleichsinnigen** bzw. **ungleichsinnigen Abbildungen.**

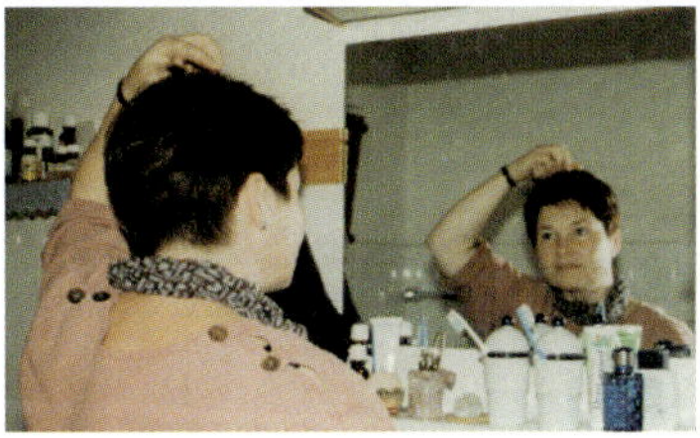

6.3.1 Ähnlichkeitsabbildungen

D Zwei ebene Figuren F_1 und F_2 sind zueinander **ähnlich,** wenn sie in ihrer Form übereinstimmen: $F_1 \sim F_2$

Eine Übereinstimmung in der Größe ist dazu nicht unbedingt notwendig. Die umkehrbar eindeutige punktweise Abbildung der einen Figur auf die andere wird als **Ähnlichkeitsabbildung** bezeichnet. Werden Strecken bei einer Ähnlichkeitsabbildung aufeinander abgebildet, so ist die Länge jeder Bildstrecke ein gleiches Vielfaches der Länge der zugehörigen Originalstrecke.

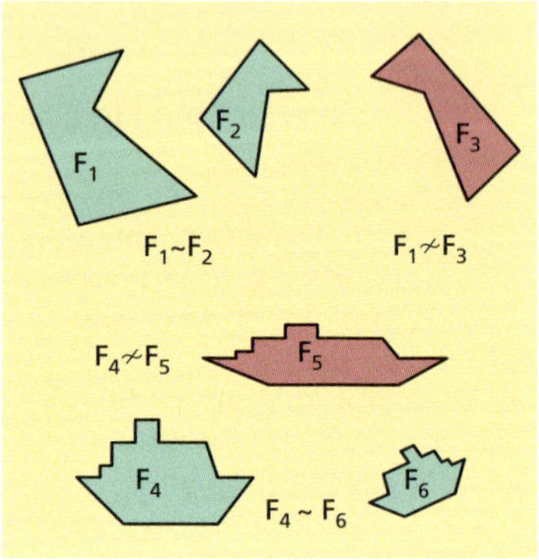

Der hier gleiche Proportionalitätsfaktor wird als **Ähnlichkeitsfaktor** k bezeichnet.
Für $k > 1$ erfolgt eine maßstäbliche Vergrößerung,
für $0 < k < 1$ erfolgt eine maßstäbliche Verkleinerung und
für $k = 1$ erfolgt als Spezialfall eine Kongruenzabbildung der Figur.

Ähnlichkeitslage

Ähnliche Figuren lassen sich durch Kongruenzabbildungen (Verschiebung, Spiegelung, Drehung bzw. deren Nacheinanderausführung) in eine solche Position bringen, dass einander entsprechende Strecken stets zueinander parallel sind.
Dann befinden sich die beiden ähnlichen Figuren in der sogenannten **Ähnlichkeitslage.**
In dieser Lage können jeweils zusammengehörige Punkte mit Geraden verbunden werden, die sich – falls beide Figuren nicht kongruent sind – alle in einem gemeinsamen Punkt schneiden.
Dieser Punkt ist das **Streckungszentrum** einer **zentrischen Streckung,** welche die eine Figur auf die andere Figur abbildet.

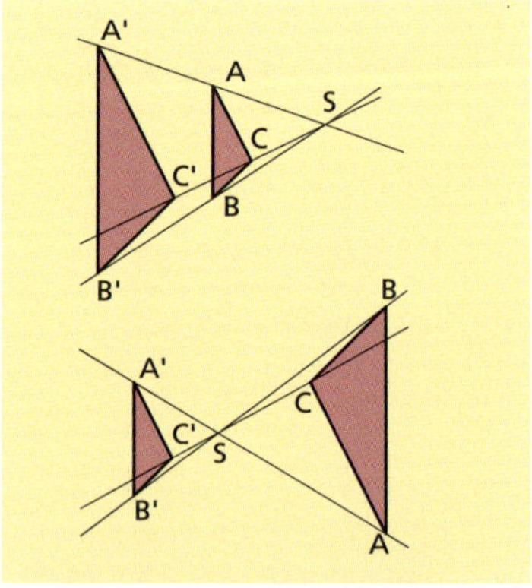

In der Abbildung ist die Taschenlampe das Streckungszentrum.

Einteilung der Ähnlichkeitsabbildungen

Ähnlichkeitsabbildungen

gleichsinnig → Orientierung bleibt erhalten →

- **zentrische Streckung** oder die Nacheinanderausführung mehrerer zentrischer Streckungen
- **Drehstreckung** als Nacheinanderausführung einer Streckung und einer Drehung
- **Schubstreckung** als Nacheinanderausführung einer Streckung und einer Verschiebung

ungleichsinnig → Orientierung bleibt nicht erhalten →

- **Klappstreckung** (auch **Streckspiegelung** genannt) als Nacheinanderausführung einer Streckung und einer Geradenspiegelung

6.3.2 Kongruenzabbildungen

D Zwei ebene Figuren F_1 und F_2 sind zueinander **kongruent,** wenn sie in ihrer Gestalt und Größe völlig übereinstimmen, wenn sie deckungsgleich sind:
$F_1 \cong F_2$

Die umkehrbar eindeutige punktweise Abbildung der einen Figur auf die andere wird als **Kongruenzabbildung** oder **Bewegung** bezeichnet.
Wesentliche Eigenschaften aller Bewegungen sind:

(1) Das Bild einer Geraden ist stets wieder eine Gerade **(Geradentreue).**
(2) Die Bilder paralleler Geraden sind zueinander parallele Geraden **(Parallelentreue).**
(3) Das Bild eines Winkels ist stets ein Winkel der gleichen Größe **(Winkeltreue).**
(4) Das Bild eines Kreises ist stets ein Kreis **(Kreisverwandtschaft).**
(5) Das Bild einer Strecke ist stets eine Strecke gleicher Länge **(Längentreue).**

congruens (lat.) – übereinstimmend, gleichförmig

Zur Charakterisierung der Eigenschaften einer Bewegung ist die Frage nach Fixpunkten, Fixgeraden und deren Lage von Interesse.

D

Jeder Punkt A, der bei einer Bewegung φ auf sich selbst abgebildet wird, heißt **Fixpunkt** bezüglich φ:
$\varphi(A) = A$

D

Jede Gerade e, die bei einer Bewegung φ auf sich selbst abgebildet wird, heißt **Fixgerade** bezüglich φ:
$\varphi(e) = e$
Wird die Gerade e sogar Punkt für Punkt auf sich selbst abgebildet, d. h. jeder Punkt der Geraden auf sich selbst abgebildet, heißt die Gerade **Fixpunktgerade** bezüglich φ.
Für alle $P \in e$ gilt: $\varphi(P) = P$

Kongruenzabbildungen

gleichsinnig
- Verschiebung
- Drehung
- Punktspiegelung
- Nacheinanderausführungen von diesen Abbildungen
- Nacheinanderausführung zweier Spiegelungen

ungleichsinnig
- Spiegelung
- Nacheinanderausführung einer Spiegelung und einer gleichsinnigen Kongruenzabbildung
- Nacheinanderausführung einer ungeraden Anzahl von Spiegelungen

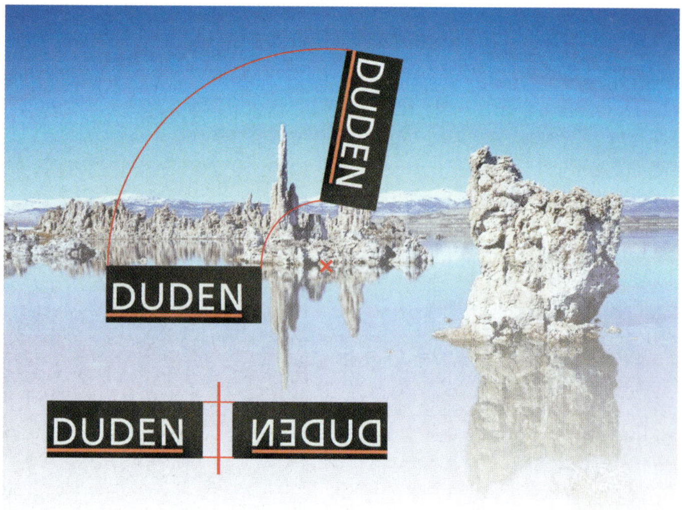

6.4 Bewegung, Kongruenz und Symmetrie

Eigenschaften von Bewegungen werden mit **Axiomen** vorausgesetzt.

Bei der Betrachtung von **Bewegung** und **Kongruenz** sind prinzipiell zwei Wege möglich:

(1) Der Begriff „Bewegung" wird als Grundbegriff genutzt.
Spiegelung, Drehung und **Verschiebung** werden als spezielle Bewegungen *definiert*.
Figuren werden danach untersucht, ob sie sich mit einer Bewegung ineinander überführen lassen.

> D Zwei Figuren sind genau dann zueinander **kongruent,** wenn es eine Bewegung gibt, die die eine Figur auf die andere abbildet.

congruens (lat.) – übereinstimmend, gleichförmig

(2) Die Relation „... ist kongruent zu ..." wird als Grundrelation im Einklang mit der anschaulich gegebenen Relation „... ist deckungsgleich zu ..." vorausgesetzt.
Zueinander kongruente Figuren werden untersucht und es werden jene Abbildungen betrachtet, die jede ebene Figur in eine andere zu ihr kongruente Figur überführen. Diese Abbildungen werden als **Bewegungen (Kongruenzabbildungen)** definiert.

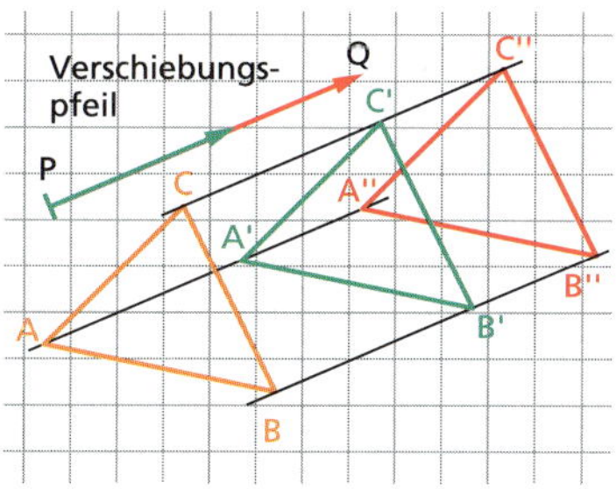

Alle Bewegungen haben folgende Eigenschaften:
- Zu zwei beliebigen Punkten A und B gibt es immer mindestens eine Bewegung, die A in B und B in A überführt.
- Die Nacheinanderausführung zweier Bewegungen ist stets wieder eine Bewegung.
- Auch die identische Abbildung, die jeden Punkt der Ebene auf sich selbst abbildet, ist eine Bewegung.
- Zu jeder Bewegung gibt es eine entgegengesetzte Bewegung, sodass das Resultat ihrer Nacheinanderausführung die identische Abbildung ist.

6.4.1 Spezielle Bewegungen

Verschiebung

> D Eine **Verschiebung** $\overrightarrow{AB}$ ist eine eineindeutige Abbildung der Ebene auf sich selbst, bei der für das Bild P' jedes Punktes P gilt:
> $\overrightarrow{PP'} \parallel \overrightarrow{AB}$ und $\overrightarrow{AP} \parallel \overrightarrow{BP'}$

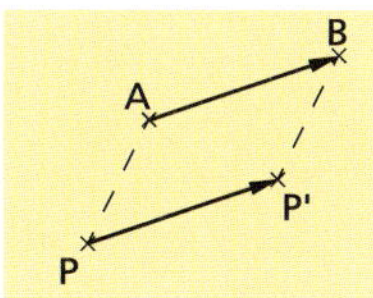

$\overrightarrow{AB}$ wird als **Verschiebungspfeil** bezeichnet. $\overrightarrow{PP'}$ hat stets die gleiche Länge und Richtung sowie den gleichen Richtungssinn wie $\overrightarrow{AB}$.

Konstruktion des Bildes eines Dreiecks bei einer Verschiebung $\overrightarrow{AB}$

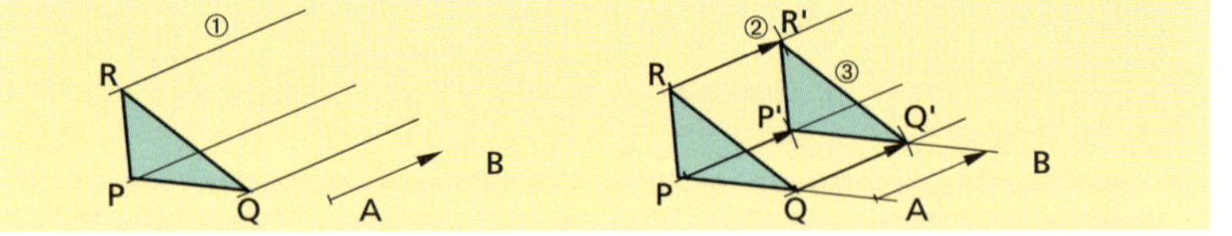

Konstruktionsbeschreibung:

① Es werden Parallelen zu $\overrightarrow{AB}$ durch die Punkte P, Q und R gezeichnet.

② Von R, P und Q aus wird jeweils auf der Parallelen die Länge der Strecke $\overline{AB}$ unter Beachtung der Orientierung abgetragen. Man erhält die Punkte R', P' und Q'.

③ Die Punkte R', P' und Q' werden miteinander verbunden.

Jede Verschiebung ist mit der Angabe von Betrag, Richtung und Richtungssinn und damit durch den Verschiebungspfeil eindeutig gekennzeichnet. Neben den für jede Bewegung gültigen Eigenschaften gibt es *spezielle Eigenschaften der Verschiebung:*

- Jede zum Verschiebungspfeil parallele Gerade wird auf sich selbst abgebildet. Sie ist *Fixgerade* bei der Verschiebung.
- Die Verschiebung mit der Verschiebungsweite 0 ist die identische Abbildung.
- Bei keiner Verschiebung (außer der Identität) gibt es einen Fixpunkt.

Drehung

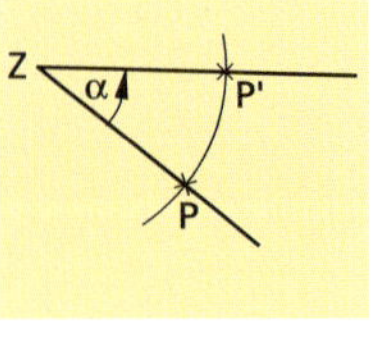

D

Eine **Drehung um einen Punkt** Z mit dem Drehwinkel α ist eine eineindeutige Abbildung der Ebene auf sich selbst, bei der für das Bild P' jedes Punktes P gilt:
- P' liegt auf dem Kreis um Z durch P
- $\sphericalangle$ (P'ZP) = α

Konstruktion des Bildes einer Figur bei Drehung um Z mit Drehwinkel α

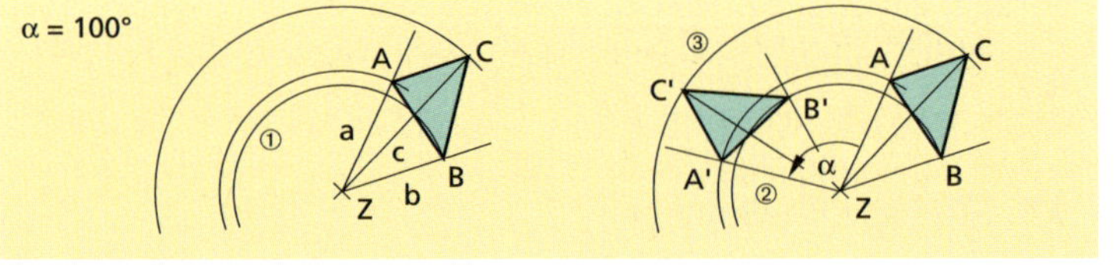

Konstruktionsbeschreibung:

① Es werden Strahlen a, b und c mit dem Anfangspunkt Z durch A, B und C und Kreisbogen mit dem Mittelpunkt Z durch A, B und C gezeichnet.

② Im Punkt Z wird an jeden der Strahlen a, b und c der Winkel α unter Berücksichtigung seiner Orientierung angetragen.

③ A' liegt auf dem Kreisbogen durch A sowie auf dem zweiten Schenkel des Winkels α. Entsprechend werden B' und C' konstruiert und die Punkte A', B' und C' werden miteinander verbunden.

Neben den für jede Bewegung gültigen Eigenschaften gibt es *spezielle Eigenschaften der Drehung:*
- Fixpunkt bei der Drehung um Z ist nur der Punkt Z, falls $\alpha \neq 0°$.
- Fixgeraden gibt es nur für den Spezialfall, dass $\alpha = 180°$.
  Dann ist jede Gerade durch Z Fixgerade.

Häufig wird die Drehung um Z mit $\alpha = 180°$ gesondert betrachtet und als **Punktspiegelung** am Punkt Z bezeichnet.

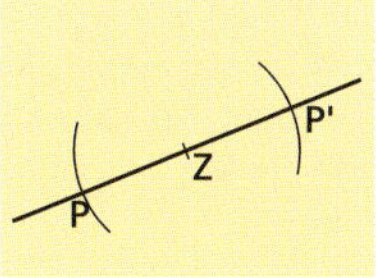

Punktspiegelung

D Eine **Punktspiegelung am Punkt** Z ist eine eineindeutige Abbildung der Ebene auf sich selbst, bei der für das Bild P' jedes Punktes P gilt:
- P' liegt auf dem Kreis um Z durch P.
- P' liegt auf der Geraden durch P und Z.

Konstruktion des Bildes eines Dreiecks bei Spiegelung am Punkt Z

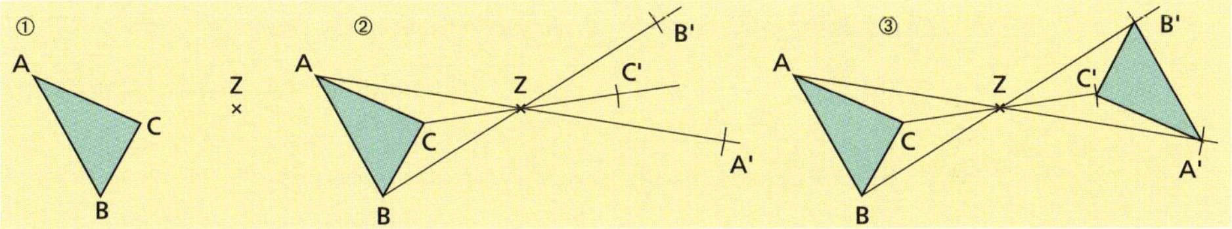

Konstruktionsbeschreibung:

① Es werden die Geraden durch Z und A, B bzw. C gezeichnet.

② Um Z wird ein Kreisbogen mit dem Radius $\overline{ZA}$ gezeichnet, der die Gerade AZ in A' schneidet. Entsprechend erhält man B' und C'.

③ Die Punkte A', B' und C' werden miteinander verbunden.

Neben den für jede Bewegung gültigen Eigenschaften gibt es *spezielle Eigenschaften der Punktspiegelung:*
- Fixpunkt bei der Punktspiegelung an Z ist der Punkt Z.
- Fixgerade bei der Punktspiegelung an Z ist jede Gerade durch Z.

Geradenspiegelung

D Eine **Spiegelung an g (Geradenspiegelung)** ist eine eineindeutige Abbildung der Ebene auf sich selbst, bei der für das Bild P' jedes Punktes P gilt:
- P' liegt auf der Senkrechten zu g durch P.
- g halbiert $\overline{PP'}$.

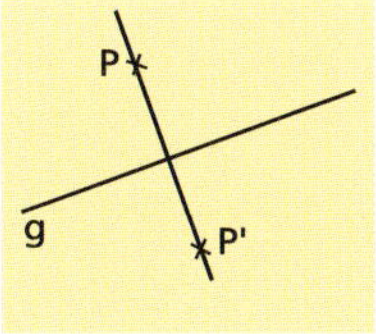

Konstruktion des Bildes eines Dreiecks bei Spiegelung an der Geraden g

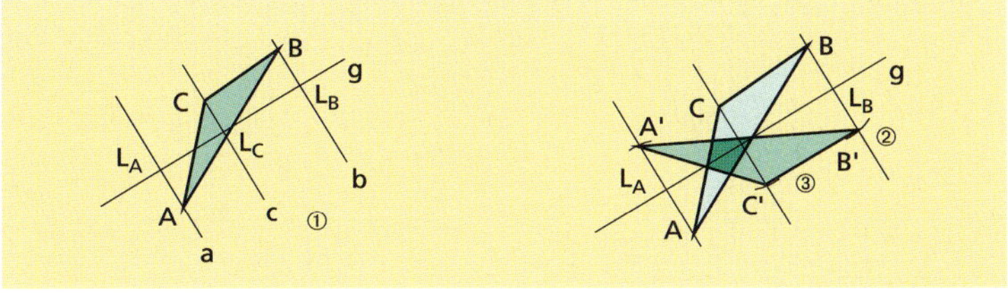

Konstruktionsbeschreibung:

① Die Senkrechten zu g durch A, B und C werden gezeichnet. Diese Geraden a, b und c schneiden g in den Punkten L_A, L_B und L_C.

② Es wird ein Kreisbogen um L_A mit dem Radius $\overline{L_A A}$ gezeichnet. Der Schnittpunkt des Kreises mit der Senkrechten ist A'. Entsprechend werden B' und C' konstruiert.

③ Die Punkte A', B' und C' werden miteinander verbunden.

Die **Geradenspiegelung** ist eine ungleichsinnige Kongruenzabbildung.

Neben den für jede Bewegung gültigen Eigenschaften gibt es *spezielle Eigenschaften der Geradenspiegelung:*
- Fixpunkte bei der Spiegelung an g sind alle Punkte auf g.
- Die Spiegelachse g ist Fixpunktgerade und Fixgerade.
  Weitere Fixgeraden (die allerdings keine Fixpunktgeraden sind) sind bei der Spiegelung an g alle zu g senkrechten Geraden.

6.4.2 Nacheinanderausführung von Bewegungen

Die Nacheinanderausführung zweier Bewegungen ist wieder eine Bewegung.

Nacheinanderausführung zweier Verschiebungen

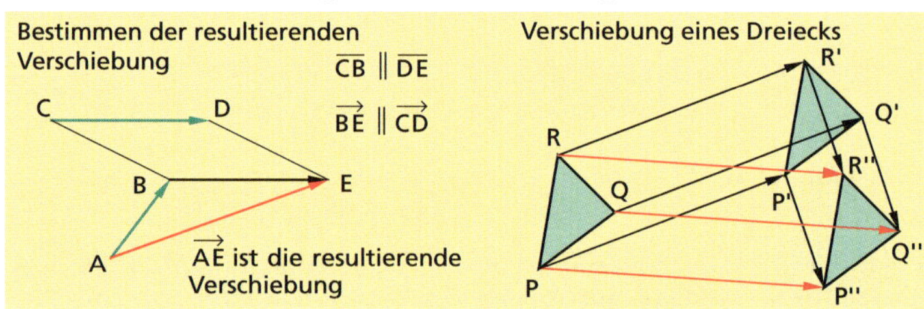

S Die Nacheinanderausführung zweier Verschiebungen ist wieder eine Verschiebung. Der zugehörige Verschiebungspfeil ergibt sich durch Aneinanderabtragen aus den beiden Verschiebungspfeilen.

Nacheinanderausführung zweier Drehungen

S Die Nacheinanderausführung zweier Drehungen um das gleiche Drehzentrum ist wieder eine Drehung um dieses Drehzentrum. Der zugehörige Drehwinkel ist dabei die Summe der Drehwinkel der Einzeldrehungen.

Nacheinanderausführung zweier Spiegelungen an den Geraden g und h

1. Fall
Die Geraden g und h schneiden einander in einem Punkt S.

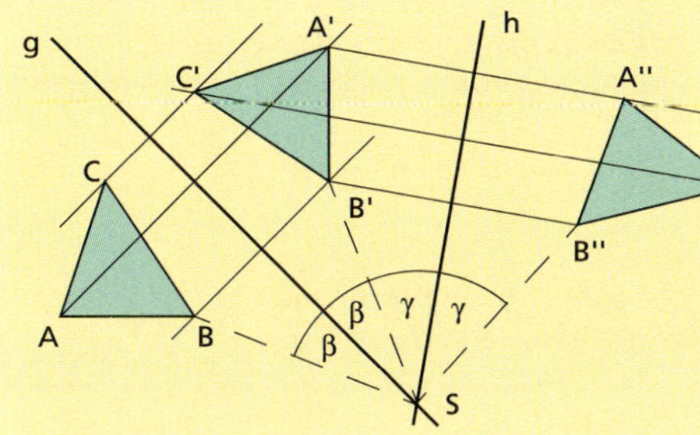

Für den Drehwinkel α gilt:
$\alpha = \beta + \beta + \gamma + \gamma = 2(\beta + \gamma)$

S Die Nacheinanderausführung zweier Spiegelungen an einander im Punkt S schneidenden Geraden g und h ist eine Drehung um S.
Der Drehwinkel beträgt das Doppelte des Winkels, unter dem beide Geraden einander schneiden.

2. Fall
Die Geraden g und h sind zueinander parallel.

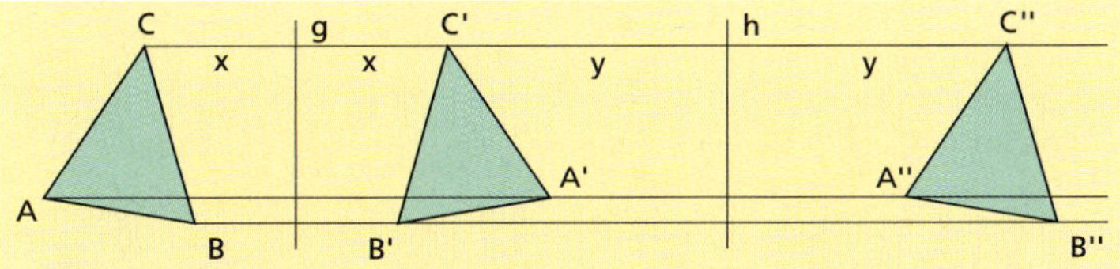

Für die Verschiebungsweite $w = \overline{CC''}$ gilt: $w = x + x + y + y = 2(x + y)$

S Die Nacheinanderausführung zweier Spiegelungen an zueinander parallelen Geraden g und h ist eine Verschiebung senkrecht zu den beiden Geraden.
Die Verschiebungsweite beträgt das Doppelte des Abstandes der beiden Geraden.

Zusammenfassend lässt sich der **Zweispiegelungssatz** formulieren:

S Jede Verschiebung, jede Drehung und jede Punktspiegelung lässt sich als Nacheinanderausführung von zwei geeignet gewählten Geradenspiegelungen darstellen.

Die Nacheinanderausführung einer Spiegelung an einer Geraden g und einer Verschiebung längs der Geraden g nennt man auch **Schub- oder Gleitspiegelung.**

Zusammenfassung

Allgemein kann jede Bewegung als eine beliebige Folge von Drehungen, Spiegelungen und Verschiebungen angesehen werden.
Weil jede Verschiebung und jede Drehung auf die Nacheinanderausführung zweier Spiegelungen zurückgeführt werden kann, ist es möglich, jede Bewegung als Nacheinanderausführung mehrerer Geradenspiegelungen darzustellen.

Es gilt der **Dreispiegelungssatz:**

S **Jede beliebige Bewegung lässt sich als Nacheinanderausführung von höchstens drei Geradenspiegelungen darstellen.**

Welche Bewegung überführt das Dreieck ABC in das Dreieck A'B'C'?

Lösungsbeschreibung:
ABC und A'B'C' haben den gleichen Umlaufsinn.
$\overline{AB} \parallel \overline{A'B'}$ gilt nicht. Falls eine Bewegung △ ABC in △ A'B'C' überführt, ist es eine Drehung. Zu ermitteln sind dann das Drehzentrum und der Drehwinkel α.

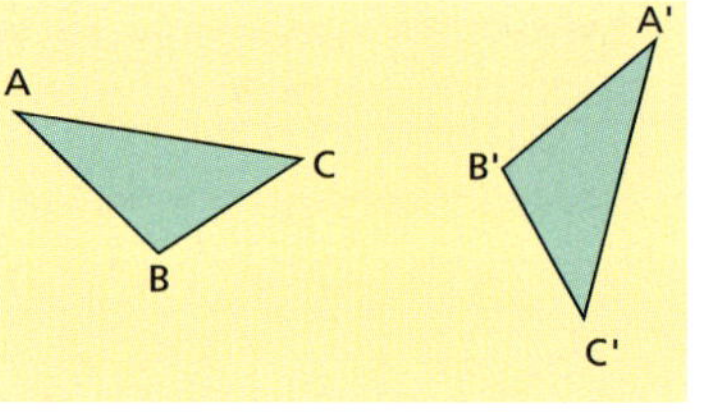

Ermittlung des Drehzentrums Z:
Wenn A'B'C' das Bild von ABC bei einer Drehung um einen Punkt Z ist, dann müssen A und A', B und B' sowie C und C' auf Kreisbogen um Z liegen. $\overline{AA'}$, $\overline{BB'}$ und $\overline{CC'}$ sind Sehnen von Kreisen um Z.
Weil die Mittelsenkrechte einer Sehne eines Kreises immer durch dessen Mittelpunkt geht, ergibt sich Z als Schnittpunkt der drei Mittelsenkrechten.

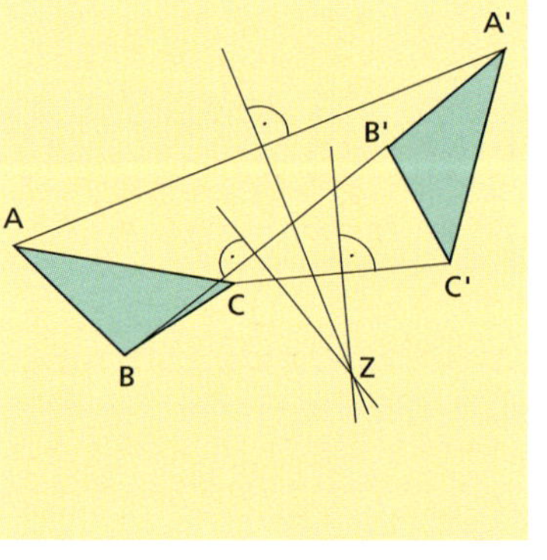

Ermittlung des Drehwinkels α:
Der orientierte Winkel ∢ C'ZC charakterisiert den Drehwinkel α.

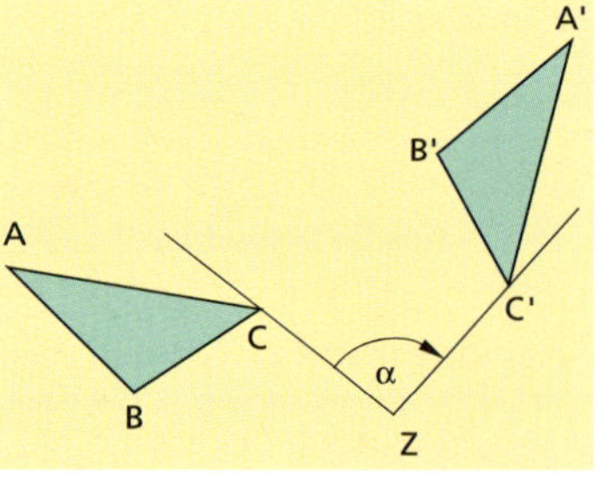

6.4.3 Kongruenz

Die **Kongruenz** oder **Deckungsgleichheit** wird als Relation zwischen zwei Figuren beschrieben.

D Zwei Figuren F_1 und F_2 sind zueinander **kongruent** (deckungsgleich) genau dann, wenn es eine Bewegung φ gibt, die F_1 auf F_2 abbildet:
$F_1 \cong F_2 \Leftrightarrow \varphi(F_1) = F_2$

Für kongruente Figuren gelten folgende Beziehungen:
- Jede Figur ist zu sich selbst kongruent ($F_1 \cong F_1$).
- Aus $F_1 \cong F_2$ folgt stets $F_2 \cong F_1$.
- Aus $F_1 \cong F_2$ und $F_2 \cong F_3$ folgt $F_1 \cong F_3$.

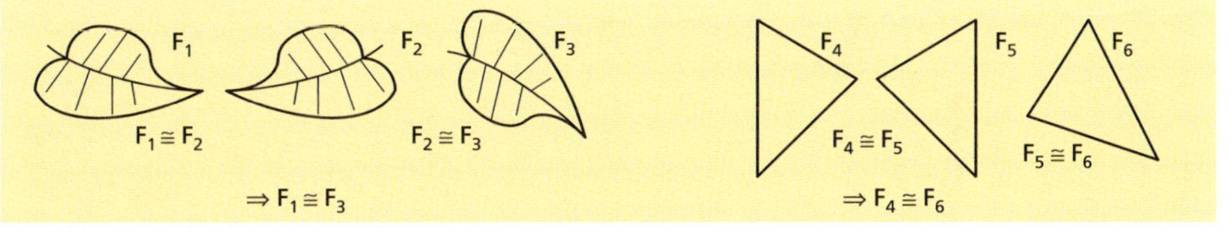

Kongruenzbeweise

Der Zusammenhang von Bewegung und Kongruenz kann für Beweise genutzt werden. Soll die Kongruenz zweier Figuren nachgewiesen werden, reicht es zu zeigen, dass eine Bewegung existiert, die die eine Figur auf die andere abbildet.

Satz:
Im gleichschenkligen Dreieck sind die Basiswinkel kongruent.

Voraussetzung:
Sei ABC ein beliebiges gleichschenkliges Dreieck. $\overline{CA}$ und $\overline{CB}$ seien seine kongruenten Schenkel.

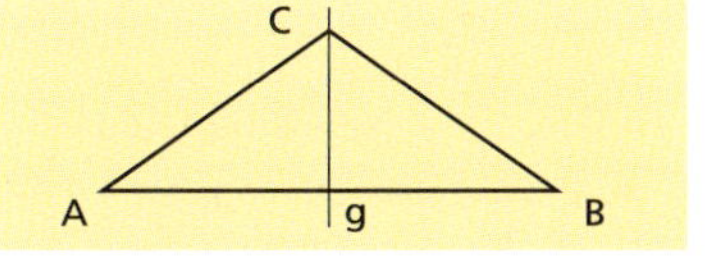

Behauptung:
Dann ist $\sphericalangle ABC \cong \sphericalangle CAB$

Beweis:
Es sei g die Mittelsenkrechte von $\overline{AB}$. Dann muss C auf g liegen, denn g ist als Mittelsenkrechte von $\overline{AB}$ der geometrische Ort aller Punkte, die von A und B den gleichen Abstand haben, und es gilt nach Voraussetzung $\overline{CA} \cong \overline{CB}$.
Bei der Spiegelung S_g gilt:
$S_g(A) = B$, denn g ist Mittelsenkrechte von $\overline{AB}$.
$S_g(C) = C$, weil C auf g liegt.
$S_g(\overline{AB}) = \overline{BA}$ bzw. $S_g(\overline{AC}) = \overline{BC}$
Zusammengefasst: $S_g(\sphericalangle CAB) = \sphericalangle ABC$
Damit gibt es eine Bewegung (Spiegelung an g), die $\sphericalangle CAB$ auf $\sphericalangle ABC$ abbildet. Also gilt $\sphericalangle ABC \cong \sphericalangle CAB$. (w.z.b.w.)

Derartige Beweise lassen sich oft einfacher über die **Kongruenzsätze für Dreiecke** führen.

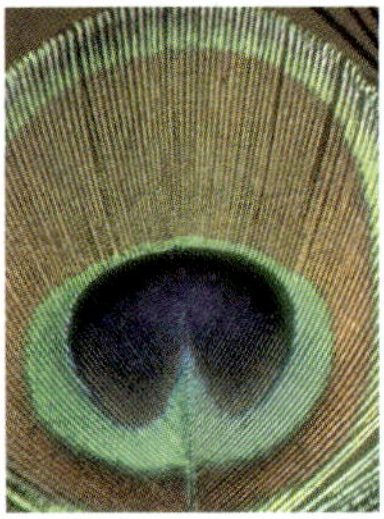

6.4.4 Symmetrie

> **D** Eine Figur heißt **symmetrisch** genau dann, wenn sie bei einer von der identischen Abbildung verschiedenen Bewegung auf sich selbst abgebildet werden kann.

Entsprechend der Art der Bewegung, die die Figur auf sich selbst abbildet, unterscheidet man verschiedene Arten der Symmetrie:

> **D** Wird die Figur bei einer Geradenspiegelung an der **Symmetrieachse (Spiegelachse)** s auf sich selbst abgebildet, ist sie **achsensymmetrisch (axialsymmetrisch).**

Figur	Anzahl der Symmetrieachsen	Symmetrieachsen	Beispiel
Strecke	zwei	die Mittelsenkrechte der Strecke und die Gerade, die die Strecke enthält	
Winkel	eine	die Winkelhalbierende	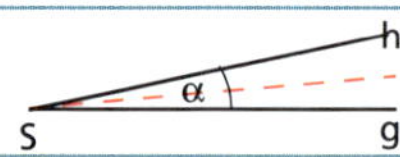
gleichseitiges Dreieck	drei	die Winkelhalbierenden der Innenwinkel	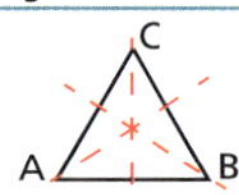
gleichschenkliges Trapez	eine	die Mittelsenkrechte der Grundseite	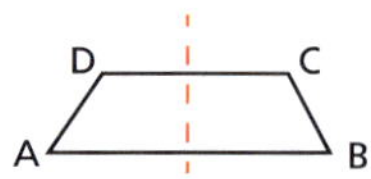
Raute (Rhombus)	zwei	die Diagonalen	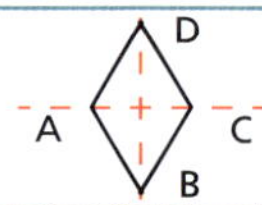
Rechteck	zwei	die Mittelsenkrechten der Seiten	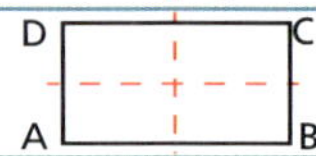
Quadrat	vier	die zwei Diagonalen und die Mittelsenkrechten der Seiten	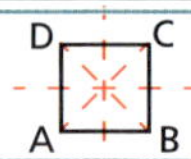
regelmäßiges Sechseck	sechs	die drei Diagonalen und die Mittelsenkrechten der Seiten	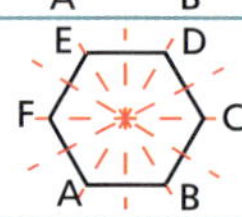
Kreis	unendlich viele	alle Geraden durch den Mittelpunkt	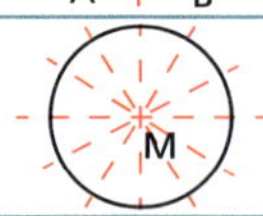

> **D** Wird die Figur bei der Spiegelung an einem Punkt Z, dem **Symmetriezentrum,** auf sich selbst abgebildet, ist sie **punktsymmetrisch (zentralsymmetrisch).**

Figur	**Symmetriezentrum**	**Beispiel**
Gerade	jeder Punkt der Geraden	
Strecke	Mittelpunkt	
einander schneidende Geraden	Schnittpunkt der Geraden	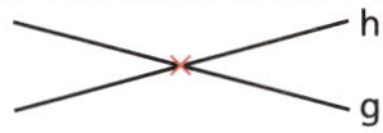
Kreis	Kreismittelpunkt	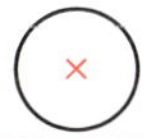
Parallelogramm	Schnittpunkt der Diagonalen	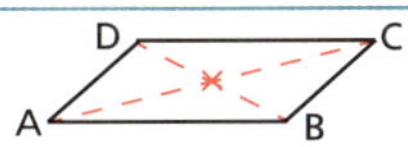
Quadrat	Schnittpunkt der Diagonalen	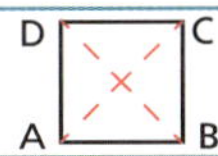
regelmäßiges Sechseck	Schnittpunkt der Diagonalen	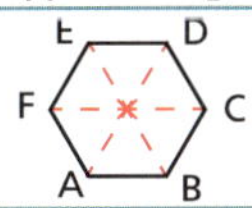

> **D** Wird die Figur bei Drehung um einen Punkt D mit Drehwinkel α auf sich selbst abgebildet, ist sie **drehsymmetrisch (radialsymmetrisch).**

Figur	**Drehzentrum**	**Drehwinkel**	**Beispiel**
gleichseitiges Dreieck	Schnittpunkt der Winkelhalbierenden	$\alpha = 120°$ $\alpha = 240°$ usw.	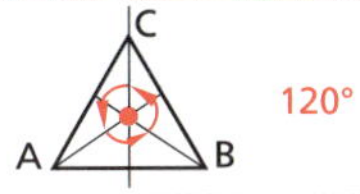
Quadrat	Schnittpunkt der Diagonalen	$\alpha = 90°$ $\alpha = 180°$ usw.	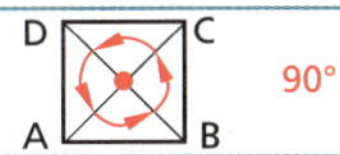
regelmäßiges Sechseck	Schnittpunkt der Diagonalen	$\alpha = 60°$ $\alpha = 120°$ usw.	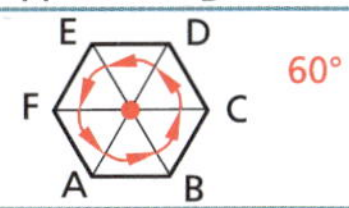

Figuren können unter Nutzung ihrer Symmetrieeigenschaften systematisiert werden (↗ S. 244; Systematisierung der Vierecke).
Ist eine Figur ein Spezialfall einer anderen Figur, so hat sie als speziellere Figur alle Symmetrieeigenschaften der allgemeineren Figur und möglicherweise darüber hinaus noch weitere Symmetrieeigenschaften.

6.5 Zentrische Streckung, Ähnlichkeit und Strahlensätze

6.5.1 Die zentrische Streckung

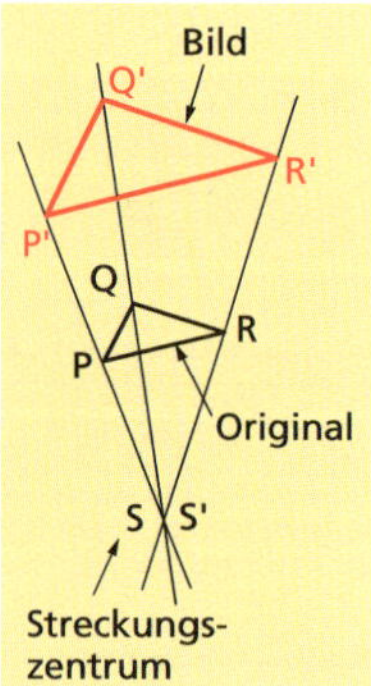

> D
> Eine **zentrische Streckung** Z mit dem Punkt S als Streckungszentrum und dem Faktor k (k > 0) als Streckungsfaktor ist eine Abbildung der Ebene auf sich selbst, bei der für das Bild P' jeden Punktes P (P ≠ S) gilt:
> – P' liegt auf dem Strahl $\overrightarrow{SP}$.
> – $\overline{SP'} = k \cdot \overline{SP}$
> – Der Bildpunkt von S ist S (S' = S).

Zur Beschreibung und Ausführung einer Streckung Z benötigt man die Angabe eines Streckungszentrums S und eines Streckungsfaktors k oder eines Streckungszentrums S und eines Punktepaares (P; P') mit P ≠ S.

Konstruktion des Bildes eines Punktes B bei der zentrischen Streckung Z

Gegeben: S und (A; A')

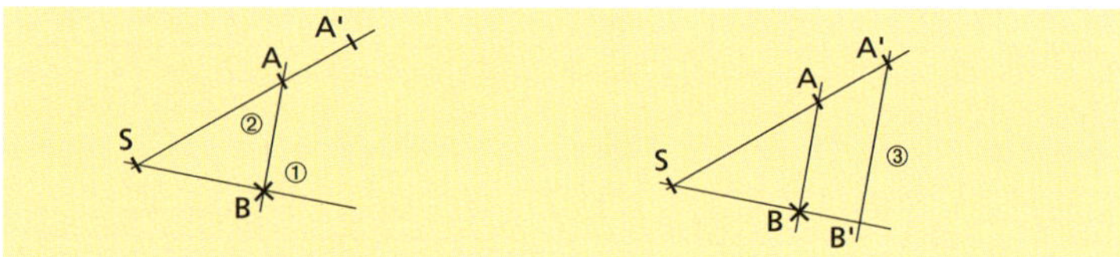

Konstruktionsbeschreibung:
① Der Strahl $\overrightarrow{SB}$ wird gezeichnet.
② Die Gerade AB wird gezeichnet.
③ Die Parallele zu AB durch A' wird gezeichnet. Sie schneidet den Strahl $\overrightarrow{SB}$ im gesuchten Bildpunkt B'.

Die zentrische Streckung ist		
für 0 < k < 1	**für k = 1**	**für k > 1**
eine **maßstäbliche Verkleinerung,** d.h. *eine Stauchung.*	die **identische Abbildung.**	eine **maßstäbliche Vergrößerung,** d.h. eine *Dehnung.*

Eigenschaften zentrischer Streckungen

Zentrische Streckungen besitzen alle Eigenschaften der Ähnlichkeitsabbildungen (↗ S. 199), insbesondere folgende:
- Die Bilder zueinander paralleler Geraden sind zueinander parallele Geraden **(Parallelentreue).**
- Das Bild eines Winkels ist stets ein Winkel der gleichen Größe **(Winkeltreue).**

- Das Bild eines Kreises mit dem Radius r ist ein Kreis mit dem Radius $r' = k \cdot r$ **(Kreisverwandtschaft).**
- Es gilt für alle Strecken: $\frac{\text{Länge der Bildstrecke}}{\text{Länge der Originalstrecke}} = k$
- Das Bild eines n-Ecks ist wieder ein n-Eck, für dessen Flächeninhalt gilt: $A_{n\text{-Eck}'} = k^2 \cdot A_{n\text{-Eck}}$

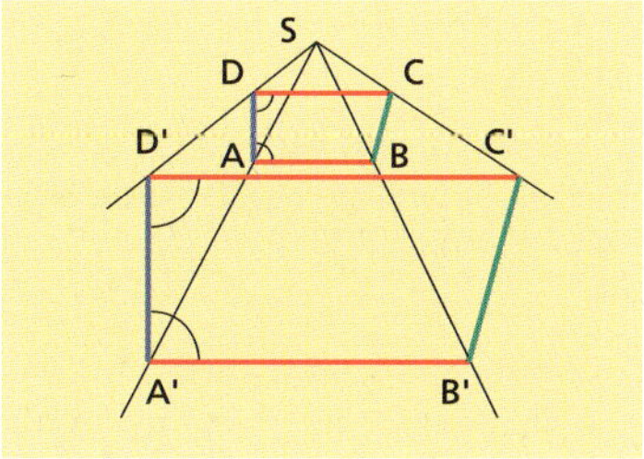

Für die zentrische Streckung gilt darüber hinaus, dass das Bild jeder Geraden (bzw. auch jeder Strecke) eine zu ihr parallele Gerade (bzw. Strecke) ist.
Es ist also $\overline{AB} \parallel \overline{A'B'}$, $\overline{BC} \parallel \overline{B'C'}$, $\overline{DA} \parallel \overline{D'A'}$ und $\overline{CD} \parallel \overline{C'D'}$.

Nacheinanderausführung zentrischer Streckungen

S Werden zwei zentrische Streckungen Z_1 und Z_2 nacheinander ausgeführt, so erhält man wieder eine zentrische Streckung Z mit S als Streckungszentrum und dem Streckungsfaktor $k = k_1 \cdot k_2$.

Je nach Lage der Streckungszentren und der Größe des Produkts $k_1 \cdot k_2$ sind verschiedene Fälle zu unterscheiden:

Fall 1:
Wenn $S_1 = S_2$ gilt, ist es gleichgültig, welche der Einzelstreckungen zuerst ausgeführt wird, da die Bilder und ihre Lage identisch sind.
Gilt daneben auch noch $k_1 \cdot k_2 = 1$, so ist das Ergebnis der Nacheinanderausführung die **identische Abbildung,** d. h., Bild und Original der Figur fallen zusammen. Die eine Streckung macht die andere Streckung rückgängig, sie ist ihre Umkehrabbildung.

Fall 2:
Gilt $S_1 \neq S_2$ und $k_1 \cdot k_2 \neq 1$ (z. B. $k_1 = 0{,}5$; $k_2 = 3$; $k_1 \cdot k_2 = 1{,}5$) für die Streckungen Z_1 und Z_2, so liegt nach deren Nacheinanderausführung S auf der Geraden durch S_1 und S_2.

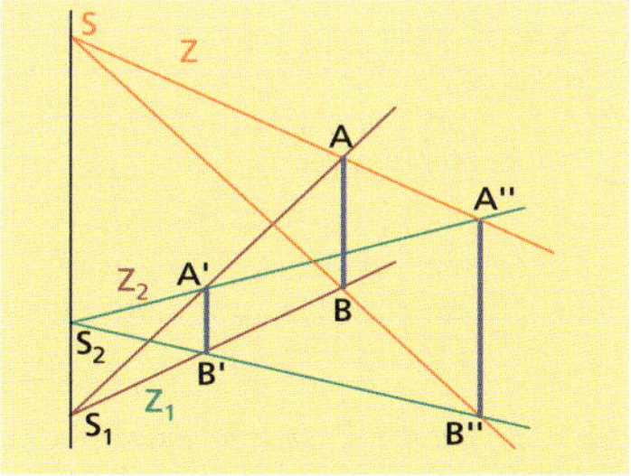

Fall 3:
Gilt $S_1 \neq S_2$ und $k_1 \cdot k_2 = 1$ (z. B. $k_1 = 0{,}5$; $k_2 = 2$; $k_1 \cdot k_2 = 1$) für die Streckungen Z_1 und Z_2, so ergibt deren Nacheinanderausführung eine Verschiebung.

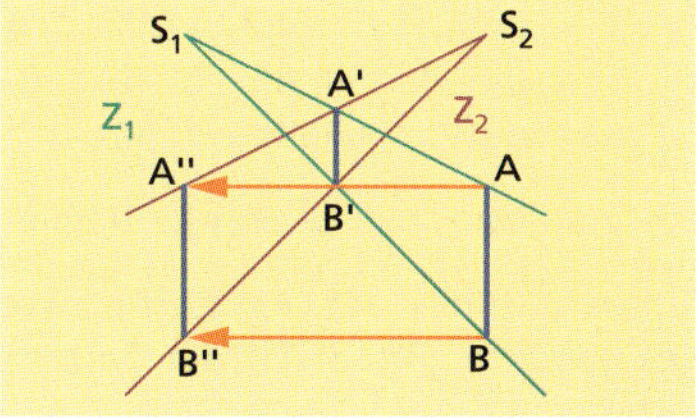

6.5.2 Ähnlichkeit

Bei jeder **Ähnlichkeitsabbildung** ist das Bild einer Figur eine formengleiche, nicht aber notwendigerweise gleich große Figur (↗ S. 211; zentrische Streckung).

Haben F_1 und F_2 die gleiche Orientierung, sind sie zueinander gleichsinnig ähnlich, anderenfalls sind sie zueinander ungleichsinnig ähnlich.

D Wenn es eine Ähnlichkeitsabbildung φ gibt, die die Figur F_1 auf die Figur F_2 abbildet, sind beide Figuren zueinander **ähnlich:**
$F_1 \sim F_2 \Leftrightarrow \varphi(F_1) = F_2$

Für ähnliche Figuren gelten folgende Beziehungen:
- Jede Figur ist zu sich selbst ähnlich ($F_1 \sim F_1$).
- Aus $F_1 \sim F_2$ folgt stets $F_2 \sim F_1$.
- Aus $F_1 \sim F_2$ und $F_2 \sim F_3$ folgt $F_1 \sim F_3$.

Anwendung von Ähnlichkeitsabbildungen bei Konstruktionen

Zuweilen ist es leicht möglich, eine zur gesuchten Figur ähnliche Hilfsfigur zu konstruieren, die zunächst einen Teil der geforderten Eigenschaften (z. B. die geforderten Winkelgrößen und Streckenverhältnisse) erfüllt.
Durch eine Ähnlichkeitsabbildung wird die Hilfsfigur dann anschließend geeignet zur gesuchten Figur vergrößert oder verkleinert.

In einen gegebenen Halbkreis ist ein Quadrat ABCD so einzubeschreiben, dass die Seite $\overline{AB}$ auf dem Durchmesser und die Punkte C und D auf der Peripherie des Kreises liegen.

Konstruktionsidee:

① Alle Quadrate sind zueinander ähnlich. Es ist also sofort möglich, ein zum gesuchten Quadrat ähnliches Quadrat A'B'C'D' zu zeichnen, dessen Seite $\overline{A'B'}$ so auf dem Durchmesser des Halbkreises liegt, dass $\overline{A'M} = \overline{MB'}$ gilt.

② Dieses Quadrat wird mit M als Streckungszentrum so zentrisch gestreckt, dass die Bilder von C' und D' auf dem Halbkreis liegen.

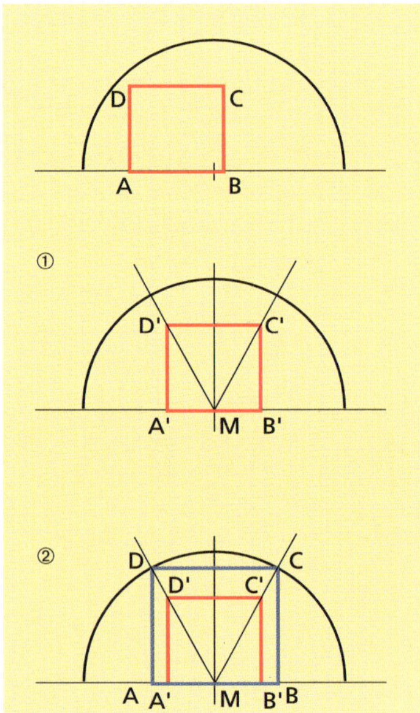

Anwendung von Ähnlichkeitsabbildungen in Beweisen

Wichtige Sätze der Geometrie lassen sich mithilfe der Ähnlichkeit beweisen, so z. B. Sätze aus der Satzgruppe des PYTHAGORAS oder Sätze am Kreis.

Behauptung:
Die Mittelpunkte der Seiten eines beliebigen Vierecks bilden die Eckpunkte eines Parallelogramms.

Beweisidee:
Die Punkte E, F, G und H seien die Mittelpunkte der Seiten des Vierecks.
Die Strecke $\overline{AC}$ erhält man aus $\overline{EF}$ bzw. aus $\overline{GH}$ durch die zentrische Streckung Z_1 bzw. Z_2 mit B bzw. D als Streckungszentrum und k = 2.
Es gilt also $\overline{EF} \parallel \overline{AC}$ und $\overline{GH} \parallel \overline{AC}$, woraus $\overline{EF} \parallel \overline{GH}$ folgt.
Aus $\overline{AC} = 2 \cdot \overline{EF} = 2 \cdot \overline{GH}$ folgt $\overline{EF} = \overline{GH}$. $\overline{EF}$ und $\overline{GH}$ sind also zueinander parallel und gleich lang.

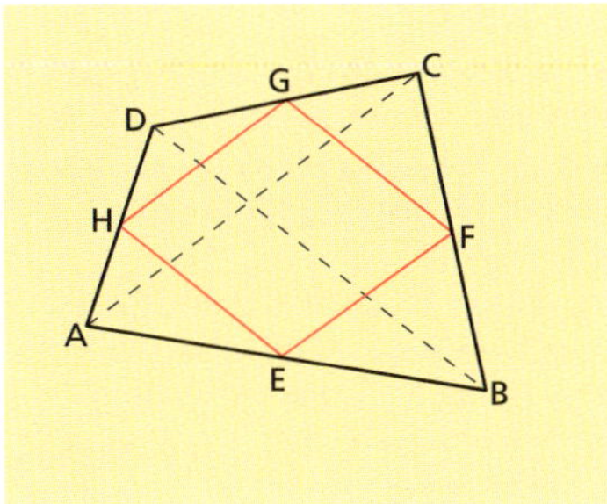

Maßstäbliches Vergrößern und Verkleinern

Zeichnungen und Figuren lassen sich in einem bestimmten Verhältnis zu einem ähnlichen Bild vergrößern oder verkleinern. Man bezeichnet das Verhältnis von Original zu Bild als **Maßstab.**
Ist $k > 1$, ist das Bild eine maßstäbliche Vergrößerung im Maßstab k : 1.
Ist $0 < k < 1$, so liegt eine maßstäbliche Verkleinerung im Maßstab 1 : n vor, wobei $k = \frac{1}{n}$ ist.

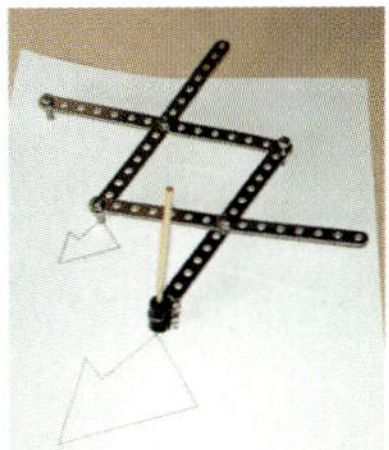

Der Pantograf (Storchenschnabel) ist ein Zeichengerät, mit dem durch Nachfahren der Konturen einer Zeichnung ein zu dieser ähnliches Bild gezeichnet werden kann.

Anwendungsbeispiele:
- Modelleisenbahnen im Maßstab 1 : 87 (H0), 1 : 120 (TT), 1 : 160 (N) sind maßstäbliche Verkleinerungen.
- Landkarten bzw. Stadtpläne sind maßstäbliche Verkleinerungen.
- Mikroskope, Ferngläser bzw. Lupen sowie auch die Vergrößerungsfunktionen in Grafikprogrammen liefern maßstäbliche Vergrößerungen.

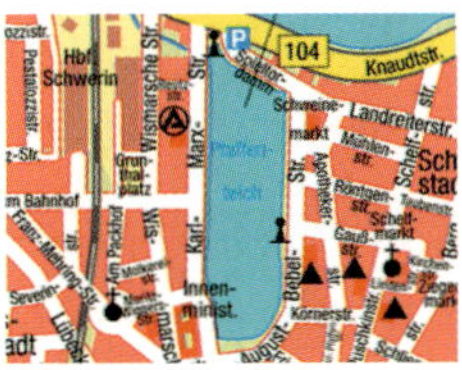

6.5.3 Strahlensätze

Wird ein Strahlenbüschel mit einem gemeinsamen Anfangspunkt S bzw. ein Geradenbüschel mit einem Schnittpunkt S von einer Parallelenschar geschnitten, entstehen Parallelenabschnitte und Strahlenabschnitte, die eine Vielzahl zueinander ähnlicher Figuren begrenzen.

Strahlenabschnitte: $\overline{SA}$, $\overline{AD}$, $\overline{SB}$, $\overline{BE}$, $\overline{SC}$, $\overline{CF}$, $\overline{SD}$, $\overline{SE}$, $\overline{SF}$
Parallelenabschnitte: $\overline{AB}$, $\overline{BC}$, $\overline{AC}$, $\overline{DE}$, $\overline{EF}$, $\overline{DF}$

Strahlenabschnitte heißen **gleich liegend,** wenn sie auf verschiedenen Strahlen, aber zwischen dem Scheitelpunkt und derselben Parallele oder denselben Parallelen liegen: $\overline{AD}/\overline{BE}$, $\overline{SF}/\overline{SE}$, $\overline{SB}/\overline{SC}$.
Parallelenabschnitte heißen **gleich liegend,** wenn sie auf verschiedenen Parallelen, aber zwischen denselben Strahlen liegen: $\overline{AB}/\overline{DE}$, $\overline{BC}/\overline{EF}$, $\overline{AC}/\overline{DF}$.
Zu jedem Parallelenabschnitt gibt es **zugehörige Strahlenabschnitte** vom Punkt S bis zum Parallelenabschnitt: $\overline{SA}/\overline{AB}$, $\overline{SD}/\overline{DE}$, $\overline{SE}/\overline{EF}$, $\overline{SD}/\overline{DF}$ usw.
Damit ergeben sich folgende Aussagen für Längenverhältnisse, die man zu den **Strahlensätzen** zusammenfasst:

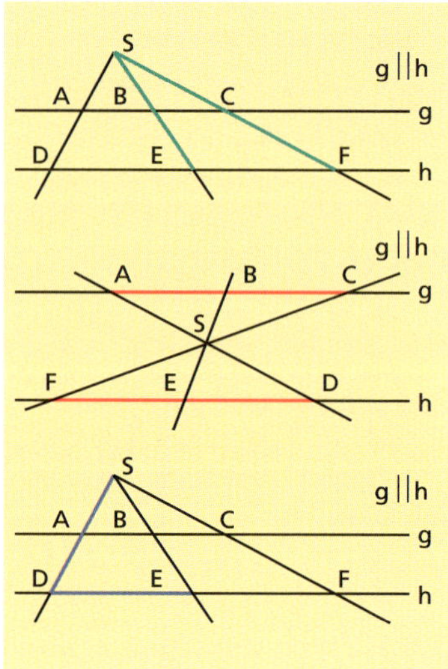

S

1. Strahlensatz:
Werden Strahlen eines Büschels von Parallelen geschnitten, so verhalten sich die Längen der Abschnitte auf einem Strahl zueinander wie die Längen der gleich liegenden Abschnitte auf einem anderen Strahl des Büschels.

In der Abbildung gilt u. a.:

$\frac{\overline{SA}}{\overline{AD}} = \frac{\overline{SB}}{\overline{BE}}$; $\frac{\overline{SA}}{\overline{SD}} = \frac{\overline{SB}}{\overline{SE}}$; $\frac{\overline{SD}}{\overline{AD}} = \frac{\overline{SE}}{\overline{BE}}$

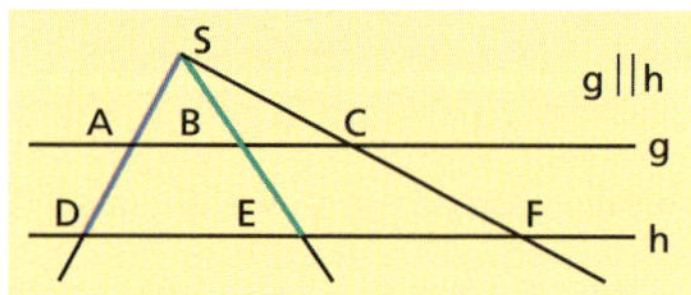

Umkehrung:
Ergeben sich umgekehrt beim Schnitt zweier Geraden mit den Strahlen eines Büschels die Längenverhältnisse entsprechend dem ersten Strahlensatz, dann sind die beiden Geraden zueinander parallel.

S

2. Strahlensatz:
Werden Strahlen eines Büschels von Parallelen geschnitten, so verhalten sich die Längen der zwischen denselben Strahlen liegenden Parallelenabschnitte zueinander wie die Längen der vom Scheitelpunkt aus gemessenen zugehörigen Strahlenabschnitte des Büschels.

In der Abbildung gilt u. a.:

$\frac{\overline{SA}}{\overline{SD}} = \frac{\overline{AB}}{\overline{DE}}$; $\frac{\overline{SB}}{\overline{SE}} = \frac{\overline{BC}}{\overline{EF}}$; $\frac{\overline{SC}}{\overline{SF}} = \frac{\overline{AC}}{\overline{DF}}$

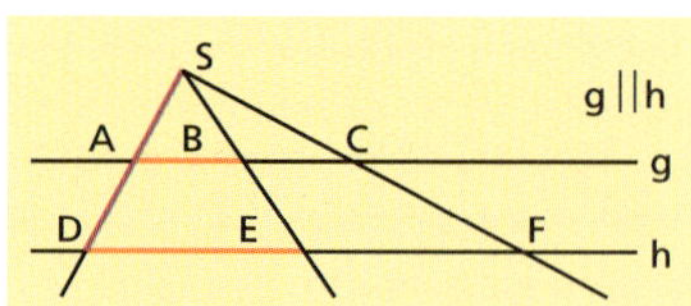

3. Strahlensatz:
Werden Strahlen eines Büschels von zwei Parallelen geschnitten, so verhalten sich die Längen gleich liegender Parallelenabschnitte zwischen zwei Strahlen wie die Längen gleich liegender Parallelenabschnitte zwischen zwei anderen Strahlen.

In der Abbildung gilt u. a.:

$\frac{\overline{AB}}{\overline{DE}} = \frac{\overline{BC}}{\overline{EF}}$; $\frac{\overline{AB}}{\overline{DE}} = \frac{\overline{AC}}{\overline{DF}}$; $\frac{\overline{BC}}{\overline{EF}} = \frac{\overline{AC}}{\overline{DF}}$

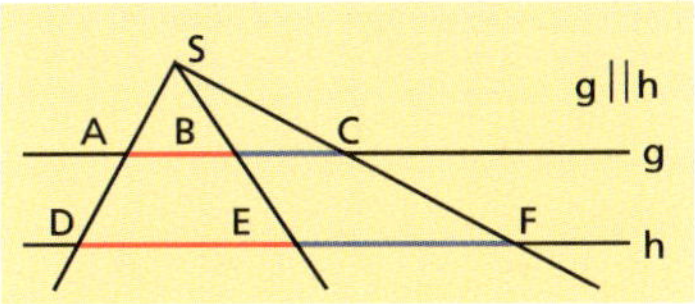

Beweis des 1. Strahlensatzes:
Voraussetzung:
$\overline{AC} \parallel \overline{BD}$

Behauptung:
$\overline{SA} : \overline{AB} = \overline{SC} : \overline{CD}$

Beweis:
Für den Flächeninhalt des Dreiecks SAC gilt:

$A_{\triangle SAC} = \frac{\overline{SA} \cdot h_1}{2} = \frac{\overline{SC} \cdot h_2}{2}$

Daraus folgt: $\overline{SA} \cdot h_1 = \overline{SC} \cdot h_2$ (a)

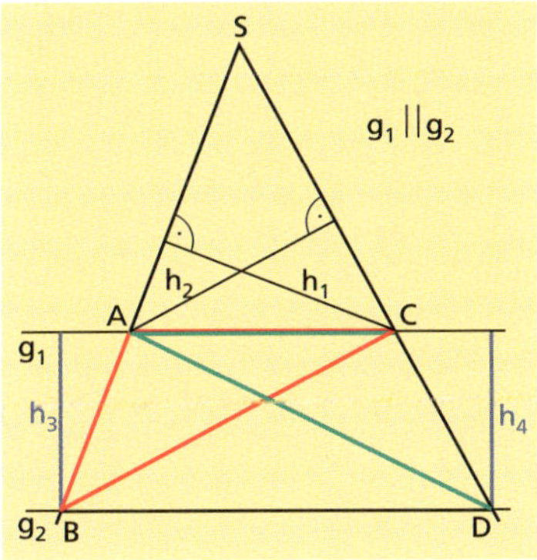

Die Dreiecke ABC und ADC haben gleich große Flächeninhalte, denn sie haben die Seite $\overline{AC}$ gemeinsam und es ist $h_3 = h_4$ (Abstand der Parallelen).

Es gilt: $A_{\triangle ABC} = \frac{\overline{AB} \cdot h_1}{2}$ und $A_{\triangle ADC} = \frac{\overline{CD} \cdot h_2}{2}$

Daraus folgt: $\overline{AB} \cdot h_1 = \overline{CD} \cdot h_2$ (b)

Aus (a) und (b) ergibt sich

$\frac{\overline{SA} \cdot h_1}{\overline{AB} \cdot h_1} = \frac{\overline{SC} \cdot h_2}{\overline{CD} \cdot h_2}$ und nach Kürzen folgt: $\frac{\overline{SA}}{\overline{AB}} = \frac{\overline{SC}}{\overline{CD}}$ (w.z.b.w.)

Anwendung der Strahlensätze

Die Strahlensätze basieren auf der Vergleichbarkeit von Streckenlängen. Sie finden bei vielen Beweisen, Konstruktionen und Berechnungen Anwendung.

Bestimmen der Länge von Strecken
Messungen mit dem **Messkeil** und der **Messlehre** beruhen auf den Strahlensätzen. Mit dem Messkeil werden sehr kleine Abstände, etwa der Innendurchmesser eines Rohres, ermittelt. Messlehren dienen zur Messung sehr kleiner Dicken.

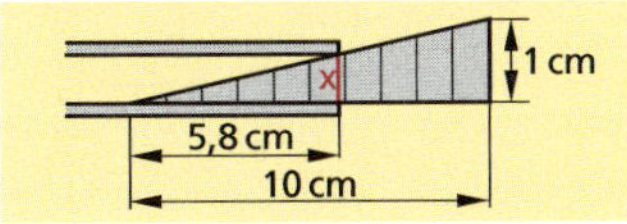

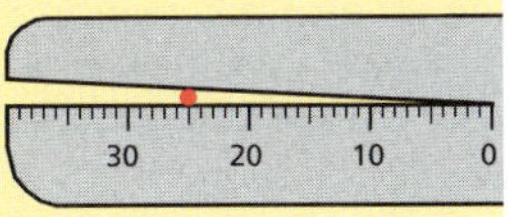

Auch die Längen von Strecken, die nicht oder nur schwierig direkt messbar sind (etwa in unwegsamem Gelände), können mithilfe der Strahlensätze ermittelt werden.

Es ist $\overline{AB} \parallel \overline{ED}$, dann gilt:

$$\frac{\overline{AB}}{\overline{ED}} = \frac{\overline{BC}}{\overline{CD}} \quad | \cdot \overline{ED}$$

$$\overline{AB} = \frac{\overline{BC} \cdot \overline{ED}}{\overline{CD}}$$

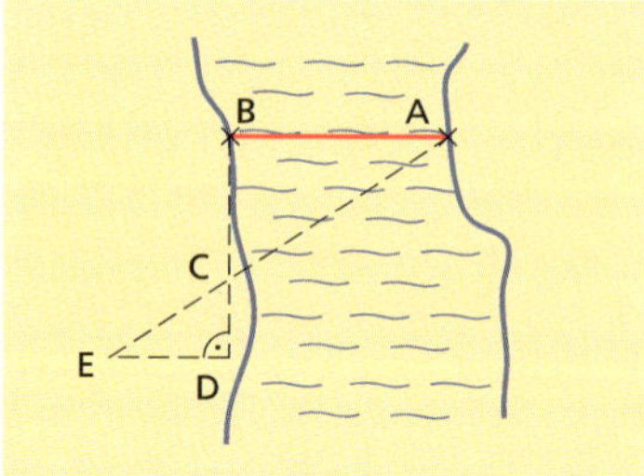

Teilen und Vervielfachen von Strecken

Unter Verwendung der Strahlensätze ist es möglich, jede gegebene Strecke in einem beliebigen rationalen Verhältnis $t = m : n$ (z. B. 4 : 3) zu teilen. Liegt der **Teilungspunkt** T zwischen den Randpunkten einer Strecke, so nennt man dies **innere Teilung** und legt $t > 0$ fest.

Zur Konstruktion des Teilungspunktes T_i wird ein Strahl an einem der Randpunkte der Strecke gezeichnet. Auf dem Strahl werden m + n (z. B. 4 + 3) gleich lange Abschnitte abgetragen. Entsprechend den Strahlensätzen übertragen parallele Geraden die Teilung des Strahls auf die Strecke.

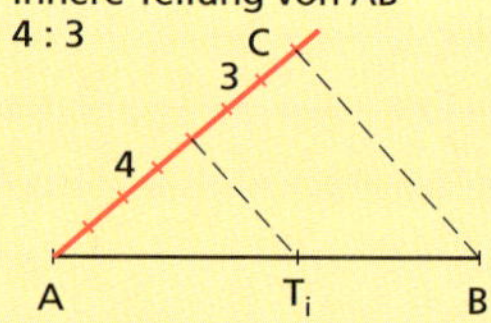

Mit dieser Konstruktion kann die gegebene Strecke analog vervielfacht werden.

Liegt der Teilungspunkt T außerhalb der Strecke, nennt man dies **äußere Teilung** und definiert $t < 0$.

Zur Konstruktion des Teilungspunktes T_a werden an den Randpunkten der Strecke parallele Strahlen gezeichnet. Auf den Strahlen werden m (z. B. 5) bzw. n (z. B. 2) gleich lange Strecken abgetragen. Die Gerade durch die dabei entstehenden Punkte F und G teilt die Strecke $\overline{DE}$ außen im Verhältnis m : n [z. B. – (5 : 2)].

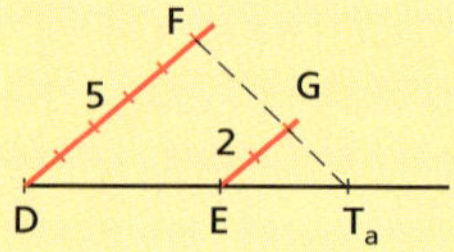

Goldener Schnitt

Ist T so gewählt, dass $\overline{AB} : \overline{AT} = \overline{AT} : \overline{BT}$ gilt, so heißt die Strecke $\overline{AB}$ **stetig geteilt** oder nach dem **Goldenen Schnitt** geteilt. Dieses Teilungsverhältnis ist keine rationale Zahl.

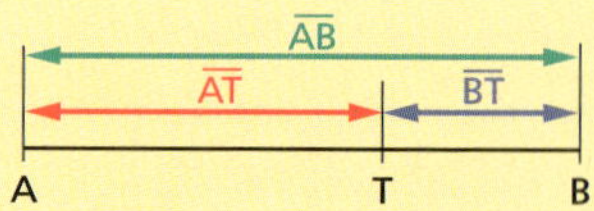

Auch in der Kunst und der Architektur spielt der Goldene Schnitt eine wichtige Rolle.

6.6 Dreiecke

6.6.1 Dreiecksarten

Abgeschlossene Streckenzüge aus drei Strecken werden **Dreiecke** genannt. Die drei Strecken sind die **Seiten** des Dreiecks. Je zwei Seiten haben einen **Eckpunkt** gemeinsam. Zur **Dreiecksfläche** gehören alle Punkte auf den Dreiecksseiten sowie alle Punkte im Inneren des Dreiecks.

Es ist üblich, die Dreiecksseiten mit kleinen Buchstaben wie a, b und c sowie die jeweils gegenüberliegenden Eckpunkte mit A, B und C im positiven Drehsinn zu bezeichnen. Die Winkel zwischen je zwei Dreiecksseiten heißen **Innenwinkel.** Die Nebenwinkel der Innenwinkel sind die **Außenwinkel** des Dreiecks.
In der Abbildung sind α, β und γ die Innenwinkel sowie α_1, α_2, β_1, β_2, γ_1 und γ_2 die jeweils zugehörigen Außenwinkel des Dreiecks.

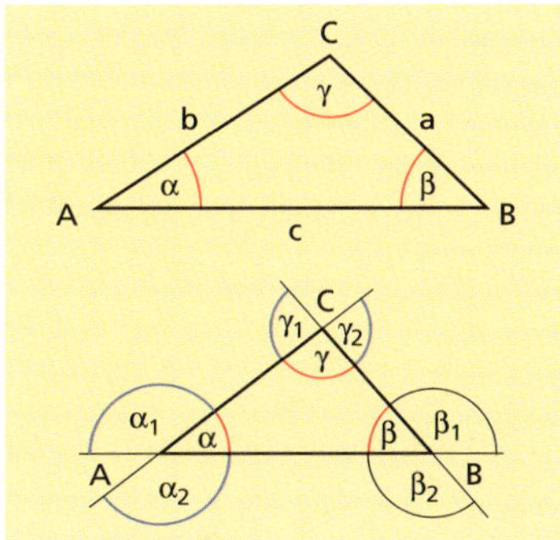

Einteilung der Dreiecke nach den Längen der Seiten

Unregelmäßiges Dreieck	**Gleichschenkliges Dreieck**	**Gleichseitiges Dreieck**
Alle Seiten des Dreiecks sind verschieden lang.	Genau zwei Seiten (Schenkel) sind gleich lang.	Alle Seiten des Dreiecks sind gleich lang.
$a \neq b$ $a \neq c$ $b \neq c$ 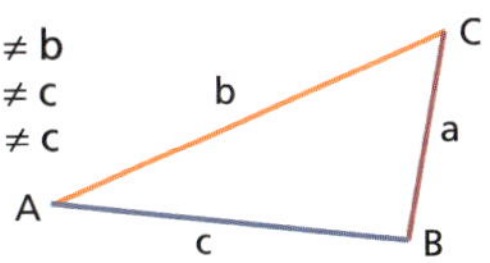	$a = b$ 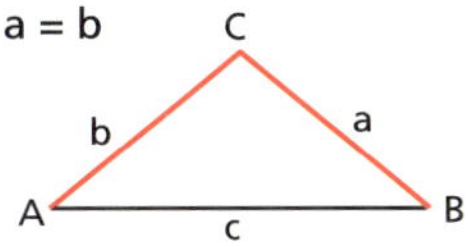	$a = b = c$ 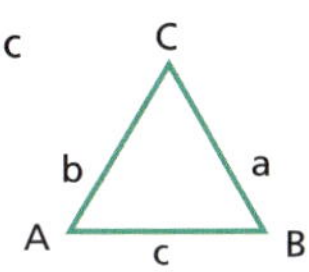

Einteilung der Dreiecke nach der Größe der Winkel

Stumpfwinkliges Dreieck	**Rechtwinkliges Dreieck**	**Spitzwinkliges Dreieck**
Ein Innenwinkel ist ein stumpfer Winkel.	Ein Innenwinkel ist ein rechter Winkel.	Alle Innenwinkel sind spitze Winkel.
$\gamma > 90°$ 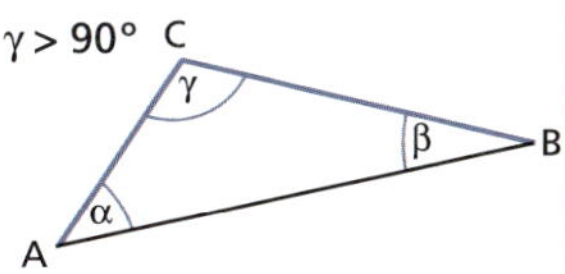	$\gamma = 90°$ 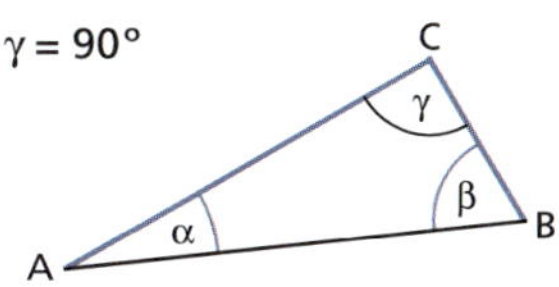	$\alpha < 90°$ $\beta < 90°$ $\gamma < 90°$ 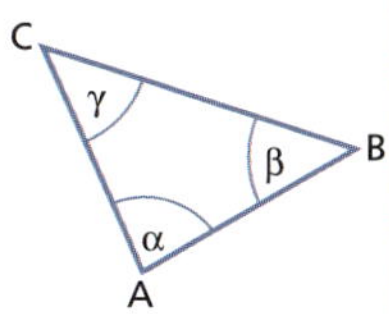

Im rechtwinkligen Dreieck liegt die längste Seite, die **Hypotenuse,** dem rechten Winkel gegenüber.
Die Seiten auf den Schenkeln des rechten Winkels sind die **Katheten** des rechtwinkligen Dreiecks. Die Kathete a liegt dem Winkel α gegenüber. Deshalb heißt a **Gegenkathete** des Winkels α. Zugleich liegt a auf einem Schenkel des Winkels β und heißt deshalb **Ankathete** des Winkels β. Ebenso ist b Gegenkathete des Winkels β und zugleich Ankathete des Winkels α.

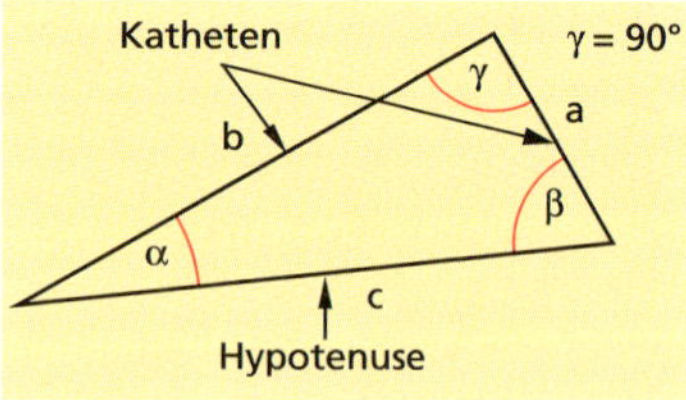

6.6.2 Sätze über das Dreieck

Sätze über die Winkel am Dreieck

S **Innenwinkelsatz:**
Die Summe der Innenwinkel eines Dreiecks ABC beträgt 180°.
$\alpha + \beta + \gamma = 180°$

Beweis des Innenwinkelsatzes

Voraussetzung:
$\triangle$ ABC ist ein beliebiges Dreieck mit den Innenwinkeln α, β und γ.

Behauptung:
$\alpha + \beta + \gamma = 180°$

Beweis:
Zur Geraden AB gibt es eine Parallele g durch den Punkt C.
Es ist $\alpha' + \beta' + \gamma = 180°$ (gestreckter Winkel).

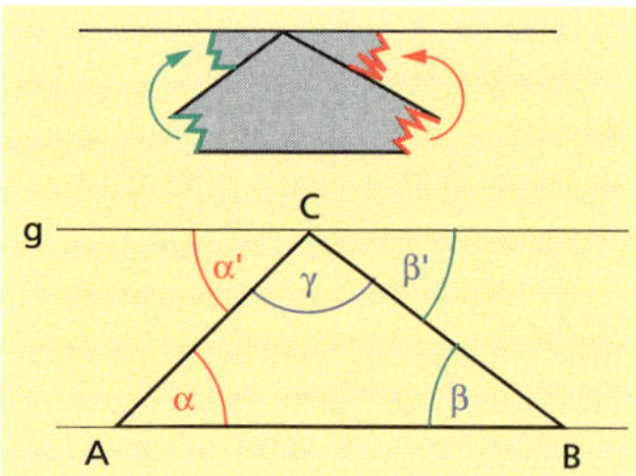

Es gilt $\alpha = \alpha'$ und $\beta = \beta'$, da α und α' sowie β und β' Wechselwinkel an geschnittenen Parallelen sind. Also ist auch $\alpha + \beta + \gamma = 180°$. (w.z.b.w.)

S **Außenwinkelsatz:**
Jeder Außenwinkel eines Dreiecks ist so groß wie die Summe der beiden nicht anliegenden Innenwinkel.

Beweisidee:
Jeder Außenwinkel ist Nebenwinkel eines Innenwinkels. Der Außenwinkel ergänzt den Innenwinkel damit zu 180°. Auch die beiden anderen Innenwinkel ergänzen den dritten Innenwinkel zu 180°.

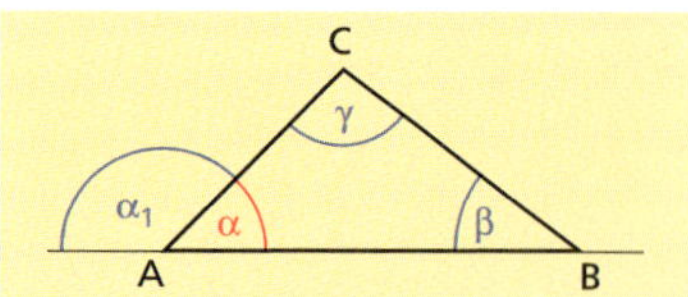

Folglich müssen beide Innenwinkel zusammen so groß sein wie der Außenwinkel des dritten Innenwinkels.

Sätze über die Seiten des Dreiecks

Für die Seitenlängen jedes Dreiecks gelten die **Dreiecksungleichungen.**

> S In jedem Dreieck sind zwei Seiten zusammen immer länger als die dritte Seite.

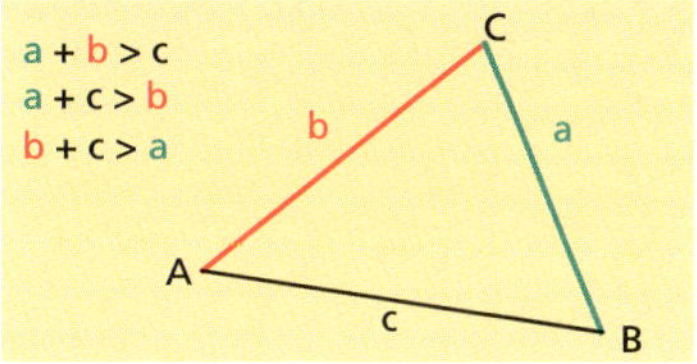

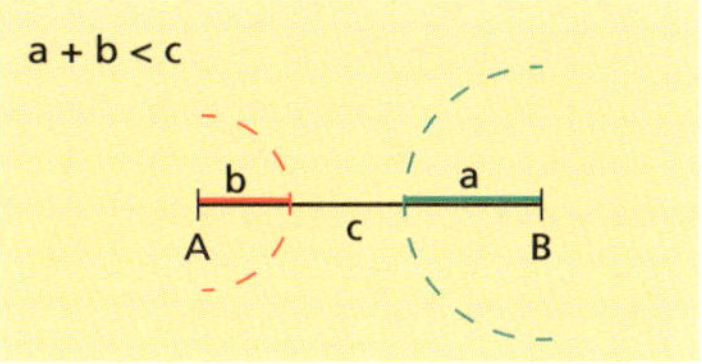

Winkel-Seiten-Beziehungen

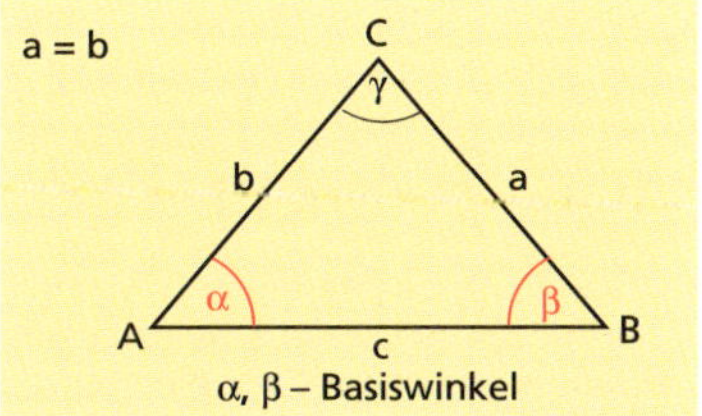

α, β – Basiswinkel

- Der längeren von zwei Seiten liegt auch der größere Winkel gegenüber.
- Gleich langen Seiten liegen stets gleich große Winkel gegenüber.
- Ein gleichschenkliges Dreieck hat folglich stets zwei gleich große Winkel, die **Basiswinkel** (↗ S. 218; gleichschenkliges Dreieck). Das gleichschenklig-rechtwinklige Dreieck hat gleich große Basiswinkel mit je 45°. Im gleichseitigen Dreieck haben alle drei Winkel die Größe 60° (↗ S. 218; gleichseitiges Dreieck).
- Beträgt im rechtwinkligen Dreieck die Größe eines spitzen Winkels 30°, so ist die Gegenkathete halb so lang wie die Hypotenuse.

6.6.3 Besondere Linien und Punkte des Dreiecks

Mittelsenkrechten der Dreiecksseiten

> S Die **Mittelsenkrechten** der drei Dreiecksseiten schneiden einander stets in einem Punkt. Dieser Punkt ist der Mittelpunkt M des **Umkreises** des Dreiecks.

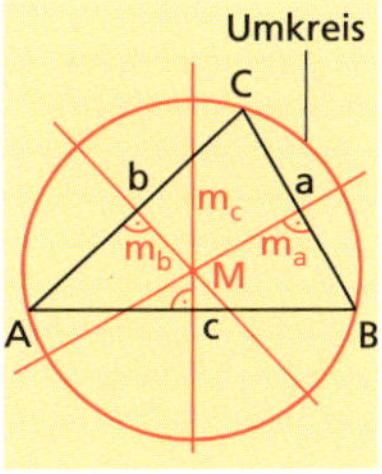

Beweis
Voraussetzung:
△ ABC ist ein beliebiges Dreieck; m_a, m_b und m_c sind die Mittelsenkrechten der Seiten a, b und c. M ist der Schnittpunkt von m_a und m_b.

Behauptung:
M liegt auch auf m_c.

Beweis:

- Alle Punkte, die auf m_a liegen, sind von B und C gleich weit entfernt.
  M liegt auf m_a, also ist
  $\overline{BM} = \overline{CM}$.
- Alle Punkte, die auf m_b liegen, sind von C und A gleich weit entfernt.
  M liegt auf m_b, also ist
  $\overline{CM} = \overline{AM}$.
- Damit ist also auch $\overline{BM} = \overline{AM}$, d. h., M ist von A und B gleich weit entfernt.
  (Hiermit ist bereits klar, dass es zu jedem Dreieck einen Kreis durch alle drei Eckpunkte des Dreiecks gibt.)
- Alle Punkte, die von A und B gleich weit entfernt sind, liegen auf m_c.
  M liegt folglich auch auf m_c. (w.z.b.w.)

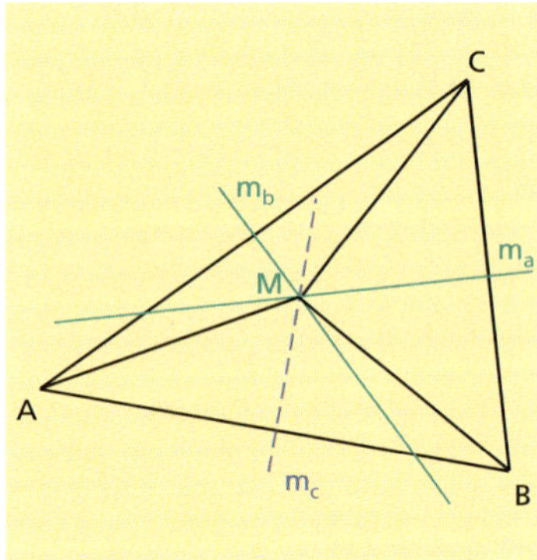

Bei spitzwinkligen Dreiecken liegt der Punkt M *innerhalb*, bei stumpfwinkligen Dreiecken *außerhalb* des Dreiecks und bei rechtwinkligen Dreiecken auf der Hypotenuse. In gleichschenkligen Dreiecken liegt M auf deren Symmetrieachse, die auch Mittelsenkrechte ist.

Verbindet man die Mitten der Seiten eines Dreiecks ABC, so entsteht ein neues Dreieck A'B'C'. Die Seiten der Dreiecke verlaufen paarweise parallel zueinander.
Die *Mittelsenkrechten* des Dreiecks ABC stehen senkrecht auf den Seiten des Dreiecks A'B'C' und verlaufen durch dessen Eckpunkte. Die Strecken $\overline{B'D'}$, $\overline{A'F'}$ und $\overline{C'E'}$ sind somit Höhen im Dreieck A'B'C'.

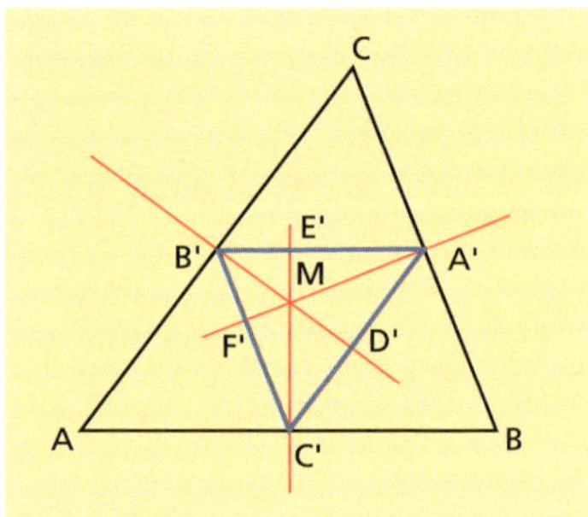

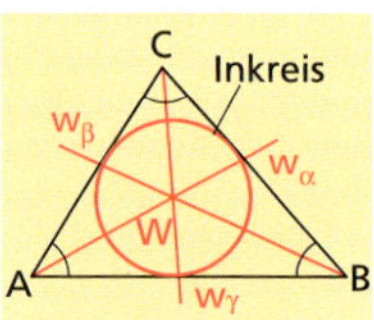

Winkelhalbierende der Innenwinkel des Dreiecks

S Die drei **Winkelhalbierenden** der Innenwinkel eines Dreiecks schneiden einander stets in genau einem Punkt W. Dieser Punkt ist Mittelpunkt des **Inkreises.**

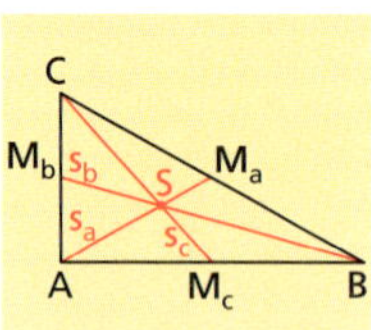

Seitenhalbierende der Dreiecksseiten

D Die durch einen Eckpunkt und den Mittelpunkt der gegenüberliegenden Seite eines Dreiecks bestimmten Strecken heißen **Seitenhalbierende.**

S Die Seitenhalbierenden der drei Dreiecksseiten schneiden einander stets in einem Punkt S. Dieser Punkt heißt **Schwerpunkt** S des Dreiecks und teilt jede Seitenhalbierende vom Eckpunkt aus im Verhältnis 2 : 1.

Höhen des Dreiecks

D Von jedem Eckpunkt des Dreiecks ABC kann das Lot auf die Gerade durch die gegenüberliegende Dreiecksseite gefällt werden.
Die Lote h_a, h_b und h_c sind die **Höhen** des Dreiecks ABC.

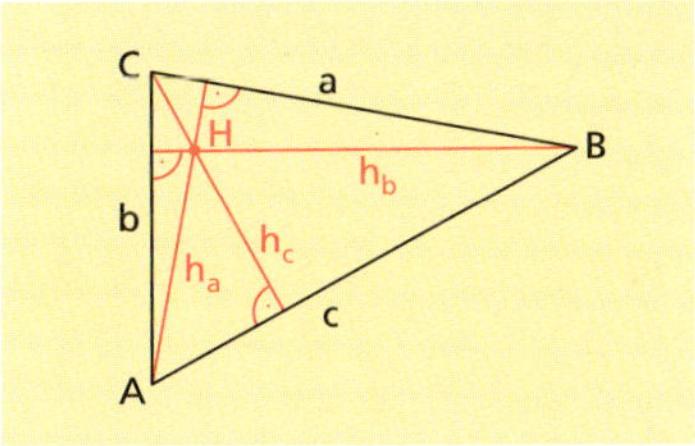

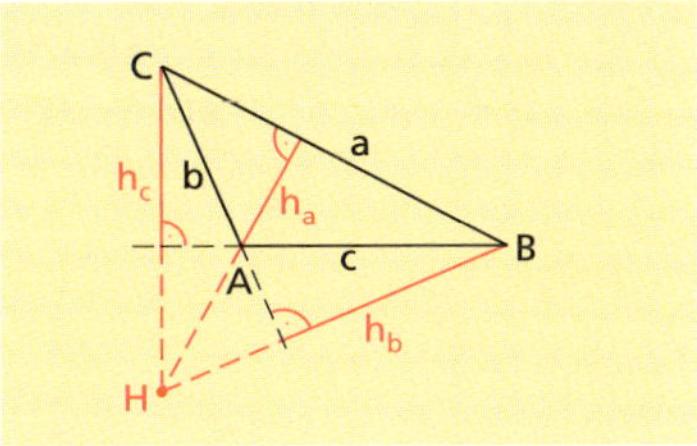

Der Höhenschnittpunkt im rechtwinkligen Dreieck ist der Scheitel des rechten Winkels.

S In jedem Dreieck schneiden die Geraden, auf denen die Höhen liegen, einander in einem Punkt, dem **Höhenschnittpunkt** H.

In jedem Dreieck liegen der Schnittpunkt der Mittelsenkrechten M (Umkreismittelpunkt), der Höhenschnittpunkt H und der Schnittpunkt der Seitenhalbierenden S (Schwerpunkt des Dreiecks) auf einer Geraden.

Diese Gerade wird nach dem Schweizer Mathematiker LEONARD EULER (1707 bis 1783) **eulersche Gerade** genannt.

6.6.4 Kongruenz von Dreiecken

Zwei Dreiecke sind zueinander kongruent (↗ S. 208; Kongruenz), wenn es eine Bewegung gibt, die ein Dreieck auf das andere abbildet. Indem jeweils die Bewegung angegeben wird, die ein Dreieck in das andere überführt, können folgende **Kongruenzsätze für Dreiecke** bewiesen werden.

S **Kongruenzsatz sss:**
Zwei Dreiecke sind zueinander kongruent, wenn sie in allen drei Seiten übereinstimmen.

congruens (lat.) – übereinstimmend, gleichförmig

Es sind
$\overline{AB} \cong \overline{DE}$,
$\overline{BC} \cong \overline{FD}$,
$\overline{CA} \cong \overline{EF}$,
also ist auch
$\triangle ABC \cong \triangle DEF$.

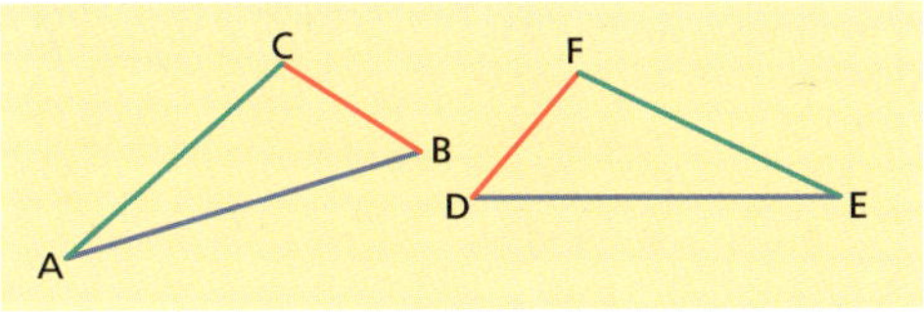

S

Kongruenzsatz sws:
Zwei Dreiecke sind zueinander kongruent, wenn sie in zwei Seiten und dem eingeschlossenen Winkel übereinstimmen.

Es sind
$\overline{AB} \cong \overline{DF}$,
$\overline{BC} \cong \overline{EF}$,
$\sphericalangle ABC \cong \sphericalangle EFD$,
also ist auch
$\triangle ABC \cong \triangle DEF$.

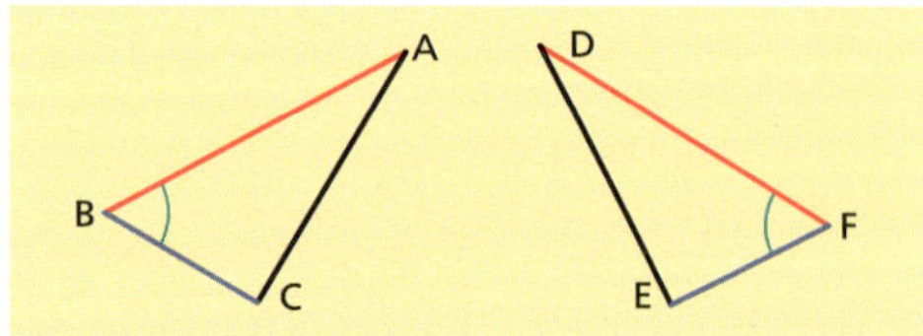

S

Kongruenzsatz wsw:
Zwei Dreiecke sind zueinander kongruent, wenn sie in zwei Winkeln und der eingeschlossenen Seite übereinstimmen.

Es sind
$\sphericalangle CAB \cong \sphericalangle FDE$,
$\sphericalangle ABC \cong \sphericalangle EFD$,
$\overline{AB} \cong \overline{FD}$,
also ist auch
$\triangle ABC \cong \triangle DEF$.

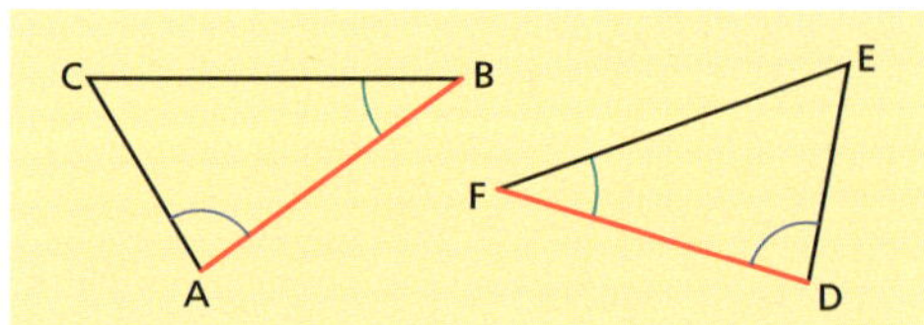

S

Kongruenzsatz SsW:
Zwei Dreiecke sind zueinander kongruent, wenn sie in zwei Seiten und dem *der größeren Seite* gegenüberliegenden Winkel übereinstimmen.

$\overline{AB} \cong \overline{DE}$,
$\overline{CA} \cong \overline{DF}$,
$\sphericalangle BCA \cong \sphericalangle EFD$,
$\sphericalangle BCA$ und $\sphericalangle EFD$ liegen jeweils der größeren Seite gegenüber, also ist auch $\triangle ABC \cong \triangle DEF$.

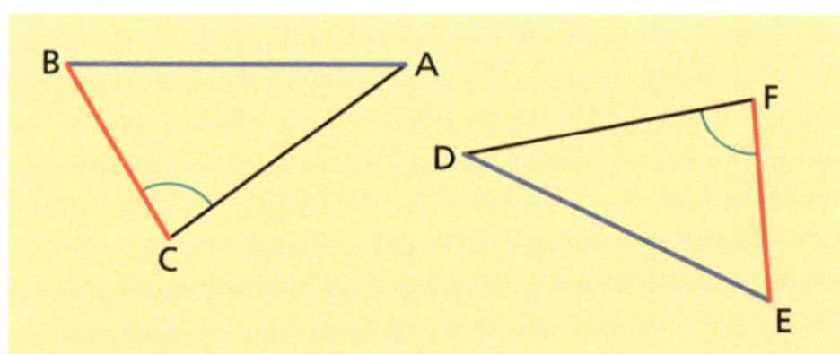

Warum beim Kongruenzsatz SsW der Winkel der größeren Seite gegenüberliegen muss, zeigt folgender Fall:
Die beiden Dreiecke ABC_1 und ABC_2 stimmen in einem Winkel und zwei Seiten überein.
$\overline{AB} \cong \overline{AB}$, $\overline{BC_1} \cong \overline{BC_2}$
$\sphericalangle C_1AB \cong \sphericalangle C_2AB$
Allerdings liegt der Winkel der kleineren Seite gegenüber. $\triangle ABC_1$ und $\triangle ABC_2$ sind nicht zueinander kongruent.

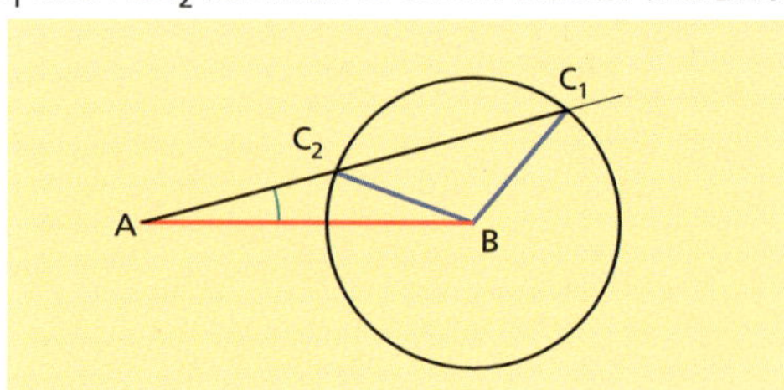

6.6.5 Ähnlichkeit von Dreiecken

Die Ähnlichkeit von Figuren, die auf Seite 212 allgemein betrachtet wurde, wird hier auf Dreiecke übertragen.

S Dreiecke sind zueinander ähnlich, wenn sie übereinstimmen
- in zwei Innenwinkeln **(Hauptähnlichkeitssatz),**
- in drei Seitenverhältnissen,
- im Verhältnis zweier Seiten und in dem von diesen Seiten eingeschlossenen Innenwinkel,
- im Verhältnis zweier Seiten und dem der größeren der beiden Seiten gegenüberliegenden Innenwinkel.

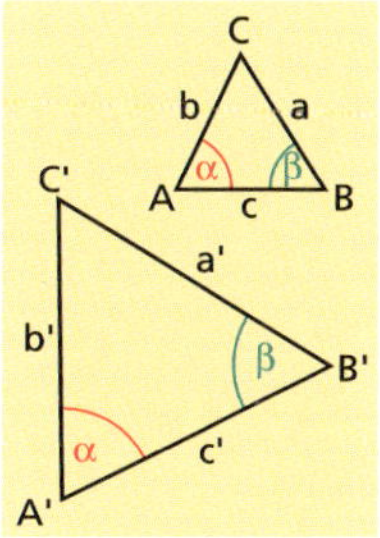

Anwendung finden die Ähnlichkeitssätze für Dreiecke vorwiegend beim Beweisen.

S Im rechtwinkligen Dreieck sind die durch die Höhe über der Hypotenuse gebildeten Teildreiecke untereinander und dem Gesamtdreieck ähnlich.

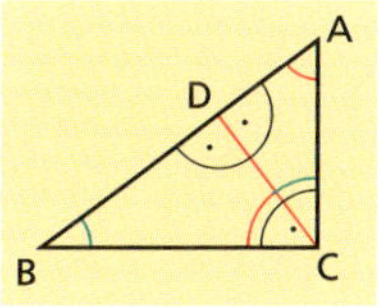

6.6.6 Konstruktion von Dreiecken

Untersucht wird, mit welchen gegebenen Stücken ein Dreieck *bis auf Kongruenz eindeutig* konstruierbar ist und wie die Konstruktion auszuführen ist.

Konstruktion nach den Kongruenzsätzen

Alle Konstruktionen, bei denen die in den Kongruenzsätzen genannten Stücke vorgegeben sind, können eindeutig ausgeführt werden (↗ S. 222; Kongruenzsätze), falls die Vorgaben den Dreiecksungleichungen, dem Innenwinkelsatz und der Beziehung zwischen Seiten und Innenwinkeln des Dreiecks (↗ S. 220) genügen.

Konstruktion nach dem Kongruenzsatz sss
Gegeben: a, b, c

Konstruktionsbeschreibung:
① Auf einer Geraden wird die Strecke $\overline{AB}$ mit $\overline{AB} = c$ abgetragen.
② Um A wird ein Kreisbogen mit dem Radius b und um B wird ein Kreisbogen mit dem Radius a gezeichnet.
③ Die Schnittpunkte der Kreisbogen sind C_1 und C_2. Unter Beachtung der Orientierung werden die Punkte A und B mit C (C_1) zum Dreieck ABC verbunden.

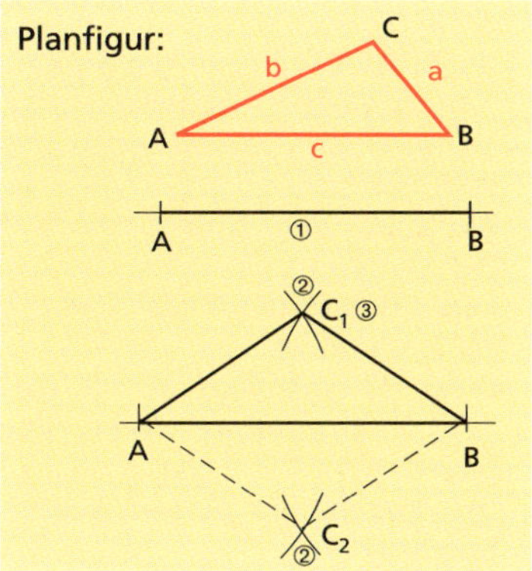

Konstruktion nach dem Kongruenzsatz sws

Gegeben: b, c, α

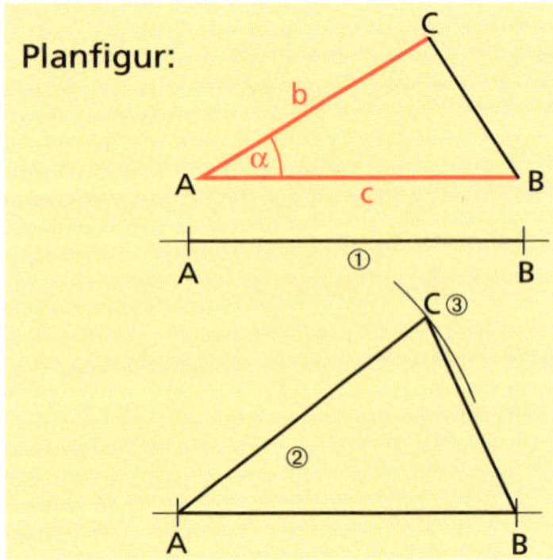

Konstruktionsbeschreibung:

① Auf einer Geraden wird die Strecke $\overline{AB}$ mit $\overline{AB} = c$ abgetragen.

② Im Punkt A wird an die Strecke $\overline{AB}$ der Winkel α angetragen.

③ Um A wird ein Kreisbogen mit dem Radius b gezeichnet. Er schneidet den freien Schenkel des Winkels α im Punkt C. Der Punkt C wird mit A bzw. B zum Dreieck ABC verbunden.

Konstruktion nach dem Kongruenzsatz wsw

Gegeben: c, α, β

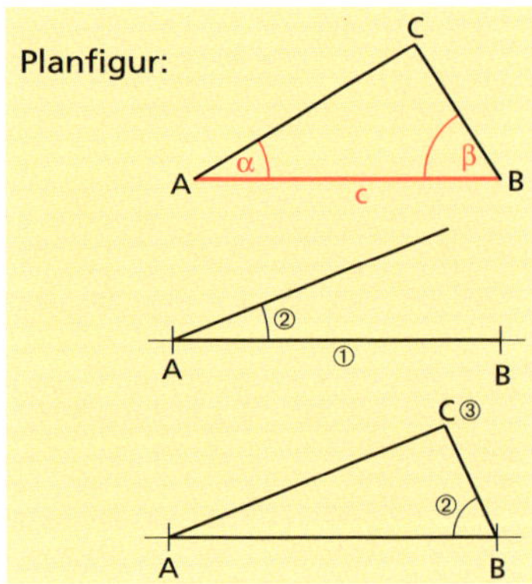

Konstruktionsbeschreibung:

① Auf einer Geraden wird die Strecke $\overline{AB}$ mit $\overline{AB} = c$ abgetragen.

② Im Punkt A wird an die Strecke $\overline{AB}$ der Winkel α und im Punkt B an die Strecke $\overline{AB}$ der Winkel β angetragen.

③ Der Schnittpunkt der freien Schenkel von α und β ist der Punkt C. Die Punkte A und B werden mit C zum Dreieck ABC verbunden.

Konstruktion nach dem Kongruenzsatz SsW

Gegeben: a, c, γ $(c > a)$

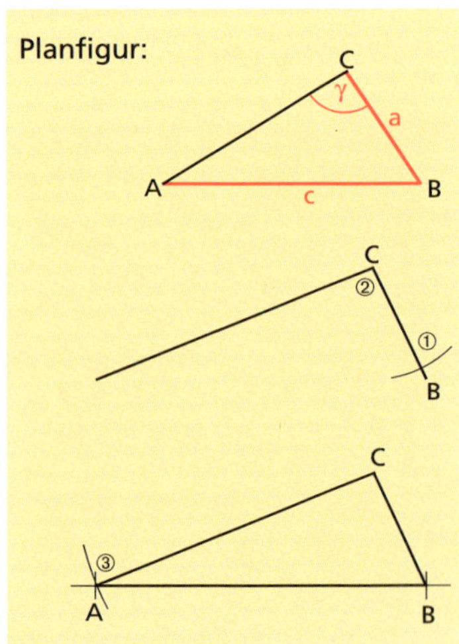

Konstruktionsbeschreibung:

① Auf einer Geraden wird die Strecke $\overline{BC}$ mit $\overline{BC} = a$ abgetragen.

② Im Punkt C wird an die Strecke $\overline{CB}$ der Winkel γ angetragen.

③ Um B wird ein Kreisbogen mit dem Radius c gezeichnet. Er schneidet den freien Schenkel des Winkels γ im Punkt A. Der Punkt B wird mit A zum Dreieck ABC verbunden.

Diese Konstruktion ist nur eindeutig ausführbar, wenn der gegebene Winkel der größeren der gegebenen Seiten gegenüberliegt.

Konstruktion nach anderen vorgegebenen Stücken

Konstruktion bei gegebener Höhe

(1) Gegeben: c, h_c, α

Konstruktionsbeschreibung:

① Auf einer Geraden wird die Strecke $\overline{AB}$ mit $\overline{AB} = c$ abgetragen.

② Zur Geraden AB wird eine Parallele mit dem Abstand h_c gezeichnet.

③ Im Punkt A wird an die Strecke $\overline{AB}$ der Winkel α angetragen. Der Schnittpunkt des freien Schenkels von α mit der Parallelen ist der Punkt C. B wird mit C zum Dreieck ABC verbunden.

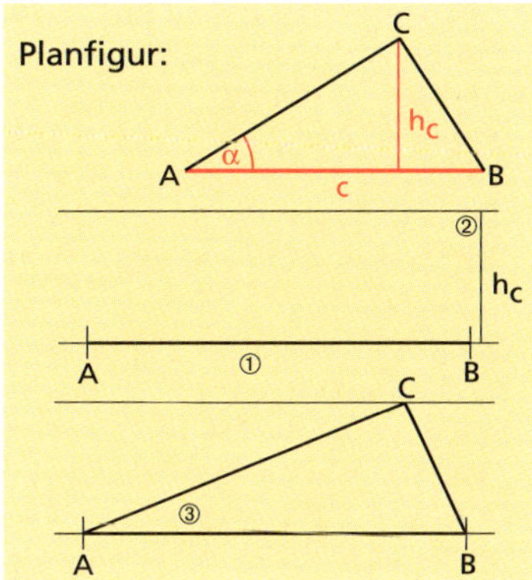

(2) Gegeben: h_c, b, c

Konstruktionsbeschreibung:

① Auf einer Geraden wird die Strecke $\overline{AB}$ mit $\overline{AB} = c$ abgetragen.

② Zur Geraden AB wird eine Parallele mit dem Abstand h_c gezeichnet.

③ Um A wird ein Kreisbogen mit dem Radius b gezeichnet.
Der Kreis schneidet die Parallele in den Punkten C_1 und C_2 oder gar nicht.

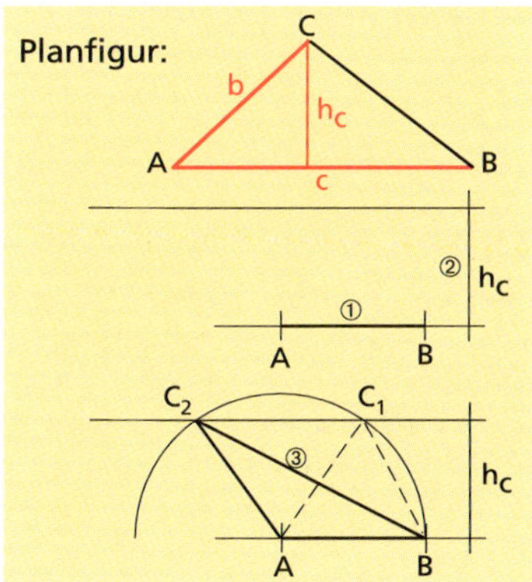

Die Dreiecke ABC_1 und ABC_2 erfüllen die Konstruktionsbedingungen, sind aber nicht zueinander kongruent.
Die **Konstruktion** ist nicht eindeutig ausführbar.

Konstruktion bei gegebener Winkelhalbierenden

Gegeben: w_α, α, c

Konstruktionsbeschreibung:

① Auf einer Geraden wird die Strecke $\overline{AB}$ mit $\overline{AB} = c$ abgetragen.

② Im Punkt A wird an die Strecke AB der Winkel α angetragen. Der Winkel α wird halbiert.

③ Um A wird ein Kreisbogen mit dem Radius w_α gezeichnet. Er schneidet den freien Schenkel des Winkels $\frac{\alpha}{2}$ in P.

④ Der Strahl $\overrightarrow{BP}$ wird gezeichnet. Der Schnittpunkt des Strahls $\overrightarrow{BP}$ mit dem freien Schenkel von α ist der Punkt C.

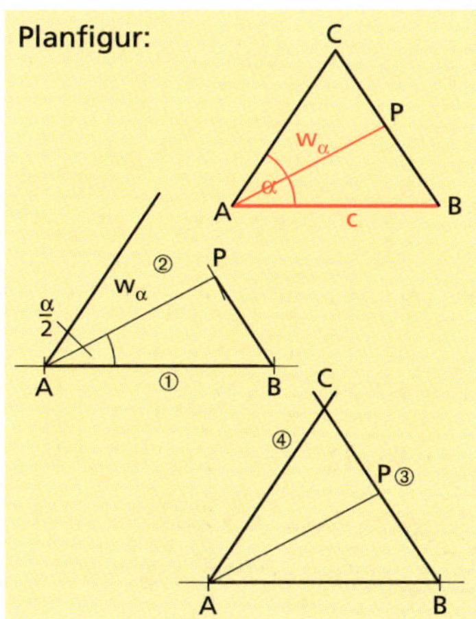

Konstruktion bei gegebener Seitenhalbierenden

Gegeben: a, c, s_a

Konstruktionsbeschreibung:

① Auf einer Geraden wird die Strecke $\overline{AB}$ mit $\overline{AB} = c$ abgetragen.

② Um A wird ein Kreisbogen mit dem Radius s_a und um B ein Kreisbogen mit dem Radius $\frac{a}{2}$ gezeichnet.
Der Schnittpunkt der Kreisbogen ist der Punkt P.

③ Um B wird ein Kreisbogen mit dem Radius a gezeichnet.

④ Der Schnittpunkt des Kreisbogens mit dem Strahl $\overrightarrow{BP}$ ist der Punkt C. Er wird mit dem Punkt A zum Dreieck ABC verbunden.

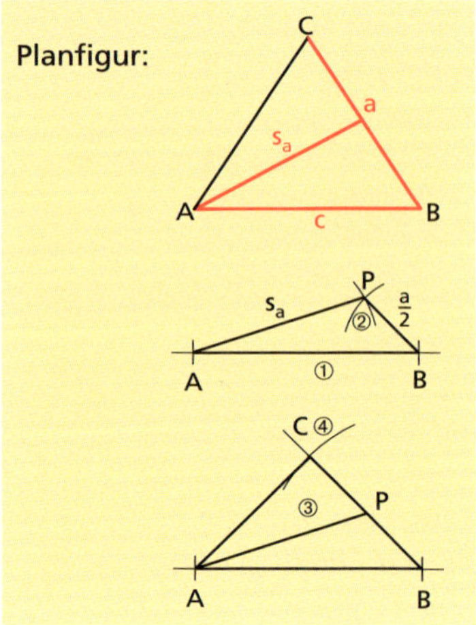

6.6.7 Flächeninhaltsberechnung von Dreiecken

Allgemeines Dreieck

Zwei kongruente Dreiecke lassen sich zu einem Parallelogramm zusammenfügen. Der Flächeninhalt des Dreiecks ist demnach gleich der Hälfte des Flächeninhalts des Parallelogramms (↗ S. 247).

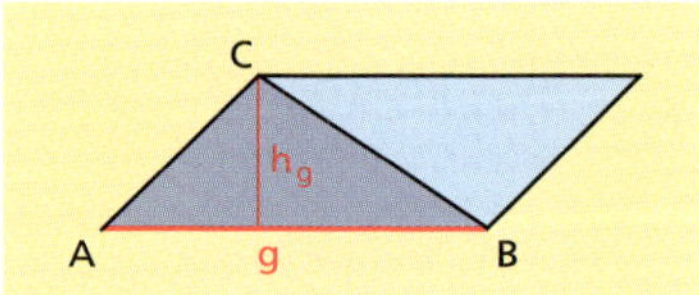

> **S** Der Flächeninhalt eines Dreiecks ist jeweils die Hälfte des Produkts aus einer (Grund-)Seite und der dazugehörigen Höhe:
> $A = \frac{1}{2} a \cdot h_a = \frac{1}{2} b \cdot h_b = \frac{1}{2} c \cdot h_c = \frac{1}{2} g \cdot h_g$

Von einem Dreieck ABC sind die Seitenlänge c und die Höhe h_c gegeben.
Wie groß ist der Flächeninhalt des Dreiecks?

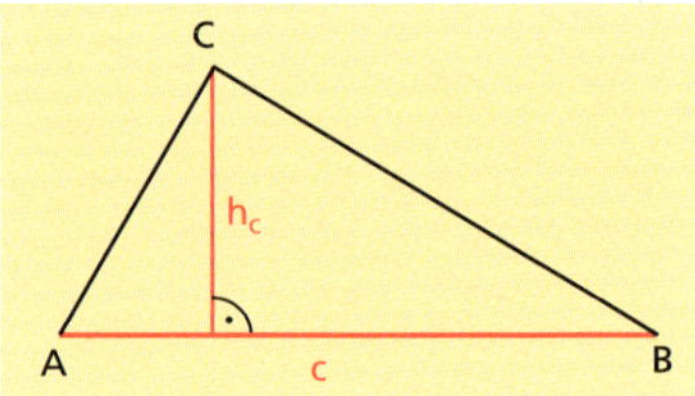

Gesucht: A

Gegeben: c = 9 cm; h_c = 5 cm

Lösung: $A = \frac{1}{2} \cdot c \cdot h_c$

$A = \frac{1}{2} \cdot 9\ \text{cm} \cdot 5\ \text{cm}$

$A = 22{,}5\ \text{cm}^2$

Antwort: Das Dreieck hat einen Flächeninhalt von 22,5 cm^2.

Zwei Dreiecke, die in einer Seite und der zugehörigen Höhe übereinstimmen, sind flächeninhaltsgleich.
Die Berechnung eines Dreiecksflächeninhalts mit den Formeln auf Seite 226 setzt voraus, dass eine Seite und die zugehörige Höhe bekannt sind. Sind zwei Seiten und der eingeschlossene Winkel bekannt, können die folgenden Formeln genutzt werden:

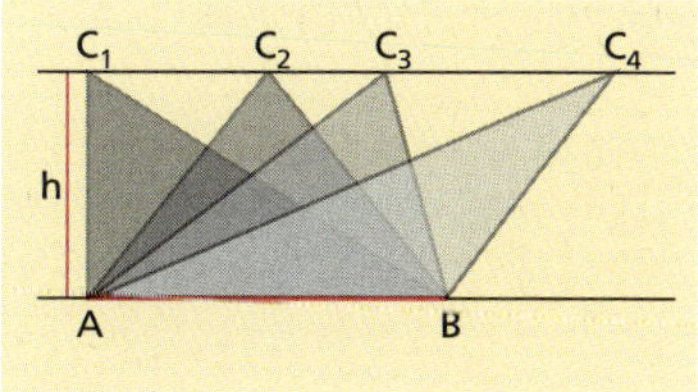

$A = \frac{1}{2} ab \cdot \sin\gamma = \frac{1}{2} bc \cdot \sin\alpha = \frac{1}{2} ac \cdot \sin\beta$ (↗ S. 235)

Es gibt weitere Berechnungsmöglichkeiten für den Flächeninhalt von Dreiecken, z. B. die **heronsche Dreiecksformel.**

Rechtwinkliges Dreieck

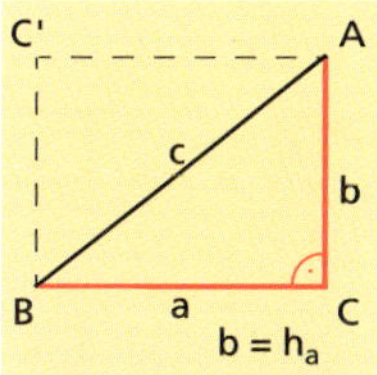

S Der Flächeninhalt eines rechtwinkligen Dreiecks ABC (mit $\gamma = 90°$) ist die Hälfte des Flächeninhalts des aus den Katheten gebildeten Rechtecks:
$A = \frac{1}{2} a \cdot b$

Das Großsegel eines Jollenkreuzers hat die Form eines rechtwinkligen Dreiecks. Die am Segelmast befestigte Seite hat eine Länge von 9,50 m. Die untere Seite ist 4,20 m lang.
Wie groß ist der Flächeninhalt des Großsegels?

Gesucht: A

Gegeben: a = 9,50 m; c = 4,20 m

Lösung: $A = \frac{1}{2} a \cdot c$

$A = \frac{1}{2} \cdot 9{,}50 \text{ m} \cdot 4{,}20 \text{ m}$

$A \approx 20 \text{ m}^2$

Planfigur:

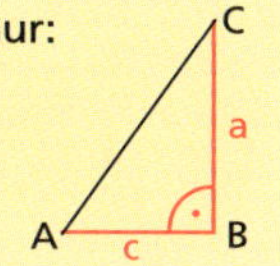

Antwort: Das Großsegel hat einen Flächeninhalt von etwa 20 m².

Aus der Kenntnis der drei Seiten a, b und c kann im rechtwinkligen Dreieck auch die Höhe h_c berechnet werden.
Aus $\frac{1}{2} c \cdot h_c = \frac{1}{2} a \cdot b$ folgt: $h_c = \frac{a \cdot b}{c}$

Gesucht: A, c, h_c

Gegeben: a = 3,3 cm; b = 4,4 cm; $\gamma = 90°$

Lösung: $A = \frac{1}{2} a \cdot b$

$A = \frac{1}{2} \cdot 3{,}3 \text{ cm} \cdot 4{,}4 \text{ cm}$

$A = 7{,}26 \text{ cm}^2$

$c = \sqrt{a^2 + b^2} = \sqrt{3{,}3^2 + 4{,}4^2} \text{ cm}$

$= 5{,}5 \text{ cm}$

$h_c = \frac{a \cdot b}{c} = \frac{3{,}3 \cdot 4{,}4}{5{,}5} \text{ cm} = 2{,}64 \text{ cm}$

Planfigur:

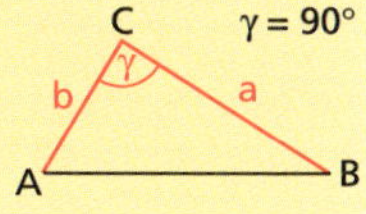

Gleichschenkliges Dreieck

> S
> Für den Flächeninhalt eines gleichschenkligen Dreiecks mit $a = b$ (Schenkel) und $\alpha = \beta$ (Basiswinkel) ergibt sich:
> $A = \frac{1}{2}\, ab \cdot \sin\gamma$ bzw. mit $\gamma = 180° - 2\alpha$ $A = \frac{1}{2}\, a^2 \cdot \sin(180° - 2\alpha)$

Gleichseitiges Dreieck

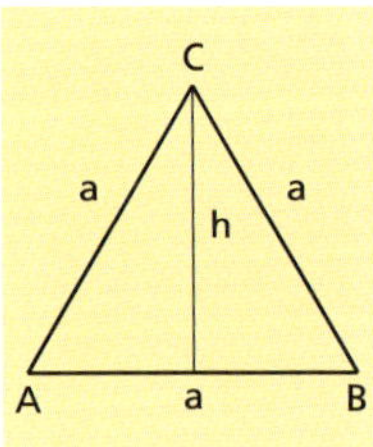

Der Flächeninhalt eines gleichseitigen Dreiecks wird durch die Länge einer Seite bestimmt.
Mithilfe des Satzes des PYTHAGORAS ergibt sich für die Höhe:

$$h^2 = a^2 - \left(\frac{a}{2}\right)^2 = a^2 - \frac{1}{4}\, a^2 = \frac{3}{4}\, a^2 = \frac{a^2}{4} \cdot 3$$

$$h = \frac{1}{2}\, a \cdot \sqrt{3}$$

> S
> Für den Flächeninhalt eines gleichseitigen Dreiecks ergibt sich:
> $A = \frac{1}{4}\, a^2 \cdot \sqrt{3}$

Damit lässt sich der Flächeninhalt eines gleichseitigen Dreiecks berechnen, ohne zuvor die Höhe ermittelt zu haben.

6.6.8 Satzgruppe des Pythagoras

PYTHAGORAS VON SAMOS (um 580 bis um 500 v. Chr.)

Diese Satzgruppe, voran der Satz des Pythagoras, zählt wegen ihrer großen Bedeutung für Berechnungen und für Beweisführungen zu den bekanntesten der Planimetrie.
Seine Entdeckung wird meist dem griechischen Mathematiker und Physiker PYTHAGORAS VON SAMOS zugeschrieben.

Satz des Pythagoras

> S
> Im rechtwinkligen Dreieck ist der Flächeninhalt des Quadrats über der **Hypotenuse** gleich der Summe der Flächeninhalte der Quadrate über den **Katheten:**
> $c^2 = a^2 + b^2$

Für den Satz des Pythagoras sind mehr als 100 Beweise bekannt, von denen der kürzeste wohl der folgende Zerlegungsbeweis ist:

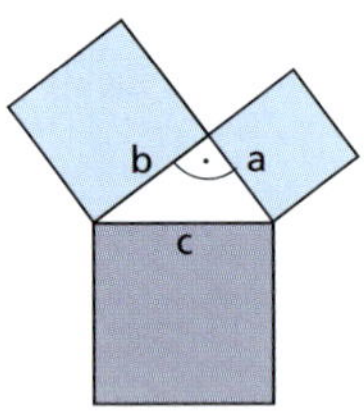

Die gesamte Quadratfläche $(a + b)^2$ ist aus dem Quadrat c^2 und den vier rechtwinkligen Dreiecken mit einem Flächeninhalt von $4 \cdot \frac{1}{2} \cdot ab = 2 \cdot ab$ zusammengesetzt, d. h., es ist

$$(a + b)^2 = c^2 + 2ab$$

$$a^2 + 2ab + b^2 = c^2 + 2ab \quad |-2ab$$

$$a^2 + b^2 = c^2$$

(w. z. b. w.)

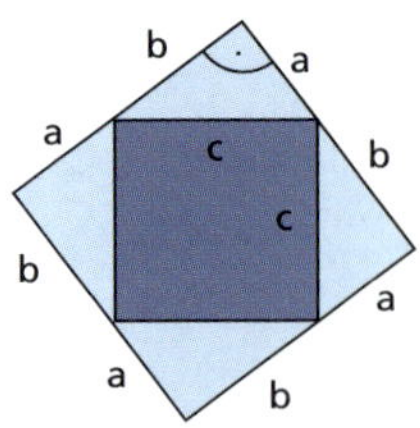

Ein weiterer Beweis erfolgt über die Ähnlichkeit von Dreiecken. Da im rechtwinkligen Dreieck die durch die Höhe über der Hypotenuse gebildeten Teildreiecke untereinander und dem Gesamtdreieck ähnlich sind (↗ S. 224; Ähnlichkeit von Dreiecken) gilt:

$\frac{q+p}{a} = \frac{a}{p}$, also $a^2 = p(q + p)$ bzw.

$\frac{q+p}{b} = \frac{b}{p}$, also $b^2 = q(q + p)$

So ergibt sich durch Addition der Beziehungen:

$a^2 + b^2 = (p + q)(q + p) = c \cdot c = c^2$ (w.z.b.w.)

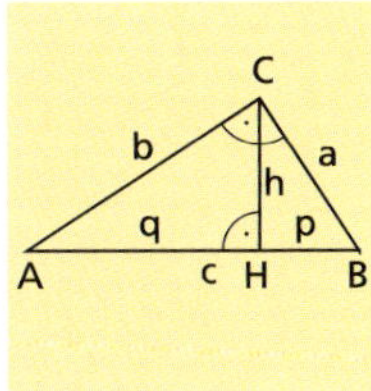

Anwendungen des Satzes des Pythagoras

Mithilfe des Satzes des Pythagoras kann man zu zwei gegebenen Seiten eines rechtwinkligen Dreiecks die dritte Seite berechnen.

Ein Telefonmast ist bei einem Sturm in einer Höhe von 4,20 m so abgeknickt, dass die Spitze des Mastes in einer Entfernung von 2,75 m vom Mastfuß den Boden berührt. Wie hoch war der Telefonmast ursprünglich?

Gesucht: $h = a + b$

Gegeben: $c = 2{,}75\ \text{m}$
$a = 4{,}20\ \text{m}$

Lösung: $b^2 = a^2 + c^2$
$b = \sqrt{(4{,}20\ \text{m})^2 + (2{,}75\ \text{m})^2}$
$b \approx 5{,}02\ \text{m}$

$h = a + b = 4{,}20\ \text{m} + 5{,}02\ \text{m}$
$h = 9{,}22\ \text{m}$

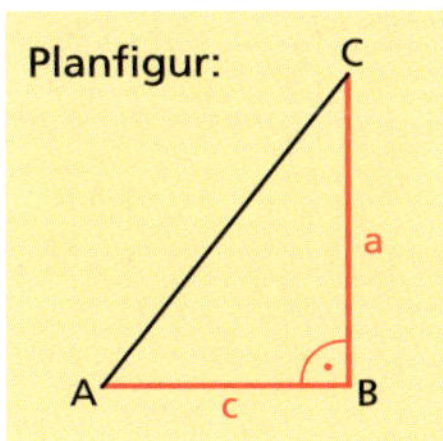

Antwort: Der Mast hatte ursprünglich eine Höhe von etwa 9,22 m.

Abstand zweier Punkte in der Ebene und im Raum

Um den Abstand zweier Punkte in der Ebene anzugeben, betrachtet man ein kartesisches Koordinatensystem (↗ S. 149), in dem die Punkte P_1 und P_2 die Koordinaten $(x_1; y_1)$ bzw. $(x_2; y_2)$ haben.

In dem rechtwinkligen Dreieck, das aus den Parallelen durch die Punkte zu den Koordinatenachsen gebildet wird, ist der Abstand der Punkte gleich der Länge der Hypotenuse.

Mit dem Satz des Pythagoras erhält man:

$\overline{P_1P_2} = \sqrt{(x_2 - x_1)^2 + (y_2 - y_1)^2}$

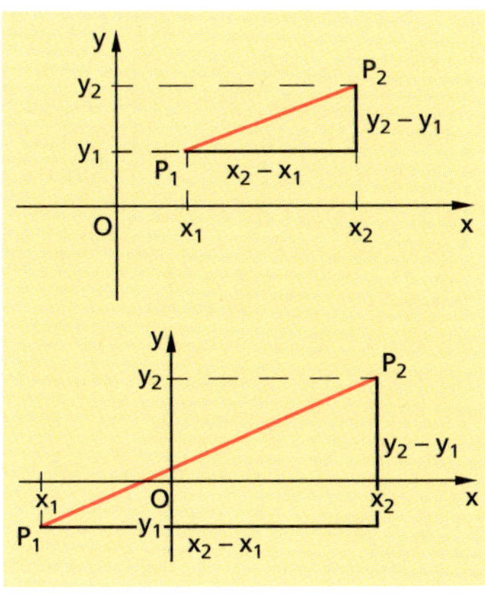

Gesucht: $\overline{P_1P_2}$

Gegeben: $P_1\,(1;\,1)$, $P_2\,(4;\,2)$

Lösung:

$\overline{P_1P_2} = \sqrt{(x_2 - x_1)^2 + (y_2 - y_1)^2}$

$\overline{P_1P_2} = \sqrt{(4 - 1)^2 + (2 - 1)^2}$

$\overline{P_1P_2} = \sqrt{10} \approx 3{,}2$ LE

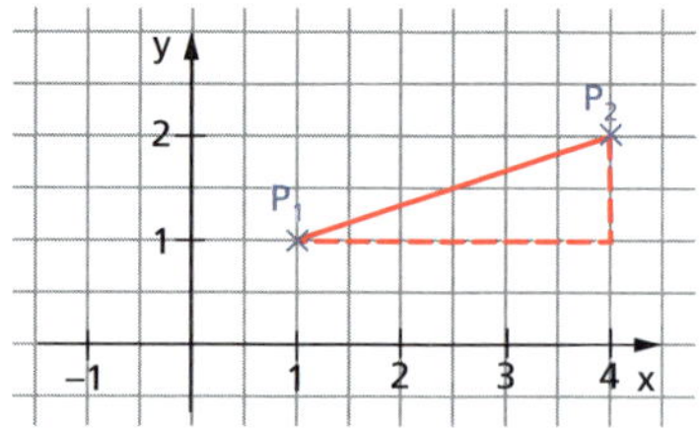

Antwort: Der Abstand der Punkte P_1 und P_2 beträgt etwa 3,2 LE.

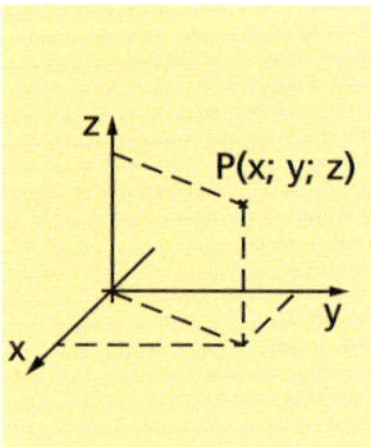

Für den Abstand zweier Punkte im Raum gilt dann entsprechend:

$$\overline{P_1P_2} = \sqrt{(x_2 - x_1)^2 + (y_2 - y_1)^2 + (z_2 - z_1)^2}$$

Länge der Raumdiagonale im Quader

Die Länge der Raumdiagonale ergibt sich aus den Seitenlängen durch zweimalige Anwendung des Satzes des Pythagoras:

$\overline{AC}^2 = a^2 + b^2$

$\overline{AG}^2 = \overline{AC}^2 + c^2 = a^2 + b^2 + c^2$

$\overline{AG} = \sqrt{a^2 + b^2 + c^2}$

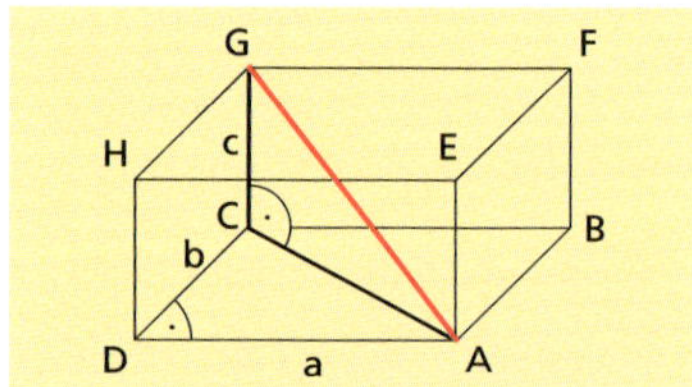

Praktische Bedeutung hat die Umkehrung des Satzes des Pythagoras:

S Gilt zwischen den Seiten a, b und c eines Dreiecks die Beziehung $a^2 + b^2 = c^2$, dann ist das Dreieck rechtwinklig und hat die Hypotenuse c.

Lösungen (a; b; c) der Gleichung $a^2 + b^2 = c^2$ mit a, b, $c \in \mathbb{N}$ nennt man auch **pythagoreische Zahlen** oder **pythagoreische Zahlentripel** (↗ S. 34). Die ersten pythagoreischen Zahlentripel (3; 4; 5) und (5; 12; 13) lassen sich durch Probieren finden.

Satz des Euklid (Kathetensatz)

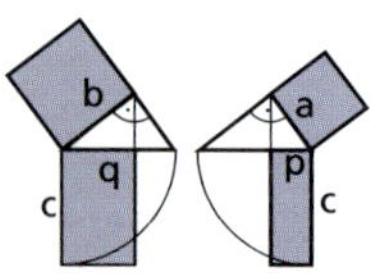

S Im rechtwinkligen Dreieck ist das Quadrat über einer Kathete flächeninhaltsgleich mit dem Rechteck aus der Hypotenuse und dem zur Kathete gehörenden Hypotenusenabschnitt:
$a^2 = c \cdot p$ bzw. $b^2 = c \cdot q$

EUKLID VON ALEXANDRIA (um 365 bis um 300 v. Chr.)

Beweis (über Ähnlichkeit)

Die Dreiecke ABC, CAH und BCH sind nach dem Hauptähnlichkeitssatz zueinander ähnlich.

Es gilt: $\frac{a}{c} = \frac{p}{a}$, also $a^2 = c \cdot p$ bzw.

$\frac{b}{c} = \frac{q}{b}$, also

$b^2 = c \cdot q$ (w. z. b. w.)

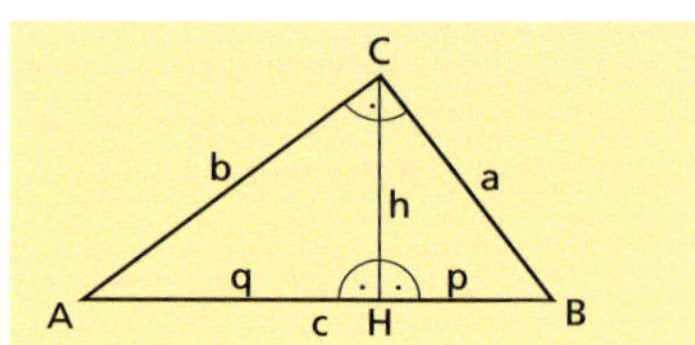

Der klassische Beweis des Satzes des Pythagoras benutzt den Kathetensatz, wobei die Anwendung des Satzes auf beide Katheten zum Lehrsatz des Pythagoras führt.

Ein Dachboden hat als Querschnitt die Form eines rechtwinkligen Dreiecks. Wie lang sind die beiden Dachschrägen?

Gesucht: a, b

Gegeben: $c = 6{,}5\ \text{m}$
$p = 2{,}4\ \text{m}$
$\gamma = 90°$

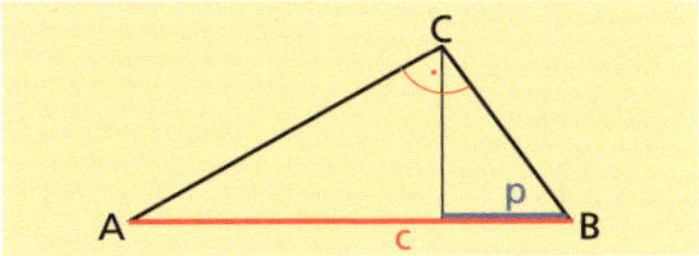

Lösung:

$a^2 = c \cdot p$
$a = \sqrt{c \cdot p}$
$a = \sqrt{6{,}5\ \text{m} \cdot 2{,}4\ \text{m}}$
$a \approx 3{,}9\ \text{m}$

$b^2 = c \cdot q$
$b = \sqrt{c \cdot q}$
$b = \sqrt{6{,}5\ \text{m} \cdot 4{,}1\ \text{m}}$
$b \approx 5{,}2\ \text{m}$

$q = c - p$
$q = 4{,}1\ \text{m}$

Antwort: Die Dachschrägen sind etwa 3,9 m bzw. 5,2 m lang.

Der Kathetensatz bietet auch die Möglichkeit, ein Quadrat in ein Rechteck zu verwandeln, von dem eine Seitenlänge gegeben ist, bzw. ein Rechteck in ein Quadrat zu verwandeln.

Verwandlung eines Rechtecks mit den Seiten p und c in ein flächeninhaltsgleiches Quadrat

Konstruktionsbeschreibung:

① Die kürzere Seite p des Rechtecks wird verlängert. Von B aus wird c angetragen. Man erhält den Punkt A.
② $\overline{AB}$ wird halbiert. M ist der Mittelpunkt von $\overline{AB}$.
③ Über $\overline{AB}$ wird ein Halbkreis gezeichnet.
④ Die Rechteckseite c wird zum Schnitt mit dem Halbkreis verlängert. Man erhält Punkt C.
Nach dem Satz des Thales ist $\sphericalangle BCA = 90°$.
Das Quadrat über $\overline{CB}$ ist also flächeninhaltsgleich mit dem gegebenen Rechteck.

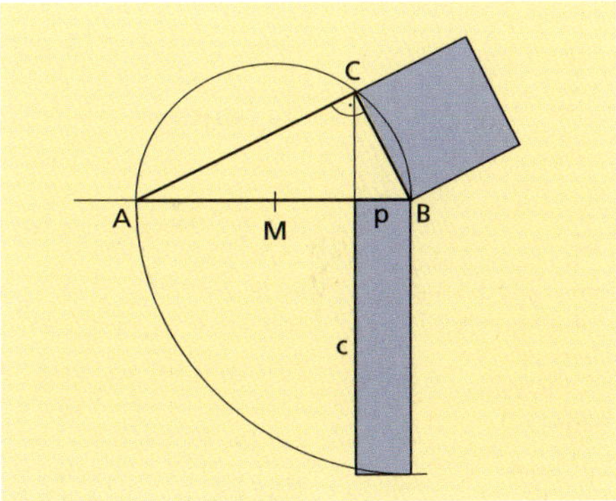

Umkehrung des Satzes des Euklid

S Gelten für ein Dreieck mit den Seiten a, b und c, dessen Seite c durch die Höhe h_c in die Abschnitte p und q geteilt wird, die Beziehungen $a^2 = c \cdot p$ und $b^2 = c \cdot q$, dann ist das Dreieck rechtwinklig.

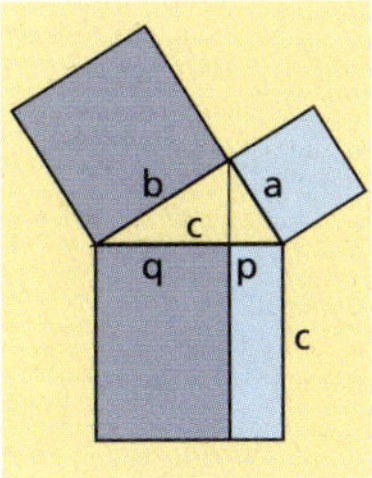

Der Beweis erfolgt mithilfe des Satzes des Pythagoras.
Nach Voraussetzung gilt: $a^2 + b^2 = c \cdot p + c \cdot q = c \cdot (p + q) = c \cdot c = c^2$
Nach der Umkehrung des Satzes des Pythagoras ist das Dreieck mit den Seiten a, b, c rechtwinklig und c ist die Hypotenuse.

Höhensatz

Aus dem Satz des Pythagoras kann der Höhensatz gefolgert werden.

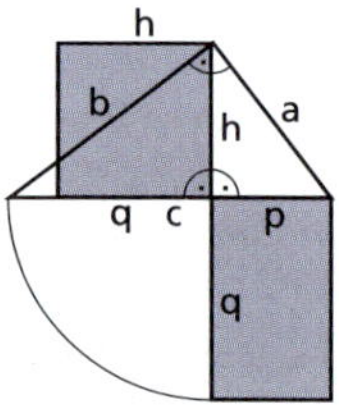

S

Im rechtwinkligen Dreieck ist das Quadrat über der Höhe auf der Hypotenuse flächeninhaltsgleich mit dem Rechteck aus den Hypotenusenabschnitten:
$h^2 = p \cdot q$

Beweis
Die Höhe h auf der Hypotenuse zerlegt das Dreieck in zwei einander ähnliche Teildreiecke.
Es gilt: $q : h = h : p$, also $h^2 = p \cdot q$. (w.z.b.w.)

Es ist die Höhe h in einem rechtwinkligen Dreieck ABC ($\gamma = 90°$) mit $p = 3{,}7$ cm und $q = 1{,}9$ cm zu berechnen.

Gesucht: h

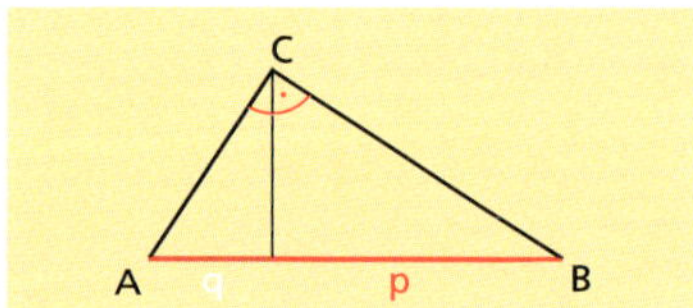

Gegeben: $p = 3{,}7$ cm
$q = 1{,}9$ cm
$\gamma = 90°$

Lösung: $h^2 = p \cdot q$
$h = \sqrt{p \cdot q}$
$h = \sqrt{3{,}7\text{ cm} \cdot 1{,}9\text{ cm}}$
$h = 2{,}7$ cm

Anwort: Die Höhe h ist 2,7 cm lang.

6.6.9 Anwendung der trigonometrischen Funktionen

treis (griech.) – drei;
gonia (griech.) – Winkel;
metrein (griech.) – messen

Eine wichtige Hilfe für Berechnungen bieten die Beziehungen zwischen Seitenverhältnissen und Winkeln bei Dreiecken, die **trigonometrischen Funktionen** (↗ S. 171).
Man kann bei Kenntnis von Winkeln und Seiten weitere Seiten und Winkel berechnen.

Ein Dachbinder hat die im Bild dargestellten Abmessungen.
Welche Neigung hat das Dach?

Gesucht: α

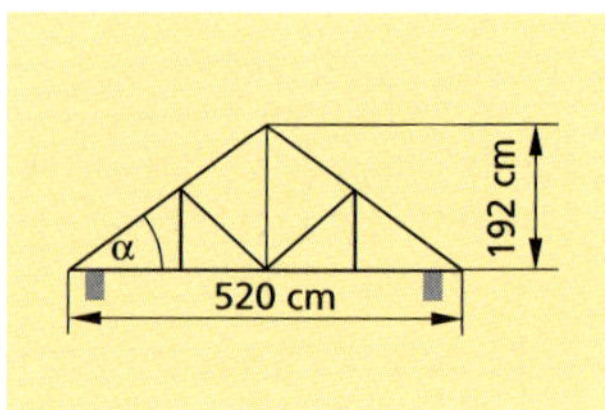

Gegeben: $h = 192$ cm
$c = 520$ cm

Lösung: $\tan\alpha = \dfrac{h}{\frac{c}{2}}$

$\tan\alpha = \dfrac{192\text{ cm}}{260\text{ cm}} \approx 0{,}738$

$\alpha \approx 36{,}4°$

Antwort: Das Dach hat eine Neigung von etwa 36,4°.

Berechnungen am rechtwinkligen Dreieck

Bei Berechnungen am rechtwinkligen Dreieck sind im Allgemeinen nur zwei Bestimmungsstücke erforderlich. Dabei kann man folgende Fälle unterscheiden:

Gegeben	Lösungsmöglichkeiten	
zwei Katheten z. B. a, b	$A = \frac{1}{2}ab$	
	$c = \sqrt{a^2 + b^2}$	$h_c = \frac{ab}{\sqrt{a^2 + b^2}}$
	$p = \frac{a^2}{\sqrt{a^2 + b^2}}$	$q = \frac{b^2}{\sqrt{a^2 + b^2}}$
	$\sin\alpha = \frac{a}{\sqrt{a^2 + b^2}}$	$\tan\alpha = \frac{a}{b}$
	$\sin\beta = \frac{b}{\sqrt{a^2 + b^2}}$	$\tan\beta = \frac{b}{a}$
Kathete, Winkel z. B. a, α	$A = \frac{1}{2}a^2 \cdot \cot\alpha$	$\beta = 90° - \alpha$
	$b = a \cdot \tan(90° - \alpha)$	$c = \frac{a}{\sin\alpha}$
	$h_c = a \cdot \sin(90° - \alpha)$	
Hypotenuse, Winkel z. B. c, α	$\beta = 90° - \alpha$	$a = c \cdot \sin\alpha$ $b = c \cdot \cos\alpha$
Kathete, Hypotenuse z. B. a, c	$\sin\alpha = \cos\beta = \frac{a}{c}$	$b = \sqrt{c^2 - a^2}$

Berechnungen am allgemeinen Dreieck

Die wichtigsten Beziehungen zwischen Seiten und Winkeln im Allgemeinen Dreieck beschreiben der **Sinussatz** und der **Kosinussatz.**

S

Sinussatz:
In jedem Dreieck verhalten sich die Längen zweier Seiten wie die Sinuswerte der gegenüberliegenden Winkel:
$a : b : c = \sin\alpha : \sin\beta : \sin\gamma$ oder $\frac{a}{\sin\alpha} = \frac{b}{\sin\beta} = \frac{c}{\sin\gamma}$

Beweis (Fallunterscheidung):
Durch das Lot von C auf c werden rechtwinklige Dreiecke erzeugt.

1. Fall (spitzwinkliges Dreieck):
Es gilt:
$\sin\beta = \frac{h_c}{a}$ und $\sin\alpha = \frac{h_c}{b}$
$h_c = a \cdot \sin\beta$ und $h_c = b \cdot \sin\alpha$
Daraus folgt:
$a \cdot \sin\beta = b \cdot \sin\alpha$ bzw.
$a : b = \sin\alpha : \sin\beta$

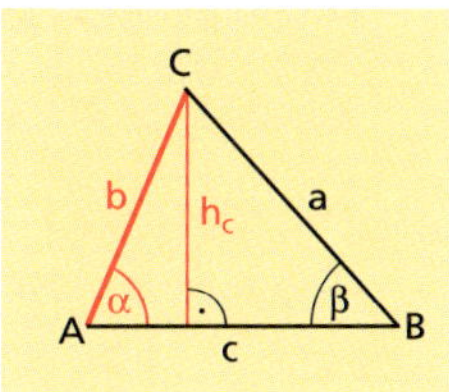

2. Fall (rechtwinkliges Dreieck):
Es gilt:
$h_c = a \cdot \sin\beta$ und $h_c = b$
Da $\sin\alpha = 1$, ist $h_c = b \cdot \sin\alpha$.
Daraus folgt:
$a \cdot \sin\beta = b \cdot \sin\alpha$ bzw.
$a : b = \sin\alpha : \sin\beta$

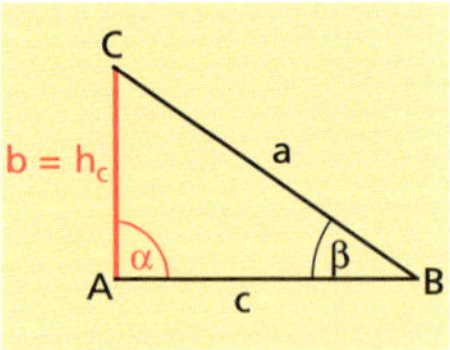

3. Fall (stumpfwinkliges Dreieck):
Es gilt:
$\sin\delta = \sin(180° - \alpha) = \sin\alpha = h_c : b$ und
$\sin\beta = h_c : a$
Daraus folgt: $\frac{\sin\alpha}{\sin\beta} = \frac{a}{b}$ bzw.
$a : b = \sin\alpha : \sin\beta$

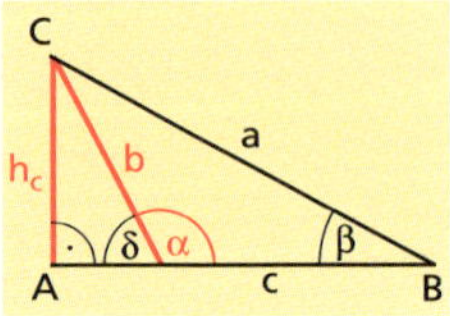

Durch zyklische Vertauschung erhält man $a : c = \sin\alpha : \sin\gamma$ und
$b : c = \sin\beta : \sin\gamma$. (w. z. b. w.)

Der Sinussatz verbindet gegenüberliegende Stücke (Seiten und Winkel) im Dreieck. Sind zwei einander gegenüberliegende Stücke gegeben, so kann zu einem dritten das gegenüberliegende berechnet werden.

Auf einem See ist für eine Segelregatta folgender Kurs durch Bojen markiert:
$\overline{AC} = 5$ km, $\overline{BC} = 7$ km,
$\alpha = 60°$
Wie groß ist der Winkel der Kursänderung bei B?

Gesucht: β

Gegeben: $a = 7$ km
$b = 5$ km
$\alpha = 60°$

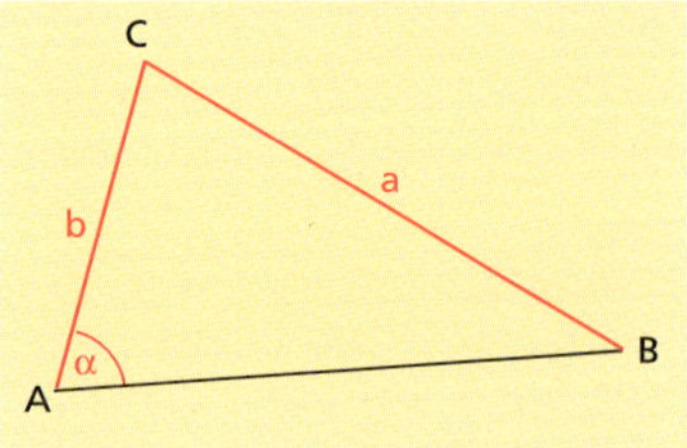

Lösung:
$$\frac{a}{\sin\alpha} = \frac{b}{\sin\beta}$$
$$\sin\beta = \frac{b}{a} \cdot \sin\alpha$$
$$\sin\beta = \frac{5\text{ km}}{7\text{ km}} \cdot \sin 60°$$
$$\beta \approx 38{,}2°$$

Antwort: Der Winkel der Kursänderung bei B beträgt etwa 38,2°.

Ein Landvermesser hat im Gelände ein Dreieck abgesteckt und folgende Maße bestimmt:
$\overline{AC} = 250$ m, $\beta = 35°$, $\gamma = 75°$
Wie lang ist der See?

Gesucht: c

Gegeben: $b = 250$ m; $\beta = 35°$;
$\gamma = 75°$

Lösung: $\frac{b}{\sin\beta} = \frac{c}{\sin\gamma}$

$c = \frac{b \cdot \sin\gamma}{\sin\beta}$

$c = \frac{250\text{ m} \cdot \sin 75°}{\sin 35°}$

$c = 421\text{ m}$

Antwort:
Der See ist 421 m lang.

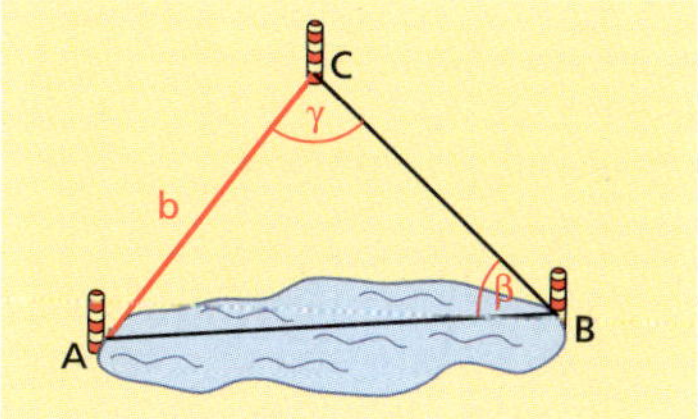

Bei der Berechnung eines Winkels nach dem Sinussatz ist zu beachten, dass sich dem Sinuswert zwei Winkel zuordnen lassen, der eine ist ein spitzer Winkel und der andere ergänzt diesen Winkel zu 180°. So ist von Fall zu Fall zu entscheiden, welcher der Winkel den geometrischen Vorgaben im Dreieck entspricht.

S

Kosinussatz:
In jedem Dreieck ist das Quadrat über einer Seite gleich der Summe der Quadrate über den beiden anderen Seiten vermindert um das doppelte Produkt aus diesen Seiten und dem Kosinus des von ihnen eingeschlossenen Winkels:

$a^2 = b^2 + c^2 - 2bc \cdot \cos\alpha$

$b^2 = a^2 + c^2 - 2ac \cdot \cos\beta$

$c^2 = a^2 + b^2 - 2ab \cdot \cos\gamma$

Beweis
Ohne Beschränkung der Allgemeinheit wird der Beweis für die Beziehung $a^2 = b^2 + c^2 - 2bc \cdot \cos\alpha$ geführt.
Für $\alpha = 90°$ erhält man den Satz des Pythagoras.
Für spitzwinklige bzw. stumpfwinklige Dreiecke gilt:

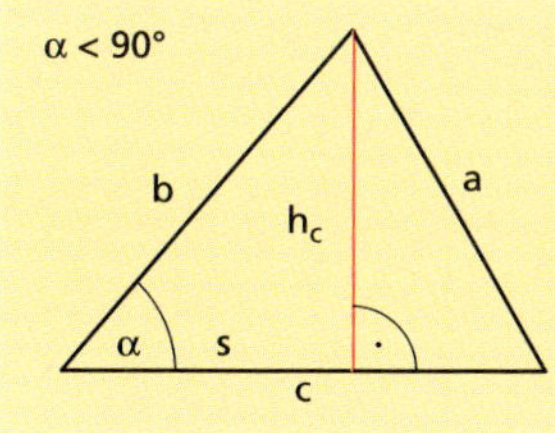

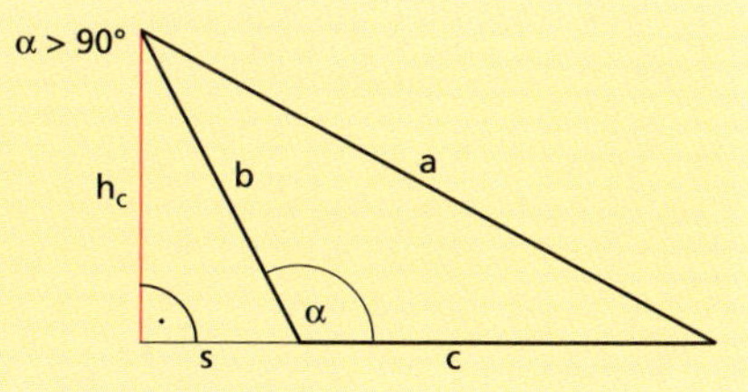

Mit den Bezeichnungen in den Abbildungen gilt:

$\alpha < 90°$

$a^2 = h_c^2 + (c - s)^2$

$a^2 = (b^2 - s^2) + (c - s)^2$

(1) $a^2 = b^2 + c^2 - 2cs$

Es ist $\cos\alpha = \frac{s}{b}$,
also $s = b\cos\alpha$.

$\alpha > 90°$

$a^2 = h_c^2 + (c + s)^2$

$a^2 = (b^2 - s^2) + (c + s)^2$

(2) $a^2 = b^2 + c^2 + 2cs$

Es ist $\cos(180° - \alpha) = -\cos\alpha = \frac{s}{b}$,
also $s = -b\cos\alpha$.

Eingesetzt in (1) bzw. (2) ergibt $a^2 = b^2 + c^2 - 2bc\cos\alpha$.

Der Kosinussatz drückt eine Beziehung zwischen den drei Seiten und einem Winkel im Dreieck aus.
Man kann aus zwei Seiten und dem von ihnen eingeschlossenen Winkel die dritte Seite berechnen oder aus drei Seiten einen Winkel.

Der große Zeiger einer Turmuhr ist 1,40 m lang, der kleine 0,85 m. Wie weit sind die Spitzen der Uhrzeiger um 16 Uhr voneinander entfernt?

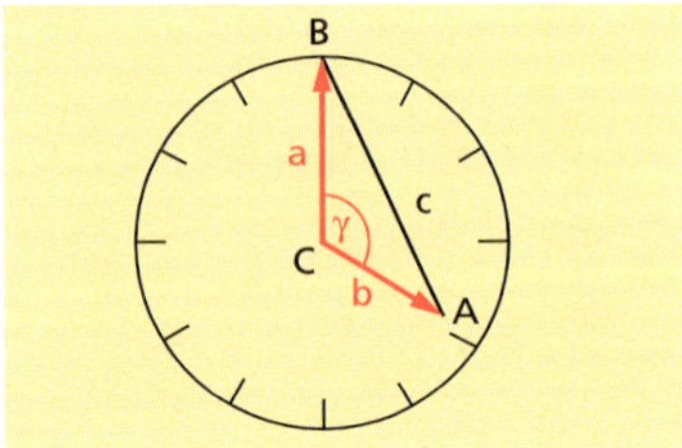

Gesucht: c

Gegeben: $a = 1{,}40\ \text{m}$
$b = 0{,}85\ \text{m}$
$\gamma = 120°$

Lösung: $c = \sqrt{a^2 + b^2 - 2ab \cdot \cos\gamma}$

$c = \sqrt{(1{,}40\ \text{m})^2 + (0{,}85\ \text{m})^2 - 2 \cdot 1{,}40\ \text{m} \cdot 0{,}85\ \text{m} \cdot \cos 120°}$

$c \approx 1{,}97\ \text{m}$

Antwort: Um 16 Uhr sind die Zeigerspitzen etwa 1,97 m voneinander entfernt.

An einer Straßenkreuzung liegt ein dreieckiges Wassergrundstück.
Die an den Straßen liegenden Seiten sind 45 m und 25 m lang; die hintere Seite des Grundstücks hat eine Länge von 32 m.
Unter welchem Winkel kreuzen sich die beiden Straßen?

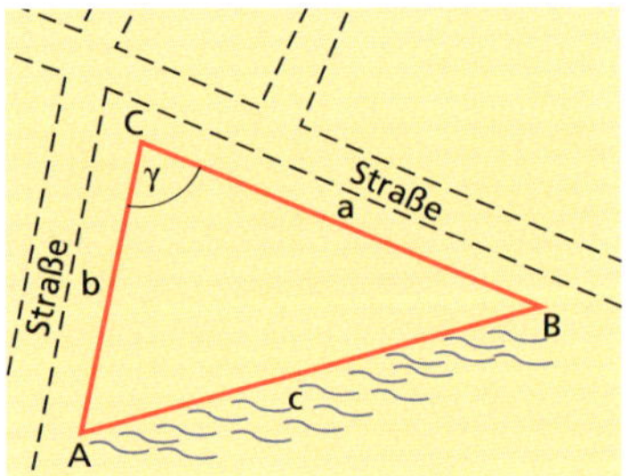

Gesucht: γ

Gegeben: $a = 45\text{m}$
$b = 25\ \text{m}$
$c = 32\ \text{m}$

Lösung:

$$c^2 = a^2 + b^2 - 2ab \cdot \cos\gamma \qquad |+ 2ab \cdot \cos\gamma;\ - c^2$$

$$2ab \cdot \cos\gamma = a^2 + b^2 - c^2 \qquad |:2ab$$

$$\cos\gamma = \frac{a^2 + b^2 - c^2}{2ab}$$

$$\cos\gamma = \frac{(45\ \text{m})^2 + (25\ \text{m})^2 - (32\ \text{m})^2}{2 \cdot 45\ \text{m} \cdot 25\ \text{m}}$$

$$\gamma \approx 43{,}7°$$

Antwort: Die beiden Straßen kreuzen sich unter einem Winkel von etwa 43,7°.

Da der Wert des Kosinus für spitze und stumpfe Winkel verschieden ist (positiv – negativ), führt die Berechnung mittels Kosinussatz stets zu einem eindeutigen Ergebnis.

In der folgenden Tabelle sind Formeln zusammengestellt, um mithilfe des Sinus- bzw. Kosinussatzes fehlende Dreiecksstücke zu berechnen:

Gegeben	Gesucht	Allgemeines Vorgehen	Beispiel
sss 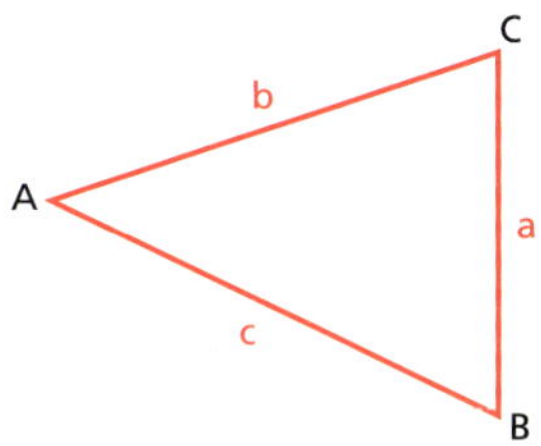	3 Winkel	$\cos\alpha = \frac{b^2+c^2-a^2}{2bc}$ $\cos\beta = \frac{a^2+c^2-b^2}{2ac}$ $\cos\gamma = \frac{a^2+b^2-c^2}{2ab}$	$a = 12$ m; $b = 10$ m; $c = 14$ m $\Rightarrow \alpha \approx 57{,}1°$ $\Rightarrow \beta \approx 44{,}4°$ $\Rightarrow \gamma \approx 78{,}5°$
sws 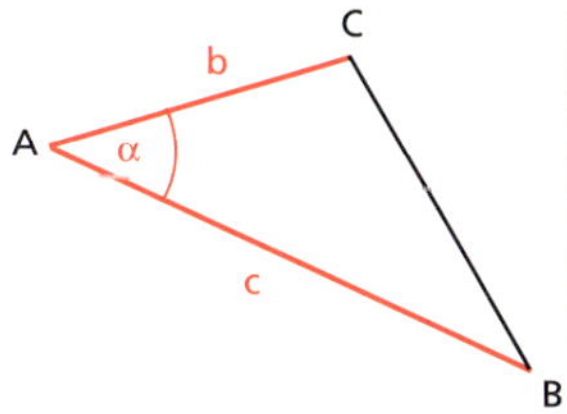	1 Seite 2 Winkel	$a = \sqrt{b^2+c^2-2bc\cdot\cos\alpha}$ $\sin\beta = \frac{\sin\alpha\cdot b}{a}$ $\gamma = 180° - \alpha - \beta$	$b = 10$ m; $c = 14$ m; $\alpha = 57{,}1°$ $\Rightarrow a \approx 12$ m $\Rightarrow \beta \approx 44{,}4°$ $\rightarrow \gamma \approx 78{,}5°$
SsW 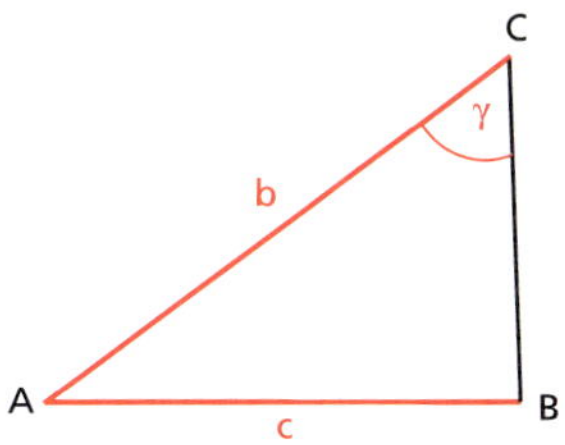	1 Seite 2 Winkel	$\sin\beta = \frac{b}{c}\sin\gamma$ $\alpha = 180° - \beta - \gamma$ $a = \sqrt{b^2+c^2-2bc\cdot\cos\alpha}$ oder $a = b\cdot\frac{\sin\alpha}{\sin\beta}$	$b = 10$ m, $c = 14$ m, $\gamma = 78{,}5°$ $\Rightarrow \beta \approx 44{,}4°$ $\Rightarrow \alpha \approx 57{,}1°$ $\Rightarrow a \approx 12$ m $\Rightarrow a \approx 12$ m
wsw 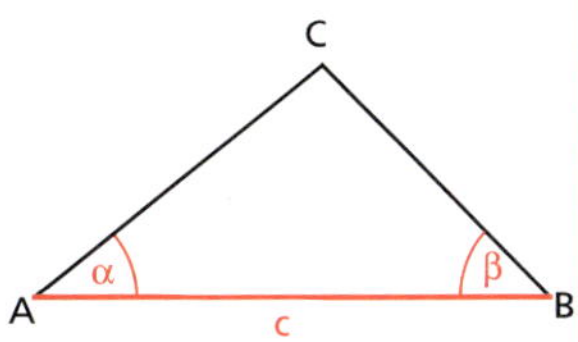	2 Seiten 1 Winkel	$\gamma = 180° - \alpha - \beta$ $b = c\cdot\frac{\sin\beta}{\sin\gamma}$ $a = \sqrt{b^2+c^2-2bc\cdot\cos\alpha}$ oder $a = c\cdot\frac{\sin\alpha}{\sin\gamma}$	$c = 14$ m; $\alpha = 57{,}1°$; $\beta = 44{,}4°$ $\Rightarrow \gamma = 78{,}5°$ $\Rightarrow b \approx 10$ m $\Rightarrow a \approx 12$ m $\Rightarrow a \approx 12$ m

6.7 Vierecke

6.7.1 Allgemeines Viereck

D

Eine ebene, von vier Strecken eingeschlossene Figur heißt **Viereck.**

Die vier Strecken sind die **Seiten** des Vierecks. Je zwei benachbarte Seiten haben einen **Eckpunkt** gemeinsam.
Die **Eckpunkte** werden üblicherweise mit A, B, C und D, die Seiten mit a, b, c und d sowie die (Innen-)Winkel mit α, β, γ und δ im mathematisch positiven Umlaufsinn bezeichnet, wenn nicht aus dem Kontext andere Bezeichnungen erforderlich sind.
Es sind a und c sowie b und d **gegenüberliegende Seiten** und a und b, b und c, c und d sowie d und a **benachbarte Seiten.**
Die Verbindungsstrecken nicht benachbarter Eckpunkte (in der Abbildung $\overline{AC} = e$ und $\overline{BD} = f$) sind die **Diagonalen** des Vierecks.
Es sind α und γ sowie β und δ **gegenüberliegende Winkel** und α und β, β und γ, γ und δ sowie δ und α **benachbarte Winkel.**

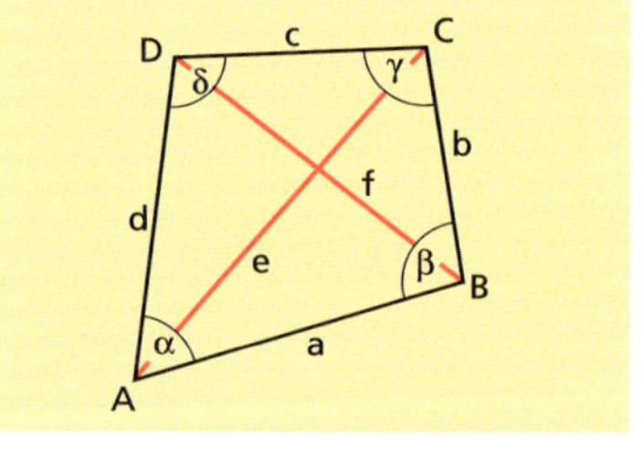

S

Der **Umfang u** eines Vierecks ABCD ist die Summe der Seitenlängen:
$u = a + b + c + d$

S

Die **Summe der Innenwinkel** eines Vierecks ABCD beträgt 360°:
$\alpha + \beta + \gamma + \delta = 360°$

Das Viereck ABCD wird durch eine Diagonale in zwei Dreiecke zerlegt, deren Winkelsumme jeweils 180° beträgt.

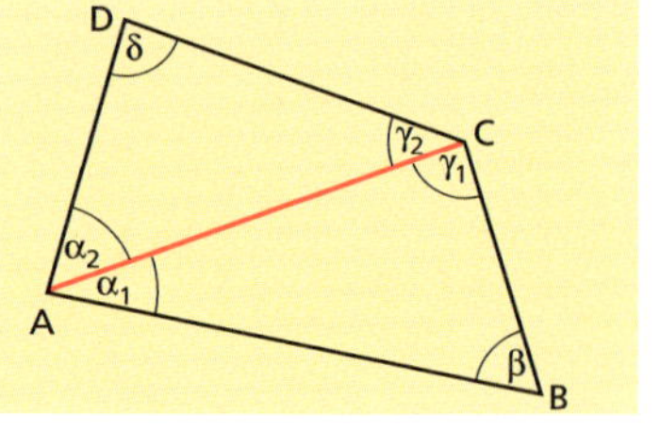

$\triangle ABC$: $\alpha_1 + \beta + \gamma_1 = 180°$
$\triangle ACD$: $\alpha_2 + \gamma_2 + \delta = 180°$
Mit $\alpha_1 + \alpha_2 = \alpha$ und $\gamma_1 + \gamma_2 = \gamma$
gilt dann im Viereck ABCD:

$$(\alpha_1 + \alpha_2) + \beta + (\gamma_1 + \gamma_2) + \delta = 2 \cdot 180°$$
$$\alpha + \beta + \gamma + \delta = 360°$$

(w.z.b.w.)

Ein Viereck heißt **konvex** genau dann, wenn alle Diagonalen im Innern des Vierecks liegen, ansonsten heißt es **konkav.**

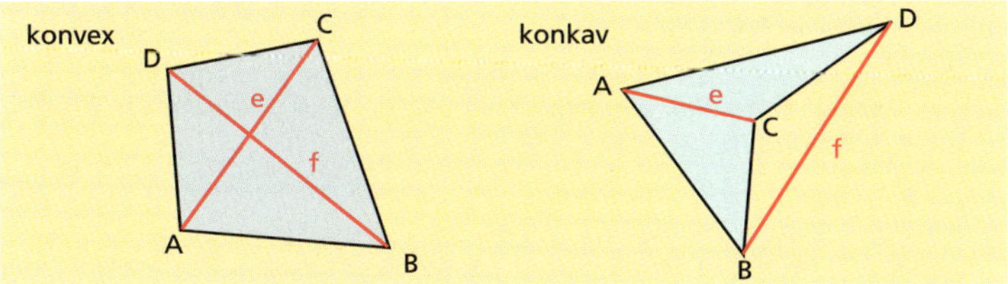

Im Folgenden werden in der Regel nur konvexe Vierecke betrachtet.

convexus (lat.) – (nach außen) gewölbt;
concavus (lat.) – hohl, nach innen gewölbt

6.7.2 Klassifizierung von Vierecken

Einige Vierecke haben eine oder mehrere besondere Eigenschaften hinsichtlich ihrer Seitenlängen, Winkelgrößen, der Lagebeziehungen gegenüberliegender bzw. benachbarter Seiten und Diagonalen.

Parallelität von Seiten

Ein Viereck mit mindestens zwei parallelen Seiten heißt **Trapez.**

Ein Viereck mit zwei Paaren paralleler Seiten heißt **Parallelogramm.**

trapezion (griech.) – Tischchen;
parallelos (griech.) – nebeneinanderstehend

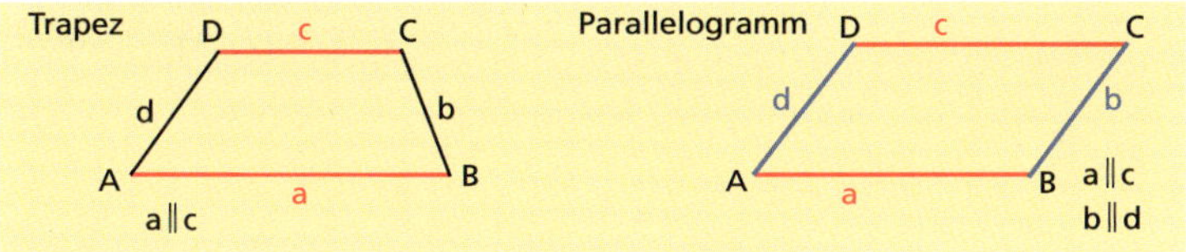

Rechtwinkligkeit von Seiten (Orthogonalität)

Ein Viereck mit zwei benachbarten rechten Winkeln heißt **rechtwinkliges Trapez.**

Ein Viereck mit vier rechten Winkeln heißt **Rechteck.**

Es würde ausreichen, in der Definition drei rechte Winkel zu fordern, weil dann auch der vierte Winkel ein rechter ist.

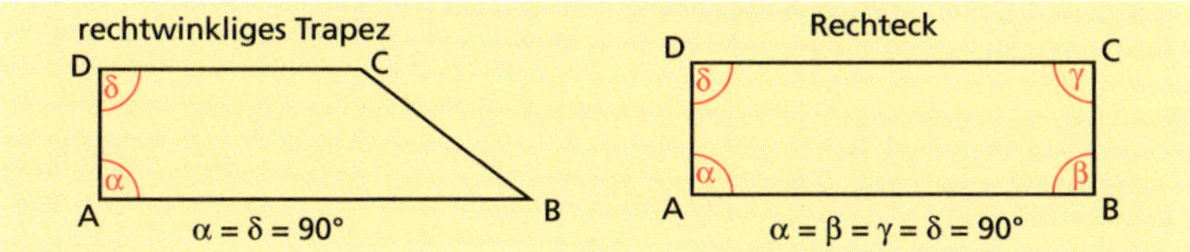

rhombos (griech.) – Kreisel

Gleichheit von Seitenlängen

D Ein Viereck mit zwei Paaren gleich langer *benachbarter* Seiten heißt **Drachenviereck.**

D Ein Viereck mit zwei Paaren gleich langer *gegenüberliegender* Seiten heißt **Parallelogramm.**

D Ein Viereck mit vier gleich langen Seiten heißt **Raute** (Rhombus).

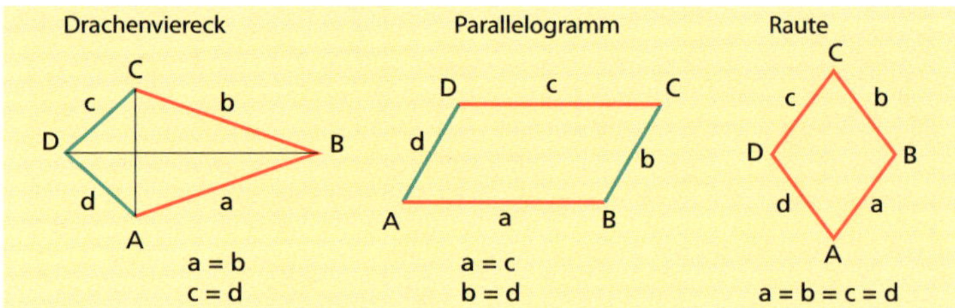

Gleichheit von Innenwinkeln

D Ein Viereck mit zwei Paaren gleich großer gegenüberliegender Innenwinkel heißt **Parallelogramm.**

D Ein Viereck mit vier gleich großen Innenwinkeln heißt **Rechteck.**

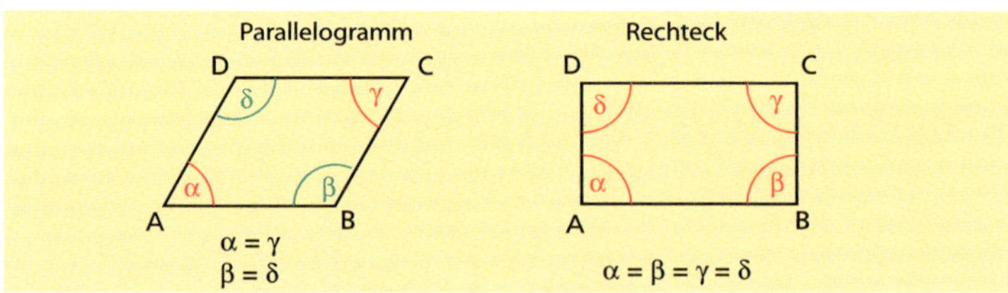

Summen von Innenwinkeln bzw. Seitenlängen

D Ein Viereck, bei dem sich je zwei benachbarte Innenwinkel zu 180° ergänzen, heißt **Parallelogramm.**

D Ein Viereck, bei dem die Summe der gegenüberliegenden Winkel stets 180° beträgt, heißt **Sehnenviereck.**

Parallelogramm

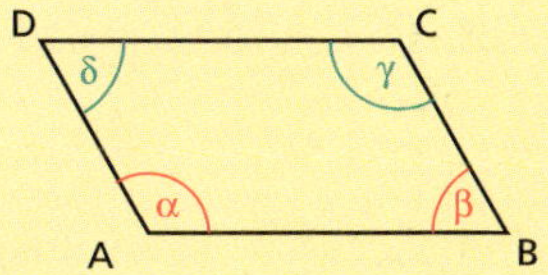

z. B. $\alpha + \beta = \gamma + \delta = 180°$

Sehnenviereck

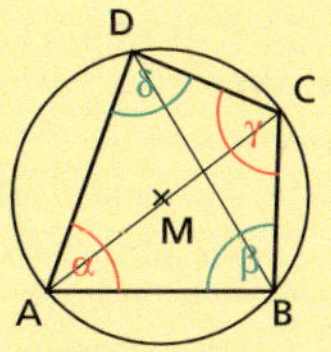

$\alpha + \gamma = \beta + \delta = 180°$

Die Eckpunkte des Sehnenvierecks (↗ S. 260) liegen auf demselben Kreis, dem **Umkreis.**

D Ein Viereck, bei dem die Summe zweier gegenüberliegender Seiten gleich der Summe der anderen beiden Seiten ist, heißt **Tangentenviereck.**

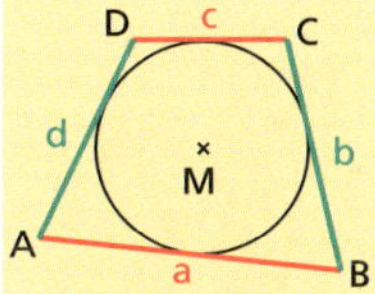

$a + c = b + d$

Die Seiten eines Tangentenvierecks (↗ S. 261) sind Abschnitte auf Tangenten an ein und denselben Kreis.
Dieser Kreis, der sogenannte **Inkreis,** berührt alle Seiten des Vierecks (von innen).

Fordert man mehrere Bedingungen gleichzeitig, ergeben sich weitere spezielle Vierecke:

D Ein Viereck, bei dem je zwei benachbarte Seiten zueinander senkrecht und gleich lang sind, heißt **Quadrat.**

quadrum (lat.) – Viereck

D Ein Trapez heißt **rechtwinklig** genau dann, wenn (mindestens) zwei benachbarte Seiten zueinander senkrecht sind.

D Ein Viereck mit zwei parallelen Seiten, bei dem die anderen beiden Seiten gleich lang sind, heißt **gleichschenkliges Trapez.**

Quadrat

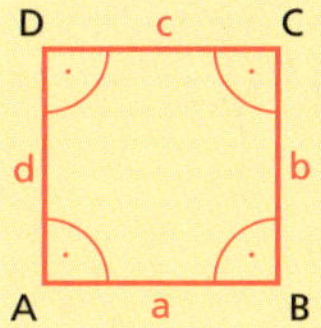

z. B. $a = b$; $b = c$
$a \perp b$; $b \perp c$

rechtwinkliges Trapez

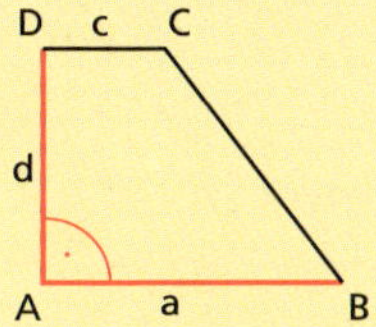

$a \parallel c$
$a \perp d$

gleichschenkliges Trapez

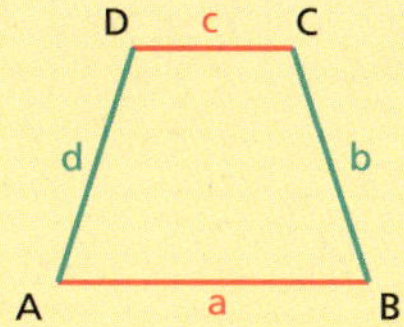

$a \parallel c$
$b = d$

An den Begriffsbestimmungen werden Beziehungen zwischen den Vierecken (↗ S. 241 ff.) deutlich, wie etwa die folgenden:
- Jedes Parallelogramm ist ein Trapez.
- Jedes Rechteck ist sowohl ein rechtwinkliges als auch ein gleichschenkliges Trapez.
- Jedes Rechteck ist ein Parallelogramm.
- Jede Raute (Rhombus) ist ein Parallelogramm.
- Jedes Quadrat ist sowohl ein Rechteck als auch eine Raute (Rhombus).
- Es gibt Drachenvierecke, die zugleich Sehnenvierecke sind.
- Es gibt gleichschenklige Trapeze, die Tangentenvierecke sind.
- Es gibt rechtwinklige Trapeze, die Tangentenvierecke sind.

Bei der folgenden Übersicht geben die Zahlen in Klammern die Anzahl der für eine eindeutige Konstruktion der Figur notwendigen voneinander unabhängigen Angaben an:

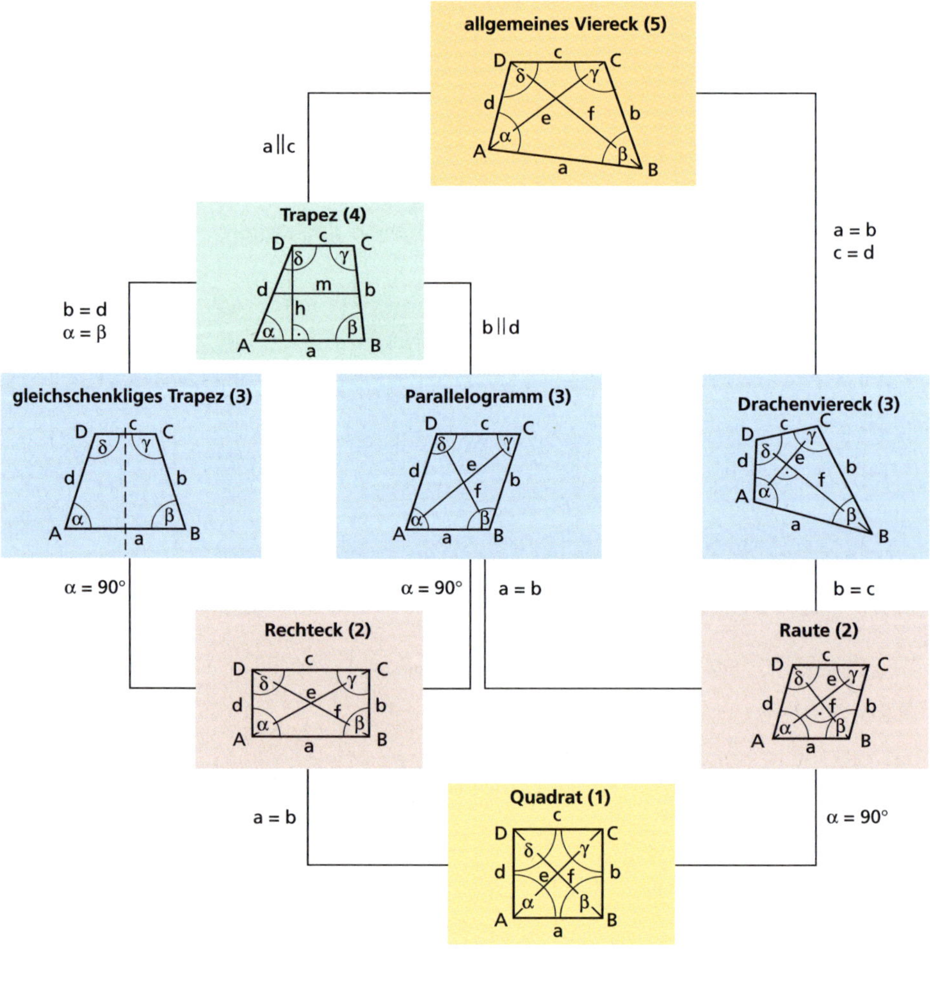

6.7.3 Spezielle Vierecke und deren Eigenschaften

Trapez

Ein Viereck mit einem Paar paralleler Seiten heißt **Trapez.**
Die parallelen Seiten sind die **Grundseiten,** die beiden anderen Seiten die **Schenkel** des Trapezes.
Der Abstand der Grundseiten ist die **Höhe h** des Trapezes.
Die Verbindungsstrecke der Mitten der Schenkel heißt **Mittellinie m.**
Sind in einem Trapez die beiden Schenkel gleich lang, so heißt es **gleichschenklig.**
Hat das Trapez einen rechten Innenwinkel, so heißt es **rechtwinkliges Trapez.**

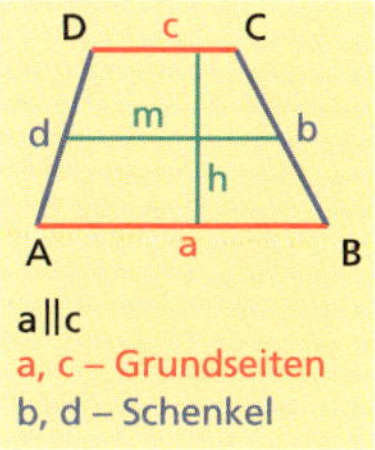

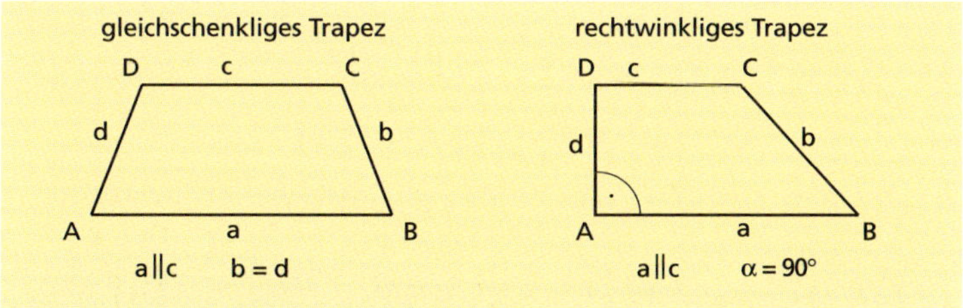

S Die Mittellinie m ist in jedem Trapez parallel zu den Grundseiten und halb so lang wie die Summe beider Grundseiten:
$m = \frac{1}{2}(a + c)$

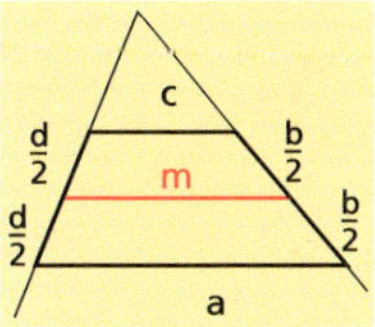

Der Beweis dieser Aussage kann mittels der Umkehrung des Strahlensatzes geführt werden.

Ein Trapez kann in ein flächeninhaltsgleiches Rechteck umgewandelt werden.
Für den Flächeninhalt des Rechtecks A'B'C'D' gilt: $A = m \cdot h$
Dann gilt auch für den Flächeninhalt des Trapezes: $A = m \cdot h$
Mit der Ersetzung $m = \frac{1}{2}(a + c)$ gilt dann:

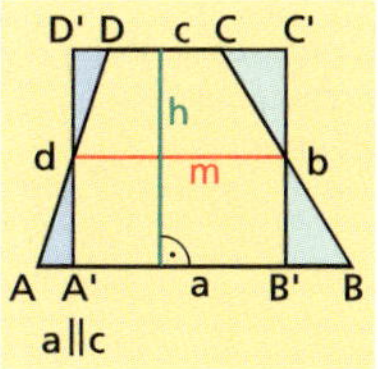

S Das Trapez hat den Flächeninhalt:
$A = \frac{a + c}{2} \cdot h$

Legt man zwei kongruente (und damit flächeninhaltsgleiche) Trapeze aneinander, so besitzen sie zusammen den doppelten Flächeninhalt des Dreiecks mit der Grundseite a + c und der Höhe h.
Für den Flächeninhalt dieses Dreiecks und damit des Trapezes gilt:
$A = \frac{1}{2}(a + c) \cdot h = m \cdot h$

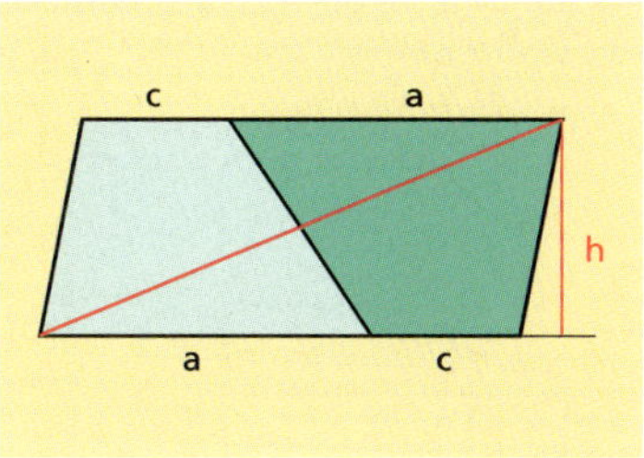

Der Querschnitt eines Deiches hat die Form eines Trapezes. Die Deichkrone ist 5,20 m breit. Der 3,50 m hohe Deich hat am Deichfuß (Deichsohle) eine Breite von 26,25 m. Wie groß ist der Flächeninhalt der Querschnittsfläche des Deiches?

Gesucht: A

Gegeben: $a = 26{,}25\ \text{m}$
$c = 5{,}20\ \text{m}$
$h = 3{,}50\ \text{m}$

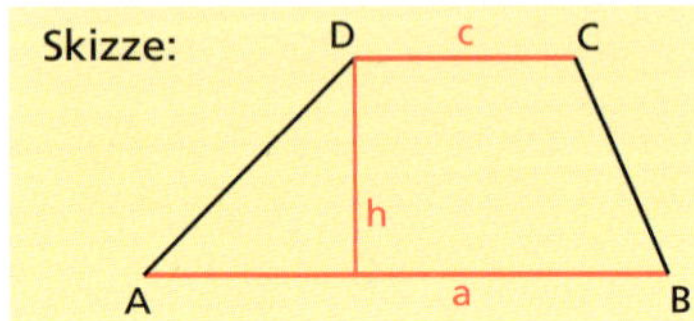

Lösung: $A = \frac{a+c}{2} \cdot h$

$A = \frac{26{,}25\ \text{m} + 5{,}20\ \text{m}}{2} \cdot 3{,}50\ \text{m} \approx 55\ \text{m}^2$

Antwort: Der Deich hat eine Querschnittsfläche von etwa 55 m².

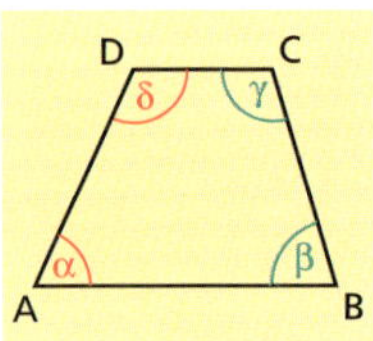

S

In jedem Trapez sind die an einem Schenkel anliegenden Innenwinkel **entgegengesetzt liegende Winkel** an geschnittenen Parallelen. Sie ergänzen sich also zu 180°.
$\alpha + \delta = \beta + \gamma = 180°$

Für die Konstruktion eines Trapezes genügen vier Angaben, beim gleichschenkligen Trapez drei. Gleichschenklige Trapeze sind achsensymmetrisch und sie sind Sehnenvierecke.

Parallelogramm

parallelos (griech.) – nebeneinanderstehend

In jedem **Parallelogramm** gilt:
- Je zwei gegenüberliegende Seiten sind parallel und gleich lang.
- Die Diagonalen halbieren einander.
- Die Summe benachbarter Winkel ist 180°.
- Die gegenüberliegenden Winkel sind gleich groß.
- Der Diagonalenschnittpunkt ist das Symmetriezentrum der Punktsymmetrie.

Jede dieser Eigenschaften kann zur Definition des Parallelogramms verwendet werden.
Für den Flächeninhalt des Parallelogramms gilt wegen der Kongruenz der Dreiecke ABC und CDA: $A_{ABCD} = 2 \cdot A_{ABC} = a \cdot h_a = a \cdot b \cdot \sin\alpha$

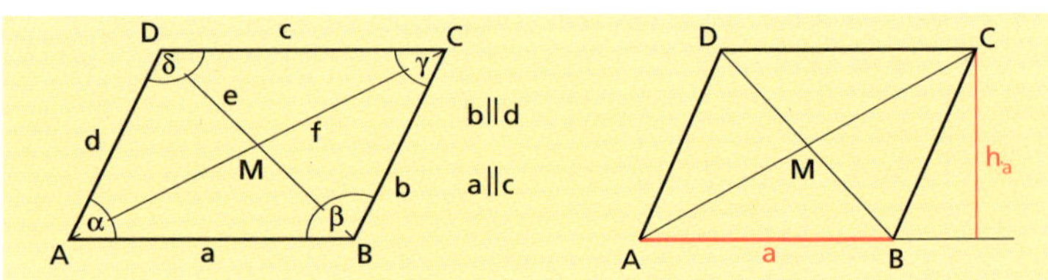

S Das Parallelogramm hat den Flächeninhalt: $A = a \cdot h_a$

Die Gartenparzelle von Familie Heyer hat die Form eines Parallelogramms. Herr Heyer will den neuen Bescheid über die Pachtgebühren pro Quadratmeter Garten anhand eines Lageplans prüfen.
Wie viel Quadratmeter Gartenfläche hat er gepachtet?

Gesucht: A

Gegeben: $a = 40\ \text{m}$
$h_a = 30\ \text{m}$

Lösung: $A = a \cdot h_a$
$A = 40\ \text{m} \cdot 30\ \text{m}$
$A = 1200\ \text{m}^2$

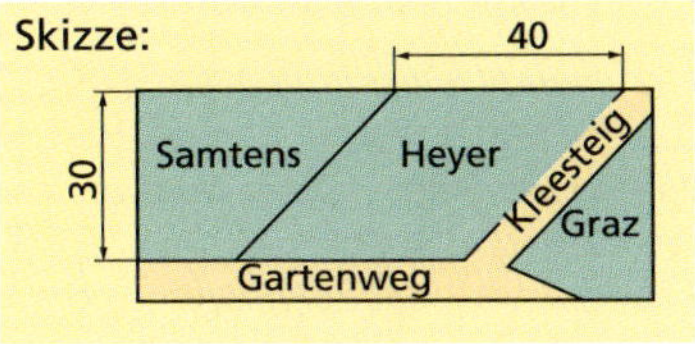

Antwort: Die Gartenparzelle hat eine Größe von $1200\ \text{m}^2$.

Drachenviereck

Jedes **Drachenviereck** hat zwei Paare gleich langer benachbarter Seiten. Die Diagonalen eines Drachenvierecks stehen senkrecht aufeinander. Eine von ihnen ist Symmetrieachse. Für den Umfang eines Drachenvierecks gilt: $u = 2(a + b)$

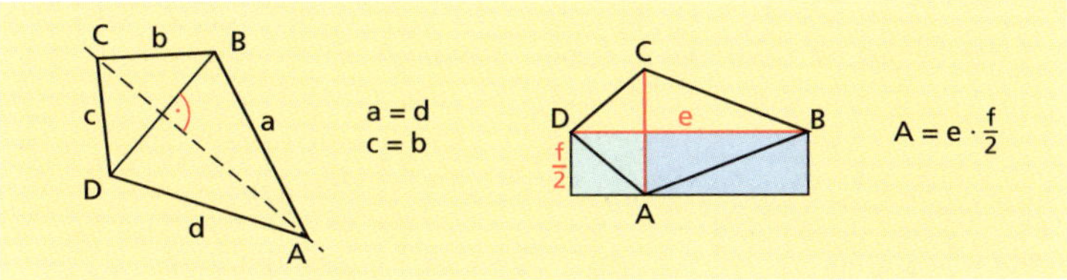

Zerlegt man das Drachenviereck in vier Dreiecke und setzt diese Dreiecke zu einem Rechteck zusammen, wird ersichtlich:

S Das Drachenviereck hat den Flächeninhalt: $A = \frac{1}{2} e \cdot f$

Thomas und Karl bauen zusammen einen Drachen. Sie haben zwei Leisten von 1,20 m bzw. von 80 cm Länge gekauft.
Welchen Flächeninhalt hat der Drachen?

Gesucht: A

Gegeben: $e = 1{,}20\ \text{m}$
$f = 0{,}80\ \text{m}$

Lösung: $A = \frac{1}{2} e \cdot f$
$A = \frac{1}{2} \cdot 1{,}20\ \text{m} \cdot 0{,}80\ \text{m}$
$A = 0{,}48\ \text{m}^2$

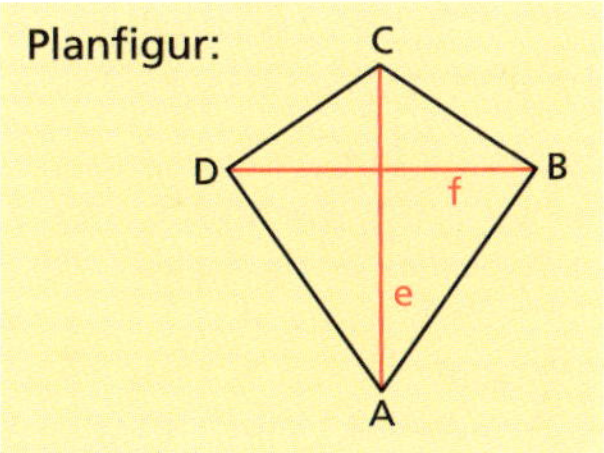

Antwort: Der Drachen hat einen Flächeninhalt von $0{,}48\ \text{m}^2$.

Raute (Rhombus), Rechteck und Quadrat

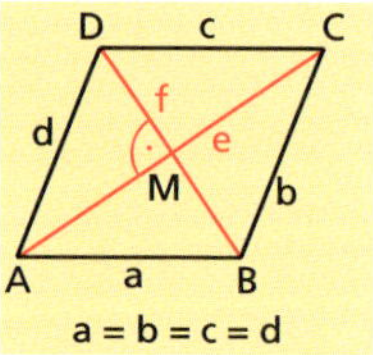

Sind alle vier Seiten eines Vierecks gleich lang, so ist das Viereck eine **Raute** (ein **Rhombus**).
Die Raute ist ein Spezialfall des Parallelogramms.
In der Raute sind die Diagonalen zueinander senkrecht und halbieren einander.
Beide Diagonalen in der Raute sind Symmetrieachsen, der Diagonalenschnittpunkt ist Symmetriezentrum.

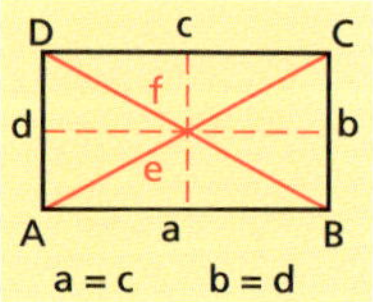

Ein Viereck mit vier rechten Winkeln ist ein **Rechteck.**
Das Rechteck hat als Spezialfall des Parallelogramms wie dieses zwei Paare paralleler Seiten. Wie im Parallelogramm halbieren die Diagonalen einander.
Das Rechteck hat zwei zueinander senkrechte Symmetrieachsen, die Mittelsenkrechten der Seiten. Ihr Schnittpunkt ist Symmetriezentrum.

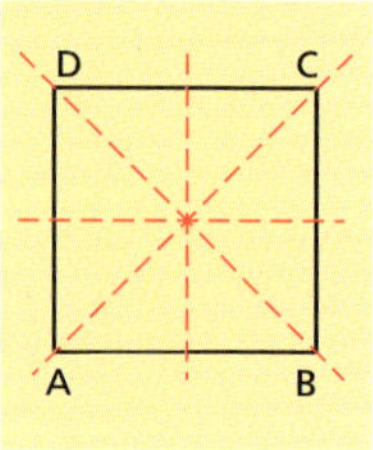

Sind im Viereck alle Seiten gleich lang und alle Winkel gleich groß, ist es ein **Quadrat.**
Ein Quadrat ist sowohl eine besondere Raute (mit rechten Winkeln) als auch ein besonderes Rechteck (mit gleich langen Seiten).
Das Quadrat hat vier Symmetrieachsen. Zwei verlaufen wie bei der Raute durch die Eckpunkte, zwei wie beim Rechteck durch die Seitenmitten. Alle vier Symmetrieachsen schneiden einander im Symmetriezentrum des Quadrates.

Aus der Kongruenz der Teildreiecke folgen bei allen Vierecken die Formeln für den Flächeninhalt und den Umfang:

	Flächeninhalt	**Umfang**
Parallelogramm	$A = ah_a = ab \cdot \sin \alpha$	$u = 2(a + b)$
Rechteck	$A = ab$	$u = 2(a + b)$
Raute (Rhombus)	$A = \frac{1}{2}\,ef = a^2 \cdot \sin \alpha$	$u = 4a$
Quadrat	$A = a^2 = \frac{1}{2}\,e^2$	$u = 4a$

Konstruktion spezieller Vierecke

Konstruktion von Trapezen

Für die Konstruktion eines Trapezes sind vier voneinander unabhängige Angaben notwendig.

Gegeben: a, b, h, α
Konstruktionsbeschreibung:
① Auf einer Geraden wird die Strecke $\overline{AB}$ mit $\overline{AB} = a$ abgetragen.
② In A wird an die Strecke $\overline{AB}$ der Winkel α angetragen.

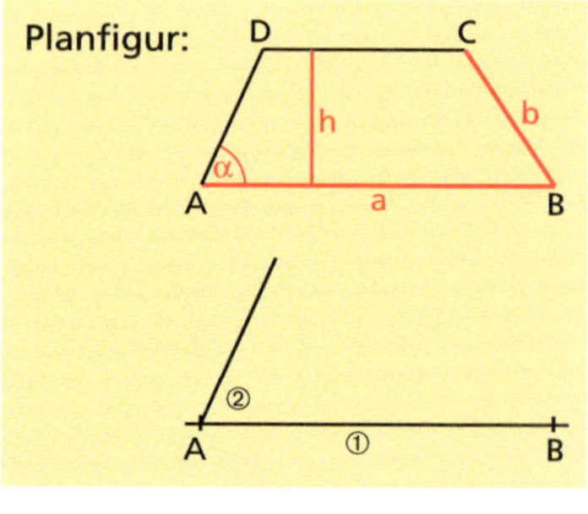

③ Zur Geraden AB wird eine Parallele im Abstand h gezeichnet. Der Schnittpunkt des freien Schenkels von α mit der Parallelen ist der Punkt D.

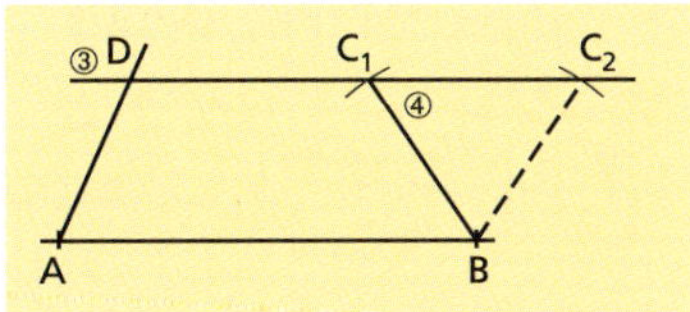

④ Um B wird ein Kreisbogen mit dem Radius b gezeichnet. Die Schnittpunkte des Kreisbogens mit der Parallelen sind die Punkte C_1 und C_2.
Diese Konstruktion ist nicht eindeutig ausführbar.

Konstruktion von Parallelogrammen
Jede Diagonale zerlegt ein Parallelogramm in zwei kongruente Dreiecke. So sind für die Konstruktion eines Parallelogramms genau wie für ein Dreieck drei voneinander unabhängige Angaben notwendig.
Gegeben: a, b, h_a
Konstruktionsbeschreibung:
① Auf einer Geraden wird die Strecke $\overline{AB}$ mit $\overline{AB} = a$ abgetragen.
② Zur Geraden AB wird eine Parallele im Abstand h_a gezeichnet.
③ Um A und um B werden jeweils Kreisbogen mit dem Radius b gezeichnet. Es entstehen zwei Schnittpunkte der Kreisbogen mit der Parallelen.
④ Verbindet man die entsprechenden Punkte, so entstehen zwei Parallelogramme ABC_1D_1 und ABC_2D_2.

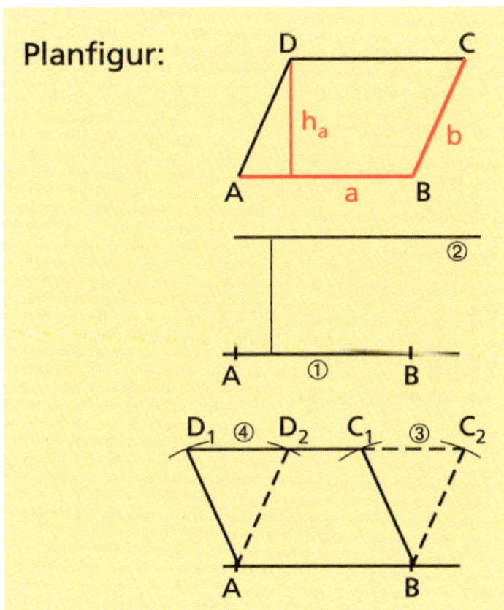

Diese Konstruktion ist nicht eindeutig, da man für C und D jeweils zwei verschiedene Punkte findet.

Konstruktion von Drachenvierecken
Gegeben: a, b, e
Konstruktionsbeschreibung:
① Auf einer Geraden wird die Strecke $\overline{CA}$ mit $\overline{CA} = e$ abgetragen.
② Um A wird ein Kreisbogen mit dem Radius a gezeichnet.
Um C wird ein Kreisbogen mit dem Radius b gezeichnet.
③ Die Schnittpunkte der beiden Kreisbogen sind B und D. Die Punkte B und D werden mit A und C verbunden.

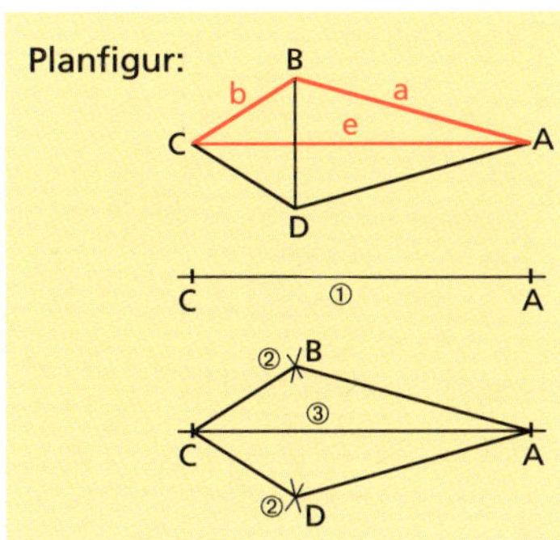

Die **Konstruktionen von Rechteck und Raute (Rhombus)** sind bereits mit zwei Angaben (zwei ungleiche Seiten oder eine Seite und eine Diagonale bzw. bei der Raute auch ein Winkel) möglich.
Zur **Konstruktion des Quadrates** genügt die Angabe der Länge einer Seite oder Diagonalen.

6.8 Vielecke (Polygone)

6.8.1 Allgemeine Eigenschaften

polygonion (griech.) – Vieleck

D **Vielecke (Polygone)** sind abgeschlossene ebene Streckenzüge aus endlich vielen Strecken.

Die Anzahl der Seiten ist stets gleich der Anzahl der Ecken. Die Vielecke werden nach der Anzahl n ihrer Ecken **n-Ecke** genannt. Dreieck und Viereck sind besondere Vielecke.

convexus (lat.) – (nach außen) gewölbt;
concavus (lat.) – hohl, nach innen gewölbt

Liegt jede Verbindungsstrecke zweier Eckpunkte des n-Ecks im Inneren (als Diagonale) oder auf dem Rand (als Seite), dann ist das n-Eck **konvex.** Es hat keinen Innenwinkel, der größer als 180° ist.
Anderenfalls ist das n-Eck **konkav** und besitzt mindestens einen Innenwinkel, der größer als 180° ist.
Schneiden sich zwei Seiten, so heißt das Vieleck **überschlagen.**
Ein n-Eck heißt **regelmäßig,** wenn alle Seiten gleich lang und alle Winkel gleich groß sind.
Anderenfalls ist es ein **unregelmäßiges n-Eck.**

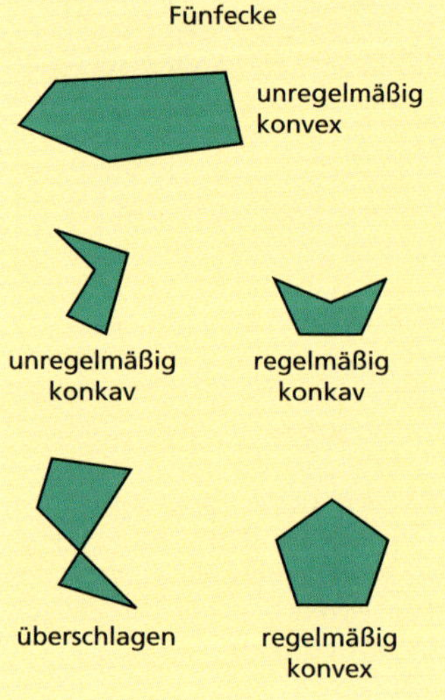

Winkelsumme im n-Eck

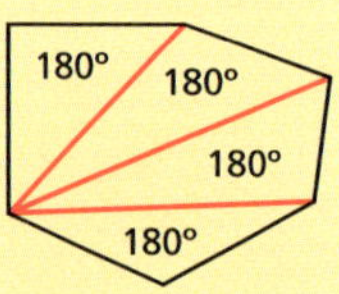

Ein (konvexes) n-Eck kann in (n – 2) Dreiecke zerlegt werden.

S Für die Innenwinkelsumme S_n eines beliebigen n-Ecks ergibt sich:
$S_n = (n-2) \cdot 180°$

Anzahl der Diagonalen

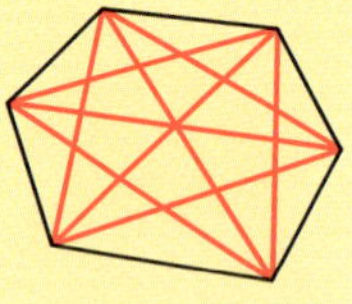

Von jeder Ecke eines n-Ecks lassen sich zu den (n – 3) nicht benachbarten Eckpunkten **Diagonalen** zeichnen.
Das sind $n \cdot (n-3)$ Verbindungsstrecken, wobei allerdings jede Strecke doppelt gezählt wurde.

Für die Anzahl d der Diagonalen im n-Eck gilt:
$d_n = \frac{1}{2} n(n-3)$

Flächeninhalt eines n-Ecks

Der Flächeninhalt jedes n-Ecks lässt sich durch Zerlegung in Teildreiecke oder andere Teilfiguren berechnen. Dabei sind mehrere Varianten möglich:

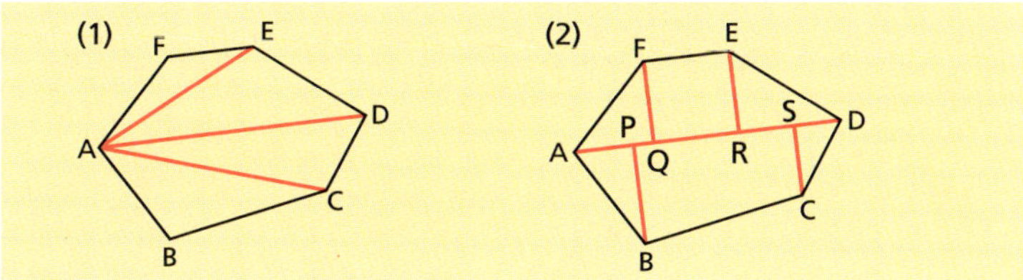

Es ist in Abb. (1): $A = A_{ABC} + A_{CDA} + A_{DEA} + A_{EFA}$
Es ist in Abb. (2): $A = A_{ABP} + A_{BCSP} + A_{CDS} + A_{RDE} + A_{QREF} + A_{AQF}$

6.8.2 Regelmäßige n-Ecke

Alle regelmäßigen n-Ecke besitzen gleich lange Seiten und gleich große Innenwinkel und sind damit konvex.

Innenwinkel im n-Eck

Die Winkelsumme im n-Eck beträgt $(n-2) \cdot 180°$. Im regelmäßigen n-Eck ist diese Winkelsumme gleichmäßig auf alle n Innenwinkel des n-Ecks verteilt.

S
Für die Größe jedes Innenwinkels in einem regelmäßigen n-Eck gilt:
$$\frac{(n-2) \cdot 180°}{n} = 180° - \frac{360°}{n}$$

In- und Umkreis

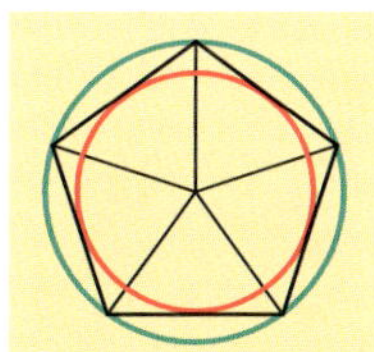

Jedem regelmäßigen n-Eck lassen sich ein Kreis einbeschreiben und ein Kreis umbeschreiben. Die Seiten des n-Ecks sind Sehnen des **Umkreises** und zugleich Tangenten des **Inkreises.**
Inkreis und Umkreis besitzen denselben Mittelpunkt. Dieser Mittelpunkt ist (als Umkreismittelpunkt) für ein gegebenes n-Eck konstruktiv bestimmbar: Weil jede Seite des n-Ecks Sehne des Kreises ist, geht ihre Mittelsenkrechte durch den Mittelpunkt des Kreises.
Verbindet man den Mittelpunkt des Umkreises mit jedem Eckpunkt, so wird das n-Eck in n gleichschenklige, zueinander kongruente Dreiecke zerlegt. Für die Winkel der Dreiecke gilt:
$\alpha = \frac{360°}{n}$ (der n-te Teil des Vollwinkels) und $\beta = \frac{180° - \alpha}{2} = 90° - \frac{180°}{n}$
Damit ist der Innenwinkel des n-Ecks $2 \cdot \beta$.
Für den Radius ρ des Inkreises gilt $\rho = r \cdot \cos \frac{\alpha}{2} = r \cdot \cos \frac{180°}{n}$, wobei r der Radius des Umkreises ist.

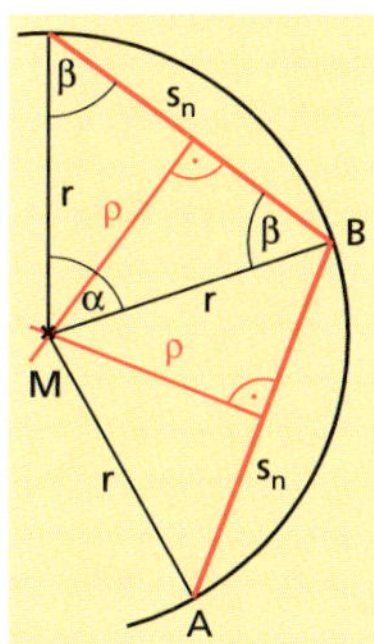

Übersicht über regelmäßige n-Ecke

Anzahl der Ecken	Mittelpunktswinkel (Umkreis)	Anzahl der Diagonalen	Seitenlänge	Flächeninhalt	
n	$\alpha = \frac{360°}{n}$	d	$s_n = 2r \cdot \sin \frac{\alpha}{2}$	$A = n \cdot \frac{r^2}{2} \cdot \sin \alpha$	
3	120°	0	$\sqrt{3} \cdot r$	$\frac{4}{3}\sqrt{3} \cdot r^2$	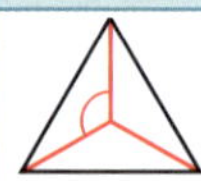
4	90°	2	$\sqrt{2} \cdot r$	$2 \cdot r^2$	
5	72°	5	$\frac{r}{2}\sqrt{10 - 2\sqrt{5}}$	$\frac{5}{8}\sqrt{10 - 2\sqrt{5}} \cdot r^2$	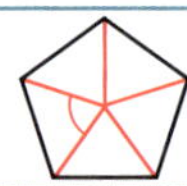
6	60°	9	r	$\frac{3}{2}\sqrt{3} \cdot r^2$	

Hierbei ist r der Radius des Umkreises.
Betrachtet man den Umfang u und den Flächeninhalt A der einem Kreis mit dem Radius r einbeschriebenen regelmäßigen n-Ecke, so wird deutlich, dass sich u bzw. A mit wachsendem n dem Wert $2\pi r$ bzw. πr^2 annähert, das n-Eck sich also dem Kreis nähert.

n	3	4	5	6	8	10	100	200
u	$5{,}196 \cdot r$	$5{,}657 \cdot r$	$5{,}878 \cdot r$	$6{,}000 \cdot r$	$6{,}123 \cdot r$	$6{,}180 \cdot r$	$6{,}282 \cdot r$	$6{,}2829 \cdot r$
A	$1{,}299 \cdot r^2$	$2{,}000 \cdot r^2$	$2{,}378 \cdot r^2$	$2{,}598 \cdot r^2$	$2{,}828 \cdot r^2$	$2{,}939 \cdot r^2$	$3{,}139 \cdot r^2$	$3{,}1411 \cdot r^2$

Konstruktionen ausgewählter regelmäßiger n-Ecke

Die Seite des regelmäßigen Zehnecks ergibt sich als der größere Abschnitt des durch den **Goldenen Schnitt** geteilten Umkreisradius.
Damit ist neben dem Zehneck auch das regelmäßige Fünfeck konstruierbar.

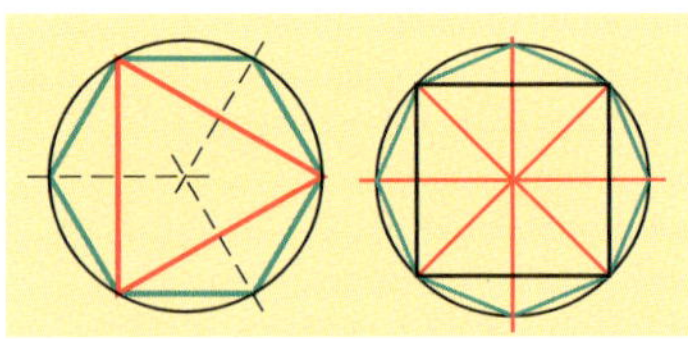

Die sechs kongruenten Teildreiecke des **regelmäßigen Sechsecks** sind gleichseitig mit der Seitenlänge r. Durch sechsmaliges Abtragen des Radius r eines Kreises auf der Kreislinie erhält man die Eckpunkte für das regelmäßige Sechseck.
Verbindet man drei nicht benachbarte Punkte miteinander, so erhält man ein gleichseitiges Dreieck mit der Seitenlänge $r \cdot \sqrt{3}$. Aus einem dem Kreis mit dem Radius r einbeschriebenen gleichseitigen Dreieck können die Eckpunkte des einbeschriebenen regelmäßigen Sechsecks durch Halbierung der Seiten des Dreiecks bestimmt werden.
Dieses Prinzip der Seitenhalbierung erlaubt allgemein aus einem regelmäßigen n-Eck ein regelmäßiges 2n-Eck zu konstruieren, z. B. aus einem gleichseitigen Dreieck ein 6-, 12-, 24-, …, $3 \cdot 2^n$-Eck, aus einem Quadrat ein 8-, 16-, …, 2^n-Eck.

6.9 Kreis

6.9.1 Begriffe

> D
> Der **Kreis** ist die Menge aller Punkte der Ebene, die von einem festen Punkt M der Ebene den gleichen Abstand r haben.
> M heißt **Mittelpunkt** und die Strecke der Länge r, die jeden Punkt des Kreises mit seinem Mittelpunkt verbindet, heißt **Radius.**

Bereits der griechische Mathematiker EUKLID (um 365 bis um 300 v. Chr.) hat den Kreis definiert.

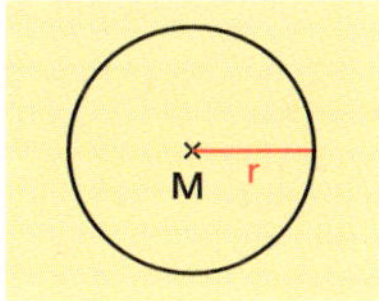

Nach dieser Definition ist der Kreis eine Linie, die **Kreislinie.** Der Mittelpunkt M gehört nach dieser Definition nicht zum Kreis.
Ein Punkt heißt bezüglich eines Kreises mit dem Mittelpunkt M und dem Radius r:

- **innerer Punkt Q,** wenn $\overline{QM} < r$,
- **Randpunkt P,** wenn $\overline{PM} = r$ und
- **äußerer Punkt R,** wenn $\overline{RM} > r$.

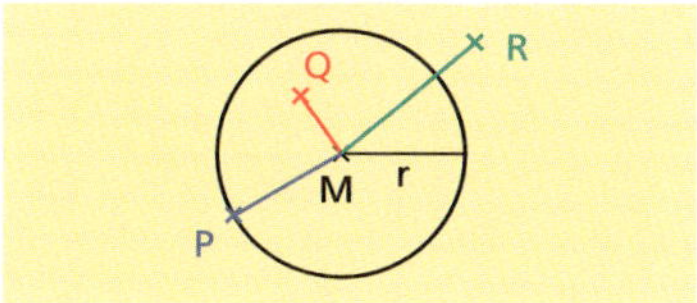

radius (lat.) – Stab, Strahl

Alle Randpunkte und alle inneren Punkte eines Kreises bilden gemeinsam die Fläche des Kreises, die **Kreisfläche.**
Aus dem Zusammenhang wird meist deutlich, ob mit dem Wort „Kreis" die Kreislinie oder die Kreisfläche gemeint ist.
Die Länge der Kreislinie heißt **Umfang (Peripherie)** des Kreises.

periphereia (griech.) – Kreislinie

Kreise und Punkte

Durch *einen* Punkt P lassen sich unendlich viele Kreise zeichnen.
Die Mittelpunkte aller Kreise mit gleich großem Radius r durch ein und denselben Punkt liegen auf einem Kreis um P mit dem Radius r.

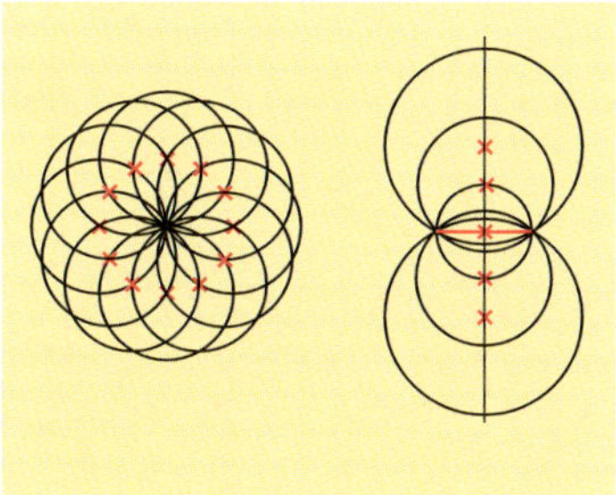

Durch *zwei* Punkte kann man unendlich viele Kreise zeichnen.
Alle Mittelpunkte dieser Kreise liegen auf der Mittelsenkrechten der Verbindungsstrecke der beiden Punkte.

Durch *drei* nicht auf einer Geraden liegende Punkte lässt sich stets genau ein Kreis zeichnen.
Sein Mittelpunkt ist der Schnittpunkt der Mittelsenkrechten der Verbindungsstrecken der drei Punkte.

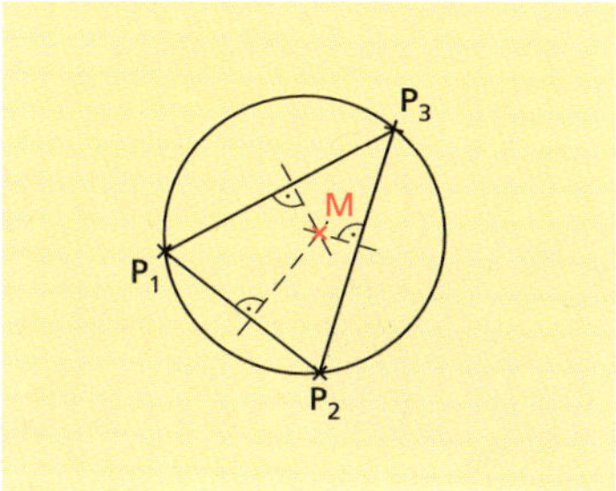

Kreis und Symmetrie

Jeder Kreis ist achsensymmetrisch (↗ S. 209f.; Symmetrie). Jede Gerade durch den Mittelpunkt des Kreises ist Symmetrieachse, somit besitzt ein Kreis unendlich viele Symmetrieachsen.
Jeder Kreis ist punkt- und drehsymmetrisch mit seinem Mittelpunkt als Symmetrie- und Drehzentrum.

Zwei Kreise

Zwei unterschiedliche Kreise in der gleichen Ebene haben		
keinen Punkt gemeinsam, wenn $\overline{M_1M_2} > r_1 + r_2$	**genau einen** Berührungspunkt gemeinsam, wenn $\overline{M_1M_2} = r_1 + r_2$	**genau zwei** Punkte gemeinsam, wenn $\overline{M_1M_2} < r_1 + r_2$
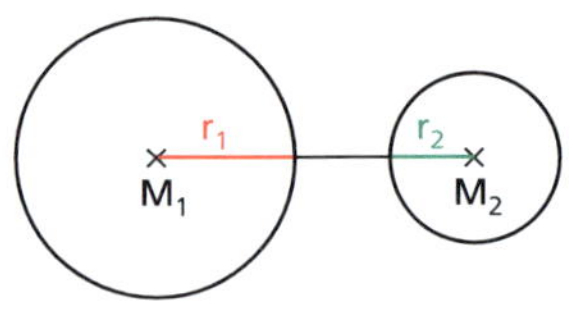	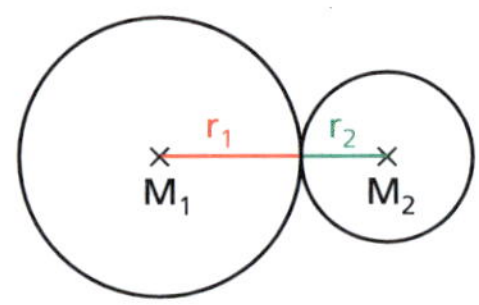	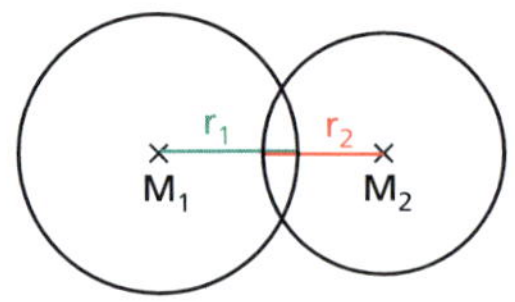
oder wenn $\overline{M_1M_2} < r_1 - r_2$.	oder wenn $\overline{M_1M_2} = r_1 - r_2$.	oder wenn $\overline{M_1M_2} > r_1 - r_2$ bzw. wenn $\overline{M_1M_2} < r_1 + r_2$.
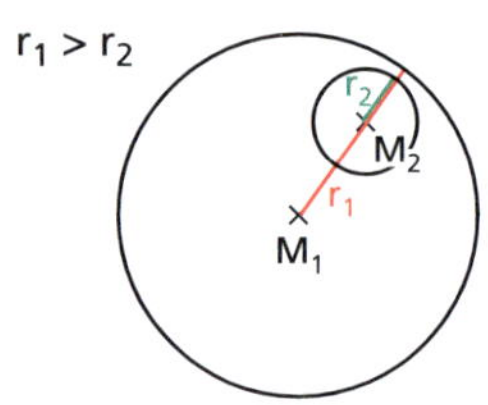	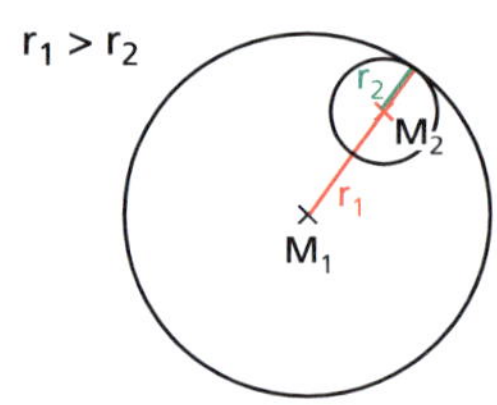	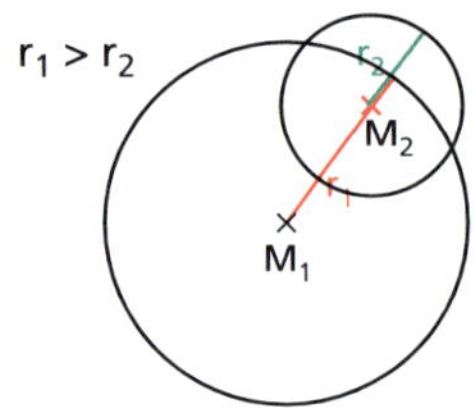

Falls $M_1 = M_2$ und $r_1 \neq r_2$, heißen die Kreise **konzentrische Kreise.** Die Fläche zwischen zwei konzentrischen Kreisen heißt **Kreisring** (↗ S. 263).

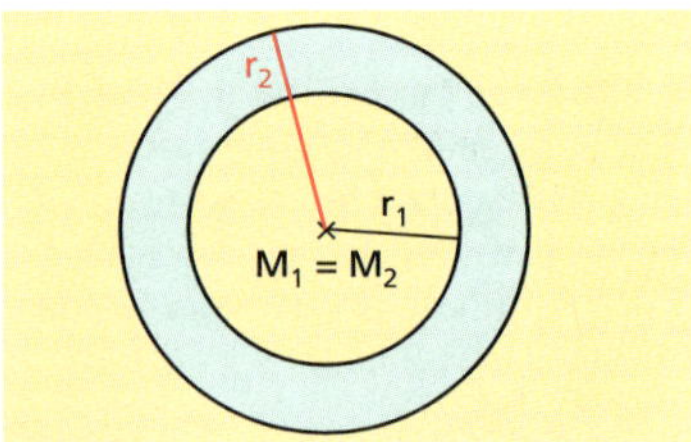

Haben zwei Kreise drei Punkte gemeinsam, so sind sie identisch.

Kreis und Gerade

D Hat eine Gerade in der Ebene mit einem Kreis
- genau zwei Punkte gemeinsam, ist sie eine **Sekante** des Kreises,
- genau einen Berührungspunkt gemeinsam, ist sie **Tangente** des Kreises (der Radius zum Berührungspunkt heißt **Berührungsradius**),
- keinen Punkt gemeinsam, ist sie **Passante** des Kreises.

secare (lat.) – schneiden; tangere (lat.) – berühren; passer (franz.) – vorbeigehen

Jede Sekante schneidet den Kreis in zwei Punkten. Verläuft sie durch den Mittelpunkt, heißt sie **Zentrale** des Kreises.
Die Strecke, die die Schnittpunkte als Randpunkte hat, heißt **Sehne** des Kreises.
Die Zentrale erzeugt die längste Sehne eines Kreises, den **Durchmesser.** Er ist doppelt so lang wie der **Radius.**
Jede Zentrale teilt den Kreis in zwei **Halbkreise.**

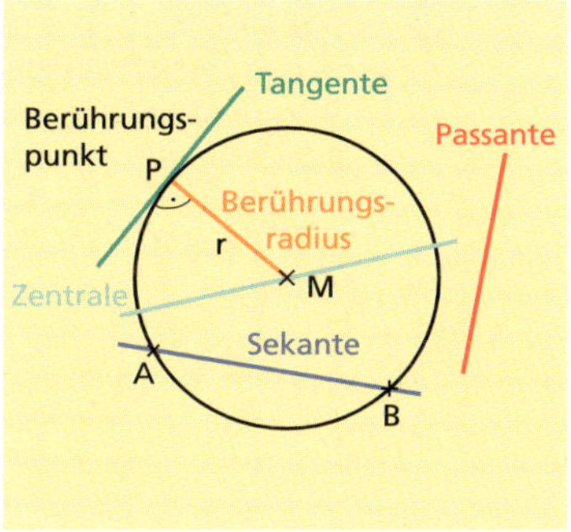

Die Kreisfläche wird durch eine Sehne in zwei **Kreisabschnitte (Kreissegmente)** zerlegt.
Durch zwei Radien wird sie in zwei **Kreisausschnitte (Kreissektoren)** (↗ S. 263 f.) zerlegt.
Ist eine Gerade Tangente an zwei Kreise, so ist sie **gemeinsame** Tangente der beiden Kreise. Man unterscheidet **innere** und **äußere gemeinsame Tangenten.**

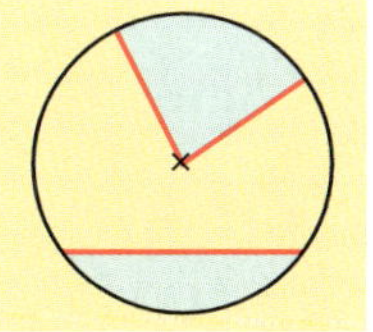

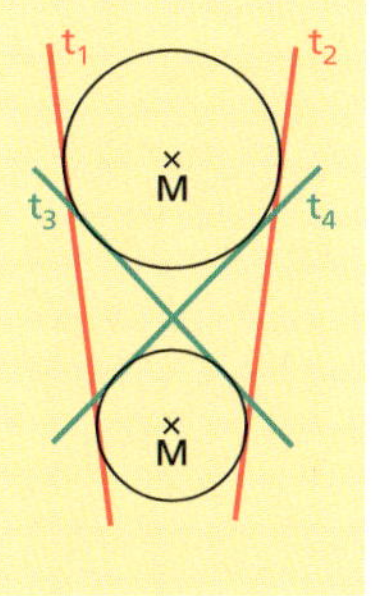

S Tangente und Berührungsradius sind zueinander senkrecht.

S Für die von einem Punkt an einen Kreis gelegten Tangenten sind die Tangentenabschnitte zwischen diesem Punkt und den Berührungspunkten gleich lang.

S Der Winkel zwischen den Tangenten, die von einem Punkt an einen Kreis gelegt werden, wird von der Zentralen, die durch diesen Punkt verläuft, halbiert.

S Die Sehne zwischen den Berührungspunkten zweier von einem Punkt an den Kreis gelegten Tangenten wird von der Zentralen, die durch den Ausgangspunkt der Tangenten verläuft, halbiert und steht senkrecht auf dieser Zentralen.

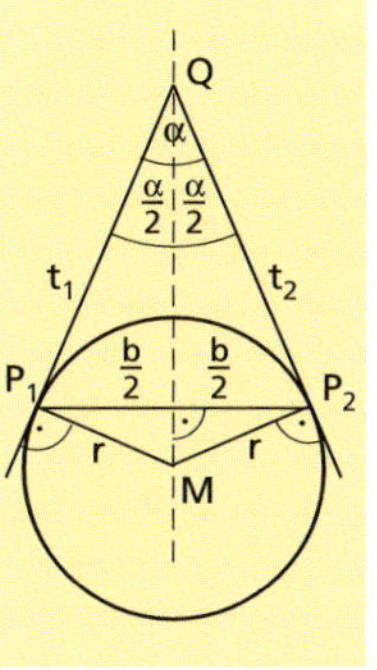

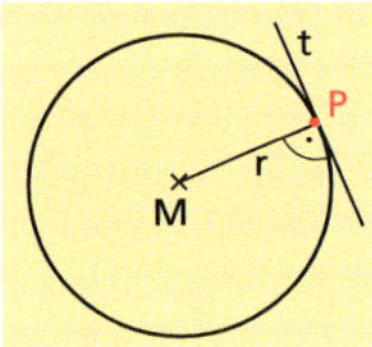

Auf diesen Sätzen beruht auch die Konstruktion der Tangente an einen Kreis durch einen vorgegebenen Punkt P.

Man kann zwei Fälle unterscheiden:

(1) P liegt auf dem Kreis:
Die Tangente ist die Senkrechte zu $\overline{MP}$ durch P.

(2) P ist äußerer Punkt:
Es können stets zwei Tangenten an den Kreis konstruiert werden. Weil Tangente und Berührungsradius zueinander senkrecht sind, liegen nach dem Satz des Thales (↗ S. 259) die Punkte, an denen die Tangenten den Kreis berühren, auf einem Kreis mit Durchmesser $\overline{MP}$.

① $\overline{MP}$ wird halbiert.
② Der Kreis mit $\overline{MP}$ als Durchmesser wird gezeichnet.
③ Die Schnittpunkte dieses Kreises mit dem Kreis um M sind die Berührungspunkte der Tangenten durch P an den Kreis.

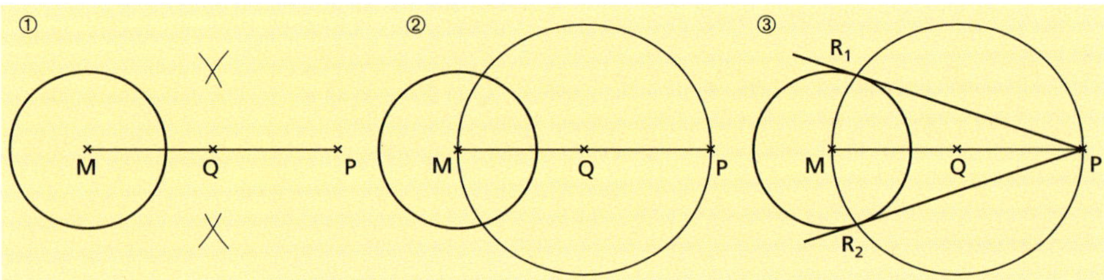

Sehnensatz

> **S** Schneiden in einem Kreis zwei Sehnen einander, so ist das Produkt der beiden Abschnitte auf der einen Sehne gleich dem Produkt der Abschnitte auf der anderen Sehne.

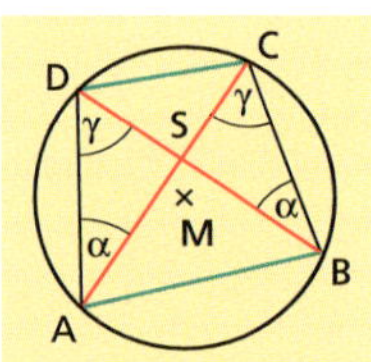

Beweis

Voraussetzung:	$\overline{AC}$ und $\overline{BD}$ sind zwei Sehnen im Kreis. S ist Schnittpunkt der Sehnen.
Behauptung:	$\overline{AS} \cdot \overline{SC} = \overline{BS} \cdot \overline{SD}$
Beweis:	Die Strecken $\overline{AB}$ und $\overline{CD}$ sind auch Sehnen des Kreises, also gilt: ∢ BDA = ∢ BCA und ∢ DBC = ∢ DAC (↗ S. 258; Umfangswinkelsatz) und △ ASD ~ △ CSB (↗ S. 224; Hauptähnlichkeitssatz) Damit gilt: $\overline{AS} : \overline{BS} = \overline{SD} : \overline{SC}$, also auch $\overline{AS} \cdot \overline{SC} = \overline{BS} \cdot \overline{SD}$ (w.z.b.w.)

Für den Spezialfall, dass eine Sehne Durchmesser des Kreises und die andere Sehne dazu senkrecht ist, liegt ein rechtwinkliges Dreieck vor, weil nach dem Satz des Thales (↗ S. 259) jeder Umfangswinkel über dem Durchmesser ein rechter Winkel ist.

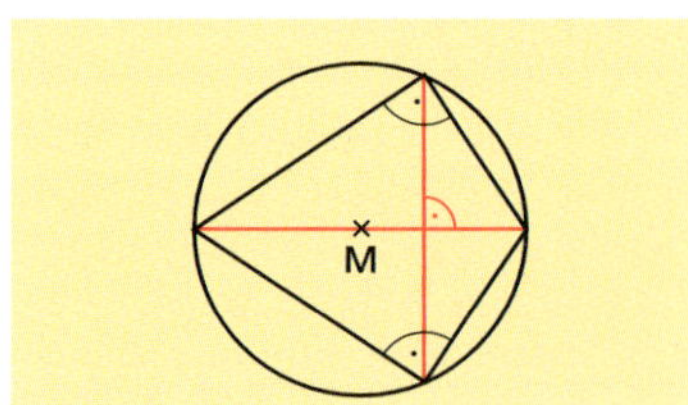

Der Höhensatz im rechtwinkligen Dreieck (↗ S. 233) ergibt sich damit als Spezialfall des Sehnensatzes.

S Die Mittelsenkrechte jeder Sehne eines Kreises geht durch den Mittelpunkt des Kreises.

Beweisgedanke:
Die Randpunkte jeder Sehne haben als Punkte auf der Kreislinie den gleichen Abstand zum Mittelpunkt des Kreises. Dieser gleiche Abstand ist aber nur dann möglich, wenn die Mittelsenkrechte der Sehne als deren Symmetrieachse durch den Mittelpunkt des Kreises geht.
Es ist also möglich, den Mittelpunkt eines Kreises zu konstruieren.
Ersichtlich wird auch, warum drei nicht auf einer Geraden liegende Punkte einer Ebene ausreichen, um eindeutig einen Kreis zu zeichnen.

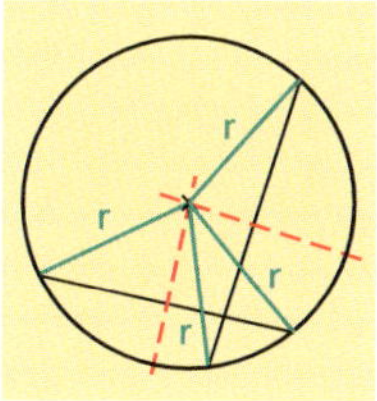

S Gleich lange Sehnen eines Kreises haben den gleichen Abstand vom Mittelpunkt des Kreises.
Sehnen mit dem gleichen Abstand vom Mittelpunkt des Kreises sind gleich lang.

Sekantensatz

S Schneiden zwei Sekanten eines Kreises einander außerhalb des Kreises, so ist das Produkt der Abschnitte vom Sekantenschnittpunkt bis zu den Schnittpunkten mit dem Kreis bei beiden Sekanten gleich.

Der Beweis erfolgt unter Verwendung des Umfangswinkelsatzes und der Ähnlichkeit der Dreiecke SAC und SBD.

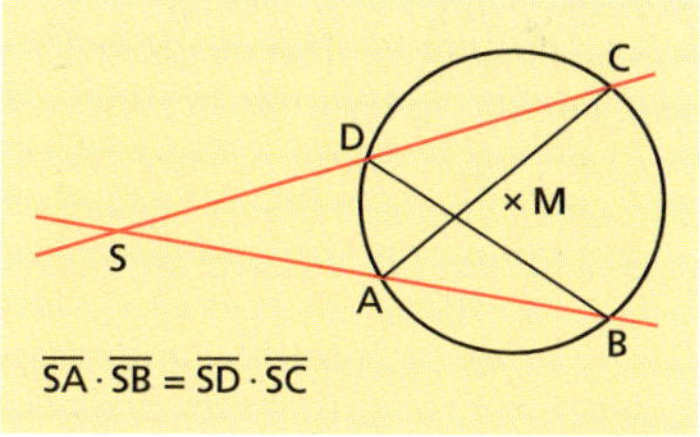

Zeichnen von Kreisen

Wegen ihrer regelmäßigen Form werden Kreise, Kreisteile und auch **Ellipsen** häufig in Ornamenten verwendet.

elleipon (griech.) – das Fehlen, der Mangel

Zeichnen von Kreisen mit dem Zirkel
Man markiert zunächst den Mittelpunkt M und zeichnet einen Kreis um M mit dem Radius r.

„Gärtnerkonstruktionen" von Kreis und Ellipse

Zum Anlegen kreisrunder Rabatten benutzt man eine gespannte Schnur, deren eines Ende an einem festen Pflock befestigt ist. Die Größe des Kreises kann mit der Länge der Schnur festgelegt werden.

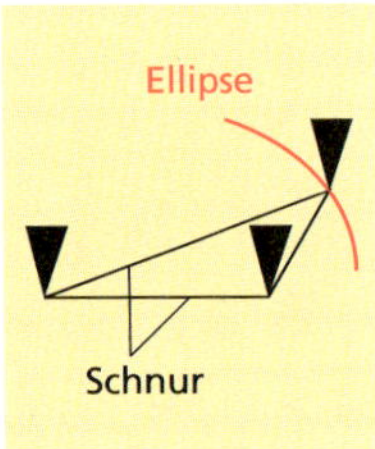

Mit dem Kreis verwandt ist die Ellipse.

Für eine „Gärtnerkonstruktion" der Ellipse benötigt man drei Pflöcke, von denen zwei fest in den Boden gesteckt werden. Eine Schnur, die länger als der doppelte Abstand der beiden festen Pflöcke ist, wird mit den Enden an diesen beiden Pflöcken befestigt. Mit dem dritten Pflock fährt man so die Schnur entlang, dass sie immer fest gespannt ist. Dabei zeichnet der dritte Pflock eine Ellipse, deren Größe vom Abstand der beiden festen Pflöcke und von der Länge der Schnur abhängt.

Diese Konstruktionsart wurde bereits im Altertum benutzt.

Die „Gärtnerkonstruktion" kann man auch auf einem Blatt Papier mit zwei Reißzwecken, einem Faden und einem Stift durchführen.

6.9.2 Winkel am Kreis

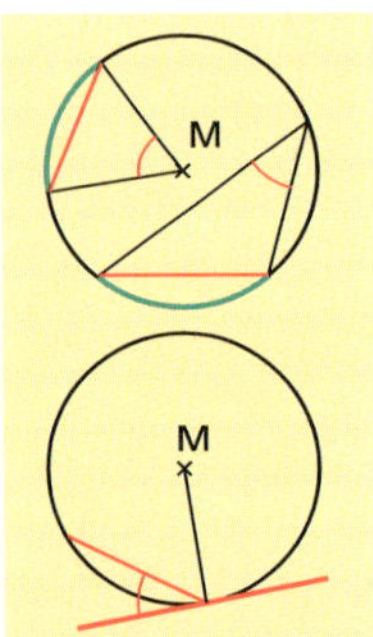

D

Ein Winkel heißt
- **Mittelpunktswinkel (Zentriwinkel),** wenn sein Scheitel im Kreismittelpunkt liegt,
- **Umfangswinkel (Peripheriewinkel),** wenn sein Scheitel auf dem Kreis liegt und seine Schenkel den Kreis schneiden,
- **Sehnen-Tangenten-Winkel,** wenn sein Scheitel auf dem Kreis liegt und ein Schenkel den Kreis schneidet, der andere den Kreis berührt.

Zu jedem Mittelpunkts- und jedem Umfangswinkel gehören eine bestimmte Sehne und ein bestimmter Kreisbogen.

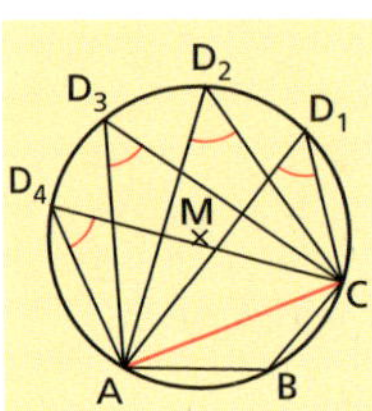

S

Alle Umfangswinkel über demselben Bogen sind gleich groß.

Beweisidee:

$ABCD_1$, $ABCD_2$ usw. sind Sehnenvierecke. Die Winkel in B und D_1, in B und D_2 usw. ergänzen sich zu 180°.

Häufig verwendet man statt „über demselben Bogen" den Ausdruck „über derselben Sehne". Dabei muss allerdings beachtet werden, dass zu jeder Sehne, die nicht Durchmesser ist, stets zwei verschiedene Kreisbogen und somit auch zwei verschieden große Umfangswinkel gehören. Diese gegenüberliegenden Umfangswinkel ergänzen sich zu 180°.

Vielfache Anwendungen findet der **Satz des Thales.**

Thales von Milet (um 624 bis 548 v. Chr.)

> S
> Jeder Umfangswinkel über einem Halbkreis (bzw. über dem Durchmesser eines Kreises) ist ein rechter Winkel.

Beweis (mithilfe der Winkelsumme in gleichschenkligen Dreiecken)

Voraussetzung: A, B und C liegen auf dem Kreis um M.
$\overline{AB}$ ist Durchmesser des Kreises.

Behauptung: $\gamma = 90°$

Beweis: Es gilt: $\alpha = \gamma_1$ und $\beta = \gamma_2$
(Basiswinkel in den gleichschenkligen Dreiecken AMC und MBC)
Es folgt daraus: $\alpha + \beta = \gamma_1 + \gamma_2 = \gamma$
Da auch $\alpha + \beta + \gamma = 180°$ (Winkelsumme im Dreieck),
ist $2\gamma = 180°$,
$\gamma = 90°$. (w.z.b.w.)

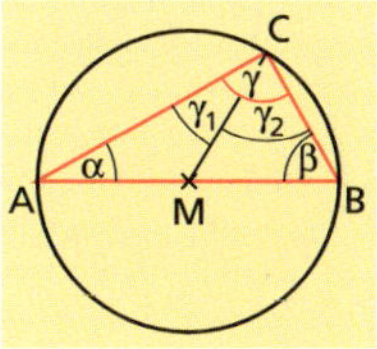

Beweis (mithilfe der Spiegelung des Dreiecks ABC)
Das Dreieck ABC wird an $\overline{AB}$ gespiegelt. Dabei ist das Bild von C der Punkt D. Das Viereck ADBC ist Sehnenviereck. Deshalb ergänzen sich die Winkel in D und in C zu 180°. Weil der Winkel in D das Bild des Winkels in C bei der Spiegelung an $\overline{AB}$ ist, sind beide Winkel zueinander kongruent und damit rechte Winkel.

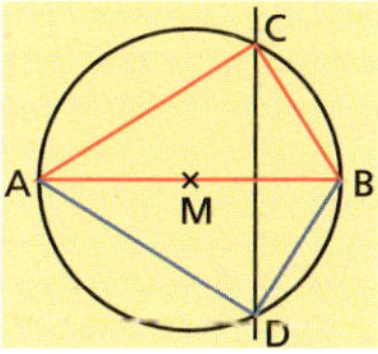

Die Umkehrung des Satzes des Thales

> S
> Die Scheitelpunkte aller rechten Winkel, deren Schenkel durch A und B verlaufen, liegen auf dem Kreis mit dem Durchmesser $\overline{AB}$.

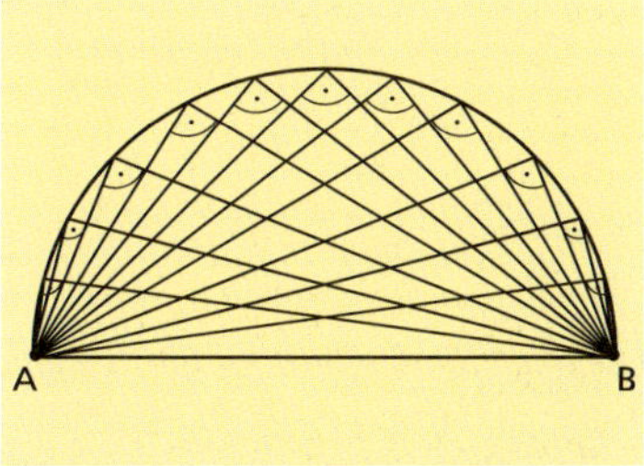

Ein **Mittelpunkts-** und ein **Umfangswinkel** heißen **einander zugehörig,** wenn sie über derselben Sehne liegen und ihre Scheitel auf derselben Seite der Sehne, also über demselben Bogen liegen.
Zu allen Umfangswinkeln über einem Bogen gehört ein Mittelpunktswinkel. Es gilt der **Mittelpunkts-Umfangswinkel-Satz:**

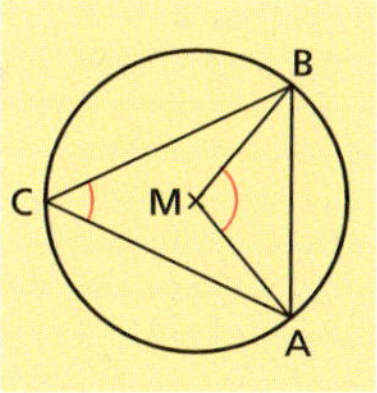

> S
> Jeder Umfangswinkel über demselben Bogen ist halb so groß wie der zugehörige Mittelpunktswinkel.

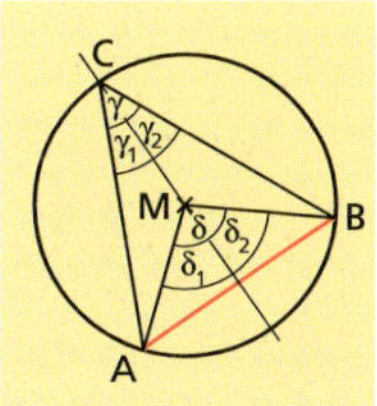

Bewiesen wird der Satz für den Fall, dass der Mittelpunkt des Kreises im Inneren des Umfangswinkels liegt.

Voraussetzung: A, B und C liegen auf dem Kreis um M;
M liegt im Innern von ∢ BCA (= γ); ∢ BMA = δ.

Behauptung: $\delta = 2\gamma$

Beweis: Die Gerade durch C und M teilt δ und γ.
Es gilt: $\sphericalangle$ MCA = $\sphericalangle$ CAM = γ_1 und $\sphericalangle$ BCM = $\sphericalangle$ MBC = γ_2 (Basiswinkel in den gleichschenkligen Dreiecken AMC bzw. MBC)
Es gilt: $\delta_1 = 2\gamma_1$ und $\delta_2 = 2\gamma_2$ (Außenwinkelsatz)
Daraus folgt $\delta_1 + \delta_2 = 2(\gamma_1 + \gamma_2)$ oder $\delta = 2\gamma$. (w.z.b.w.)

Für die anderen beiden Fälle (M liegt auf einem Schenkel bzw. außerhalb des Umfangswinkels) verläuft der Beweis analog.

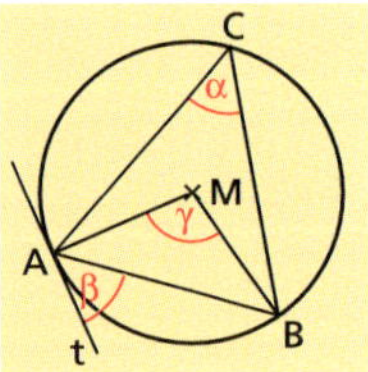

Jeder Sehnen-Tangenten-Winkel ist halb so groß wie der zugehörige Mittelpunktswinkel.
Jeder Sehnen-Tangenten-Winkel ist so groß wie der zugehörige Umfangswinkel.

6.9.3 Inkreis und Umkreis von Vielecken

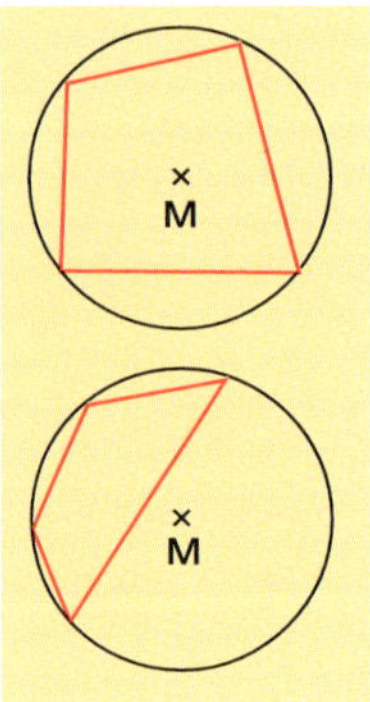

Unter dem **Umkreis eines n-Ecks** versteht man den Kreis, der durch alle Eckpunkte des n-Ecks geht. Die Seiten des n-Ecks sind Sehnen des Umkreises.

Jedes Dreieck hat einen Umkreis (↗ S. 220), aber nicht jedes Viereck (↗ S. 243). Besitzt ein Viereck einen Umkreis, so nennt man es **Sehnenviereck.**
Alle gleichschenkligen Trapeze, alle Rechtecke und damit auch alle Quadrate besitzen einen Umkreis.

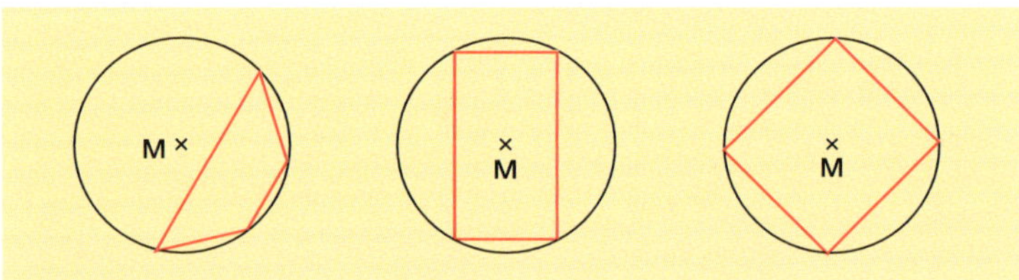

Für alle Sehnenvierecke gilt folgender Satz:

Die Summe gegenüberliegender Winkel im Sehnenviereck ist 180°.

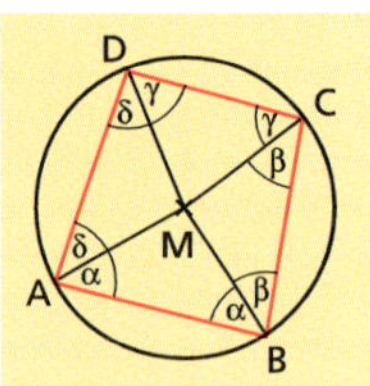

Bewiesen wird der Satz für den Fall, dass der Mittelpunkt des Umkreises innerhalb des Sehnenvierecks liegt.

Voraussetzung: A, B, C und D liegen auf einem Kreis um M, d. h. $\overline{MA} = \overline{MB} = \overline{MC} = \overline{MD} = r$

Behauptung: $\sphericalangle$ DAB + $\sphericalangle$ BCD = $\sphericalangle$ ABC + $\sphericalangle$ CDA = 180°

Beweis: In den gleichschenkligen Dreiecken ABM, BCM, CDM und DAM sind die Basiswinkel paarweise zueinander kongruent.

Dann ist $\sphericalangle$ DAB + $\sphericalangle$ BCD = $\alpha + \beta + \gamma + \delta = s$
und auch $\sphericalangle$ ABC + $\sphericalangle$ CDA = $\alpha + \beta + \gamma + \delta = s$.
Da die Innenwinkelsumme im Viereck 360° ist,
gilt $2s = 360°$, also $s = 180°$. (w.z.b.w.)

Für die anderen beiden Fälle (M liegt auf einer Seite des Sehnenvierecks oder außerhalb des Sehnenvierecks) verläuft der Beweis analog.
Alle regelmäßigen Vielecke (↗ S. 251) besitzen einen Umkreis, was häufig zu ihrer Konstruktion verwendet wird.
In einen Umkreis gezeichnete Vielecke heißen **einbeschriebene Vielecke.**

D

Der **Inkreis eines Vielecks** ist der Kreis, der alle Seiten von innen berührt. Die Seiten des Vielecks sind dann Tangenten an den Inkreis.

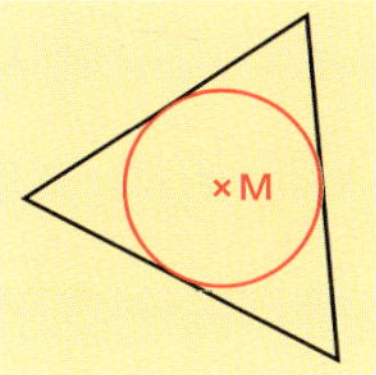

Ein solches Vieleck nennt man auch **umbeschriebenes Vieleck.** Alle Dreiecke (↗ S. 221) und alle regelmäßigen Vielecke (↗ S. 251) haben einen Inkreis.
Vierecke, die einen Inkreis besitzen, heißen **Tangentenvierecke** (↗ S. 243; Vierecke).

S

Im Tangentenviereck ist die Summe zweier gegenüberliegender Seiten gleich der Summe der anderen beiden Gegenseiten.

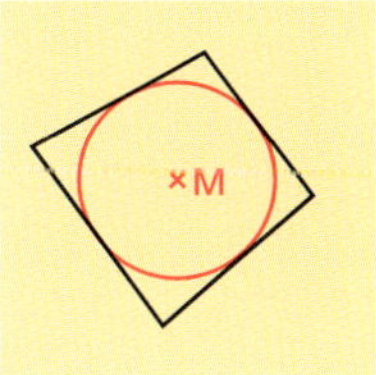

Viereck	Inkreis	Umkreis
Quadrat	ja	ja
Rechteck	nein	ja
Raute	ja	nein
Parallelogramm (keine Raute oder Rechteck)	nein	nein

6.9.4 Berechnungen am Kreis

Kreisumfang

Um den Umfang u eines Kreises mit dem Durchmesser d zu bestimmen, kann man von den Umfängen eines einbeschriebenen und eines umbeschriebenen Vielecks ausgehen, z. B. eines regelmäßigen Sechsecks (↗ S. 252). Der Umfang u_{e6} des einbeschriebenen Sechsecks ($u_{e6} = 3d$) ist kleiner als der Umfang des Kreises, der Umfang u_{u6} des umbeschriebenen Sechsecks ($u_{u6} = 3{,}46d$) ist größer als der Umfang des Kreises:
$3d < u < 3{,}46d$
Der Faktor, mit dem man d multiplizieren muss, um u zu erhalten, ist eine der wichtigsten und interessantesten mathematischen Konstanten. Sie wird mit π bezeichnet: $\pi = 3{,}141592653589793238\ldots$
Näherungsweise wird oft $\pi = 3{,}14$ verwendet.

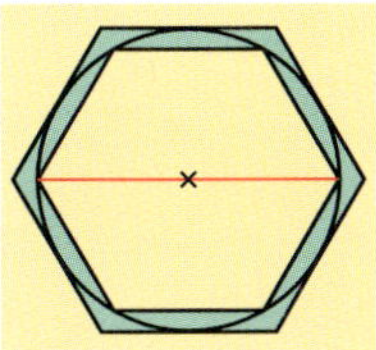

π wird auch **ludolfsche Zahl** genannt. π ist irrational, also ein unendlicher nichtperiodischer Dezimalbruch.

S Für den Umfang des Kreises gilt: $u = \pi \cdot d = \pi \cdot 2r$

Tina joggt im Park. Die runde Rasenfläche in der Mitte des Parks hat einen Durchmesser von 45 m.
Wie lang ist eine Runde um diese Rasenfläche?

Gesucht: u
Gegeben: $d = 45\ \text{m}$
Lösung: $u = \pi \cdot d$
$u = \pi \cdot 45\ \text{m}$
$u = 141\ \text{m}$
Antwort: Eine Runde ist 141 m lang.

Kreisbogen

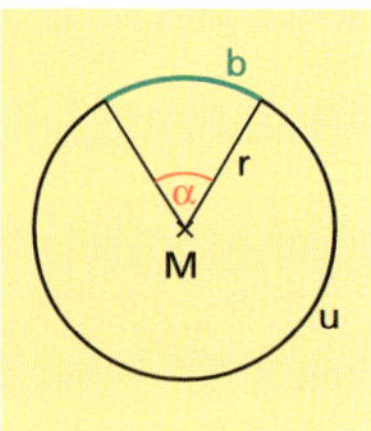

Die Länge eines **Kreisbogens** b hängt von der Länge des Durchmessers und von der Größe des zugehörigen Mittelpunktswinkels α ab. Für den ganzen Kreis ist der Mittelpunktswinkel 360° und die Länge des Bogens gleich dem Umfang, woraus sich die Proportion $b : \alpha = u : 360°$ ergibt.

Für die Länge des zum Mittelpunktswinkel α gehörenden Bogens gilt:
$$b = \frac{\alpha}{360°} \cdot \pi d = \frac{\alpha}{360°} \cdot 2\pi r = \frac{\alpha}{180°} \cdot \pi r$$

Wie groß ist der Mittelpunktswinkel, der zu einem Kreis mit dem Radius 5 cm und zu einem Bogen der Länge 21 cm gehört?

Gesucht: α
Gegeben: $r = 5\ \text{cm}$
$b = 21\ \text{cm}$
Lösung:
$$b = \frac{\alpha}{180°} \cdot \pi r \quad | \cdot 180°$$
$$b \cdot 180° = \alpha \cdot \pi r \quad | : \pi r$$
$$\alpha = \frac{b \cdot 180°}{\pi r}$$
$$\alpha = \frac{21\ \text{cm} \cdot 180°}{\pi \cdot 5\ \text{cm}}$$
$$\alpha \approx 240{,}6°$$
Antwort: Der Mittelpunktswinkel beträgt etwa 240,6°.

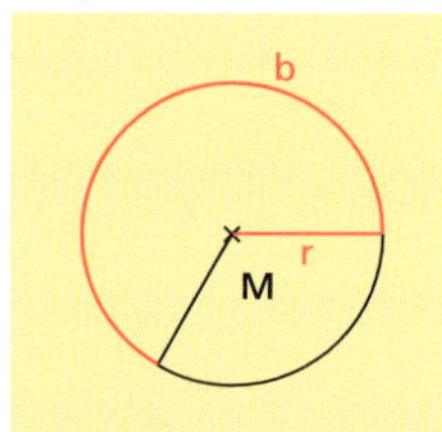

Flächeninhalt des Kreises

Zur Bestimmung des Flächeninhalts des Kreises wird die Kreisfläche in eine gleich große Fläche, die man berechnen kann, verwandelt. Zerlegt man den Kreis in Kreisausschnitte und setzt diese wieder zusammen, so wird deutlich:
Je größer die Anzahl der Kreisausschnitte, desto mehr nähert sich die neue Figur einem Rechteck an.
Eine Seite des Rechtecks ist der Radius, während die andere halb so lang wie der Umfang des Kreises ist.

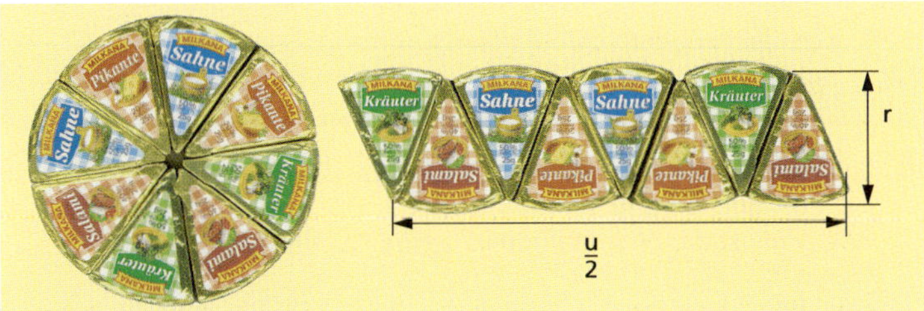

S Für den Flächeninhalt des Kreises gilt:
$A = \pi r^2$ bzw. $A = \frac{\pi}{4} d^2$

Ein rundes Dachfenster hat einen Radius von 0,62 m.
Wie groß ist die Glasfläche ohne aufgesetzte Leisten?

Gesucht: A
Gegeben: r = 0,62 m
Lösung: $A = \pi r^2$
$A = \pi \cdot (0{,}62\ \text{m})^2 \approx 1{,}21\ \text{m}$
Antwort: Die Fensterscheibe hat eine Fläche von etwa 1,21 m^2.

Kreisringe

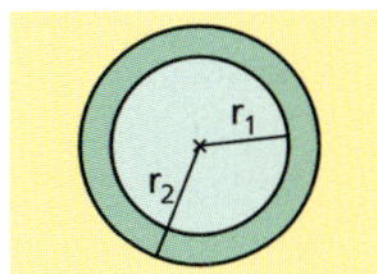

S Für den Flächeninhalt eines Kreisrings gilt:
$A = \pi \cdot r_2^{\,2} - \pi \cdot r_1^{\,2} = \pi \cdot (r_2^{\,2} - r_1^{\,2}) = \pi \cdot (r_2 - r_1) \cdot (r_2 + r_1)$

Die beschreibbare Fläche einer CD (Compact Disc) hat einen äußeren Durchmesser von 11,8 cm und einen inneren Durchmesser von 4,6 cm.
Wie groß ist der Flächeninhalt der beschreibbaren Fläche?

Gesucht: A
Gegeben: $d_1 = 11{,}8$ cm
$d_2 = 4{,}6$ cm
Lösung: $A = \pi \cdot (r_1^2 - r_2^2)$
$A = \pi \cdot [(5{,}9\ \text{cm})^2 - (2{,}3\ \text{cm})^2]$
$A = \pi \cdot (34{,}81\ \text{cm}^2 - 5{,}29\ \text{cm}^2)$
$A = \pi \cdot 29{,}52\ \text{cm}^2 \approx 93\ \text{cm}^2$
Antwort: Die beschreibbare Fläche ist etwa 93 cm^2 groß.

Kreisausschnitt (Kreissektor)

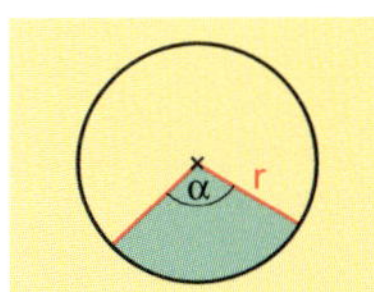

Der Flächeninhalt A des **Kreisausschnitts** hängt vom Mittelpunktswinkel α (↗ S. 256) und vom Radius des Kreises ab.
Da für die gesamte Kreisfläche der Mittelpunktswinkel 360° beträgt, ergibt sich die Proportion:
$A : \pi r^2 = \alpha : 360°$

S Für den Flächeninhalt des Kreisausschnitts gilt:
$A = \frac{\alpha}{360°} \cdot \pi r^2$

Ein Werkstück aus Blech hat die Form eines Kreisausschnitts mit $r = 7$ cm und $\alpha = 310°$.
Wie groß ist der Materialbedarf (ohne Abfall)?

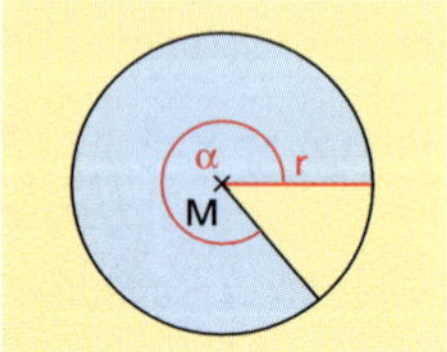

Gesucht: A
Gegeben: $r = 7$ cm
$\alpha = 310°$
Lösung: $A = \frac{\alpha}{360°} \cdot \pi r^2$
$A = \frac{310°}{360°} \cdot \pi \cdot (7\text{ cm})^2$
$A = 133\text{ cm}^2$
Antwort: Man benötigt für das Werkstück 133 cm² Blech.

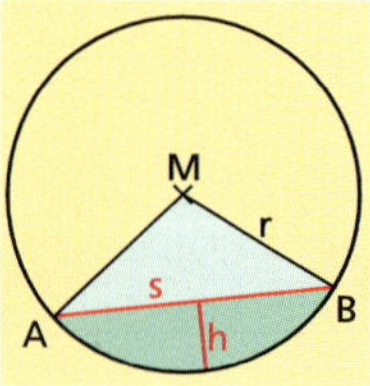

Kreisabschnitt (Kreissegment)
Der Flächeninhalt des **Kreisabschnitts** ergibt sich aus der Differenz der Flächeninhalte des Kreisausschnitts und des Dreiecks ABM.

S Für den Flächeninhalt des Kreisabschnitts gilt:
$A = \frac{1}{2}br - \frac{1}{2}s(r - h)$

s ist die Länge der Sehne und h die Länge der Bogenhöhe.

An einem Rad einer Lokomotive befindet sich als Schwungmasse ein Metallstück in Kreisabschnittsform.
Wie groß ist der Flächeninhalt des Kreisabschnitts?

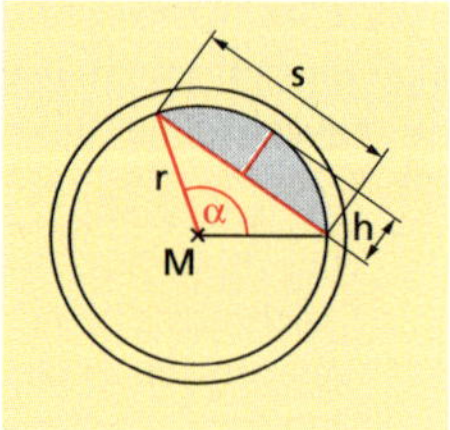

Gesucht: A
Gegeben: $s = 100$ cm
$h = 24$ cm
$r = 60$ cm
$\alpha = 110°$
Lösung: $A = \frac{1}{2}br - \frac{1}{2}s(r - h)$ mit $b = \frac{\alpha}{180°} \cdot \pi r$
$A = \frac{1}{2} \cdot \frac{\alpha}{180°} \cdot \pi r^2 - \frac{1}{2} \cdot s(r - h)$
$A = \frac{1}{2} \cdot \frac{110°}{180°} \cdot \pi \cdot (60\text{ cm})^2 - \frac{1}{2} \cdot 100\text{ cm}(60\text{ cm} - 24\text{ cm})$
$A = 1\,656\text{ cm}^2$
Antwort: Der Flächeninhalt des Kreisabschnitts beträgt 1 656 cm².

Da die Verwandlung des Kreises in ein flächeninhaltsgleiches Quadrat („Quadratur des Kreises“) nicht möglich ist, versuchte man, von Kreisbogen begrenzte Flächen in flächeninhaltsgleiche Vielecke zu verwandeln. Zu den bekanntesten Versuchen gehören die Möndchen des HIPPOKRATES (HIPPOKRATES VON CHIOS, griech. Mathematiker um 440 v. Chr.).

7 KÖRPERDARSTELLUNG UND KÖRPERBERECHNUNG

7.1 Grundlagen der Körperdarstellung

7.1.1 Begriffe und Merkmale geometrischer Körper

Richtet man beim Betrachten realer Gegenstände die Aufmerksamkeit allein auf die (äußere) Form und sieht von allen anderen Merkmalen ab, so gelangt man zum Begriff des geometrischen Körpers.

D Ein **geometrischer Körper** ist eine räumliche Figur, die vollständig durch ebene oder gekrümmte Flächen begrenzt wird.

Prisma (Würfel, Quader), Zylinder, Pyramide, Kegel und Kugel sind geometrische Körper.

Werden durch diese Körper ebene Schnitte gelegt, entstehen Teilkörper, z. B. Pyramidenstümpfe und Kegelstümpfe (↗ S. 289). Körper können zu einem neuen Körper zusammengesetzt werden (↗ S. 293).

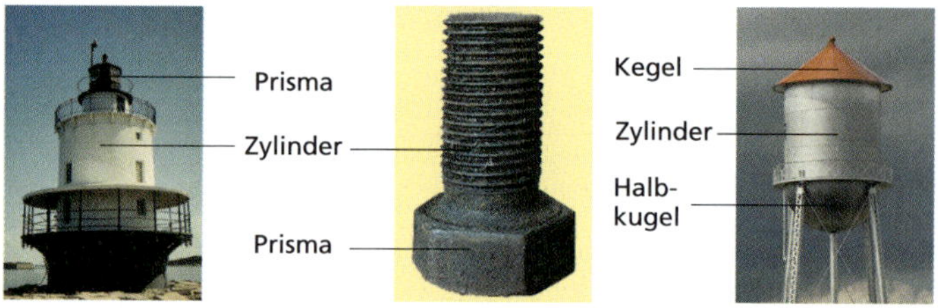

Man kann Körper nach verschiedenen Merkmalen unterteilen.

1. Art der Begrenzungsflächen

Merkmal	Beispiel	Abbildung
Körper, die nur ebene Begrenzungsflächen haben	Quader, Pyramide	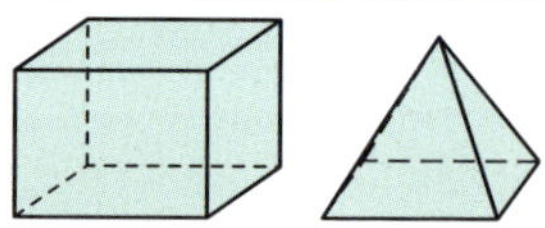
Körper mit ebenen und gekrümmten Begrenzungsflächen	Zylinder, Kegel	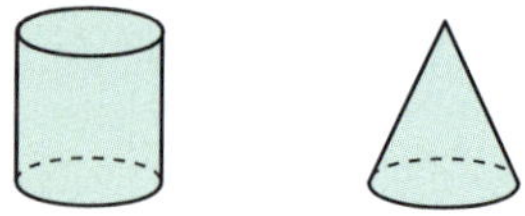
Körper, die nur gekrümmte Begrenzungsflächen haben	Kugel	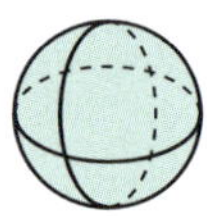

poly (griech.) – viel

Körper, die nur von ebenen Vielecken begrenzt sind, heißen **Polyeder (Vielflächner).**

2. Existenz einer Grundfläche und einer Deckfläche bzw. einer Spitze

Merkmal	Beispiel	Abbildung
Körper mit einer Grund- und einer Deckfläche	Quader, Kegelstumpf	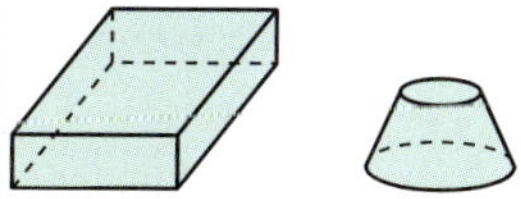
Körper, die eine Grundfläche und eine Spitze haben	Pyramide, Kegel	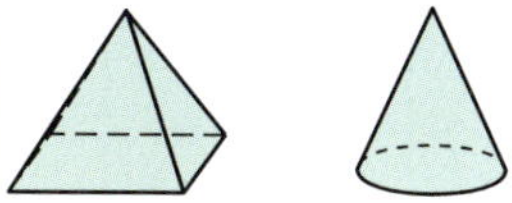
Körper ohne Grund- und Deckfläche	Kugel	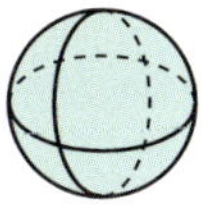

Grund- und Deckfläche sind bei geraden Körpern stets zueinander parallel.
Bei Würfeln, Quadern und Tetraedern (↗ S. 273, 283) kann jede Begrenzungsfläche Grundfläche sein. Ist eine der Begrenzungsflächen Grundfläche, so bezeichnet man die übrigen Flächen außer der Deckfläche als **Seitenflächen.**

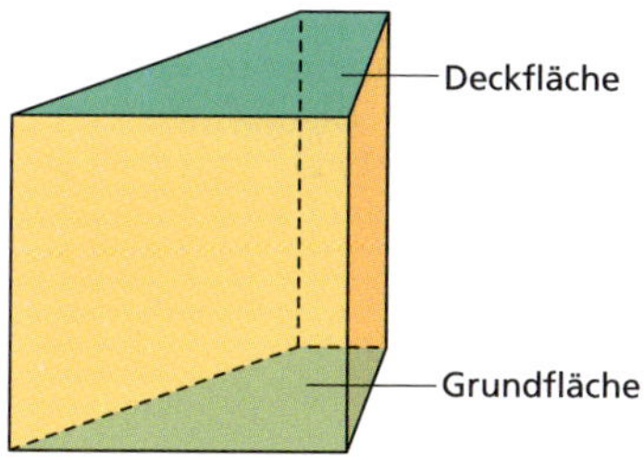

3. Anzahl der Seitenflächen

Merkmal	Beispiel	Abbildung
dreiseitige Körper	dreiseitiges Prisma	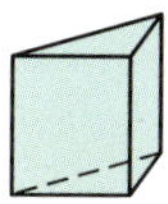
sechsseitige Körper	sechsseitige Pyramide	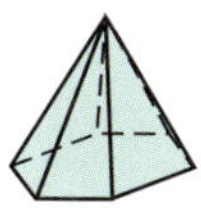

Alle Seitenflächen zusammen bezeichnet man als **Mantelfläche (Mantel)** des Körpers. Punkte, die zu zwei Begrenzungsflächen gehören, heißen **Kante** des Körpers. Liegt die Kante in der Grund- oder Deckfläche, heißt sie **Grundkante,** gehört sie zu zwei Seitenflächen, heißt sie **Seitenkante.** Haben die Kanten Endpunkte, heißen diese **Eckpunkte (Ecken)** des Körpers. Körper können eine **Höhe** besitzen. Sie ist der Abstand der Deckfläche bzw. der Spitze des Körpers von der Grundfläche.

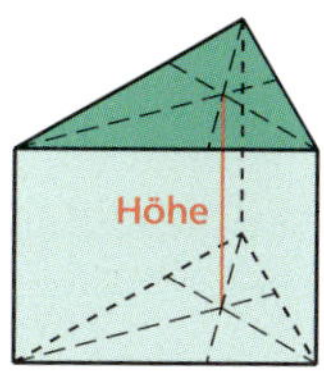

4. Weitere Unterscheidungsmöglichkeiten

a) Gerade und schiefe Körper
Bei einigen Körpern (Prismen, Zylinder, Pyramiden, Kegeln) unterscheidet man zwischen **geraden** und **schiefen** Körpern. Ein Prisma z. B. heißt gerade, wenn alle Seitenflächen senkrecht zur Grundfläche sind.

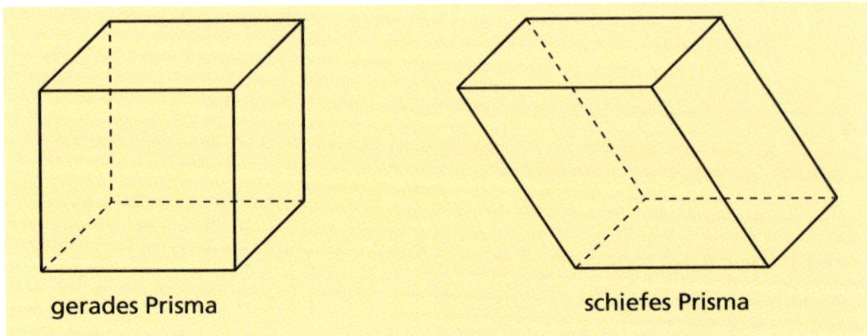

convexus (lat.) – (nach außen) gewölbt;
concavus (lat.) – hohl, nach innen gewölbt

b) Konvexe und konkave Körper
Ein Körper ist **konvex,** wenn mit je zwei Punkten auch deren Verbindungsstrecke zum Körper gehört. Die übrigen Körper heißen **konkav.**

7.1.2 Projektionsarten

proicere (lat.) – hinwerfen

Ein Körper kann mithilfe von **Projektionsstrahlen** in eine Ebene (Bildebene) abgebildet werden. Jedem Punkt des Körpers wird dabei genau ein Punkt in der Ebene als Bildpunkt zugeordnet.

Die Zentralprojektion wird z. B. in der Kunst verwendet, um den räumlichen Eindruck zu verstärken.

Gehen alle Projektionsstrahlen von einem Punkt aus, so nennt man diese Abbildung **Zentralprojektion.**

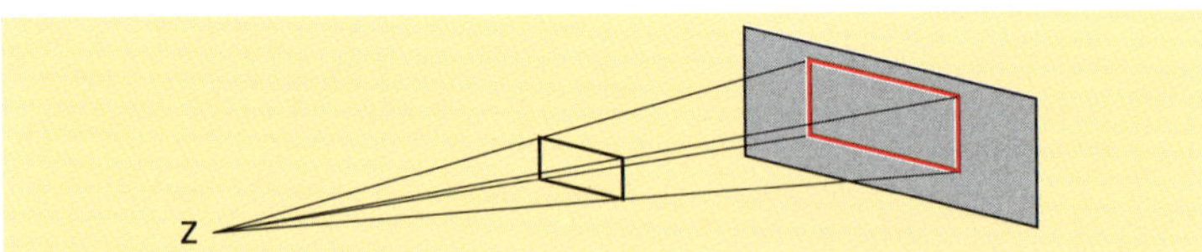

parallelos (griech.) – nebeneinanderstehend

Verlaufen die Projektionsstrahlen zueinander parallel, so heißt eine solche Abbildung **Parallelprojektion.**

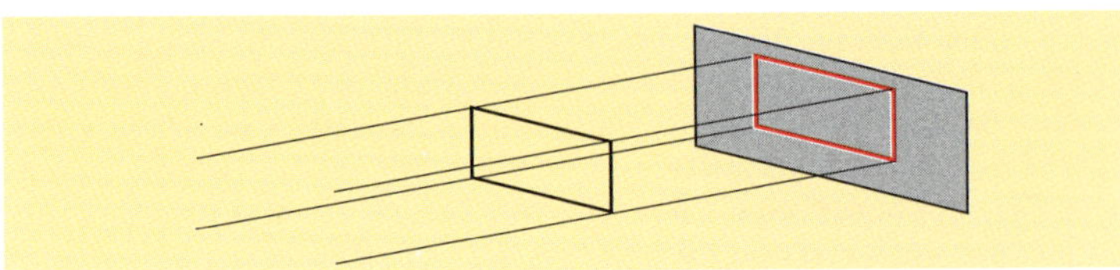

Parallelprojektion

schräge Parallelprojektion | senkrechte Parallelprojektion

Schrägbild | Normalbild

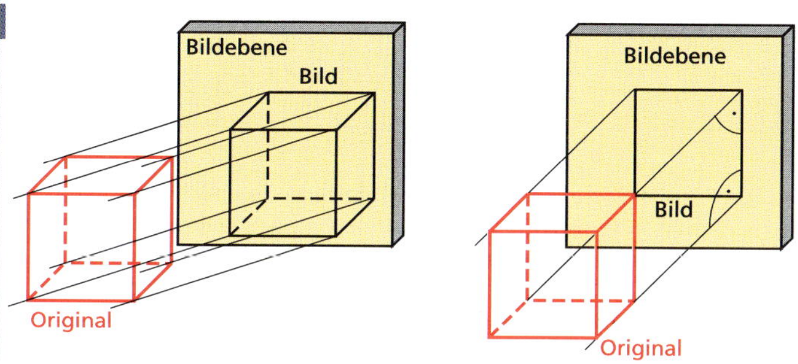

Die Bilder bei einer **Parallelprojektion** kann man sich als Schatten der Körper vorstellen, auf die parallele Lichtstrahlen fallen.

Wenn keine Fläche des Würfels parallel zur Bildebene ist (allgemeine Lage), entstehen auch bei senkrechter Parallelprojektion im Bild „schräge" Kanten. Aus den Winkeln der Kanten im Bild kann also nicht auf die verwendete Projektionsart geschlossen werden.
Bei einer Parallelprojektion können Strecken, Winkel oder Flächen des Originals in **wahrer Größe und Gestalt** oder verkürzt, verlängert bzw. verzerrt abgebildet werden.

Jeder Körper hat drei Dimensionen, die als Breite, Tiefe und Höhe bezeichnet werden.
Linien, die in diesen Richtungen verlaufen, heißen Breitenlinien, Tiefenlinien bzw. Höhenlinien.

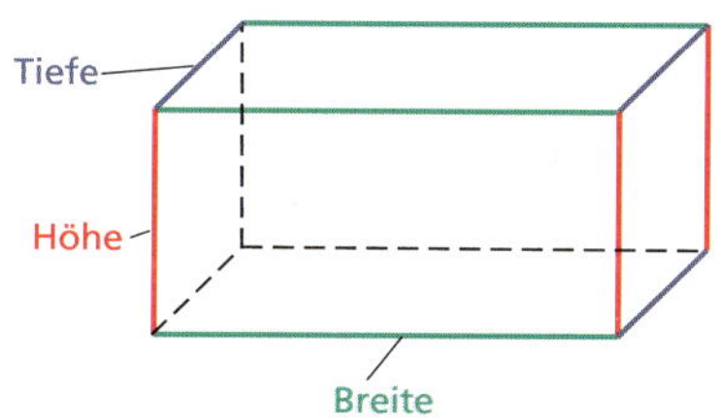

7.1.3 Schräge Parallelprojektionen

Das Bild eines Körpers in schräger Parallelprojektion sollte den Körper möglichst anschaulich darstellen.
Ist z. B. der Winkel zwischen den Projektionsstrahlen und der Bildebene sehr klein, können die Bilder einiger Strecken sehr lang werden und das Bild ist verzerrt.
Schrägbilder sind durch folgende zwei Angaben gekennzeichnet, die beliebig und unabhängig voneinander gewählt werden können:

a) Größe des Winkels, den die Bilder der Tiefenlinien mit denen der Breitenlinien bilden (Verzerrungswinkel α);

b) Verhältnis der Längen der Bilder der Tiefenlinien zu ihren Originallängen (Verkürzungsfaktor q).

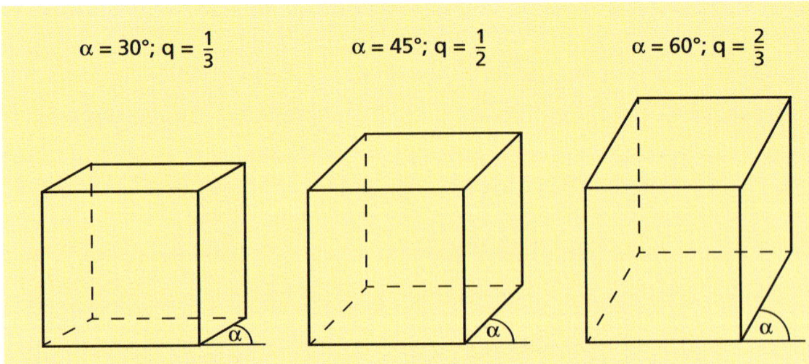

Schräge Parallelprojektionen haben folgende Eigenschaften:

(1) Jede ebene Begrenzungsfläche, die zur Bildebene parallel ist, wird in wahrer Größe abgebildet, alle übrigen Flächen werden verzerrt.

(2) Sind zwei Strecken im Original zueinander parallel, so sind auch ihre Bilder zueinander parallel.

cavaliere (ital.) – Ritter;
perspicere (lat.) – deutlich sehen

Eine sehr häufig verwendete schräge Parallelprojektion ist die **Kavalierprojektion** oder **Kavalierperspektive,** mit der ein Körper sehr anschaulich dargestellt wird.

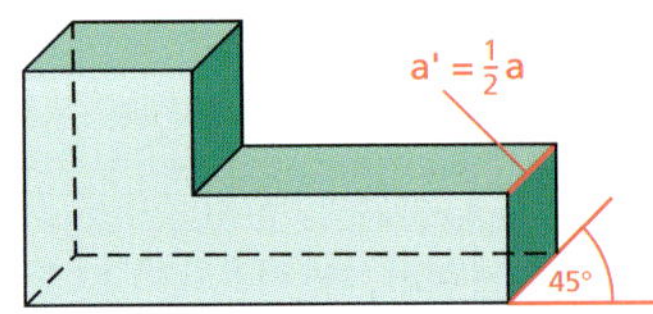

Es gilt:
Tiefenlinien werden unter einem Winkel $\alpha = 45°$ zu den Breitenlinien angetragen und um die Hälfte ($q = \frac{1}{2}$) verkürzt.

Um das Schrägbild eines Körpers bei einer Kavalierprojektion zu zeichnen, geht man in folgenden Schritten vor:

1. Eine Fläche, die bei der Darstellung parallel zur Bildebene liegen soll, wird bestimmt und in wahrer Größe gezeichnet.
2. Die Tiefenlinien werden unter einem Winkel von 45° und um die Hälfte verkürzt eingezeichnet.
3. Die restlichen Kanten werden ergänzt.
4. Die sichtbaren Kanten werden stärker und die nicht sichtbaren Kanten gestrichelt nachgezeichnet.

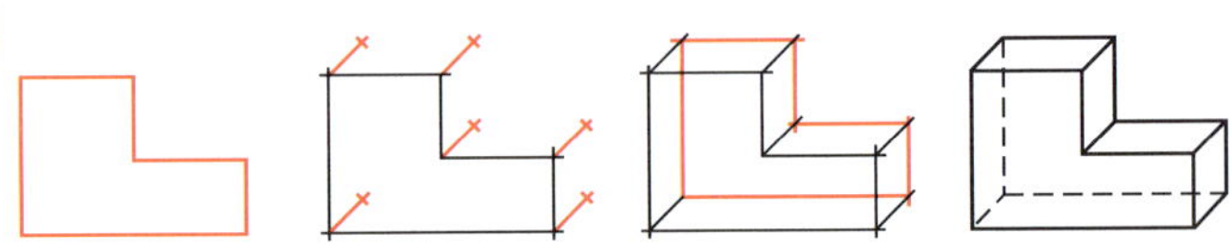

Nicht sichtbare Kanten können zur besseren Anschaulichkeit gestrichelt, dünner gezeichnet oder sogar ganz weggelassen werden.

Die Normalform der Kavalierprojektion entspricht einer Ansicht des Körpers von rechts oben. Man erhält anschauliche Bilder anderer Ansichten, wenn die Tiefenlinien unter einem Winkel von 45° nach links oben, rechts unten oder nach links unten angetragen werden.

Schrägbilder einer Stufe bei Ansicht

von links unten von links oben von rechts unten

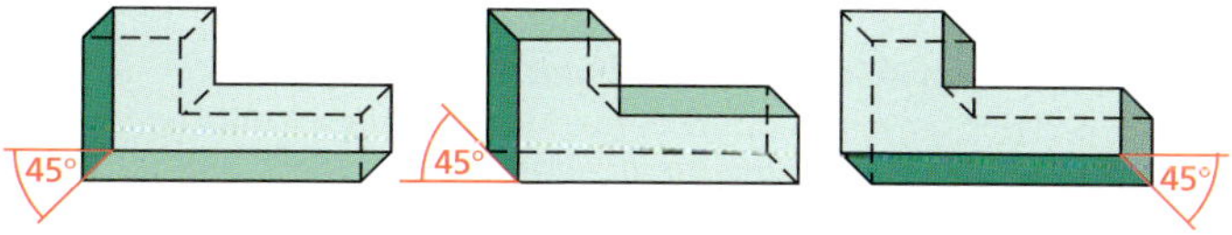

7.1.4 Senkrechte Parallelprojektionen

Bei einer **senkrechten Eintafelprojektion** wird nur eine Bildebene verwendet. Die Höhe der Punkte über der Bildebene wird in einem Höhenmaßstab angegeben.

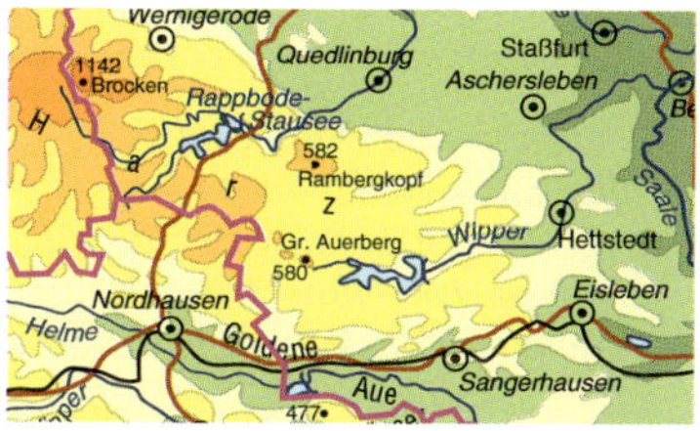

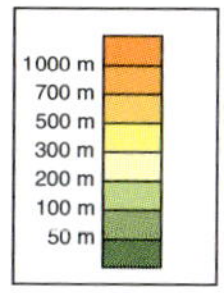

So werden z. B. in Landkarten die Höhen durch unterschiedliche Farben gekennzeichnet.

Bei einer **senkrechten Zweitafelprojektion** erfolgt eine Abbildung gleichzeitig in zwei Ebenen. Die **Grundrissebene** befindet sich unter dem Körper, das in ihr entstehende Bild heißt **Grundriss.** Hinter dem Körper befindet sich die **Aufrissebene,** das dort entstehende Bild wird **Aufriss** genannt (Grundriss- und Aufrissebene sind zueinander senkrecht). Dem Grundriss eines Körpers entspricht die Ansicht von oben **(Draufsicht)** und dem Aufriss die Ansicht von vorn **(Vorderansicht).** Werden beide Ansichten in derselben Ebene dargestellt, entsteht ein **Zweitafelbild.**

In ein Zweitafelbild kann die Schnittgerade der beiden Ebenen, die **Rissachse** heißt, eingezeichnet werden. Sie ist eine Hilfslinie zum Zeichnen eines Zweitafelbildes. Weitere Hilfslinien sind die **Ordnungslinien,** die den Grund- und Aufriss von Punkten verbinden und senkrecht zur Rissachse sind.

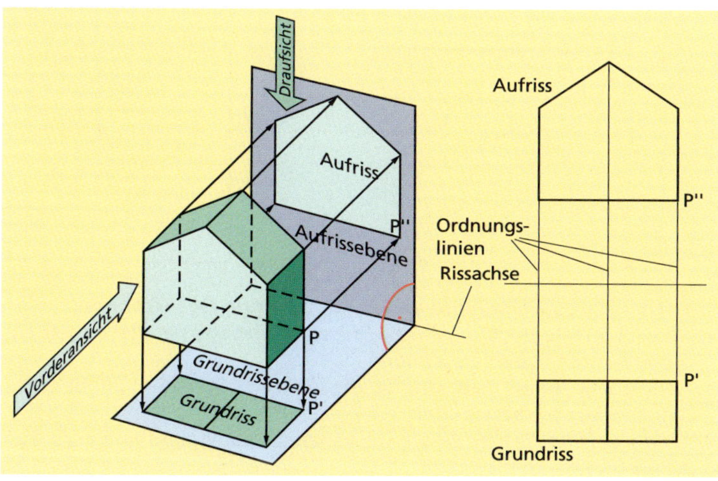

Das Bild eines Punktes P im Grundriss wird mit P' und sein Bild im Aufriss mit P" bezeichnet.

Um möglichst viele Flächen in wahrer Größe abzubilden, wird der Körper so dargestellt, dass einige Begrenzungsflächen parallel zur Grundriss- bzw. zur Aufrissebene sind.

Schrittfolge beim Zeichnen einer Zweitafelprojektion:

1. Der Körper wird von oben betrachtet und der Grundriss gezeichnet. Dazu werden eine Rissachse als Hilfslinie und die Breitenlinie parallel zur Rissachse eingezeichnet.
2. Kanten, die senkrecht zur Rissachse verlaufen, werden über die Rissachse hinaus verlängert, d. h., die Ordnungslinien werden gezeichnet.
3. Der Körper wird von vorn betrachtet und der Aufriss gezeichnet. Die Eckpunkte werden beschriftet.
4. Die Körperkanten werden nachgezogen.

Konstruktion des Zweitafelbildes eines gegebenen Quaders. Der Quader steht auf der Grundrissebene. Die Kante $\overline{CD}$ verläuft parallel zur Rissachse im Abstand a.

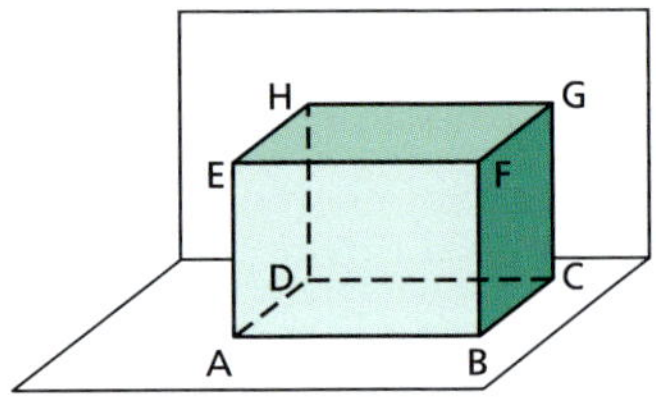

1. Zeichnen des Grundrisses

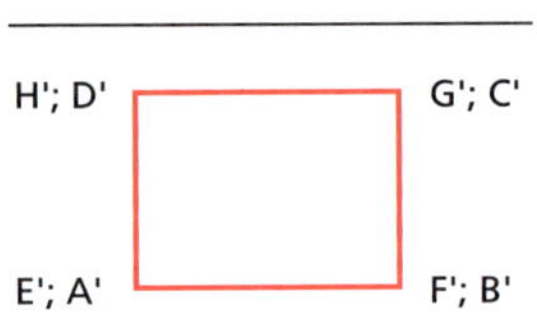

2. Zeichnen der Ordnungslinien

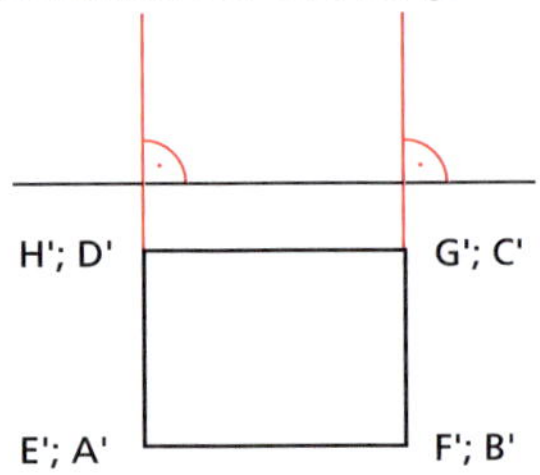

3. Zeichnen des Aufrisses

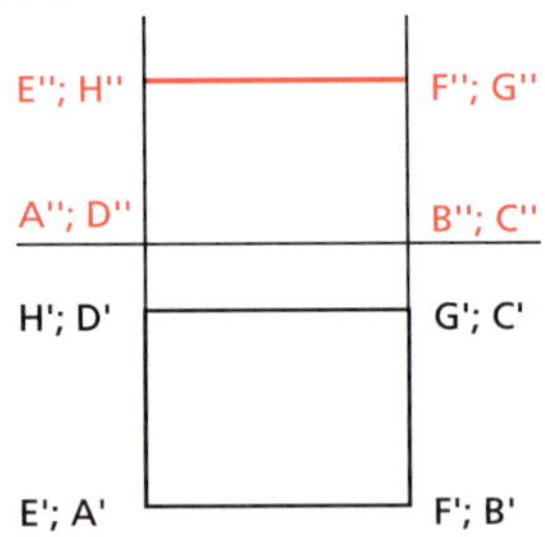

4. Nachziehen der Körperkanten

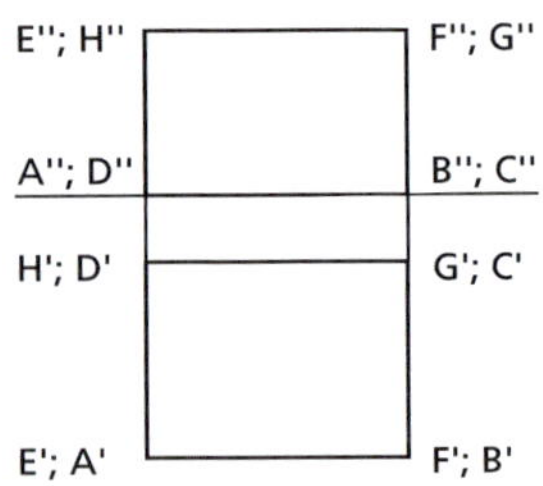

Fallen die Bilder zweier Punkte im Grundriss oder Aufriss zusammen, so wird der Punkt, den man zuerst sieht, als erster Punkt bezeichnet.
Zur Kontrolle überprüft man, ob jeder Eckpunkt des Körpers ein Bild sowohl im Grundriss als auch im Aufriss besitzt und beide Bildpunkte immer auf der gleichen Ordnungslinie liegen.

Eine senkrechte Zweitafelprojektion hat folgende Eigenschaften:

(1) Jede ebene Begrenzungsfläche, die zur Bildebene parallel ist, wird in ihrer wahren Größe abgebildet.
Jede ebene Begrenzungsfläche, die senkrecht zu einer Bildebene ist, wird als Strecke abgebildet.

(2) Sind zwei Strecken im Original zueinander parallel, so sind auch ihre Bilder zueinander parallel.

Die **wahre Größe und Gestalt** der verzerrt abgebildeten Strecken, Winkel oder Flächen können jeweils durch Konstruktion ermittelt werden.

Es soll die wahre Größe einer Seitenkante und einer Seitenfläche einer Pyramide konstruiert werden.

wahre Größe einer Seitenkante

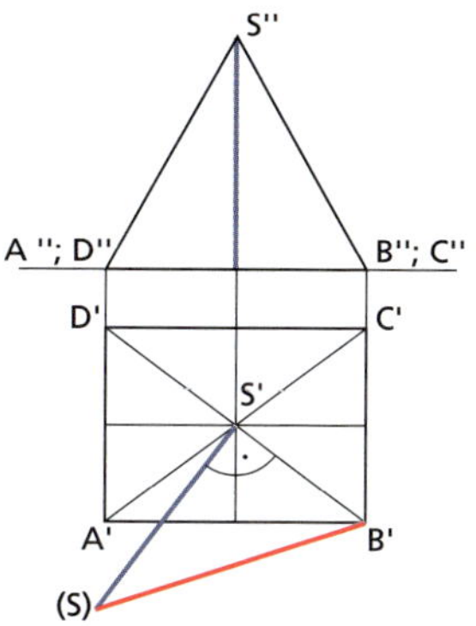

wahre Größe einer Seitenfläche

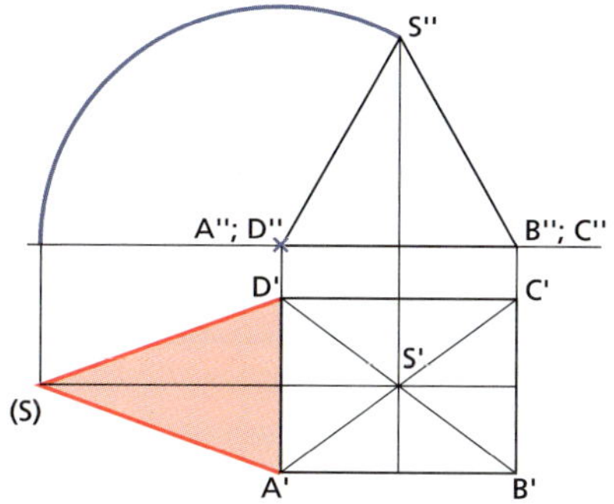

Werden außer der Grundriss- und der Aufrissebene noch weitere Bildebenen verwendet, entstehen **Mehrtafelbilder.**

Mehrtafelbilder können bis zu sechs Ansichten eines Körpers enthalten.

7.1.5 Körpernetze

Wird ein Körper gedanklich aufgeschnitten und können alle Begrenzungsflächen in eine Ebene geklappt bzw. abgerollt werden, so entsteht ein **Netz** eines Körpers.

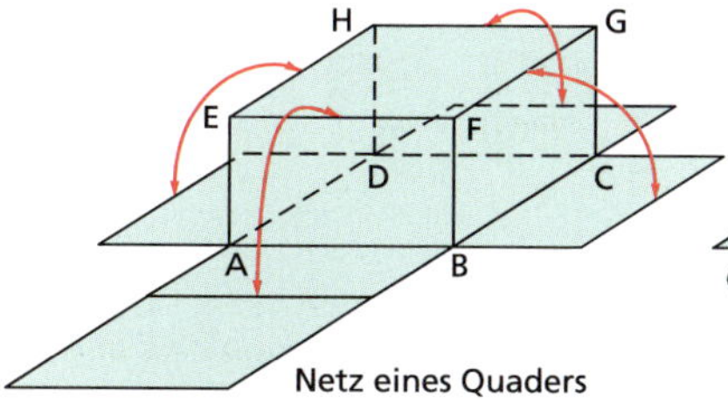

Netz eines Quaders

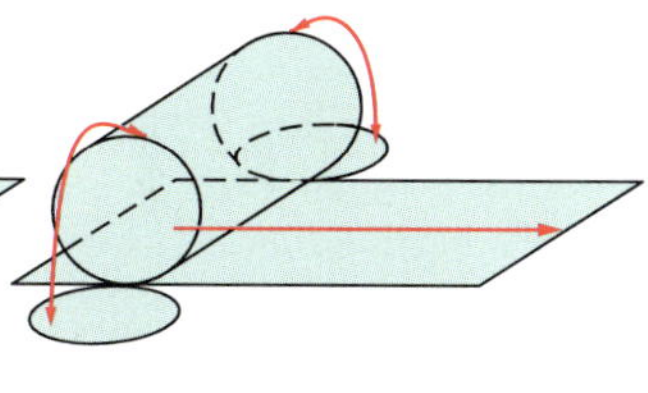

Netz eines Zylinders

Will man sich umgekehrt zu einem gegebenen Netz den dazugehörigen Körper vorstellen, so wählt man eine möglichst zentral gelegene Fläche aus und klappt die übrigen Flächen in Gedanken zu dieser Fläche hin.

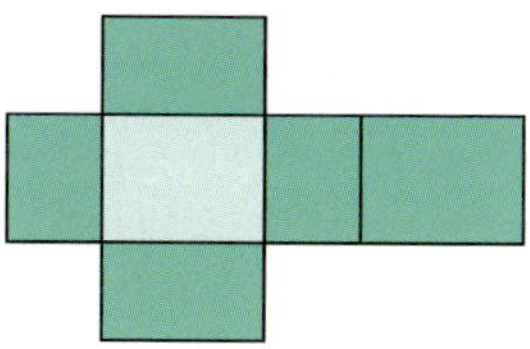

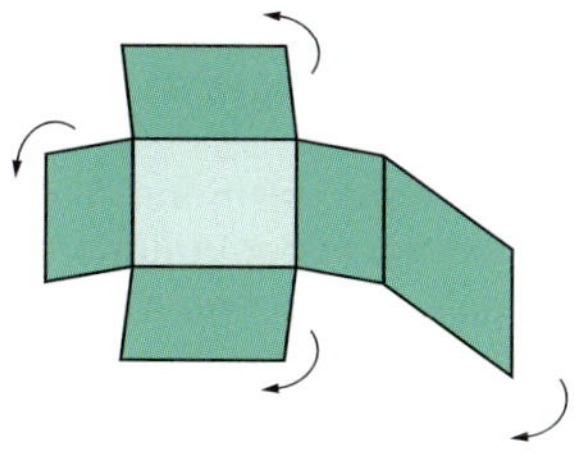

7.2 Grundlagen der Körperberechnung

D Die **Oberfläche** eines Körpers ist die Gesamtheit seiner Begrenzungsflächen.

Die Oberfläche ist nicht nur die Fläche, die „oben" liegt.

Oberfläche eines Dominosteins: alle 6 Seitenflächen

Oberfläche eines Würfels: alle 6 Seitenflächen

Globusoberfläche: gesamte Oberfläche des Globus

D Der **Oberflächeninhalt** eines Körpers ist die Summe der Flächeninhalte aller Begrenzungsflächen und wird mit A_O bezeichnet.

volumen (lat.) – Windung, Krümmung

D Die Größe des Raumes, der von den Begrenzungsflächen eines Körpers eingeschlossen wird, heißt **Volumen (Rauminhalt)** des Körpers und wird mit V bezeichnet.

Körper können unterschiedliche Formen, aber gleiches Volumen besitzen. Ein Volumenvergleich ist durch Zerlegung in Einheitswürfel möglich.

Würfelvierlinge

FRANCESCO BONAVENTURA CAVALIERI (1598 bis 1647)

S **Satz des Cavalieri (cavalierisches Prinzip):** Liegen zwei Körper zwischen parallelen Ebenen und haben sie sowohl in diesen als auch in allen parallelen Zwischenebenen inhaltsgleiche Schnittfiguren, so sind ihre Rauminhalte gleich.

Mit dem Satz des Cavalieri kann man die Rauminhalte zweier beliebiger Körper vergleichen.
Dieser Satz wird bei der Herleitung vieler Volumenformeln verwendet, indem man das neue Problem auf Bekanntes zurückführt.

CAVALIERI führte die Gedanken von ARCHIMEDES und KEPLER zur Inhaltsbestimmung weiter.

7.3 Würfel und Quader

7.3.1 Begriffe und Formeln

D Ein **Würfel** (Hexaeder) ist ein geometrischer Körper, der von sechs zueinander kongruenten Quadraten begrenzt wird.

D Ein **Quader** ist ein geometrischer Körper, der von drei Paaren zueinander kongruenter Rechtecke, die jeweils in zueinander parallelen Ebenen liegen, begrenzt wird.

quadrum (lat.) – Viereck

Ein Würfel ist ein spezieller Quader.

Schrägbild und Netz eines Würfels

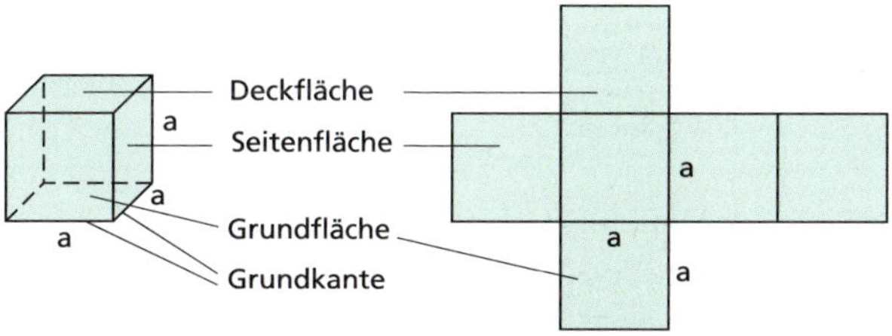

S Für das **Volumen** bzw. den **Oberflächeninhalt** von Würfeln mit der Kantenlänge a gilt:

$V = a^3$ bzw. $A_O = 6\,a^2$

Schrägbild und Netz eines Quaders

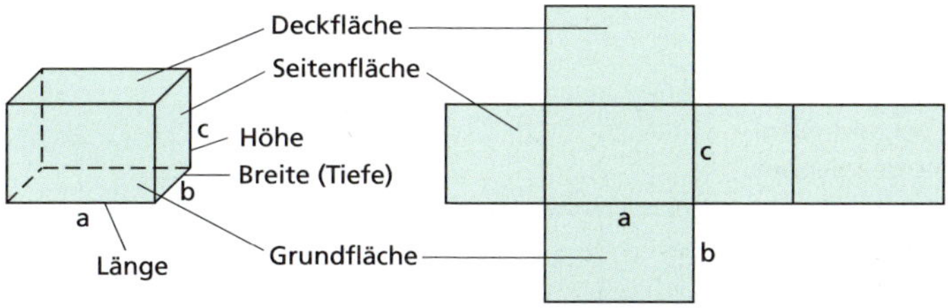

S Für das **Volumen** bzw. den **Oberflächeninhalt** von Quadern mit den Kantenlängen a, b und c gilt:

$V = abc$ bzw. $A_O = 2(ab + ac + bc)$

Das Volumen eines Quaders kann durch Auslegen mit Einheitswürfeln bestimmt oder aus den Längen der Kanten berechnet werden.

Die Volumenformel für einen Quader kann auch in der Form $V = A_G \cdot h$ geschrieben werden. Bei einem Quader kann jede Begrenzungsfläche Grundfläche sein.

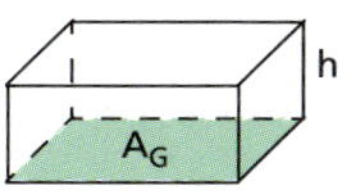

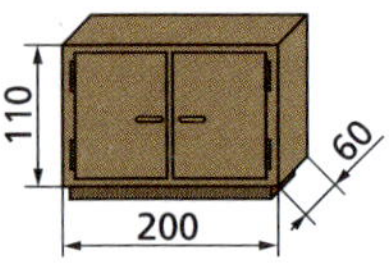

Das Volumen eines Schrankes, der eine Länge von 200 cm, eine Tiefe von 60 cm und eine Höhe von 110 cm hat, soll berechnet werden.

Gesucht: V
Gegeben: a = 200 cm; b = 60 cm; c = 110 cm
Lösung: V = abc
$V = 200\text{ cm} \cdot 60\text{ cm} \cdot 110\text{ cm} = 1\,320\,000\text{ cm}^3 = 1{,}32\text{ m}^3$
Antwort: Der Schrank hat ein Volumen von etwa $1{,}3\text{ m}^3$.

7.3.2 Darstellung von Würfeln und Quadern

Würfel und Quader können im Schrägbild (↗ S. 267 f.) oder im Zweitafelbild (↗ S. 270) dargestellt werden. Ein Schrägbild lässt sich leicht auf Papier mit Quadratraster zeichnen. Die Tiefenlinien können in Richtung der Diagonalen der Quadrate gezeichnet werden. Zur Wahl des Verkürzungsverhältnisses gibt es zwei Möglichkeiten, wenn Quadrateckpunkte als Eckpunkte der Körper verwendet werden sollen.

	Variante 1	Variante 2
Beispiel	Würfel mit a = 1,5 cm	Würfel mit a = 2 cm
Verkürzungsverhältnis q	$\frac{1 \text{ Diagonalenlänge}}{3 \text{ Kästchenlängen}} \approx 0{,}47$	$\frac{1 \text{ Diagonalenlänge}}{2 \text{ Kästchenlängen}} \approx 0{,}71$
Vorteile	gute Übereinstimmung mit q = 0,5	Kantenlängen sind Vielfache von 1 cm
Nachteile	Kantenlängen sind Vielfache von 1,5 cm	größere Abweichung von q = 0,5
1. Vorderfläche wird in wahrer Größe gezeichnet.	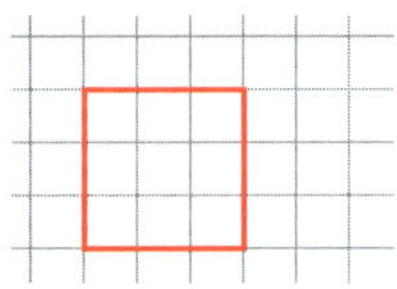	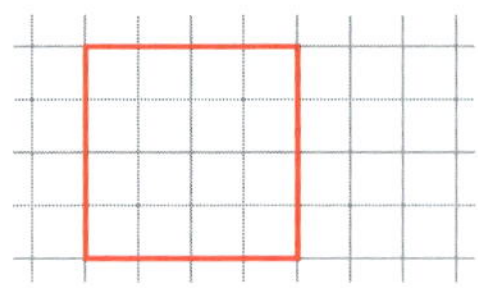
2. Die Tiefenlinien werden in Diagonalenrichtung entsprechend dem Verkürzungsverhältnis gezeichnet.	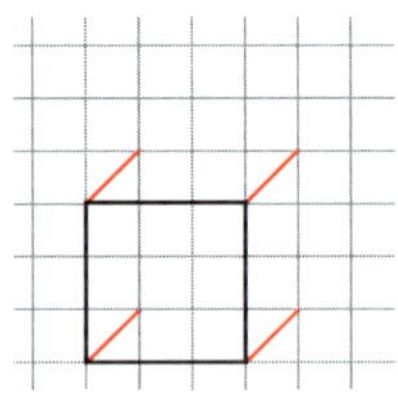	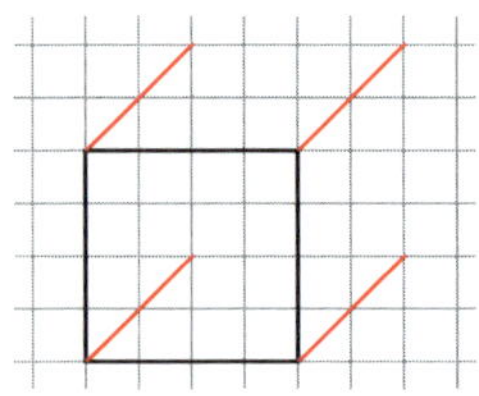
3. Die übrigen Punkte werden verbunden, sichtbare Kanten stärker nachgezeichnet.	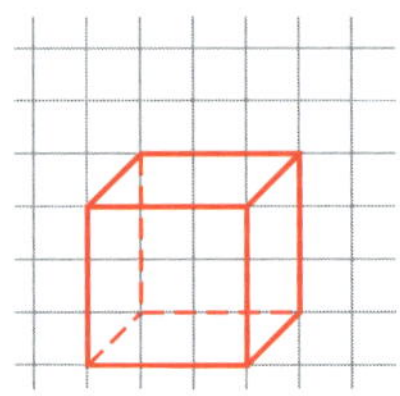	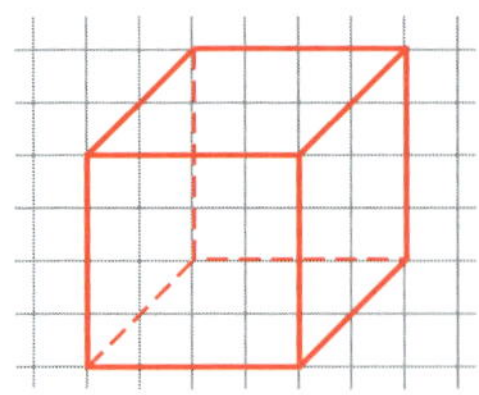

7.4 Prisma und Kreiszylinder

7.4.1 Begriffe und Formeln

Prisma

D

Ein Körper heißt **gerades n-seitiges Prisma** (kurz: **Prisma**), wenn er begrenzt wird von
- zwei zueinander kongruenten und zueinander parallelen n-Eckflächen und
- n Rechteckflächen.

Die n-Ecke sind die Grund- bzw. Deckfläche des Prismas. Die Rechtecke sind seine Seitenflächen, die zusammen die Mantelfläche bilden. Die Höhe des Prismas ist der Abstand zwischen der Grund- und der Deckfläche. Entsprechend der Anzahl der Seitenflächen heißt ein Prisma dreiseitig, vierseitig, fünfseitig usw.

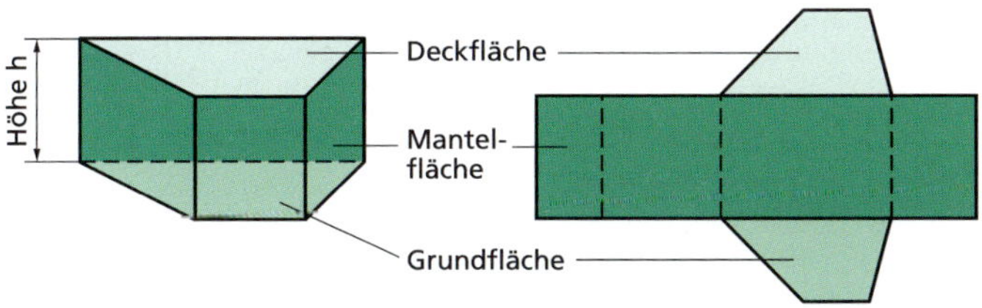

S

Für das **Volumen** bzw. den **Oberflächeninhalt** von Prismen gilt:
$V = A_G \cdot h$ bzw. $A_O = 2\,A_G + A_M$

Eine Konfektverpackung hat die Form eines Prismas mit einem rechtwinkligen Dreieck als Grundfläche. Es soll das Volumen der Verpackung und der Bedarf an Verpackungsmaterial (ohne Klebekanten) berechnet werden.

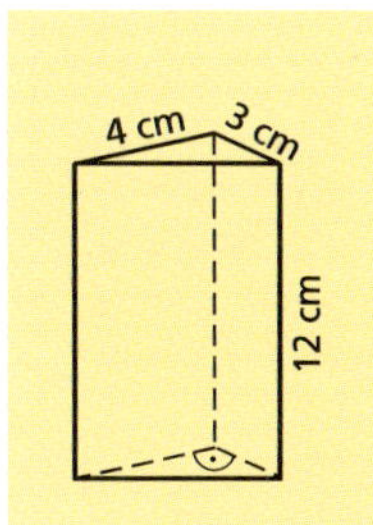

Gesucht: $V,\ A_O$
Gegeben: $a = 3$ cm; $b = 4$ cm; $h = 12$ cm
Lösung:

$A_G = \frac{1}{2}\,a \cdot b$ $\qquad$ $V = A_G \cdot h$

$A_G = \frac{1}{2} \cdot 3\text{ cm} \cdot 4\text{ cm}$ $\qquad$ $V = 6\text{ cm}^2 \cdot 12\text{ cm}$

$A_G = 6\text{ cm}^2$ $\qquad$ $V = 72\text{ cm}^3$

$c = \sqrt{a^2 + b^2}$ $\qquad$ $A_M = a \cdot h + b \cdot h + c \cdot h$ $\qquad$ $A_O = 2A_G + A_M$

$c = \sqrt{9\text{ cm}^2 + 16\text{ cm}^2}$ $\qquad$ $A_M = h(a + b + c)$ $\qquad$ $A_O = 12\text{ cm}^2 + 144\text{ cm}^2$

$c = \sqrt{25\text{ cm}^2}$ $\qquad$ $A_M = 12\text{ cm} \cdot 12\text{cm}$ $\qquad$ $A_O = 156\text{ cm}^2$

$c = 5$ cm $\qquad$ $A_M = 144\text{ cm}^2$

Antwort: Das Volumen der Verpackung beträgt 72 cm^3.
Man benötigt 156 cm^2 Verpackungsmaterial für die Konfektschachtel.

Beim Erkennen und Darstellen von Prismen ist zu beachten, dass ein Prisma nicht nur auf der Grundfläche *stehen,* sondern auch auf einer Seitenfläche *liegen* kann. Zur Unterscheidung dieser Lagemöglichkeiten spricht man von **stehenden** und **liegenden Prismen.**

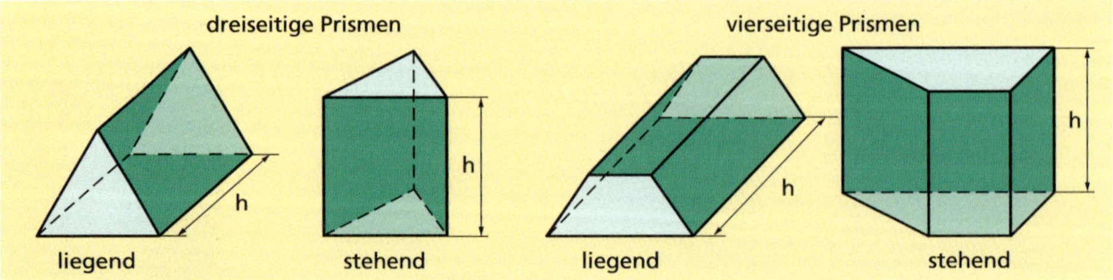

Ein Kanalbett wird ausgehoben. Der Querschnitt hat die Form eines gleichschenkligen Trapezes.
Wie viel Kubikmeter Erde müssen ausgehoben werden, wenn der Kanal eine Länge von 2,0 km haben soll?

Gesucht: V

Skizze:

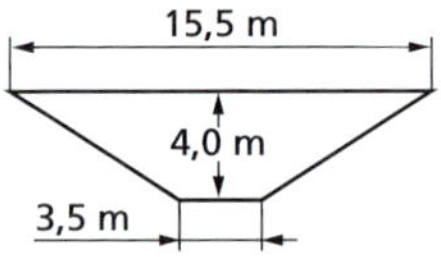

Gegeben: $a = 15{,}5\ \text{m}$
$h = 4{,}0\ \text{m}$
$c = 3{,}5\ \text{m}$
$l = 2{,}0\ \text{km} = 2\,000\ \text{m}$

Lösung: Der Kanal hat die Form eines liegenden Prismas mit der Höhe l. Der Querschnitt des Kanals ist die Grundfläche des Prismas.

$V = A_G \cdot l \qquad A_G = \frac{a+c}{2} h$

$V = \frac{15{,}5\ \text{m} + 3{,}5\ \text{m}}{2} \cdot 4{,}0\ \text{m} \cdot 2\,000\ \text{m} = 76\,000\ \text{m}^3$

Antwort: Für den Kanal müssen $7{,}6 \cdot 10^4\ \text{m}^3$ Erde ausgehoben werden.

Ein **Prisma** ist ein Spezialfall des **Prismatoids.**

D Ein Prisma heißt **regelmäßig (regulär),** wenn die Grundfläche ein regelmäßiges n-Eck ist.

Kreiszylinder

kylindros (griech.) – Walze, Rolle

D Ein Körper heißt **gerader Kreiszylinder** (kurz: **Zylinder**), wenn er begrenzt wird von
- zwei zueinander kongruenten und zueinander parallelen Kreisflächen und
- einer gekrümmten Fläche, die bei einer Abwicklung in eine Ebene ein Rechteck ergibt.

Die Kreisflächen sind die Grund- bzw. Deckfläche des Kreiszylinders. Die gekrümmte Fläche ist seine Seitenfläche, die gleich der Mantelfläche ist. Die Höhe des Kreiszylinders ist der Abstand zwischen der Grund- und der Deckfläche.

Jede Strecke auf der Mantelfläche, die Grund- und Deckfläche verbindet und zu diesen senkrecht ist, heißt **Mantellinie.**

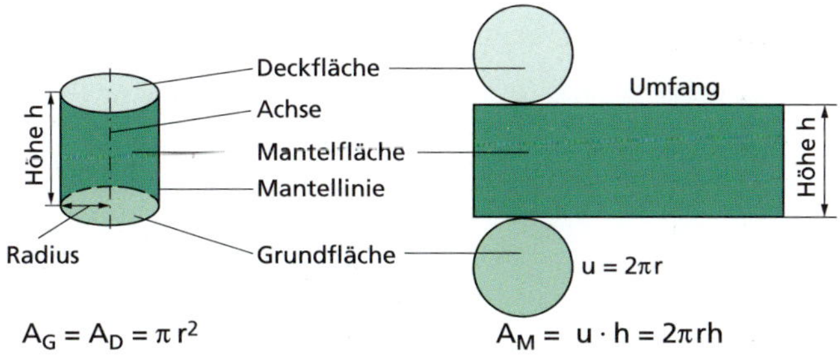

S Für das **Volumen** bzw. den **Oberflächeninhalt** von geraden Kreiszylindern gilt:

$V = A_G \cdot h$ bzw. $A_O = 2A_G + A_M$

$V = \pi r^2 h$ $\quad A_O = 2\pi r^2 + 2\pi r h$

$A_O = 2\pi r(r + h)$

Konservendosen mit einem Durchmesser von 9,6 cm und einer Höhe von 6,0 cm sollen mit einem Etikett, das sich nicht überlappt, rundum beklebt werden.
Wie groß ist der Inhalt einer Dose?
Wie groß ist die zu beklebende Fläche?

Gesucht: V, A_M
Gegeben: $d = 9{,}6$ cm
$h = 6{,}0$ cm

Lösung: $V = A_G \cdot h = \pi r^2 \cdot h$ $\qquad A_M = 2\pi r h$
$V = \pi \cdot (4{,}8\text{ cm})^2 \cdot 6\text{ cm}$ $\qquad A_M = 2\pi \cdot 4{,}8\text{ cm} \cdot 6\text{ cm}$
$V \approx 430\text{ cm}^3$ $\qquad A_M \approx 180\text{ cm}^2$

Antwort: Die Dose hat ein Volumen von etwa 430 cm³.
Es muss bei jeder Dose eine Fläche von etwa 180 cm² beklebt werden.

Die Gerade durch die Mittelpunkte der Grund- und Deckfläche heißt **Achse** des Kreiszylinders.
Kreiszylinder entstehen bei Rotation eines Rechtecks um eine der Seiten, die dann Achse des entstehenden Kreiszylinders ist.

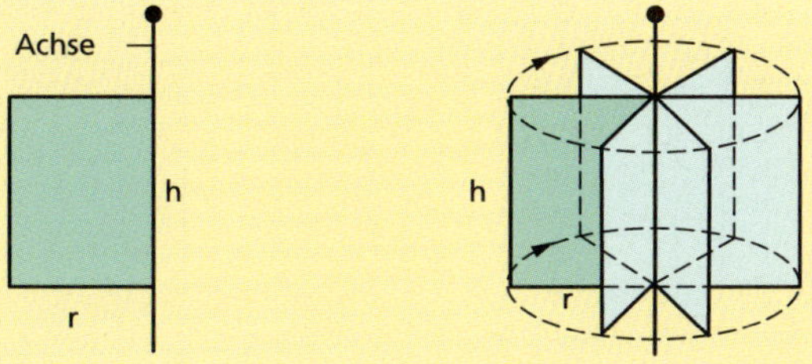

Auch Kreiszylinder können liegen oder stehen.

Säule – stehender Kreiszylinder

Walze – liegender Kreiszylinder

Die Berechnung des Volumens für ein beliebiges Prisma bzw. einen Kreiszylinder lässt sich mithilfe des Satzes des Cavalieri auf die Volumenberechnung eines Quaders zurückführen.
Da jedes Prisma durch Zerlegung der Grundfläche in dreiseitige Prismen zerlegt werden kann, braucht man die Überlegung nur für dreiseitige Prismen durchzuführen.

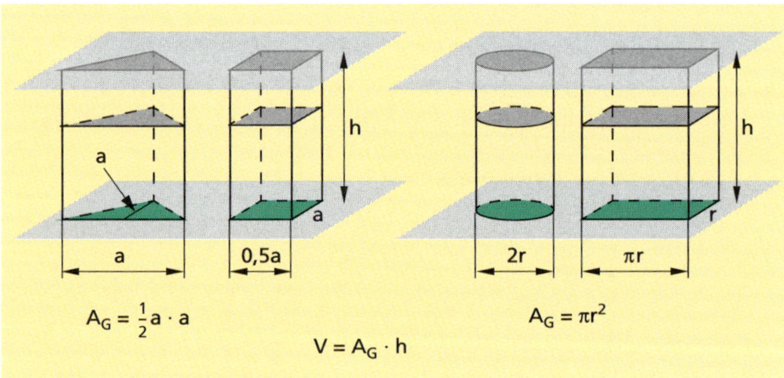

Ein schiefes vierseitiges **Prisma** mit einem Parallelogramm als Grundfläche heißt **Spat.**

Nach dem Satz des Cavalieri ändert sich das Volumen eines Prismas oder eines Kreiszylinders nicht, wenn ihre Deckflächen in einer zur Grundfläche parallelen Ebene bewegt werden.
Wenn in dieser Ebene die Deckfläche eines Prismas in Richtung einer Grundkante oder die Deckfläche eines Kreiszylinders in beliebiger Richtung verschoben werden, heißen die dabei entstehenden Körper **schiefes Prisma** bzw. **schiefer Kreiszylinder.** Bei einem schiefen Prisma sind die Seitenflächen Parallelogramme.

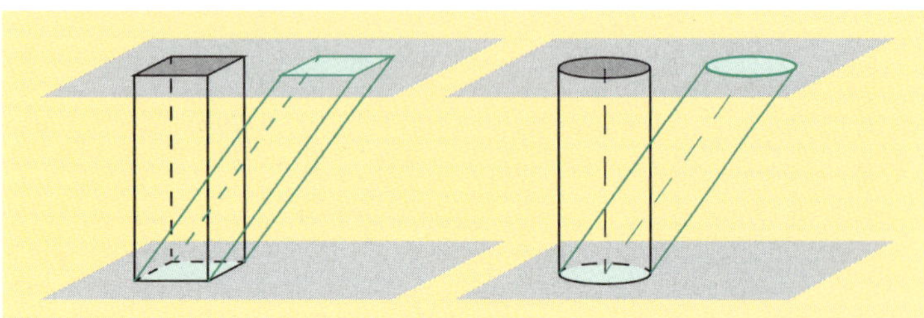

Ein **Hohlzylinder** ist ein Restkörper. Er entsteht, wenn aus einem geraden Kreiszylinder ein Kreiszylinder mit einem kleineren Radius, aber mit der gleichen Achse entfernt wird.

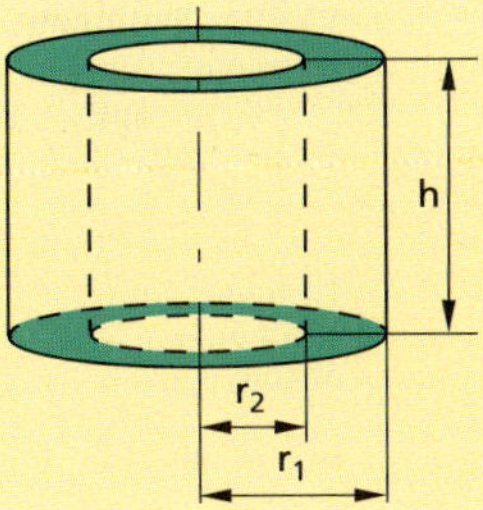

$$V = V_1 - V_2 = \pi r_1^2 h - \pi r_2^2 h$$
$$V = \pi h(r_1^2 - r_2^2)$$
$$A_O = 2A_G + A_{M_1} + A_{M_2}$$
$$A_O = 2(\pi r_1^2 - \pi r_2^2) + 2\pi r_1 h + 2\pi r_2 h$$
$$A_O = 2\pi(r_1^2 - r_2^2 + r_1 h + r_2 h)$$

Ein 100 cm langes Wasserrohr aus Gusseisen hat einen äußeren Durchmesser von 35 cm und eine Wandstärke von 1,5 cm.
Wie viel Kubikdezimeter Gusseisen werden zur Herstellung dieses Rohres benötigt?

Gesucht: V
Gegeben: $r_1 = 17{,}5$ cm
$r_2 = 16{,}0$ cm
$h = 100$ cm

Lösung: $V = \pi h(r_1^2 - r_2^2)$
$V = \pi \cdot 100\text{ cm}\,[(17{,}5\text{ cm})^2 - (16\text{ cm})^2]$
$V \approx 15\,800\text{ cm}^3$
$V \approx 15{,}8\text{ dm}^3$

Antwort: Etwa 15,8 dm^3 Gusseisen werden benötigt.

7.4.2 Darstellung von Kreiszylindern und Prismen

Schrägbilder liegender Prismen in Kavalierprojektion können nach der allgemeinen Schrittfolge (↗ S. 268; Kavalierprojektion) gezeichnet werden.

Schrägbild eines liegenden Kreiszylinders:
1. Die Grundfläche wird gezeichnet und der Mittelpunkt eingetragen.
2. Der Mittelpunkt der Deckfläche wird bestimmt, indem das Schrägbild der Achse gezeichnet wird.
3. Die Deckfläche wird gezeichnet.
4. Gemeinsame Tangenten werden an die Kreise angetragen.

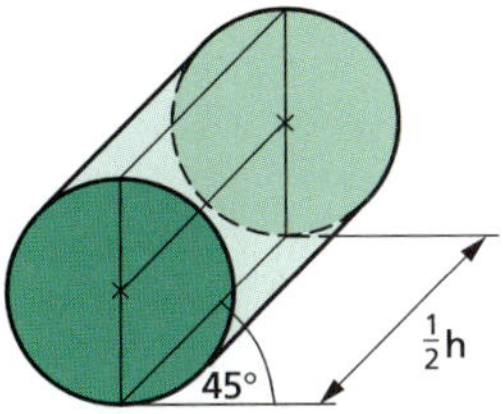

Zur Darstellung eines **stehenden Prismas in Kavalierprojektion** muss zuerst das Schrägbild der Grundfläche gezeichnet werden. Wenn es in der Grundfläche Kanten gibt, die nicht in Tiefenrichtung verlaufen, müssen Hilfslinien in Tiefenrichtung eingezeichnet werden.

i

priein (griech.) – zersägen

Schrittfolge	Beispiel: dreiseitiges Prisma
1. Die Grundfläche wird in wahrer Größe gezeichnet, Tiefenlinien werden eingezeichnet und deren Länge wird bestimmt.	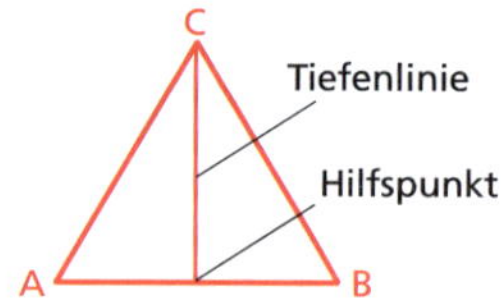
2. Das Schrägbild der Grundfläche wird mithilfe der in Schritt 1 eingetragenen und auf die Hälfte verkürzten Tiefenlinien gezeichnet.	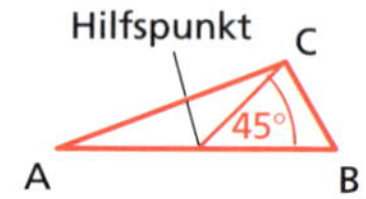
3. Die Deckfläche wird durch Abtragen der Höhe des Prismas auf Senkrechten zur Grundfläche bzw. durch Parallelverschiebung gezeichnet.	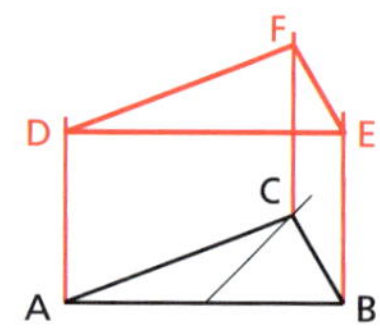
4. Die Körperkanten werden unter Beachtung der Sichtbarkeit nachgezeichnet.	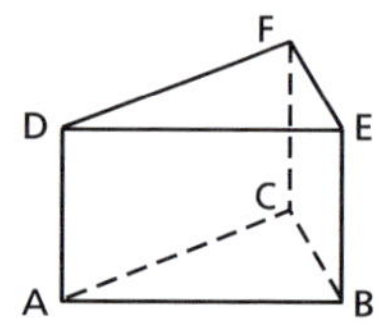

Um ein Schrägbild eines stehenden Kreiszylinders zu zeichnen, muss zuerst das Schrägbild der Grundfläche gezeichnet werden. Zur Vereinfachung können die Tiefenlinien im Winkel von 90° (im Gegensatz zu 45° bei der Kavalierprojektion) angetragen werden.

1. Der Grundkreis wird gezeichnet mit Sehnen als Hilfslinien, die senkrecht zum Durchmesser in gleichen Abständen verlaufen.

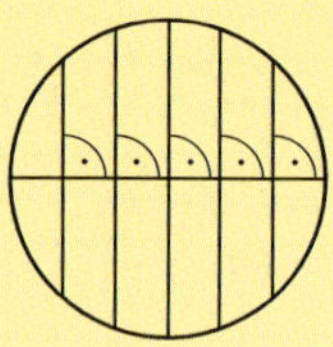

2. Die Hilfslinien werden auf die Hälfte verkürzt.

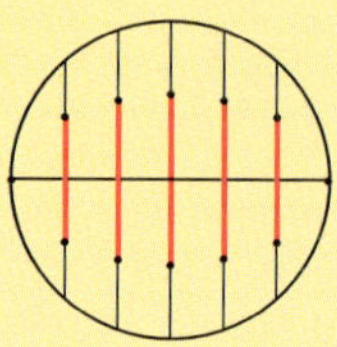

3. Die Endpunkte der Hilfslinien werden verbunden (frei Hand). Die Höhe wird auf einigen Mantellinien abgetragen.

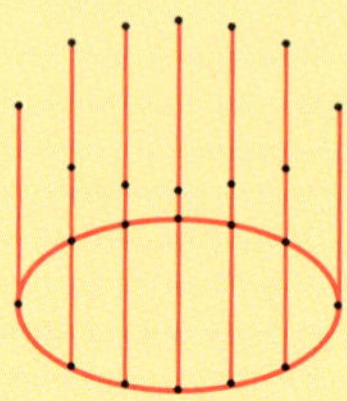

4. Das Schrägbild der Deckfläche wird gezeichnet, indem die Endpunkte der Mantellinien verbunden werden.

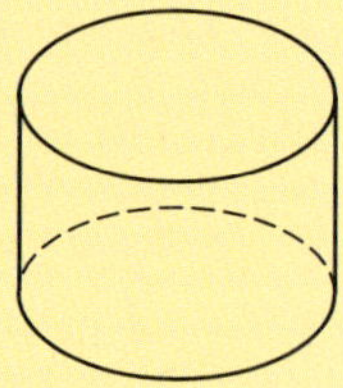

Das Schrägbild eines Kreises heißt **Ellipse.**
Werden die Tiefenlinien in einem Winkel von 45° angetragen, entsteht eine Ellipse, deren Hauptachse um etwa 7° gedreht ist.

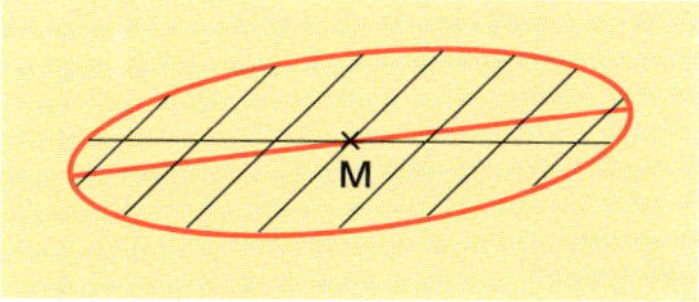

elleipon (griech.) – das Fehlen, der Mangel

Für **Zweitafelbilder** von Prismen und Kreiszylindern sollten möglichst viele Flächen parallel zur Grundriss- bzw. Aufrissebene liegen.

Dreiseitiges Prisma

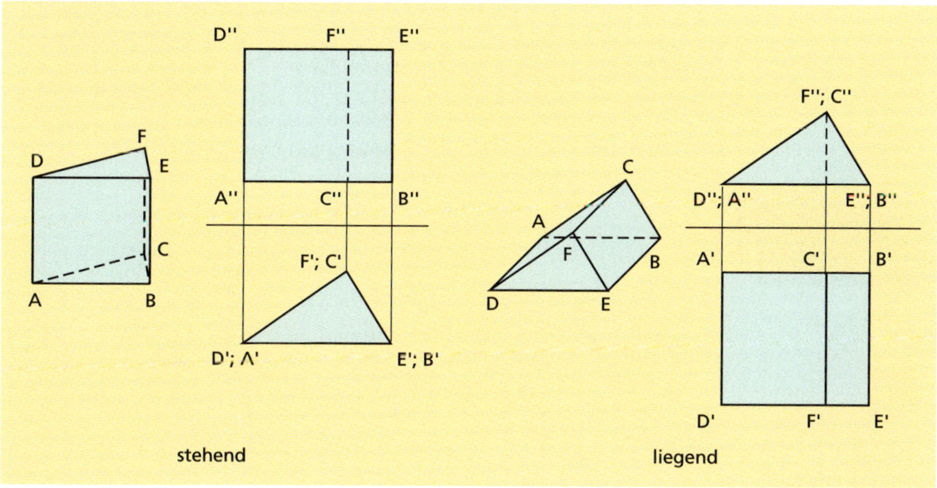

Kreiszylinder

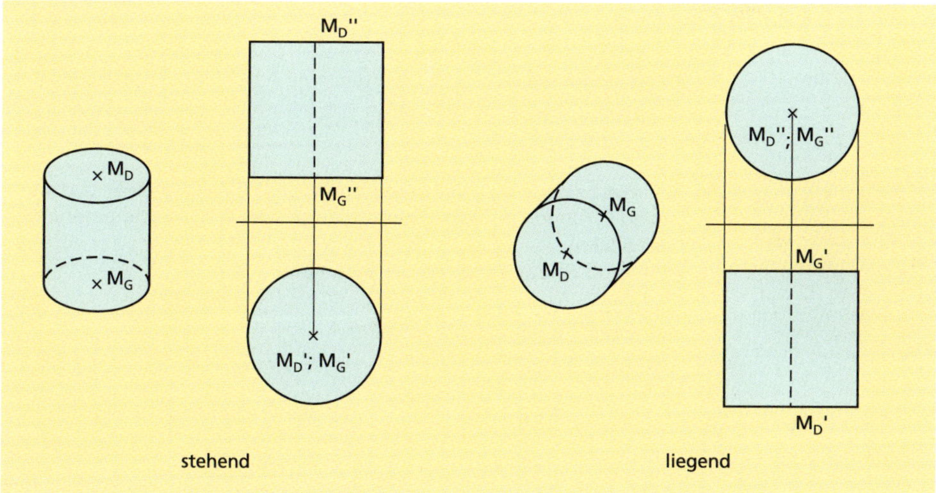

7.5 Pyramide und Kreiskegel

7.5.1 Begriffe und Formeln

Pyramide

pyramis (griech.) – Pyramide

D

Ein Körper heißt **Pyramide,** wenn er begrenzt wird von
- einer n-Eckfläche und
- n Dreiecksflächen, die einen Punkt S (Spitze) gemeinsam haben.

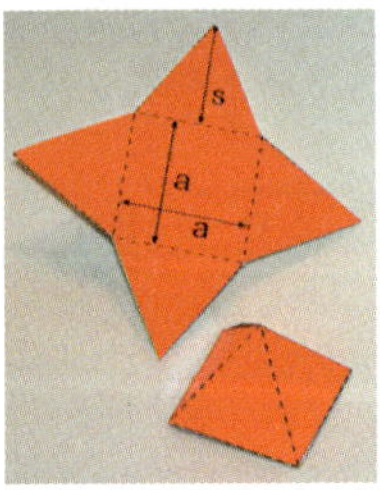

Das n-Eck ist die Grundfläche der Pyramide. Die Dreiecke sind ihre Seitenflächen, die zusammen den Mantel bilden.
Die **Höhe** der Pyramide ist der Abstand der Spitze der Pyramide von der Grundfläche.
Die Seiten der Grundfläche heißen **Grundkanten** und die Seiten der Seitenflächen heißen **Seitenkanten.**

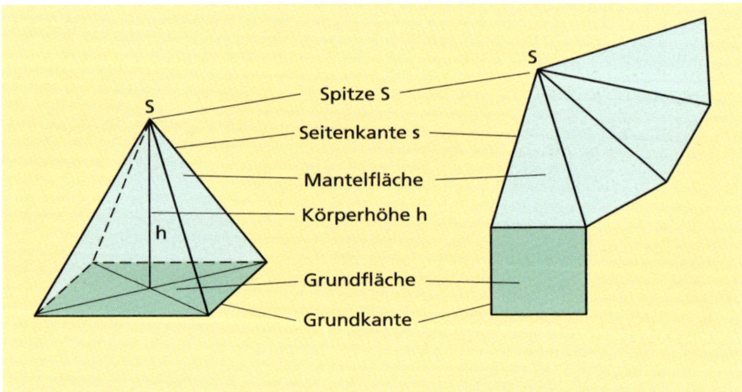

S

Für das **Volumen** bzw. den **Oberflächeninhalt** einer Pyramide gilt:

$V = \frac{1}{3} A_G \cdot h$ bzw. $A_O = A_G + A_M$

Ein Werbestand auf einem Marktplatz hat die Form einer quadratischen Pyramide mit einer Kantenlänge vom 4,20 m und einer Höhe von 5,50 m.
Wie groß ist das Volumen der Pyramide?

Gesucht: V
Gegeben: a = 4,20 m; h = 5,50 m
Lösung: $A_G = a^2$ $\quad V = \frac{1}{3} A_G \cdot h$

$A_G = 17{,}64\ m^2$ $\quad V = \frac{1}{3} \cdot 17{,}64\ m^2 \cdot 5{,}5\ m$

$V \approx 32{,}3\ m^3$

Antwort: Das Volumen der Pyramide beträgt etwa 32,3 m^3.

Pyramiden werden nach der Anzahl der Seitenflächen unterschieden. Bei einer dreiseitigen Pyramide kann jede Fläche Grundfläche sein.

dreiseitige Pyramide

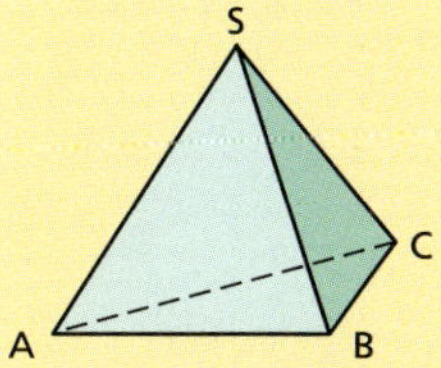

Eine dreiseitige Pyramide, deren Kanten alle gleich lang sind, heißt **Tetraeder** (regelmäßiges Tetraeder).

vierseitige Pyramide

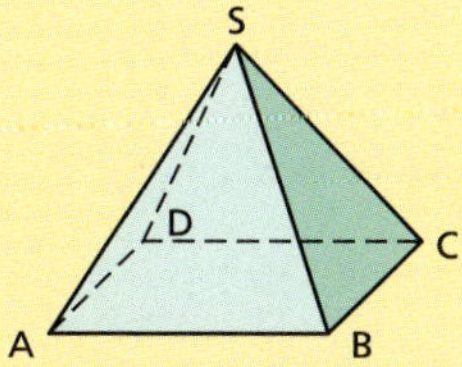

Eine Pyramide mit einem Quadrat bzw. Rechteck als Grundfläche heißt **quadratische** bzw. **rechteckige Pyramide.**

sechsseitige Pyramide

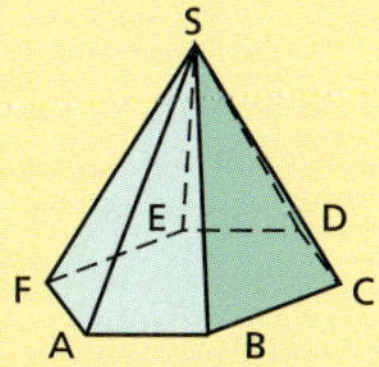

Eine Pyramide heißt **regelmäßig (regulär),** wenn die Grundfläche ein regelmäßiges n-Eck (hier regelmäßiges Sechseck) ist.

tettares (griech.) – vier

Liegt die Spitze der Pyramide senkrecht über dem Mittelpunkt der Grundfläche, so heißt die Pyramide **gerade,** sonst heißt sie **schief**.
Bei einer geraden Pyramide sind alle Seitenkanten gleich lang.
Umgekehrt gilt:
Sind bei einer Pyramide alle Seitenkanten gleich lang, so ist die Pyramide gerade.

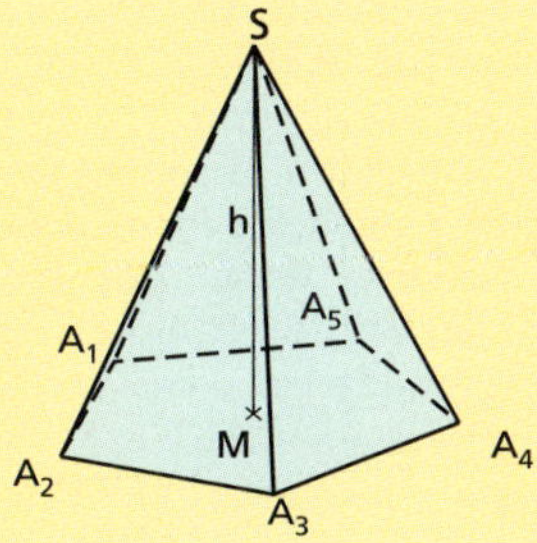

Der Mittelpunkt der Grundfläche ist der Mittelpunkt des Umkreises.

Bei Pyramiden muss zwischen der Körperhöhe h und der Höhe h_s der Seitenflächen unterschieden werden. Bei einer geraden quadratischen Pyramide gilt nach dem Satz des Pythagoras:

(1) $h^2 + \left(\frac{a}{2}\right)^2 = h_s^2$ (2) $h_s^2 + \left(\frac{a}{2}\right)^2 = s^2$

In (1) für h_s^2 aus (2) eingesetzt ergibt sich:

$$h^2 + \left(\frac{a}{2}\right)^2 = s^2 - \left(\frac{a}{2}\right)^2 \quad \Big| + \left(\frac{a}{2}\right)^2$$

$$h^2 + 2\frac{a^2}{4} = s^2$$

$$h^2 + \frac{a^2}{2} = s^2$$

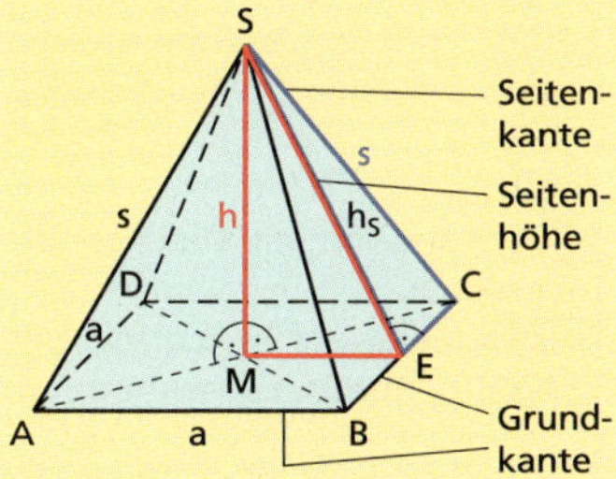

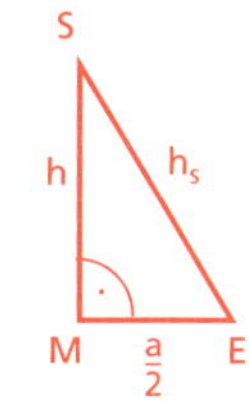

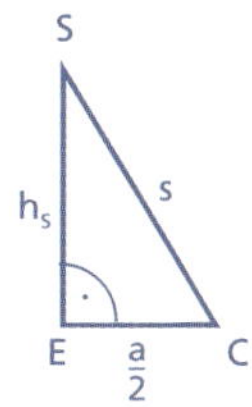

Für den **Oberflächeninhalt** einer geraden **quadratischen Pyramide** gilt:

$$A_O = A_G + A_M = a^2 + 4 \cdot \frac{a \cdot h_s}{2} = a^2 + 2ah_s$$

$$A_O = a(a + 2h_s)$$

Bei der Sanierung eines Turmdaches, das die Form einer quadratischen Pyramide hat, muss die gesamte Dachfläche erneuert werden.
Wie groß ist die Dachfläche, wenn die Grundkante eine Länge von 13 m und die Pyramide eine Höhe von 16,5 m hat?

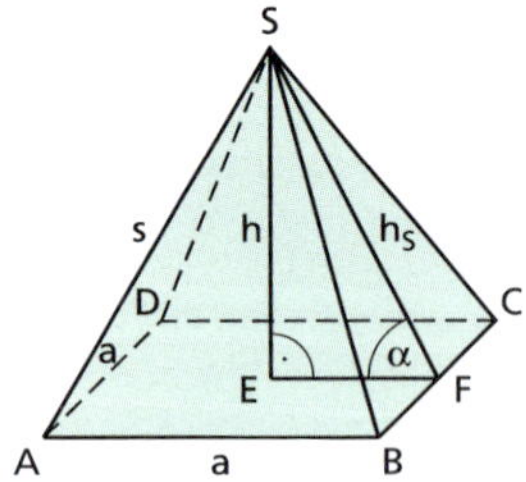

Gesucht: A_M
Gegeben: a = 13 m; h = 16,5 m

Lösung:

$$h_s^2 = \left(\frac{a}{2}\right)^2 + h^2$$
$$h_s = \sqrt{\left(\frac{a}{2}\right)^2 + h^2}$$
$$h_s = \sqrt{42{,}25\ \text{m}^2 + 272{,}25\ \text{m}^2}$$
$$h_s \approx 17{,}7\ \text{m}$$

$$A_M = 4 \cdot \frac{1}{2}\, a \cdot h_s$$
$$A_M = 2a \cdot h_s$$
$$A_M = 2 \cdot 13{,}0\ \text{m} \cdot 17{,}7\ \text{m}$$
$$A_M \approx 460\ \text{m}^2$$

Antwort: Die Dachfläche beträgt etwa 460 m^2.

Für eine quadratische Pyramide ergibt sich die Volumenformel durch folgende Überlegung:
Ein Würfel kann in sechs zueinander volumengleiche Pyramiden zerlegt werden, deren gemeinsame Spitze der Würfelmittelpunkt ist.
Jede Pyramide hat die Grundfläche $A_G = a^2$ und die Höhe $h = \frac{a}{2}$.
Also gilt:

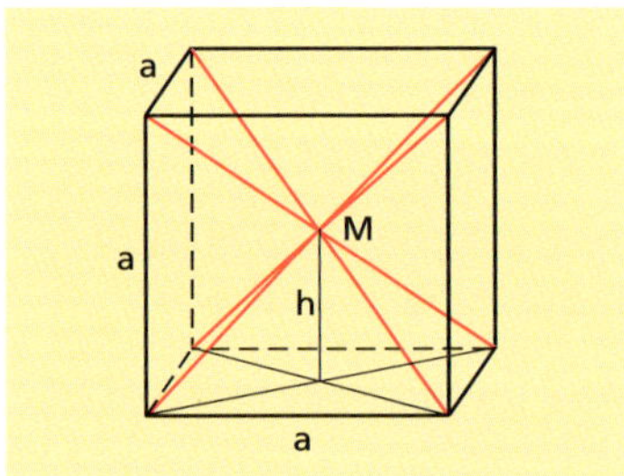

$$V = \frac{1}{6}\, a^3 = \frac{1}{3}\, a^2 \cdot \frac{1}{2}\, a = \frac{1}{3}\, A_G \cdot h$$

Zur Herleitung der Volumenformel für eine beliebige Pyramide benutzt man den Satz des Cavalieri und die Eigenschaften der zentrischen Streckung.
Es ergibt sich:
- Alle Pyramiden mit gleicher Grundfläche und gleicher Höhe sind volumengleich.
- Durch geeignete Zerlegung eines Quaders kann die Formel für eine beliebige quadratische Pyramide bestätigt werden.

Die quadratische Cheopspyramide hatte bei ihrer Fertigstellung eine Höhe von 146,5 m und eine Grundkantenlänge von 232,5 m.
Die zum Bau verwendeten Steinblöcke hatten eine durchschnittliche Masse von 2,5 t (Dichte des Steins: $\rho = 2{,}7\ \frac{\text{g}}{\text{cm}^3}$).

Wie viele Steinquader mussten von den Erbauern mindestens herangeschafft werden, wenn man die Hohlräume nicht berücksichtigt?

Gesucht: Anzahl der Quader n

Gegeben: $a = 232{,}5\ \text{m};\ h = 146{,}5\ \text{m}$

$m = 2{,}5\ \text{t};\ \rho = 2{,}7\ \frac{\text{g}}{\text{cm}^3}$

Lösung: $V = \frac{1}{3} a^2 \cdot h$ $\qquad m = \rho \cdot V$

$V = \frac{1}{3} \cdot (232{,}5\ \text{m})^2 \cdot 146{,}5\ \text{m}$ $\qquad m_{ges} = 2{,}7\ \frac{\text{g}}{\text{cm}^3} \cdot 2{,}640 \cdot 10^6\ \text{m}^3$

$V \approx 2{,}640 \cdot 10^6\ \text{m}^3$ $\qquad m_{ges} \approx 7{,}1 \cdot 10^6\ \text{t}$

$n \approx 7{,}1 \cdot 10^6\ \text{t} : 2{,}5\ \text{t}$

$n \approx 2{,}8 \cdot 10^6$

Antwort: Es wurden zum Bau etwa 2,8 Millionen Steinquader benötigt.

Kreiskegel

D Ein Körper heißt **gerader Kreiskegel** (kurz: **Kegel**), wenn er begrenzt wird von
- einer Kreisfläche und
- einer gekrümmten Fläche, die bei einer Abwicklung in eine Ebene einen Kreisausschnitt ergibt.

Der Mittelpunkt S des Kreisausschnitts heißt **Spitze** des Kreiskegels. Die **Höhe** des Kreiskegels ist der Abstand der Spitze von der Grundfläche. Jede Strecke, die die Spitze des Kreiskegels mit der Grundkante verbindet, heißt **Mantellinie** des Kreiskegels.

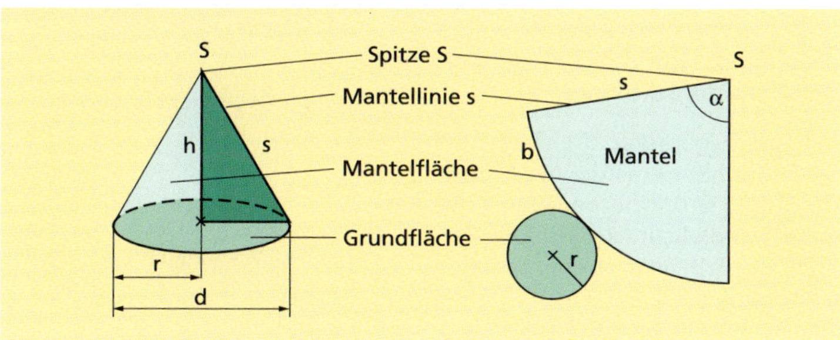

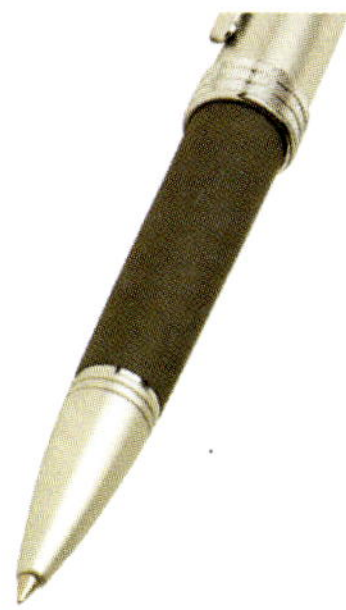

$V = \frac{1}{3} A_G \cdot h = \frac{1}{3} \pi r^2 h = \frac{1}{12} \pi d^2 h$

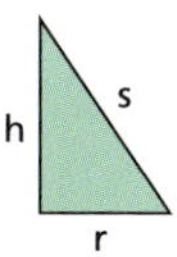

$s^2 = h^2 + r^2$

$b = 2\pi r = \frac{2\pi s \alpha}{360°}$

$A_M = \pi r s$

$A_O = A_G + A_M$

$A_O = \pi r^2 + \pi r s$

$A_O = \pi r(r + s)$

S Für **Volumen** bzw. **Oberflächeninhalt** eines Kreiskegels gilt:
$V = \frac{1}{3} \pi r^2 h$ bzw. $A_O = \pi r(r + s)$

volumen (lat.) – Windung, Krümmung

Ein kegelförmiger Sandhaufen mit einem Durchmesser von 8,3 m und einer Höhe von 2,0 m soll abtransportiert werden.
Wie groß ist das Volumen des Sandkegels?

Gesucht: V
Gegeben: $r = 4{,}15\ \text{m}$
$h = 2{,}0\ \text{m}$
Lösung: $V = \frac{1}{3}\pi r^2 \cdot h$

$V = \frac{1}{3}\pi \cdot (4{,}15\ \text{m})^2 \cdot 2{,}0\ \text{m}$

$V \approx 36\ \text{m}^3$

Antwort: Der Sandkegel hat ein Volumen von etwa 36 m³.

Ein gerader Kreiskegel entsteht, wenn ein rechtwinkliges Dreieck um eine seiner Katheten rotiert.

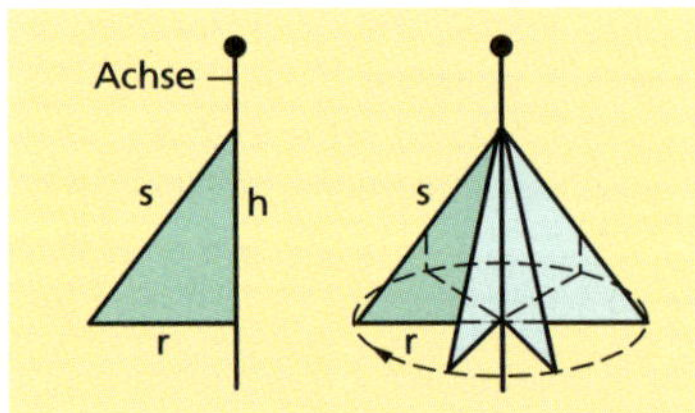

Die Berechnung des Volumens eines Kreiskegels lässt sich mit dem Satz des Cavalieri auf die Berechnung des Volumens einer Pyramide mit gleicher Grundfläche und gleicher Höhe zurückführen.

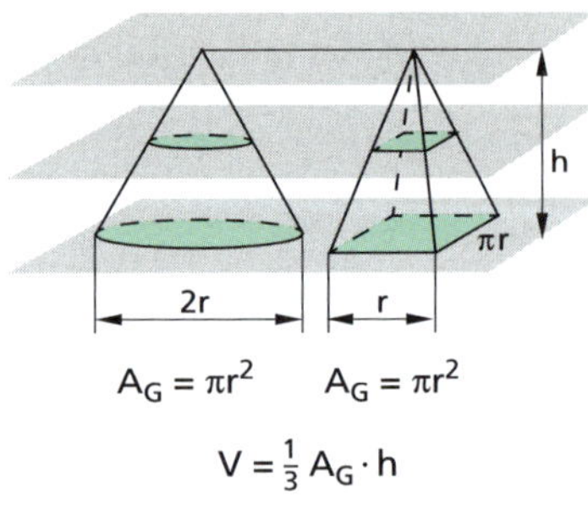

Bei einem geraden Kreiskegel ist der Fußpunkt der Höhe der Mittelpunkt der Grundfläche. Wenn die Spitze parallel zur Grundfläche verschoben wird, entsteht ein **schiefer Kreiskegel.**

Nach dem Satz des Cavalieri haben gerade und schiefe Pyramiden bzw. gerade und schiefe Kreiskegel genau dann gleiches Volumen, wenn sie die gleiche Grundfläche und die gleiche Höhe haben.

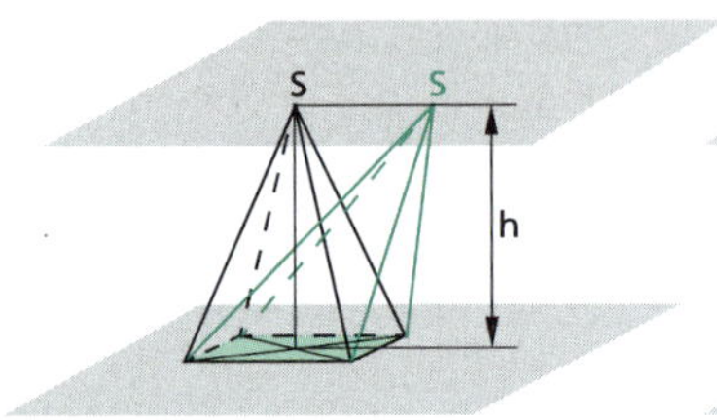

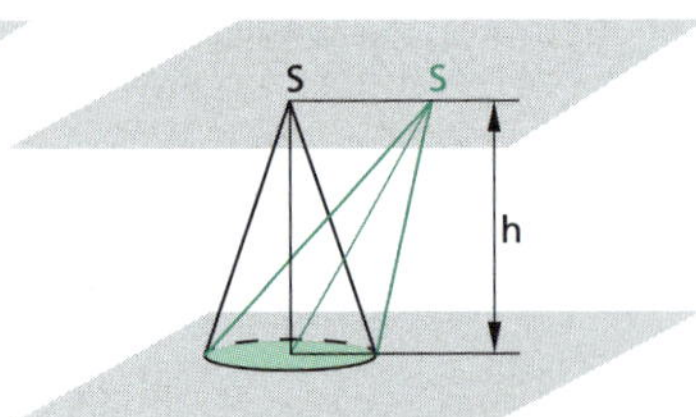

7.5.2 Darstellung von Pyramiden und Kreiskegeln

Schrägbild einer geraden Pyramide bei Kavalierprojektion

Schrittfolge	Beispiel: rechteckige Pyramide
1. Die Grundfläche wird in wahrer Größe gezeichnet und der Fußpunkt der Höhe bestimmt.	
2. Das Schrägbild der Grundfläche mit dem Höhenfußpunkt wird gezeichnet.	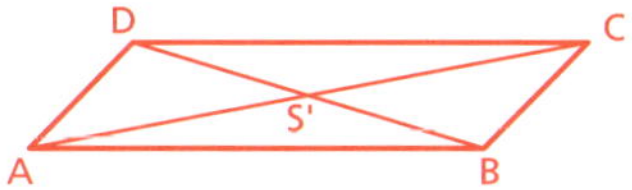
3. Im Fußpunkt der Höhe wird die Senkrechte errichtet und die Spitze der Pyramide durch Abtragen der Höhe bestimmt.	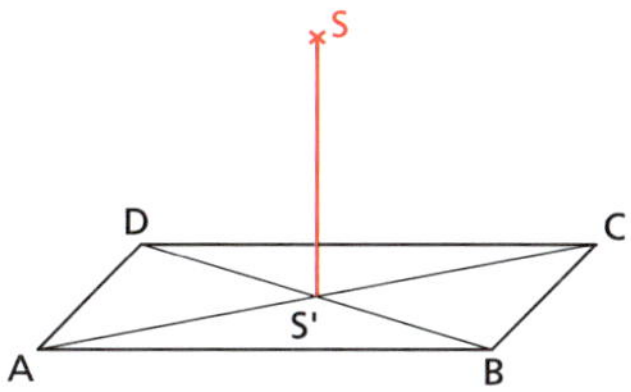
4. Die Kanten werden unter Beachtung der Sichtbarkeit ein- bzw. nachgezeichnet.	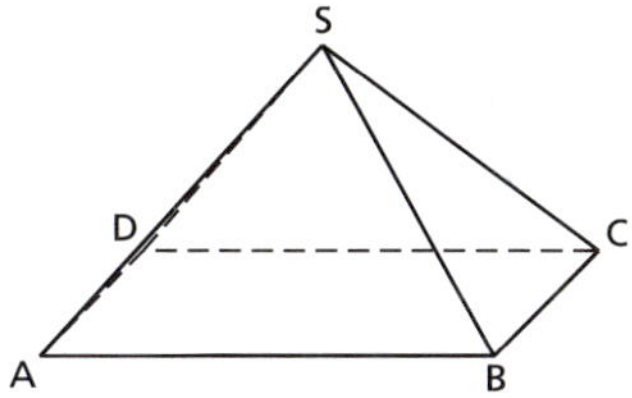

Zweitafelbild einer geraden dreiseitigen Pyramide

1. Die Grundfläche wird in wahrer Größe gezeichnet.
2. Der Fußpunkt der Höhe wird als Umkreismittelpunkt der Grundfläche bestimmt und die Bilder der Seitenkanten werden eingezeichnet.
3. Die Ordnungslinien über den Eckpunkten werden eingezeichnet und im Aufriss die Höhen der Punkte über der Grundrissebene abgetragen.
4. Die Kanten werden unter Beachtung der Sichtbarkeit ein- bzw. nachgezeichnet.

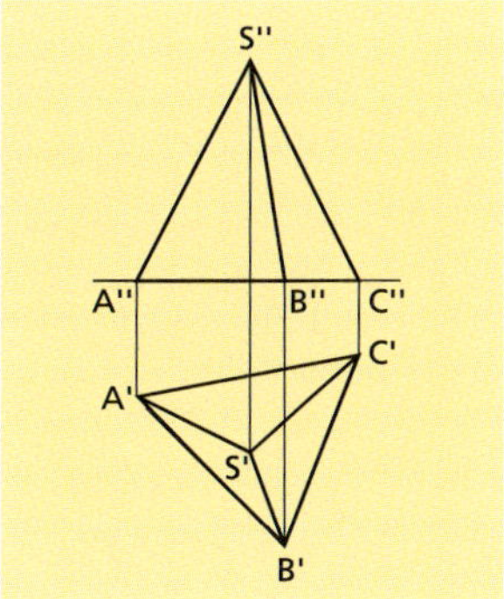

Bei realen Gegenständen kann sich die Spitze der Pyramiden oberhalb oder unterhalb der Grundfläche befinden.

Dach:
Pyramide mit Spitze nach oben

Lampe:
Pyramide mit Spitze nach unten

Darstellung eines Kreiskegels in Kavalierprojektion

Zum Zeichnen des Schrägbildes eines Kreiskegels muss zuerst das Schrägbild der Grundfläche gezeichnet werden (↗ S. 281; Schrägbild eines Kreises). Dann wird über dem Mittelpunkt der Grundfläche die Höhe des Kreiskegels abgetragen und Tangenten an das Schrägbild der Grundfläche gezeichnet.

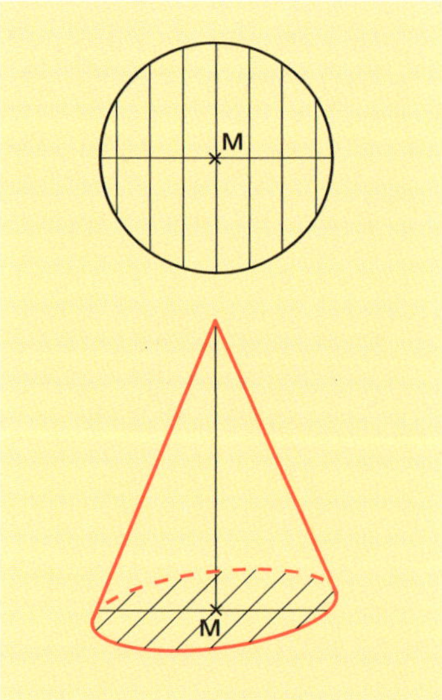

Zur Darstellung eines Kreiskegels in senkrechter Zweitafelprojektion sollte sich die Grundfläche parallel zur Grundrissebene befinden.
Dann ist der Grundriss ein Kreis und die Höhe wird in wahrer Größe dargestellt.

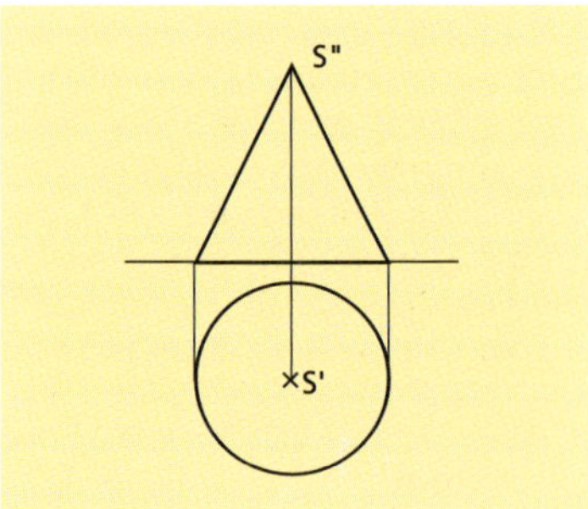

7.6 Pyramidenstumpf und Kreiskegelstumpf

D Ein **Pyramidenstumpf** ist ein Restkörper, der entsteht, wenn von einer Pyramide durch einen geraden Schnitt parallel zur Grundfläche eine Pyramide abgeschnitten wird.

D Ein **Kreiskegelstumpf** ist ein Restkörper, der entsteht, wenn von einem Kreiskegel durch einen geraden Schnitt parallel zur Grundfläche ein Kreiskegel abgeschnitten wird.

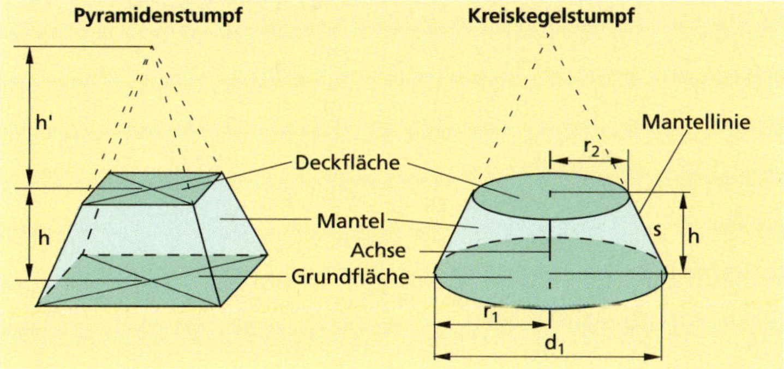

$V = \frac{1}{3} A_G (h + h') - \frac{1}{3} A_D h'$

$V = \frac{1}{3} (A_G h + A_G h' - A_D h')$

$V = \frac{1}{3} [A_G h + h' (A_G - A_D)]$

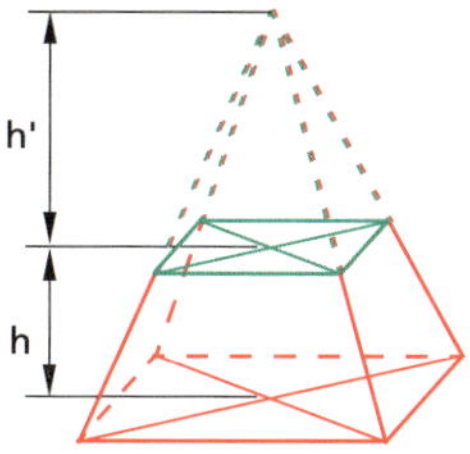

Die parallelen Grund- und Deckflächen sind zueinander ähnlich.

Für ihre Flächeninhalte gilt: $\frac{A_G}{A_D} = \left(\frac{h + h'}{h'}\right)^2$

Nach h' aufgelöst und in die Volumenformel eingesetzt ergibt sich:

S Für **Volumen** bzw. **Oberflächeninhalt** eines Pyramidenstumpfes gilt:
$V = \frac{1}{3} h(A_G + \sqrt{A_G A_D} + A_D)$ bzw. $A_O = A_G + A_M + A_D$

volumen (lat.) – Windung, Krümmung

Die Volumenformel für einen Kreiskegelstumpf ergibt sich nach dem Satz des CAVALIERI aus der Volumenformel für einen Pyramidenstumpf mit $A_G = \pi r_1^2$ und $A_D = \pi r_2^2$.

S Für **Volumen** bzw. **Oberflächeninhalt** eines Kreiskegelstumpfes gilt:
$V = \frac{1}{3} \pi h(r_1^2 + r_1 r_2 + r_2^2)$ bzw. $A_M = \pi s(r_1 + r_2)$
$A_O = \pi r_1^2 + \pi r_2^2 + \pi s(r_1 + r_2)$

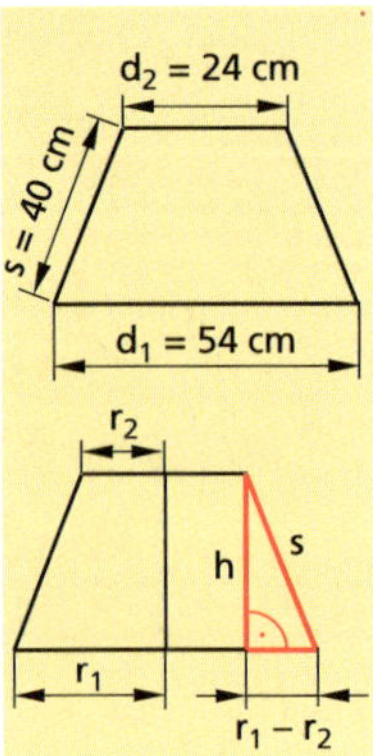

Ein Lampenschirm hat die Form eines Kreiskegelstumpfes.
Wie viel Quadratmeter Stoff werden für den Schirm (oben und unten offen) benötigt (ohne Verschnitt)?
Wie groß ist das Luftvolumen im Schirm?

Gesucht: A_M, V

Gegeben: $d_1 = 54$ cm; $s = 40$ cm; $d_2 = 24$ cm

Lösung:

$A_M = \pi s(r_1 + r_2)$

$A_M = \pi \cdot 40 \text{ cm} \cdot (27 \text{ cm} + 12 \text{ cm})$

$A_M \approx 4\,900 \text{ cm}^2 = 0{,}49 \text{ m}^2$

Zur Berechnung der Höhe h wird der Satz des Pythagoras verwendet: $h^2 + (r_1 - r_2)^2 = s^2$

$h = \sqrt{s^2 - (r_1 - r_2)^2}$

$h = \sqrt{(40 \text{ cm})^2 - (27 \text{cm} - 12 \text{ cm})^2}$

$h = \sqrt{1375 \text{ cm}^2} \approx 37 \text{ cm}$

$V = \frac{1}{3}\pi h(r_1^2 + r_1 r_2 + r_2^2)$

$V = \frac{1}{3}\pi \cdot 37 \text{ cm} \cdot [(27 \text{ cm})^2 + 27 \text{ cm} \cdot 12 \text{ cm} + (12 \text{ cm})^2]$

$V = \frac{1}{3}\pi \cdot 37 \text{ cm} \cdot 1\,197 \text{ cm}^2$

$V \approx 46\,000 \text{ cm}^3 = 46 \text{ dm}^3$

Antwort: Für den Schirm werden etwa $0{,}49 \text{ m}^2$ Stoff benötigt. Das Luftvolumen im Schirm beträgt rund 46 dm^3.

Zum Zeichnen eines Zweitafelbildes eines Kreiskegelstumpfes mit gegebenen Radien der Grund- und Deckfläche sowie gegebener Höhe ist folgende Schrittfolge geeignet:

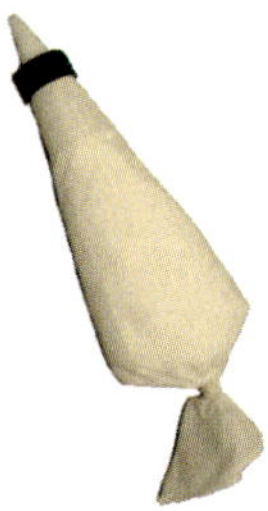

Schrittfolge	Beispiel: Kreiskegelstumpf
1. Der Grundriss wird gezeichnet.	
2. Die Ordnungslinien werden als Tangenten an die Grundrisse der Grund- und Deckfläche gezeichnet und die Höhen werden abgetragen.	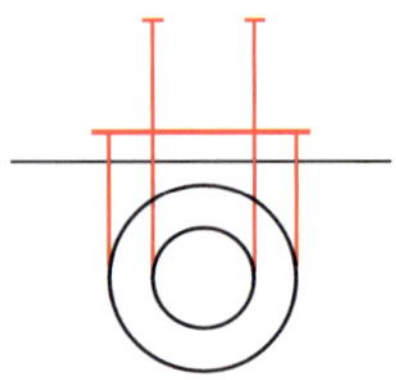
3. Die Kanten werden unter Beachtung der Sichtbarkeit nachgezeichnet.	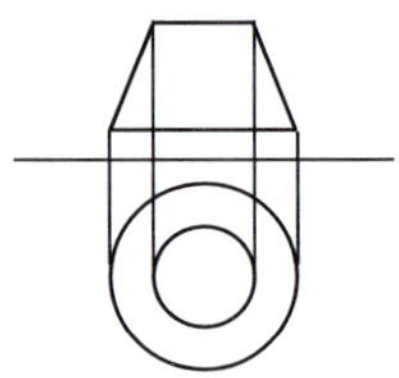

Die Darstellung eines geraden Pyramidenstumpfes bei gegebenen Längen der Kanten der Grund- und der Deckfläche sowie der Höhe in einem Schrägbild bei Kavalierprojektion kann in folgenden Schritten erfolgen:

Schrittfolge	**Beispiel: vierseitiger Pyramidenstumpf**
1. Der Grundriss wird gezeichnet, d. h.: – Der Fußpunkt der Höhe der Gesamtpyramide wird bestimmt. – Die Bilder der Seitenkanten der Gesamtpyramide werden eingezeichnet. – Die Kantenlänge der Deckfläche wird auf einer Kante der Grundfläche abgetragen und parallel verschoben. – Man erhält die Fußpunkte der Eckpunkte der Deckfläche.	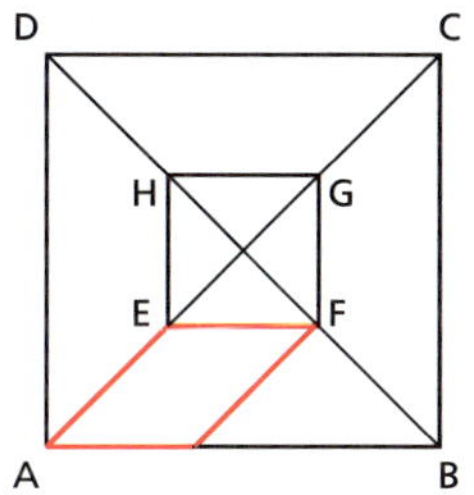
2. Das Schrägbild des Grundrisses (↗ S. 268) wird gezeichnet.	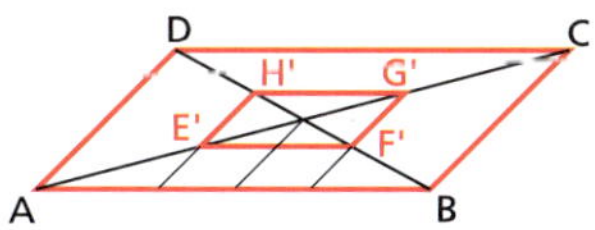
3. Die Eckpunkte der Deckfläche werden durch Errichten von Senkrechten in den Fußpunkten bestimmt und die Höhe wird abgetragen.	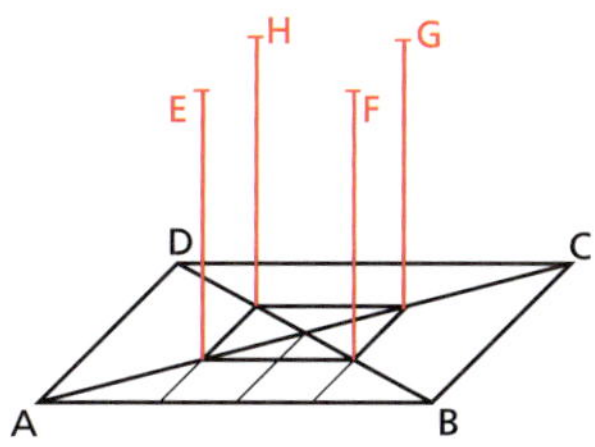
4. Die Kanten des Pyramidenstumpfes werden unter Beachtung der Sichtbarkeit nachgezeichnet.	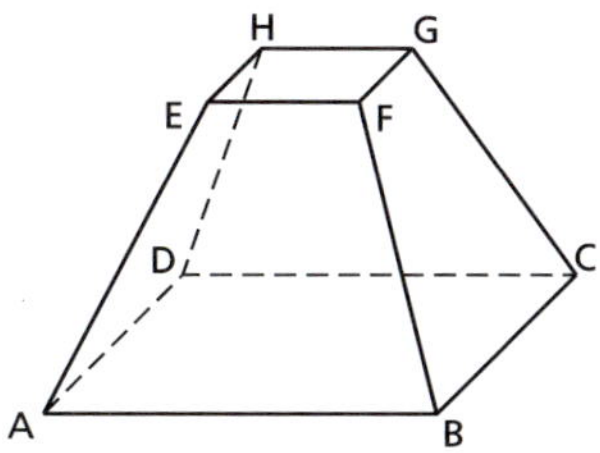

7.7 Kugel

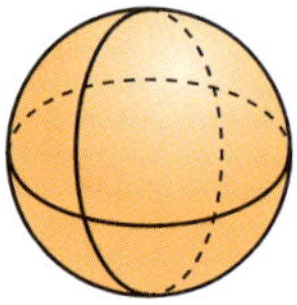

Eine **Kugel** ist ein geometrischer Körper, der von einer gleichmäßig gekrümmten Fläche begrenzt wird (Kugeloberfläche). Die Kugeloberfläche enthält alle Punkte, die von einem festen Punkt im Raum (Kugelmittelpunkt) den gleichen Abstand haben.

Zu den größten Leistungen des griechischen Mathematikers ARCHIMEDES gehört die exakte Herleitung der Formel für das Kugelvolumen.
Die Volumenformel für eine Kugel lässt sich auch nach einer Idee von GALILEI herleiten.

Für **Volumen** bzw. **Oberflächeninhalt** einer Kugel gilt:
$V = \frac{4}{3}\pi r^3 = \frac{1}{6}\pi d^3$ bzw. $A_O = 4\pi r^2 = \pi d^2$

Das Wahrzeichen der Weltausstellung 1958 in Brüssel war das „Atomium". Neun Kugeln mit einem Durchmesser von je 18,0 m sind durch Röhren miteinander verbunden. Wie groß ist das Volumen einer Kugel und das aller Kugeln zusammen?

Gesucht: V
Gegeben: d = 18,0 m
Lösung: $V = \frac{4}{3}\pi r^3$
$r = \frac{d}{2} = 9{,}0$ m
$V = \frac{4}{3}\pi \cdot (9\text{ m})^3$
$V \approx 3\,050\text{ m}^3$
$V_{ges} \approx 27\,500\text{ m}^3$

Antwort: Eine Kugel hat ein Volumen von etwa 3 050 m³. Alle Kugeln zusammen haben ein Volumen von etwa 27 500 m³.

Begriffe	**Darstellung**	**Formel**
Beim ebenen Schnitt einer Kugel entstehen zwei **Kugelabschnitte (Kugelsegmente).** Der jeweils abgetrennte Teil der Kugeloberfläche heißt **Kugelkappe** (Kugelhaube, Kalotte).	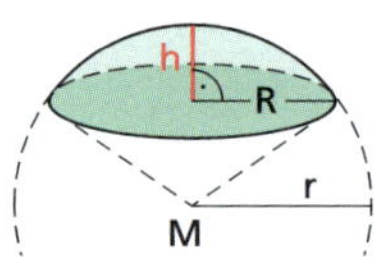	$R = \sqrt{h(2r-h)}$ $V = \frac{\pi}{6}h \cdot (3R^2 + h^2)$ $A_O = \pi(2R^2 + h^2)$
Wird ein Kugelabschnitt durch einen auf der Grundfläche aufgesetzten Kegel mit der Spitze im Kugelmittelpunkt ergänzt, so entsteht ein **Kugelausschnitt (Kugelsektor).**	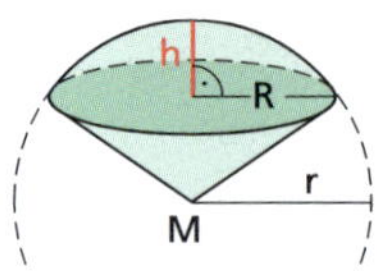	$R = \sqrt{h(2r-h)}$ $V = \frac{2}{3}\pi r^2 h$ $A_O = \pi r(R + 2h)$
Durch zwei zueinander parallele Ebenen wird aus einer Kugel eine **Kugelschicht** und aus ihrer Oberfläche eine **Kugelzone** ausgeschnitten.	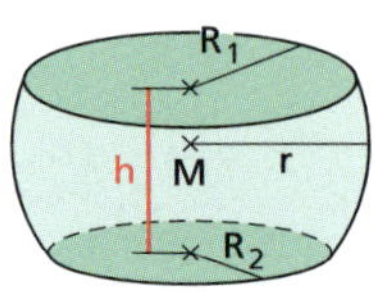	$V = \frac{\pi}{6}h(3R_1^2 + 3R_2^2 + h^2)$ $A_O = \pi(R_1^2 + R_2^2 + 2rh)$

7.8 Zusammengesetzte Körper

Die Form vieler Gegenstände in der Wirklichkeit lässt sich oft nicht nur mit einem einzigen geometrischen Körper beschreiben, sondern kann als eine *Zusammensetzung* oder *Zerlegung* dieser Körper aufgefasst werden. Zur Anwendung der Volumen- und Oberflächenformeln für die „Standardkörper" muss man den zusammengesetzten Körper in Teilkörper *zerlegen* oder zu Körpern *ergänzen.*

Für die abgebildeten Dächer mit den Maßen a = 10,5 m, b = 8,0 m; h = 4,0 m; w = 3,5 m ist das Dachvolumen zu berechnen.

Gesucht: V_{Wd}, V_{Kd}

Gegeben: a = 10,5 m; b = 8,0 m;
h = 4,0 m; w = 3,5 m

Lösung: Das Walmdach kann man durch zwei parallele Schnitte in ein liegendes dreiseitiges Prisma und zwei vierseitige Pyramiden zerlegen. Das Dachvolumen ist dann die Summe ihrer Volumina:

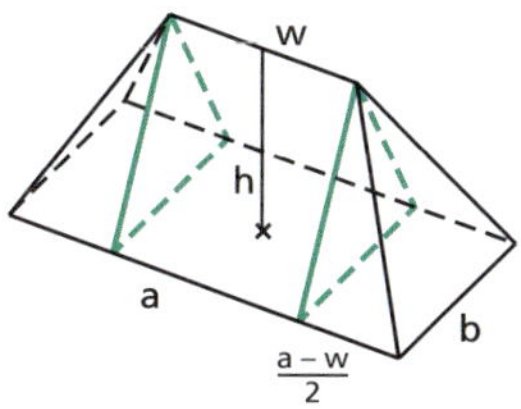

$$V_{Wd} = 2 \cdot V_{Pyramide} + V_{Prisma}$$

$$V_{Wd} = 2 \cdot \frac{h}{3} \cdot \frac{a-w}{2} b + \frac{h}{2} b w = \frac{h}{6} b (2a + w)$$

$$V_{Wd} = \frac{4{,}0}{6} \cdot 8{,}0 \cdot (21 + 3{,}5)\ \text{m}^3 \approx 130\ \text{m}^3$$

Das Krüppelwalmdach kann in insgesamt fünf Körper *zerlegt* werden, indem durch verschiedene Schnitte die Giebelseiten in zwei Prismen (V_1) mit dem Giebel als Grundfläche und zwei vierseitigen Pyramiden (V_2) zerlegt werden, die zusammen mit dem dreiseitigen liegenden Prisma (V_3) das Dachvolumen ergeben. Die Kante an der Giebelseite hat nach dem Strahlensatz die Länge $\frac{b}{2}$. Für das Volumen gilt dann:

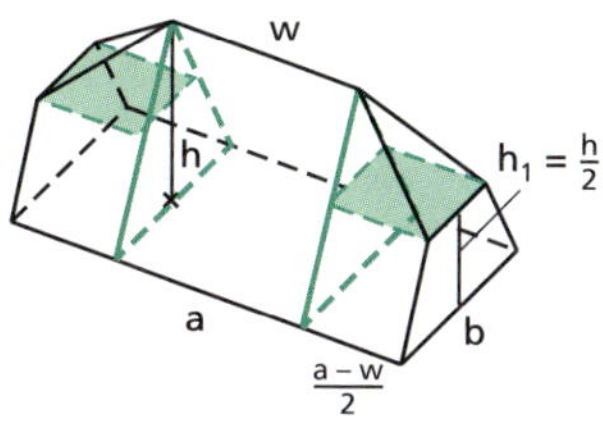

$$V_{Kd} = 2 \cdot V_1 + 2 \cdot V_2 + V_3$$

$$V_{Kd} = 2 \cdot \frac{b + 0{,}5b}{2} \cdot \frac{h}{2} \cdot \frac{a-w}{2} + 2 \cdot \frac{1}{3} \cdot \frac{h}{2} \cdot \frac{a-w}{2} \cdot \frac{b}{2} + \frac{1}{2} \cdot b \cdot h \cdot w$$

$$= \frac{h}{24} b (11a + w)$$

$$= \frac{4{,}0}{24} \cdot 8{,}0 \cdot (11 \cdot 10{,}5 + 3{,}5)\ \text{m}^3 \approx 160\ \text{m}^3$$

Antwort: Das Dachvolumen des Walmdaches beträgt etwa 130 m³ und das des Krüppelwalmdachs etwa 160 m³.

Der Glasbehälter einer Thermosflasche hat die angegebenen Innenmaße (in Millimeter).
Wie groß ist die Innenfläche und das Volumen des Glasbehälters?

Gesucht: A_M, V

Gegeben: Form und Maße nach Abbildung

Lösung: Der Glasbehälter ist zusammengesetzt aus einer Halbkugel, zwei Zylindern und einem Kegelstumpf.

Halbkugel: $r = 3{,}0$ cm

$A_O = 2\pi r^2 \approx 56{,}5\,\text{cm}^2$; $V = \frac{2}{3}\,\pi r^3 \approx 56{,}5\,\text{cm}^3$

Zylinder 1: $r = 3{,}0$ cm; $h = 23{,}0$ cm

$A_M = 2\pi rh \approx 434\,\text{cm}^2$; $V = \pi r^2 h \approx 650\,\text{cm}^3$

Kegelstumpf: $r_1 = 3{,}0$ cm; $r_2 = 1{,}5$ cm; $h = 3{,}2$ cm

$s = \sqrt{h^2 + (r_1 - r_2)^2} \approx 3{,}5\,\text{cm}$

$A_M = \pi s(r_1 + r_2) \approx 49{,}5\,\text{cm}^2$

$V = \frac{1}{3}\,\pi h(r_1{}^2 + r_1 r_2 + r_2{}^2) \approx 52{,}8\,\text{cm}^3$

Zylinder 2: $r = 1{,}5$ cm; $h = 3{,}2$ cm

$A_M = 2\pi rh \approx 30{,}2\,\text{cm}^2$; $V = \pi r^2 h \approx 22{,}6\,\text{cm}^3$

Antwort: Die gesamte Innenfläche beträgt 570 cm^2 und das Volumen ist 780 cm^3 = 780 ml.

Ein Werkstück aus Stahl mit den im Bild angegebenen Maßen besitzt zwei Bohrungen mit einem Durchmesser von je 40 mm. Es ist die Masse des Werkstücks zu berechnen.
(Dichte von Stahl: $\rho = 7{,}8\,\frac{\text{g}}{\text{cm}^3}$)

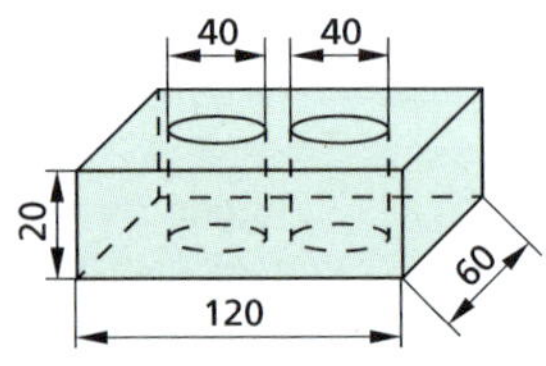

Gesucht: m

Gegeben: Maße nach Zeichnung

$\rho = 7{,}8\,\frac{\text{g}}{\text{cm}^3}$

Lösung: Die Masse m des Werkstücks ergibt sich aus seinem Volumen V und der Dichte von Stahl.
Zur Berechnung des Volumens kann der Körper durch zwei Zylinder zu einem Quader *ergänzt* werden.
Es gilt dann:

$$V_{\text{Werkstück}} = V_{\text{Quader}} - 2 \cdot V_{\text{Zylinder}} = abc - 2\pi r^2 c$$
$$= 120 \cdot 60 \cdot 20\,\text{mm}^3 - 2\pi \cdot 20^2 \cdot 20\,\text{mm}^3$$
$$= 93734{,}5\ldots\,\text{mm}^3 \approx 94\,\text{cm}^3$$

Für die Masse gilt: $m = \rho \cdot V = 7{,}8\,\frac{\text{g}}{\text{cm}^3} \cdot 94\,\text{cm}^3 \approx 730\,\text{g}$

Antwort: Die Masse des Werkstücks beträgt etwa 730 g.

7.9 Regelmäßige Polyeder

D

Ein **Polyeder** (Vielflächner) ist ein Körper, der nur von ebenen Vielecken (n-Ecken) begrenzt wird.
Ein Polyeder heißt **regelmäßig (regulär),** wenn
- alle Begrenzungsflächen regelmäßige n-Ecke sind,
- alle Begrenzungsflächen zueinander kongruent sind und
- in jeder Ecke gleich viele Kanten zusammenstoßen.

poly (griech.) – viel

Als Begrenzungsflächen regelmäßiger Polyeder sind nur gleichseitige Dreiecke, Quadrate oder regelmäßige Fünfecke möglich, da sonst die Summe der Innenwinkel an einer Ecke größer oder gleich 360° wird. In einer Ecke des Polyeders können somit drei, vier bzw. fünf Dreiecke, drei Quadrate oder drei Fünfecke zusammenstoßen.
Es sind fünf regelmäßige Polyeder möglich. Man kann durch weitere Überlegungen oder einfach durch Herstellen dieser Körper zeigen, dass diese fünf möglichen Polyeder auch existieren.

Die fünf **regulären Polyeder** haben in der Geschichte der Mathematik, aber auch in der Philosophie und der Astronomie eine Rolle gespielt.

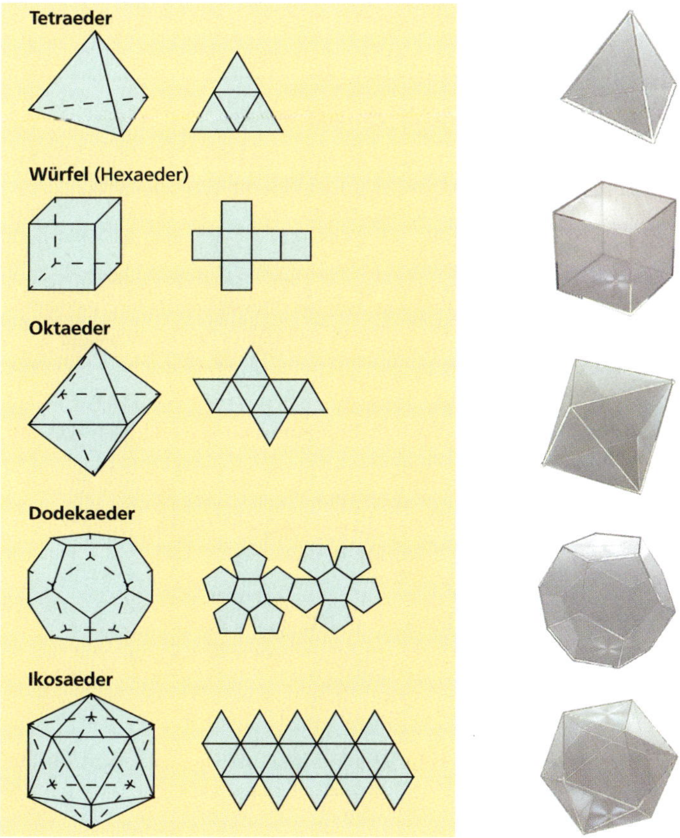

tettares (griech.) – vier;
hex (griech.) – sechs;
okto (giech.) – acht;
dodeka (griech.) – zwölf;
eikosi (griech.) – zwanzig

Regelmäßige Polyeder besitzen
- eine Umkugel, die durch alle Eckpunkte geht,
- eine Innenkugel, die alle Seitenflächen in deren Mittelpunkten berührt und
- eine Kantenkugel, die durch die Mittelpunkte der Kanten verläuft.

		Tetraeder	Würfel	Oktaeder	Dodekaeder	Ikosaeder
Anzahl der Flächen	f	4	6	8	12	20
Anzahl der Ecken	e	4	8	6	20	12
Anzahl der Kanten	k	6	12	12	30	30
Umkugelradius	r	$\frac{\sqrt{6}}{4}a$	$\frac{\sqrt{3}}{2}a$	$\frac{\sqrt{2}}{2}a$	$\frac{\sqrt{3}(1+\sqrt{5})}{4}a$	$\frac{\sqrt{2(5+\sqrt{5})}}{4}a$
Innenkugelradius	ρ	$\frac{\sqrt{6}}{12}a$	$\frac{1}{2}a$	$\frac{\sqrt{6}}{2}a$	$\frac{\sqrt{10(25+11\sqrt{5})}}{20}a$	$\frac{\sqrt{3}(3+\sqrt{5})}{12}a$
Oberflächeninhalt	A_O	$\sqrt{3}a^2$	$6a^2$	$2\sqrt{3}a^2$	$3\sqrt{5(5+2\sqrt{5})}a^2$	$5\sqrt{3}a^2$
Volumen	V	$\frac{\sqrt{2}}{12}a^3$	a^3	$\frac{\sqrt{2}}{3}a^3$	$\frac{15+7\sqrt{5}}{4}a^3$	$\frac{5(3+\sqrt{5})}{12}a^3$

Hierbei ist a jeweils die Kantenlänge des Polyeders.

Aus der Tabelle ist erkennbar, dass es eine Beziehung zwischen der Anzahl der Flächen, Ecken und Kanten regelmäßiger Polyeder gibt.

S

Eulerscher Polyedersatz:
Ist e die Anzahl der Ecken, f die Anzahl der Flächen und k die Anzahl der Kanten eines konvexen Polyeders, so gilt die Gleichung:
$e + f - k = 2$

ARCHIMEDES (etwa 287 bis 212 v. Chr.)

Der Schweizer Mathematiker LEONHARD EULER (1707 bis 1783) bewies, dass dieser Zusammenhang für beliebige konvexe Polyeder gilt, was vermutlich bereits ARCHIMEDES wusste.

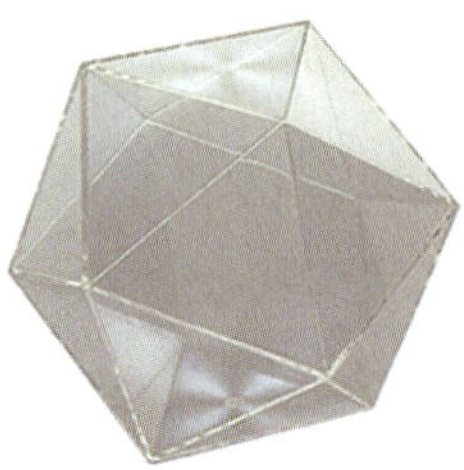

Anzahl der Ecken $e = 12$
Anzahl der Flächen $f = 20$
Anzahl der Kanten $k = 30$

$$e + f - k = 2$$
$$12 + 20 - 30 = 2$$
$$32 - 30 = 2$$
$$2 = 2$$

Dieser Polyedersatz gilt auch für bestimmte konkave, aber nicht für alle konkaven Polyeder.

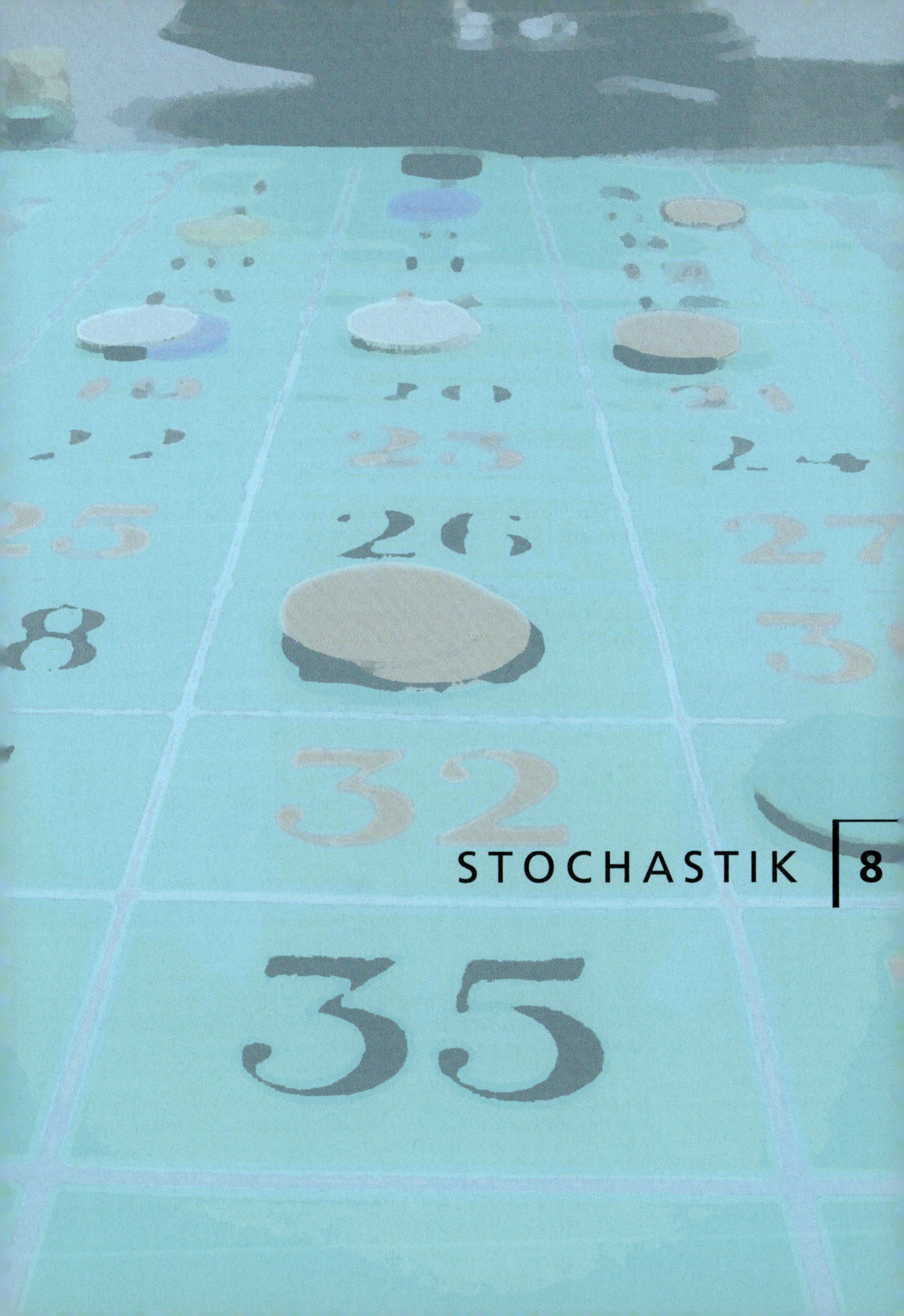

STOCHASTIK 8

8.1 Kombinatorisches Rechnen; Zählstrategien

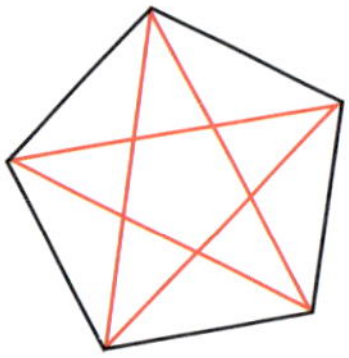

In der **Kombinatorik** werden verschiedene Möglichkeiten des *Anordnens* von Gegenständen bzw. Zahlen untersucht.
Typische kombinatorische Fragestellungen sind etwa die folgenden:
- Wie viele Möglichkeiten gibt es, vier Buchstaben anzuordnen?
- Wie viele Diagonalen besitzt ein konvexes n-Eck?
- Wie viele Möglichkeiten gibt es, sechs Zahlen beim Spiel „6 aus 49“ anzukreuzen?

Viele Aufgaben der klassischen Wahrscheinlichkeitsrechnung lassen sich auf kombinatorische Probleme zurückführen.

E	U	X	M	I	N	U	S	T
P	R	O	D	U	K	T	I	O
A	Q	R	E	E	T	S	U	M
B	S	U	W	I	M	A	L	O
K	C	X	E	N	T	N	E	M
Z	U	O	R	D	N	U	N	G
W	E	R	T	E	B	E	R	E
U	V	B	F	U	N	K	T	I
P	U	N	K	T	W	S	I	E
M	A	T	V	I	K	C	E	I
K	O	S	Y	G	Z	A	G	R

8.1.1 Anordnungen

Permutationen

Das Problem, n Personen in einer Reihe anzuordnen, d. h., sie auf n Plätze zu verteilen, führt zum Begriff der Permutation.

D Jede mögliche Anordnung von n Elementen, in der alle Elemente verwendet werden, heißt **Permutation** P_n dieser Elemente.

Die Anzahl der möglichen Anordnungen kann durch folgende Überlegung bestimmt werden: Für den ersten Platz kommen alle n Elemente infrage, für den zweiten Platz noch (n – 1), für den dritten dann (n – 2) usw. Diesen Ablauf verdeutlicht folgende Abbildung für den Fall n = 3:

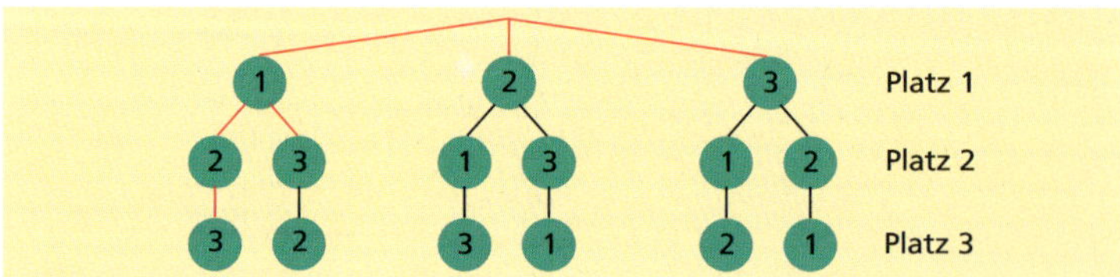

Grafische Darstellungen wie diese Abbildung werden **Baumdiagramme** genannt.

Die Bezeichnung **Baumdiagramm** erinnert an die Verzweigung der Äste bzw. Wurzeln eines Baumes. Die einzelnen Verzweigungen werden **Pfade** genannt.

Von n verschiedenen Elementen gibt es $n \cdot (n-1) \cdot \ldots \cdot 3 \cdot 2 \cdot 1$ Möglichkeiten der Anordnung **(Permutationen ohne Wiederholung).**
Es gilt: $P_n = n(n-1) \cdot \ldots \cdot 3 \cdot 2 \cdot 1 = n! \quad (n \in \mathbb{N})$

Für das Produkt aufeinanderfolgender natürlicher Zahlen von 1 bis n gilt die Schreibweise: $1 \cdot 2 \cdot 3 \cdot \ldots \cdot (n-1) \cdot n = n!$ (gesprochen: n Fakultät).

$1! = 1$
$2! = 1! \cdot 2 = 1 \cdot 2 = 2$
$3! = 2! \cdot 3 = 1 \cdot 2 \cdot 3 = 6$
$4! = 3! \cdot 4 = 1 \cdot 2 \cdot 3 \cdot 4 = 24$

Aus den vier Buchstaben A, B, C und D lassen sich $4! = 1 \cdot 2 \cdot 3 \cdot 4 = 24$ verschiedene Anordnungen bilden:

ABCD	ABDC	ACBD	ACDB	ADBC	ADCB
BACD	BADC	BCAD	BCDA	BDAC	BDCA
CABD	CADB	CBAD	CBDA	CDAB	CDBA
DABC	DACB	DBAC	DBCA	DCAB	DCBA

In der lexikografischen Reihenfolge steht die **Permutation** BACD früher als die Permutation BADC.

Sollen alle Permutationen von n Elementen angegeben werden, so ist es günstig, eine bestimmte Reihenfolge einzuhalten. Meist wird die **lexikografische Reihenfolge** gewählt. Bei Buchstaben ist die Anordnung durch das Alphabet, bei Zahlen durch die Ordnung nach ihrer Größe festgelegt.

lexis (griech.) – Wort;
graphein (griech.) – zeichnen

Sind unter den anzuordnenden Objekten Elemente gleich, so verringert sich die Anzahl der möglichen Permutationen. Für die Anzahl der **Permutationen von n Elementen mit Wiederholung** (n Elemente, von denen je $\alpha_1, \alpha_2, \ldots, \alpha_r$ untereinander gleich sind) gilt:

$$^{W}P_n = \frac{n!}{\alpha_1! \cdot \alpha_2! \cdot \ldots \cdot \alpha_r!} \quad \text{mit } \alpha_1 + \alpha_2 + \ldots + \alpha_r = n$$

Register
B
Basis 319
Basiswinkel 201
Behauptung 16
Berührungspunkt 21
Bewegungen 192
Beweis 16
Beweisarten 16
Binom 100, 319
Bogenmaß 164, 184

Wie viele verschiedene fünfstellige Zahlen können aus den Ziffern 1; 1; 8; 8; 8 gebildet werden?

$$^{W}P_5 = \frac{5!}{2! \cdot 3!} = \frac{120}{2 \cdot 6} = 10$$

11888	81188	88118	88811
18188	81818	88181	
18818	81881		
18881			

Variationen und Kombinationen

Bei Permutationen wurden *alle* zur Verfügung stehenden Elemente angeordnet. Vielfach werden Probleme untersucht, bei denen Zusammenstellungen von k Elementen aus n gegebenen Elementen erfolgen sollen, d. h., bei denen eine *Auswahl* vorgenommen wird. Werden dabei alle möglichen Reihenfolgen betrachtet und unterschieden, so spricht man von *Variationen*, ist die Anordnung beliebig, von *Kombinationen*.

Der Begriff **Kombination** wird auch als Oberbegriff für **Variationen** und Kombinationen verwendet.

D Jede mögliche Anordnung von je k Elementen aus n Elementen, bei der die Reihenfolge berücksichtigt wird, heißt **Variation ohne Wiederholung** V_n^k (von n Elementen zur k-ten Klasse).

Sind die n Elemente verschieden, so ergibt sich die Anzahl der möglichen Anordnungen wie folgt:
Für den ersten Platz kommen alle n Elemente, für den zweiten (n – 1), ..., für den k-ten (und damit letzten) Platz noch [n – (k – 1)] Elemente infrage. Das folgende Baumdiagramm zeigt das für den Fall n = 4 und k = 2.

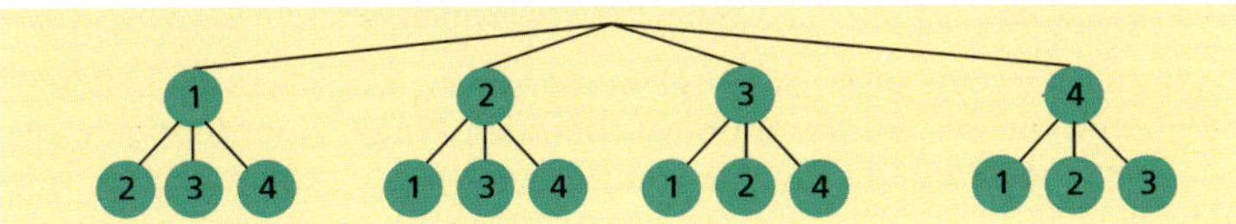

Es gibt $n \cdot (n-1) \cdot \ldots \cdot [n-(k-1)]$ Möglichkeiten, k Elemente aus n Elementen auszuwählen und in einer Reihe anzuordnen. Für die Anzahl dieser Möglichkeiten gilt:
$V_n^k = \frac{n!}{(n-k)!}$ $\quad (n, k \in \mathbb{N};\ k \leq n)$

Wie viele Variationen von sechs Elementen a, b, c, d, e und f zur zweiten Klasse gibt es?

Lösung:						
	ab	ba	ca	da	ea	fa
	ac	bc	cb	db	eb	fb
	ad	bd	cd	dc	ec	fc
	ae	be	ce	de	ed	fd
	af	bf	cf	df	ef	fe

$V_6^2 = \frac{6!}{(6-2)!} = \frac{6!}{4!} = 6 \cdot 5 = 30$

Für den Fall, dass auch Wiederholungen (im obigen Beispiel die Anordnungen aa, bb, cc, dd, ee und ff) zugelassen werden, erhöht sich die Anzahl der möglichen Anordnungen (im konkreten Fall auf $36 = 6 \cdot 6 = 6^2$). Man spricht dann von einer Variation mit Wiederholung.

Bei **Variationen** mit Wiederholung kann auch $k > n$ gelten.

Für die Anzahl der **Variationen mit Wiederholung** gilt:
${}^{W}V_n^k = n^k \quad (n, k \in \mathbb{N};\ n > 1, k > 1)$

Wie viele verschiedene dreistellige Zahlen lassen sich aus den Ziffern 2, 4, 6 und 8 bilden?

Lösung: ${}^{W}V_4^3 = 4^3 = 64$

Wie viele verschiedene Möglichkeiten des Ausfüllens eines Spielscheins gibt es beim Fußballtoto (13er-Wette)?
Es gibt bei jedem Spiel drei Möglichkeiten des Ausgangs:
Sieg der Heimmannschaft (Tipp 1),
Unentschieden (Tipp 0),
Sieg der Gastmannschaft (Tipp 2).
Somit ist $n = 3$. Die Anzahl der zu tippenden Spiele liefert $k = 13$.
Folglich gilt:

${}^{W}V_3^{13} = 3^{13} = 1\,594\,323$

Während bei Variationen die Anordnung (Reihenfolge) der Elemente berücksichtigt wird, ist das bei Kombinationen nicht der Fall.

D Jede mögliche Anordnung von je k Elementen aus n Elementen, bei der die Reihenfolge nicht berücksichtigt wird, heißt **Kombination** C_n^k von n Elementen zur k-ten Klasse.

Da die Reihenfolge nicht beachtet werden muss, reduziert sich im Baumdiagramm die Anzahl der zu betrachtenden Pfade (Anordnungen, die sich nur durch Permutation der einzelnen Elemente unterscheiden, sind gleich).

Für die Anzahl der **Kombinationen ohne Wiederholung** (Kombinationen, die jedes Element nur einmal enthalten) gilt:

$C_n^k = \frac{n!}{(n-k)! \cdot k!} = \binom{n}{k}$ (k, n ∈ ℕ; k ≤ n)

Der Ausdruck $\binom{n}{k}$ (gesprochen: n über k) wird auch als **Binomialkoeffizient** bezeichnet.

Im Lotto „6 aus 49" gibt es genau

$C_{49}^{6} = \binom{49}{6} = \frac{49!}{(49-6)! \cdot 6!} = \frac{49!}{43! \cdot 6!} = 13\,983\,816$

verschiedene Möglichkeiten, ein Feld des Spielscheines anzukreuzen. So viele Tipps wären also notwendig, um garantiert einen Sechser zu haben.

Für die Anzahl der **Kombinationen mit Wiederholung** (Kombinationen, die Elemente mehrfach enthalten können) gilt:

${}^{W}C_n^k = \binom{n+k-1}{k}$ (n, k ∈ ℕ; n > 1, k beliebig)

Wie oft lassen sich die Ziffern 2; 4; 6 und 8 zur dritten Klasse kombinieren?

Lösung: 222 224 226 228 244 246 248 266 268 288
444 446 448 466 468 488
666 668 688
888

${}^{W}C_4^3 = \binom{4+3-1}{3} = \binom{6}{3} = 20$

224; 242; 422 stellen die gleiche **Kombination** dar.

Das Schema gibt einen Überblick über alle Anordnungsmöglichkeiten:

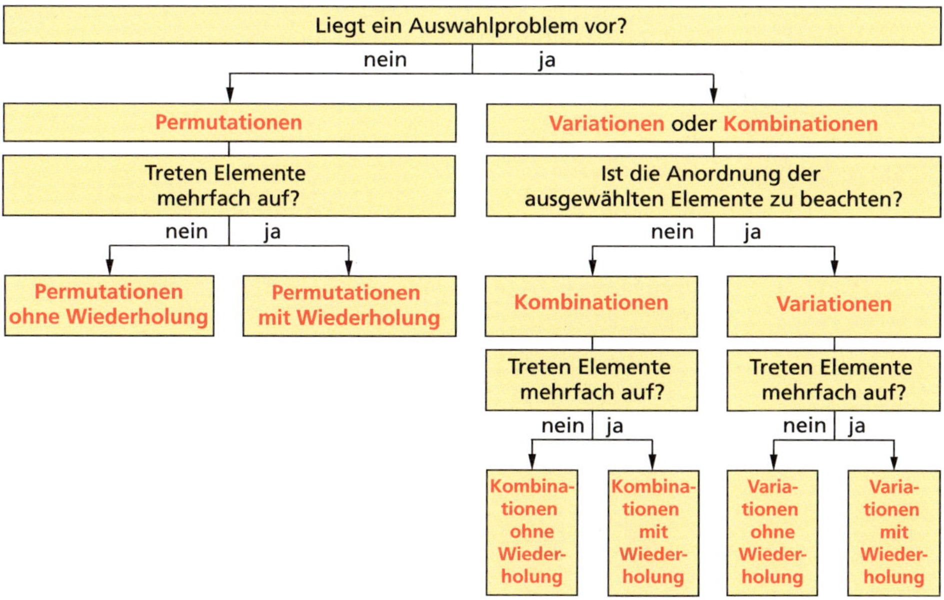

8.1.2 Zählstrategien

Die wichtigste Zählregel ist die **Produktregel der Kombinatorik:**

S

Stehen k unterschiedliche Mengen mit $n_1, n_2, \ldots, n_k$ verschiedenen Elementen (Möglichkeiten der Auswahl) zur Verfügung, so ist die Gesamtzahl aller möglichen Anordnungen gleich dem folgenden Produkt:
$A = n_1 \cdot n_2 \cdot \ldots \cdot n_k \quad (n, k \in \mathbb{N})$

Für das Ankleiden einer Schaufensterpuppe stehen drei verschiedene Hosen, zwei verschiedene Jacken und zwei verschiedene Mützen zur Verfügung.
Wie viele unterschiedliche Möglichkeiten des Ankleidens gibt es?

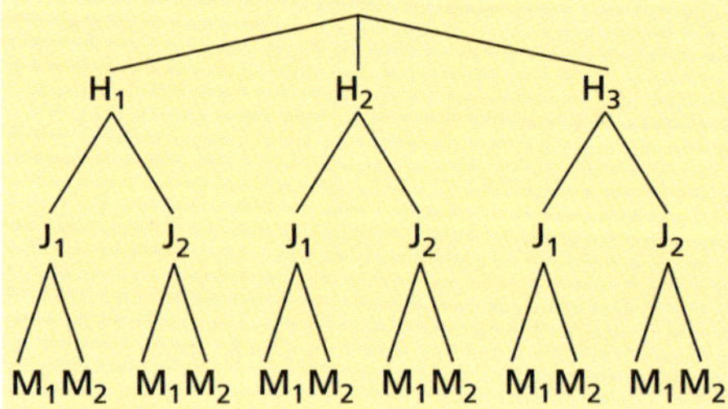

1. Entscheidung
(Auswahl der Hose)
drei Möglichkeiten

2. Entscheidung
(Auswahl der Jacke)
zwei Möglichkeiten

3. Entscheidung
(Auswahl der Mütze)
zwei Möglichkeiten

Es gibt insgesamt $3 \cdot 2 \cdot 2 = 12$ Möglichkeiten.

Auswahlprobleme lassen sich auch unter Verwendung des **Urnenmodells** lösen: In einer Urne befinden sich n Kugeln, von denen k ausgewählt (gezogen) werden.
Hierbei sind drei prinzipielle Möglichkeiten des Ziehungsvorgangs zu unterscheiden:
1. Geordnete Auswahl (Ziehen) ohne Zurücklegen
2. Geordnete Auswahl (Ziehen) mit Zurücklegen
3. Ungeordnete Auswahl ohne Zurücklegen (Ziehen auf einen Griff)

Geordnete Auswahl (Ziehen) ohne Zurücklegen
Werden von n unterscheidbaren Kugeln nacheinander k Kugeln gezogen, so ist die Anzahl der möglichen Anordnungen:
$A = n \cdot (n - 1) \cdot \ldots \cdot [n - (k - 1)] \quad (n, k \in \mathbb{N}; k \leq n)$

Es handelt sich hierbei um eine **Variation** von n Elementen zur k-ten Klasse ohne Wiederholung.
Für k = n ergibt sich der Fall der **Permutation** von n verschiedenen Elementen.

Aus einer Urne mit vier unterscheidbaren Kugeln sollen ohne Zurücklegen zwei Kugeln gezogen werden.

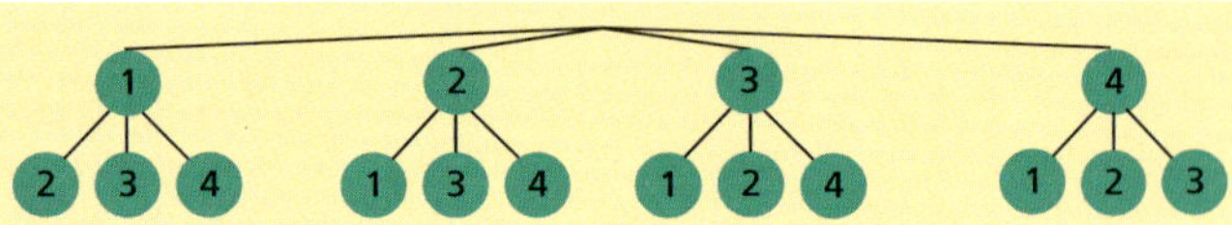

Es gibt insgesamt $4 \cdot (4 - 1) = 4 \cdot 3 = 12$ Möglichkeiten.

Geordnete Auswahl (Ziehen) mit Zurücklegen
Wird die gezogene Kugel vor dem nächsten Ziehungsvorgang wieder zurückgelegt, so ist die Anzahl der möglichen Anordnungen (bei n gegebenen Kugeln und k Ziehungsvorgängen):
$A = n \cdot n \cdot \ldots \cdot n = n^k \quad (n, k \in \mathbb{N})$

Es handelt sich hierbei um eine **Variation** von n Elementen zur k-ten Klasse mit Wiederholung.

Aus einer Urne mit vier unterscheidbaren Kugeln sollen mit Zurücklegen zwei Kugeln gezogen werden.

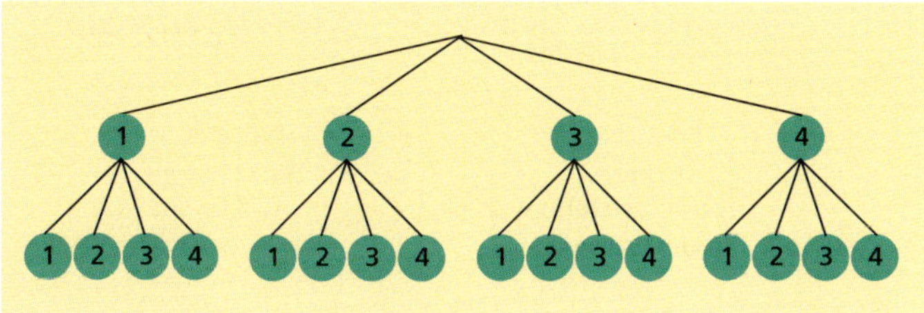

Es gibt insgesamt $4^2 = 16$ Möglichkeiten.

Ungeordnete Auswahl ohne Zurücklegen (Ziehen auf einen Griff)
Werden aus n unterscheidbaren Kugeln k Kugeln mit einem Mal (auf einen Griff) gezogen, so ist die Anzahl der möglichen Anordnungen:
$A = \frac{n \cdot (n-1) \cdot \ldots \cdot [n-(k-1)]}{k!} = \binom{n}{k} \quad (n, k \in \mathbb{N};\ k \leq n)$

Dies entspricht einer **Kombination** von n Elementen zur k-ten Klasse ohne Wiederholung.

Aus einer Urne mit vier unterscheidbaren Kugeln sollen drei Kugeln auf einen Griff gezogen werden.

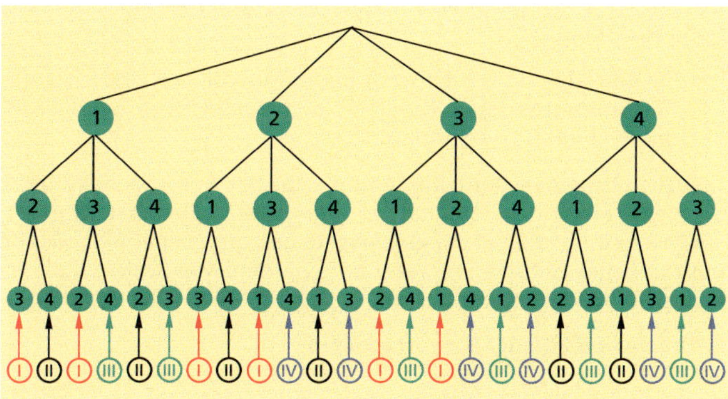

Es gibt $\binom{4}{3} = \frac{4 \cdot (4-1) \cdot (4-2)}{3!} = \frac{4 \cdot 3 \cdot 2}{1 \cdot 2 \cdot 3} = 4$ Möglichkeiten.

Anmerkung:
Das Baumdiagramm liefert zwar $4 \cdot 3 \cdot 2 = 24$ Pfade. Da jedoch die Reihenfolge der Zusammenstellung keine Rolle spielt, sind jeweils sechs der Pfade gleich und die Gesamtzahl der Möglichkeiten reduziert sich auf 4 (I, II, III und IV).

8.2 Elemente der beschreibenden Statistik

status (lat.) – Bestehendes, Zustand

Aufgabe der **Statistik** ist es, Methoden sowohl zum Erfassen, zum Ordnen und zum Zusammenstellen als auch zum Auswerten empirisch gefundener (aus der Praxis gewonnener) Daten zu entwickeln.

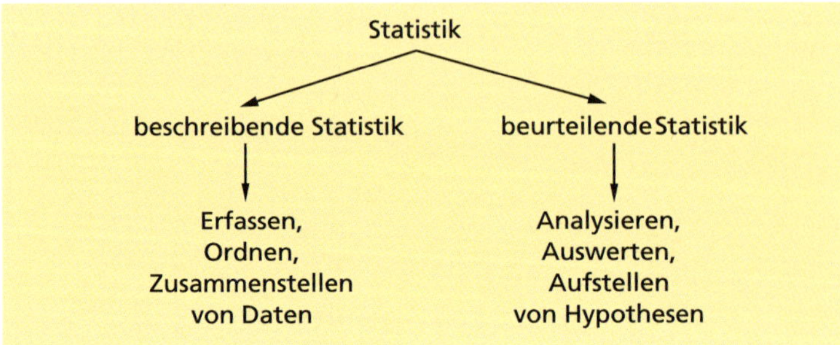

8.2.1 Statistische Erhebungen (Erfassen und Auswerten von Daten)

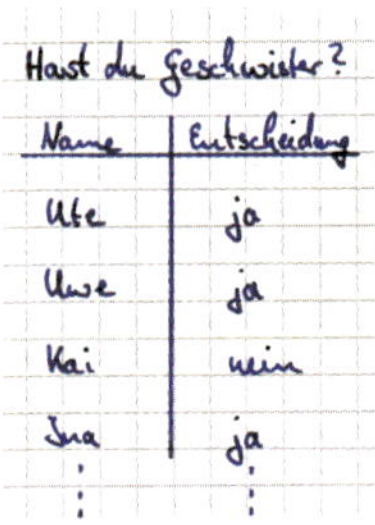

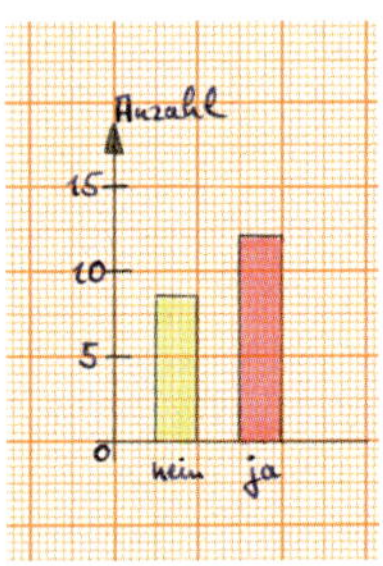

Statistische Untersuchungen beziehen sich im Allgemeinen auf eine **Grundgesamtheit**, z. B. die Gesamtbevölkerung eines Landes, mit einem bestimmten *Merkmal*. Da diese Grundgesamtheit oft sehr umfangreich ist, wählt man für die Untersuchung eine **Stichprobe** als Teilmenge aus. Um von ihr auf die Grundgesamtheit schließen zu können, muss diese Stichprobe **repräsentativ** sein.
Darunter versteht man, dass jedes zufällig ausgewählte Element der Grundgesamtheit die gleiche Chance gehabt haben muss, in die Stichprobe zu gelangen.

Zur Bestimmung der Einschaltquoten werden repräsentative Haushalte ausgewählt (z. B. Familienzusammensetzung), um die Fernsehgewohnheiten zu ermitteln.

Die bei statistischen Untersuchungen erfassten Ausprägungen bestimmter quantitativer bzw. qualitativer Merkmale heißen **Daten;** meist sind dies Messreihen, die durch Zahlenwerte und gegebenenfalls zugehörige (physikalische) Einheiten repräsentiert werden. Man spricht auch von **Ergebnissen** bzw. **Ergebnismengen.**

Strichliste und Stängel-Blatt-Diagramm

Die durch Beobachten, Messen usw. in einer **Urliste** erfassten Daten sind im Allgemeinen ungeordnet und es ist zweckmäßig, sie für die weitere Arbeit aufzubereiten.
Die einfachste Form einer Aufbereitung ist die **Strichliste,** von der häufig bereits beim Erfassen der Daten Gebrauch gemacht wird.

Es wird 40-mal gewürfelt und die erreichten Augenzahlen werden notiert:
14133 46344 15622 14421 14214 21362 54541 61166

Aussagekräftiger ist die Strichliste.

1: 𝍸 𝍸 /	2: 𝍸 /	3: ////
4: 𝍸 𝍸	5: ///	6: 𝍸 /

Eine weitere Möglichkeit des Ordnens von Daten ist das **Stängel-Blatt-Diagramm** (auch *Stängel-Blätter* bzw. *Stamm-Blätter-Diagramm*). Hierbei erfolgt ein Aufspalten der Daten in einen „Stamm" (linker Teil) und ein „Blatt" (rechter Teil).

In einer Mathematikarbeit wurden von den Schülern einer Klasse von 40 zu vergebenden Punkten die folgenden Punktzahlen erreicht:

19	33	39	14	7	40	36	25	30	37	19	21	33	34	12
40	36	26	23	17	39	33	24	12	19	29	28	31	40	9

Zwei mögliche Stängel-Blatt-Diagramme sind die folgenden:

a) grobe Aufteilung

Zehner	Einer
0	7 9
1	9 4 9 2 7 2 9
2	5 1 6 3 4 9 8
3	3 9 6 0 7 3 4 6 9 3 1
4	0 0 0

b) feinere Aufteilung

Zehner	Einer
0	
0	7 9
1	4 2 2
1	9 9 7 9
2	1 3 4
2	5 6 9 8
3	3 0 3 4 3 1
3	6 9 7 6 9
4	0 0 0

Absolute und relative Häufigkeit

Ein wichtiges Moment statistischer Untersuchungen ist die Häufigkeit, mit der ein bestimmtes **Ergebnis** (ein bestimmter Wert) in einer Stichprobe (Ergebnismenge) vorkommt.

D Die **absolute Häufigkeit** $H_n(x)$ eines Ergebnisses x gibt an, wie oft x innerhalb einer Stichprobe mit dem Umfang n auftritt.

Diese (absolute) Häufigkeit kann man aus Strichlisten bzw. aus sogenannten **Häufigkeitstabellen** entnehmen.

Die Summe aller **absoluten Häufigkeiten** ist gleich dem Umfang n der **Stichprobe.**

Für die beim 40-maligen Würfeln erzielten Werte (↗ S. 304) ergibt sich folgende Häufigkeitstabelle:

Augenzahl	1	2	3	4	5	6
Absolute Häufigkeit $H_n(x)$	11	6	4	10	3	6

Um statistische Untersuchungen unterschiedlichen Umfangs miteinander vergleichen zu können, verwendet man statt der absoluten Häufigkeit oft die relative Häufigkeit.

D

Die **relative Häufigkeit** $h_n(x)$ eines Ergebnisses x ist gleich dem Quotienten aus dessen absoluter Häufigkeit und dem Umfang n der Stichprobe (der Anzahl der Beobachtungen):

$$h_n(x) = \frac{H_n(x)}{n}$$

Relative Häufigkeiten können sowohl in Bruchdarstellung (als gemeiner Bruch bzw. als Dezimalbruch) als auch in Prozent (als Prozentsatz) angegeben werden.
Wird beobachteten Werten (Ergebnissen) bzw. Klassen einer statistischen Untersuchung ihre jeweilige relative Häufigkeit zugeordnet, so spricht man von einer **Häufigkeitsverteilung.**

Für das Beispiel des 40-maligen Würfelns (↗ S. 304) ergeben sich die folgenden Häufigkeiten:

Ergebnis x	1	2	3	4	5	6
Absolute Häufigkeit $H_n(x)$	11	6	4	10	3	6
Relative Häufigkeit $h_n(x)$	0,275 27,5 %	0,15 15 %	0,1 10 %	0,25 25 %	0,075 7,5 %	0,15 15 %

Die Summe der **relativen Häufigkeiten** der Ergebnisse einer Stichprobe ist stets gleich 1 bzw. bei Angabe in Prozent gleich 100 %.

Klasseneinteilungen

Oft werden statistische Daten der Übersichtlichkeit wegen in **Klassen** zusammengefasst. Dies ist beispielsweise schon beim Erfassen in Stängel-Blatt-Diagrammen der Fall.
Für eine **Klasseneinteilung** ist festzulegen, wie viele Klassen zu bilden sind und wie groß die einzelnen Klassen sein sollen. Dazu werden jeweils eine untere und eine obere Klassengrenze festgelegt.
Die Differenz aus oberer und unterer Klassengrenze wird auch als **Klassenbreite** bezeichnet. Im Allgemeinen werden Klassen gleicher Breite betrachtet.
Als einen Repräsentanten für eine Klasse wählt man oft den in der Mitte stehenden Wert als sogenanntes **Klassenmittel.**
Als Faustregel findet man mitunter die Empfehlung, als Anzahl k der Klassen die Wurzel aus dem Stichprobenumfang n zu wählen: $k = \sqrt{n}$
Andere Quellen nennen auch die Formel $k = 5 \cdot \lg n$.

Bei der Zensierung wird eine Klasseneinteilung auf Grundlage erreichter Punktzahlen vorgenommen (wobei allerdings die Klassen nicht gleich breit sind).
Im Folgenden ist eine solche Einteilung (mit Häufigkeitstabelle) für das Beispiel der Mathematikarbeit (↗ S. 305) angegeben:

Klasse	Zensur	Absolute Häufigkeit
39 und 40 Punkte	1	5
32 bis 38 Punkte	2	7
24 bis 31 Punkte	3	7
16 bis 23 Punkte	4	6
10 bis 15 Punkte	5	3
weniger als 10 Punkte	6	2

Im Beispiel wurden abgeschlossene Intervalle für die Klassen gewählt, da nur ganzzahlige Werte für die Punktzahlen auftreten.
Bei stetig veränderbaren Größen empfiehlt es sich, halboffene Intervalle zu nehmen.

Das monatliche Nettoeinkommen von Privathaushalten wurde auf Grundlage einer vorgegebenen Klasseneinteilung wie folgt erfasst:

Monatliches Nettoeinkommen	Anzahl der Haushalte
bis 1000 €	11
über 1000 € bis 1500 €	24
über 1500 € bis 2000 €	33
über 2000 € bis 2500 €	45
über 2500 € bis 3000 €	37
über 3000 €	17

Hinweis:
Die Formulierung „bis“ soll bedeuten, dass der Wert noch zur entsprechenden Klasse gehört.
Ein Einkommen von 2 500 € wäre dann der Klasse „über 2 000 € bis 2 500 €“, ein Einkommen von 2 501 € jedoch der Klasse „über 2 500 € bis 3 000 €“ zuzuordnen.

Gehaltsabrechnung

Grundgehalt	1720,00 €
Zuschlag	591,43 €
	2 311,43 €
LSt	198,25 €
SZ	14,86 €
KV	147,97 €
RV	204,62 €
AV	78,61 €
KiSt	17,84 €
Überweisung	1649,28 €

(LSt) Lohnsteuer,
(SZ) Solidaritätszuschlag,
(KV) Krankenversicherung,
(RV) Rentenversicherung,
(AV) Arbeitslosenversicherung,
(KiSt) Kirchensteuer

Grafische Darstellung von Häufigkeitsverteilungen

Sehr oft werden grafische Darstellungen verwendet, um das Wesentliche statistischer Untersuchungen, insbesondere von Häufigkeitsverteilungen, zu verdeutlichen.
Am gebräuchlichsten sind neben dem Streckendiagramm das Säulen- und das Kreisdiagramm.
Bei einem **Streckendiagramm** werden auf der horizontalen Achse die Ergebnisse x_i und auf der vertikalen Achse die absoluten Häufigkeiten $H_n(x_i)$ oder die relativen Häufigkeiten $h_n(x_i)$ dargestellt.

Die Summe aller Streckenlängen ist gleich 40.

Ein Streckendiagramm für die absoluten Häufigkeiten der einzelnen Ergebnisse beim 40-maligen Würfeln (↗ S. 304) zeigt die nebenstehende Abbildung.

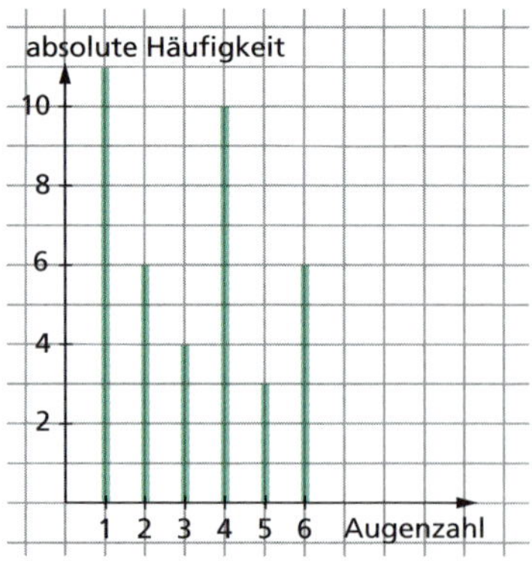

Mitunter werden bei grafischen Darstellungen auch horizontale und vertikale Achsen vertauscht.

Im Fernsehen werden bei vorgenommenen Abstimmungen per Telefon, dem sogenannten Televotum, die Ergebnisse in Form von Balken dargestellt.

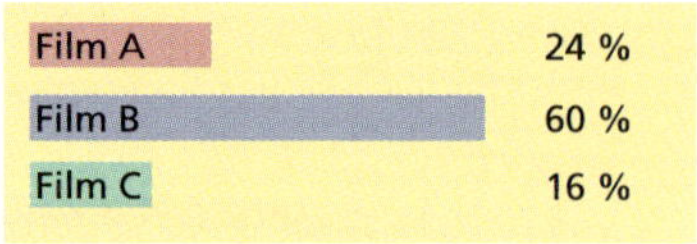

Bei einem **Kreisdiagramm** wird ein Kreis entsprechend der prozentualen (relativen) Häufigkeiten in Kreisausschnitte aufgeteilt.
Der Mittelpunktswinkel eines Kreisausschnitts ergibt sich, indem man mithilfe der gegebenen Prozentsätze den entsprechenden Prozentwert von 360° berechnet.

Für das Beispiel des 40-maligen Würfelns (↗ S. 304) erhält man:

Augenzahl	Relative Häufigkeit	Mittelpunktswinkel
1	27,5 %	99°
2	15,0 %	54°
3	10,0 %	36°
4	25,0 %	90°
5	7,5 %	27°
6	15,0 %	54°

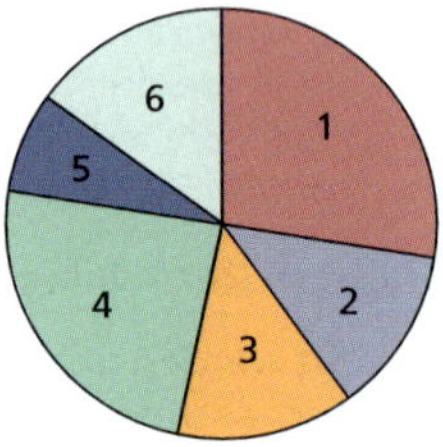

Die vor allem bei Klasseneinteilungen angewandten **Säulendiagramme** werden auch **Histogramme** genannt. Auf der horizontalen Achse werden die Klassen markiert und die jeweiligen Klassenmitten x_i eingetragen. Über jeder Klasse wird ein Rechteck (eine Säule) mit der Höhe $H_n(x_i)$ bzw. $h_n(x_i)$ gezeichnet.

Es wird die Altersstruktur der Beschäftigten eines Unternehmens untersucht:

Klasse (Alter in Jahren)	**Klassenmitte x_i** (in Jahren)	**Absolute Häufigkeit** $H_n(x_i)$
$15 \leq x < 25$	20	20
$25 \leq x < 35$	30	14
$35 \leq x < 45$	40	31
$45 \leq x < 55$	50	22
$55 \leq x < 65$	60	11
$65 \leq x < 75$	70	4

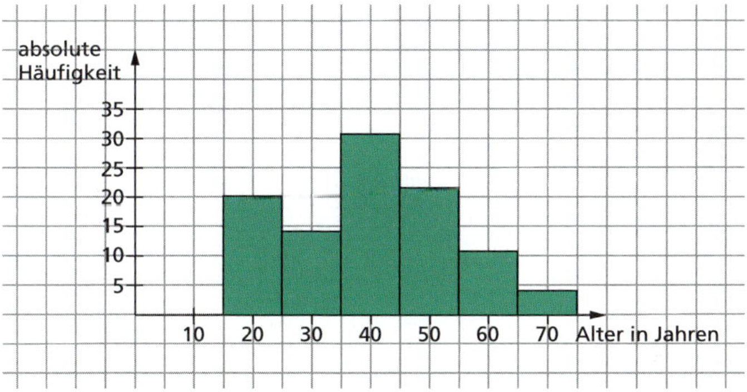

Die Summe der Höhen der Rechtecke ergibt die Anzahl der Beschäftigten.

Weitere Darstellungsarten von Häufigkeitsverteilungen sind der Polygonzug und **Boxplots.**

8.2.2 Statistische Kenngrößen (bei Häufigkeitsverteilungen)

Zur Charakterisierung von Stichproben, vor allem von solchen mit großem Umfang, werden spezielle Werte **(Maße)** herangezogen. Sie dienen zum einen der Kennzeichnung der Lage der Verteilung, zum anderen geben sie an, wie die einzelnen Werte innerhalb einer Häufigkeitsverteilung von charakteristischen Werten abweichen („streuen").

Lagemaße (Mittelwerte)

Kenngrößen der Lage (**Lagemaße**) beschreiben die mittlere Größe der beobachteten Werte bei einer Stichprobe vom Umfang n.
Ein solcher Mittelwert ist das arithmetische Mittel (↗ S. 366).

D

Das **arithmetische Mittel** $\bar{x}$ der Beobachtungsergebnisse $x_1, x_2, \ldots, x_n$ einer Stichprobe vom Umfang n erhält man, indem man die Summe aller Werte durch deren Anzahl dividiert:

$$\bar{x} = \frac{x_1 + x_2 + \ldots + x_n}{n} \quad (n \in \mathbb{N})$$

Beim Wiegen von zwölf Schülern einer Klasse wurden die folgenden Werte notiert:

54 kg	63 kg	52 kg	55 kg	65 kg	68 kg
67 kg	50 kg	48 kg	53 kg	57 kg	64 kg

Dabei ergibt sich als arithmetisches Mittel: $\bar{x} = \frac{696\text{ kg}}{12} = 58\text{ kg}$

Treten bei einer Stichprobe vom Umfang n Ergebnisse mehrfach auf, so vereinfacht sich die Berechnung des arithmetischen Mittels $\bar{x}$.
Für die mit einer absoluten Häufigkeit $H_1, H_2, \ldots, H_k$ auftretenden Werte $x_1, x_2, \ldots, x_k$ gilt:

$$\bar{x} = \frac{H_1 \cdot x_1 + H_2 \cdot x_2 + \ldots + H_k \cdot x_k}{n} \quad (n, k \in \mathbb{N};\ k \le n)$$

Hierbei steht H_i abkürzend für $H_n(x_i)$.

In den zehn Spielen einer regionalen Fußballliga wurden an einem Spieltag folgende Torquoten (Tore pro Spiel) erzielt:
4; 6; 2; 4; 3; 4; 2; 4; 0; 5

Somit ist $\bar{x} = \frac{1 \cdot 0 + 2 \cdot 2 + 1 \cdot 3 + 4 \cdot 4 + 1 \cdot 5 + 1 \cdot 6}{10} = \frac{34}{10} = 3{,}4$

Pro Spiel fielen also im Durchschnitt mehr als drei Tore.

Man spricht in diesem Fall vom **gewogenen arithmetischen Mittel** mit den „Wägungsfaktoren" $H_1, H_2, \ldots, H_k$, das sich wie folgt berechnen lässt:

Das **gewogene arithmetische Mittel** $\bar{x}$ der Beobachtungsergebnisse einer Häufigkeitsverteilung wird berechnet als Summe der Produkte aus den Werten der Stichprobe und ihren zugehörigen relativen Häufigkeiten.

$\bar{x} = h_1 \cdot x_1 + h_2 \cdot x_2 + \ldots + h_k \cdot x_k \quad (n, k \in \mathbb{N};\ k \le n)$

Hierbei steht h_i abkürzend für $h_n(x_i)$.

Im obigen Beispiel der Torquoten ergibt sich somit:

$$\begin{aligned} \bar{x} &= 0{,}1 \cdot 0 + 0{,}2 \cdot 2 + 0{,}1 \cdot 3 + 0{,}4 \cdot 4 + 0{,}1 \cdot 5 + 0{,}1 \cdot 6 \\ &= 0 + 0{,}4 + 0{,}3 + 1{,}6 + 0{,}5 + 0{,}6 \\ &= 3{,}4 \end{aligned}$$

Unter „Ausreißern" werden extrem kleine oder extrem große Werte unter den Beobachtungsergebnissen verstanden.

Das arithmetische Mittel $\bar{x}$ ist ein Wert, der nicht unter den beobachteten Werten vorkommen muss, auch muss er nicht in der Nähe des häufigsten Wertes liegen. Er wird sehr stark von sogenannten „Ausreißern" beeinflusst.

Das arithmetische Mittel kennzeichnet nicht immer die Mitte einer Häufigkeitsverteilung. Dazu benutzt man den **Zentralwert (Median)**.

D

Unter dem **Zentralwert (Median)** $\tilde{x}$ wird der in der Mitte stehende Wert der nach der Größe geordneten Werte $x_1, x_2, \ldots, x_n$ einer Stichprobe vom Umfang n verstanden.
Stehen (bei geradzahligem n) zwei Werte in der Mitte, so ergibt sich der Zentralwert $\tilde{x}$ als das arithmetische Mittel dieser beiden Werte.

Bei den Torquoten (↗ S. 310) ergibt sich der Zentralwert 4.
0, 2, 2, 3, 4, 4, 4, 4, 5, 6

$$\tilde{x} = \frac{4+4}{2} = 4$$

Bei den Körpergewichten (↗ S. 310) ergibt sich 56 kg als Zentralwert.
48 50 52 53 54 55 57 63 64 65 67 68

$$\tilde{x} = \frac{55\text{ kg} + 57\text{ kg}}{2} = 56\text{ kg}$$

Ein oder mehrere Beobachtungsergebnisse können mit dem Zentralwert $\tilde{x}$ übereinstimmen. Im Gegensatz zu $\bar{x}$ wird $\tilde{x}$ von Ausreißern nicht wesentlich beeinflusst. Handelt es sich um eine annähernd **symmetrische Häufigkeitsverteilung,** so liegen $\bar{x}$ und $\tilde{x}$ nahe beieinander.

Ein weiteres Lagemaß ist der Modalwert.

Die Torschützenkönige

1964	U. Seeler (Hamburg)	30
1965	Brunnenmeier (1860 München)	24
1966	Emmerich (Dortmund)	31
⋮		
2002	Amoroso (Dortmund)	18
2003	Elber (Bayern)	21
	Christiansen (Werder Bremen)	21
2004	Ailton (Werder Bremen)	28

D Unter dem **Modalwert** m versteht man den am häufigsten unter den Beobachtungsergebnissen einer Stichprobe auftretenden Wert.

Bei den Punktzahlen (↗ S. 306 f.) lassen sich mit 19, 33 und 40 drei Modalwerte angeben. Bei den Körpergewichten gibt es keinen solchen Wert.

Streuungsmaße

Lagemaße allein charakterisieren Häufigkeitsverteilungen nicht ausreichend, da diese sich trotz gleicher Mittel- und Zentralwerte erheblich unterscheiden können. So können die einzelnen Werte um das Lagemaß „streuen". Man erkennt dies an den entsprechenden Kurven der Häufigkeitsverteilungen: Bei kleiner **Streuung** verläuft die Kurve schmal und hoch, bei großer Streuung dagegen breit und flach.

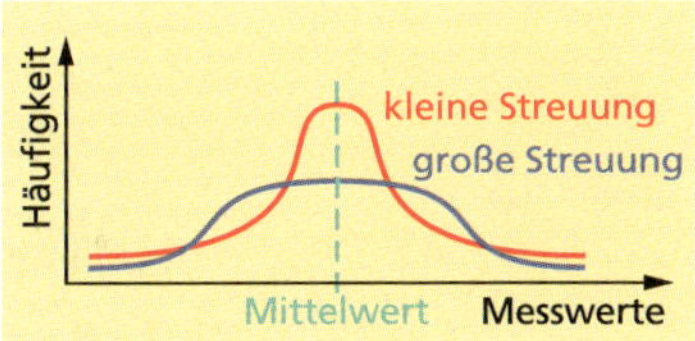

Das einfachste Streuungsmaß ist die Spannweite, die den Umfang des Streubereiches kennzeichnet.

D Unter der **Spannweite** oder **Streubreite** w einer Stichprobe versteht man die Differenz aus dem größten und dem kleinsten Beobachtungsergebnis:
$w = x_{max} - x_{min}$

Für die bei den Lagemaßen betrachteten Beispiele ergibt sich:
w = 40 – 7 = 33 (↗ S. 306 f.; Beispiel Punktzahlen);
w = 68 kg – 48 kg = 20 kg (↗ S. 310; Beispiel Körpergewichte);
w = 6 – 0 = 6 (↗ S. 310; Beispiel Torquoten)

Ein Maß für die Streuung einer Stichprobe, das alle Beobachtungsergebnisse $x_1, x_2, \ldots, x_n$ einbezieht, ist die mittlere Abweichung vom Mittelwert $\bar{x}$. Da die Summe der Abweichungen $x_i - \bar{x}$ (i = 1, 2, ..., n) stets gleich 0 ist, muss beim Berechnen der durchschnittlichen Abweichung mit den entsprechenden Beträgen gearbeitet werden.

D Die **mittlere (lineare) Abweichung** d der Werte einer Stichprobe vom Umfang n wird folgendermaßen berechnet:

$$d = \frac{|x_1 - \bar{x}| + |x_2 - \bar{x}| + ... + |x_n - \bar{x}|}{n} \quad (n \in \mathbb{N})$$

Eine Klasse hat den Auftrag erhalten, in der Zeit von 7 Uhr bis 10 Uhr halbstündig die Anzahl der Fahrzeuge in zwei Straßen zu ermitteln. Die folgende Tabelle zeigt, dass bei gleichem arithmetischen Mittel die mittlere lineare Abweichung in der Laplacestraße fast fünfmal so groß ist wie in der Pascalstraße.

	Laplacestraße		Pascalstraße	
Uhrzeit	**Häufigkeit**	**Abstand vom arithmetischen Mittel**	**Häufigkeit**	**Abstand vom arithmetischen Mittel**
7.00 – 7.30	40	25	62	3
7.30 – 8.00	65	0	62	3
8.00 – 8.30	78	13	68	3
8.30 – 9.00	92	27	71	6
9.00 – 9.30	67	2	65	0
9.30 – 10.00	48	17	62	3
Summe:	390	84	390	18
	$\bar{x} = \frac{390}{6} = 65$	$d = \frac{84}{6} = 14$	$\bar{x} = \frac{390}{6} = 65$	$d = \frac{18}{6} = 3$
	arithmetisches Mittel	mittlere lineare Abweichung	arithmetisches Mittel	mittlere lineare Abweichung

Um das nicht immer einfache Rechnen mit Beträgen zu vermeiden, quadriert man die jeweiligen (vorzeichenbehafteten) Abstände.
Der so erhaltene Wert wird mittlere quadratische Abweichung (Varianz) genannt.

D Die **mittlere quadratische Abweichung (Varianz)** s^2 der Werte einer Stichprobe vom Umfang n wird folgendermaßen berechnet:

$$s^2 = \frac{(x_1 - \bar{x})^2 + (x_2 - \bar{x})^2 + ... + (x_n - \bar{x})^2}{n} \quad (n \in \mathbb{N})$$

Treten innerhalb einer Stichprobe vom Umfang n die Beobachtungsergebnisse $x_1, x_2, \ldots, x_k$ mehrfach auf, so lässt sich s^2 unter Verwendung der zugehörigen absoluten oder relativen Häufigkeiten vereinfacht folgendermaßen berechnen:

$$s^2 = \frac{(x_1 - \bar{x})^2 \cdot H_1 + (x_2 - \bar{x})^2 \cdot H_2 + \ldots + (x_k - \bar{x})^2 \cdot H_k}{n}$$

$$= (x_1 - \bar{x})^2 \cdot h_1 + (x_2 - \bar{x})^2 \cdot h_2 + \ldots + (x_k - \bar{x})^2 \cdot h_k \quad (n, k \in \mathbb{N};\ k \leq n)$$

Da s^2 nicht die gleiche Dimension wie die Beobachtungsergebnisse hat, betrachtet man als Streuungsmaß die Wurzel aus der mittleren quadratischen Abweichung s^2.

D Der Wert s wird **Standardabweichung** genannt.

$$s = \sqrt{\frac{(x_1 - \bar{x})^2 + (x_2 - \bar{x})^2 + \ldots + (x_n - \bar{x})^2}{n}} \quad (n \in \mathbb{N})$$

Bei dem Beispiel Körpergewichte (↗ S. 310) mit $\bar{x} = 58$ kg lassen sich die Streuungsmaße mithilfe der folgenden Tabelle ermitteln:

x_i	$x_i - \bar{x}$	$\lvert x_i - \bar{x} \rvert$	$(x_i - \bar{x})^2$
48	–10	10	100
50	–8	8	64
52	–6	6	36
53	–5	5	25
54	–4	4	16
55	–3	3	9
57	–1	1	1
63	5	5	25
64	6	6	36
65	7	7	49
67	9	9	81
68	10	10	100
Summe	0	74	542

mittlere lineare Abweichung: $d = \frac{74\ \text{kg}}{12} \approx 6{,}17$ kg

mittlere quadratische Abweichung: $s^2 = \frac{542\ \text{kg}^2}{12} \approx 45{,}17\ \text{kg}^2$

Standardabweichung: $s \approx 6{,}72$ kg

Bei der Berechnung der mittleren quadratischen Abweichung bzw. Standard abweichung wird mitunter mit n – 1 statt mit n als Nenner gearbeitet. Dieser Unterschied fällt aber bei Untersuchungen mit sehr vielen Daten kaum ins Gewicht.

Ein weiteres **Streuungsmaß** ist die **Halbweite** bzw. **Vierteldifferenz.** Bei diesem Maß wird nicht auf den **Mittelwert** $\bar{x}$, sondern auf den Zentralwert $\tilde{x}$ Bezug genommen.

8.3 Wahrscheinlichkeitsrechnung

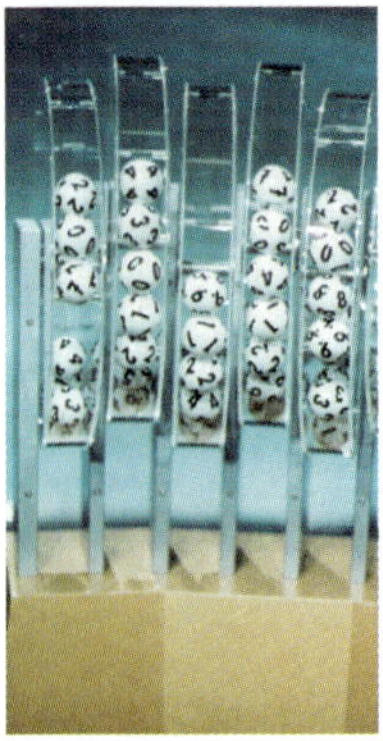

Die **Wahrscheinlichkeitsrechnung** untersucht Gesetzmäßigkeiten zufälliger Erscheinungen in Natur, Gesellschaft oder im Denken. Dazu ist im Allgemeinen das Studium von Massenerscheinungen notwendig; beispielsweise ist die Produktion eines bestimmten Artikels ein solcher Massenvorgang und das Auftreten eines fehlerbehafteten Teiles (Ausschuss) ein *zufälliges* Ereignis. Mit der Statistik und Kombinatorik zusammen bildet die Wahrscheinlichkeit die Stochastik.

8.3.1 Vorgänge mit zufälligem Ergebnis; zufällige Ereignisse

D

Ein Vorgang heißt bezüglich eines bestimmten Merkmals **zufällig,** wenn er mehrere mögliche Ergebnisse $x_1, x_2, \ldots, x_n$ besitzt, von denen nach Ablauf des Vorgangs genau eines eintritt.

Vorgang	**Merkmal**	**Mögliche Ergebnisse**
Werfen eines Würfels	Augenzahl	1; 2; 3; 4; 5; 6
Entwicklung der Freizeitinteressen eines Schülers	Anzahl der Kinobesuche pro Monat	0; 1; 2; 3; 4; ...
Überlegungen eines Arztes	Aussagen zur Krankheit eines Patienten	Grippe; Angina; ...

Zur Untersuchung zufälliger Vorgänge werden sogenannte Zufallsexperimente (Zufallsversuche) durchgeführt.

D

Unter einem **Zufallsexperiment** versteht man die mehrfache Wiederholung eines zufälligen Vorgangs unter gleichen Bedingungen. Die Menge aller möglichen Ergebnisse wird **Ergebnismenge** Ω genannt.

Ein Zufallsexperiment ist folgendermaßen charakterisiert:
- Es besitzt mehrere mögliche Ergebnisse.
- Zwei Ergebnisse können nicht gleichzeitig eintreten.
- Es kann nicht vorausgesagt werden, welches Ergebnis nach Ablauf des Vorgangs eintritt.
- Das Experiment kann beliebig oft wiederholt werden.

Mitunter wird zwischen Zufallsexperiment und Zufallsversuch unterschieden.
Bezüglich eines zufälligen Vorgangs können – in Abhängigkeit von der Wahl des zu untersuchenden Merkmals – verschiedene Ergebnismengen betrachtet werden.

Als zufälliger Vorgang wird das Werfen eines Würfels betrachtet. Bezüglich des Merkmals „Augenzahl" ist $\Omega_1 = \{1; 2; 3; 4; 5; 6\}$ die Ergebnismenge.
Als Ergebnismenge (mit zwei möglichen Ergebnissen) könnte aber auch $\Omega_2 = \{6; \text{keine } 6\}$ vor Versuchsdurchführung festgelegt werden.

Mitunter werden verschiedene Ergebnisse mit gemeinsamer Eigenschaft zu einem Ereignis zusammengefasst.

D Jede Teilmenge der Ergebnismenge Ω wird **Ereignis** genannt. Ereignisse werden mit großen lateinischen Buchstaben A, B, C, ... bzw. E_1, E_2, E_3, ... bezeichnet.

Mögliche Ereignisse, die beim einmaligen Werfen eines Würfels betrachtet werden können, sind:

Wortformulierung	**Ereignis**
Es wird eine 6 gewürfelt.	$E_1 = \{6\}$
Es wird eine ungerade Zahl gewürfelt.	$E_2 = \{1; 3; 5\}$
Es wird keine 6 gewürfelt.	$E_3 = \{1; 2; 3; 4; 5\}$

Ein Ereignis E tritt ein, wenn das erzielte Ergebnis x zur Menge E gehört. Man sagt auch, das Ergebnis x ist **günstig** für E.
Spezielle Ereignisse sind das **sichere** Ereignis, das **unmögliche** Ereignis sowie die sogenannten **Elementarereignisse** (bzw. atomaren Ereignisse):

Ereignis E	**Beschreibung**
sicheres Ereignis	$E = \Omega$ Alle Ergebnisse sind für das Ereignis E günstig.
unmögliches Ereignis	$E = \emptyset$ bzw. $E = \{\,\}$ Kein Ergebnis ist für das Ereignis E günstig.
Elementarereignis (atomares Ereignis)	$E = \{x\}$ Genau ein Ergebnis x mit $x \in \Omega$ ist für das Ereignis E günstig.

Das sichere Ereignis tritt stets, das unmögliche Ereignis tritt nie ein.

D Das Ereignis $\bar{E}$ heißt **Gegenereignis** von E, falls $\bar{E}$ genau dann eintritt, wenn E nicht eintritt.

Im obigen Beispiel ist $E_3 = \{1; 2; 3; 4; 5\}$ das Gegenereignis zu $E_1 = \{6\}$ und umgekehrt.

8.3.2 Elementarer Wahrscheinlichkeitsbegriff; Berechnen von Wahrscheinlichkeiten

Werden Zufallsexperimente wiederholt unter gleichen Bedingungen durchgeführt, so sind Aussagen über die Häufigkeiten (↗ S. 304; statistische Erhebungen) eines Ereignisses möglich.

S Die **relative Häufigkeit** $h_n(E)$ eines Ereignisses E beim n-maligen Wiederholen eines Vorgangs ergibt sich als

$$h_n(E) = \frac{H_n(E)}{n} = \frac{k}{n} \quad (k, n \in \mathbb{N};\ k \leq n)$$

$H_n(E) = k$ ist die **absolute Häufigkeit** von E.

Eine Münze wird n-mal geworfen und es wird jeweils die relative Häufigkeit für die Ergebnisse Wappen (W) bzw. Zahl (Z) in einem Säulendiagramm dargestellt.

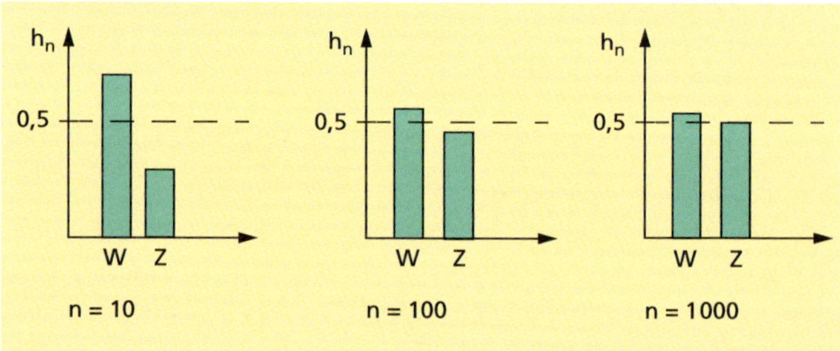

Wird ein Zufallsversuch sehr oft durchgeführt, so lässt sich feststellen: Die relativen Häufigkeiten für das Eintreten eines Ereignisses schwanken um einen festen Wert und die Abweichungen von diesem Wert werden mit wachsendem n immer kleiner (im obigen Beispiel ist jener Wert die Zahl 0,5) – man spricht in diesem Zusammenhang vom **Stabilwerden der relativen Häufigkeit.**
Diese feste Zahl wird die **Wahrscheinlichkeit** des Eintreffens des Ereignisses E genannt und mit P(E) bezeichnet.
Anders formuliert:
Die relative Häufigkeit eines Ereignisses E in einem Zufallsexperiment stellt einen Näherungswert für die Wahrscheinlichkeit dieses Ereignisses dar.
Je größer die Anzahl der Wiederholungen des Experiments ist, desto geringer schwankt die relative Häufigkeit um die Wahrscheinlichkeit.

S Die relative Häufigkeit des Eintretens eines Ereignisses E bei hinreichend großer Anzahl n von Versuchen kann als Schätzwert für die Wahrscheinlichkeit des Eintretens von E gewählt werden.
Es ist:

$$P(E) = \frac{k}{n} \quad (k, n \in \mathbb{N};\ k \leq n)$$

Da für die absolute Häufigkeit k stets $0 \le k \le n$ gilt, folgt für die Wahrscheinlichkeit eines Ereignisses E sofort:

$$0 \le P(E) \le 1$$

unmögliches Ereignis $P(\emptyset) = 0 = 0\,\%$ ← 0 … 1 → sicheres Ereignis $P(\Omega) = 1 = 100\,\%$

Wahrscheinlichkeiten werden (wie relative Häufigkeiten) entweder in Bruchdarstellung (meist als Dezimalbruch) oder in Prozent angegeben. Die Zuordnung der Wahrscheinlichkeiten zu den möglichen Ergebnissen eines zufälligen Vorgangs nennt man **Wahrscheinlichkeitsverteilung**. Dem klassischen Wahrscheinlichkeitsbegriff liegt das Prinzip der Gleichverteilung zugrunde, d. h., es wird davon ausgegangen, dass alle Ergebnisse des Zufallsexperiments gleich wahrscheinlich sind. Zudem wird vorausgesetzt, dass es nur endlich viele mögliche Ergebnisse gibt.
Solche Zufallsexperimente werden nach dem französischen Mathematiker PIERRE SIMON DE LAPLACE auch **Laplace-Experimente** genannt.

PIERRE SIMON DE LAPLACE (1749 bis 1827)

S

Haben alle Ergebnisse $x_1, x_2, \ldots, x_m$ eines zufälligen Vorgangs die gleiche Wahrscheinlichkeit $\frac{1}{m}$, so spricht man von einer **Gleichverteilung.** Die Wahrscheinlichkeit P(E) eines Ereignisses kann in diesem Fall wie folgt berechnet werden:

$$P(E) = \frac{\text{Anzahl der für E günstigen Ergebnisse}}{\text{Anzahl der möglichen Ergebnisse}} = \frac{g}{m} \quad \textbf{(Laplace-Regel)}$$

Beim Werfen eines (idealen) Würfels beträgt die Wahrscheinlichkeit für das Erreichen einer bestimmten Augenzahl jeweils
$P(E_i) = \frac{1}{6} \approx 0{,}167 = 16{,}7\,\%$ (i = 1; 2; 3; 4; 5; 6).
Beim Werfen einer idealen Münze ist die Wahrscheinlichkeit für das Eintreten von Wappen bzw. Zahl jeweils
$P(E_i) = \frac{1}{2} = 0{,}5 = 50\,\%$ (i = 1; 2).

8.3.3 Mehrstufige Zufallsversuche

Mehrstufige Vorgänge und ihre Darstellung in Baumdiagrammen

Vorgänge mit zufälligem Ergebnis können aus mehreren Teilvorgängen bestehen, die sowohl gleichzeitig als auch nacheinander ablaufen können. Solche Vorgänge werden **mehrstufig** genannt.

Mitunter kann es vorteilhaft sein, einen Vorgang gedanklich in mehrere Teilvorgänge zu zerlegen.

Die Ergebnismenge und der Ablauf eines mehrstufigen Zufallsversuchs lassen sich vorteilhaft mithilfe eines **Baumdiagramms** darstellen. Auf jeder Stufe verzweigt sich der Baum, die „Äste" entsprechen den möglichen Ergebnissen, die an deren Ende – im Allgemeinen in Kreisen – angegeben werden. Die Abbildung zeigt ein solches Diagramm für einen zweistufigen Vorgang mit zwei

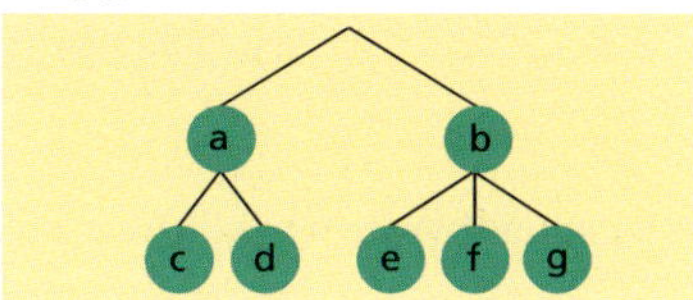

möglichen Ergebnissen in der ersten Stufe sowie zwei bzw. drei möglichen Ergebnissen in der zweiten Stufe.
Es ist möglich, dass sich ein Baumdiagramm bei einem Ergebnis in einer Stufe nicht mehr weiter verzweigt, d. h. dass nach Erreichen dieses Ergebnisses (im Gegensatz zu anderen Ergebnissen) kein weiterer Teilvorgang stattfindet.
Zu jedem möglichen Ablauf des Gesamtvorgangs und dem entsprechenden zusammengesetzten Ergebnis gehört ein Weg (Pfad) durch das Baumdiagramm.

Die Geburt zweier Kinder kann als Zusammensetzung zweier Teilvorgänge angesehen werden, die nacheinander ablaufen. Jedes Ergebnis des ersten Teilvorganges ist mit jedem Ergebnis des zweiten Teilvorganges kombinierbar.

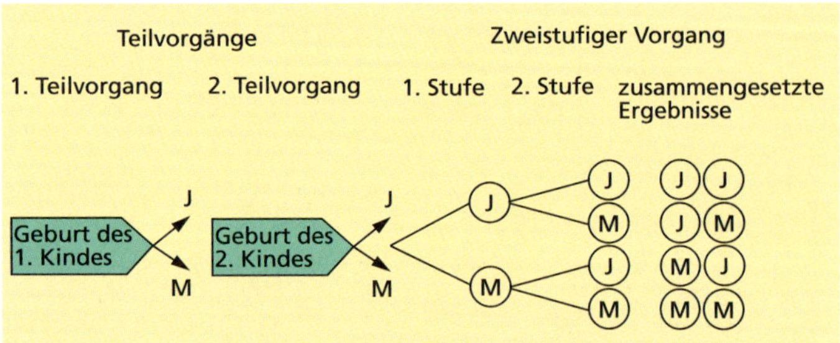

J – Junge
M – Mädchen

Ein Pfad heißt günstig für ein Ereignis E, wenn der dem Pfad entsprechende Ablauf dazu führt, dass dieses Ereignis eintritt.
Ereignisse können durch mehrere Pfade repräsentiert werden.

Eine (ideale) Münze wird dreimal nacheinander geworfen und es wird jeweils das Eintreffen von Wappen (W) oder Zahl (Z) beobachtet. Das Ereignis „Es fallen genau zwei Wappen" ist im Baumdiagramm hervorgehoben.

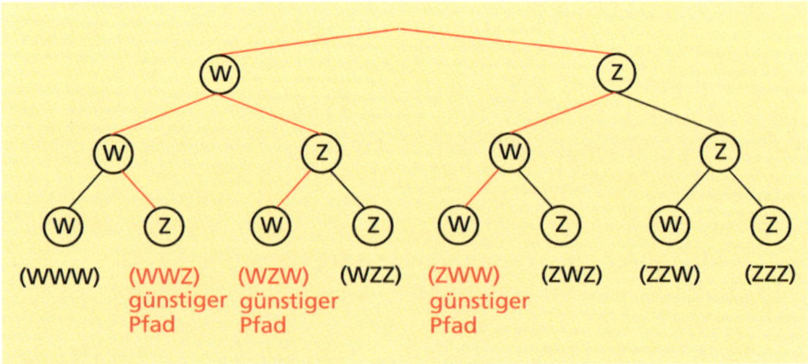

Rechnen mit Wahrscheinlichkeiten; die Pfadregeln

Im Abschnitt 8.3.2 (↗ S. 316) wurde eine Häufigkeitsinterpretation für die Einführung des Wahrscheinlichkeitsbegriffs verwendet und es wurden erste Eigenschaften der Wahrscheinlichkeit angegeben. Einige weitere Eigenschaften werden im Folgenden angeführt.

S

Für ein Ereignis E mit endlich vielen günstigen Ergebnissen $x_1, x_2, \ldots, x_k$ gilt
$P(E) = P(\{x_1\}) + P(\{x_2\}) + \ldots + P(\{x_k\})$,
d. h., die Wahrscheinlichkeit eines Ereignisses E ist gleich der Summe der Wahrscheinlichkeiten der für E günstigen Ergebnisse.

Beim Werfen eines (idealen) Würfels wird das Ereignis E – „Es wird eine gerade Zahl gewürfelt" beobachtet.
Es ist:
$P(E) = P(\{2\}) + P(\{4\}) + P(\{6\}) = \frac{1}{6} + \frac{1}{6} + \frac{1}{6} = \frac{3}{6} = \frac{1}{2} = 0{,}5 = 50\ \%$

Beim Berechnen der Wahrscheinlichkeit eines Ereignisses E ist es mitunter günstiger, von seinem Gegenereignis $\bar{E}$ auszugehen und dessen Wahrscheinlichkeit zu ermitteln.

S

Für ein Ereignis E und sein Gegenereignis $\bar{E}$ gilt:
$P(E) + P(\bar{E}) = 1$ bzw. $P(\bar{E}) = 1 - P(E)$ bzw. $P(E) = 1 - P(\bar{E})$

Beim Werfen eines (idealen) Würfels wird das Ereignis E – „Es wird eine Sechs gewürfelt" – betrachtet.
Das Gegenereignis dazu ist $\bar{E}$ – „Es wird keine Sechs gewürfelt".
Für die Wahrscheinlichkeiten gilt:

$P(\bar{E}) = 1 - P(E) = 1 - \frac{1}{6} = \frac{5}{6}$

$P(E) = 1 - P(\bar{E}) = 1 - \frac{5}{6} = \frac{1}{6} = P(\{6\})$

Mithilfe der Pfadregeln lassen sich Wahrscheinlichkeiten mehrstufiger Vorgänge berechnen. Hierbei nutzt man die Darstellung im Baumdiagramm, indem man die einzelnen Wegstücke mit den gegebenen Wahrscheinlichkeiten des entsprechenden Teilvorgangs beschriftet.
Man betrachtet zunächst die Wahrscheinlichkeit eines zusammengesetzten Ergebnisses, also die Wahrscheinlichkeiten entlang einem Pfad.

S

1. Pfadregel (Produktregel):
Die Wahrscheinlichkeit eines Ergebnisses in einem mehrstufigen Vorgang ist gleich dem Produkt der Wahrscheinlichkeiten längs des Pfades im Baumdiagramm, der diesem Ergebnis entspricht.

Für die Geburt zweier Kinder ist die Wahrscheinlichkeit dafür zu ermitteln, dass beide Kinder Mädchen sind.

Ein **Baumdiagramm** ist dann korrekt beschriftet, wenn sich als Summe der **Wahrscheinlichkeiten** der von einer Verzweigung ausgehenden Wege jeweils 1 (bzw. bei Prozentangaben 100 %) ergibt.

Eine (ideale) Münze wird dreimal geworfen. Es ist die Wahrscheinlichkeit dafür zu ermitteln, dass dreimal Wappen (W) fällt.

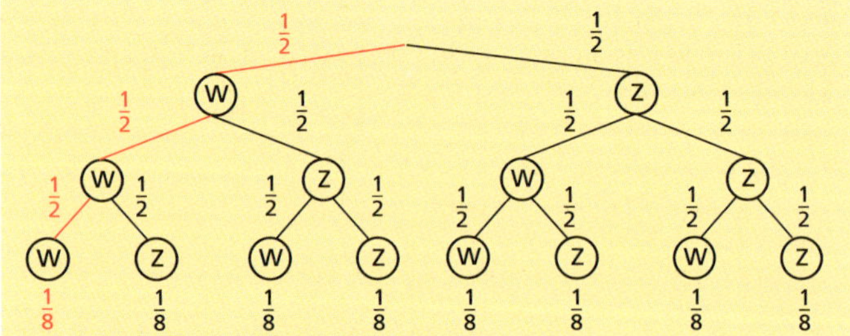

$P(\{WWW\}) = \frac{1}{2} \cdot \frac{1}{2} \cdot \frac{1}{2} = \frac{1}{8} = 0{,}125 = 12{,}5\ \%$

Für die Berechnung der Wahrscheinlichkeit eines Ereignisses E sind alle für dieses Ereignis günstigen Pfade im Baumdiagramm zu berücksichtigen; es sind (aufgrund des Additionssatzes) die Wahrscheinlichkeiten der entsprechenden zusammengesetzten Ergebnisse zu addieren.

S

2. Pfadregel (Summenregel):
Die Wahrscheinlichkeit eines Ereignisses in einem mehrstufigen Vorgang ist gleich der Summe der Wahrscheinlichkeiten der für dieses Ereignis günstigen Pfade.

Es ist die Wahrscheinlichkeit dafür zu ermitteln, dass beim dreimaligen Werfen einer (idealen) Münze zweimal hintereinander Zahl (Z) fällt. Die für dieses Ereignis günstigen Pfade sind im Baumdiagramm blau markiert und es ergibt sich:

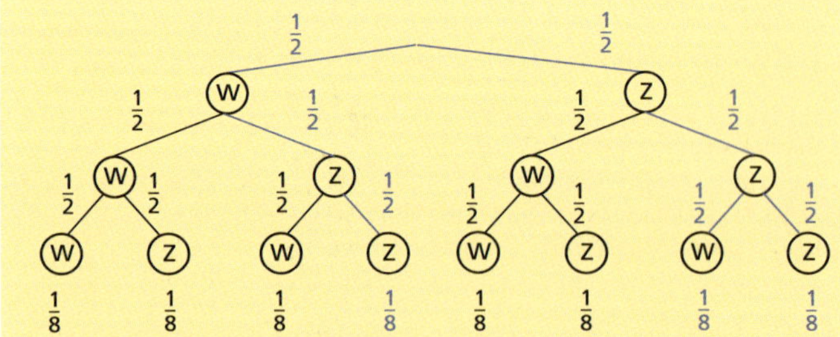

$P(E) = P(\{ZZZ, ZZW, WZZ\}) = P(\{ZZZ\}) + P(\{ZZW\}) + P(\{WZZ\})$
$= \frac{1}{8} + \frac{1}{8} + \frac{1}{8} = \frac{3}{8} = 0{,}375 = 37{,}5\ \%$

Abhängigkeit und Unabhängigkeit von Ereignissen

Zufällige Vorgänge, die nacheinander oder gleichzeitig ablaufen, können sich beeinflussen. Das bedeutet, dass das Versuchsergebnis des einen Vorgangs vom anderen Vorgang abhängt.

D Zwei **Ereignisse** heißen voneinander **unabhängig,** wenn das Eintreten des einen Ereignisses keinen Einfluss auf die Wahrscheinlichkeit des anderen Ereignisses hat.
Ansonsten heißen sie voneinander **abhängig.**

Beispiele für voneinander unabhängige Ereignisse sind das Werfen einer Münze bzw. eines Würfels oder das Ziehen einer Kugel aus einer Urne mit Zurücklegen. Voneinander abhängig sind dagegen das Ziehen eines Loses aus der Lostrommel oder das Ziehen einer Kugel aus einer Urne ohne Zurücklegen.
Ein Hilfsmittel für die gleichzeitige Beobachtung zweier interessierender Ereignisse ist die sogenannte **Vierfeldertafel.**
Bei folgendem Beispiel für voneinander abhängige bzw. unabhängige Vorgänge wird davon Gebrauch gemacht:

Bei 14-Jährigen wurden die Merkmale „Geschlecht" und „Mitgliedschaft in einer Fußballmannschaft" bzw. „Besitz eines eigenen Fahrrades" untersucht.
Die Ergebnisse der Befragung werden jeweils in einer Vierfeldertafel und einem Baumdiagramm dargestellt.

	Mitglied	Nicht Mitglied	Summe
Jungen	78	442	520
Mädchen	24	456	480
Summe	102	898	1000

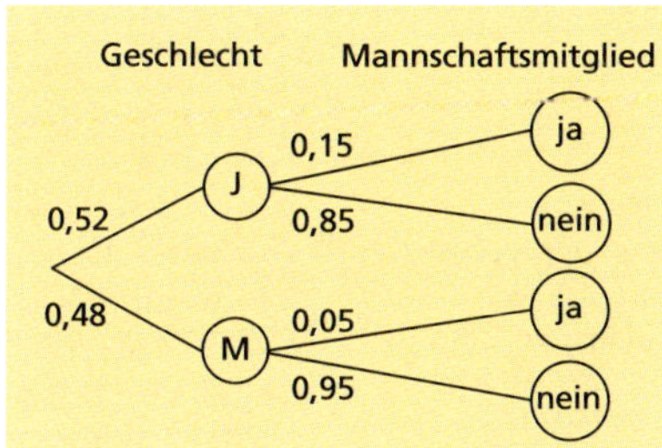

Beide Darstellungen zeigen, dass die Mitgliedschaft bei den Befragten vom Geschlecht *abhängig* ist, denn 15 % der Jungen und nur 5 % der Mädchen sind Mitglieder einer Fußballmannschaft.

	Fahrrad	Kein Fahrrad	Summe
Jungen	468	52	520
Mädchen	432	48	480
Summe	900	100	1000

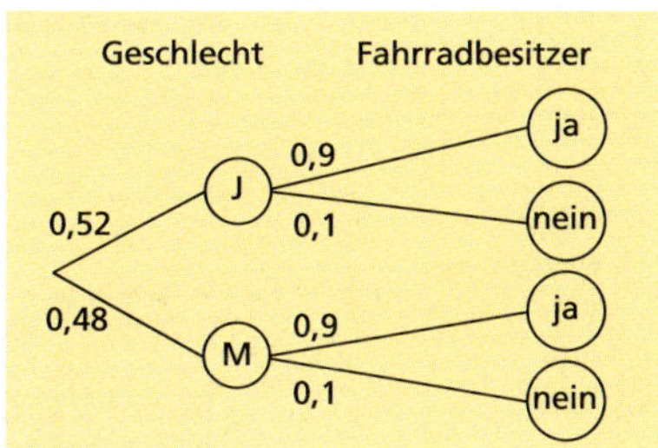

Aus beiden Darstellungen kann man erkennen, dass der Besitz eines Fahrrades bei den Befragten vom Geschlecht *unabhängig* ist, denn sowohl 90 % der Jungen als auch 90 % der Mädchen besitzen ein eigenes Fahrrad.

Simulation von Zufallsversuchen

Jeder Zufallsversuch lässt sich durch andere geeignete Zufallsversuche nachahmen (simulieren).

D Unter **Simulation** wird das Nachahmen (Nachspielen) eines Vorgangs mit zufälligem Ergebnis verstanden.

Zur Simulation werden Zufallsgeräte (sogenannte Zufallsgeneratoren) wie Münzen, Würfel, Urnen, Zufallszahlen o. Ä. verwendet. Simuliert werden vor allem Zufallsversuche, die einen hohen Aufwand erfordern bzw. über einen langen Zeitraum gehen.

Es soll die Geburt eines Kindes mit den Ergebnissen Mädchen (M) und Junge (J) simuliert werden, wobei
$P(M) = P(J) = \frac{1}{2}$ gelten soll.
Als Zufallsgerät kann ein Würfel dienen. Durch die Festlegungen
„gerade Zahl → Mädchen",
„ungerade Zahl → Junge"
wird der Vorgang simuliert.

Man kann alle Zufallsversuche mit n gleich wahrscheinlichen Ergebnissen etwa durch Ziehen von Kärtchen aus einem Behälter simulieren. Dazu werden in diesen Behälter n Kärtchen Zahlen von 1 bis n gegeben. Man erhält dann durch wiederholtes Ziehen mit Zurücklegen Zahlen von 1 bis n in zufälliger Reihenfolge **(Zufallszahlen).**

Zur Simulation von Zufallsversuchen verwendet man häufig auch Tabellen mit den Ziffern von 0 bis 9, die zufällig gewonnen worden sind. Solche Ziffern nennt man **Zufallsziffern.** Alle zehn Ziffern kommen in diesen Listen gleich häufig vor, wobei sie der Übersichtlichkeit wegen meist in Fünfergruppen angeordnet sind. Wenn die Folge der Ziffern lang genug ist, kann damit eine große Zahl von Simulationen eines Versuches durchgeführt werden.

Zufallsziffern kann man auch mit vielen Taschenrechnern, die über eine RAN-Funktion verfügen, erzeugen.

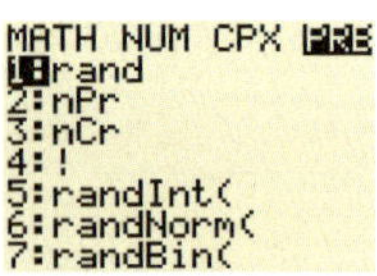

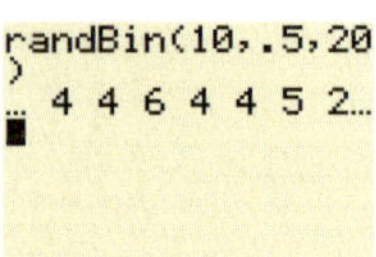

Es soll das 20-malige Werfen eines Würfels mithilfe einer Tabelle von Zufallsziffern simuliert werden.
In der Tabelle findet man beispielsweise nachstehende Ziffernfolge:

65741	73407	27631	06010	80545
57182	56150	20677	96258	62668
09991	09952	94487	61186	88353
20720	64104	47357	13447	79989
96556	96408	46954	52026	64230
26271	29576	...		

Es wird vereinbart, dass die Zufallsziffern 1 bis 6 den erzielten Augenzahlen entsprechen sollen, die Zufallsziffern 7, 8, 9 und 0 werden einfach ausgelassen.
Nach Wahl eines beliebigen Startpunktes (etwa 1. Zeile, 9. Ziffer) liefert die Simulation für das 20-malige Würfeln dann:

26316 15455 12561 52662

8.3.4 Zufallsgrößen und ihre Verteilung

Bei der Durchführung von Zufallsversuchen können verschiedene Größen betrachtet werden, z. B.
die *Augenzahl* beim Würfeln,
die *Augensumme* bzw. die *Augendifferenz* beim Werfen zweier Würfel oder
die *Anzahl der Wappen* beim n-maligen Werfen einer Münze.

Wenn eine Größe bei unter gleichen Bedingungen durchgeführten Versuchen verschiedene (Zahlen-)Werte annehmen kann, von denen jeder ein zufälliges Ereignis ist, so spricht man von einer **Zufallsgröße.**
Zufallsgrößen werden im Allgemeinen mit großen lateinischen Buchstaben X, Y, Z, ... und ihre Werte mit x_1, x_2, x_3, ... bezeichnet.

In einem bestimmten Intervall kann eine **Zufallsgröße** entweder (nur) endlich viele oder beliebig viele Werte annehmen. Im ersten Falle heißt sie diskret, im zweiten Fall wird sie kontinuierlich bzw. stetig genannt.

Es werden hier ausschließlich **diskrete Zufallsgrößen** betrachtet. Das sind Zufallsgrößen, die nur eine endliche Anzahl von Werten annehmen können.

Für die beim Werfen eines Würfels zu betrachtende *Augenzahl* A sind nur die Werte
$x_1 = 1,\ \ x_2 = 2,\ \ x_3 = 3,\ \ x_4 = 4,\ \ x_5 = 5$ und $x_6 = 6$
möglich.

Es werden vier Münzen gleichzeitig geworfen und es wird die *Anzahl der Wappen* W betrachtet. Die Zufallsgröße W kann die Werte
$x_1 = 4,\ \ x_2 = 3,\ \ x_3 = 2,\ \ x_4 = 1$ und $x_5 = 0$
annehmen.

Die einzelnen Werte x_1, x_2, x_3, ... einer Zufallsgröße X treten mit bestimmten Wahrscheinlichkeiten $p_1 = P(x_1)$, $p_2 = P(x_2)$, $p_3 = P(x_3)$, ... auf.

Die Funktion, die jedem Wert einer Zufallsgröße X die Wahrscheinlichkeit für sein Eintreten zuordnet, wird **Verteilung der Zufallsgröße** oder **Wahrscheinlichkeitsverteilung (der Zufallsgröße)** genannt.

Verteilungen diskreter Zufallsgrößen werden meist in Form einer Tabelle der folgenden Art angegeben:

Wert	x_1	x_2	...	x_k
Wahrscheinlichkeit	p_1	p_2	...	p_k

Ihre Veranschaulichung kann mithilfe von Streckendiagrammen bzw. Histogrammen erfolgen.
Die Wahrscheinlichkeiten p_1, p_2, p_3, ... können entweder mit der Laplace-Regel (↗ S. 317) oder anhand von Baumdiagrammen unter Nutzung der Pfadregeln bestimmt werden.

Für die Augenzahl beim Werfen eines idealen Würfels ergibt sich:

Wert (Augenzahl)	1	2	3	4	5	6
Wahrscheinlichkeit	$\frac{1}{6}$	$\frac{1}{6}$	$\frac{1}{6}$	$\frac{1}{6}$	$\frac{1}{6}$	$\frac{1}{6}$

Es liegt eine **Gleichverteilung** (↗ S. 316; Elementarer Wahrscheinlichkeitsbegriff; Berechnen von Wahrscheinlichkeiten) vor, was auch durch das nebenstehende Streckendiagramm veranschaulicht wird.

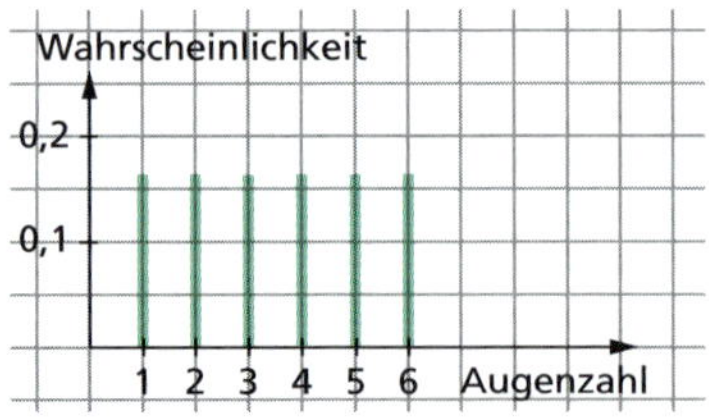

Die Wahrscheinlichkeiten für die Anzahl der Wappen beim vierfachen Münzwurf lassen sich wie folgt ermitteln:

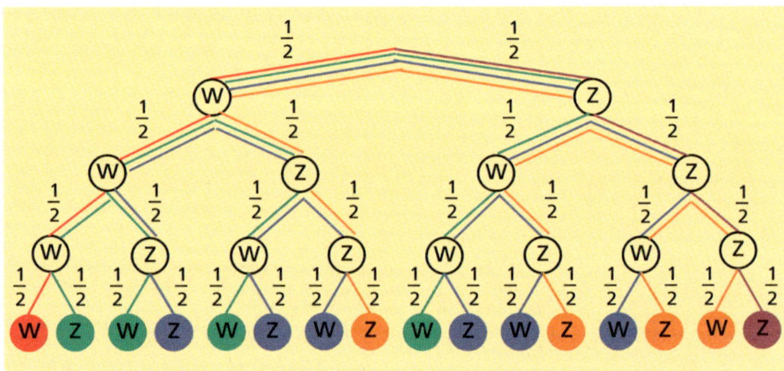

	Ereignisse	Werte	Wahrscheinlichkeiten
	4 Wappen	$x_1 = 4$	$p_1 = 1 \cdot \frac{1}{16} = \frac{1}{16}$
	3 Wappen	$x_2 = 3$	$p_2 = 4 \cdot \frac{1}{16} = \frac{1}{4}$
	2 Wappen	$x_3 = 2$	$p_3 = 6 \cdot \frac{1}{16} = \frac{3}{8}$
	1 Wappen	$x_4 = 1$	$p_4 = 4 \cdot \frac{1}{16} = \frac{1}{4}$
	kein Wappen	$x_5 = 0$	$p_5 = 1 \cdot \frac{1}{16} = \frac{1}{16}$

Die Summe der Wahrscheinlichkeiten p_1, $p_2 \ldots p_k$ für die Werte $x_1, x_2 \ldots x_k$ einer Zufallsgröße muss stets 1 ergeben.

Da die Wahrscheinlichkeit entlang aller Pfade gleich ist, genügt es, alle möglichen Anordnungen aufzuschreiben, etwa in der Form:

WWWW	WWWZ	WWZZ	WZZZ	ZZZZ
	WWZW	WZWZ	ZWZZ	
	WZWW	WZZW	ZZWZ	
	ZWWW	ZWWZ	ZZZW	
		ZWZW		
		ZZWW		

Im Folgenden ist die Verteilung der Zufallsgröße *Anzahl der Wappen* nochmals kurz in Tabellenform angegeben (wobei für die Wahrscheinlichkeiten hier Dezimalbrüche verwendet wurden):

Wert (Wappenanzahl)	0	1	2	3	4
Wahrscheinlichkeit	0,0625	0,25	0,375	0,25	0,0625

Das zugehörige Streckendiagramm (↗ nebenstehende Abbildung) ist typisch für eine weitere spezielle Verteilung, die sogenannte **Binomialverteilung.**

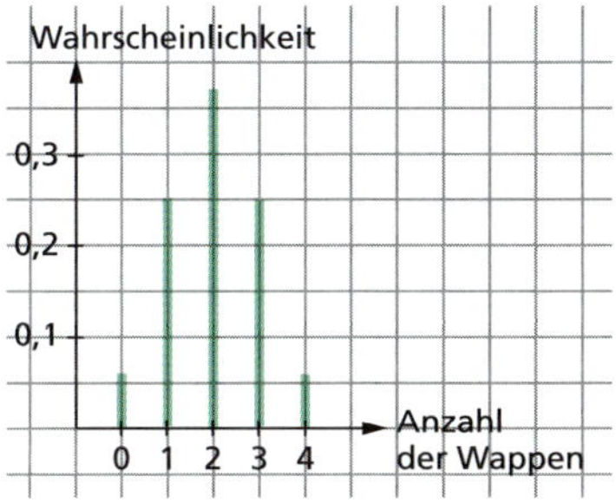

Binomialverteilungen sind für die Praxis von besonderem Interesse. Sie treten bei der Durchführung von Zufallsversuchen auf, bei denen – wie im obigen Beispiel des vierfachen Münzwurfs – nur zwischen *Erfolg (Treffer)* und *Misserfolg (Niete)* unterschieden wird (BERNOULLI-Versuche).

Auch bei Wahrscheinlichkeitsverteilungen ist es (wie bei Häufigkeitsverteilungen) sinnvoll, Mittelwerte zu betrachten.

D Gegeben sei eine Verteilung, die den Werten $x_1, x_2, x_3, \ldots$ einer Zufallsgröße X die Wahrscheinlichkeiten $p_1, p_2, p_3, \ldots$ zuordnet.
Die Zahl $E(X) = x_1 \cdot p_1 + x_2 \cdot p_2 + \ldots + x_k \cdot p_k$ heißt **Erwartungswert** der Zufallsgröße X.

Der Erwartungswert gibt an, welcher durchschnittliche Wert ungefähr zu erwarten ist, wenn man eine Zufallsgröße sehr häufig beobachtet. Mit ihm kann gewissermaßen eine Vorhersage über das arithmetische Mittel der Werte gemacht werden. Führt man umgekehrt einen Zufallsversuch sehr häufig durch, so kann das arithmetische Mittel der beim Versuch auftretenden Werte als *Schätzwert* für den Erwartungswert der Zufallsgröße dienen.
Der Erwartungswert einer Zufallsgröße X muss unter den Werten der Zufallsgröße nicht vorkommen.

Für die Augenzahl A beim Werfen eines idealen Würfels erhält man folgenden Erwartungswert:
$E(A) = 1 \cdot \frac{1}{6} + 2 \cdot \frac{1}{6} + 3 \cdot \frac{1}{6} + 4 \cdot \frac{1}{6} + 5 \cdot \frac{1}{6} + 6 \cdot \frac{1}{6} = \frac{21}{6} = 3{,}5$

Als Erwartungswert für die *Anzahl der Wappen* W beim vierfachen Münzwurf ergibt sich:
$E(W) = 0 \cdot 0{,}0625 + 1 \cdot 0{,}25 + 2 \cdot 0{,}375 + 3 \cdot 0{,}25 + 4 \cdot 0{,}0625 = 2$

Mithilfe der Berechnung von Erwartungswerten lassen sich beispielsweise Gewinne, etwa im kaufmännischen Bereich, optimieren und Glücksspiele bewerten (Stichwort: *faires Spiel*).

Von 200 Losen einer Tombola sind zwei Gewinne zu 25 €, fünf Gewinne zu 10 €, zehn Gewinne zu 5 € und 25 Gewinne zu 2 €.
Alle anderen Lose gewinnen nichts.
Für den Gewinn G liegt folgende Wahrscheinlichkeitsverteilung vor:

Gewinn in Euro	25	10	5	2	0
Wahrscheinlichkeit	$\frac{2}{200}$ = 0,01	$\frac{5}{200}$ = 0,025	$\frac{10}{200}$ = 0,05	$\frac{25}{200}$ = 0,125	$\frac{158}{200}$ = 0,79

Als Erwartungswert für den Gewinn G ergibt sich somit:
$E(G) = 25 \cdot 0{,}01 + 10 \cdot 0{,}025 + 5 \cdot 0{,}05 + 2 \cdot 0{,}125 + 0 \cdot 0{,}79 = 1$

Anmerkung:
Nur bei einem Lospreis von 1 € würde es sich um ein faires Spiel handeln.

Die Angabe des Erwartungswertes allein reicht für die Charakterisierung der Verteilung einer Zufallsgröße oft nicht aus, sondern es interessiert auch die Streuung um diesen mittleren Wert. Man betrachtet deshalb noch die Varianz und die Standardabweichung (einer Zufallsgröße). Diese werden analog der mittleren quadratischen Abweichung s^2 (der sogenannten empirischen Varianz) und Standardabweichung s bei Häufigkeitsverteilungen definiert (wobei anstelle des Mittelwertes $\bar{x}$ der Erwartungswert E(X) als Bezugsgröße tritt).

D

Gegeben sei eine Verteilung, die den Werten $x_1, x_2, x_3, \ldots$, einer Zufallsgröße X die Wahrscheinlichkeiten $p_1, p_2, p_3, \ldots$ zuordnet.
Die Zahl
$V(X) = [x_1 - E(X)]^2 \cdot p_1 + [x_2 - E(X)]^2 \cdot p_2 + \ldots + [x_k - E(X)]^2 \cdot p_k$
heißt **Varianz** von X.
Unter der **Standardabweichung** wird dann die Wurzel aus der Varianz verstanden, d. h., es ist:
$\sigma(X) = \sqrt{V(X)}$

Die Varianz der oben betrachteten Zufallsgrößen *Augenzahl* A und *Anzahl der Wappen* W berechnet sich dann wie folgt:

$$V(A) = (1-3{,}5)^2 \cdot \frac{1}{6} + (2-3{,}5)^2 \cdot \frac{1}{6} + (3-3{,}5)^2 \cdot \frac{1}{6} + (4-3{,}5)^2 \cdot \frac{1}{6} + (5-3{,}5)^2 \cdot \frac{1}{6} + (6-3{,}5)^2 \cdot \frac{1}{6}$$
$$= (2{,}5^2 + 1{,}5^2 + 0{,}5^2 + 0{,}5^2 + 1{,}5^2 + 2{,}5^2) \cdot \frac{1}{6} \approx 2{,}92$$

$$V(W) = (0-2)^2 \cdot 0{,}0625 + (1-2)^2 \cdot 0{,}25 + (2-2)^2 \cdot 0{,}375 + (3-2)^2 \cdot 0{,}25 + (4-2)^2 \cdot 0{,}0625$$
$$= 4 \cdot 0{,}0625 + 1 \cdot 0{,}25 + 0 \cdot 0{,}375 + 1 \cdot 0{,}25 + 4 \cdot 0{,}0625 = 1$$

RECHENHILFSMITTEL | 9

9.1 Geschichtlicher Abriss

Rechenhilfsmittel existierten bereits in sehr frühen Phasen der Menschheitsentwicklung. Finger, Hände, Zehen und Füße gehörten zu den ersten natürlichen Hilfsmitteln. Das Fingerrechnen wurde bereits im antiken Griechenland praktiziert und spielte bis ins Mittelalter eine große Rolle.

Daher kommt der Ausspruch „etwas auf dem Kerbholz haben".

Die einfachsten Darstellungen von Zahlen gibt es auf Kerbhölzern, die beim Zählen von Vieh, Sklaven oder Naturalabgaben Verwendung fanden.
In einen Holzstab wurden dazu Marken eingekerbt. Wurde dieses Kerbholz der Länge nach in zwei Hälften gespalten, existierte ein Nachweis für die beteiligten Parteien. Nachträgliche Manipulationen waren somit unmöglich.
Noch heute sind **Strichlisten** beim Zählen ein sehr sinnvolles Hilfsmittel.

Mit dem **Abakus** konnte addiert, subtrahiert, multipliziert und dividiert, mit einigem Geschick sogar potenziert und radiziert werden.

Als älteste technische Hilfsmittel gelten **Rechenbretter** und **Rechenrahmen**, die vor allem als **Abakusse** bekannt wurden.
Waren die Rechenbretter zur Zeit der Babylonier aus Stein oder Holz und mit Sand bestreut, so verwendete man später mit aufgezeichneten oder eingeschnittenen Linien versehene Tafeln. Entlang den Linien wurden Rechensteine aus Knochen, Stein oder Metall verschoben. Je nach Stellung der Rechensteine auf den einzelnen Linien ordnete man ihnen einen bestimmten Wert zu.
Um 300 v. Chr. entwickelten die Römer daraus einen tragbaren Handabakus.

Der „moderne" Abakus besteht aus einem Holzrahmen mit eingebauten parallelen Stäben, an denen durchbohrte Kugeln oder Perlen auf- und abgeschoben werden können. Derartige Rechenrahmen werden in abgewandelten Formen in einigen Ländern noch heute benutzt. Der Abakus ist als *Suan Pan* in China, *Soroban* in Japan und als *Stschoty* in Russland bekannt.
Noch vor wenigen Jahrzehnten wurde der Abakus auch an europäischen Schulen zum Rechnenlernen eingesetzt.

Häufig gebrauchte Zahlenwerte, deren Berechnung kompliziert oder zeitaufwendig ist, wurden bereits in der Antike zu **Listen und Tabellen** zusammengestellt.

Multiplikationstabellen („Einmaleins-Tabellen“), Tafeln mit Quadratzahlen, Wurzeln und Potenzen, trigonometrische und logarithmische Tafeln u. a. verloren erst durch die Entwicklung elektronischer Rechengeräte ihre praktische Bedeutung. Zins- und Steuertabellen, Tabellen zur Währungsumrechnung oder Tafeln zu Wahrscheinlichkeitsverteilungen finden noch heute Anwendung.

Dr. Chr. Ad. Rise's
neuer, vermehrter, fehlerfreier
Faulenzer
nach Mark und Pfennig,
nebst einem Anhang über das metrische System.
Ein Hilfsbuch für Jedermann,
enthaltend:
I. Umwandlung süddeutscher Kreuzer in Mk. u. Pfennig. S. 3.
II. Umwandlung südd. Gulden u. Kreuzer in Mk. u. Pfg. S. 4—8.
III. Umwandlung von 1—100 Neupfennig in Kreuzer. S. 9.
IV. Umwandlung von 1—4000 Mark in süddeutsche Gulden und Kreuzer. Seite 10.
V. Fruchtrechnung nach dem Gewicht. Seite 11—17.
VI. Berechnung von 1—1000 Stück (Meter, Liter rc.), das Stück … Seite 18—115.

Auf Adam Ries (1492 bis 1559) geht der sogenannte „Faulenzer“, eine Umrechnungstabelle für alltägliche Anwendungen, zurück.

Eine erste Multiplikationshilfe entwickelte John Napier (1550 bis 1617). Er verwendete **Rechenstäbchen** aus Holz, auf deren vier Seiten er das kleine Einmaleins schrieb. Ein gewünschtes Produkt erhält man, indem die Stäbchen nebeneinandergelegt und die auf den Stäbchen abzulesenden Teilprodukte addiert werden.

Mit den Napierstäbchen wurde die Multiplikation auf die Addition zurückgeführt.

Im 17. Jahrhundert wurden **Proportionalwinkel/Proportionalzirkel** zu wichtigen Rechenhilfsmitteln. Je nach Verwendungszweck waren auf den Schenkeln lineare, logarithmische Skalen oder auch Skalen für Kreis-, Flächen- oder Volumenberechnungen aufgetragen.
Mithilfe von Strecken, die mit einem Stechzirkel abgetragen wurden, konnten so durch Anwenden der Strahlensätze Verhältnisgleichungen gelöst werden.

Die Entwicklung des Proportionalzirkels wird Galileo Galilei (1564 bis 1642) zugeschrieben.

Um 1620 wurde ein **Rechenstab** (Rechenschieber) mit logarithmisch eingeteilter Skala von Edmund Gunter entwickelt. Dieser Rechenstab ermöglichte die Multiplikation und Division von Zahlen, indem er sie auf die Addition bzw. Subtraktion von Strecken zurückführte. Während die Strecken anfangs noch mit einem Stechzirkel abgegriffen werden mussten, verwendete William Oughtred (1574 bis 1660) zwei aneinandergleitende Skalen. Daraus entwickelte sich die bis zuletzt übliche Gestalt des Rechenstabs mit einer *Zunge*, die in einem *Körper* gleitet, und einem *Läufer*, der die genaue Einstellung der Skalen erleichtert.

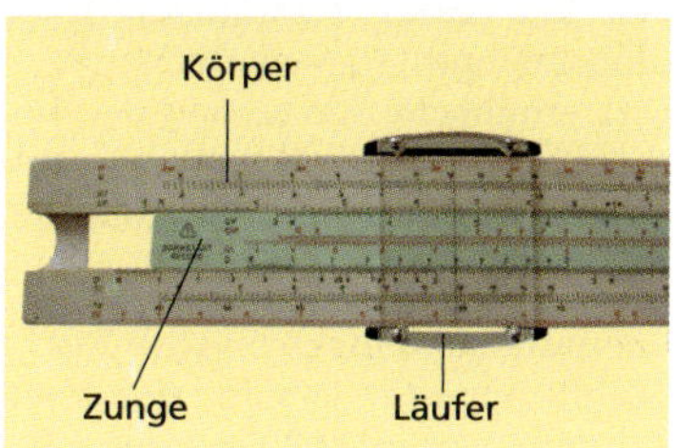

Edmund Gunter (1581 bis 1626) erfand den logarithmischen Rechenstab.

Blaise Pascal

Da die meisten Rechenstäbe außer den logarithmischen Skalen auch noch Skalen mit Werten der quadratischen und kubischen Funktionen, der trigonometrischen Funktionen und von Exponentialfunktionen enthielten, standen vielseitig einsetzbare Rechenhilfsmittel zur Verfügung. Der Rechenstab war deshalb bis zu seiner endgültigen Ablösung durch den elektronischen Taschenrechner in den Achtzigerjahren im 20. Jahrhundert in vielen Berufen und auch in der Schule ein unentbehrliches Handwerkszeug.

Die ersten mechanischen Rechenmaschinen wurden im 17. Jahrhundert entwickelt:
Als erster Ziffernrechner gilt die Rechenuhr von Wilhelm Schickhardt (1592 bis 1635), die allerdings im Wirrwarr des Dreißigjährigen Krieges verloren gegangen ist.

Blaise Pascal (1623 bis 1662) entwickelte einen **Zweispeziesrechner** (Rechenmaschine zur Addition und Subtraktion), in dem mithilfe von Zahnrädern erstmals ein automatischer Zehnerübertrag möglich war. Diese sogenannte **Pascaline** war die erste Rechenmaschine, die eine weite Verbreitung fand.

Gottfried Wilhelm Leibniz

Gottfried Wilhelm Leibniz (1646 bis 1716) erfand eine Rechenmaschine mit Staffelwalzen, die die Durchführung aller vier Grundrechenarten gestattete (erste **Vierspeziesmaschine**).

Charles Babbage

Die Staffelwalzenmaschine mit Antriebskurbel war der Vorläufer der bis in die Gegenwart benutzten **Tischrechner.**
Ein erster Rechner im Taschenformat stammt von Curt Herzstark (1902 bis 1988). Die nach ihm benannte **Curta** wurde um 1944 entwickelt.

1832 entwarf Charles Babbage (1792 bis 1871) den ersten digitalen Rechenautomaten mit Lochkartensteuerung, aber erst Konrad Zuse (1910 bis 1995) gelang 1936 der Bau eines funktionierenden programmgesteuerten Rechners.
Eine erhebliche Steigerung der Rechengeschwindigkeit gelang mit der Entwicklung **elektronischer Rechenmaschinen.**

Konrad Zuse

Computer und elektronische Taschenrechner leisten heute auf der Basis hochintegrierter Schaltkreise mehr als zehn Mio. Additionen pro Sekunde. Ab etwa 1990 wurden für die inzwischen massenhaft verbreiteten Personal Computer (PC) spezielle mathematische Programme, die sogenannten **Computeralgebrasysteme (CAS),** entwickelt. Mit ihnen sind nicht nur alle vom Taschenrechner gewohnten arithmetischen Operationen möglich, sondern auch das Rechnen mit Symbolen, grafische Darstellungen und das individuelle Programmieren spezieller Funktionen.

9.2 Elektronische Hilfsmittel

9.2.1 Der elektronische Taschenrechner

Taschenrechner (TR) sind kleine handliche elektronische Rechengeräte, die es in sehr unterschiedlichen Ausführungen gibt. Sie bestehen in der Regel aus einer Eingabetastatur, einem Display und dem eigentlichen elektronischen Rechner aus Mikroprozessor und Speicher.
Ganz einfache TR ermöglichen nur die Ausführung der vier Grundrechenarten.
Meist verfügen sie aber bereits über zusätzliche Funktionstasten, wie eine Prozenttaste, und über einen Speicher.

Die meisten der heute verbreiteten TR sind sogenannte wissenschaftliche Taschenrechner (Scientific Calculators). Über spezielle Funktionstasten ermöglichen sie den direkten Zugriff auf:
- Potenzen und Wurzeln
- Winkel-, Exponential- und Logarithmusfunktionen
- statistische Funktionen
- Bruchrechnung
- mehrere Klammerebenen
- mehrere Speicher

Leistungsstärkere Geräte sind frei programmierbar und auch grafikfähig. Teilweise lassen sie sich auch mit einem PC oder einem Drucker koppeln.

Rechnen mit dem Taschenrechner

Angesichts der Vielzahl verschiedener Taschenrechner kann hier nur auf einige grundlegende Tastenfolgen, sogenannte Rechenablaufpläne, hingewiesen werden. Für die folgenden Beispiele kann die Tastenfolge je nach Rechnertyp durchaus von der vorgestellten abweichen. Was ein konkreter Taschenrechner zu leisten vermag, ist letztlich immer der Bedienungsanweisung zu entnehmen.

Rechenablaufpläne sind Beispiele für Algorithmen.

Häufig verwendete Funktionstasten

AC oder CLEAR	Gesamtlöschtaste, löscht die gesamte Eingabe
ALPHA	Alphabettaste, aktiviert vorhandene Buchstaben
ANS	Ergebnis-Rückholtaste
DEL	Datenlöschtaste
DEG – RAD	zeigt die Winkeleinheit an (Grad, Bogenmaß)
ENTER oder EXE	Ausführungstaste, auch für Gleichheitszeichen
M	Speichertaste
M+ bzw. M–	addiert bzw. subtrahiert den angezeigten Wert zum bzw. vom Inhalt des Speichers M
MODE	Modus-Taste, dient der Einstellung des Rechners
MR oder RCL	Abrufen des gespeicherten Wertes aus dem Speicher, dessen alphabetische Taste anschließend betätigt wird
STO	Speichertaste, übergibt einen Wert an einen Speicher
2nd oder SHIFT	Umschalttaste, aktiviert die Zweitbelegung der anschließend betätigten Taste

clear (engl.) – säubern, löschen;
answer (engl.) – Antwort;
delete (engl.) – löschen;
enter (engl.) – beginnen;
memory (engl.) – Gedächtnis;
recall (engl.) – zurückrufen;
store (engl.) – Vorrat, Lager;
second (engl.) – zweite (-r, -s)

Ausführen von Grundoperationen

	Beispiel	Ablaufplan	Ergebnis
	62 + 134 − 58	[6] [2] [+] [1] [3] [4] [−] [5] [8] [=]	138
	$\frac{5 \cdot 10^3}{4 \cdot 10^{-3}}$	[5] [EXP] [3] [÷] [4] [EXP] [+/−] [3] [=] oder [5] [×] [1] [0] [y^x] [3] [÷] [(] [4] [×] [1] [0] [y^x] [+/−] [3] [)] [=]	1 250 000
	$2{,}2 \cdot 3{,}5 - \frac{12}{5}$	[2] [,] [2] [×] [3] [,] [5] [−] [1] [2] [÷] [5] [=]	5,3
Konstanten-automatik:	Ein Operand (meist der zweite) bleibt erhalten. Durch Eingeben des anderen Operanden und Betätigen der Ergebnistaste erhält man sofort das Resultat.		
	$3 \cdot 5$ $7 \cdot 5$ $0{,}15 \cdot 5$	[3] [×] [5] [=] [7] [=] [,] [1] [5] [=]	15 35 0,75
Bruch-rechnung:	Zur Eingabe und Umwandlung gemeiner Brüche wird, sofern vorhanden, die [a b/c]-Taste verwendet.		
	$3\frac{1}{4} + \frac{1}{2}$	[3] [a b/c] [1] [a b/c] [4] [+] [1] [a b/c] [2] [=] [a b/c]	3 ⌟ 3 ⌟ 4 3,75
Vorrang-automatik:	Rechenoperationen höherer Stufe werden bevorzugt ausgeführt.		
mit Vorrang-automatik ohne Vorrang-automatik	$2 + 8 \cdot 3$	[2] [+] [8] [×] [3] [=]	26 (richtig) 30 (falsch)
	Die Vorrangautomatik kann beim Berechnen von Brüchen zu falschen Ergebnissen führen.		
mit Vorrang-automatik ohne Vorrang-automatik	$\frac{12+3}{5}$	[1] [2] [+] [3] [÷] [5] [=]	12,6 (falsch) 3 (richtig)
	Sind Bruchterme zu berechnen, sollte die Berechnung des Zählers (oder des Nenners) mit der Ergebnistaste abgeschlossen werden. Auch eine Strukturierung mithilfe von Klammern ist möglich.		
mit oder ohne Vorrang-automatik	$\frac{12+3}{5}$	[1] [2] [+] [3] [=] [÷] [5] [=] oder [(] [1] [2] [+] [3] [)] [÷] [5] [=]	3

Ausführen von wissenschaftlichen Funktionen

	Beispiel	Ablaufplan	Ergebnis
Bei Benutzung der *Funktionstasten* sind zwei Systeme zu unterscheiden:			
1. Rechner mit direkter algebraischer Logik ermöglichen die Eingabe von Zahlen und Operanden in der üblichen Reihenfolge.	$5 \cdot \sqrt{3}$ $3{,}7^2$ 124^3 lg 200 sin 60° cos π sin x = 0,2481	[5] [×] [√] [3] [=] [3] [,] [7] [x²] [1] [2] [4] [yˣ] [3] [=] oder [1] [2] [4] [^] [3] [=] [log] [2] [0] [0] [=] im DEG-Modus: [sin] [6] [0] [=] im RAD-Modus: [cos] [π] [=] im DEG-Modus: [2nd] [sin⁻¹] [0] [,] [2] [4] [8] [1] [=]	8,660254038 13,69 1 906 624 2,301029996 0,866025403 –1 14,36510841
2. Vor allem bei älteren Modellen ist erst die Zahl einzugeben und danach die jeweilige Funktionstaste zu betätigen. Zu beachten ist, dass eine Funktionstaste hier nur auf den zuletzt eingegebenen Wert wirkt.	$5 \cdot \sqrt{3}$ lg 200 sin 60° cos π $\sqrt{2 \cdot 8}$	[5] [×] [3] [√] [=] [2] [0] [0] [log] [=] im DEG-Modus: [6] [0] [sin] [=] im RAD-Modus: [π] [cos] [=] [2] [×] [8] [√] [=] [2] [×] [8] [=] [√] [=] oder [(] [2] [×] [8] [)] [√] [=]	8,660254038 2,301029996 0,866025403 –1 5,656854249 (falsch) 4 (richtig) 4 (richtig
Verwenden der *Prozenttaste*			
25 % von 500 Wie viel Prozent sind 120 von 400? 500 – 25 % (von 500) 67,5 sind 75 % Wie groß ist der Grundwert?		[5] [0] [0] [×] [2] [5] [%] [=] [1] [2] [0] [÷] [4] [0] [0] [%] [=] [5] [0] [0] [−] [2] [5] [%] [=] [6] [7] [,] [5] [÷] [7] [5] [%] [=]	125 30 375 90
Wissenschaftliche TR ermöglichen in der Regel auch *stochastische Berechnungen*. Die entsprechenden Formeln sind dann fest programmiert.			

Verwenden der Speicher

Durch Betätigen einer Speichereingabetaste wird der in der Anzeige befindliche Wert in einen Speicher kopiert. Über eine Speicher-rückruftaste kann der gespeicherte Wert wieder aufgerufen und für weitere Rechnungen bereitgestellt werden.

Je nach Ausstattung des TR stehen ein oder mehrere **Speicher** zur Verfügung.

Der GTR besitzt ein großes Display mit mehrzeiliger Anzeige.

9.2.2 Grafikfähige Taschenrechner

Grafikfähige Taschenrechner (GTR) sind **Rechenhilfsmittel und Grafikwerkzeug** zugleich. Sie ermöglichen alle numerischen Operationen eines wissenschaftlichen TR und verfügen darüber hinaus über die Fähigkeit grafischer Veranschaulichungen.

Obwohl unterschiedliche Tastenbelegungen bei der Vielzahl verfügbarer GTR-Typen für ein und dieselbe Operation meist unterschiedliche Tastenfolgen erforderlich machen, stimmen die GTR in vielen grundlegenden Funktionen überein.

Es werden der vollständige Eingabeterm, die Ergebniszeile und mehrere vorhergehende Zeilen abgebildet.

Arithmetische Operationen, die sich mit einem TR ausführen lassen, sind auch mit einem GTR durchführbar.

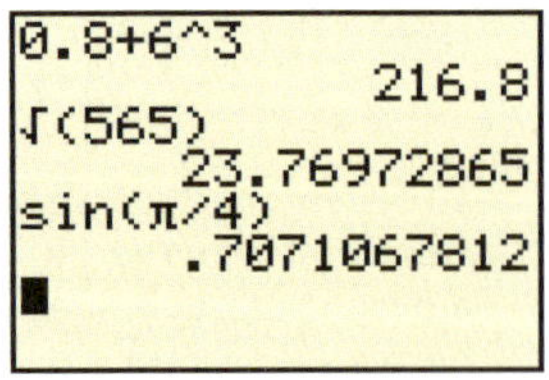

Mithilfe des ANS-Speichers lassen sich Brüche in Dezimalzahlen umwandeln und umgekehrt (hier unter Zuhilfenahme des Befehls *Frac*).

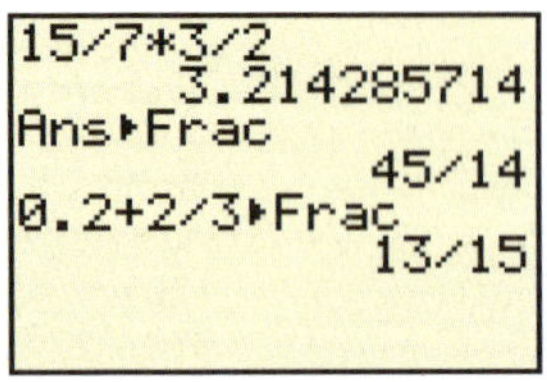

Die **grafische Darstellung von Funktionen** ermöglicht einen schnellen Überblick über wesentliche Funktionseigenschaften.
Wertetabellen eingegebener Funktionen lassen sich automatisch erstellen und manuell editieren.

Durch Teilung des Bildschirms können Text und Grafik auch gleichzeitig angezeigt werden.

Linke Abb.:
$f(x) = a^x$
Graph für
a = 0,3; 0,5; 2; 3; 5

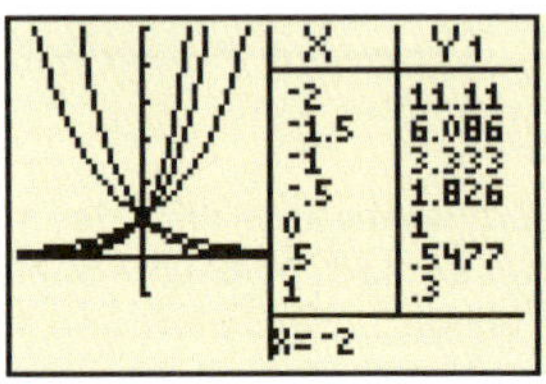

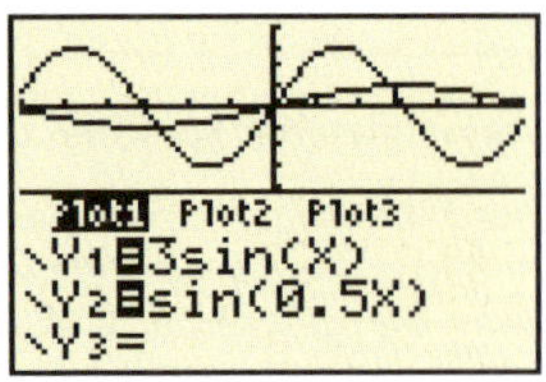

Einsatzmöglichkeiten für einen GTR

- Bestimmen der Nullstellen der Funktion $f(x) = x^3 - 3x^2 + 1$

Die TRACE-Funktion positioniert einen Cursor auf dem Funktionsgraphen und zeigt die Koordinaten der Cursorposition im Display an. Über die ZOOM-Funktion kann ein Ausschnitt des Graphen ausgewählt und vergrößert dargestellt werden.

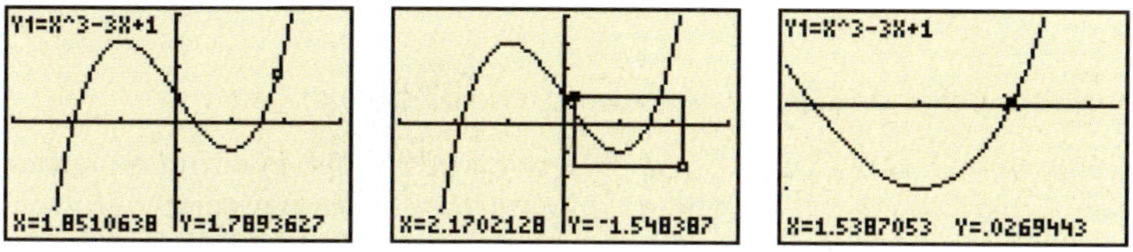

Auf diese Weise erhält man angenähert, aber dennoch mit hoher Genauigkeit, die („rechte") Nullstelle $x_0 \approx 1{,}5387$.
Die beiden anderen Nullstellen erhält man entsprechend.

- Grafisches Lösen der quadratischen Gleichung $2x^2 - 1{,}9x - 2{,}8 = 0$

Da die Lösungen der Gleichung identisch sind mit den Nullstellen der Funktion $f(x) = 2x^2 - 1{,}9x - 2{,}8$, werden sie über ZOOM/TRACE abgelesen oder über die Funktion ZERO berechnet.

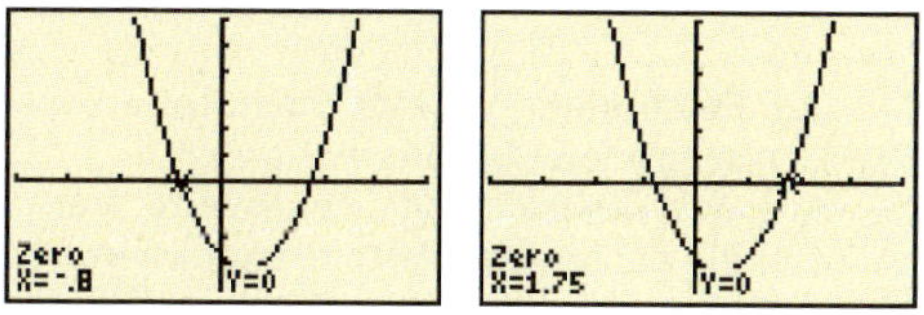

Lösungen: $x_1 \approx -0{,}8$ $x_2 \approx 1{,}75$

- Grafisches Lösen eines Gleichungssystems/
  Bestimmen der Schnittpunkte zweier Funktionsgraphen

I	$x^2 - 4x + 1 = 0$	bzw.	$f(x) = x^2 - 4x + 1$
II	$-0{,}5x + 4 = 0$		$g(x) = -0{,}5x + 4$

Man erhält die Koordinaten der Schnittpunkte wieder über ZOOM/TRACE oder über einen speziellen Rechnerbefehl (hier: *Intersection*).

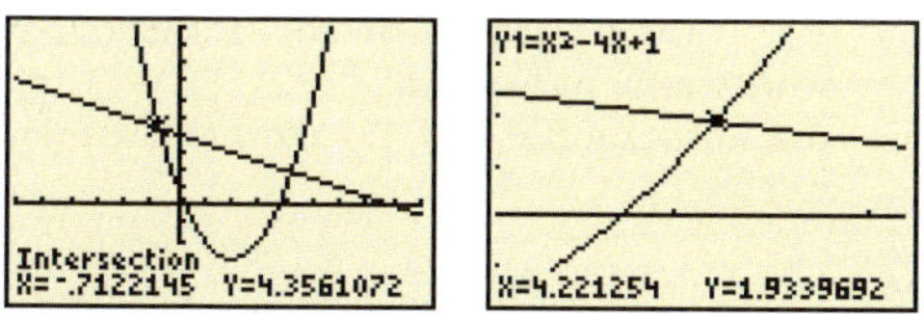

Lösungen: $x_1 \approx -0{,}71$ $y_1 \approx 4{,}36$
$x_2 \approx 4{,}22$ $y_2 \approx 1{,}93$

- Numerisches Lösen linearer Gleichungssysteme

I $2{,}5x - 0{,}5y = 5$
II $-2x + 2y = 3$

Nach Eingabe der Koeffizienten und Absolutwerte eines linearen Gleichungssystems in dafür vorgesehene Matrizen und Anwenden rechnerspezifischer Befehle erhält man die Lösung des Gleichungssystems in Spaltenform.

Mithilfe der TRACE- und der ZOOM-Funktion können markante Punkte (Schnittpunkte, Extrempunkte u. a.) leicht bestimmt werden.

Lineare Gleichungssysteme lassen sich sehr bequem über ein Matrix-Menü lösen. Eine Matrix ist ein rechteckiges Schema mit einer vorgeschriebenen Anordnung von Zahlen.

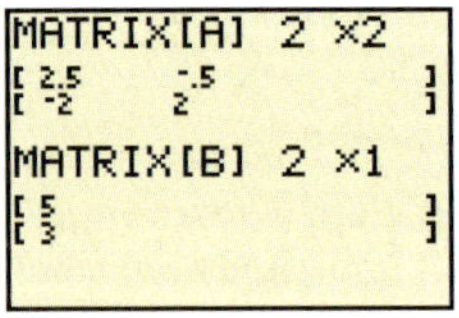

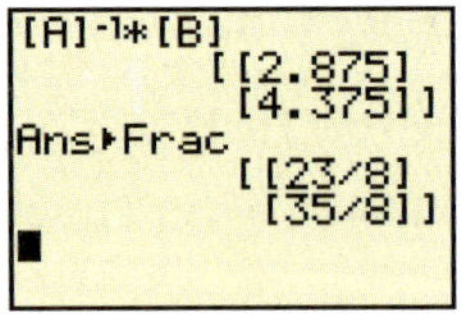

Mit dem ANS-Frac-Befehl können die Dezimalzahlen in Brüche umgewandelt werden.

Lösung: $x = 2{,}875 = \frac{23}{8}$

$y = 4{,}375 = \frac{35}{8}$

- Numerisches und grafisches Auswerten statistischer Daten

Durch den Einsatz eines TR bzw. GTR mit statistischen Funktionen lassen sich Experimente mit Zufallszahlen und Datenmengen relativ einfach auswerten.
Die rechnerische Auswertung einer eingegebenen Liste erfolgt hierbei über im Rechner fest eingespeicherte Programme.

Eigene kleine Programme können im Programmiermodus manuell erstellt werden.

In einer Sportgruppe wurden von 15 Jungen folgende Körpergrößen gemessen (Angaben in cm):
181; 178; 175; 178; 178; 170; 177; 182; 177; 178; 180; 176; 175; 182; 175
Zur Beschreibung dieser Stichprobe sollen wesentliche Lage- und Streuungsmaße bestimmt werden.
Aus der Übersicht der Kennwerte werden die gesuchten Werte entnommen:

Mittelwert
Standardabweichung
Anzahl ausgewerteter Daten
Median
Kleinster bzw. größter Listenwert

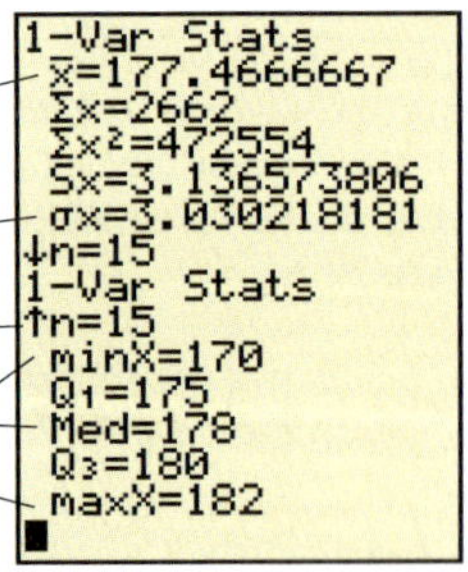

Die grafische Auswertung der Liste erfolgt als Histogramm.

Mit TRACE lässt sich das Histogramm schrittweise auswerten:
Die Körpergröße von 177 (cm) tritt genau zweimal auf.

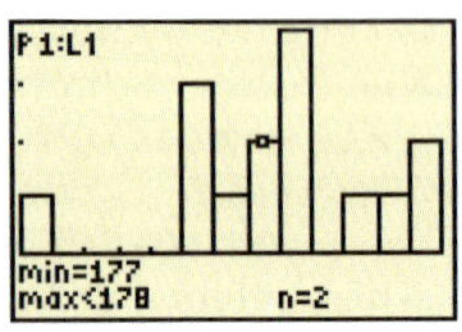

9.2.3 Computeralgebrasysteme

CAS sind Computerprogramme mit symbolischen, numerischen und grafischen Fähigkeiten.

Wissenschaftliche Taschenrechner einschließlich der bisher beschriebenen grafischen Taschenrechner arbeiten im numerischen Bereich, d. h., sie rechnen ausschließlich mit Zahlen. Dagegen ist das Rechnen mit Variablen („Symbolisches Rechnen“) erst mit sogenannten Computeralgebrasystemen (CAS) möglich.
Computeralgebrasysteme kommen als Software für den PC oder auch als Bestandteil grafikfähiger Taschenrechner zum Einsatz.

Wichtige Einsatzbereiche eines Computeralgebrasystems: Termumformungen und Lösen von Gleichungen

- Summen und Produkte symbolisch berechnen

$3a + 3b^2 + 2c - b + 7a - b^2 - 3b =$
$1{,}8x \cdot 0{,}6xy =$
$a^m \cdot a^n =$
$a^m : a^n =$

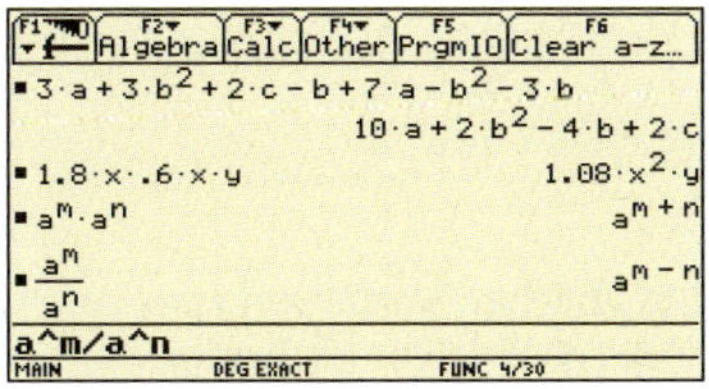

- Ausmultiplizieren eines Terms

$(a + b)^2 =$
$(2x + 3)^3 =$

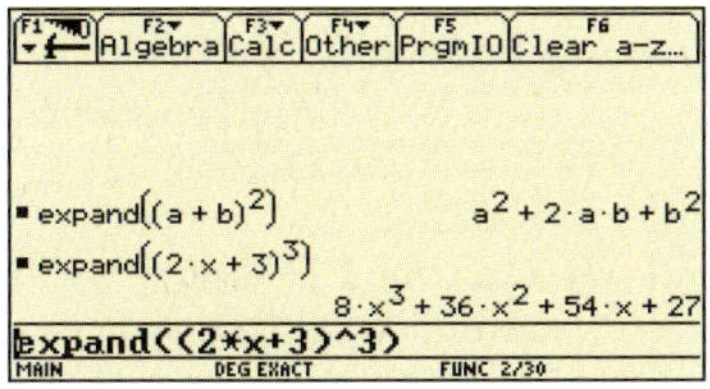

- Zerlegung in Faktoren

$1155 =$
$x^2 + 2x + 1 =$
$3x^2 + 19x - 14 =$

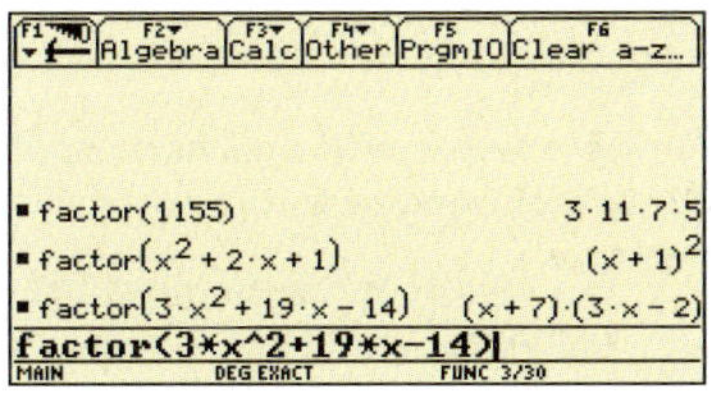

- Zusammenfassen von Bruchtermen

$\frac{1}{x+1} + \frac{1}{x} + \frac{1}{2}x =$

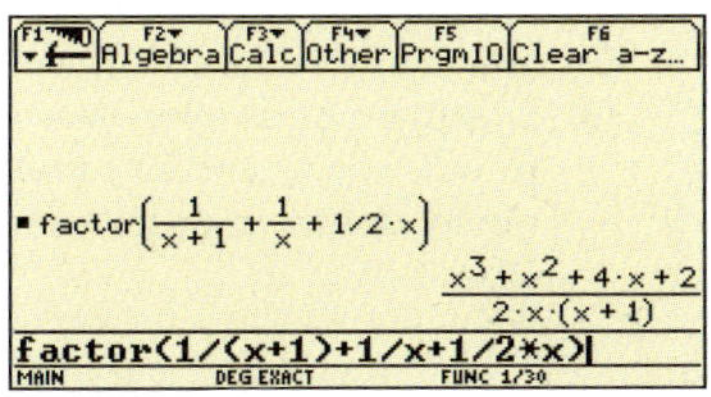

- Lösen von Gleichungen

$\frac{3}{5}a = \frac{2}{3}$
$0{,}8z - 0{,}5 = 1$
$4x^2 - 8x - 24 = 8$
$x^2 + px + q = 0$

SOLVE liefert die „Lösungsformel" (in leicht abgewandelter Form).

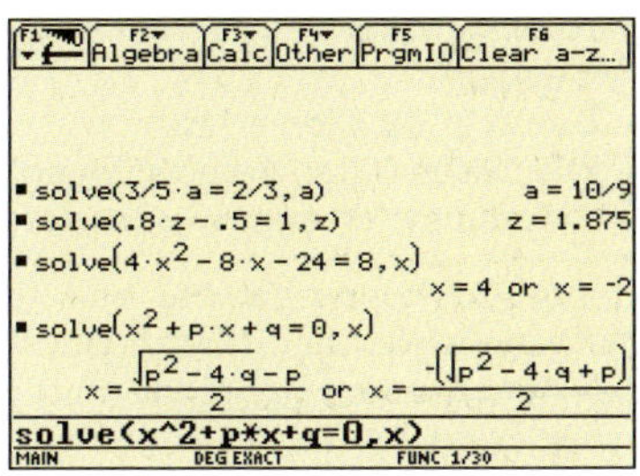

Bekannte CAS sind: **Derive,** Macsyma, Maple, **Mathcad,** Mathematica, Mathplus, Matlab, MuPAD u. a.

Über die in der Regel vorhandene Funktion SOLVE ist es möglich, Gleichungen zu lösen oder nach einer Variablen umzuformen.

- Auflösen von Gleichungen

$\frac{W}{p} = \frac{G}{100}$, nach p

$V = \frac{1}{3}a^2h$, nach h

$\frac{1}{R_1} + \frac{1}{R_2} = \frac{1}{R_g}$, nach R_1

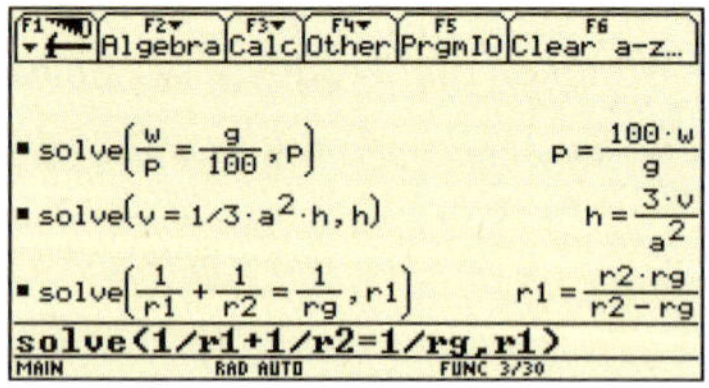

Die üblichen Verfahren zum *Lösen von Gleichungssystemen* können mit einem CAS leicht nachvollzogen werden.

Eine schnelle Kontrolle kann über die Grafik des CAS erfolgen (↗ S. 334; GTR).

Das Gleichungssystem

I $3x - y = 15$

II $3x - 2y = 3$

ist nach dem Einsetzungsverfahren zu lösen.

(1) Gleichung **I** nach y auflösen

(2) Gleichung **II** nach x auflösen und gleichzeitig y ersetzen: $x = 9$

(3) $x = 9$ in die nach y aufgelöste Gleichung einsetzen: $y = 12$

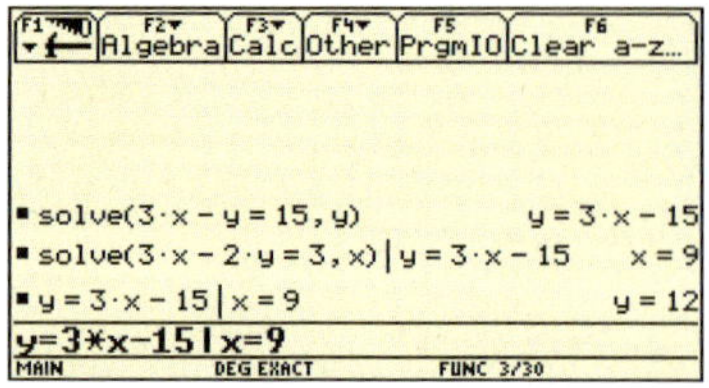

CAS verfügen in der Regel über eine Texteditorfunktion, sodass die Rechnungen leicht dokumentiert werden können.

Formeln lassen sich speichern, später wieder aufrufen und stehen dann für Berechnungen sofort zur Verfügung.

Die Länge der Seite eines Dreiecks ist nach dem Kosinussatz zu berechnen.

(1) Speichern der Formel unter einem beliebigen Variablennamen (→kos)

(2) Späteres Wiederaufrufen

(3) Einsetzen spezieller Werte ($b = 5$; $c = 4$; $\alpha = 30°$) über einen dafür vorgesehenen Operator

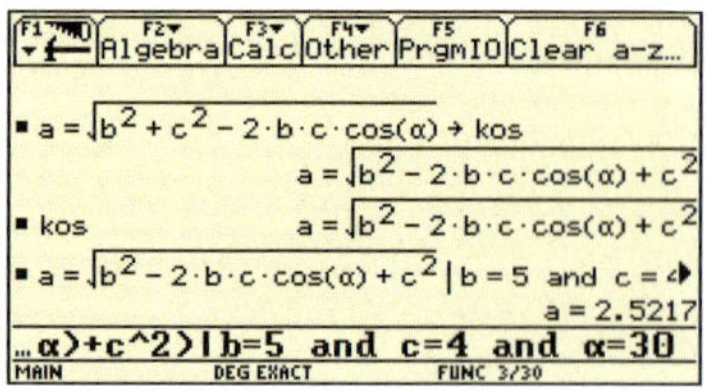

9.2.4 Tabellenkalkulationsprogramme

Ein bekanntes Tabellenkalkulationsprogramm ist z. B. MS Excel.

Tabellenkalkulationsprogramme sind Computeranwendungsprogramme, mit denen

- Daten in Tabellen erfasst,
- mit diesen Daten Berechnungen vorgenommen und
- Diagramme erzeugt werden können.

Hauptanwendungsgebiete sind finanzmathematische und statistische Aufgabenstellungen (Rechnungswesen, Buchhaltung, Lagerwirtschaft), bei denen wiederkehrende Rechnungen mit neuen Ausgangswerten typisch sind.

Doch auch einfachere Probleme wie das Anwenden von Formeln oder das Berechnen von Funktionswerten und die grafische Darstellung von Funktionen lassen sich lösen. Jede Tabellenkalkulation wird mit einer Kalkulationstabelle ausgeführt. In die einzelnen Zellen können Texte, Zahlen oder Formeln eingetragen werden. Beim Rechenvorgang werden die Inhalte verschiedener Zellen über Rechenoperationen miteinander verknüpft. Dazu werden Formeln oder Operationen (beginnend mit einem Gleichheitszeichen) in den Zellen verankert, in denen das jeweilige Resultat stehen soll.

Die Kalkulationstabelle wird auch Rechenblatt, Worksheet oder Spreadsheet genannt.

Erstellen einer monatlichen Telefonrechnung für ein Mobilfunkgerät (zugrunde gelegt ist ein Tarif mit einer Abrechnung im Minutentakt)

N42 =

	A–B	C	D	E	F	G	H	I	J
1	**Telefonrechnung (Preisangaben in Euro, inkl. Mehrwertsteuer)**								
2									
3			**Preis je Minute**		**Preis je**	**Verbindungen in min**		**Anzahl**	**Kosten**
4			**Hauptzeit**	**Nebenzeit**	**Verbindung**	**Hauptzeit**	**Nebenzeit**	**SMS**	
5	Grundpreis	8,72	/	/	/	/	/	/	8,72
6	Verbindungen im eigenen Mobilfunknetz		0,15	0,15	/	28	35	/	9,45
7	Verbindungen in fremde Mobilfunknetze		0,51	0,2	/	18	41	/	17,38
8	Verbindungen in ein Festnetz		0,51	0,15	/	17	35	/	13,92
9	Verbindungen zur Mailbox		0,15	0,15	/	5	8	/	1,95
10	Kurznachrichten (SMS)		/	/	0,12	/	/	26	3,12
11									
12							**Rechnungsbetrag**		**54,54**

Schrittfolge:
1. Anlegen der Tabelle (Textelemente)
2. Eintragen der Einzelpreise und Verbindungen (Zahlen)
3. Vorgabe der Zellenverknüpfungen (Formeln), z. B. Preis für Verbindungen in ein Festnetz (Zelle J8): $0{,}51 \cdot 17 + 0{,}15 \cdot 35$ also $D8 \cdot G8 + E8 \cdot H8$

Die Zellen sind durch Spaltenbezeichnung und Zeilennummer eindeutig bestimmt (z. B. Zelle J8).

WURZEL =D8*G8+E8*H8

	A–C	D	E	G	H	I	J
8	Verbindungen in ein Festnetz	0,51	0,15	17	35		=D8*G8+E8*H8

Diese Rechnungen könnten an sich auch mit einem TR sehr schnell ausgeführt werden. Die Besonderheit einer Tabellenkalkulation besteht darin, dass das Kalkulationssystem neu rechnet und das Ergebnis aktualisiert, sobald der Wert einer Zelle, auf die sich eine Formel bezieht, geändert wird.

Die mit einem Tabellenkalkulationsprogramm erzeugten Diagramme sind mit den Daten der Tabelle verknüpft. Ändert man diese Daten, so ändert sich auch das Diagramm (↗ S. 94; Aussagen zu Diagrammen).

Ein einmal angelegtes Arbeitsblatt kann für gleichartige Aufgaben immer wieder verwendet werden.

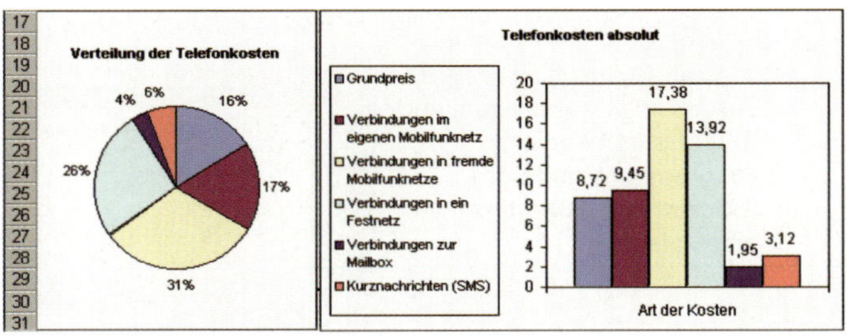

Ein **Tabellenkalkulationsprogramm** kann verschiedene Diagrammarten erzeugen:
- Liniendiagramme
- Balkendiagramme
- Kreisdiagramme
- Flächendiagramme
- Punktdiagramme

u. a.

Eine Tabellenkalkulation arbeitet also an sich auch ohne Zellenverknüpfung.
Wird der zu berechnende Term in eine Zelle des Arbeitsblattes geschrieben, so berechnet das Kalkulationsprogramm sofort seinen Wert und weist ihn in dieser Zelle aus.

Der große Vorteil der Tabellenkalkulation besteht jedoch gerade darin, dass über eine Verknüpfung der Zellen jede Änderung eines Eingangswertes sofort ein neues Endergebnis nach sich zieht. Einmal angelegt, steht somit ein für gleichartige Aufgaben immer wieder verwendbares Arbeitsblatt zur Verfügung.

Berechnungen mit dem Satz des Pythagoras

Zu berechnen ist die Länge einer Kathete (b), wenn die Längen der anderen Kathete (a) und die der Hypotenuse (c) bekannt sind.
Es sei a = 17 cm und c = 26 cm.
Aus $c^2 = a^2 + b^2$ folgt $b = \sqrt{c^2 - a^2}$, also $b = \sqrt{26^2 - 17^2}$.

(1) Ohne Verknüpfung der Zellen:

(2) Mit Verknüpfung der Zellen:

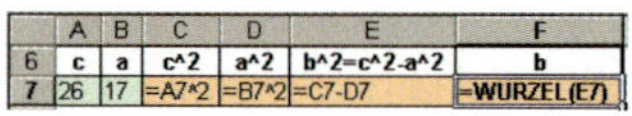

	A	B	C	D	E	F
6	c	a	c^2	a^2	b^2=c^2-a^2	b
7	26	17	=A7^2	=B7^2	=C7-D7	=WURZEL(E7)

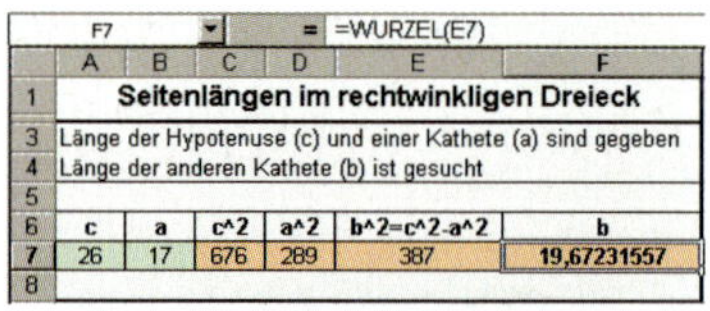

	A	B	C	D	E	F
6	c	a	c^2	a^2	b^2=c^2-a^2	b
7	26	17	676	289	387	19,67231557

Zur Berechnung der Wurzel und für andere häufig wiederkehrende Standardberechnungen sind im System fest integrierte Funktionen vorhanden.

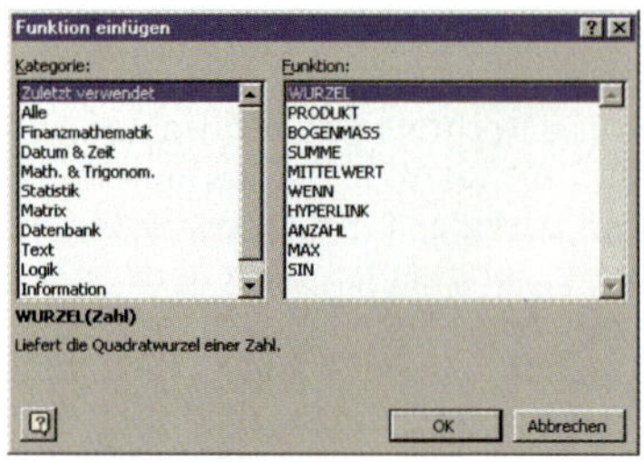

Da das Diagramm von den Wertepaaren der Tabelle erzeugt wird, müssen immer genügend viele Werte vorgegeben werden. Sonst erscheint der Graph eher eckig.

Erstellen einer Wertetabelle und grafische Darstellung der Funktion $y = 0{,}8x^2 - 1$

Schrittfolge:
- In Spalte A Intervall anlegen
- Formel in B2 eintragen und in B3 bis B14 kopieren
- Diagramm mithilfe des Diagramm-Assistenten erzeugen

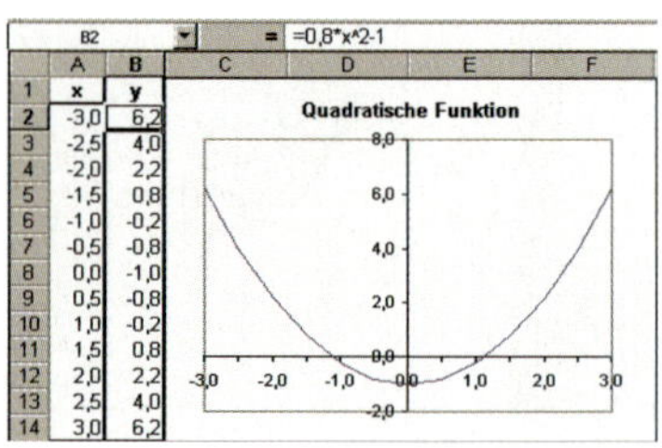

	A	B
1	x	y
2	-3,0	6,2
3	-2,5	4,0
4	-2,0	2,2
5	-1,5	0,8
6	-1,0	-0,2
7	-0,5	-0,8
8	0,0	-1,0
9	0,5	-0,8
10	1,0	-0,2
11	1,5	0,8
12	2,0	2,2
13	2,5	4,0
14	3,0	6,2

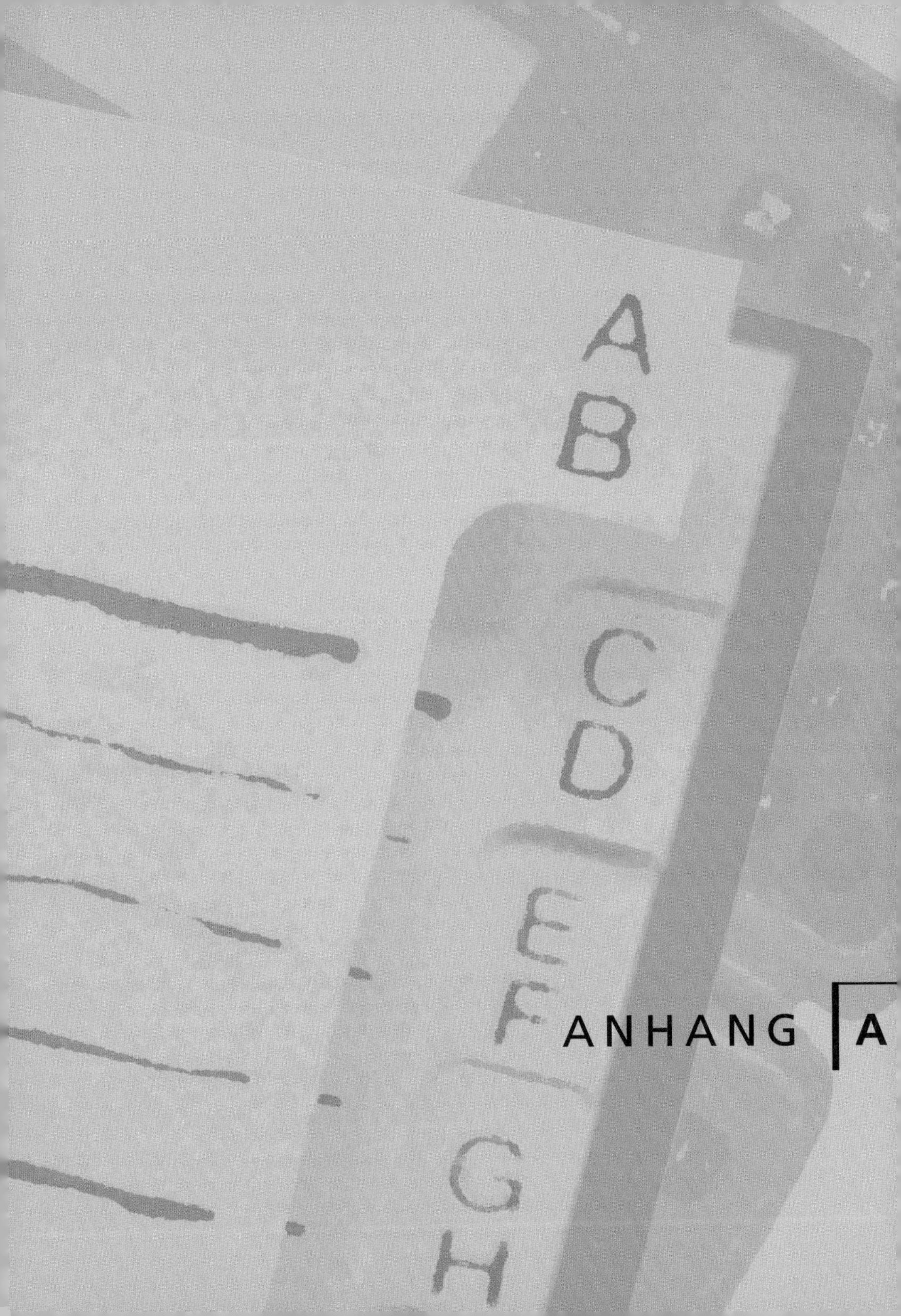

ANHANG A

Übersicht zur Herkunft ausgewählter mathematischer Begriffe

Abszisse	abscindere (lat.) – trennen
Addition; addieren	addere (lat.) – hinzufügen
Algebra	abgeleitet von dem Titel eines Buches von AL-CHWARIZMI
Algorithmus	abgeleitet von dem Namen AL-CHWARIZMI (in latinisierter Form)
Äquivalenz, äquivalent	aequus (lat.) – gleich; valere (lat.) – wert sein
Arithmetik	arithmos (griech.) – Zahl
Arkus	arcus (lat.) – Bogen
Assoziativgesetz	associare (lat.) – verbinden, vereinigen
Axiom	axioma (griech.) – Grundwahrheit
Basis	basis (griech.) – Grundlage
Binom	binominis (lat.) – zweinamig
dekadisch	deka (griech.) – zehn
Datum (Mz.: Daten)	datum (lat.) – das Gegebene
Dezi-, Dezimal-	decimus (lat.) – zehnter; decem (lat.) – zehn
Diagonale	dia (griech.) – durch; gonia (griech.) – Winkel
Differenz	differentia (lat.) – Unterschied
Diskriminante	discriminare (lat.) – unterscheiden
Distributivität	distribuere (lat.) – verteilen
Dividend	dividere (lat.) – teilen
Division, Divisor	divisio (lat.) – Teilung
Dodekaeder	dodeka (griech.) – zwölf
Dualsystem	duo (lat.) – zwei; systema (griech.) – das aus mehreren Dingen bestehende Ganze
Ellipse	elleipon (griech.) – das Fehlen, der Mangel
explizit	explicatus (lat.) – entfaltet, aufgerollt
Exponent	exponere (lat.) – offen hinstellen
Faktor	factor (lat.) – Macher
Funktion	functio (lat.) – Geltung
Geometrie	geometrein (griech.) – Land vermessen, ausmessen
Gon	gonia (griech.) – Winkel
goniometrisch	gonia metrein (griech.) – Winkel messen
Graph	graphein (griech.) – zeichnen
Hektar	hekaton (griech.) – hundert; area (lat.) – Platz
Hexaeder	hex (griech.) – sechs
Hyperbel	hyperbole (griech.) – Überschuss
Ikosaeder	eikosi (griech.) – zwanzig
implizit	implicare (lat.) – einwickeln, einrollen
Index	index (lat.) – Anzeige, Aufschrift
Intervall	intervallum (lat.) – Zwischenraum
invers	inversus (lat.) – umgekehrt
irrational	irrationalis (lat.) – unvernünftig
Iteration	iteratio (lat.) – Wiederholung
Kavalierperspektive	cavaliere (ital.) – Ritter; perspicere (lat.) – deutlich sehen

Kathete	kathetos (griech.) – die senkrechte Linie
Kilo-	chilioi (griech.) – tausend
Koeffizient	cum (lat.) – mit; efficiens (lat.) – bewirkend
kollinear	collinere (lat.) – etwas in gerader Linie richten
Kommutativität	commutare (lat.) – vertauschen
Komplementwinkel	complementum (lat.) – Ergänzung
kongruent	congruens (lat.) – übereinstimmend, gleichförmig
Konjunktion	coniunctio (lat.) – Verbindung
konkav	concavus (lat.) – hohl, nach innen gewölbt
Konstante	constans (lat.) – feststehend
Konstruktion	constructio (lat.) – Bau, Zusammenfügung
konvex	convexus (lat.) – gewölbt
Koordinate	cum (lat) – mit; ordinatio (lat.) – Anordnung, Aufstellung
Kubik; Kubus	kybos (griech.) – Würfel
lexikografisch	lexis (griech.) – Wort; graphein (griech.) – schreiben
linear	linea (lat.) – Linie, Strich
Logarithmus	logos (griech.) – Wort; arithmos (griech.) – Zahl
Mathematik	mathema (griech.) – Wissenschaft
Millimeter	mille (lat.) – tausend
Minuend; Minus	minuere (lat.) – verkleinern, vermindern
Minute	abgeleitet von „partes minutae primae" – „erste verminderte Teile" (lat.)
Modul	modulus (lat.) – Maß
Monom	monos (griech.) – einzeln
Monotonie	monotonos (griech.) – eintönig
Multiplikation	multiplicare (lat.) – vervielfältigen, vervielfachen
negativ	negare (lat.) – verneinen
Oktaeder	okto (griech.) – acht
Operation	opera (lat.) – Mühe, Arbeit
Ordinate	ordinatus (lat.) – geordnet
orthogonal	orthos (griech.) – senkrecht; gonia (griech.) – Winkel
Parabel	paraballein (griech.) – vergleichen
Parallele, Parallelogramm	parallelos (griech.) – nebeneinander stehend
Parameter	parametrein (griech.) – etwas messen, vergleichen
Passante	passer (frz.) – vorbeigehen
Peripherie	periphereia (griech.) – Kreislinie
Periode	periodos (griech.) – Umlauf, Wiederkehr
Permanenzprinzip	permanere (lat.) – fortdauern
Permutation	permutatio (lat.) – Veränderung
Perspektive	perspicere (lat.) – deutlich sehen
Planimetrie	planus (lat.) – eben, flach; metrein (griech.) – messen
plus	plus (lat.) – mehr
Polyeder, Polynom	poly (griech.) – viel

Polygon	polygonion (griech.) – Vieleck
Positionssystem	positio (lat.) – Lage, Stellung; systema (griech.) – das aus mehreren Dingen bestehende Ganze
positiv	positivus (lat.) – gesetzt, gegeben
Potenz	potentia (lat.) – Kraft, Macht
ppb	parts per billion (engl.) – Teile zu einer Milliarde
ppm	parts per million (engl.) – Teile zu einer Million
Primzahl	primus (lat.) – erster
Priorität	prior (lat.) – vorderer, erster
Prisma	priein (griech.) – zersägen, auseinanderbrechen
Produkt	producere (lat.) – hervorbringen
Projektion	proicere (lat.) – hinwerfen
Proportionale	proportio (lat.) – Verhältnis
Prozent	pro (lat.) – für; centum (lat.) – hundert
Promille	pro (lat.) – für; mille (lat.) – tausend
Pyramide	pyramis (griech.) – Pyramide
Quader, Quadrat	quadrum (lat.) – Viereck
Quadrant	quadrans (lat.) – Viertel
Quotient	quotiens (lat.) – wie oft?
Radikand, radizieren	radix (lat.) – Wurzel
Radius	radius (lat.) – Stab, Strahl
rational	ratio (lat.) – Rechnung, Methode
Relation	relatio (lat.) – Beziehung, Verhältnis
reziprok	reciprocus (lat.) – umgekehrt
Rhombus	rhombos (griech.) – Kreisel
Sekante, Sektor	secare (lat.) – schneiden
Sekunde	kurz für „partes minutae secundae" (lat.) – „zweite verminderte Teile"
Statistik	status (lat.) – Bestehendes, Zustand
Stereometrie	stereos (griech.) – fest, hart; metrein (griech.) – messen
stochastisch	stochastike (griech.) – zum Zielen, zum Erraten gehörende Kunst
Substitution	substituere (lat.) – einsetzen, ersetzen
Subtraktion	subtrahere (lat.) – abziehen
Supplementwinkel	supplementum (lat.) – Ergänzung
Symmetrie	symmetria (griech.) – Ebenmaß
Tangente, Tangens	tangere (lat.) – berühren
Tetraeder	tettares (griech.) – vier
Trapez	trapezion (griech.) – Tischchen
Trigonometrie	treis (griech.) – drei; gonia (griech.) – Winkel; metrein (griech.) – messen
Trinom	tres (lat.) – drei; nomen (lat.) – Name
Variable	varius (lat.) – verschieden, wechselnd
Vektor	vector (lat.) – Träger
Volumen	volumen (lat.) – Windung, Krümmung
Zentimeter	centum (lat.) – hundert
Zirkel	circulus (lat.) – Kreislinie
Zylinder	kylindros (griech.) – Zylinder

Mathematische Zeichen und Symbole

Zeichen	Sprechweise/Bedeutung	Zeichen	Sprechweise/Bedeutung
$=$	gleich	cot	Kotangens
$\neq$	ungleich	$n!$	n Fakultät
$<$	kleiner als	$\binom{n}{k}$	n über k (Binomialkoeffizient)
$\leq$	kleiner oder gleich	$\Rightarrow$	wenn …, dann … (Implikation)
$>$	größer als	$\Leftrightarrow$	genau dann, wenn (Äquivalenz)
$\geq$	größer oder gleich	$\wedge$	und (Konjunktion)
$\approx$	rund, angenähert	$\vee$	oder (Disjunktion)
$\hat{=}$	entspricht	$\dot{\vee}$	entweder… oder… (Alternative)
%	Prozent	$\neg$	nicht (Negation)
‰	Promille	$f(x)$	f von x
$a \mid b$	a teilt b, a ist Teiler von b	$\longmapsto$	Zuordnung
$\nmid$	a teilt nicht b	$\sim$	proportional; ähnlich zu
$+$	plus	$\cong$	kongruent zu, deckungsgleich
$-$	minus	$\parallel$	parallel zu, Beispiel: $g \parallel h$
$\cdot$	mal, multipliziert mit	$\perp$	senkrecht auf, rechtwinklig zu
$a : b$; $\frac{a}{b}$	a durch b, a geteilt durch b	$\triangle ABC$	Dreieck ABC
a^b	a hoch b (Potenz)	$\sphericalangle$	Winkel
$\sqrt{}$	Quadratwurzel aus	$\overset{\curvearrowleft}{\measuredangle}$	orientierter Winkel
$\sqrt[n]{}$	n-te Wurzel aus	$\llcorner$	rechter Winkel
$\log_a x$	Logarithmus x zur Basis a	$\overline{AB}$	Strecke AB
$\lg x$	Logarithmus x zur Basis 10	$\overline{AB}$	Strahl AB
$\ln x$	Logarithmus x zur Basis e	$\vec{a}$; $\vec{F}$; $\overrightarrow{AB}$	Vektoren
$\lvert x \rvert$	Betrag von x	A; B; M_1	Mengen
sin	Sinus	$\{a; b\}$	Menge der Elemente a und b
cos	Kosinus	$\emptyset$, $\{\}$	leere Menge
tan	Tangens	$\{x : x = \ldots\}$	Menge aller x, für die gilt: …

Zeichen	Sprechweise/Bedeutung	Zeichen	Sprechweise/Bedeutung
$\in$	Element von	$\mathbb{Z}$	Menge der ganzen Zahlen
$\notin$	nicht Element von	$\mathbb{Q}_+$	Menge der gebrochenen Zahlen
$\subseteq$	Teilmenge von	$\mathbb{Q}$	Menge der rationalen Zahlen
$\subset$	echte Teilmenge von	$\mathbb{R}$	Menge der reellen Zahlen
$A \cap B$	Durchschnittsmenge von A und B	$\mathbb{I}$	Menge der irrationalen Zahlen
$A \cup B$	Vereinigungsmenge von A und B	]a; b[	offenes Intervall
$\bar{A}$	Komplementärmenge zu A	[a; b]	abgeschlossenes Intervall
$A \setminus B$	Differenzmenge A ohne B	[a; b[	rechtsoffenes Intervall
$A \times B$	Produktmenge von A und B	]a; b]	linksoffenes Intervall
$\mathbb{N}$	Menge der natürlichen Zahlen	(a; b); (a∣b)	geordnetes Paar
$\mathbb{N}^*$	Menge der natürlichen Z. ohne 0	∞	unendlich

Griechisches Alphabet

Α	α	Alpha	Η	η	Eta	Ν	ν	Ny	Τ	τ	Tau
Β	β	Beta	Θ	θ, ϑ	Theta	Ξ	ξ	Xi	Υ	υ	Ypsilon
Γ	γ	Gamma	Ι	ι	Jota	Ο	ο	Omikron	Φ	φ	Phi
Δ	δ	Delta	Κ	κ	Kappa	Π	π	Pi	Χ	χ	Chi
Ε	ε	Epsilon	Λ	λ	Lambda	Ρ	ρ	Rho	Ψ	ψ	Psi
Ζ	ζ	Zeta	Μ	μ	My	Σ	σ, ς	Sigma	Ω	ω	Omega

Römische Zahlzeichen

Grundsymbole	I	1	X	10	C	100	M	1000		
Hilfssymbole	V	5	L	50	D	500				
Anwendungen	XL	40	XC	90	XCVIII	98	CCCII	302	DCCCLXXXVIII	888

- Es wird links mit dem Symbol der größten Zahl begonnen. Die Symbole I, X, C werden höchstens dreimal nacheinander geschrieben, die Symbole V, L, D einmal.
- Steht ein Symbol einer kleineren Zahl vor dem einer größeren, so wird sein Wert von dem folgenden größeren subtrahiert. Vorangestellt, also subtrahiert, darf immer nur höchstens ein kleineres Grundsymbol werden.
- Von mehreren möglichen Schreibweisen (z. B. für 1997 MCMXCVII bzw. MXMVII) wählt man heute meist die kürzere.

Rundungsregeln

Runden	Beim Runden werden alle auf eine bestimmte Ziffer folgenden Ziffern durch Nullen ersetzt (bei natürlichen Zahlen) bzw. weggelassen (bei Dezimalbrüchen).
Abrunden	Die Stelle, auf die zu runden ist, bleibt unverändert, wenn ihr eine 0; 1; 2; 3 oder 4 folgt. 56 358 soll auf Tausender gerundet werden. Der 6 folgt eine 3, es ist also abzurunden: 56 358 ≈ 56 000
Aufrunden	Die Stelle, auf die zu runden ist, wird um 1 erhöht, wenn ihr eine 5; 6; 7; 8 oder 9 folgt. 56 358 soll auf Hunderter gerundet werden. Der 3 folgt eine 5, es ist also aufzurunden: 56 358 ≈ 56 400

Primzahlen; Primfaktorzerlegung der Zahlen bis 1000

(gerade Zahlen sind nicht aufgeführt – außer der Zahl 2)

2	**59**	$117 = 3^2 \cdot 13$	$175 = 5^2 \cdot 7$	**233**	$291 = 3 \cdot 97$
3	**61**	$119 = 7 \cdot 17$	$177 = 3 \cdot 59$	$235 = 5 \cdot 47$	**293**
5	$63 = 3^2 \cdot 7$	$121 = 11^2$	**179**	$237 = 3 \cdot 79$	$295 = 5 \cdot 59$
7	$65 = 5 \cdot 13$	$123 = 3 \cdot 41$	**181**	**239**	$297 = 3^3 \cdot 11$
$9 = 3^2$	**67**	$125 = 5^3$	$183 = 3 \cdot 61$	**241**	$299 = 13 \cdot 23$
11	$69 = 3 \cdot 23$	**127**	$185 = 5 \cdot 37$	$243 = 3^5$	$301 = 7 \cdot 43$
13	**71**	$129 = 3 \cdot 43$	$187 = 11 \cdot 17$	$245 = 5 \cdot 7^2$	$303 = 3 \cdot 101$
$15 = 3 \cdot 5$	**73**	**131**	$189 = 3^3 \cdot 7$	$247 = 13 \cdot 19$	$305 = 5 \cdot 61$
17	$75 = 3 \cdot 5^2$	$133 = 7 \cdot 19$	**191**	$249 = 3 \cdot 83$	**307**
19	$77 = 7 \cdot 11$	$135 = 3^3 \cdot 5$	**193**	**251**	$309 = 3 \cdot 103$
$21 = 3 \cdot 7$	**79**	**137**	$195 = 3 \cdot 5 \cdot 13$	$253 = 11 \cdot 23$	**311**
23	$81 = 3^4$	**139**	**197**	$255 = 3 \cdot 5 \cdot 17$	**313**
$25 = 5^2$	**83**	$141 = 3 \cdot 47$	**199**	**257**	$315 = 3^2 \cdot 5 \cdot 7$
$27 = 3^3$	$85 = 5 \cdot 17$	$143 = 11 \cdot 13$	$201 = 3 \cdot 67$	$259 = 7 \cdot 37$	**317**
29	$87 = 3 \cdot 29$	$145 = 5 \cdot 29$	$203 = 7 \cdot 29$	$261 = 3^2 \cdot 29$	$319 = 11 \cdot 29$
31	**89**	$147 = 3 \cdot 7^2$	$205 = 5 \cdot 41$	**263**	$321 = 3 \cdot 107$
$33 = 3 \cdot 11$	$91 = 7 \cdot 13$	**149**	$207 = 3^2 \cdot 23$	$265 = 5 \cdot 53$	$323 = 17 \cdot 19$
$35 = 5 \cdot 7$	$93 = 3 \cdot 31$	**151**	$209 = 11 \cdot 19$	$267 = 3 \cdot 89$	$325 = 5^2 \cdot 13$
37	$95 = 5 \cdot 19$	$153 = 3^2 \cdot 17$	**211**	**269**	$327 = 3 \cdot 109$
$39 = 3 \cdot 13$	**97**	$155 = 5 \cdot 31$	$213 = 3 \cdot 71$	**271**	$329 = 7 \cdot 47$
41	$99 = 3^2 \cdot 11$	**157**	$215 = 5 \cdot 43$	$273 = 3 \cdot 7 \cdot 13$	**331**
43	**101**	$159 = 3 \cdot 53$	$217 = 7 \cdot 31$	$275 = 5^2 \cdot 11$	$333 = 3^2 \cdot 37$
$45 = 3^2 \cdot 5$	**103**	$161 = 7 \cdot 23$	$219 = 3 \cdot 73$	**277**	$335 = 5 \cdot 67$
47	$105 = 3 \cdot 5 \cdot 7$	**163**	$221 = 13 \cdot 17$	$279 = 3^2 \cdot 31$	**337**
$49 = 7^2$	**107**	$165 = 3 \cdot 5 \cdot 11$	**223**	**281**	$339 = 3 \cdot 113$
$51 = 3 \cdot 17$	**109**	**167**	$225 = 3^2 \cdot 5^2$	**283**	$341 = 11 \cdot 31$
53	$111 = 3 \cdot 37$	$169 = 13^2$	**227**	$285 = 3 \cdot 5 \cdot 19$	$343 = 7^3$
$55 = 5 \cdot 11$	**113**	$171 = 3^2 \cdot 19$	**229**	$287 = 7 \cdot 41$	$345 = 3 \cdot 5 \cdot 23$
$57 = 3 \cdot 19$	$115 = 5 \cdot 23$	**173**	$231 = 3 \cdot 7 \cdot 11$	$289 = 17^2$	**347**

349	$459 = 3^3 \cdot 17$	**569**	$679 = 7 \cdot 97$	$789 = 3 \cdot 263$	$899 = 29 \cdot 31$
$351 = 3^3 \cdot 13$	**461**	**571**	$681 = 3 \cdot 227$	$791 = 7 \cdot 113$	$901 = 17 \cdot 53$
353	**463**	$573 = 3 \cdot 191$	**683**	$793 = 13 \cdot 61$	$903 = 3 \cdot 7 \cdot 43$
$355 = 5 \cdot 71$	$465 = 3 \cdot 5 \cdot 31$	$575 = 5^2 \cdot 23$	$685 = 5 \cdot 137$	$795 = 3 \cdot 5 \cdot 53$	$905 = 5 \cdot 181$
$357 = 3 \cdot 7 \cdot 17$	**467**	**577**	$687 = 3 \cdot 229$	**797**	**907**
359	$469 = 7 \cdot 67$	$579 = 3 \cdot 193$	$689 = 13 \cdot 53$	$799 = 17 \cdot 47$	$909 = 3^2 \cdot 101$
$361 = 19^2$	$471 = 3 \cdot 157$	$581 = 7 \cdot 83$	**691**	$801 = 3^2 \cdot 89$	**911**
$363 = 3 \cdot 11^2$	$473 = 11 \cdot 43$	$583 = 11 \cdot 53$	$693 = 3^2 \cdot 7 \cdot 11$	$803 = 11 \cdot 73$	$913 = 11 \cdot 83$
$365 = 5 \cdot 73$	$475 = 5^2 \cdot 19$	$585 = 3^2 \cdot 5 \cdot 13$	$695 = 5 \cdot 139$	$805 = 5 \cdot 7 \cdot 23$	$915 = 3 \cdot 5 \cdot 61$
367	$477 = 3^2 \cdot 53$	**587**	$697 = 17 \cdot 41$	$807 = 3 \cdot 269$	$917 = 7 \cdot 131$
$369 = 3^2 \cdot 41$	**479**	$589 = 19 \cdot 31$	$699 = 3 \cdot 233$	**809**	**919**
$371 = 7 \cdot 53$	$481 = 13 \cdot 37$	$591 = 3 \cdot 197$	**701**	**811**	$921 = 3 \cdot 307$
373	$483 = 3 \cdot 7 \cdot 23$	**593**	$703 = 19 \cdot 37$	$813 = 3 \cdot 271$	$923 = 13 \cdot 71$
$375 = 3 \cdot 5^3$	$485 = 5 \cdot 97$	$595 = 5 \cdot 7 \cdot 17$	$705 = 3 \cdot 5 \cdot 47$	$815 = 5 \cdot 163$	$925 = 5^2 \cdot 37$
$377 = 13 \cdot 29$	**487**	$597 = 3 \cdot 199$	$707 = 7 \cdot 101$	$817 = 19 \cdot 43$	$927 = 3^2 \cdot 103$
379	$489 = 3 \cdot 163$	**599**	**709**	$819 = 3^2 \cdot 7 \cdot 13$	**929**
$381 = 3 \cdot 127$	**491**	**601**	$711 = 3^2 \cdot 79$	**821**	$931 = 7^2 \cdot 19$
383	$493 = 17 \cdot 29$	$603 = 3^2 \cdot 67$	$713 = 23 \cdot 31$	**823**	$933 = 3 \cdot 311$
$385 = 5 \cdot 7 \cdot 11$	$495 = 3^2 \cdot 5 \cdot 11$	$605 = 5 \cdot 11^2$	$715 = 5 \cdot 11 \cdot 13$	$825 = 3 \cdot 5^2 \cdot 11$	$935 = 5 \cdot 11 \cdot 17$
$387 = 3^2 \cdot 43$	$497 = 7 \cdot 71$	**607**	$717 = 3 \cdot 239$	**827**	**937**
389	**499**	$609 = 3 \cdot 7 \cdot 29$	**719**	**829**	$939 = 3 \cdot 313$
$391 = 17 \cdot 23$	$501 = 3 \cdot 167$	$611 = 13 \cdot 47$	$721 = 7 \cdot 103$	$831 = 3 \cdot 277$	**941**
$393 = 3 \cdot 131$	**503**	**613**	$723 = 3 \cdot 241$	$833 = 7^2 \cdot 17$	$943 = 23 \cdot 41$
$395 = 5 \cdot 79$	$505 = 5 \cdot 101$	$615 = 3 \cdot 5 \cdot 41$	$725 = 5^2 \cdot 29$	$835 = 5 \cdot 167$	$945 = 3^3 \cdot 5 \cdot 7$
397	$507 = 3 \cdot 13^2$	**617**	**727**	$837 = 3^3 \cdot 31$	**947**
$399 = 3 \cdot 7 \cdot 19$	**509**	**619**	$729 = 3^6$	**839**	$949 = 13 \cdot 73$
401	$511 = 7 \cdot 73$	$621 = 3^3 \cdot 23$	$731 = 17 \cdot 43$	$841 = 29^2$	$951 = 3 \cdot 317$
$403 = 13 \cdot 31$	$513 = 3^3 \cdot 19$	$623 = 7 \cdot 89$	**733**	$843 = 3 \cdot 281$	**953**
$405 = 3^4 \cdot 5$	$515 = 5 \cdot 103$	$625 = 5^4$	$735 = 3 \cdot 5 \cdot 7^2$	$845 = 5 \cdot 13^2$	$955 = 5 \cdot 191$
$407 = 11 \cdot 37$	$517 = 11 \cdot 47$	$627 = 3 \cdot 11 \cdot 19$	$737 = 11 \cdot 67$	$847 = 7 \cdot 11^2$	$957 = 3 \cdot 11 \cdot 29$
409	$519 = 3 \cdot 173$	$629 = 17 \cdot 37$	**739**	$849 = 3 \cdot 283$	$959 = 7 \cdot 137$
$411 = 3 \cdot 137$	**521**	**631**	$741 = 3 \cdot 13 \cdot 19$	$851 = 23 \cdot 37$	$961 = 31^2$
$413 = 7 \cdot 59$	**523**	$633 = 3 \cdot 211$	**743**	853	$963 = 3^2 \cdot 107$
$415 = 5 \cdot 83$	$525 = 3 \cdot 5^2 \cdot 7$	$635 = 5 \cdot 127$	$745 = 5 \cdot 149$	$855 = 5 \cdot 3^2 \cdot 19$	$965 = 5 \cdot 193$
$417 = 3 \cdot 139$	$527 = 17 \cdot 31$	$637 = 7^2 \cdot 13$	$747 = 3^2 \cdot 83$	**857**	**967**
419	$529 = 23^2$	$639 = 3^2 \cdot 71$	$749 = 7 \cdot 107$	**859**	$969 = 3 \cdot 17 \cdot 19$
421	$531 = 3^2 \cdot 59$	**641**	**751**	$861 = 3 \cdot 7 \cdot 41$	**971**
$423 = 3^2 \cdot 47$	$533 = 13 \cdot 41$	**643**	$753 = 3 \cdot 251$	**863**	$973 = 7 \cdot 139$
$425 = 5^2 \cdot 17$	$535 = 5 \cdot 107$	$645 = 3 \cdot 5 \cdot 43$	$755 = 5 \cdot 151$	$865 = 5 \cdot 173$	$975 = 3 \cdot 5^2 \cdot 13$
$427 = 7 \cdot 61$	$537 = 3 \cdot 179$	**647**	**757**	$867 = 3 \cdot 17^2$	**977**
$429 = 3 \cdot 11 \cdot 13$	$539 = 7^2 \cdot 11$	$649 = 11 \cdot 59$	$759 = 3 \cdot 11 \cdot 23$	$869 = 11 \cdot 79$	$979 = 11 \cdot 89$
431	**541**	$651 = 3 \cdot 7 \cdot 31$	**761**	$871 = 13 \cdot 67$	$981 = 3^2 \cdot 109$
433	$543 = 3 \cdot 181$	**653**	$763 = 7 \cdot 109$	$873 = 3^2 \cdot 97$	983
$435 = 3 \cdot 5 \cdot 29$	$545 = 5 \cdot 109$	$655 = 5 \cdot 131$	$765 = 3^2 \cdot 5 \cdot 17$	$875 = 5^3 \cdot 7$	$985 = 5 \cdot 197$
$437 = 19 \cdot 23$	**547**	$657 = 3^2 \cdot 73$	$767 = 13 \cdot 59$	**877**	$987 = 3 \cdot 7 \cdot 47$
439	$549 = 3^2 \cdot 61$	**659**	**769**	$879 = 3 \cdot 293$	$989 = 23 \cdot 43$
$441 = 3^2 \cdot 7^2$	$551 = 19 \cdot 29$	**661**	$771 = 3 \cdot 257$	**881**	**991**
443	$553 = 7 \cdot 79$	$663 = 3 \cdot 13 \cdot 17$	**773**	**883**	$993 = 3 \cdot 331$
$445 = 5 \cdot 89$	$555 = 3 \cdot 5 \cdot 37$	$665 = 5 \cdot 7 \cdot 19$	$775 = 5^2 \cdot 31$	$885 = 3 \cdot 5 \cdot 59$	$995 = 5 \cdot 199$
$447 = 3 \cdot 149$	**557**	$667 = 23 \cdot 29$	$777 = 3 \cdot 7 \cdot 37$	**887**	**997**
449	$559 = 13 \cdot 43$	$669 = 3 \cdot 223$	$779 = 19 \cdot 41$	$889 = 7 \cdot 127$	$999 = 3^3 \cdot 37$
$451 = 11 \cdot 41$	$561 = 3 \cdot 11 \cdot 17$	$671 = 11 \cdot 61$	$781 = 11 \cdot 71$	$891 = 3^4 \cdot 11$	
$453 = 3 \cdot 151$	**563**	**673**	$783 = 3^3 \cdot 29$	$893 = 19 \cdot 47$	
$455 = 5 \cdot 7 \cdot 13$	$565 = 5 \cdot 113$	$675 = 3^3 \cdot 5^2$	$785 = 5 \cdot 157$	$895 = 5 \cdot 179$	
457	$567 = 3^4 \cdot 7$	**677**	**787**	$897 = 3 \cdot 13 \cdot 23$	

Quadratzahlen; Kubikzahlen; Quadratwurzeln; Kubikwurzeln

n	n^2	n^3	$\sqrt{n}$	$\sqrt[3]{n}$
1	1	1	1,0000	1,0000
2	4	8	1,4142	1,2599
3	9	27	1,7321	1,4422
4	16	64	2,0000	1,5874
5	25	125	2,2361	1,7100
6	36	216	2,4495	1,8171
7	49	343	2,6458	1,9129
8	64	512	2,8284	2,0000
9	81	729	3,0000	2,0801
10	100	1000	3,1623	2,1544
11	121	1331	3,3166	2,2240
12	144	1728	3,4641	2,2894
13	169	2197	3,6056	2,3513
14	196	2744	3,7417	2,4101
15	225	3375	3,8730	2,4662
16	256	4096	4,0000	2,5198
17	289	4913	4,1231	2,5713
18	324	5832	4,2426	2,6207
19	361	6859	4,3589	2,6684
20	400	8000	4,4721	2,7144
21	441	9261	4,5826	2,7589
22	484	10648	4,6904	2,8020
23	529	12167	4,7958	2,8439
24	576	13824	4,8990	2,8845
25	625	15625	5,0000	2,9240
26	676	17576	5,0990	2,9625
27	729	19683	5,1962	3,0000
28	784	21952	5,2915	3,0366
29	841	24389	5,3852	3,0723
30	900	27000	5,4772	3,1072
31	961	29791	5,5678	3,1414
32	1024	32768	5,6569	3,1748
33	1089	35937	5,7446	3,2075
34	1156	39304	5,8310	3,2396
35	1225	42875	5,9161	3,2711
36	1296	46656	6,0000	3,3019
37	1369	50653	6,0828	3,3322
38	1444	54872	6,1644	3,3620
39	1521	59319	6,2450	3,3912
40	1600	64000	6,3246	3,4200

n	n^2	n^3	$\sqrt{n}$	$\sqrt[3]{n}$
41	1681	68921	6,4031	3,4482
42	1764	74088	6,4807	3,4760
43	1849	79507	6,5574	3,5034
44	1936	85184	6,6332	3,5303
45	2025	91125	6,7082	3,5569
46	2116	97336	6,7823	3,5830
47	2209	103823	6,8557	3,6088
48	2304	110592	6,9282	3,6342
49	2401	117649	7,0000	3,6593
50	2500	125000	7,0711	3,6840
51	2601	132651	7,1414	3,7084
52	2704	140608	7,2111	3,7325
53	2809	148877	7,2801	3,7563
54	2916	157464	7,3485	3,7798
55	3025	166375	7,4162	3,8030
56	3136	175616	7,4833	3,8259
57	3249	185193	7,5498	3,8485
58	3364	195112	7,6158	3,8709
59	3481	205379	7,6811	3,8930
60	3600	216000	7,7460	3,9149
61	3721	226981	7,8102	3,9365
62	3844	238328	7,8740	3,9579
63	3969	250047	7,9373	3,9791
64	4096	262144	8,0000	4,0000
65	4225	274625	8,0623	4,0207
66	4356	287496	8,1240	4,0412
67	4489	300763	8,1854	4,0615
68	4624	314432	8,2462	4,0817
69	4761	328509	8,3066	4,1016
70	4900	343000	8,3666	4,1213
71	5041	357911	8,4261	4,1408
72	5184	373248	8,4853	4,1602
73	5329	389017	8,5440	4,1793
74	5476	405224	8,6023	4,1983
75	5625	421875	8,6603	4,2172
76	5776	438976	8,7178	4,2358
77	5929	456533	8,7750	4,2543
78	6084	474552	8,8318	4,2727
79	6241	493039	8,8882	4,2908
80	6400	512000	8,9443	4,3089

n	n^2	n^3	$\sqrt{n}$	$\sqrt[3]{n}$
81	6561	531441	9,0000	4,3267
82	6724	551368	9,0554	4,3445
83	6889	571787	9,1104	4,3621
84	7056	592704	9,1652	4,3795
85	7225	614125	9,2195	4,3968
86	7396	636056	9,2736	4,4140
87	7569	658503	9,3274	4,4310
88	7744	681472	9,3808	4,4480
89	7921	704969	9,4340	4,4647
90	8100	729000	9,4868	4,4814

n	n^2	n^3	$\sqrt{n}$	$\sqrt[3]{n}$
91	8281	753571	9,5394	4,4979
92	8464	778688	9,5917	4,5144
93	8649	804357	9,6437	4,5307
94	8836	830584	9,6954	4,5468
95	9025	857375	9,7468	4,5629
96	9216	884736	9,7980	4,5789
97	9409	912673	9,8489	4,5947
98	9604	941192	9,8995	4,6104
99	9801	970299	9,9499	4,6261
100	10000	1000000	10,0000	4,6416

Vorsätze

Vorsatz	Bedeutung	Zeichen	Faktor, mit dem die Einheit multipliziert wird
Tera	Billion	T	$1\,000\,000\,000\,000 = 10^{12}$
Giga	Milliarde	G	$1\,000\,000\,000 = 10^{9}$
Mega	Million	M	$1\,000\,000 = 10^{6}$
Kilo	Tausend	k	$1\,000 = 10^{3}$
Hekto	Hundert	h	$100 = 10^{2}$
Deka	Zehn	da	$10 = 10^{1}$
Dezi	Zehntel	d	$0{,}1 = \frac{1}{10} = 10^{-1}$
Zenti	Hundertstel	c	$0{,}01 = \frac{1}{100} = 10^{-2}$
Milli	Tausendstel	m	$0{,}001 = \frac{1}{1\,000} = 10^{-3}$
Mikro	Millionstel	µ	$0{,}000\,001 = \frac{1}{1\,000\,000} = 10^{-6}$
Nano	Milliardstel	n	$0{,}000\,000\,001 = 10^{-9}$
Pico	Billionstel	p	$0{,}000\,000\,000\,001 = 10^{-12}$

Einheiten von Größen

Länge	1 km = 1000 m 1 m = 10 dm 1 dm = 10 cm 1 cm = 10 mm	1 m = 0,001 km 1 dm = 0,1 m 1 cm = 0,01 m 1 mm = 0,1 cm
Fläche	$1\ km^2 = 100\ ha$ 1 ha = 100 a $1\ a = 100\ m^2$ $1\ m^2 = 100\ dm^2$ $1\ dm^2 = 100\ cm^2$ $1\ cm^2 = 100\ mm^2$	1 a = 0,01 ha $1\ m^2 = 0{,}01\ a$ $1\ dm^2 = 0{,}01\ m^2$ $1\ cm^2 = 0{,}0001\ m^2$ $1\ mm^2 = 0{,}01\ cm^2$ $1\ mm^2 = 0{,}000\,001\ m^2$

Rauminhalt/ Volumen	$1\ m^3 = 1000\ dm^3$ $1\ dm^3 = 1000\ cm^3$ $1\ cm^3 = 1000\ mm^3$ 1 Hektoliter = 100 Liter 1 Liter = 1000 Milliliter = 100 Zentiliter	$1\ dm^3 = 0{,}001\ m^3$ $1\ cm^3 = 0{,}001\ dm^3$ $1\ mm^3 = 0{,}001\ cm^3$ $1\ l = 1\ dm^3$ $1\ ml = 1\ cm^3$
Masse	1 t = 10 dt 1 t = 1000 kg 1 dt = 100 kg 1 kg = 1000 g 1 g = 1000 mg	1 kg = 0,001 t 1 kg = 0,01 dt 1 g = 0,001 kg 1 mg = 0,001g
Zeit	1 Jahr = 12 Monate 1 Monat = 28 bis 31 Tage 1 Tag = 24 h 1 h = 60 min *Abkürzungen: a – Jahr; d – Tag* 1 min = 60 s	1 d = 1440 min 1 d ≈ 0,00274 a 1 a ≈ 8766 h 1 min ≈ 0,0167 h 1 s ≈ 0,0167 min
Temperatur	0 °C = 273,15 K 0 °C = 32 °F 100 °C = 373,15 K 100 °C = 212 °F *Abkürzungen:* *Kelvin (K); Grad Celsius (°C); Grad Fahrenheit (°F)* *Temperaturdifferenzen werden häufig in Kelvin angegeben.*	0 K = −273,15 °C 100 K = −173,15 °C
Geschwin-digkeit	$1\ \frac{km}{h} = \frac{1}{3{,}6}\ \frac{m}{s} = 2{,}\overline{7}\ \frac{m}{s} \approx 0{,}28\ \frac{m}{s}$	$1\ \frac{m}{s} = 3{,}6\ \frac{km}{h}$

Nichtdezimale Einheiten

Land	Einheit	Kurzzeichen	Umrechnung
Zählmaße			
Deutschland	Dutzend		1 Dutzend = 12 Stück
Deutschland	Schock		1 Schock = 5 Dutzend
Deutschland	Gros		1 Gros = 12 Dutzend
Deutschland	Mandel		1 Mandel = 15 Stück
Deutschland	Bauernmandel		1 Bauernmandel = 16 Stück
Längenmaße			
Deutschland	geografische Meile		1 g.M. = 7421,5 m
Deutschland	Seemeile	sm	1 sm = 1852 m
Griechenland (Antike)	Plethron (Mz.: Plethra)		1 Plethron = 30,83 m
Griechenland (Antike)	Stadion		1 Stadion = 6 Plethra
Großbritannien, USA	inch (Zoll)	in (auch '')	1 in = 1'' = 25,4 mm
Großbritannien, USA	foot (Mz.: feet; Fuß)	ft (auch ')	1 ft = 1' = 12 inches
Großbritannien, USA	yard	yd	1 yd = 3 feet
Großbritannien, USA	statute mile	st mi	1 st mi = 1609,3 m

Land	Einheit	Kurzzeichen	Umrechnung
Längenmaße			
Großbritannien	fathom (Tiefenmaß)		1 fathom = 1,829 m
Rom (Antike)	Passus (Doppelschritt)		1 Passus = 147,9 cm
Russland	Sashen		1 Sashen = 2,13 m
Russland	Werst		1 Werst = 500 Sashen
Flächenmaße			
Deutschland	Morgen		1 Morgen = 0,255 ha
Deutschland	Morgen		1 Morgen = 0,2767 ha
Deutschland	Acker		1 Acker = 2 Morgen
Großbritannien	acre		1 acre = 40,47 ha
Russland	Desjatine		1 Desjatine = 1,0925 ha
Geschwindigkeits-maße			
Deutschland, USA	Knoten	kn	1 kn = 1 $\frac{sm}{h}$ = 1852 $\frac{m}{h}$
Raummaße			
Deutschland, USA, GB	Registertonne	RT (reg tn)	1 RT = 2,8317 m^3 = 100 Kubikfuß
Großbritannien, USA	barrel (Petroleum)		1 barrel = 158,758 *l*
Großbritannien	Imperial gallon	gal	1 gal = 4,546 *l*
Großbritannien	bushel	bu	1 bu = 36,349 *l* = 8 gal
Russland	Botschka	Botschka	1 Botschka = 4,919 hl
USA	Petrol gallon	gal	1 gal = 3,785 *l*
USA	bushel	bu	1 bu = 35,239 *l*
Massenmaße			
Deutschland	Pfund	Pfd.	1 Pfd. = 500 g
Deutschland	Zentner	Ztr.	1 Ztr. = 50 kg
Deutschland	Doppelzentner		1 Doppelzentner = 100 kg
Griechenland (Antike)	Obolus		1 Obolus = 0,72 g
Griechenland (Antike)	Drachme		1 Drachme = 6 Obolen
Großbritannien, USA	ounce (Unze)	oz	1 oz = 28,35 g
Großbritannien, USA	pound	lb (libra)	1 lb = 16 oz
Großbritannien	stone		1 stone = 14 lbs
Großbritannien	quarter (Viertel)	qr	1 qr = 28 lbs = 2 stones
Großbritannien	centweight (Zentner)	cwt	1 cwt = 4 qrs = 112 lbs
Großbritannien	long ton (Tonne)	lton	1 lton = 20 cwts
Juwelenhandel	Karat	k	1 k = 200 mg
Russland	Funt		1 Funt = 409,5 g
Russland	Pud		1 Pud = 16,385 kg
Russland	Berkowetz		1 Berkowetz = 163,85 kg
USA	quarter (Viertel)	qr	1 qr = 25 lbs
USA	centweight (Zentner)	cwt	1 cwt = 4 qrs = 100 lbs
USA	short ton (Tonne)	ston	1 ston = 20 cwts

Umrechnung Gradmaß in Bogenmaß

Grad	Radiant	Grad	Radiant	Grad	Radiant	Grad	Radiant	Grad	Radiant
1	0,017	19	0,332	37	0,646	55	0,829	73	1,274
2	0,035	20	0,349	38	0,663	56	0,977	74	1,292
3	0,052	21	0,367	39	0,681	57	0,995	75	1,309
4	0,070	22	0,384	40	0,698	58	1,012	76	1,326
5	0,087	23	0,401	41	0,716	59	1,030	77	1,344
6	0,105	24	0,419	42	0,733	60	1,047	78	1,361
7	0,122	25	0,436	43	0,750	61	1,065	79	1,379
8	0,140	26	0,454	44	0,768	62	1,082	80	1,396
9	0,157	27	0,471	45	0,785	63	1,100	81	1,414
10	0,175	28	0,489	46	0,829	64	1,117	82	1,431
11	0,192	29	0,506	47	0,846	65	1,134	83	1,449
12	0,209	30	0,524	48	0,864	66	1,152	84	1,466
13	0,227	31	0,541	49	0,881	67	1,169	85	1,484
14	0,244	32	0,559	50	0,899	68	1,187	86	1,501
15	0,262	33	0,576	51	0,916	69	1,204	87	1,518
16	0,279	34	0,593	52	0,934	70	1,222	88	1,536
17	0,297	35	0,611	53	0,951	71	1,239	89	1,553
18	0,314	36	0,628	54	0,969	72	1,257	90	1,571

Gradmaß

Beim Gradmaß wird dem Vollwinkel die Zahl 360 zugeordnet.

Einheit: 1° (1 Grad)
1° = 60' (60 Minuten)
1' = 60" (60 Sekunden)

Bogenmaß

Beim Bogenmaß wird jedem Winkel α das Verhältnis $\frac{b}{r}$ von der Länge des zugehörigen Bogens und der Länge des Radius als Zahlenwert zugeordnet.

Einheit: 1 rad (1 Radiant)
1 rad ≈ 57,296°

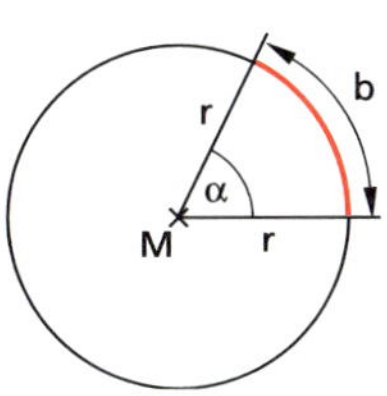

Umrechnungsgleichung

$$\operatorname{arc} \alpha = \frac{\pi}{180°} \cdot \alpha \approx 0{,}01745 \cdot \alpha$$

1 rad ≈ 57,296°

$$\alpha = \frac{180°}{\pi} \cdot \operatorname{arc} \alpha \approx 57{,}29575° \cdot \operatorname{arc} \alpha$$

1° ≈ 0,01745 rad

Kreisflächeninhalt

$A = \frac{\pi}{4} d^2$

d Variable für den Zahlenwert des Durchmessers eines Kreises

d	0	1	2	3	4	5	6	7	8	9
1,0	0,785	0,801	0,817	0,833	0,849	0,866	0,882	0,899	0,916	0,933
1,1	0,950	0,968	0,985	1,003	1,021	1,039	1,057	1,075	1,094	1,112
1,2	1,131	1,150	1,169	1,188	1,208	1,227	1,247	1,267	1,287	1,307
1,3	1,327	1,348	1,368	1,389	1,410	1,431	1,453	1,474	1,496	1,517
1,4	1,539	1,561	1,584	1,606	1,629	1,651	1,674	1,697	1,720	1,744
1,5	1,767	1,791	1,815	1,839	1,863	1,887	1,911	1,936	1,961	1,986
1,6	2,011	2,036	2,061	2,087	2,112	2,138	2,164	2,190	2,217	2,243
1,7	2,270	2,297	2,324	2,351	2,378	2,405	2,433	2,461	2,488	2,516
1,8	2,545	2,573	2,602	2,630	2,659	2,688	2,717	2,746	2,776	2,806
1,9	2,835	2,865	2,895	2,926	2,956	2,986	3,017	3,048	3,079	3,110
2,0	3,142	3,173	3,205	3,237	3,269	3,301	3,333	3,365	3,398	3,431
2,1	3,464	3,497	3,530	3,563	3,597	3,631	3,664	3,698	3,733	3,767
2,2	3,801	3,836	3,871	3,906	3,941	3,976	4,011	4,047	4,083	4,119
2,3	4,155	4,191	4,227	4,264	4,301	4,337	4,374	4,412	4,449	4,486
2,4	4,524	4,562	4,600	4,638	4,676	4,714	4,753	4,792	4,831	4,870
2,5	4,909	4,948	4,988	5,027	5,067	5,107	5,147	5,187	5,228	5,269
2,6	5,309	5,350	5,391	5,433	5,474	5,515	5,557	5,599	5,641	5,683
2,7	5,726	5,768	5,811	5,853	5,896	5,940	5,983	6,026	6,070	6,114
2,8	6,158	6,202	6,246	6,290	6,335	6,379	6,424	6,469	6,514	6,560
2,9	6,605	6,651	6,697	6,743	6,789	6,835	6,881	6,928	6,975	7,022
3,0	7,069	7,116	7,163	7,211	7,258	7,306	7,354	7,402	7,451	7,499
3,1	7,548	7,596	7,645	7,694	7,744	7,793	7,843	7,892	7,942	7,992
3,2	8,042	8,093	8,143	8,194	8,245	8,296	8,347	8,398	8,450	8,501
3,3	8,553	8,605	8,657	8,709	8,762	8,814	8,867	8,920	8,973	9,026
3,4	9,079	9,133	9,186	9,240	9,294	9,348	9,402	9,457	9,511	9,566
3,5	9,621	9,676	9,731	9,787	9,842	9,898	9,954	10,010	10,066	10,122
3,6	10,179	10,235	10,292	10,349	10,406	10,463	10,521	10,578	10,636	10,694
3,7	10,752	10,810	10,869	10,927	10,986	11,045	11,104	11,163	11,222	11,282
3,8	11,341	11,401	11,461	11,521	11,581	11,642	11,702	11,763	11,824	11,885
3,9	11,946	12,007	12,069	12,130	12,192	12,254	12,316	12,379	12,441	12,504
4,0	12,566	12,629	12,692	12,756	12,819	12,882	12,946	13,010	13,074	13,138
4,1	13,203	13,267	13,332	13,396	13,461	13,527	13,592	13,657	13,723	13,789
4,2	13,854	13,920	13,987	14,053	14,120	14,186	14,253	14,320	14,387	14,455
4,3	14,522	14,590	14,657	14,725	14,793	14,862	14,930	14,999	15,067	15,136
4,4	15,205	15,275	15,344	15,413	15,483	15,553	15,623	15,693	15,763	15,834
4,5	15,904	15,975	16,046	16,117	16,188	16,260	16,331	16,403	16,475	16,547
4,6	16,619	16,691	16,764	16,837	16,909	16,982	17,055	17,129	17,202	17,276
4,7	17,349	17,423	17,497	17,572	17,646	17,721	17,795	17,870	17,945	18,020
4,8	18,096	18,171	18,247	18,322	18,398	18,475	18,551	18,627	18,704	18,781
4,9	18,857	18,934	19,012	19,089	19,167	19,244	19,322	19,400	19,478	19,556
5,0	19,635	19,714	19,792	19,871	19,950	20,030	20,109	20,189	20,268	20,348
5,1	20,428	20,508	20,589	20,669	20,750	20,831	20,912	20,993	21,074	21,156
5,2	21,237	21,319	21,401	21,483	21,565	21,648	21,730	21,813	21,896	21,979
5,3	22,062	22,145	22,229	22,312	22,396	22,480	22,564	22,648	22,733	22,817
5,4	22,902	22,987	23,072	23,157	23,243	23,328	23,414	23,500	23,586	23,672

Rückt das Komma in d um eine Stelle nach rechts (links), so rückt es in A um zwei Stellen nach rechts (links).

$A = \frac{\pi}{4} d^2$

d Variable für den Zahlenwert des Durchmessers eines Kreises

d	0	1	2	3	4	5	6	7	8	9
5,5	23,758	23,845	23,931	24,018	24,105	24,192	24,279	24,367	24,454	24,542
5,6	24,630	24,718	24,806	24,895	24,983	25,072	25,161	25,250	25,339	25,428
5,7	25,518	25,607	25,697	25,787	25,877	25,967	26,058	26,148	26,239	26,330
5,8	26,421	26,512	26,603	26,695	26,786	26,878	26,970	27,062	27,155	27,247
5,9	27,340	27,432	27,525	27,618	27,712	27,805	27,899	27,992	28,086	28,180
6,0	28,274	28,369	28,463	28,558	28,653	28,748	28,843	28,938	29,033	29,129
6,1	29,225	29,321	29,417	29,513	29,609	29,706	29,802	29,899	29,996	30,093
6,2	30,191	30,288	30,386	30,484	30,582	30,680	30,778	30,876	30,975	31,074
6,3	31,172	31,271	31,371	31,470	31,570	31,669	31,769	31,869	31,969	32,069
6,4	32,170	32,271	32,371	32,472	32,573	32,675	32,776	32,877	32,979	33,081
6,5	33,183	33,285	33,388	33,490	33,593	33,696	33,799	33,902	34,005	34,108
6,6	34,212	34,316	34,420	34,524	34,628	34,732	34,837	34,942	35,046	35,151
6,7	35,257	35,362	35,467	35,573	35,679	35,785	35,891	35,997	36,103	36,210
6,8	36,317	36,424	36,531	36,638	36,745	36,853	36,961	37,068	37,176	37,285
6,9	37,393	37,501	37,610	37,719	37,828	37,937	38,046	38,155	38,265	38,375
7,0	38,485	38,595	38,705	38,815	38,926	39,036	39,147	39,258	39,369	39,480
7,1	39,592	39,704	39,815	39,927	40,039	40,152	40,264	40,376	40,489	40,602
7,2	40,715	40,828	40,942	41,055	41,169	41,282	41,396	41,511	41,625	41,739
7,3	41,854	41,969	42,084	42,199	42,314	42,429	42,545	42,660	42,776	42,892
7,4	43,008	43,125	43,241	43,358	43,475	43,592	43,709	43,826	43,943	44,061
7,5	44,179	44,297	44,415	44,533	44,651	44,770	44,888	45,007	45,126	45,245
7,6	45,365	45,484	45,604	45,723	45,843	45,963	46,084	46,204	46,325	46,445
7,7	46,566	46,687	46,808	46,930	47,051	47,173	47,295	47,417	47,539	47,661
7,8	47,784	47,906	48,029	48,152	48,275	48,398	48,522	48,645	48,769	48,893
7,9	49,017	49,141	49,265	49,390	49,514	49,639	49,764	49,889	50,014	50,140
8,0	50,265	50,391	50,517	50,643	50,769	50,896	51,022	51,149	51,276	51,403
8,1	51,530	51,657	51,785	51,912	52,040	52,168	52,296	52,424	52,553	52,681
8,2	52,810	52,939	53,068	53,197	53,327	53,456	53,586	53,716	53,846	53,976
8,3	54,106	54,237	54,367	54,498	54,629	54,760	54,891	55,023	55,154	55,286
8,4	55,418	55,550	55,682	55,814	55,947	56,079	56,212	56,345	56,478	56,612
8,5	56,745	56,879	57,012	57,146	57,280	57,415	57,549	57,683	57,818	57,953
8,6	58,088	58,223	58,359	58,494	58,630	58,765	58,901	59,038	59,174	59,310
8,7	59,447	59,584	59,720	59,857	59,995	60,132	60,270	60,407	60,545	60,683
8,8	60,821	60,960	61,098	61,237	61,375	61,514	61,653	61,793	61,932	62,072
8,9	62,211	62,351	62,491	62,631	62,772	62,912	63,053	63,194	63,335	63,476
9,0	63,617	63,759	63,900	64,042	64,184	64,326	64,468	64,611	64,753	64,896
9,1	65,039	65,182	65,325	65,468	65,612	65,755	65,899	66,043	66,187	66,332
9,2	66,476	66,621	66,765	66,910	67,055	67,201	67,346	67,492	67,637	67,783
9,3	67,929	68,075	68,222	68,368	68,515	68,661	68,808	68,956	69,103	69,250
9,4	69,398	69,546	69,693	69,841	69,990	70,138	70,287	70,435	70,584	70,733
9,5	70,882	71,031	71,181	71,331	71,480	71,630	71,780	71,931	72,081	72,232
9,6	72,382	72,533	72,684	72,835	72,987	73,138	73,290	73,442	73,594	73,746
9,7	73,898	74,051	74,203	74,356	74,509	74,662	74,815	74,969	75,122	75,276
9,8	75,430	75,584	75,738	75,892	76,047	76,201	76,356	76,511	76,666	76,821
9,9	76,977	77,132	77,288	77,444	77,600	77,756	77,913	78,069	78,226	78,383

d = 9,14	d = 91,4	A = 10,463	A = 103,9	A = 1046,3	A = 60
A ≈ 65,612	A ≈ 6561,2	d ≈ 3,65	d ≈ 11,5	d ≈ 36,5	d ≈ 8,74

Die Funktionen y = sin x und y = cos x

sin 0° … sin 44°

Grad	,0	,1	,2	,3	,4	,5	,6	,7	,8	,9	(1,0)	
0	0,0000	0,0018	0,0035	0,0052	0,0070	0,0087	0,0105	0,0122	0,0140	0,0157	0,0175	89
1	0,0175	0,0192	0,0209	0,0227	0,0244	0,0262	0,0279	0,0297	0,0314	0,0332	0,0349	88
2	0,0349	0,0366	0,0384	0,0401	0,0419	0,0436	0,0454	0,0471	0,0488	0,0506	0,0523	87
3	0,0523	0,0541	0,0558	0,0576	0,0593	0,0610	0,0628	0,0645	0,0663	0,0680	0,0698	86
4	0,0698	0,0715	0,0732	0,0750	0,0767	0,0785	0,0802	0,0819	0,0837	0,0854	0,0872	85
5	0,0872	0,0889	0,0906	0,0924	0,0941	0,0958	0,0976	0,0993	0,1011	0,1028	0,1045	84
6	0,1045	0,1063	0,1080	0,1097	0,1115	0,1132	0,1149	0,1167	0,1184	0,1201	0,1219	83
7	0,1219	0,1236	0,1253	0,1271	0,1288	0,1305	0,1323	0,1340	0,1357	0,1374	0,1392	82
8	0,1392	0,1409	0,1426	0,1444	0,1461	0,1478	0,1495	0,1513	0,1530	0,1547	0,1564	81
9	0,1564	0,1582	0,1599	0,1616	0,1633	0,1650	0,1668	0,1685	0,1702	0,1719	0,1736	80
10	0,1736	0,1754	0,1771	0,1788	0,1805	0,1822	0,1840	0,1857	0,1874	0,1891	0,1908	79
11	0,1908	0,1925	0,1942	0,1959	0,1977	0,1994	0,2011	0,2028	0,2045	0,2062	0,2079	78
12	0,2079	0,2096	0,2113	0,2130	0,2147	0,2164	0,2181	0,2198	0,2215	0,2233	0,2250	77
13	0,2250	0,2267	0,2284	0,2300	0,2317	0,2334	0,2351	0,2368	0,2385	0,2402	0,2419	76
14	0,2419	0,2436	0,2453	0,2470	0,2487	0,2504	0,2521	0,2538	0,2554	0,2571	0,2588	75
15	0,2588	0,2605	0,2622	0,2639	0,2656	0,2672	0,2689	0,2706	0,2723	0,2740	0,2756	74
16	0,2756	0,2773	0,2790	0,2807	0,2823	0,2840	0,2857	0,2874	0,2890	0,2907	0,2924	73
17	0,2924	0,2940	0,2957	0,2974	0,2990	0,3007	0,3024	0,3040	0,3057	0,3074	0,3090	72
18	0,3090	0,3107	0,3123	0,3140	0,3156	0,3173	0,3190	0,3206	0,3223	0,3239	0,3256	71
19	0,3256	0,3272	0,3289	0,3305	0,3322	0,3338	0,3355	0,3371	0,3387	0,3404	0,3420	70
20	0,3420	0,3437	0,3453	0,3469	0,3486	0,3502	0,3518	0,3535	0,3551	0,3567	0,3584	69
21	0,3584	0,3600	0,3616	0,3633	0,3649	0,3665	0,3681	0,3697	0,3714	0,3730	0,3746	68
22	0,3746	0,3762	0,3778	0,3795	0,3811	0,3827	0,3843	0,3859	0,3875	0,3891	0,3907	67
23	0,3907	0,3923	0,3939	0,3955	0,3971	0,3987	0,4003	0,4019	0,4035	0,4051	0,4067	66
24	0,4067	0,4083	0,4099	0,4115	0,4131	0,4147	0,4163	0,4179	0,4195	0,4210	0,4226	65
25	0,4226	0,4242	0,4258	0,4274	0,4289	0,4305	0,4321	0,4337	0,4352	0,4368	0,4384	64
26	0,4384	0,4399	0,4415	0,4431	0,4446	0,4462	0,4478	0,4493	0,4509	0,4524	0,4540	63
27	0,4540	0,4555	0,4571	0,4586	0,4602	0,4617	0,4633	0,4648	0,4664	0,4679	0,4695	62
28	0,4695	0,4710	0,4726	0,4741	0,4756	0,4772	0,4787	0,4802	0,4818	0,4833	0,4848	61
29	0,4848	0,4863	0,4879	0,4894	0,4909	0,4924	0,4939	0,4955	0,4970	0,4985	0,5000	60
30	0,5000	0,5015	0,5030	0,5045	0,5060	0,5075	0,5090	0,5105	0,5120	0,5135	0,5150	59
31	0,5150	0,5165	0,5180	0,5195	0,5210	0,5225	0,5240	0,5255	0,5270	0,5284	0,5299	58
32	0,5299	0,5314	0,5329	0,5344	0,5358	0,5373	0,5388	0,5402	0,5417	0,5432	0,5446	57
33	0,5446	0,5461	0,5476	0,5490	0,5505	0,5519	0,5534	0,5548	0,5563	0,5577	0,5592	56
34	0,5592	0,5606	0,5621	0,5635	0,5650	0,5664	0,5678	0,5693	0,5707	0,5721	0,5736	55
35	0,5736	0,5750	0,5764	0,5779	0,5793	0,5807	0,5821	0,5835	0,5850	0,5864	0,5878	54
36	0,5878	0,5892	0,5906	0,5920	0,5934	0,5948	0,5962	0,5976	0,5990	0,6004	0,6018	53
37	0,6018	0,6032	0,6046	0,6060	0,6074	0,6088	0,6101	0,6115	0,6129	0,6143	0,6157	52
38	0,6157	0,6170	0,6184	0,6198	0,6211	0,6225	0,6239	0,6252	0,6266	0,6280	0,6293	51
39	0,6293	0,6307	0,6320	0,6334	0,6347	0,6361	0,6374	0,6388	0,6401	0,6414	0,6428	50
40	0,6428	0,6441	0,6455	0,6468	0,6481	0,6494	0,6508	0,6521	0,6534	0,6547	0,6561	49
41	0,6561	0,6574	0,6587	0,6600	0,6613	0,6626	0,6639	0,6652	0,6665	0,6678	0,6691	48
42	0,6691	0,6704	0,6717	0,6730	0,6743	0,6756	0,6769	0,6782	0,6794	0,6807	0,6820	47
43	0,6820	0,6833	0,6845	0,6858	0,6871	0,6884	0,6896	0,6909	0,6921	0,6934	0,6947	46
44	0,6947	0,6959	0,6972	0,6984	0,6997	0,7009	0,7022	0,7034	0,7046	0,7059	0,7071	45
	1,0	0,9	0,8	0,7	0,6	0,5	0,4	0,3	0,2	0,1	0,0	Grad

cos 45° … cos 90°

sin 45° … sin 90°

Grad	,0	,1	,2	,3	,4	,5	,6	,7	,8	,9	(1,0)	
45	0,7071	0,7084	0,7096	0,7108	0,7120	0,7132	0,7145	0,7157	0,7169	0,7181	0,7193	44
46	0,7193	0,7206	0,7218	0,7230	0,7242	0,7254	0,7266	0,7278	0,7290	0,7302	0,7314	43
47	0,7314	0,7325	0,7337	0,7349	0,7361	0,7373	0,7385	0,7396	0,7408	0,7420	0,7431	42
48	0,7431	0,7443	0,7455	0,7466	0,7478	0,7490	0,7501	0,7513	0,7524	0,7536	0,7547	41
49	0,7547	0,7559	0,7570	0,7581	0,7593	0,7604	0,7615	0,7627	0,7638	0,7649	0,7660	40
50	0,7660	0,7672	0,7683	0,7694	0,7705	0,7716	0,7727	0,7738	0,7749	0,7760	0,7771	39
51	0,7771	0,7782	0,7793	0,7804	0,7815	0,7826	0,7837	0,7848	0,7859	0,7869	0,7880	38
52	0,7880	0,7891	0,7902	0,7912	0,7923	0,7934	0,7944	0,7955	0,7965	0,7976	0,7986	37
53	0,7986	0,7997	0,8007	0,8018	0,8028	0,8039	0,8049	0,8059	0,8070	0,8080	0,8090	36
54	0,8090	0,8100	0,8111	0,8121	0,8131	0,8141	0,8151	0,8161	0,8171	0,8181	0,8192	35
55	0,8192	0,8202	0,8211	0,8221	0,8231	0,8241	0,8251	0,8261	0,8271	0,8281	0,8290	34
56	0,8290	0,8300	0,8310	0,8320	0,8329	0,8339	0,8348	0,8358	0,8368	0,8377	0,8387	33
57	0,8387	0,8396	0,8406	0,8415	0,8425	0,8434	0,8443	0,8453	0,8462	0,8471	0,8480	32
58	0,8480	0,8490	0,8499	0,8508	0,8517	0,8526	0,8536	0,8545	0,8554	0,8563	0,8572	31
59	0,8572	0,8581	0,8590	0,8599	0,8607	0,8616	0,8625	0,8634	0,8643	0,8652	0,8660	30
60	0,8660	0,8669	0,8678	0,8686	0,8695	0,8704	0,8712	0,8721	0,8729	0,8738	0,8746	29
61	0,8746	0,8755	0,8763	0,8771	0,8780	0,8788	0,8796	0,8805	0,8813	0,8821	0,8829	28
62	0,8829	0,8838	0,8846	0,8854	0,8862	0,8870	0,8878	0,8886	0,8894	0,8902	0,8910	27
63	0,8910	0,8918	0,8926	0,8934	0,8942	0,8949	0,8957	0,8965	0,8973	0,8980	0,8988	26
64	0,8988	0,8996	0,9003	0,9011	0,9018	0,9026	0,9033	0,9041	0,9048	0,9056	0,9063	25
65	0,9063	0,9070	0,9078	0,9085	0,9092	0,9100	0,9107	0,9114	0,9121	0,9128	0,9135	24
66	0,9135	0,9143	0,9150	0,9157	0,9164	0,9171	0,9178	0,9184	0,9191	0,9198	0,9205	23
67	0,9205	0,9212	0,9219	0,9225	0,9232	0,9239	0,9245	0,9252	0,9259	0,9265	0,9272	22
68	0,9272	0,9278	0,9285	0,9291	0,9298	0,9304	0,9311	0,9317	0,9323	0,9330	0,9336	21
69	0,9336	0,9342	0,9348	0,9354	0,9361	0,9367	0,9373	0,9379	0,9385	0,9391	0,9397	20
70	0,9397	0,9403	0,9409	0,9415	0,9421	0,9426	0,9432	0,9438	0,9444	0,9449	0,9455	19
71	0,9455	0,9461	0,9466	0,9472	0,9478	0,9483	0,9489	0,9494	0,9500	0,9505	0,9511	18
72	0,9511	0,9516	0,9521	0,9527	0,9532	0,9537	0,9542	0,9548	0,9553	0,9558	0,9563	17
73	0,9563	0,9568	0,9573	0,9578	0,9583	0,9588	0,9593	0,9598	0,9603	0,9608	0,9613	16
74	0,9613	0,9617	0,9622	0,9627	0,9632	0,9636	0,9641	0,9646	0,9650	0,9655	0,9659	15
75	0,9659	0,9664	0,9668	0,9673	0,9677	0,9681	0,9686	0,9690	0,9694	0,9699	0,9703	14
76	0,9703	0,9707	0,9711	0,9715	0,9720	0,9724	0,9728	0,9732	0,9736	0,9740	0,9744	13
77	0,9744	0,9748	0,9751	0,9755	0,9759	0,9763	0,9767	0,9770	0,9774	0,9778	0,9781	12
78	0,9781	0,9785	0,9789	0,9792	0,9796	0,9799	0,9803	0,9806	0,9810	0,9813	0,9816	11
79	0,9816	0,9820	0,9823	0,9826	0,9829	0,9833	0,9836	0,9839	0,9842	0,9845	0,9848	10
80	0,9848	0,9851	0,9854	0,9857	0,9860	0,9863	0,9866	0,9869	0,9871	0,9874	0,9877	9
81	0,9877	0,9880	0,9882	0,9885	0,9888	0,9890	0,9893	0,9895	0,9898	0,9900	0,9903	8
82	0,9903	0,9905	0,9907	0,9910	0,9912	0,9914	0,9917	0,9919	0,9921	0,9923	0,9925	7
83	0,9925	0,9928	0,9930	0,9932	0,9934	0,9936	0,9938	0,9940	0,9942	0,9943	0,9945	6
84	0,9945	0,9947	0,9949	0,9951	0,9952	0,9954	0,9956	0,9957	0,9959	0,9960	0,9962	5
85	0,9962	0,9963	0,9965	0,9966	0,9968	0,9969	0,9971	0,9972	0,9973	0,9974	0,9976	4
86	0,9976	0,9977	0,9978	0,9979	0,9980	0,9981	0,9982	0,9983	0,9984	0,9985	0,9986	3
87	0,9986	0,9987	0,9988	0,9989	0,9990	0,9990	0,9991	0,9992	0,9993	0,9993	0,9994	2
88	0,9994	0,9995	0,9995	0,9996	0,9996	0,9997	0,9997	0,9997	0,9998	0,9998	0,9998	1
89	0,9998	0,9999	0,9999	0,9999	0,9999	1,0000	1,0000	1,0000	1,0000	1,0000	1,0000	0
	1,0	0,9	0,8	0,7	0,6	0,5	0,4	0,3	0,2	0,1	0,0	Grad

cos 0° … cos 45°

Zufallszahlen

	Spalte									
Zeile	1 5	10	15	20	25	30	35	40	45	50
1	85726	91800	44473	33879	57256	46801	53347	37698	95481	12644
2	35912	46575	42941	54192	37830	95715	62985	31590	02567	19904
3	04134	41695	35721	03470	60708	52331	10898	21300	94206	06239
4	82220	11237	73769	67585	44287	56025	26549	91315	81669	94355
5	68829	46548	98821	66722	24972	15233	71988	72666	62473	68093
6	19025	19865	20313	82476	06319	22237	02872	65114	85077	53993
7	27098	09888	30597	64007	33270	64414	64804	78581	75803	85313
8	56284	66881	53574	88019	05709	72679	32558	13717	75297	16816
9	90846	22388	44354	90370	06748	76070	43952	46525	86043	01524
10	23020	04348	77139	06797	44108	40008	54538	04850	07523	61673
11	04627	34374	21201	43753	05541	04825	78748	27691	61094	00198
12	93634	04152	26411	25690	04847	78534	60275	68643	91268	87412
13	19200	48050	24909	03931	93807	17765	14296	62508	05218	35982
14	22464	72223	78999	06665	12706	86874	14068	06078	04530	26157
15	45261	15143	06822	18510	42613	29510	26811	36993	74597	10096
16	70216	04903	28213	80125	93164	05587	79695	26225	41310	82845
17	20870	13685	43172	35426	55698	71768	70874	51039	70668	74234
18	69886	03090	76569	57871	87439	98184	06229	31451	08096	26697
19	74168	98132	28732	63660	27894	32319	10713	91812	39463	56982
20	36894	36342	48744	93995	96596	34495	36994	89219	01259	55064
21	23260	59617	63022	74080	95108	34933	52196	06214	10975	29670
22	64343	14616	03594	09702	03807	40157	83537	69724	91829	70988
23	04424	94082	32978	47746	33136	71409	09923	21982	96334	41724
24	39845	58692	79761	76495	74845	12092	20873	98289	00721	38192
25	93108	00578	35972	93403	87554	02369	74115	73420	34472	59394
26	89669	29464	42532	65301	39359	39458	51789	50130	42290	96642
27	23997	41279	24562	11710	29640	04379	63841	97306	64909	13241
28	39476	21079	14459	91049	53983	25602	97149	64533	90352	81455
29	03519	53995	72206	43881	52634	42270	97538	25077	07566	41970
30	24735	48193	66585	32303	16965	91385	28741	37848	93465	65286
31	00167	37764	32015	03147	63912	12803	40402	21588	39456	65403
32	73042	83143	31337	32808	82335	10952	40636	45527	32840	73629
33	27070	10753	46695	59762	17792	95672	75876	35715	81124	79194
34	61578	07773	65389	16072	28907	09368	15965	09754	08745	37999
35	30396	6365	84603	97726	80936	45989	05114	37591	51351	01490
36	29618	63080	32934	08086	13745	20354	38723	82682	82309	56457
37	36914	29825	26454	07118	95284	70398	12407	45972	56076	06571
38	69431	30297	76317	55804	42881	64313	67350	58767	18576	67406
39	68613	62789	78927	59521	71840	25481	38693	55505	12263	61622
40	21753	93972	87412	85711	50735	91267	35818	18116	78535	31988
41	00317	41878	47085	89943	38567	21965	86926	55571	99779	70815
42	42933	79424	74815	22956	52306	73305	93957	74379	31764	83323
43	07134	62283	04433	25698	31739	82651	56314	84801	42090	05541
44	52468	67807	06633	13877	98757	41847	55383	03598	94072	93837
45	39667	57959	75963	00474	19385	54740	33849	25997	40231	37951
46	97039	94295	05363	53598	07864	71081	03783	36043	02771	12695
47	46512	47320	70780	43351	69028	04943	41430	71492	66699	40622
48	95756	88023	09761	32378	60188	80373	24331	71215	23302	23073
49	13848	82771	88561	42609	33889	23634	02189	56479	13230	40789
50	35912	27258	65564	06480	83381	07755	28926	59720	94190	98928

Fakultäten n!

n	n!	n	n!	n	n!	n	n!	n	n!
1	1	45	1.19622 E+56	89	1.65080 E+136	133	1.48727 E+226	177	3.50289 E+322
2	2	46	5.50262 E+57	90	1.48572 E+138	134	1.99294 E+228	178	6.23514 E+324
3	6	47	2.58623 E+59	91	1.35200 E+140	135	2.69047 E+230	179	1.11609 E+327
4	24	48	1.24139 E+61	92	1.24384 E+142	136	3.65904 E+232	180	2.00896 E+329
5	120	49	6.08282 E+62	93	1.15677 E+144	137	5.01289 E+234	181	3.63622 E+331
6	720	50	3.04141 E+64	94	1.08737 E+146	138	6.91779 E+236	182	6.61792 E+333
7	5 040	51	1.55112 E+66	95	1.03300 E+148	139	9.61572 E+238	183	1.21108 E+336
8	40 320	52	8.06582 E+67	96	9.91678 E+149	140	1.34620 E+241	184	2.22839 E+338
9	362 880	53	4.27488 E+69	97	9.61928 E+151	141	1.89814 E+243	185	4.12251 E+340
10	3 628 800	54	2.30844 E+71	98	9.42689 E+153	142	2.69536 E+245	186	7.66787 E+342
11	39 916 800	55	1.26964 E+73	99	9.33262 E+155	143	3.85437 E+247	187	1.43389 E+345
12	479 001 600	56	7.10999 E+74	100	9.33262 E+157	144	5.55029 E+249	188	2.69572 E+347
13	6 227 020 800	57	4.05269 E+76	101	9.42595 E+159	145	8.04793 E+251	189	5.09491 E+349
14	8.71783 E+10	58	2.35056 E+78	102	9.61447 E+161	146	1.17500 E+254	190	9.68032 E+351
15	1.30767 E+12	59	1.38683 E+80	103	9.90290 E+163	147	1.72725 E+256	191	1.84894 E+354
16	2.09228 E+13	60	8.32099 E+81	104	1.02990 E+166	148	2.55632 E+258	192	3.54997 E+356
17	3.55687 E+14	61	5.07580 E+83	105	1.08140 E+168	149	3.80892 E+260	193	6.85144 E+358
18	6.40237 E+15	62	3.14700 E+85	106	1.14628 E+170	150	5.71338 E+262	194	1.32918 E+361
19	1.21645 E+17	63	1.98261 E+87	107	1.22652 E+172	151	8.62721 E+264	195	2.59190 E+363
20	2.43290 E+18	64	1.26887 E+89	108	1.32464 E+174	152	1.31134 E+267	196	5.08012 E+365
21	5.10909 E+19	65	8.24765 E+90	109	1.44386 E+176	153	2.00634 E+269	197	1.00078 E+368
22	1.12400 E+21	66	5.44345 E+92	110	1.58825 E+178	154	3.08977 E+271	198	1.98155 E+370
23	2.58520 E+22	67	3.64711 E+94	111	1.76295 E+180	155	4.78914 E+273	199	3.94329 E+372
24	6.20448 E+23	68	2.48004 E+96	112	1.97451 E+182	156	7.47106 E+275	200	7.88658 E+374
25	1.55112 E+25	69	1.71122 E+98	113	2.23119 E+184	157	1.17296 E+278	201	1.58520 E+377
26	4.03291 E+26	70	1.19786 E+100	114	2.54356 E+186	158	1.85327 E+280	202	3.20211 E+379
27	1.08889 E+28	71	8.50479 E+101	115	2.92509 E+188	159	2.94670 E+282	203	6.50028 E+381
28	3.04888 E+29	72	6.12345 E+103	116	3.39311 E+190	160	4.71472 E+284	204	1.32606 E+384
29	8.84176 E+30	73	4.47012 E+105	117	3.96994 E+192	161	7.59071 E+286	205	2.71842 E+386
30	2.65253 E+32	74	3.30789 E+107	118	4.68453 E+194	162	1.22969 E+289	206	5.59994 E+388
31	8.22284 E+33	75	2.48091 E+109	119	5.57459 E+196	163	2.00440 E+291	207	1.15919 E+391
32	2.63131 E+35	76	1.88549 E+111	120	6.68950 E+198	164	3.28722 E+293	208	2.41111 E+393
33	8.68332 E+36	77	1.45183 E+113	121	8.09430 E+200	165	5.42391 E+295	209	5.03922 E+395
34	2.95233 E+38	78	1.13243 E+115	122	9.87504 E+202	166	9.00369 E+297	210	1.05824 E+398
35	1.03331 E+40	79	8.94618 E+116	123	1.21463 E+205	167	1.50362 E+300	211	2.23288 E+400
36	3.71993 E+41	80	7.15695 E+118	124	1.50614 E+207	168	2.52608 E+302	212	4.73370 E+402
37	1.37638 E+43	81	5.79713 E+120	125	1.88268 E+209	169	4.26907 E+304	213	1.00828 E+405
38	5.23023 E+44	82	4.75364 E+122	126	2.37217 E+211	170	7.25742 E+306	214	2.15772 E+407
39	2.03979 E+46	83	3.94552 E+124	127	3.01266 E+213	171	1.24102 E+309	215	4.63909 E+409
40	8.15915 E+47	84	3.31424 E+126	128	3.85620 E+215	172	2.13455 E+311	216	1.00204 E+412
41	3.34525 E+49	85	2.81710 E+128	129	4.97450 E+217	173	3.69277 E+313	217	2.17443 E+414
42	1.40501 E+51	86	2.42271 E+130	130	6.46686 E+219	174	6.42543 E+315	218	4.74027 E+416
43	6.04153 E+52	87	2.10776 E+132	131	8.47158 E+221	175	1.12445 E+318	219	1.03812 E+419
44	2.65827 E+54	88	1.85483 E+134	132	1.11825 E+224	176	1.97903 E+320	220	2.28386 E+421

Binomialkoeffizienten $\binom{n}{k}$

$\binom{n}{0} = 1$

$\binom{n}{k} = \binom{n}{n-k}$

n \ k	1	2	3	4	5	6	7	8	9	10	11	12	13	14	15
1	1														
2	2	1													
3	3	3	1												
4	4	6	4	1											
5	5	10	10	5	1										
6	6	15	20	15	6	1									
7	7	21	35	35	21	7	1								
8	8	28	56	70	56	28	8	1							
9	9	36	84	126	126	84	36	9	1						
10	10	45	120	210	252	210	120	45	10	1					
11	11	55	165	330	462	462	330	165	55	11	1				
12	12	66	220	495	792	924	792	495	220	66	12	1			
13	13	78	286	715	1287	1716	1716	1287	715	286	78	13	1		
14	14	91	364	1001	2002	3003	3432	3003	2002	1001	364	91	14	1	
15	15	105	455	1365	3003	5005	6435	6435	5005	3003	1365	455	105	15	1
16	16	120	560	1820	4368	8008	11440	12870	11440	8008	4368	1820	560	120	16
17	17	136	680	2380	6188	12376	19448	24310	24310	19448	12376	6188	2380	680	136
18	18	153	816	3060	8568	18564	31824	43758	48620	43758	31824	18564	8568	3060	816
19	19	171	969	3876	11628	27132	50388	75582	92378	92378	75582	50388	27132	11628	3876
20	20	190	1140	4845	15504	38760	77520	125970	167960	184756	167960	125970	77520	38760	15504
21	21	210	1330	5985	20349	54264	116280	203490	293930	352716	352716	293930	203490	116280	54264
22	22	231	1540	7315	26334	74613	170544	319770	497420	646646	705432	646646	497420	319770	170544
23	23	253	1771	8855	33649	100947	245157	490314	817190	1144066	1352078	1352078	1144066	817190	490314
24	24	276	2024	10626	42504	134596	346104	735471	1307504	1961256	2496144	2704156	2496144	1961256	1307504
25	25	300	2300	12650	53130	177100	480700	1081575	2042975	3268760	4457400	5200300	5200300	4457400	3268760
26	25	325	2600	14950	65780	230230	657800	1562275	3124550	5311735	7726160	9657700	10400600	9657700	7726160
27	27	351	2925	17550	80730	296010	888030	2220075	4686825	8436285	13037895	17383860	20058300	20058300	17383860
28	28	378	3276	20475	98280	376740	1184040	3108105	6906900	13123110	21474180	30421755	37442160	40116600	37442160
29	29	406	3654	23751	118755	475020	1560780	4292145	10015005	20030010	34597290	51895935	67863915	77558760	77558760
30	30	435	4060	27405	142506	593775	2035800	5852925	14307150	30045015	54627300	86493225	119759850	145422675	155117520

Binomiale Wahrscheinlichkeiten b(n; p; k)

n = 5

k \ p	0,01	0,02	0,05	0,10	0,15	0,20	0,25	0,30	0,35	0,40	0,45	0,50
0	0,951	904	774	590	444	328	237	168	116	078	050	031
1	0,048	092	204	328	392	410	396	360	312	259	206	156
2	0,001	004	021	073	138	205	264	309	336	346	337	313
3			001	008	024	051	088	132	181	230	276	313
4					002	006	015	028	049	077	113	156
5							001	002	005	010	018	031

n = 10

k \ p	0,01	0,02	0,05	0,10	0,15	0,20	0,25	0,30	0,35	0,40	0,45	0,50
0	0,904	817	599	349	197	107	056	028	013	006	003	001
1	0,091	167	315	387	347	268	188	121	072	040	021	010
2	0,004	015	075	194	276	302	282	233	176	121	076	044
3		001	010	057	130	201	250	267	252	215	166	117
4			001	011	040	088	146	200	238	251	238	205
5				001	008	026	058	103	154	201	234	246
6					001	006	016	037	069	111	160	205
7						001	003	009	021	042	075	117
8								001	004	011	023	044
9									001	002	004	010
10												001

n = 20

k \ p	0,01	0,02	0,05	0,10	0,15	0,20	0,25	0,30	0,35	0,40	0,45	0,50
0	0,818	668	358	122	039	012	003	001				
1	0,165	272	377	270	137	058	021	007	002			
2	0,016	053	189	285	229	137	067	028	010	003	001	
3	0,001	006	060	190	243	205	134	072	032	012	004	001
4		001	013	090	182	218	190	130	074	035	012	005
5			002	032	103	175	202	179	127	075	036	015
6				009	045	109	169	192	171	124	075	037
7				002	016	054	112	164	184	166	122	074
8					005	022	061	114	161	180	162	120
9					001	007	027	065	116	160	177	160
10						002	010	031	069	117	159	176
11						001	003	012	034	071	118	160
12							001	004	014	036	073	120
13								001	004	015	037	074
14									001	005	015	037
15										001	005	015
16											001	005
17												001
18												
19												
20												

n = 50

k \ p	0,01	0,02	0,05	0,10	0,15	0,20	0,25	0,30	0,35	0,40	0,45	0,50
0	0,605	364	077	005								
1	0,306	372	202	029	003							
2	0,076	186	261	078	011	001						
3	0,012	061	220	139	032	004						
4	0,001	015	136	181	066	013	002					
5		003	066	185	107	030	005	001				
6			026	154	142	055	012	002				
7			009	108	157	087	026	005	001			
8			002	064	149	117	046	011	002			
9			001	033	123	136	072	022	004	001		
10				015	089	140	099	039	009	001		
11				006	057	127	119	060	018	003		
12				002	033	103	129	084	032	008	001	
13				001	017	075	126	105	050	015	003	
14					008	050	111	119	071	026	006	001
15					003	030	089	122	092	042	012	002
16					001	016	065	115	109	061	021	004
17						008	043	098	117	081	034	009
18						004	026	077	116	099	051	016
19						002	015	056	105	111	070	027
20						001	008	037	088	115	089	042
21							004	023	067	109	104	060
22							002	013	048	096	112	079
23							001	007	031	078	112	096
24								003	019	058	103	108
25								001	011	040	087	112
26								001	006	026	069	108
27									003	015	050	096
28									001	008	034	079
29										004	021	060
30										002	012	042
31										001	006	027
32											003	016
33											001	009
34											001	004
35												002
36												001

b(50; 0,2; 6) = 0,055   b(50; 0,6; 32) = b(50; 0,4; 18) = 0,099

Standardnormalverteilung

Die Binomialverteilung kann für große n durch die Normalverteilung angenähert werden. Wählt man dabei für die Parameter m und σ^2 die Werte 0 bzw. 1, so nimmt die Dichtefunktion folgende Gestalt an:

$$f(x) = \frac{1}{\sqrt{2\pi}} e^{-0,5x^2} \quad \text{mit } x \in \mathbb{R} \quad \text{und } e \approx 2,7183$$

Die farbige Fläche kann man mithilfe der Integralrechnung berechnen.

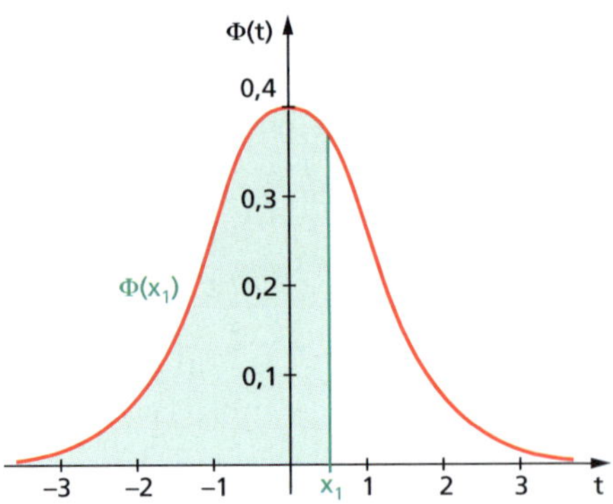

Aufbau der Zahlenbereiche

Zahlenmenge	Beschreibung	Uneingeschränkt ausführbar
Natürliche Zahlen	$\mathbb{N} = \{0; 1; 2; 3; \ldots\}$ $\mathbb{N}^* = \mathbb{N}\setminus\{0\}$	Addition, Multiplikation
Ganze Zahlen	$\mathbb{Z} = \{\ldots -3; -2; -1; 0; 1; 2; 3; \ldots\}$	Addition, Multiplikation, Subtraktion
Gebrochene Zahlen	$\mathbb{Q}_+ = \{\frac{p}{q} \mid p, q \in \mathbb{N} \text{ und } q \neq 0\}$	Addition, Multiplikation, Division (ausgenommen durch 0)
Rationale Zahlen	$\mathbb{Q} = \{\frac{p}{q} \mid p, q \in \mathbb{Z} \text{ und } q \neq 0\}$	Addition, Subtraktion, Multiplikation, Division (ausgenommen durch 0)
Reelle Zahlen	$\mathbb{R} = \mathbb{Q} \cup \mathbb{I}$ $\mathbb{I}$ irrationale Zahlen (unendliche nichtperiodische Dezimalbrüche)	Addition, Subtraktion, Multiplikation, Division (ausgenommen durch 0)
$\mathbb{N} \subset \mathbb{Z}$ $\mathbb{N} \subset \mathbb{Q}_+$ $\mathbb{N} = \mathbb{Z} \cap \mathbb{Q}_+$ $\mathbb{Q}_+ \subset \mathbb{Q}$ $\mathbb{Z} \subset \mathbb{Q}$ $\mathbb{Q} \subset \mathbb{R}$ $\mathbb{I} \subset \mathbb{R}$ $\mathbb{Q} \cap \mathbb{I} = \emptyset$		

Intervalle (spezielle Teilmengen von $\mathbb{R}$)

Abgeschlossenes Intervall von a bis b	[a; b] ist die Menge aller $x \in \mathbb{R}$ mit $a \leq x \leq b$. Die Randwerte a und b gehören zum Intervall.	
Offenes Intervall von a bis b	]a; b[ist die Menge aller $x \in \mathbb{R}$ mit $a < x < b$. Die Randwerte a und b gehören nicht zum Intervall.	
Rechtsoffenes Intervall von a bis b	[a; b[ist die Menge aller $x \in \mathbb{R}$ mit $a \leq x < b$. Der Randwert a gehört zum Intervall, b nicht.	
Linksoffenes Intervall von a bis b	]a; b] ist die Menge aller $x \in \mathbb{R}$ mit $a < x \leq b$. Der Randwert b gehört zum Intervall, a nicht.	
Linksoffenes Intervall von $-\infty$ bis a	$]-\infty; a]$ ist die Menge aller $x \in \mathbb{R}$ mit $x \leq a$. Der Randwert a gehört zum Intervall.	
Offenes Intervall von a bis $+\infty$	$]a; +\infty[$ ist die Menge aller $x \in \mathbb{R}$ mit $a < x$. Der Randwert a gehört nicht zum Intervall.	

Potenzen

Definition	$a^n = \underbrace{a \cdot a \cdot a \cdot \ldots \cdot a}_{\text{n-mal Faktor a}}$	$a \in \mathbb{R}\setminus\{0\}$ a^n Potenz	$n \in \mathbb{N}$ a Basis	n Exponent
	$a^2 = a \cdot a$ heißt Quadrat.	$a^0 = 1$	$a^1 = a$	$a^{-n} = \frac{1}{a^n}$
	$a^{\frac{p}{q}} = (a^p)^{\frac{1}{q}} = \sqrt[q]{a^p}$	$a \in \mathbb{R}$ $a > 0$	$p \in \mathbb{Z}$	$q \in \mathbb{N}^*$
Gesetze	Die Gesetze gelten für alle $m, n \in \mathbb{R}$ bei positiven reellen Basen. Für $m, n \in \mathbb{Z}$ gelten sie bei Basen aus $\mathbb{R}\setminus\{0\}$.			
	gleiche Basis **1.** $a^m \cdot a^n = a^{m+n}$ **2.** $a^m : a^n = a^{m-n}$	**gleicher Exponent** **3.** $a^n \cdot b^n = (a \cdot b)^n$ **4.** $a^n : b^n = (a : b)^n$	**Potenzieren** **5.** $(a^m)^n = a^{m \cdot n}$	

Wurzeln

Definition	$a = c^n$ ist gleichbedeutend mit $c = \sqrt[n]{a}$ (gesprochen: n-te Wurzel aus a).	$a \in \mathbb{R}$ $a \geq 0$ $n \in \mathbb{N}^*\setminus\{1\}$ $c \geq 0$ c n-te Wurzel a Radikand n Wurzelexponent
	$\sqrt[2]{a} = \sqrt{a}$ heißt Quadratwurzel. $\sqrt[3]{a}$ heißt Kubikwurzel.	
Gesetze	**1.** $\sqrt[n]{a} \cdot \sqrt[n]{b} = \sqrt[n]{a \cdot b}$	**3.** $\sqrt[n]{\sqrt[m]{a}} = \sqrt[m]{\sqrt[n]{a}} = \sqrt[m \cdot n]{a}$
	2. $\frac{\sqrt[n]{a}}{\sqrt[n]{b}} = \sqrt[n]{\frac{a}{b}}$ (für $b > 0$)	**4.** $(\sqrt[n]{a})^m = \sqrt[n]{a^m}$

Logarithmen

Definition	$b = a^c$ ist gleichbedeutend mit $c = \log_a b$ (gesprochen: Logarithmus b zur Basis a). Durch Logarithmieren bestimmt man die Größe des Exponenten.	$a \in \mathbb{R}\setminus\{1\}$ $a > 0$ $b \in \mathbb{R}$ $b > 0$ c Logarithmus a Basis b Numerus $a^{\log_a b} = b$ $\log_a a = 1$ $\log_a 1 = 0$
Spezielle Basen	Zehnerlogarithmus (dekadischer Logarithmus): $\log_{10} x = \lg x$	natürlicher Logarithmus: $\log_e x = \ln x$ $e = 2{,}71828\ldots$ (eulersche Zahl)
Gesetze	**1.** $\log_a(u \cdot v) = \log_a u + \log_a v$ **2.** $\log_a(u : v) = \log_a u - \log_a v$	**3.** $\log_a u^r = r \cdot \log_a u$ **4.** $\log_a \sqrt[n]{u} = \frac{1}{n} \log_a u$
Basis-wechsel	$\log_c b = \frac{\log_a b}{\log_a c} = \frac{\ln b}{\ln c} = \frac{\lg b}{\lg c}$	

Dreisatz

Verfahren	Direkte Proportionalität	Indirekte Proportionalität
	Aufgabe: Wie viel bezahlt man für 750 g Tee, wenn 400 g dieser Sorte 12,00 € kosten?	Aufgabe: Fünf Kühe kommen mit einer bestimmten Futtermenge 16 Tage aus. Wie viele Tage reicht das Futter für acht Kühe?
(1) Schluss vom Wert der bekannten Mehrheit	400 g $\widehat{=}$ 12,00 €	5 Kühe $\widehat{=}$ 16 Tage
(2) auf den Wert für eine Mengeneinheit,	: 400 → 1 g $\widehat{=}$ 0,03 € ← : 400	: 5 → 1 Kuh $\widehat{=}$ 80 Tage ← · 5
(3) von dieser Einheit auf die gesuchte Mehrheit	· 750 → 750 g $\widehat{=}$ 22,50 € ← · 750	· 8 → 8 Kühe $\widehat{=}$ 10 Tage ← : 8
	Antwort: 750 g Tee kosten 22,50 €.	Antwort: Für acht Kühe reicht das Futter zehn Tage.

Kettensatz

Verfahren, welches z. B. bei Preisberechnungen mit ausländischen Währungen und Maßen zur Anwendung gelangt *(Aufeinanderfolge von Dreisätzen bei direkter Proportionalität)*	Wie viel Euro kosten 50 m Stoff aus den USA, wenn dieser dort zu 8,90 $ das Yard gehandelt wird? Gegeben: 11 m ≈ 12 yds Kurs 1,0253
(1) Entwickeln der Kette: – Die Kette beginnt mit der Frage nach der gesuchten Größe. – Der linke Term jeder folgenden Gleichung hat die gleiche Einheit wie der rechte Term der vorhergehenden Gleichung. – Die Kette ist geschlossen, wenn erste und letzte Einheit übereinstimmen.	x € $\widehat{=}$ 50 m 11 m $\widehat{=}$ 12 yds 1 yd $\widehat{=}$ 8,90 $ 1,0253 $ $\widehat{=}$ 1 €
(2) Ausrechnen der Kette: – Produkt der Zahlen der rechten Terme in den Zähler eines Bruches, Produkt der Zahlen der linken Terme in den Nenner schreiben und Bruch berechnen.	$x = \frac{50 \cdot 12 \cdot 8{,}90}{11 \cdot 1{,}0253}$ € = 473,48 € Antwort: Der Stoff kostet 473,48 €.

Mischungsrechnen

Berechnen des Mischungsverhältnisses von zwei Sorten bei vorgegebenen Preisen			
Mischungskreuzregel: Die zu mischenden Sorten sind im umgekehrten Verhältnis ihrer Preisdifferenzen zur Mischungssorte zu mischen.			
In welchem Verhältnis müssen zwei Sorten (z. B. Tee; Sorte 1 kostet P_1 €/kg, Sorte 2 kostet P_2 €/kg) gemischt werden, damit die Mischsorte P_G €/kg kostet?			
P: Preis **M: Menge, Anteil**	Unterschied zu P_G berechnen und eventuell kürzen	Anteil	Es gilt also:
Sorte 1: P_1 (€/kg) Mischung: P_G (€/kg) Sorte 2: P_2 (€/kg)	$\frac{\lvert P_G - P_2 \rvert}{\lvert P_G - P_1 \rvert}$ (über Kreuz)	$\frac{M_1}{M_2}$	$\frac{\lvert P_G - P_2 \rvert}{\lvert P_G - P_1 \rvert} = \frac{M_1}{M_2}$
Probe: $M_1 \cdot P_1 + M_2 \cdot P_2 = (M_1 + M_2) \cdot P_G$			

Mittelwerte

	Proportion und Formel	Allgemeine Formel	Zusammenhänge
arithmetisches Mittel	$\frac{a - \bar{x}}{\bar{x} - b} = 1$ Daraus folgt: $\bar{x} = \frac{a + b}{2}$	$\bar{x} = \frac{a_1 + a_2 + \ldots + a_n}{n}$	$(a_i)_{max} \geq \bar{x} \geq g \geq h \geq (a_i)_{min}$ für $a_i > 0$ nach CAUCHY
geometrisches Mittel (mittlere Proportionale)	$\frac{a}{g} = \frac{g}{b}$ Daraus folgt: $g = \sqrt{ab}$; a, b > 0	$g = \sqrt[n]{a_1 \cdot a_2 \cdot \ldots \cdot a_n}$ $a_i \geq 0$	$g = \sqrt{h \cdot \bar{x}}$ für 2 Werte a, b
harmonisches Mittel	$\frac{a - h}{h - b} = \frac{a}{b}$ Daraus folgt: $h = \frac{2ab}{a + b}$	$h = \frac{n}{\frac{1}{a_1} + \frac{1}{a_2} + \ldots + \frac{1}{a_n}}$	
Goldener Schnitt	$\frac{a}{x} = \frac{x}{a - x}$ Daraus folgt: $x \approx 0{,}6180 \cdot a$	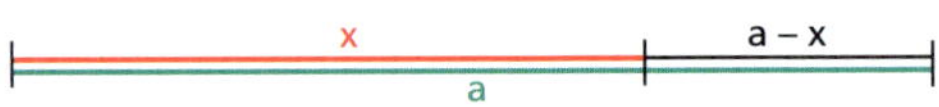 Strecke, die im Goldenen Schnitt geteilt wurde.	

Winkel

Nullwinkel	Spitzer Winkel	Rechter Winkel	Stumpfer Winkel	Gestreckter Winkel	Überstumpfer Winkel	Vollwinkel
$\alpha = 0°$	$\alpha < 90°$	$\alpha = 90°$	$90° < \alpha < 180°$	$\alpha = 180°$	$180° < \alpha < 360°$	$\alpha = 360°$

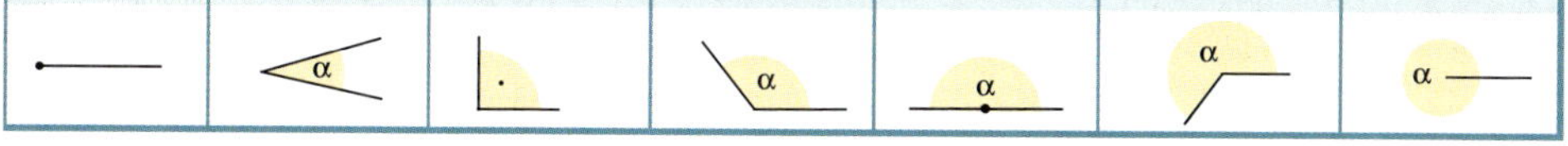

Nebenwinkel ergänzen einander zu 180°.

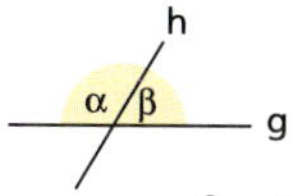

$\alpha + \beta = 180°$

Scheitelwinkel sind gleich groß.

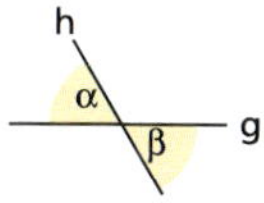

$\alpha = \beta$

Stufenwinkel an geschnittenen Parallelen sind gleich groß.

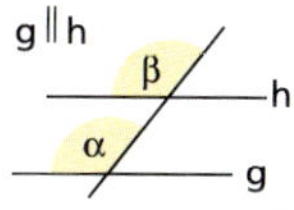

$\alpha = \beta$

Wechselwinkel an geschnittenen Parallelen sind gleich groß.

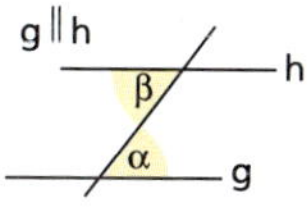

$\alpha = \beta$

Winkel am Dreieck

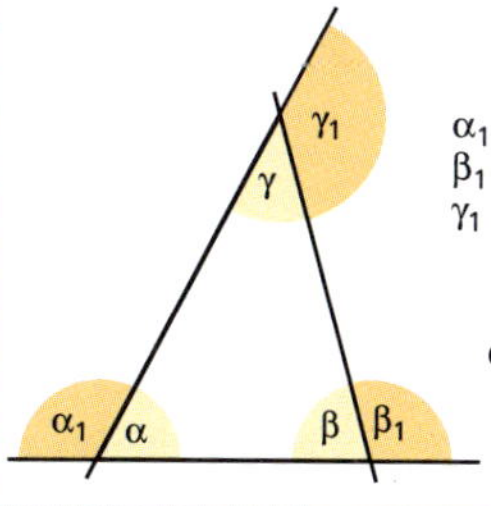

$\alpha_1 = \beta + \gamma$
$\beta_1 = \alpha + \gamma$
$\gamma_1 = \alpha + \beta$

$\alpha + \beta + \gamma = 180°$
$\alpha_1 + \beta_1 + \gamma_1 = 360°$

Winkel am Viereck

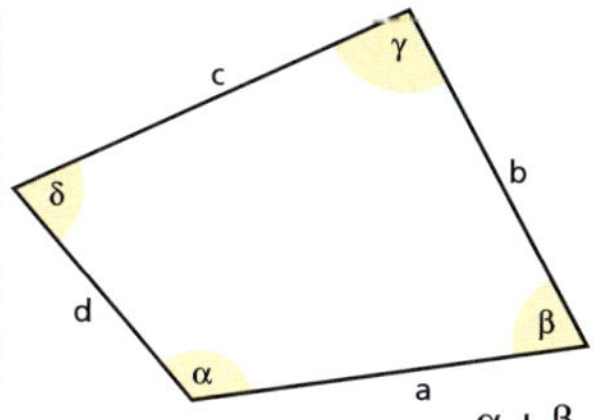

$\alpha + \beta + \gamma + \delta = 360°$

Dreiecke

Höhen

Alle Höhen schneiden einander im **Höhenschnittpunkt H.** Ihre Längen verhalten sich umgekehrt zueinander wie die Längen der zugehörigen Seiten.

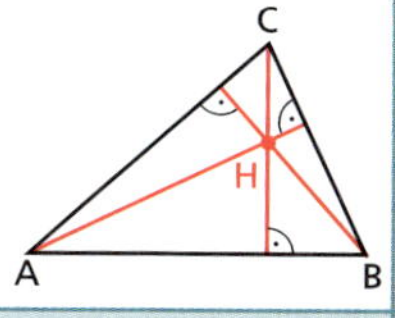

Seitenhalbierenden

Alle Seitenhalbierenden schneiden einander im **Schwerpunkt S.** S teilt jede Seitenhalbierende im Verhältnis 2 : 1.

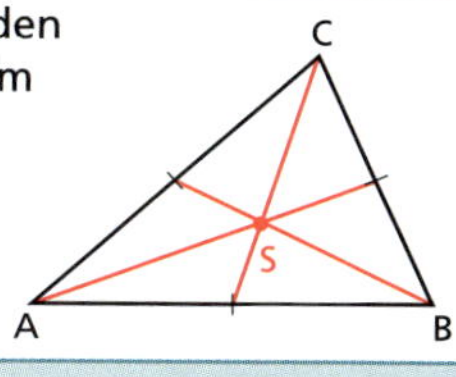

Winkelhalbierenden

Alle Winkelhalbierenden schneiden einander im **Punkt W.**

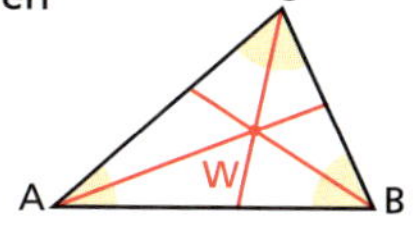

Mittelsenkrechten

Alle Mittelsenkrechten schneiden einander im **Punkt M.**

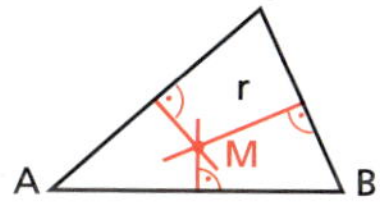

Inkreis

W ist der Inkreismittelpunkt,
ρ ist der Inkreisradius.

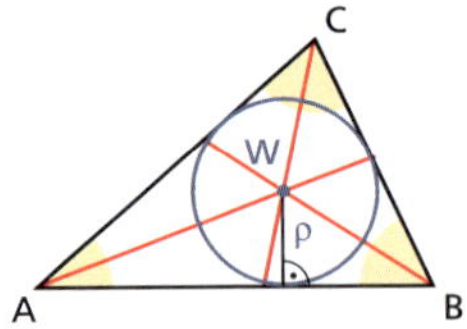

Umkreis

M ist der Umkreismittelpunkt,
r ist der Umkreisradius.

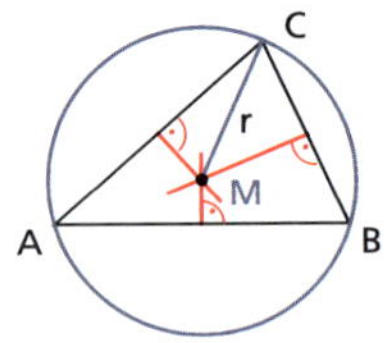

Dreiecksarten

Allgemeines Dreieck

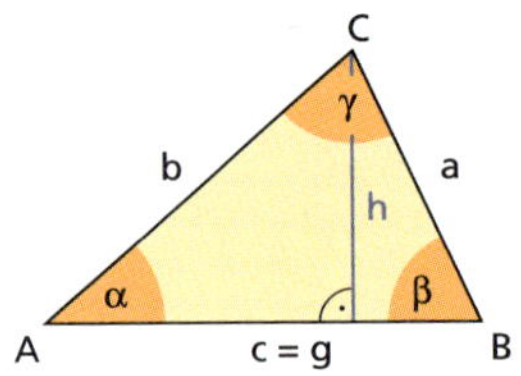

Der kleinsten Seite liegt der kleinste Winkel gegenüber.

$a + b > c$; $b + c > a$; $a + c > b$
(Dreiecksungleichung)

$A = \frac{g \cdot h}{2}$

$u = a + b + c$

Rechtwinkliges Dreieck

c Hypotenuse
a, b Kathete

$\gamma = 90°$

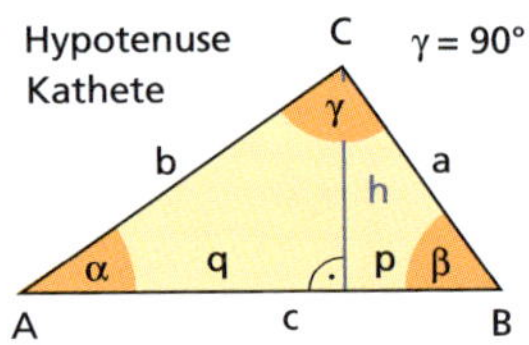

Satz des Pythagoras: $c^2 = a^2 + b^2$
Höhensatz: $h^2 = q \cdot p$
Kathetensatz: $a^2 = c \cdot p$
$b^2 = c \cdot q$

$A = \frac{g \cdot h}{2}$

$u = a + b + c$

Gleichschenkliges Dreieck

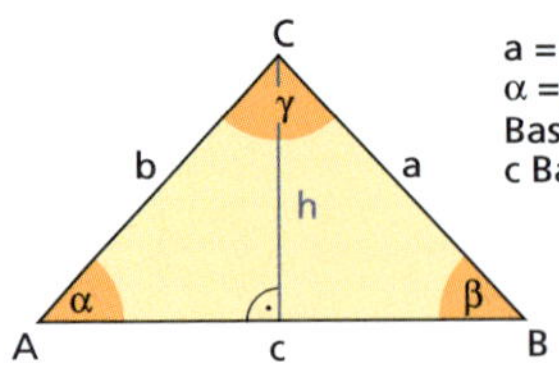

a = b Schenkel
$\alpha = \beta$
Basiswinkel
c Basis

Die Schenkel sind gleich lang.
Die Basiswinkel sind gleich groß.

$A = \frac{c \cdot h}{2}$

$u = 2a + c$

Gleichseitiges Dreieck

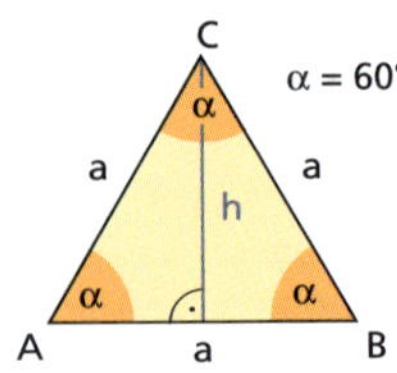

$\alpha = 60°$

Höhe, Seitenhalbierende und Winkelhalbierende sind gleich lang. Umkreis und Inkreis haben einen gemeinsamen Mittelpunkt.

$A = \frac{a^2}{4} \cdot \sqrt{3}$ $h = \frac{a}{2} \cdot \sqrt{3}$

$u = 3a$

Vierecke

Rechteck

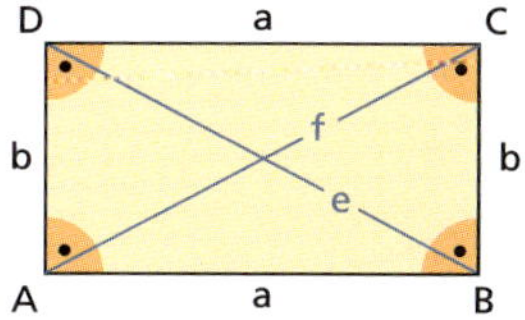

$e = f$

Alle Innenwinkel sind gleich groß.
Die Diagonalen sind gleich lang und halbieren einander.

$e^2 = a^2 + b^2$
$A = ab$
$u = 2(a + b)$

Quadrat

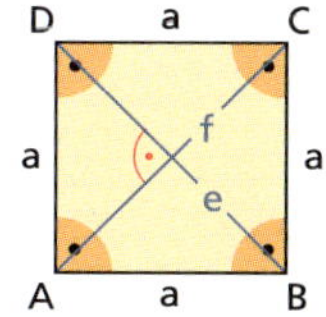

$e \perp f$
$e = f$

Alle Innenwinkel sind gleich groß.
Die Diagonalen sind zueinander senkrecht.

$e^2 = 2a^2$
$A = a^2$
$u = 4a$

Raute (Rhombus)

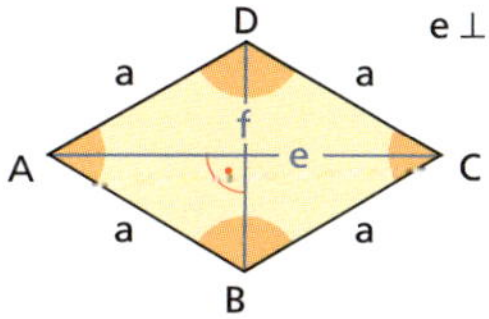

$e \perp f$

Gegenüberliegende Innenwinkel sind gleich groß. Die Diagonalen sind zueinander senkrecht.

$e^2 + f^2 = 4a^2$
$A = \frac{ef}{2}$
$u = 4a$

Trapez

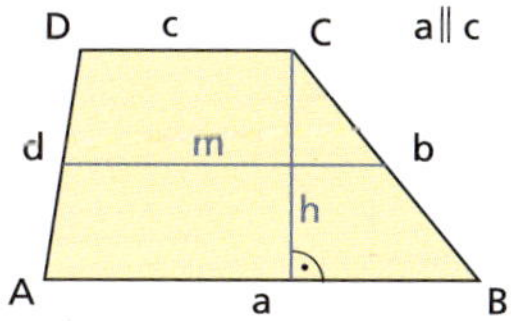

$a \parallel c$

Mindestens zwei Seiten sind zueinander parallel.

$A = \frac{a + c}{2} \cdot h = mh$
$u = a + b + c + d$

Parallelogramm

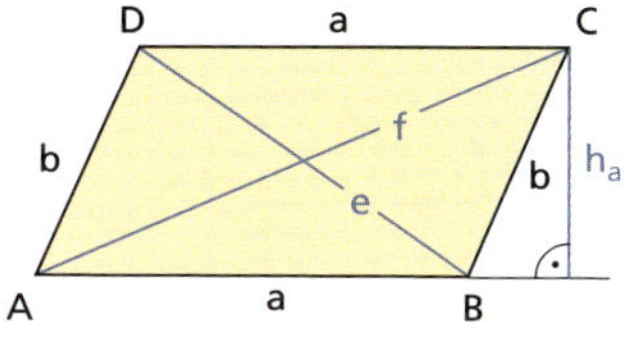

Gegenüberliegende Seiten sind zueinander parallel und gleich lang.
Gegenüberliegende Winkel sind gleich groß.

$A = ah_a$
$u = 2(a + b)$

Drachenviereck

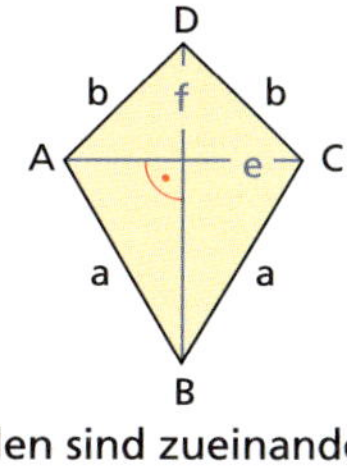

Die Diagonalen sind zueinander senkrecht.
Mindestens zwei gegenüberliegende Winkel sind gleich groß.

$A = \frac{ef}{2}$
$u = 2(a + b)$

Regelmäßige Vielecke

Regelmäßiges Fünfeck

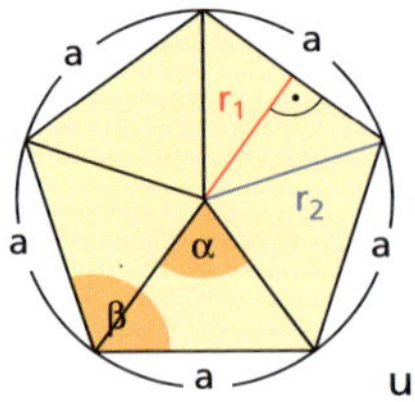

Anzahl der Ecken n
Umkreisradius r_2
Inkreisradius r_1

$u = 5a$

$\alpha = 360°$

$A = \frac{5}{2} a r_1$

Regelmäßiges Sechseck

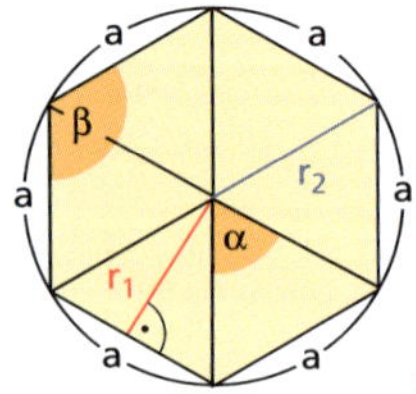

$u = 6a$

$\alpha = \frac{360°}{6} = 60°$

$A = \frac{3 \cdot \sqrt{3}}{2} \cdot a^2$

Kreis

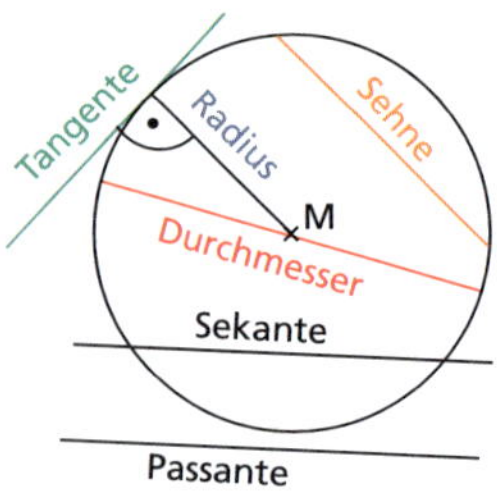

Tangente und Berührungsradius sind senkrecht zueinander.

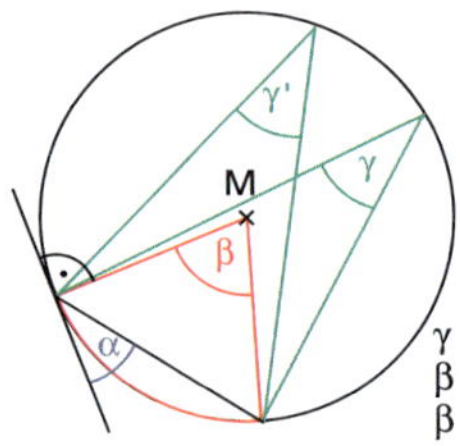

$\gamma = \gamma'$
$\beta = 2\alpha$
$\beta = 2\gamma$
$\alpha = \gamma$

α Sehnentangentenwinkel
β Mittelpunktswinkel (Zentriwinkel)
γ Umfangswinkel (Peripheriewinkel)

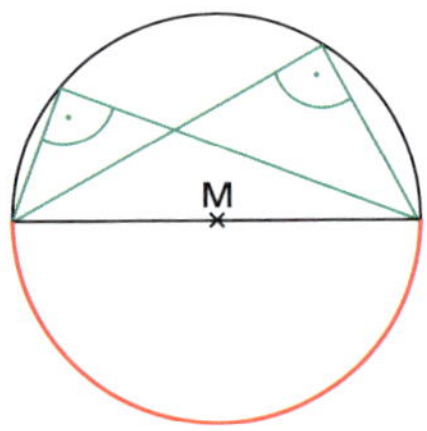

Umfangswinkel über einem Halbkreis sind rechte Winkel.
(Satz des Thales)

Kreis

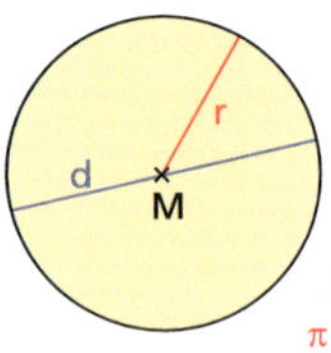

ludolfsche Zahl:
$\pi = 3{,}14159...$
$\pi \approx 3{,}14$

$d = 2r$ $A = \pi r^2 = \frac{\pi}{4} d^2$

$u = 2\pi r = \pi d$

Kreisring

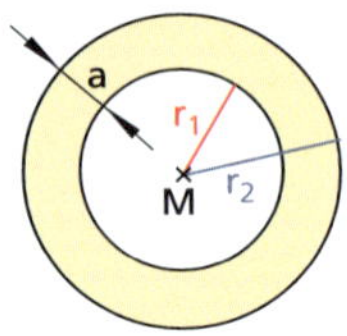

Ringbreite a

$a = r_2 - r_1$ $A = \pi(r_2^2 - r_1^2)$

$u = 2\pi(r_1 + r_2)$

Kreisausschnitt

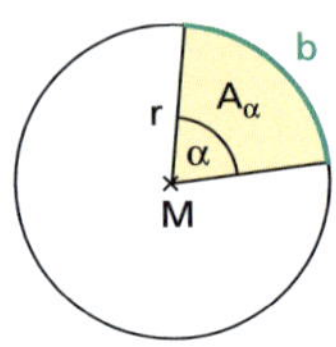

Kreisbogen b

$\frac{b}{u} = \frac{\alpha}{360°}$ $b = \frac{\pi r \alpha}{180°}$

$A_\alpha = \frac{br}{2}$ $A_\alpha = \pi r^2 \cdot \frac{\alpha}{360°}$

Körper mit ebenen Begrenzungsflächen

A_G	Grundflächeninhalt	A_M	Mantelflächeninhalt	a, b, c, s	Kantenlängen
A_D	Deckflächeninhalt	V	Rauminhalt/Volumen	e	Körperdiagonale
A_O	Oberflächeninhalt	h	Körperhöhe		

Prismen $V = A_G \cdot h$ $A_O = 2A_G + A_M$

Quader

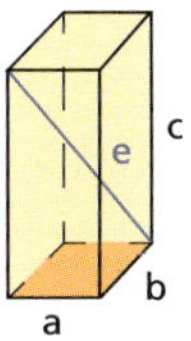

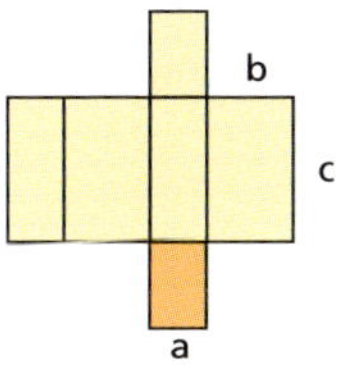

$V = abc$

$A_G = ab$

$A_O = 2(ab + ac + bc)$

$e = \sqrt{a^2 + b^2 + c^2}$

Würfel

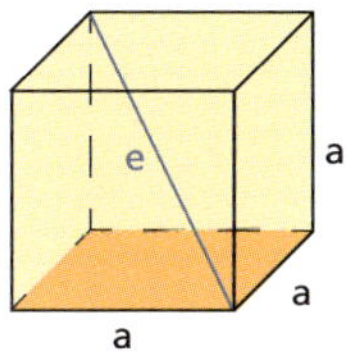

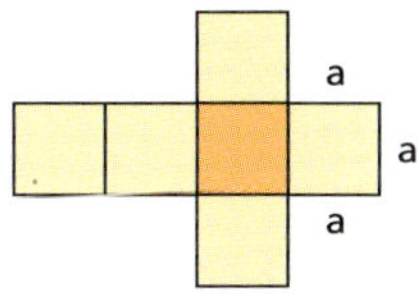

$V = a^3$

$A_G = a^2$

$A_O = 6a^2$

$e = a \cdot \sqrt{3}$

Dreieckssäule
(regelmäßiges dreiseitiges Prisma)

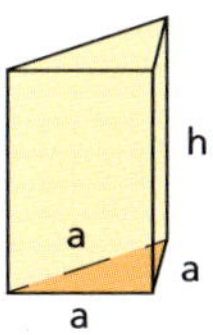

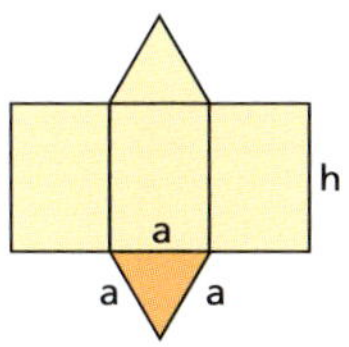

$V = \frac{a^2h}{4} \cdot \sqrt{3}$

$A_G = \frac{a^2}{4} \cdot \sqrt{3}$

$A_O = \frac{a}{2}(a \cdot \sqrt{3} + 6h)$

$A_M = 3ah$

Trapezsäule
(Prisma mit trapezförmiger Grundfläche)

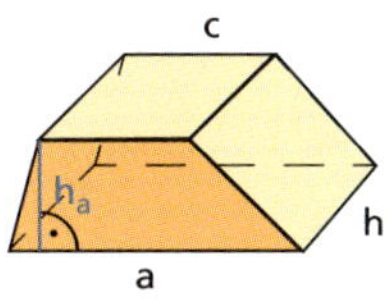

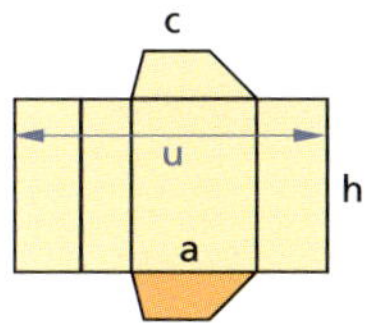

$V = A_G \cdot h$

$A_G = \frac{a + c}{2} \cdot h_a$

$A_O = 2\,A_G + A_M$

$A_M = u \cdot h$

Pyramiden $V = \frac{1}{3} A_G \cdot h$ $A_O = A_G + A_M$

quadratische Pyramide

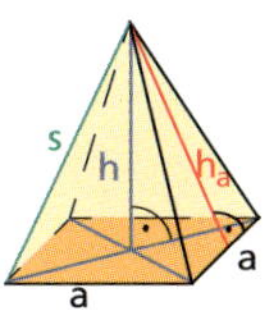

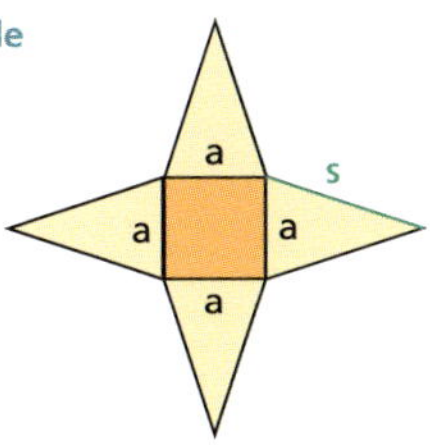

$V = \frac{a^2h}{3}$

$A_G = a^2$

$A_O = a(a + 2h_a)$

$A_M = 2ah_a$

Tetraeder

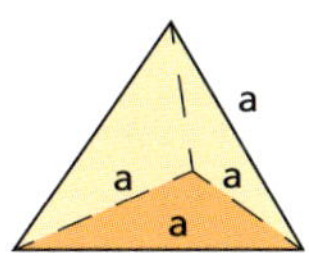

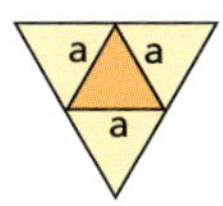

$V = \frac{a^3}{12}\sqrt{2}$

$A_O = a^2 \cdot \sqrt{3}$

$A_G = \frac{a^2}{4}\sqrt{3}$

$A_M = \frac{3a^2}{4} \cdot \sqrt{3}$

Pyramidenstümpfe $V = \frac{h}{3}(A_G + \sqrt{A_G \cdot A_D} + A_D)$ $A_O = A_G + A_D + A_M$

quadratischer Pyramidenstumpf

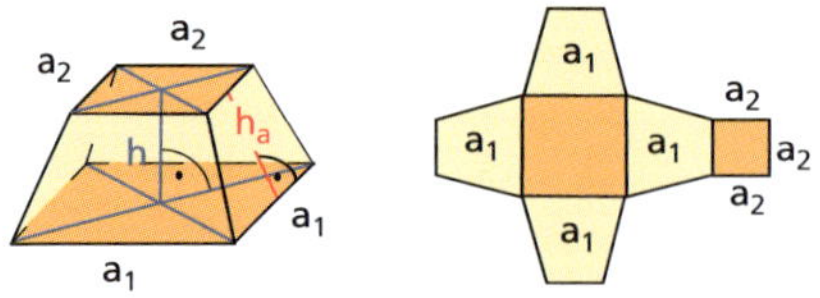

$V = \frac{h}{3}(a_1^2 + a_1 a_2 + a_2^2)$

$A_G = a_1^2$ $A_D = a_2^2$

$A_O = a_1^2 + 2(a_1 + a_2) \cdot h_a + a_2^2$

$A_M = 2(a_1 + a_2) \cdot h_a$

regelmäßiger dreiseitiger Pyramidenstumpf

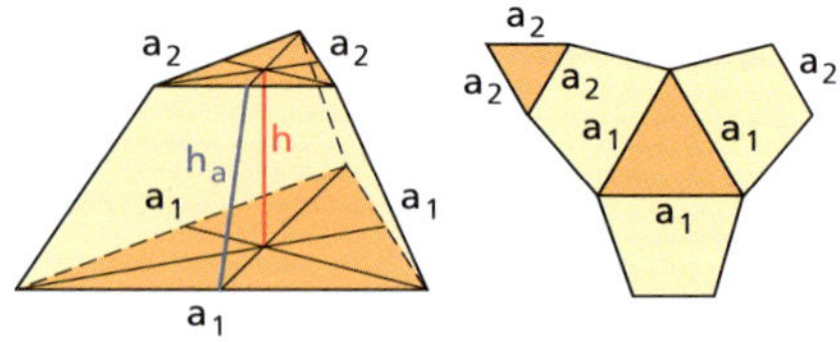

$V = \frac{\sqrt{3}}{12} \cdot h(a_1^2 + a_1 a_2 + a_2^2)$

$A_G = \frac{a_1^2}{4} \cdot \sqrt{3}$ $A_M = \frac{3}{2}(a_1 + a_2) \cdot h_a$

$A_O = \frac{\sqrt{3}}{4}(a_1^2 + a_2^2) + \frac{3}{2}(a_1 + a_2) \cdot h_a$

Körper mit gekrümmten Begrenzungsflächen

gerader Kreiszylinder

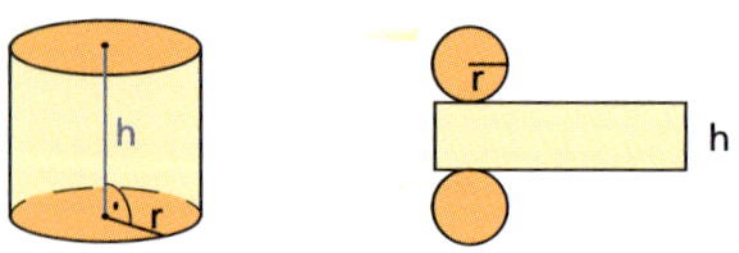

$V = A_G \cdot h$ $A_O = 2A_G + A_M$

$A_G = \pi r^2$ $A_M = 2\pi rh$

gerader Hohlzylinder

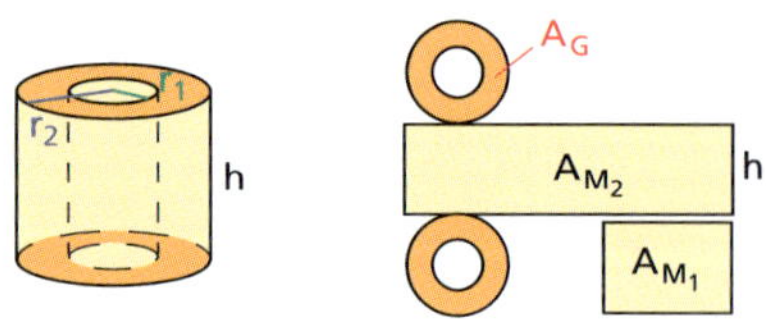

$V = A_G \cdot h$ $r_2 > r_1$

$A_G = \pi(r_2^2 - r_1^2)$ $A_{M_1} = 2\pi r_1 h$

$A_O = 2A_G + A_{M_1} + A_{M_2}$ $A_{M_2} = 2\pi r_2 h$

gerader Kreiskegel

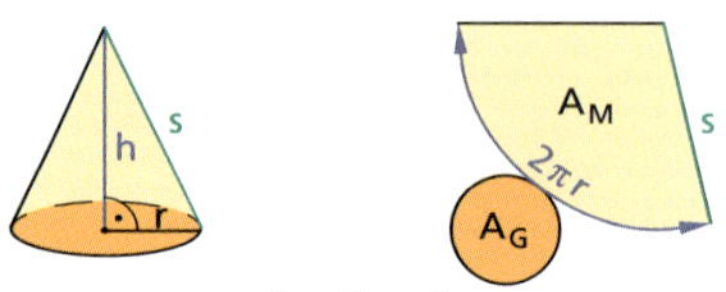

$s^2 = r^2 + h^2$

$V = \frac{\pi r^2 h}{3}$ $A_O = A_G + A_M$

$A_G = \pi r^2$ $A_M = \pi rs$

Kugel

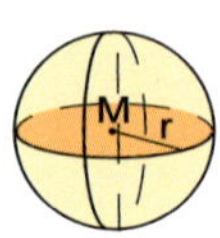

$V = \frac{4\pi r^3}{3}$

$A_O = 4\pi r^2$

Kugelausschnitt (Kugelsektor)

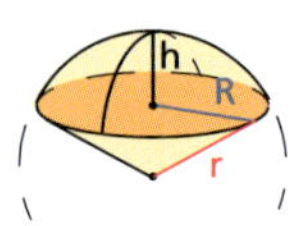

$V = \frac{2\pi r^2 h}{3}$

$A_O = \pi rR + 2\pi rh$

Winkelfunktionen

Zusammenhänge zwischen Winkelfunktionen

Nenner $\neq 0$

Für jeden Winkel α gilt:

$\sin^2\alpha + \cos^2\alpha = 1$ $\qquad$ $\tan\alpha \cdot \cot\alpha = 1$

$\tan\alpha = \frac{\sin\alpha}{\cos\alpha}$ $\qquad$ $\cot\alpha = \frac{\cos\alpha}{\sin\alpha}$

$1 + \tan^2\alpha = \frac{1}{\cos^2\alpha}$ $\qquad$ $1 + \cot^2\alpha = \frac{1}{\sin^2\alpha}$

Für beliebige Winkel α gilt:

	90° $\pm\ \alpha$	**180° $\pm\ \alpha$**	**270° $\pm\ \alpha$**	**360° $\pm\ \alpha$**	**$-\alpha$**
sin	**+ cos** α	$\mp$ **sin** α	**– cos** α	$\pm$ **sin** α	**– sin** α
cos	$\mp$ **sin** α	**– cos** α	$\pm$ **sin** α	**+ cos** α	**+ cos** α
tan	$\mp$ **cot** α	$\pm$ **tan** α	$\mp$ **cot** α	$\pm$ **tan** α	**– tan** α
cot	$\mp$ **tan** α	$\pm$ **cot** α	$\mp$ **tan** α	$\pm$ **cot** α	**– cot** α

Periodizität der Sinus- und Kosinusfunktion

$\sin(x + k \cdot 360°) = \sin x \quad (k \in \mathbb{Z});\ \sin(-x) = -\sin x$
$\cos(x + k \cdot 360°) = \cos x \quad (k \in \mathbb{Z});\ \cos(-x) = \cos x$

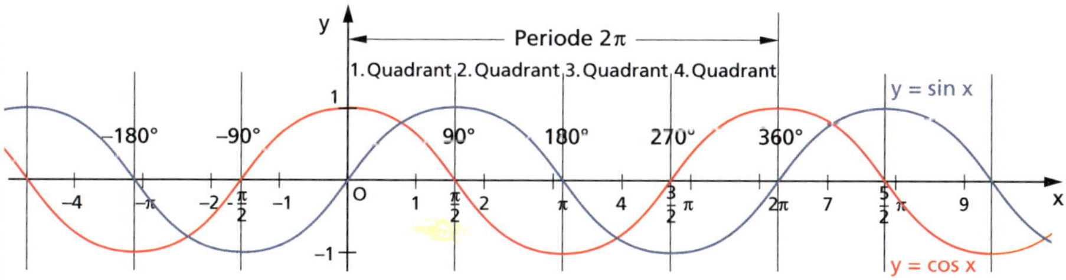

Eigenschaften von Winkelfunktionen

Sinusfunktion
$y = f(x) = \sin x$

DB: $-\infty < x < +\infty$
WB: $-1 \leq y \leq 1$
Nullstellen: $x_k = k\pi \quad (k \in \mathbb{Z})$
Periode: 2π
$\sin(x + 2k\pi) = \sin x$

$y = f(x) = a \sin x$
$y = f(x) = \sin bx$
$y = f(x) = a \sin bx$

DB: $-\infty < x < +\infty$
WB: $-a \leq y \leq a$
Nullstellen: $x_k = \frac{k\pi}{b}$
Periode: $\frac{2\pi}{b}$

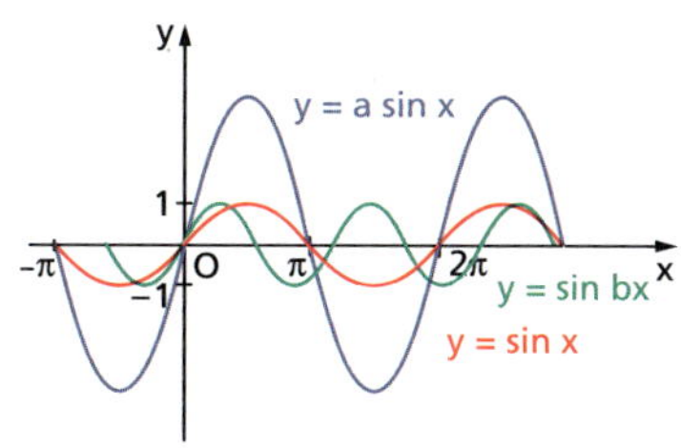

Kosinusfunktion
$y = f(x) = \cos x$

DB: $-\infty < x < +\infty$
WB: $-1 \leq y \leq 1$
Nullstellen: $x_k = (2k + 1)\frac{\pi}{2}$
$(k \in \mathbb{Z})$
Periode: 2π
$\cos(x + 2k\pi) = \cos x$

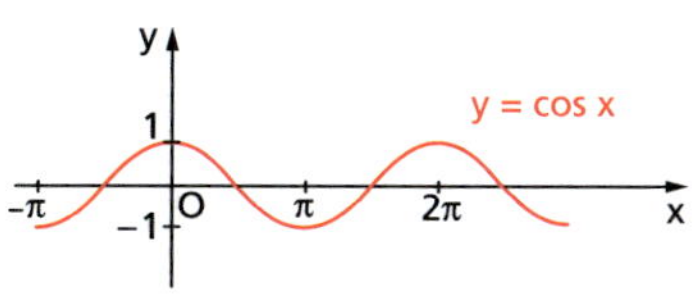

Eigenschaften von Winkelfunktionen		
Tangensfunktion $y = f(x) = \tan x$	DB: $-\infty < x < +\infty$ $x \neq (2k+1)\frac{\pi}{2}$ $(k \in \mathbb{Z})$ WB: $-\infty < y < +\infty$ Nullstellen: $x_k = k\pi$ $(k \in \mathbb{Z})$ Periode: π $\tan(x + k\pi) = \tan x$	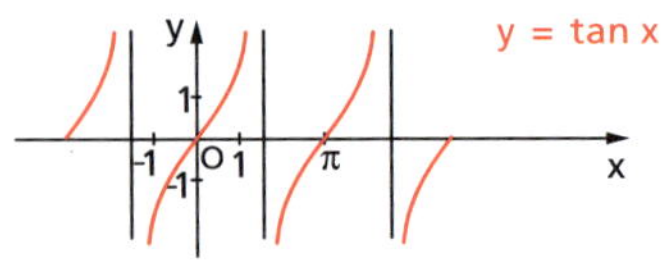

Werte von Winkelfunktionen für spezielle Argumente									
	0° 0	30° $\frac{\pi}{6}$	45° $\frac{\pi}{4}$	60° $\frac{\pi}{3}$	90° $\frac{\pi}{2}$	120° $\frac{2\pi}{3}$	135° $\frac{3\pi}{4}$	150° $\frac{5\pi}{6}$	180° π
$y = \sin x$	0	$\frac{1}{2}$	$\frac{1}{2}\sqrt{2}$	$\frac{1}{2}\sqrt{3}$	1	$\frac{1}{2}\sqrt{3}$	$\frac{1}{2}\sqrt{2}$	$\frac{1}{2}$	0
$y = \cos x$	1	$\frac{1}{2}\sqrt{3}$	$\frac{1}{2}\sqrt{2}$	$\frac{1}{2}$	0	$-\frac{1}{2}$	$-\frac{1}{2}\sqrt{2}$	$-\frac{1}{2}\sqrt{3}$	-1
$y = \tan x$	0	$\frac{1}{3}\sqrt{3}$	1	$\sqrt{3}$	–	$-\sqrt{3}$	-1	$-\frac{1}{3}\sqrt{3}$	0

Vorzeichen der Werte von Winkelfunktionen				
Funktion \ Quadrant	I	II	III	IV
$y = \sin x$	+	+	–	–
$y = \cos x$	+	–	–	+
$y = \tan x$	+	–	+	–

Anwendungen von Winkelfunktionen bei Dreiecksberechnungen			
Berechnungen ohne Winkelfunktionen am allgemeinen Dreieck (↗ Seite 368)	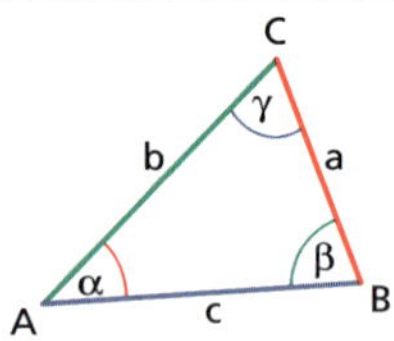		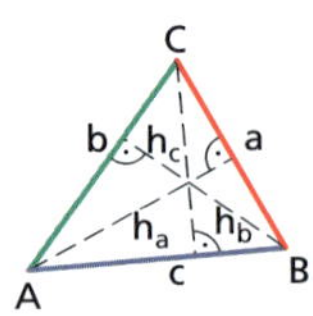
Sinussatz	$\frac{a}{b} = \frac{\sin\alpha}{\sin\beta}$	$\frac{b}{c} = \frac{\sin\beta}{\sin\gamma}$	$\frac{a}{c} = \frac{\sin\alpha}{\sin\gamma}$
Kosinussatz	$a^2 = b^2 + c^2 - 2bc \cdot \cos\alpha$	$b^2 = a^2 + c^2 - 2ac \cdot \cos\beta$	$c^2 = a^2 + b^2 - 2ab \cdot \cos\gamma$
Flächeninhalt	$A = \frac{1}{2}ab \cdot \sin\gamma = \frac{1}{2}bc \cdot \sin\alpha = \frac{1}{2}ac \cdot \sin\beta = 2r^2 \cdot \sin\alpha \cdot \sin\beta \cdot \sin\gamma$ r Umkreisradius		
Höhen	$h_a = b \cdot \sin\gamma = c \cdot \sin\beta$	$h_b = a \cdot \sin\gamma = c \cdot \sin\alpha$	$h_c = b \cdot \sin\alpha = a \cdot \sin\beta$

Kleine Einführung in die Vektorrechnung

Vektorbegriff

In der Physik lassen sich zwei Arten von Größen unterscheiden:
Skalare Größen sind allein durch die Angabe ihres Betrags (Maßzahl und Maßeinheit) bestimmt.
Vektorielle Größen dagegen sind *gerichtete* Größen. Ihre Beschreibung erfordert zusätzlich zum Betrag die Angabe der Richtung ihrer Wirkung sowie des Richtungssinnes (Orientierung). Eine typische vektorielle Größe ist die Kraft.

Skalare Größen	Vektorielle Größen
Zeit t	Weg $\vec{s}$
Masse m	Geschwindigkeit $\vec{v}$
Temperatur T	Beschleunigung $\vec{a}$
Arbeit W	Kraft $\vec{F}$
Leistung P	Drehmoment $\vec{M}$

Vektorielle Größen werden durch gerichtete Strecken (Pfeile) veranschaulicht.

Beispiel:

Kräfte am zweiseitigen Hebel

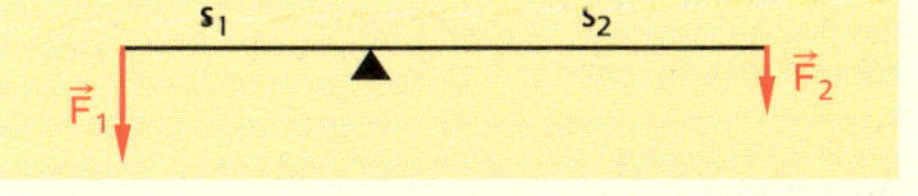

In der Mathematik wird unter einem **Vektor** im Allgemeinen ein Element eines sogenannten Vektorraumes V verstanden. Vektoren werden mit $\vec{a}$, $\vec{b}$, $\vec{c}$, ... bzw. $\overrightarrow{AB}$, $\overrightarrow{CD}$, ... bezeichnet.

Einen speziellen Vektorraum, der hier betrachtet werden soll, bildet die Menge der Verschiebungen einer Ebene bzw. des Raums.

Unter einem **Schubvektor** (kurz: **Vektor**) versteht man die zu einer Verschiebung gehörende Menge gleich langer, zueinander paralleler und gleich gerichteter Pfeile.
Jeder Pfeil dieser Menge ist ein Repräsentant des Vektors.

Beispiel:

Es gilt: $\vec{a} = \overrightarrow{AB} = \overrightarrow{CD} = \overrightarrow{PQ}$

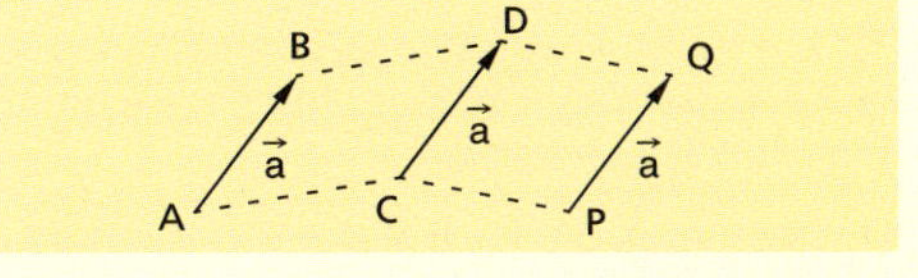

Ein Vektor ist durch *Länge* (Betrag), *Richtung* und *Orientierung* eines ihn repräsentierenden Pfeiles eindeutig festgelegt. Vektoren sind genau dann gleich, wenn sie in Betrag, Richtung und Orientierung übereinstimmen.

Beispiel:

$\vec{a} = \vec{b}$ (gleiche Vektoren)

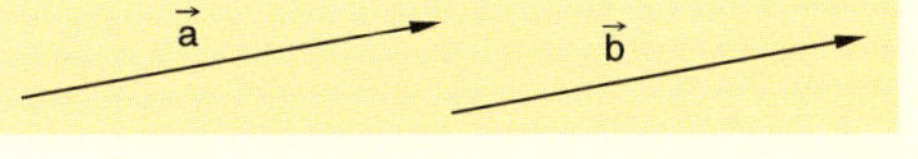

$\vec{c} \neq \vec{d}$; $\vec{p} \neq \vec{q}$; $\vec{r} \neq \vec{s}$ (nicht gleiche Vektoren)

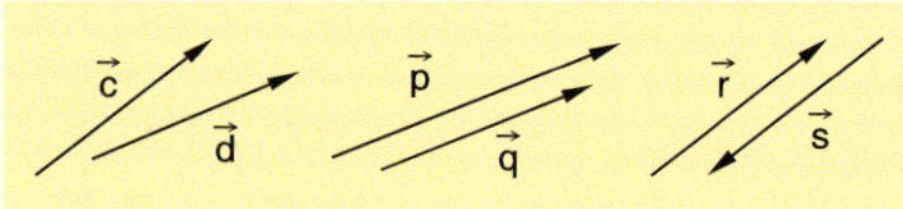

Addition von Vektoren

In Anlehnung an die Parallelogrammregel für das Zusammensetzen von Kräften in der Physik wird eine Addition von Vektoren folgendermaßen festgelegt:

Die **Addition zweier Vektoren** $\vec{a}$ und $\vec{b}$ ist das Nacheinanderausführen der diese Vektoren repräsentierenden Verschiebungen.
Der Summenvektor $\vec{c}$ stellt ebenfalls eine Verschiebung dar.

Geometrisch ergibt sich der Summenvektor $\vec{c}$, indem man den Vektor $\vec{b}$ durch Parallelverschiebung in den Endpunkt des Vektors $\vec{a}$ bringt und den Anfangspunkt von $\vec{a}$ mit dem Endpunkt von $\vec{b}$ verbindet.

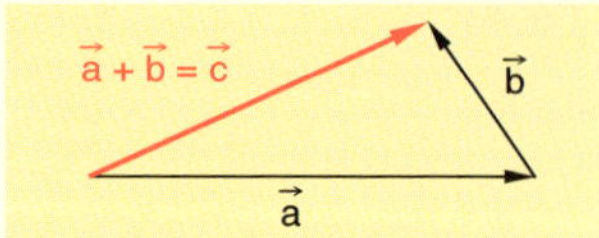

Der Summenvektor $\vec{c}$ kann auch als gerichtete Diagonale im von $\vec{a}$ und $\vec{b}$ aufgespannten Parallelogramm veranschaulicht werden.
Aus der nebenstehenden Figur ist sofort ersichtlich, dass für die Addition von Vektoren das **Kommutativgesetz** gilt.

Für alle Vektoren $\vec{a}$, $\vec{b}$ gilt: $\vec{a} + \vec{b} = \vec{b} + \vec{a}$

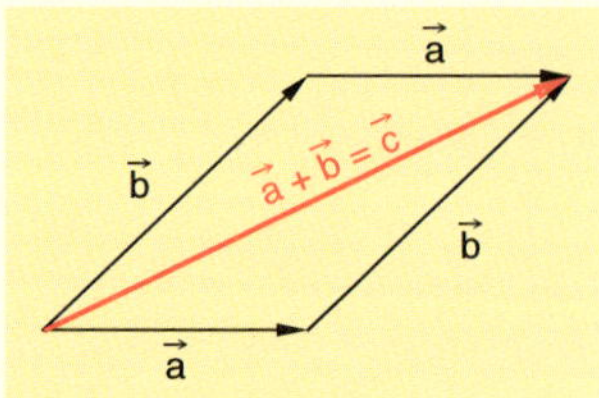

Da in jedem Dreieck eine Seite stets kleiner als die Summe der beiden anderen Seiten ist (bei Gleichheit entartet das Dreieck zu einer Strecke), gilt für die Addition von Vektoren:

Aus $\vec{c} = \vec{a} + \vec{b}$ folgt für die Beträge der Vektoren $\vec{a}$, $\vec{b}$ und $\vec{c}$:
$|\vec{c}| = |\vec{a} + \vec{b}| \leq |\vec{a}| + |\vec{b}|$ bzw. $c \leq a + b$
(Die Schreibweise $|\vec{a}|$ bzw. a wird für den Betrag von $\vec{a}$ verwendet.)

Beispiel:

Für zwei unter einem Winkel von 120° in einem Punkt A angreifende Kräfte $\vec{F}_1$ und $\vec{F}_2$ mit $F_1 = 40\,\text{N}$ und $F_2 = 60\,\text{N}$ ist a) rechnerisch und b) zeichnerisch die Größe der resultierenden Kraft $\vec{F}$ zu ermitteln.

a) Der Betrag der Kraft $\vec{F}$ lässt sich nach dem **Kosinussatz** folgendermaßen errechnen:
$F^2 = F_1^2 + F_2^2 - 2 \cdot F_1 F_2 \cdot \cos 60°$
$\Rightarrow \quad F \approx 53\,\text{N}$

b)

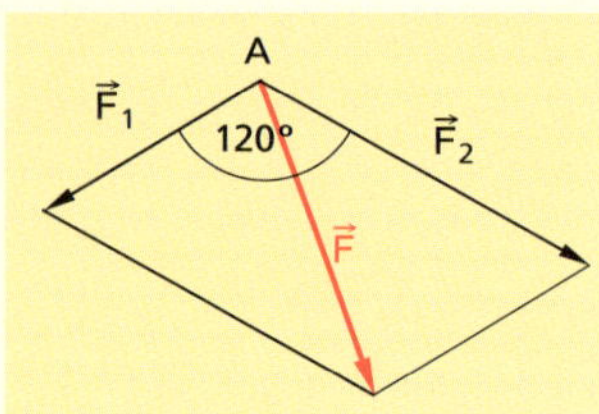

Es können auch mehr als zwei Vektoren addiert werden.

Die Summe dreier Vektoren $\vec{a}$, $\vec{b}$ und $\vec{c}$ erhält man entsprechend der nebenstehenden Abbildung.
Wie aus der Abbildung ersichtlich ist, gilt für die Addition von Vektoren auch das **Assoziativgesetz.**

Für alle Vektoren $\vec{a}$, $\vec{b}$ und $\vec{c}$ gilt:
$(\vec{a} + \vec{b}) + \vec{c} = \vec{a} + (\vec{b} + \vec{c}) = \vec{a} + \vec{b} + \vec{c}$

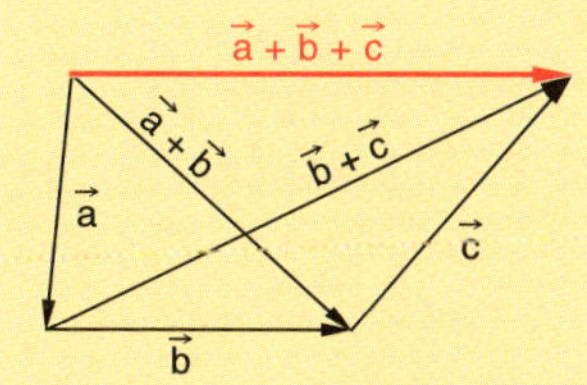

Unter dem **Nullvektor** $\vec{o}$ versteht man einen Vektor mit dem Betrag 0, dem keine bestimmte Richtung und Orientierung zugeordnet ist.

Der Nullvektor in der Menge der Verschiebungen beschreibt die identische Abbildung. Der Nullvektor ergibt sich, wenn bei der Addition von Vektoren ein geschlossener Polygonzug entsteht.

Beispiel:

$\vec{a}_1 + \vec{a}_2 + \vec{a}_3 + \vec{a}_4 + \vec{a}_5 = \vec{o}$

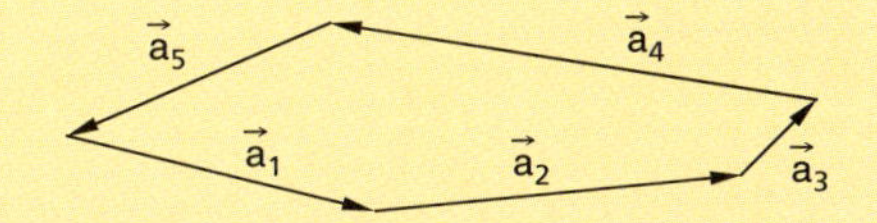

Die Summe zweier Vektoren ist genau dann gleich dem Nullvektor, wenn diese Vektoren gleichen Betrag und gleiche Richtung, aber entgegengesetzte Orientierung haben.

Beispiel:

$\vec{a} + \vec{b} = \vec{o}$

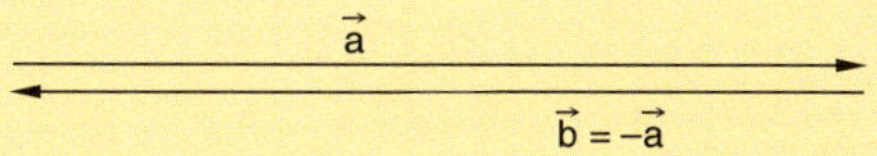

Der Vektor $-\vec{a}$ heißt der zu $\vec{a}$ **entgegengesetzte Vektor.** Er hat den gleichen Betrag und die gleiche Richtung, aber die entgegengesetzte Orientierung wie $\vec{a}$.
Es gilt: $\vec{a} + (-\vec{a}) = \vec{o}$

Die **Subtraktion von Vektoren** lässt sich auf die Addition zurückführen.
Der Vektor $\vec{b}$ wird von einem Vektor $\vec{a}$ subtrahiert, indem zu $\vec{a}$ der entgegengesetzte Vektor von $\vec{b}$ addiert wird.

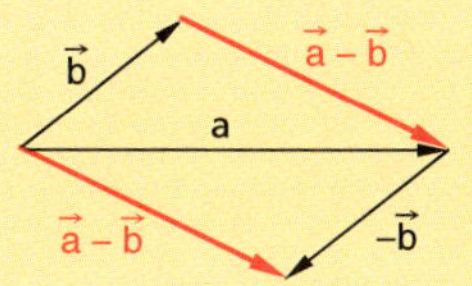

Vielfachbildung von Vektoren

Ein wiederholtes Addieren eines gleichen Summanden $\vec{a}$ führt zur Vielfachbildung.

Beispiel:

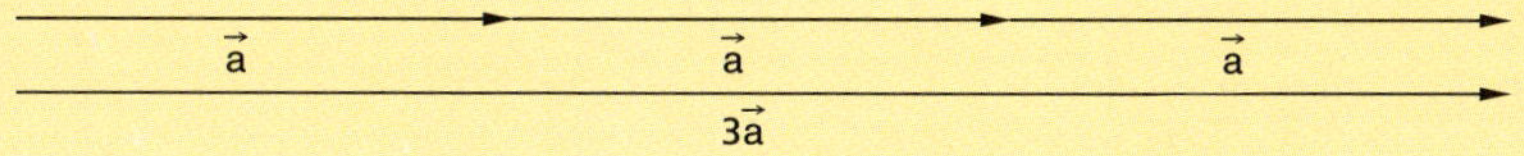

Das Produkt $r\vec{a}$ eines Vektors $\vec{a}$ mit einer reellen Zahl r heißt **Vielfaches** von $\vec{a}$.

Zwischen den Vektoren $r\vec{a}$ und $\vec{a}$ gelten in Abhängigkeit von r folgende Beziehungen:

(1) $r > 0$ $r\vec{a}$ und $\vec{a}$ sind gleich gerichtet und orientiert, $r\vec{a}$ hat die r-fache Länge von $\vec{a}$.

(2) $r = 0$ $r\vec{a} = \vec{o}$

(3) $r < 0$ $r\vec{a}$ und $\vec{a}$ sind gleich gerichtet, aber entgegengesetzt orientiert, $r\vec{a}$ hat die |r : |-fache Länge von $\vec{a}$.

Insbesondere gilt: $1\vec{a} = \vec{a}$ und $r\vec{o} = \vec{o}$

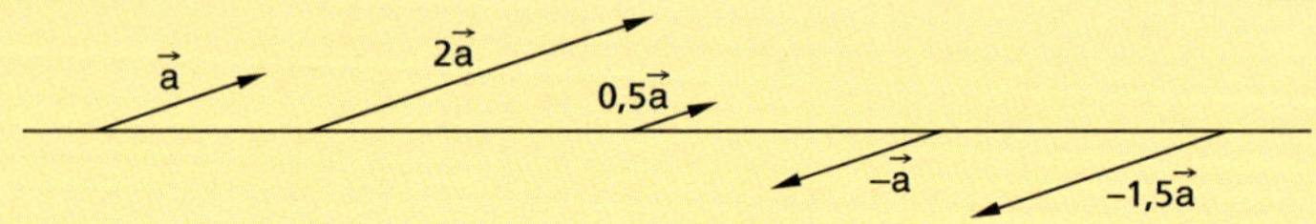

Beispiel:

s Seitenhalbierende von a

$\vec{s} = \vec{c} + \frac{1}{2}\vec{a} = -\vec{b} - \frac{1}{2}\vec{a}$

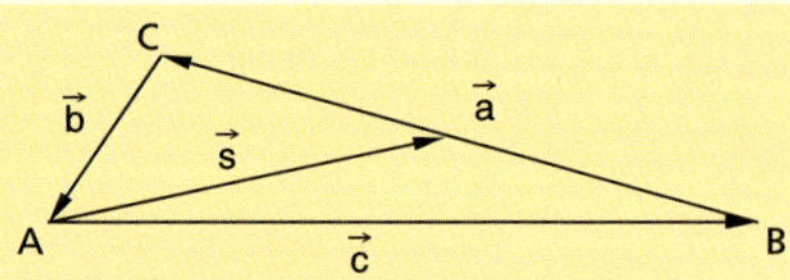

Vielfache von Vektoren lassen sich mithilfe der Strahlensätze konstruieren (↗ S. 213 ff.).

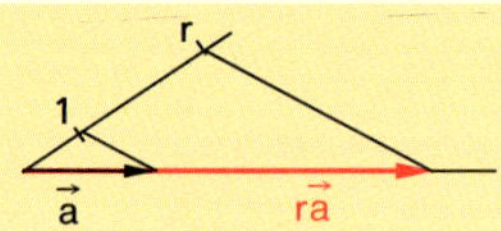

Für alle reellen Zahlen r und s sowie für alle Vektoren $\vec{a}$ und $\vec{b}$ gilt:

$r(s\vec{a}) = (rs)\vec{a}$ $(r + s)\vec{a} = r\vec{a} + s\vec{a}$ $r(\vec{a} + \vec{b}) = r\vec{a} + r\vec{b}$

Beweise unter Verwendung von Vektoren

Vektoraddition und Vielfachbildung von Vektoren sind ein hilfreiches Mittel, um Sätze der ebenen Geometrie (Planimetrie) zu beweisen.
Dabei werden in einer Figur Strecken als Vektoren markiert, sowohl die Voraussetzung als auch die Behauptung vektoriell formuliert und schließlich der Beweis auf dieser Basis geführt.

Beispiel:

Man beweise: Die Mittelpunkte der Seiten eines beliebigen Vierecks bilden die Eckpunkte eines Parallelogramms.

Voraussetzung: $\vec{a} + \vec{b} + \vec{c} + \vec{d} = \vec{o}$

$\overrightarrow{AE} = \overrightarrow{EB} = \frac{1}{2}\vec{a}$; $\overrightarrow{BF} = \overrightarrow{FC} = \frac{1}{2}\vec{b}$

$\overrightarrow{CG} = \overrightarrow{GD} = \frac{1}{2}\vec{c}$; $\overrightarrow{DH} = \overrightarrow{HA} = \frac{1}{2}\vec{d}$

Behauptung: $\vec{e} = \vec{g}$; $\vec{f} = \vec{h}$

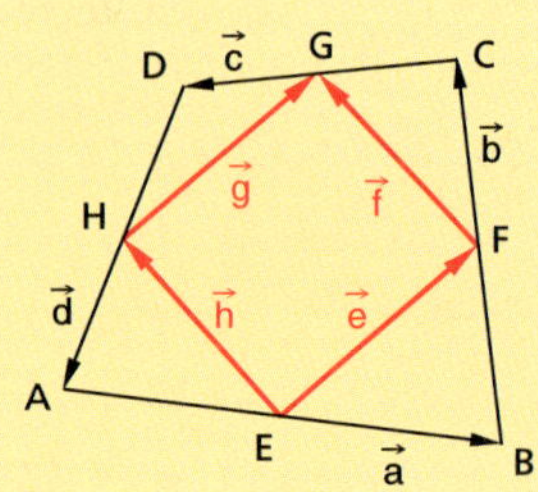

Beweis:

$\vec{e} = \frac{1}{2}\vec{a} + \frac{1}{2}\vec{b}$; $\vec{g} = -\frac{1}{2}\vec{d} - \frac{1}{2}\vec{c}$. Daraus folgt $\vec{e} - \vec{g} = \frac{1}{2}(\vec{a} + \vec{b} + \vec{c} + \vec{d}) = \frac{1}{2}\vec{o} = \vec{o}$.

Es gilt also $\vec{e} = \vec{g}$. Analog kann man $\vec{f} = \vec{h}$ nachweisen.

Beispiel:

Man beweise: Die Mittellinie eines jeden Trapezes liegt parallel zu den Grundseiten und ist halb so groß wie deren Summe.

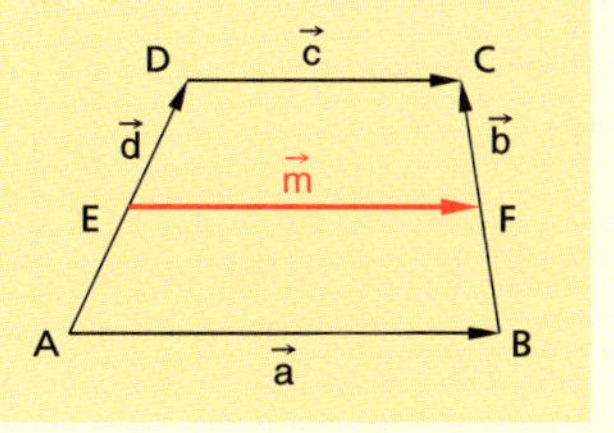

Voraussetzung: $\vec{a} + \vec{b} - \vec{c} - \vec{d} = \vec{o}$; $\vec{a} = r\vec{c}$ (Parallelität);

$\overrightarrow{AE} = \frac{1}{2}\vec{d}$; $\overrightarrow{BF} = \frac{1}{2}\vec{b}$

Behauptung: $\vec{m} = \frac{1}{2}(\vec{a} + \vec{c})$

Beweis:

Für die Teilfiguren ABFE und EFCD des Trapezes gilt $\vec{a} + \frac{1}{2}\vec{b} - \vec{m} - \frac{1}{2}\vec{d} = \vec{o}$ und $\vec{m} + \frac{1}{2}\vec{b} - \vec{c} - \frac{1}{2}\vec{d} = \vec{o}$. Daraus folgt $\vec{m} = \vec{a} + \frac{1}{2}\vec{b} - \frac{1}{2}\vec{d}$ bzw. $\vec{m} = \vec{c} + \frac{1}{2}\vec{d} - \frac{1}{2}\vec{b}$.

Addiert man die letzten beiden Gleichungen und teilt die Summe durch 2, so erhält man mit

$\vec{m} = \frac{1}{2}(\vec{a} + \vec{c})$ die Behauptung.

Komponentenzerlegung

Aus der Physik ist bekannt, dass sich Kräfte nicht nur zusammensetzen lassen, sondern dass sich eine Kraft durch zwei oder mehrere Kräfte ersetzen lässt. Die durch Zerlegen gewonnenen „Teilkräfte" nennt man Komponenten der Kraft.

Beispiele:

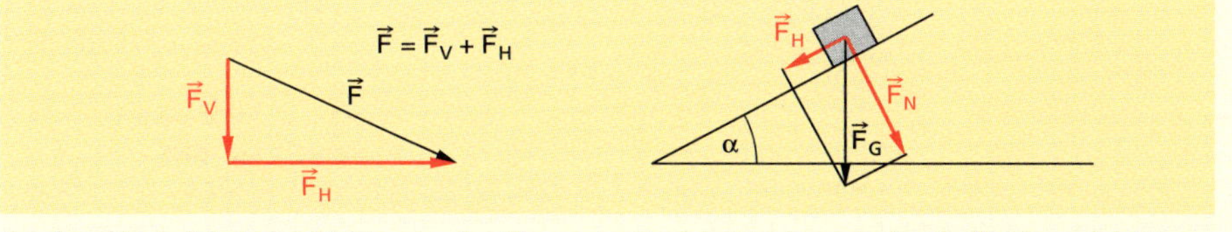

Analog lässt sich jeder Vektor in der Ebene in Komponenten zweier beliebiger (nicht paralleler) Richtungen zerlegen. Diese Aufgabe des Zerlegens kann leicht zeichnerisch gelöst werden, indem man durch Anfangs- und Endpunkt des gegebenen Vektors Parallelen zu den Zerlegungsrichtungen zieht. Die Schnittpunkte dieser beiden Geraden bestimmen jeweils die Größe der Komponenten.

Beispiel:

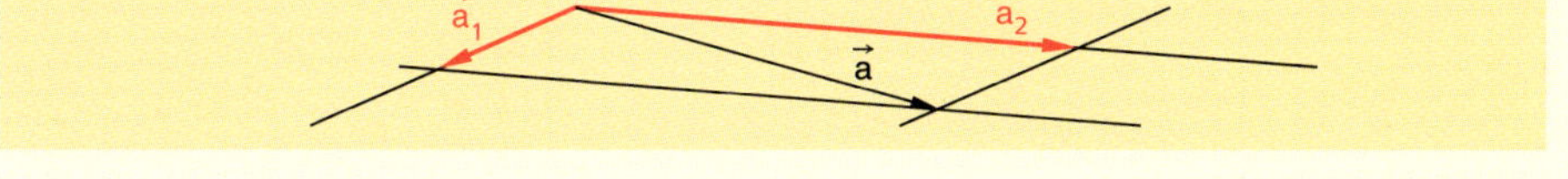

Sind in der Ebene zwei Vektoren $\vec{a}_1$ und $\vec{a}_2$ mit $\vec{a}_1 \nparallel \vec{a}_2$ gegeben, so lässt sich jeder Vektor $\vec{b}$ in der Form $\vec{b} = r_1\vec{a}_1 + r_2\vec{a}_2$ darstellen.
Man nennt $r_1\vec{a}_1$ und $r_2\vec{a}_2$ die **Komponenten** sowie r_1 und r_2 die **Koordinaten des Vektors** $\vec{b}$ bezüglich der sogenannten **Basis** $\{\vec{a}_1, \vec{a}_2\}$.

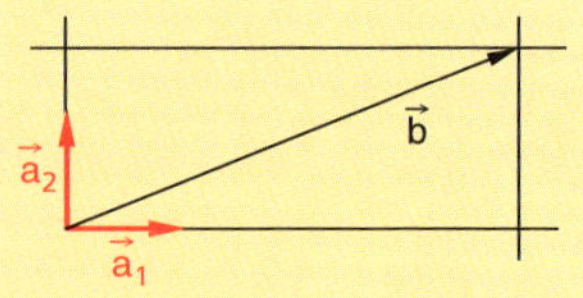

Die Komponentenzerlegung ist Grundlage für das Darstellen von Vektoren in Koordinatensystemen und ermöglicht das Rechnen mit Vektoren.
Ein spezielles Koordinatensystem ist das **kartesische Koordinatensystem**. Es ist ein sogenanntes *orthonormiertes* System, d. h., die Achsen bilden einen rechten Winkel und auf jeder Achse ist ein Einheitsvektor (Vektor mit dem Betrag 1) vorgegeben. Jeder Vektor $\vec{a}$ kann dann in folgender Form dargestellt werden:
$\vec{a} = a_x\vec{i} + a_y\vec{j}$

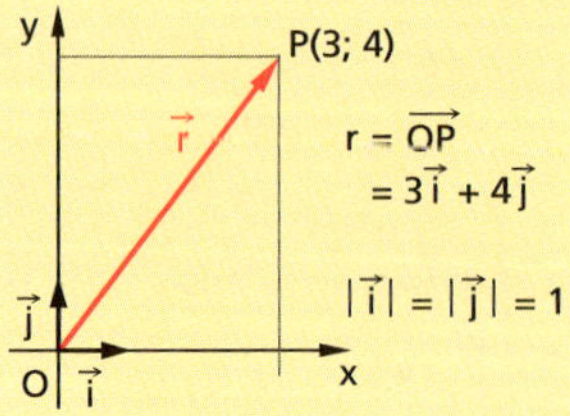

Skalarprodukt von Vektoren

Neben der Vielfachbildung, bei der ein Vektor $\vec{a}$ mit einer reellen Zahl r multipliziert wird, sind auch Produkte definiert, deren beide Faktoren Vektoren sind.

Ein solches Produkt ist das Skalarprodukt, das an folgendem physikalischen Problem verdeutlicht werden kann:
Ein Eisenbahnwagen, der sich nur in Richtung der Schienen bewegen lässt, wird durch eine seitlich wirkende Kraft $\vec{F}$ (etwa durch einen Traktor) gezogen.

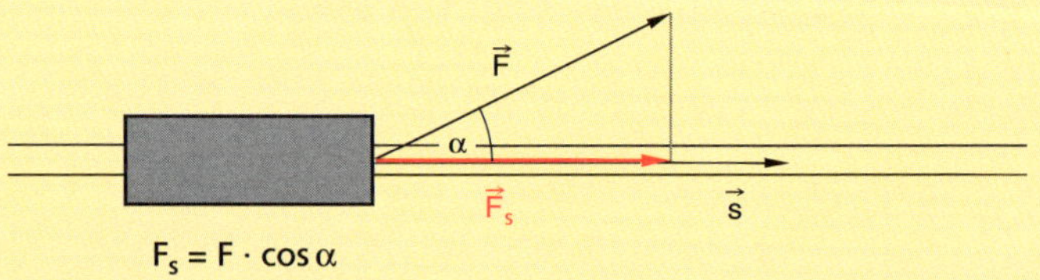

Von der Kraft $\vec{F}$ wirkt nur die Komponente $\vec{F}_s$ in Richtung des Weges $\vec{s}$, sodass sich die Arbeit W folgendermaßen berechnen lässt:
$W = F_s \cdot s = F \cdot s \cdot \cos\alpha$
Ist $\alpha = 0°$, so ist die geleistete Arbeit am größten, für $\alpha = 90°$ ist sie gleich 0.
Die mechanische Arbeit ist das skalare Produkt aus Kraft und Weg und man schreibt:
$W = \vec{F} \cdot \vec{s}$

Unter dem **Skalarprodukt** zweier Vektoren $\vec{a}$ und $\vec{b}$ versteht man eine reelle Zahl
$c = \vec{a} \cdot \vec{b}$ mit $\vec{a} \cdot \vec{b} = |\vec{a}| \cdot |\vec{b}| \cdot \cos\sphericalangle(a,b)$ bzw. $c = a \cdot b \cdot \cos\gamma$.

Sind die Vektoren $\vec{a}$ und $\vec{b}$ orthogonal, so ist $\vec{a} \cdot \vec{b} = 0$.

Register

Q

R

Bildquellenverzeichnis

Audi AG, Ingolstadt: 97/1; Biedermann, A. 81/1; Bizerba GmbH & Co. KG: 70/3; Corel Photos: 12/1, 12/2, 12/3, 34/1, 36/2, 123/1, 199/1, 200/1, 209/2, 255/1, 264/5, 265/2, 277/2, 278/1, 278/2, 284/1, 284/2, 288/1, 299/1, 314/2, 316/1, 329/2; Deutsches Museum, München: 330/5; DUDEN PAETEC Archiv: 14/1, 48/1, 51/1, 65/1, 73/1, 79/1, 82/4, 85/1, 110/1, 111/1, 132/1, 150/1, 155/1, 157/1, 169/4, 170/1, 213/3, 216/1, 228/1, 230/1, 234/2, 244/1, 245/1, 257/1, 264/4, 272/4, 292/1, 295/1, 296/2, 310/2, 314/1, 317/1, 318/1, 330/1, 330/2, 330/4, 330/6; Eichler, K.-P., Leipzig: 217/1, 218/1, 236/1; Günther Herrmann Lehrmittelfabrik Inh. Bernhard Herrmann, Hofgeismar: 295/2, 295/3, 295/4, 295/5, 295/6, 296/1; Liesenberg, G., Berlin: 10/2, 20/1, 20/2, 21/1, 25/1, 31/1, 36/1, 37/1, 43/1, 50/1, 57/1, 57/2, 58/1, 68/1, 69/1, 70/1, 70/2, 72/1, 72/2, 80/1, 81/2, 81/3, 82/1, 82/2, 82/3, 82/5, 82/6, 82/7, 83/1, 83/2, 83/3, 83/4, 83/5, 84/1, 84/2, 84/3, 84/4, 84/5, 84/6 , 86/1, 90/1, 92/2, 93/1, 114/1, 134/1, 154/1, 169/1, 169/2, 169/3, 181/1, 181/2, 182/2, 185/1, 191/2, 209/1, 210/1, 210/2, 213/1, 213/2, 231/1, 249/1, 252/1, 252/2, 256/1, 261/1, 265/3, 266/1, 272/1, 272/2, 272/5, 275/1, 275/2, 276/1, 277/1, 279/1, 282/1, 282/2, 282/3, 285/1, 285/2, 289/1, 289/2, 290/1, 290/2, 293/1, 293/3, 294/1, 294/2, 302/1, 302/2, 305/1, 305/2, 306/1, 310/1, 314/3, 315/1, 317/2, 324/1, 328/1, 328/2, 329/1, 329/3, 330/3, 331/1, 334/1; Meyer, L., Potsdam: 68/2, 92/1, 175/1, 197/1; Mountain Highmaps: 272/3; Neuls, Z., Berlin: 95/1; Photo Disc Inc.: 28/1, 29/1, 30/1, 40/1, 94/1, 97/2, 98/1, 98/2, 99/1, 101/1, 142/1, 188/1, 191/1, 213/4, 227/1, 261/2, 264/3, 298/1, 309/1, 312/1; Photo Impact: 88/1, 208/1, 288/2; Raum, B., Neuen-hagen: 94/2, 286/1; Raum, J., Dahlwitz-Hoppegarten: 234/1; Schulartikel Wissner, Bensheim: 217/2, 264/1, 264/2, 264/6, 264/7; Unger, M., Königs Wusterhausen: 39/1, 91/1, 104/1, 104/2, 151/1, 156/1, 182/1, 189/1, 238/1, 265/1, 293/2; Zabel, E., Güstrow: 157/2

Internet und DVD – so gehts ...

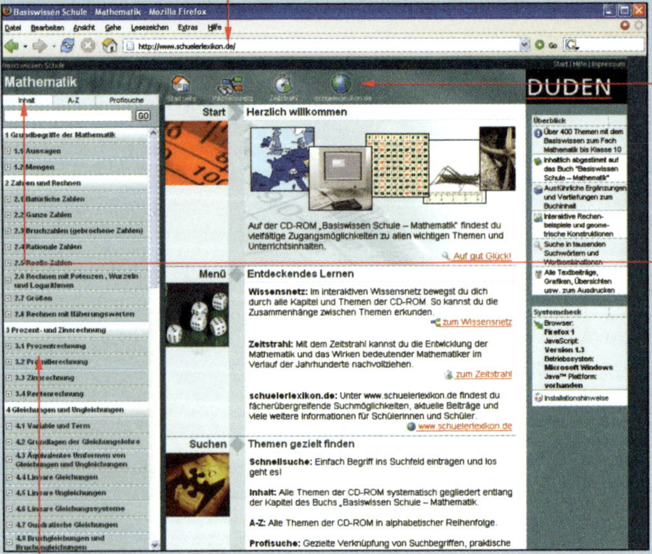

Die **Icons** am oberen Rand des Bildschirms führen dich zur Startseite des Lexikons zurück, starten das **Wissensnetz,** den **Zeitstrahl** oder bringen dich zum Schülerlexikon im Internet.

Zu den hunderten Themen des Lexikons gelangst du über das Inhaltsverzeichnis, das Register von A–Z oder über die **Profisuche.** Mit der Profisuche kannst du auch nach mehreren Begriffen gleichzeitig suchen oder dir die interessantesten Medien der DVD anzeigen lassen.

Nach dem Klicken auf einen Absatz des Inhaltsverzeichnisses klappt das Menü auf und es werden dir alle **Themen,** die zu diesem Absatz gehören, angezeigt.

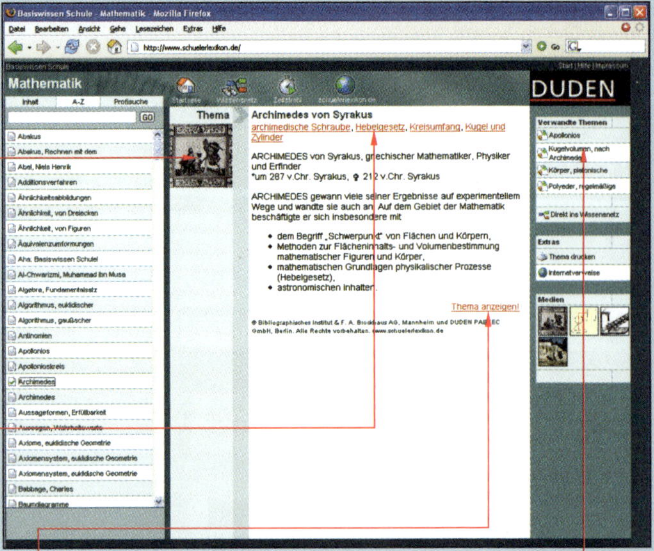

Durch einen Klick auf ein **Bild** in der Medienleiste wird dieses vergrößert dargestellt oder es laufen z. B. **Animationen** und **Videos** ab.

Durch einen Klick auf eines dieser **Suchwörter** springst du sofort an die entsprechende Stelle im ausführlichen Text des Themas.

Über „Thema anzeigen!" gelangst du zum **ausführlichen Text** mit Abbildungen, z. T. mit Animationen, Videos, interaktiven Berechnungsbeispielen usw.

Die **verwandten Themen** listen alle Themen auf, die einen inhaltlichen Bezug zu dem Thema haben, das gerade angezeigt wird.